河南省"十四五"普通高等教育规划教材

MICROBIOLOGY

微生物学

第二版
Second Edition

● 王明道　邱立友　主编

● 李自刚　宋安东　戚元成　刘新育　副主编

U0243483

化学工业出版社

·北京·

内容简介

微生物学是研究微生物的生命活动规律及其应用的一门学科。本教材是河南省"十四五"普通高等教育规划教材,系统介绍了微生物的形态构造、细胞结构、生理代谢、遗传发育、生态环境、分类进化,以及微生物在农业、工业、医药、能源和环境等领域的应用等。在编写过程中,力求突出教材的系统性、创新性和实用性,精简内容,尽可能减少与其他课程如生物学、生物化学和遗传学等的内容重复,将基础知识与学科发展前沿相结合,理论与科研生产实践、社会生活实际相结合。

本教材可用作高等学校生物类相关专业的教材或参考书,也可供从事微生物领域的科研、生产、技术和管理人员参考。

图书在版编目(CIP)数据

微生物学/王明道,邱立友主编. —2 版. —北京:化学工业出版社,2022.6(2024.1重印)
ISBN 978-7-122-40978-2

Ⅰ.①微… Ⅱ.①王… ②邱… Ⅲ.①微生物学-高等学校-教材 Ⅳ.①Q93

中国版本图书馆 CIP 数据核字(2022)第 042020 号

责任编辑:傅四周　　　　　　　装帧设计:韩　飞
责任校对:李雨晴

出版发行:化学工业出版社有限公司
　　　　　(北京市东城区青年湖南街 13 号　邮政编码 100011)
印　　装:北京印刷集团有限责任公司
787mm×1092mm　1/16　印张 35　字数 915 千字
2024 年 1 月北京第 2 版第 2 次印刷

购书咨询:010-64518888
售后服务:010-64518899
网　　址:http://www.cip.com.cn
凡购买本书,如有缺损质量问题,本社销售中心负责调换。

定　价:99.00 元

前言

微生物是地球上出现最早、种类最多、活性最强的群体，与其他生物关系极其密切。动植物要依赖微生物进行食物和营养的消化、吸收和供应。与动植物相比，微生物种类多，能够适应多种环境条件，能够利用多种物质，包括动植物不能利用的 N_2、人和动物不能利用的 CO_2，以及几乎所有的有机废弃物，其生长繁殖快，合成蛋白质、氨基酸、维生素、各种酶等的能力比动物、植物高上百倍。

微生物因其特点，有着广阔的应用范围。农业上，在依靠水土为中心的传统农业将接近或达到承载能力临界状态的当今，新的出路将是"白色农业"或"微生物农业"，即利用微生物资源，创建以微生物产业为中心的新型工业化农业，还可用微生物生产食品如食用菌、单细胞蛋白，用微生物生产肥料如菌肥、沼肥，用微生物生产生物农药，用微生物生产能源如秸秆乙醇、沼气等。另外，微生物在其他领域也有广泛的应用，如可生产抗生素、氨基酸、核苷酸、有机酸、发酵食品、基因工程药物、疫苗及抗体产品等，从多领域造福人类。然而，有少数微生物是病原，时刻威胁着人类和动植物的健康和生存，正如恩师喻子牛教授所说"最微小的生命，最悠久的历史，最巨大的贡献，最猖獗的危害"。因此，学习和掌握微生物学的知识和技术，对高等院校生物类各专业如生物科学、生物技术、生物工程等，以及植物生产类各专业如农学、植保、园艺等，工程类专业如食品工程、环境工程、能源工程等，都是非常必要的，微生物学知识和技术是这些专业重要的专业基础知识。

同时，微生物学一直是生命科学研究中最为活跃的领域。微生物由于简单而又具有完整的生命活动成为生物学研究的模式生物。近年来，微生物在遗传学、生理学、基因工程、代谢工程、发酵工程、基因组学、蛋白质组学等方面的突破和进步，深刻影响了生物学各个领域的发展。因此，在微生物学教科书中能够及时反映这些最新成就，让初学者在学习微生物学基础知识的同时，使他们从更高、更新的角度来认识微生物的本质和规律，激发其强烈、持久的学习、探索微生物的兴趣和发自心灵深处的动力，是非常必要的。为此，本书在各章的开首和文中均用信息框形式，以简短、有趣的语言介绍与正文基本理论、基本知识相关的逸闻趣事、最新科研动态及微生物在科研、生产和社会生活中的应用等。

本书的付梓问世，仰赖各位编者和出版社友仁的学识和辛勤劳动。感谢参加第一版及本版教材编写的所有老师。参加本版编写的老师有：邱立友教授、吴小平教授、宋安东教授（第一章），文晴博士、胡延如博士（第二章），王旭博士（第三章），张继冉（第四章），王明道博士（第五章，第七章，实验 14～20），林晖博士、李娜博士（第六章），戚元成博士（第八章，实验 9～13），李亚楠博士（第九章），李自刚博士（第十章，实验 21～40），毛国涛博士（第十一章），刘新育博士（第十二章，实验 1～8），谢久凤实验师（实验 41～47）。宋安东、李自刚、戚元成和刘新育对初稿进行了审读，全书由王明道和邱立友统稿。

在编写过程中，参考了许多同仁的著作和论文，在此深表谢意。由于我们水平所限，不足之处在所难免，诚恳希望读者批评指正。

邱立友
2021 年 11 月于郑州

目录

251　　第八章

微生物遗传

第一章

绪论

以"脏"为乐到以"洁"为乐

从 16 世纪到 19 世纪，大约 400 年的时间里，欧洲人都以"脏"为乐 (the joy of dirt)。因为医生告诉这些深受鼠疫、霍乱和伤寒等传染病死亡威胁的人们，热水浴和出大汗会使皮肤的毛孔打开并让各种毒气进入而感染我们的血液。当时甚至还流传着一层污垢能抵抗疾病侵袭的说法。法国国王亨利四世以肮脏著称，"全身恶臭，散发着汗水味、马厩味、臭脚味和大蒜味"。英国伊丽莎白一世一个月仅洗一次澡，而她的继任者詹姆斯一世则只洗自己的手指头。在路易十四统治时期，最爱干净的贵妇每年也仅洗两次澡。直到 19 世纪中后期，列文虎克用自制的显微镜观察到了微小的生物细菌，以及巴斯德和科赫等人的微生物病原理论被普遍接受，人们才开始逐渐养成卫生习惯。然而，过于清洁卫生对身体也是不利的，因为人体不接触到细菌，也就没办法构筑强健的免疫系统。

人类自诞生以来，通过采集植物、捕猎动物获得衣食，不断繁衍进化。但在肉眼看不见的微生物面前则表现出许多痛苦和无奈，但也有喜悦。

一、什么是微生物

动物、植物和微生物（microorganism）一起构成了地球生物圈所有的生物。和动物及植物的概念不同，微生物不是生物分类系统中的一个类群。动物和植物分别指生物分类中的动物界和植物界，其特征非常明显。比如，植物是指那些具有 6 个基本特征的真核生物，6 个特征分别是能够进行光合作用、分裂组织能够无限生长、细胞具有细胞壁、不能运动、没有感觉和神经系统以及具有世代交替的生活史。而动物是指那些多细胞真核生物，其共同特征是具有肌肉，能够运动，具有感觉和神经系统，行异养生活，没有细胞壁，不能无限生长，具有一定的身体结构。

微生物是个体微小、肉眼难以看清、需要通过显微镜才能进行观察的所有生物的总称，包括细菌（bacteria，单数 bacterium）、古菌（archaea）、真菌（fungi，单数 fungus）、原生动物（protozoa，单数 protozoon）和藻类（algae，单数 alga）。另外，还包括非细胞生物病毒（viruses）。细菌包括球菌、杆菌、螺菌、放线菌、蓝细菌、支原体和立克次氏体等；古菌包括产甲烷菌、极端嗜盐菌和嗜热菌等；真菌包括霉菌、酵母菌和蕈菌等；原生动物包括变形虫、纤毛虫和鞭毛虫等；藻类包括绿藻、褐藻和甲藻等。

除个体微小这一共同特征外，微生物的生物学特性相当多样。既有原核生物（prokaryote），如细菌、古菌，也有真核生物（eukaryote），如真菌、原生动物和藻类。有些微生物具有鞭毛或纤毛，能够运动，有些微生物不能运动。少数微生物个体较大，肉眼可见，如一些藻类和真菌。

尽管微生物的生物学特性相当多样，但对其研究有一整套独特的实验方法，如制片染色技术、显微观察技术、无菌操作技术和纯培养技术等。这些技术也越来越多地应用在动植物的科学研究中。

二、微生物在生物界的地位

地球是在大约 46 亿年前产生的。产生之初，由于高温、强辐射，不适合生命生存。大约在 43 亿年前地球变得可供生命生存。目前发现的最古老的生物化石是 33.50 亿～34.26 亿年前的叠层石（stromatolite）（图 1-1a），位于澳大利亚的斯特尼湖组群（Strelley Pool Formation）。叠层石是蓝细菌在生命活动过程中合成的多糖，将海水中的钙、镁碳酸盐及其碎屑颗粒黏结、沉淀而形成的一种化石，由于季节的变化、生长沉淀的快慢产生深浅相间的复杂色层构造。

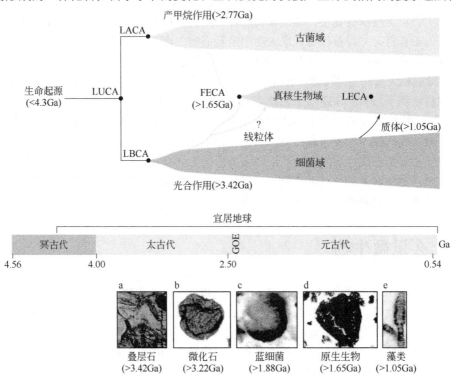

图 1-1 早期生命的进化

a，锥形叠层石（澳大利亚斯特尼湖组群）；b，微化石（南非木迪斯组群）；c，蓝细菌微化石（加拿大贝尔彻组群）；d，原生生物化石（澳大利亚 Mallapunyah 组群）；e，底栖多细胞红藻化石（加拿大亨廷组群）。LUCA，第一个基本的共同祖先；LBCA，细菌共同祖先（bacteria common ancestor）；LACA，古菌共同祖先（archaea common ancestor）；FECA，真核生物共同祖先（eukaryota common ancestor）。Ga，十亿年；GOE，大氧化事件（great oxidation event）
（引自：Javaux，2019）

根据形态和化学生物征迹推测，在约 34 亿年前出现细菌之后的很长时期里，地球上的生命仍是由原核生物组成的（图 1-1b，c）。早期，地球的大气圈主要由甲烷、氢气、氨和水蒸气组成。通过蓝细菌的光合作用，大约在 22 亿～23 亿年前转变成含氧的大气圈。约在 27.7

亿年前出现古菌，16.5 亿年前出现真核生物（图 1-1d）。从真核生物含有部分细菌和古菌的基因组可以推导出，最早的真核细胞是来自细菌和古菌共生而形成的嵌合体，其线粒体来自 α-变形细菌（α-proteobacteria），叶绿体则来自蓝细菌。化石证据表明藻类出现于 10.5 亿年前（图 1-1e）。而细胞核的起源目前仍不清楚，在细胞核的起源过程中显然没有发生共生现象。随后，由于地球板块运动形成高山、海洋以及气候变化和大气化学成分的改变，生物的生存环境不断发生着剧烈变化，通过自然选择作用，地球上陆续出现了其他动植物和人类。

根据 Whittaker（1969）提出的生物五界系统，地球上的生物分为原核生物界（Monera 或 Prokaryotae）、原生生物界（Protoctista）、真菌界（Fungi）、动物界（Animalia）和植物界（Plantae）。所以，微生物涵盖了五界中的前三界。然而，原生生物界中有些生物之间并没有亲缘关系，所以又被分为原生动物界（Protozoa）和色菌界（Chromista）。Woese（1987）根据细胞中核糖体 RNA（ribosomal RNA，rRNA）的核酸序列以及细胞膜膜脂的结构和对抗生素的敏感性，将生物分为三个域，即三域系统（the three domain system）。三域分别是细菌域（Bacteria）、古菌域（Archaea）和真核生物域（Eukarya）（图 1-2）。域是高于界的生物分类单位，真核生物域包括了原生生物界、真菌界、植物界和动物界。三域系统的主要进展是将传统认为的原核生物细菌分为真细菌（eubacteria）和古菌两个类群，但由于习惯使然，真细菌仍称为细菌。由此，根据三域系统，生物可分为六界，分别是古菌界（Archaebacteria）、细菌界（Eubacteria）、原生动物界（Protista）、真菌界（Fungi）、植物界（Plantae）和动物界（Animalia）。生物分类系统随着研究技术的进展而随之发生变化，目前国内外的微生物教材内容编制上大多习惯按六界系统进行，本教材也采用六界系统进行微生物类群方面内容的搭建。

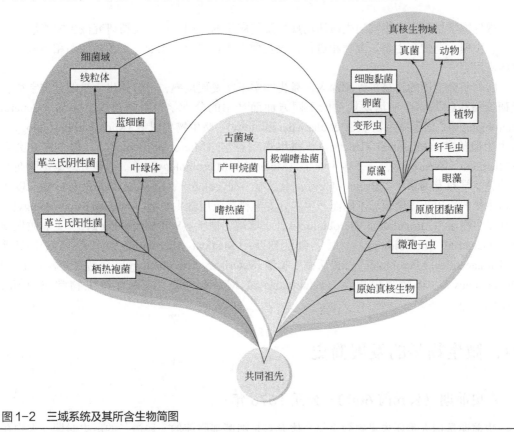

图1-2 三域系统及其所含生物简图

（修改自：Woese，2000）

地球上所有的生物都有一个共同的祖先，这个共同祖先是什么？科学家认为，地球上的所有生物都源自同一种实体，一种30亿年前或40亿年前漂浮在"原始汤"周围的原胞，称为"露卡（the Last Universal Common Ancestor, or the Last Universal Cellular Ancestor, LUCA）"，也就是"第一个基本的共同祖先"之意，它没有留下任何已知的化石，也没有其他物理线索可揭示其身份，所以，人们只能依靠间接证据来获取关于"LUCA"的生物信息及环境信息。

根据来自现存基因组的基因证据对祖先蛋白质序列所做重建表明，"LUCA"所处环境很热，"LUCA"是嗜热生物。但核糖体RNA（rRNA）序列过去被认为与一个温度较低的环境相一致。一种新的"分子温度计"方法可能已经解决了这一明显的偏差。利用关于分子演化的最新数学模型对来自数百种现代物种的rRNA及蛋白质序列所做的分析表明，存在两个环境温度变化阶段。后来变成"LUCA"的生物先是嗜中温的，生活在大约60℃的水中，然后适应了较高的温度（高于70℃），产生了一个嗜热的共同祖先。随着之后海洋温度降低，细菌、古菌和真核生物发生分化。

三、微生物学的范畴

微生物学是研究微生物的生命活动规律及其应用的一门学科。主要研究微生物的形态、构造、生理、遗传、生态、分类和进化，以及微生物在农业、工业、医药、能源和环境等领域的应用等。

随着研究范围的日益扩大和深入，微生物学不断发展成熟，已分化出大量的分支学科。以研究微生物基本生命活动规律的不同方面而产生的分支学科有普通微生物学（General Microbiology）、细胞微生物学（Cellular Microbiology）、微生物生理学（Microbial Physiology）、微生物遗传学（Microbial Genetics）、微生物生态学（Microbial Ecology）、微生物分类学（Microbial Taxonomy）、分子微生物学（Molecular Microbiology）等。以研究对象不同而产生的分支学科有细菌学（Bacteriology）、真菌学（Mycology）、病毒学（Virology）等。以研究微生物的应用及应用领域不同而产生的分支学科有应用微生物学（Applied Microbiology）、农业微生物学（Agricultural Microbiology）、土壤微生物学（Soil Microbiology）、工业微生物学（Industrial Microbiology）、医学微生物学（Medical Microbiology）、药物微生物学（Pharmaceutical Microbiology）、兽医微生物学（Veterinary Microbiology）、食品微生物学（Food Microbiology）、环境微生物学（Environmental Microbiology）、海洋微生物学（Marine Microbiology）等。

四、微生物学的发展简史

（一）史前期（公元前6000～公元1676年）

史前期是指人类还未见到微生物个体尤其是细菌细胞前的一段漫长的历史时期，大约在距今8000年前一直至公元1676年间。在没有发明显微镜、没有看到个体微小的微生物前，古代人们就已经根据生活生产经验或猜想，利用微生物生产食物和医药，控制微生物保藏食物和防治疾病。对个体较大的大型真菌蕈菌的利用则历史更为久远。

我国先民酿酒的历史可追溯到七八千年前的新石器文化时代，在新郑裴李岗、武安磁山、余姚河姆渡、偃师二里头、三星堆和西安半坡村等遗址均发现有盛酒或制酒的器具。人类用谷物制造酒类已有约 8000 年的历史。公元前 6000 年左右巴比伦人用黏土板雕刻的献祭用啤酒制作法是已发现的最古老的酒类文献。在距今 6000 多年前的苏美尔人的贸易遗址站里发现了双柄啤酒陶罐。公元前 2000 年埃及人制作面包。公元前 1000 年亚洲地区应用娄地青霉（*Penicillium roqueforti*）制作奶酪。我国酱油、食醋和酱腌菜的生产历史约有 3000 年。

远在公元前五世纪，我国名医扁鹊主张传染病应防重于治。公元前 556 年，就已经知道驱逐狂犬是预防传染病的有效方法。公元前 600 年古印度外科医生 Susruta 认为一些疾病能够通过接触、空气和水传播。罗马学者 Marcus Terentius Varro 指出，污水中滋生肉眼看不见的小生物，飘浮在空气中，通过口鼻进入人体引起疾病。公元二世纪，张仲景提出"禁食病死的兽肉和不清洁的食物"。公元 4 世纪中期，葛洪著的《肘后方》一书中，除详细记载天花病症状外，还注意到天花流行的方式。公元 10 世纪的时候，我国发明接种人痘防治天花的方法。到了 1768 年，英格兰医生爱德华·琴纳发明了牛痘防治天花。公元 16 世纪，Girolamo Fracastoro 指出疾病能够通过病原物"germs"在人群中传播。

北魏末年，贾思勰著的《齐民要术》中记载了我国人民在农业生产中应用微生物的多种方法，如利用微生物沤麻、制靛蓝和生物固氮（大田前作种豆，后作种谷类或蔬菜，或将绿豆压翻在土壤里，使它成为绿肥，再在田里种上谷物）等。我国是认识、利用和人工栽培食用菌最早的国家之一。在六七千年前的仰韶文化时期，那时的人已经采食菌类。在汉代王充的《论衡》中就记载了紫芝的栽培方法。唐宋以来，菌类的栽培发展迅速。《四时纂要》中记有金针菇的栽培方法，元代《王祯农书》中有香菇的栽培方法。在非洲阿尔及利亚北部发现有公元前 3500 年前的以"蘑菇"为题的人类岩画。在欧洲阿尔卑斯山上发现了一具有 5000 多年历史的木乃伊，从其腰包中发现有 3 种蘑菇的碎片。18 世纪法国开始栽培蘑菇，是欧美地区最早栽培蘑菇的国家。

（二）初创期（1676 ~ 1857 年）

1665 年，英国科学家罗伯特·胡克用自制的复式显微镜（放大倍数 40~140 倍）观察软木塞薄片，发现了生物体的最小结构单位"细胞"。但由于其显微镜放大倍数较小，以及缺乏染色技术，罗伯特·胡克未能观察到更小的微生物。

1676 年，荷兰布商和业余透镜磨制爱好者列文虎克（Antonie van Leeuwenhoek）（1632~1723）用自制的单透镜显微镜第一次观察到细菌，他当时称之为"微动物（animalclues）"（图1-3）。这一事件标志着微生物学的诞生，因此，列文虎克被誉为"微生物学之父"。列文虎克去世后，微生物学在一个多世纪内停滞不前，一方面是由于显微镜没有得到广泛应用，另一方面是人们没能将微生物与人类生活和工农业生产结合起来加以研究。直到 1857 年巴斯德的工作建立了这种联系，微生物学才开始受到重视。所以，初创期从 1676 年起至 1857 年结束。

（三）奠基期（1857 ~ 1897 年）

从 1857 年巴斯德发现发酵的微生物原理起直到 1897 年的时期，由巴斯德、科赫等为代表的微生物学家发现了微生物的发酵过程、化能自养和生物固氮现象，创立了疾病的微生物理论，发展了疫苗、微生物培养和显微观察技术等，使得微生物学成为一门科学。

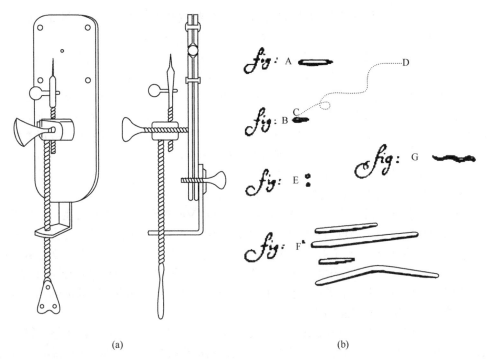

(a)   (b)

图 1-3　列文虎克自制的显微镜和观察到的微生物

(a) 列文虎克自制的显微镜。(b) 列文虎克观察到的微生物，C~D 表示微生物运动的路径

(引自：Warinner et al, 2014)

1857 年，法国科学家路易斯·巴斯德（Louis Pasteur）（1822~1895）在解决酒精发酵问题时，证实酵母菌利用糖生成乙醇，发酵的真正原因是生物。巴斯德还发现葡萄酒变酸是由一种细菌引起的（1858），并发明了巴斯德消毒法（1862）。1864 年，巴斯德巧妙地设计了曲颈瓶试验彻底推翻生命的自然发生说（spontaneous generation）。长期以来，人们认为生命自发地起源于非生命物质，如腐肉生蛆，肉汤能生出微生物。而巴斯德则坚信是空气中含有微生物，空气中的微生物进入到肉汤中才导致腐败。巴斯德先将肉汤倒入一个长颈瓶中，然后将长颈弯成 S 形，再将肉汤煮沸后冷却。弯曲的颈能够使空气进入瓶中，但却截留了空气中的微生物，这样即使经过数月肉汤依然不腐败（图 1-4）。

巴斯德与自然发生说以及后来与蚕病和产褥热斗争取得的胜利，使越来越多的人接受了疾病的微生物理论。在医治鸡霍乱病、炭疽病和狂犬病过程中，巴斯德发明了多种疫苗，为免疫学打下了基础。

德国医生科赫（Robert Koch）（1843~1910）是第一个确证某种细菌引起某一种疾病的人。科赫在研究牛羊炭疽病的病原时，建立了一套科学的鉴定特定疾病与特定微生物相关联的方法，被称为科赫法则（Koch's postulates）：①一种微生物必定大量存在于患病动物体内，而不应出现在健康动物体内；②该微生物可从患病动物中分离得到纯培养物；③将分离出的纯培养物人工接种健康动物时，必定产生相同的疾病；④从人工接种的患病动物中可以再次分离出这种微生物。除确证炭疽病的病原菌为炭疽芽孢杆菌（*Bacillus anthracis*）（1877）外，科赫利用该方法又相继确证了结核病的病原菌结核分枝杆菌（*Mycobacterium tuberculosis*）（1882）和霍乱病的病原菌霍乱弧菌（*Vibrio cholera*）（1883）。科赫还发明了固体纯培养微生物的方法，并在 Angelina 和 Walther Hesse 的建议下，将固体凝固剂由明胶改为琼脂。他的助手 Richard Petri 设计了一种圆形并带有围边的双盘，一个大，一个小，用作培养皿（Petri皿），使固体培养的方法进一步完善。1905 年科赫获得诺贝尔生理学或医学奖，表彰他在肺结核研究方面的贡献。

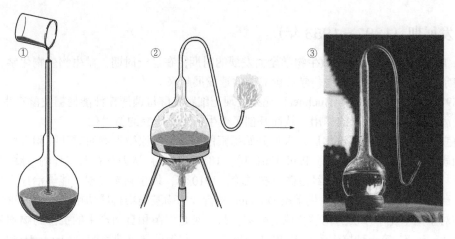

图1-4　巴斯德反驳自然发生论的实验

①将肉汤注入长颈瓶中；②先将瓶的长颈加热并弯曲成 S 形，然后再将肉汤加热煮沸数分钟；③冷却后，长时期内肉汤中没有出现微生物（引自：Tortora et al, 2003）

俄国微生物学家维诺格拉斯基（Sergei Winogradsky）（1856～1953）对土壤中化能自养细菌的发现和系统研究，奠定了土壤微生物学的基础。他发现了硫细菌、亚硝化细菌、硝化细菌、铁细菌等，创建了选择性培养（elective culture）的方法，提出了化能自养（chemoautotrophy）概念，揭示了一个新的代谢类型（1890），他是微生物生态学和环境微生物学的先驱。

生物固氮研究是这一时期的另一个重大突破。1888 年，德国学者赫尔利格尔（Hellreigel）等用砂培实验证明，豆科植物只有在形成根瘤时才能固定空气中的氮气。同年，荷兰学者贝杰林克（Beijerinck）证明了豆科植物根瘤是由细菌引起的，分离并进行了根瘤菌的纯培养。1889年，波兰学者柏拉兹莫夫斯基（Prazmowski）用根瘤菌纯培养物接种豆科植物，形成了根瘤。这样，在一年之中，按照科赫法则，以严格的科学实验开创了生物固氮研究这一崭新的领域。

科赫法则的发展

在科赫法则发表不久，科赫就发现有无症状的霍乱和伤寒病原携带者，便删去了法则的第一条的后半部分。如今携带病原而无症状或临床症状不明显的现象十分普遍，特别是病毒性传染病，如脊髓灰质炎、单纯疱疹、获得性免疫缺陷综合征（AIDS）和 C型肝炎等，脊髓灰质炎病毒仅使少数感染者瘫痪。

后来，科赫又发现，即使是接种或感染病原结核菌或霍乱病菌，也并非所有个体都罹病。因为有的个体可能很健康或免疫功能强大，或由于遗传原因、已接触过或接种过病原而获得了免疫力。所以，法则的第三条中的必定（must）应修改为可能（should）。

科赫法则的第二条对某些微生物病原也是不适用的，因为许多微生物至今还无法进行纯培养，如一些病毒。19 世纪后期，由于不能观察和纯培养病毒，严格套用科赫法则曾阻碍了病毒学的发展。近年来还发现少数复因疾病，即由二种生物复合侵染或一种生物和某种特殊理化因素共同作用而导致的疾病。对于这样的疾病，则需在共存性观察、分离和接种中开阔思路，灵活采用相应方法。因此，符合科赫法则是充分条件而往往不是必要条件。

由于植物病原易于纯培养，科赫法则仍是植物病理学的一项经典法则。

（四）发展期（1897～1953 年）

从 1897 年到 1953 年是微生物学全面发展的时期，在这一时期，微生物生物化学、医学微生物学、病毒学和微生物遗传学等创立并快速发展起来。

1897 年德国人毕希纳（Buchner）兄弟发现无细胞的酵母菌压榨汁能使糖发酵产生酒精，认为是酒化酶（zymase）的作用，从而开创了微生物生化研究的新时代。

建立疾病的微生物理论之后，人们开始探索能够杀死病原微生物而对动物和人体没有损伤的物质，德国医生埃尔利希（Paul Ehrlich）（1854～1915）认为存在有这样的"魔弹"，并提出了"化学疗法"的术语。经过数百次试验，1910 年，埃尔利希发现了能够治疗昏睡病、梅毒的药物。1935 年，德国生化学家 Domagk 将合成的磺胺类染料成功用于抗细菌感染。

相对于用于化学疗法的化学合成的药物，另一类是细菌和真菌产生的抗菌药物称为抗生素（antibiotics）。第一种抗生素是 1928 年苏格兰医生和细菌学家弗莱明（Alexander Fleming）（1881～1955）偶然发现的，是由青霉菌产生的抗细菌化合物，弗莱明将之命名为青霉素。10 年后，在弗洛里（Howard Florey）和钱恩（Ernst Chain）等的努力下，青霉素得以大规模生产，并逐步得到广泛应用。1945 年，弗莱明和弗洛里、钱恩被授予诺贝尔生理学或医学奖，人类从此进入抗生素时代。

尽管人类与病毒打交道已有上千年的历史，但因为病毒个体更为微小和难以培养，所以现代病毒学的诞生比细菌学要晚多年，直到 1898 年发现第一个病毒烟草花叶病毒后才逐渐建立起来。

1892 年，俄国科学家伊万诺夫斯基（Dimitri Iwanowski）发现，罹患花叶病的烟叶的叶汁即使经过细菌过滤器的过滤仍具有传染性，表明这种病原比以前所知的最小的细菌还要小，他称之为"过滤性传染因子"，认为可能是细菌产生的毒素。1898 年，贝杰林克独立地开展了与伊万诺夫斯基相似的实验，并发现这种传染因子是可溶性的，能够在活的植物细胞中增殖，他用"病毒（virus）"来命名这种过滤性传染因子。1915 年特沃特（Frederick Twort）和 1917 年埃雷尔（Felix d'Herelle）分别发现了细菌病毒即噬菌体。从 20 世纪 30 年代起开始探索病毒的理化性质，1935 年斯坦利（Wendell Stanley）获得了烟草花叶病毒的结晶；1936 年 Bawden 和 Pirie 证实烟草花叶病毒是由 RNA 和蛋白质组成的。1931 年电子显微镜问世，1939 年 Kansche 和 Ruska 用电镜第一次观察了烟草花叶病毒。在对烟草花叶病毒和噬菌体研究的同时，科学家也发现了许多其他植物和人及动物的病毒。

早在 1881 年巴斯德就观察到了微生物的遗传和变异现象，他发现炭疽杆菌在高温中培养以后毒性大减而抗原性不变，从而成功地制备出炭疽病疫苗。1928 年，英国科学家格里菲斯（Frederick Griffith）发现了细菌的转化现象，但当时并没有引起重视。20 世纪 30 年代中期开始进行酵母菌、脉孢菌和草履虫的遗传学研究，不过那时研究的对象限于能进行有性生殖的微生物，研究的课题大多限于基因的分离、连锁和重组等。直到 20 世纪 40 年代五个方面的工作方才促成微生物遗传学发展成为一门独立的学科。因此，微生物遗传学成了微生物学中最年轻的分支。

1941 年美国遗传学家比德尔（George W. Beadle）和生化学家塔特姆（Edward L. Tatum）意识到采用微生物作为遗传研究材料的优越性，用 X 射线处理脉孢菌的分生孢子，得到了多种营养缺陷型，从而建立了基因与蛋白质之间的联系，提出了一个基因一种酶的假说。1943 年，美国科学家德尔布吕克（Max Delbrück）和卢里亚（Salvador Luria）用严密的实验证实细菌的抗性是基因突变的结果。1944 年，美国细菌学家埃弗里（Oswald Theodore Avery）鉴定细菌的转化因子的本质是 DNA，第一次证明了 DNA 是遗传物质。此后 DNA 的重要意义才逐渐被认识，分子遗传学的发展才有可能。1946 年，美国微生物遗传学家莱德伯格（Joshua Lederberg）和生化学家塔特姆在大肠杆菌中以营养缺陷型为选择标记，发现了细菌的接合现象。这一发现既说明了生物界基因重组的普遍性，又开辟了应用大肠杆菌等为材料的遗传学研究的广阔领域。

（五）成熟期（1953 年至今）

1953 年，英国分子生物学家克里克（Francis H. C. Crick）（1916～2004）和沃森（James D. Watson）在弗兰克琳（Rosalind Franklin）工作的基础上提出了 DNA 结构的双螺旋模型，整个生命科学就进入了分子生物学研究的新阶段，同样也是微生物学发展史上成熟期到来的标志。

1961 年，Jacob 和 Monod 通过研究 *E. coli* 诱导酶形成机制，提出操纵子学说，阐明基因表达调控机制。在随后的几年里，尼伦伯格（Marshall Warren Nirenberg）、霍拉纳（Har Gobind Khorana）和霍利（Robert William Holley）等科学家以大肠杆菌和酵母菌为材料，破译了遗传密码，建立了以中心法则为基础的分子遗传学基本理论体系，为微生物分子生物学的大发展进一步打下了坚实的基础。1968 年，Paul Berg 成功地将人或动物的 DNA 片段与细菌的 DNA 连接在一起，开启了基因工程的序幕。1973 年，科恩（Stanley Cohen）等把一段外源 DNA 片段与质粒 DNA 连接起来，构成了一个重组质粒，并将该重组质粒转入大肠杆菌，第一次完整地建立起了基因克隆体系。1977 年，波耶尔（Panl D. Boyer）等首先将人工合成的生长激素释放抑制因子 14 肽的基因重组入质粒，成功地在大肠杆菌中合成得到这个 14 肽，这是利用遗传工程方法获得的第一个基因产物。

20 世纪 80 年代以后，随着核酸的人工合成技术、核酸序列快速测定技术、聚合酶链式反应（PCR）的特定核酸序列扩增技术、基因的分子克隆技术、分子杂交技术和 DNA 芯片技术等的发展，分子生物学的理论与技术全面渗透到微生物学研究的各个领域，对微生物学的发展起到了巨大的推动作用。

五、微生物的特点

微生物与其他生物一样，都具有生物所共有的四个基本属性：生长、繁殖、代谢和应答。非细胞生物病毒并不完全具有以上四个基本属性。此外，微生物还具有其他生物所没有的一些特点，概括起来有以下五个方面。

（一）个体小、表面积与体积的比值大

病毒是极其微小的颗粒，其他绝大多数微生物都是单细胞生物，所以，微生物的个体非常小，其大小的度量单位一般用微米（μm）（$1μm = 10^{-6}m$）甚至 nm（$1nm = 10^{-9}m$），如大多数病毒的长度范围在 10～300nm，绝大多数细菌的直径在 0.2～2.0μm，长度在 2～8μm，而真核生物的细胞直径一般是 10～100μm（图 1-5）。正如列文虎克所说，这种"微动物"大约是一只大虱子的眼睛的千分之一，可以把一万个它们放到一粒沙子里。

微生物的个体小，但表面积与体积比（surface area to volume ratio）或面容比则非常大。

表面积与体积比是物体的表面积与其体积的比值，一个球形体的计算公式是：

$$表面积与体积比 = \frac{表面积}{体积} = \frac{4\pi r^2}{\frac{4}{3}\pi r^3} = \frac{3}{r}$$

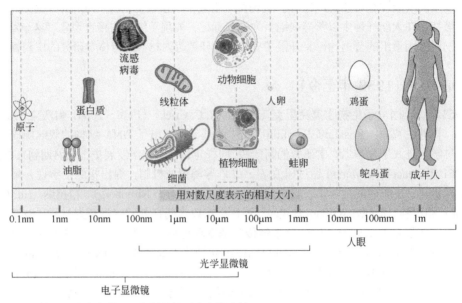

图1-5　不同生物细胞大小范围及与其他物质大小的比较

（引自：Lumen Learning，2022）

所以，物体的半径越小，其表面积与体积比就越大，物体与外部的接触面就越大。对于生物，小的个体能够产生巨大的表面积与体积比。表面积与体积比越大，生物体与外部环境之间进行物质、能量和信息交换的面积越大，单位时间内与外界进行交换的强度越大，能够迅速地从外界吸收营养，并使营养迅速地在细胞内分配，将代谢废物迅速排出体外。如一个直径为2μm球菌的表面积与体积比是3000000m^{-1}，一个直径为20μm的真核细胞的表面积与体积比是300000m^{-1}，仅是球菌的1/10。人的表面积与体积比约是29m^{-1}，长颈鹿约是9m^{-1}。

由于微生物是一个难以想象的小体积大面积系统，微生物的其他特性都与此有着紧密联系。

最小的生命机器

微生物很细小，基因组相应也很小，其编码的酶系能够满足自身生长繁殖的需要吗？最小的细菌肺炎支原体（*Mycoplasma pneumoniae*）的直径约250nm，在光学显微镜下勉强可见，基因组仅有816kb，编码689个蛋白质。然而，肺炎支原体却能够独立生活，基因组能够自我复制。Yus等（2009）和Kühner等（2009）发现，肺炎支原体的代谢网络具有高度的线性拓扑结构，许多酶是多功能性酶。应用串联亲和纯化-质谱（TAP-MS）对肺炎支原体的全蛋白质组分析表明，其全蛋白质组中存在有62个同源多聚体和116个异源多聚体可溶性蛋白质复合体，大约1/3的异源多聚体复合体具有高水平的蛋白质组结构，在代谢过程中表现出高度的顺序性和组分共用性。肺炎支原体的全蛋白质组向人们展示了一个生命所需要的最小的机器。

（二）生长繁殖快

生长是生物个体体积和质量的增加，而繁殖则是产生新的个体，二者有着明显的差别。然而，对于绝大多数为单细胞的微生物来说，生长和繁殖往往很难区分，其生长速度快即意味着繁殖速度快，繁殖一代所需的时间（世代时间，简称为代时）短，个体数量增加迅速。微生物具有极快的生长繁殖速度。在适宜的生长条件下，常见的大肠杆菌（$Escherichia\ coli$）繁殖一代所需的时间是 $12.5\sim20min$，枯草芽孢杆菌（$Bacillus\ subtilis$）是 $31min$，啤酒酵母（$Saccharomyces\ cerevisiae$）是 $120min$。

若按大肠杆菌 $20min$ 繁殖一代计，$1h$ 可繁殖 3 代，经过 $48h$ 可繁殖 144 代，这时，从当初的一个细菌可以产生 2^{144} 即 2.23×10^{43} 个细菌，每个细菌质量按 $1\times10^{-12}g$ 计，总质量达到 $2.23\times10^{25}t$，约为地球质量的 4000 倍。然而，事实上，由于营养、空间的限制，以及代谢产物的抑制作用，微生物如此快速的繁殖速度只能维持数小时，在液体培养时，细菌细胞的浓度一般仅达 $10^8\sim10^9$ 个/mL。

微生物生长繁殖快，可以在生存竞争中迅速占据优势，也使得利用微生物进行的生产具有其他生物无可比拟的高效率。

（三）代谢活性强，代谢类型多

因为微生物有着巨大的表面积与体积比，营养物质的吸收和代谢产物的排泄都非常迅速，所以，微生物的代谢活性非常强。大肠杆菌在 $1h$ 内消耗的糖可达到其自身质量的 2000 倍，而人一年内所消耗的粮食仅是自身质量的 4 倍。$1kg$ 的酵母菌在 $1d$ 之内可使几吨糖全部转化为乙醇和二氧化碳。产朊假丝酵母（$Candida\ utilis$）合成蛋白质的能力比大豆强 100 倍，比食用公牛强 10 万倍。一接种环的谷氨酸生产菌，经 $2d$ 的扩大培养和发酵，就能将 $8000kg$ 糖和 $2000kg$ 尿素转化为 $3000kg$ 的菌体和 $4000kg$ 的谷氨酸。因此，利用微生物进行的发酵生产效率非常高。

微生物代谢类型多，微生物能够利用的物质种类多。动植物能够利用的各种营养物质，微生物几乎都能够利用，很多动植物不能利用的物质，微生物同样能够很好利用，如纤维素、木质素、几丁质、植酸、角蛋白、甲醇、甲烷、天然气、石油、塑料、剧毒农药，以及许多无机化合物，包括硫、硫化氢、氧化亚铁和氢气等。微生物获取营养的方式多，不仅有植物的光能自养型、动物的化能异养型，还有光能异养型和化能自养型。

（四）分布广，数量多

微生物分布广，生境范围涵盖整个生物圈。在土壤、空气、水体、动植物以及人体表面和体内生活着各种各样的微生物，即使在许多恶劣环境中同样有微生物在那里栖息，如极地、沙漠、温泉、岩石和深海等。有些微生物可以在极端环境中生存，称为极端环境微生物（extremophiles）。这些极端环境微生物有的可生活在地表以下 $7km$ 的岩石中；有的生境温度可高达 $130℃$，有的则可低至 $-17℃$；有的生境 pH 值可低至 0，有的则可高至 11.5；有的生境的盐浓度可达到饱和浓度；有的生境的压强可高达 $1000\sim2000atm$（$1atm\approx10^5Pa$），有的则可低至 $0atm$（如真空环境）；有的生境的辐射强度可高达 $5kGy$（$1Gy$ 等于 $1kg$ 物质吸收 $1J$ 的能量）。

微生物个体小，生长繁殖快，凡是有微生物存在的地方，其数量都十分巨大。一克土壤中含微生物在几千万个至几亿个；一次咳嗽含有约十万个细菌，两万个病毒；一张纸币上有数万个细菌；人的粪便的固体部分中细菌最多可达 50%。所以，我们在生活中要养成良好的卫生习惯。

（五）易变异

微生物的遗传变异速率高于动植物，其原因可能有：微生物绝大多数是单细胞，通常是单倍体，一旦发生变异即可能发生表型的改变；原核细胞的基因是连续的，没有内含子，一旦出现突变便是实质上的突变，而真核生物的内含子部分发生突变，不会影响到基因表达的正确性；微生物细胞直接与外部环境相接触，易受环境条件的作用发生突变，另外也更利于通过转化、转导和接合等，发生不同个体间基因的横向转移；微生物繁殖速度快，遗传物质复制频率高，也更易发生复制错误，基因发生变异的个体可在短时间内产生大量变异的后代，使变异得以遗传下去。因为易变异，所以微生物进化速度快，能够迅速适应发生变化的环境。

六、微生物与我们

微生物种类繁多，Bull 等（1992）报道，已记载的微生物种类总数是 149560 种，约为估计总数（183 万）的 8.17%，其中，细菌已知有 4760 种，约为估计总数（40000）的 12%；真菌已知有 69000 种，约为估计总数（1500000）的 5%；病毒已知有 5000 种，约为估计总数（130000）的 4%；藻类已知有 40000 种，约为估计总数（60000）的 67%。大多数微生物对人类有益，只有一少部分能致病或只在特定环境下致病，有些微生物能引起食品变质和破坏工农业产品。微生物在多方面造福人类，如环境、农业、食品、医药和能源等。正如一位科学家所说：选择微生物学科和可能选择的别的绝大多数学科相比，在从事人类未来的健康和福利事业发明创造方面，能够提供更多更成功的机会。

（一）参与生物地球化学循环

微生物在地球上最重要的作用就是能够将组成生物的所有元素进行再循环，特别是 C、O 和 N。这些元素以不同的分子形式存在，微生物通过极其多样的代谢作用，主要是分解作用、光合作用和固氮作用，将各种元素变成适于各种类型的生物所需的营养形式。

地球上的初级生产即是能够进行光合作用的生物吸收 CO_2 合成有机物的过程。海洋中的绿藻和蓝细菌的初级生产量几乎和陆地上的植物相当，它们是海洋生物的碳源。

微生物可以分解或降解所有天然的有机化合物，将之彻底分解产生 CO_2，重回大气层。对一些人工合成的有机化合物如塑料、农药的作用速度要慢些或不彻底。

地球上只有部分原核生物能够将大气中丰富的 N_2 转化为 NH_3 供其他动植物利用。固氮作用是农业生产导致土壤氮素损失的重要补充。生物固定的氮已达 2.0 亿吨/年，占地表化合态氮的 65%～70%，其中根瘤菌豆科植物共生体固定的氮又占生物固氮量的 65% 以上，对农业生产有重要的作用（陈文新等，2004）。

植物、绿藻和蓝细菌能够进行产氧的光合作用，大气中的氧气至少 50% 是绿藻和蓝细菌这些光合微生物产生的。在植物没有进化产生之前的大约十亿年里，地球上的产氧生物只有微生物。尤其是蓝细菌，不仅能够进行产氧光合作用，还能够固氮，是地球上最早出现的生命，其中聚球蓝细菌（*Synechococcus*）是水体中主要的蓝细菌，其初级生产量约占海洋初级生产量的 25%。

（二）微生物与农业

几乎所有的动植物都要依赖微生物来吸收和利用营养。全球微生物年固氮量超过了工业固氮量。利用害虫的病原菌防治农业害虫，利用农业抗生素防治农业病害，可大大减少化学农药的使用量，减少环境污染，生产绿色食品。农业废弃物秸秆经微生物作用可转化为具有高食（药）用价值的食（药）用菌。应用饲用酶制剂可显著提高饲料售价，提高畜牧业经济效益。土壤环境污染治理的最有效措施是微生物修复。所以，微生物在农业生产中起着非常重要的作用。

（三）微生物与工业

发酵工程是指采用现代工程技术手段，利用微生物的某些特定功能，为人类生产有用的产品，或直接把微生物应用于工业生产过程的一种新技术。利用发酵工程技术生产的产品有发酵食品——酒类、调味品（酱油、醋、味精等）、饮料等；发酵药物——抗生素、抗癌药物、激素、干扰素、维生素等；发酵生产的化工产品——染料、有机酸、塑料、食品（饲料）添加剂等；环境微生物废水处理、固废处理、土壤修复、空气净化等；其他工业，如造纸、冶金、采油、生物能源等。在进行微生物发酵时，所用的原料绝大多数都是农副产品，包括玉米粉、玉米浆、淀粉、糖蜜、豆饼粉、大豆、谷物、薯类等。所以，发酵工程也是利用微生物发酵技术进行农副产品深加工的生物工程技术。而且，利用微生物进行农副产品的深加工与其他深加工相比，技术密集度更高，产品附加值更高，投入产出比更高。

（四）微生物与科学研究

微生物，特别是大肠杆菌、啤酒酵母和粟酒裂殖酵母（*Schizosaccharomyces pombe*）等，由于易培养、生长快、基因组小、细胞结构简单，成为生命科学工作者在研究生命现象和规律时最乐于选用的研究对象，用作模式生物，是生物工艺学、生物化学、遗传学和分子生物学等领域进行科学研究的非常高效的工具。

（五）微生物与人类健康

和动植物一样，微生物也生活在人体的各种表面或组织中，称为正常菌群，如皮肤表面、消化系统内等，帮助人体抵御病原菌和消化食物，并能合成许多维生素供人体利用。这些正常菌群中既有细菌和真菌，也有古菌，最主要的有乳杆菌（*Lactobacillus*）和双歧杆菌（*Bifidobacterium*）。

（六）微生物的危害

微生物的危害首先是引起人、动物和植物的传染病。在细菌、真菌、原生动物和病毒这四大类微生物中都有病原，在古菌和绿藻中尚未发现有病原。

人类历史上，14世纪，欧洲鼠疫（黑死病）导致2000万人死亡，人口减员约1/4。15世纪末美洲天花、鼠疫、流感导致90%以上土著印第安人死亡。17～18世纪，欧洲天花导致1.5亿人死亡。19世纪末至20世纪，亚欧美非地区鼠疫导致1000万以上人死亡。发现于1981年的人类免疫缺陷病毒（human immunodeficiency virus，HIV）引起的艾滋病（获得性免疫缺陷综合征），在世界范围内导致了3500万人的死亡，超过8000万人受到感染。暴发于2019

年末的新型冠状病毒（SARS-CoV-2）疫情，在不到 2 年的时间内，造成全世界 1.5 亿多人感染，320 多万人死亡。目前，对人类威胁最大的传染病除艾滋病外，还有包括埃博拉、霍乱、瘟疫、昏睡病、肺结核等。

动物传染病的大规模暴发在给人民的健康带来巨大威胁的同时，也给世界经济和生态造成了严重影响。20 世纪 90 年代英国暴发的疯牛病，所造成的经济损失高达 90 亿～140 亿美元。2003 年 3 月荷兰发生了 H7N7 型禽流感暴发疫情，约 900 个农场内的 1400 万只家禽被隔离，1800 多万只病鸡被宰杀。在疫情暴发期间，共有 80 人感染了禽流感病毒，其中 1 人死亡。据世界卫生组织（WHO）统计资料表明，人的传染病 60%来源于动物，50%的动物传染病可以传染给人。

1845～1846 年，爱尔兰因马铃薯晚疫病绝产，饿死 100 万人，迫使 164 万人逃荒到北美。1942～1943 年，印度孟加拉邦因水稻胡麻斑病危害，超过 200 万人被饿死。据联合国粮农组织和国外专家估计，植物病害造成的损失占总产量的 10%～15%。

微生物引起食品变质和破坏工农业产品造成的损失和危害同样十分惊人。食品污染了致病性微生物或能够产生毒素的微生物等，影响人体生命和健康，这些微生物主要有沙门氏菌、李斯特氏菌、痢疾杆菌、霍乱弧菌、副溶血弧菌、致病性大肠杆菌、肉毒梭菌、黄曲霉、伏马菌等。欧洲的麦角甾醇中毒曾造成几千人死亡；20 世纪 30 年代，葡萄穗霉毒素中毒曾造成大批牛死亡；1960 年在英国东南部因黄曲霉毒素污染导致 10 万只火鸡死亡。另外，微生物对有机工业产品的分解破坏，一般在有氧环境中，主要是真菌和细菌，在无氧环境中，主要是细菌。

因此，我们学习和研究微生物学，就是要全面了解和揭示微生物生命活动的规律，充分利用微生物为人类造福，将微生物造成的危害降至最低，实现人类与环境的和谐与健康可持续发展。

本章小结

微生物是肉眼不能看到的微小生物的总称。微生物不是分类学上的一个概念，是多种生物的集合体，包括了细菌域中的细菌、放线菌、蓝细菌和支原体等，古菌域中的产甲烷菌、极端嗜盐菌和嗜热菌等，真核生物域中的真菌、原生动物和藻类等。这些微生物的形态、大小、生活习性等相差较大，但概括起来，微生物具有 5 个共同特点，分别是个体小、表面积与体积的比值大，生长繁殖快，代谢活性强、代谢类型多，分布广、数量多，易变异。

因为直到 17 世纪后期才发明显微镜，人们得以看到微生物，并进一步对其生命活动规律及应用开展研究，所以，微生物学的诞生较晚。然而，微生物有着动植物所没有的许多特性，尽管有少部分能致病或只在特定环境下致病，有些能引起食品变质和破坏工农业产品，但大多数微生物对人类有益，它们正在多方面造福人类，并将在未来更多更深刻地造福于人类。

思考题

1. 为什么地球上最早出现的生命最可能是蓝细菌？
2. 三域生物系统主要是根据生物的哪些特性进行划分的？
3. 巴斯德对微生物学的发展有哪些贡献？
4. 科赫法则的局限性是什么？

5．微生物学发展史可分为哪些阶段，各阶段重要的进展是什么?

6．微生物有哪些共同特性?

7．微生物从哪些方面影响着人类的活动?

参考文献

Bos L, 1999. Beijerinck's work on tobacco mosaic virus: historical context and legacy. Philos Trans R Soc Lond B Biol Sci, 354(1383): 675-685.

Bull A T, Goodfellow M, Slater J H, 1992. Biodiversity as a source of Innovation in biotechnology. Annu Rev Microbiol, 46: 219-252.

James A, Barnett J A, 2003. Beginnings of microbiology and biochemistry: the contribution of yeast research. Microbiology, 149: 557-567.

Javaux E J, 2019. Challenges in evidencing the earliest traces of life. Nature, 572(7770): 451-460.

Kühner S, Noort V V, Betts M J, et al, 2009. Proteome organization in a genome-reduced bacterium. Science, 326(5957): 1235-1240.

Ligon B L, 2004. Penicillin: its discovery and early development. Seminars in Pediatric Infectious Diseases, 15(1): 52-57.

Lumen Learning, 2022 Comparing Prokaryotic and Eukaryotic Cells. https://courses.lumenlearning.com/biology1/chapter/comparing-prokaryotic-and-eukaryotic-cells/

Tortora G J, Funke B R, Case C L, 2003. Microbiology: an Introduction, 8th. Benjamin Cummings.

Wannner C, Speller C, Colins M J. A new era in palaeomicrobiology: prospects for ancient dental calculus as a long-term record of the human oral microbiome. Philos T R Soc B, 2015, 370(1660): 20130376.

Woese C R, 1987. Bacterial evolution. Microbiol Rev, 51: 221-271.

Woese C R, 2000. Interpreting the universal phylogenetic tree. Proc Natl Acad Sci U S A, 97(15):8392-8396

Yus E, Maier T, Michalodimitrakis K, et al, 2009. Impact of genome reduction on bacterial metabolism and its regulation. Science, 326(5957): 1263-1268.

Woese C R, Kandler O, Wheelis M L, 1990. Towards a natural system of organisms: proposal for the domains Archaea, Bacteria, and Eucarya. Proc Natl Acad Sci U S A, 87(12): 4576-4579.

陈文新，陈文峰, 2004. 发挥生物固氮作用减少化学氮肥用量. 中国农业科技导报, 6(6): 3-6.

邱立友, 2007. 发酵工程与设备. 北京: 中国农业出版社.

邱立友, 2008. 固态发酵工程原理与应用. 北京: 中国轻工业出版社.

周德庆, 2002. 微生物学教程. 2 版. 北京: 高等教育出版社.

第二章

原核微生物

原核微生物是最原始的生物，由原核细胞组成，包括蓝细菌、细菌、古菌、放线菌、立克次氏体、支原体和衣原体等。原核生物细胞没有核膜和核仁，只有拟核，进化地位较低。

根据微生物的进化水平和各种性状上的明显差别，可将其分为原核微生物（prokaryotic microorganism）、真核微生物（eukaryotic microorganism）和非细胞微生物（acellular microorganism）三大类群。

原核微生物是指一大类细胞核无核膜包裹，只存在称作核区（nuclear region）裸露 DNA 的原始单细胞生物，包括细菌域（Bacteria，又称"真细菌"Eubacteria）和古菌域（Archaea，又称"古生菌"或"古细菌"Archaebacteria）。其中，细菌域（广义上的细菌）的种类很多，包括细菌（狭义的细菌）、放线菌、蓝细菌、支原体、立克次氏体、衣原体、螺旋体、黏细菌等。古菌是 20 世纪 70 年代后发现的一个微生物类群，虽然它们在若干重要生化反应和进化上与真核生物关系较为密切，但其细胞构造属于原核类型。本章将分别介绍这几大类原核微生物类群。

第一节

细菌的结构与功能

细菌（bacteria）是一类细胞细小、结构简单、种类繁多、细胞壁坚韧、以二分裂方式繁殖、水生性较强的单细胞原核微生物。

细菌是自然界种类最多、数量最大、分布最广、与人类关系十分密切的一类微生物。在人体内外部和四周的土壤、空气以及水体中到处都有大量的细菌集居。凡在潮湿、温暖和有机质丰富的地方，都有各种细菌大量活动，并常常散发出特殊的臭味或酸败味。病原性细菌会引起人和动物的一些疾病，腐败菌会引起各种食物和工农业产品的腐烂变质，还有一些细菌会引起植物病害。目前由细菌引起的人、动物和植物的传染病已经得到较好的控制，越来越多的有益细菌被发掘并应用于工业、农业、医药和环保等领域，给人类带来了巨大的经济效益、社会效益和生态效益。此外，在重大基础研究领域，细菌被用作重要的研究对象或模式生物，在生命科学研究中发挥着重要作用。

一、细胞的形态、排列和大小

由于细菌个体微小，其个体形态要借助于光学显微镜和电子显微镜来观察和研究。

（一）形态和排列

细菌在一定环境条件下具有相对稳定的形态结构，尽管种类繁多，但外形主要有球状、杆状和螺旋状 3 种基本形态，见图 2-1。

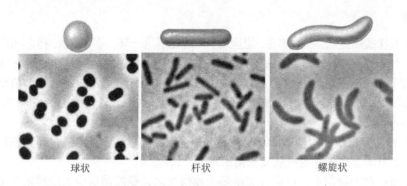

球状　　　　　杆状　　　　　螺旋状

图 2-1　细菌的三种基本形态（上为模式图，下为显微图片）

（引自：Madigan 等，2015）

1. 球菌

球菌呈圆球形或椭圆形。根据其细胞分裂面的方向和数目不同，以及分裂后菌体之间的不同排列方式，可以把球菌分为以下 6 种类型：①单球菌，细胞在一个平面上进行分裂，分裂后菌体全部散开，单独存在，如尿素小球菌（*Micrococcus ureae*）；②双球菌，细胞在一个平面上分裂一次后，两个细胞不分开，成对排列，如肺炎双球菌（*Diplococcus pneumoniae*）；③链球菌，细胞在一个平面上分裂多次后而不分开，排列成链状，如乳酸链球菌（*Streptococcus lactis*）；④四联球菌，细胞在两个相互垂直的平面上各分裂一次，新形成的四个细胞排列在一起，呈田字形，如四联微球菌（*Micrococcus tetragenus*）；⑤八叠球菌，细胞在 3 个相互垂直的平面上各分裂一次，8 个新细胞排在一起，呈立方体形，如尿素八叠球菌（*Sarcina ureae*）；⑥葡萄球菌，细胞在不规则平面上进行多次分裂，菌体排列无一定规则，呈葡萄状，如金黄色葡萄球菌（*Staphylococcus aureus*）。

球菌的几种典型形态如图 2-2 所示。

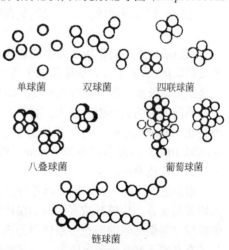

单球菌　　双球菌　　四联球菌

八叠球菌　　　　葡萄球菌

链球菌

图 2-2　球菌的几种代表形态和排列方式

（引自：诸葛健等，2009）

2. 杆菌

细胞呈杆状或圆柱状，其细胞外形较球菌复杂，常有短杆状、棒杆状、梭状、梭杆状、分枝状、螺杆状和弯月状等。有的杆菌菌体很长，称为长杆菌，如枯草芽孢杆菌（*Bacillus subtilis*）；有的较短，或呈椭圆形近似球菌，称为短杆菌或球杆菌，如甲烷短杆菌属。菌体两端常呈不同的形状，一般钝圆，如蜡状芽孢杆菌（*Bacillus cereus*）；有的平截，如炭疽芽孢杆菌（*Bacillus anthracis*）；有的较尖，如鼠疫杆菌（*Yersinia pestis*）；有的在菌体一端分枝，呈"丫"状，如双歧杆菌属（*Bifidobacterium*）；有的杆菌稍弯曲，如脱硫弧菌属（*Desulfovibrio*）；有的杆菌末端膨大呈棒状；有的有一柄，如柄细菌属（*Caulobacter*）。

一般而言，同一种杆菌的粗细较为稳定，而它的长度经常随培养条件的变化而呈现出较大的变化。杆菌由于只有一个与长轴垂直的分裂面，只有单生和链状两种排列方式。鉴于杆菌的排列方式少又不稳定，因而很少用于分类鉴定。

3. 螺旋菌

细胞呈弧状或螺旋状。一般单生，能运动。若螺旋不满一环，呈"C"状，称为弧菌（*Vibrio*），如霍乱弧菌（*Vibrio cholerae*）；螺旋在 2～6 环的、小型坚硬的螺旋状细菌称为螺菌（*Spirillum*），如迂回螺菌（*Spirillum volutans*）；螺旋在 6 环以上、体长而柔软的螺旋状细菌称为螺旋体（*Spirochaeta*），属于螺旋体纲，是介于细菌与原生动物之间的类型，如梅毒密螺旋体（*Treponema pallidum*）。

上述 3 种类型是细菌的基本形态，除此以外，细菌在自然界还有其他罕见的形态，如梨状、叶球状、方形、星形、盘碟状及三角形等。

自然界所存在的细菌中，杆菌种类最多，球菌次之，螺旋菌最少。发酵工业上常用的是球菌和杆菌，螺旋菌主要为病原菌。

细菌的形态受环境条件影响较大，如培养温度、培养时间、培养基中的物质组成与浓度等发生改变，都会引起细菌形态的改变。细菌处于幼龄时期及生长条件适宜时，形态正常，表现出自身特定的形态。若培养时间过长，或处于不适宜的培养条件，生长环境周围有抗生素等存在时，细菌细胞常出现不正常形状，如有的细胞膨大或出现梨形、丝状等不规则形态。如将这些异形细菌细胞重新转移到合适的新鲜培养基中，又可恢复原来形态。

（二）细菌的大小

由于细菌细胞在干燥固定和染色过程中会收缩，所以其大小和体积的准确测定应当用活细胞进行。细菌细胞的大小一般用显微测微尺来测量，并以多个菌体的平均值或变化范围来表示。

细菌细胞大小的常用度量单位是微米（μm，即 10^{-6}m）。球菌大小以直径来表示，杆菌和螺旋菌以宽×长表示。一般球菌大小在 0.2～1μm，杆菌为(0.5～1)μm×(1～3)μm，螺旋菌的长度是指可见长度，而不是真正长度，即弯曲菌体两端点的空间距离。

不同细菌的大小相差很大，其中，大肠杆菌可作为典型细菌细胞大小的代表，其平均大小约为 2μm×0.5μm。迄今所知道的最大的细菌是纳米比亚硫磺珍珠菌（*Thiomargarita namibiensis*），其大小在 0.32～1mm，肉眼可见；而最小的纳米细菌直径只有 50nm，甚至比最大的病毒还要小。

细菌的大小随种类不同而有差异（表 2-1），即使同一种细菌，其大小也会因环境条件，如培养基成分、培养基浓度、培养温度和时间等影响而有差别。在适宜的生长条件下，幼龄细胞或对数期细胞的形态一般较为稳定，因而适于进行形态特征的描述。在非正常条件下生长或衰老的细胞常表现出膨大、分枝或丝状等退化类型。

表 2-1　常见细菌的大小

菌名	大小（μm，直径或宽×长）
大肠杆菌（*Escherichia coli*）	0.5×(1～3)
普通变形杆菌（*Proteus vulgaris*）	(0.5～1)×(1～3)
伤寒沙门氏菌（*Salmonella typhi*）	(0.6～0.7)×(2～3)
乳酸链球菌（*Streptococcus lactis*）	0.5～1
化脓链球菌（*Streptococcus pyogenes*）	0.6～1
金黄色葡萄球菌（*Staphylococcus aureus*）	0.8～1
嗜酸乳杆菌（*Lactobacillus acidophilus*）	(0.6～0.9)×(1.5～6)
枯草芽孢杆菌（*Bacillus subtilis*）	(0.7～0.8)×(2～3)
炭疽芽孢杆菌（*Bacillus anthracis*）	(1～1.3)×(3.0～10)

（引自：武汉大学、复旦大学，1987）

二、细胞的构造

　　细菌细胞的模式构造见图 2-3。一般细菌都具有的构造称为基本构造，包括细胞壁（cell wall）、细胞膜（cell membrane）、细胞质（cytoplasm）和核区（nuclear region）；仅在部分细菌中才有的或在特殊环境条件下才形成的结构称为特殊构造，如荚膜（capsule）、鞭毛（flagellum）、菌毛（pilus）以及芽孢（spore）等。

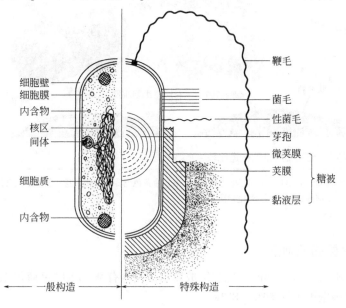

图2-3　细菌细胞的模式构造

（引自：周德庆，2005）

（一）细胞壁

　　细胞壁是位于细胞最外面的一层厚实、坚韧的外被，无色透明，有固定外形和保护细胞等多种作用。通过质壁分离和适当的染色方法，可在光学显微镜下看到；也可经超薄切片后，在电镜下直接观察其细微结构。

与真核生物细胞壁不同，例如高等植物细胞壁的主要成分是纤维素，丝状真菌的细胞壁主要含几丁质，真细菌细胞壁的主要成分是肽聚糖（peptidoglycan），又称胞壁质（murein）、黏肽（mucopeptide）或黏质复合物（mucocomplex），是原核生物细胞壁的特有成分。

细胞壁的厚度因菌种而异，一般在 10～80nm，质量占菌体干重的 10%～25%。

细胞壁坚韧且具有一定的弹性，其主要功能有：①固定细胞外形和提高机械强度，使其免受渗透压等机械外力的损伤；②为细胞的生长、分裂和鞭毛运动所必需；③屏障保护作用，阻拦大分子有害物质（某些抗生素、溶菌酶、消化酶等）进入细胞；④赋予细胞特定的抗原性、致病性以及对抗生素和噬菌体的敏感性。

1884 年，丹麦医生 C. Gram 通过细胞染色将细菌区分为革兰氏阳性（Gram positive, G$^+$）细菌和革兰氏阴性（Gram negative, G$^-$）细菌。进一步的研究表明这两大类细菌的主要区别在于细胞壁的构造不同（图 2-4）。

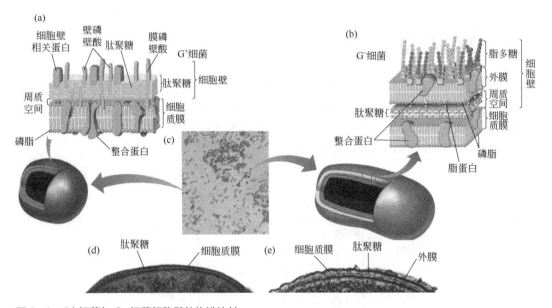

图 2-4　G$^+$细菌与 G$^-$细菌细胞壁的构造比较

(a) G$^+$细菌细胞壁的模式图；(b) G$^-$细菌细胞壁的模式图；(c) 金黄色葡萄球菌和大肠杆菌革兰氏染色图；(d) G$^+$细菌细胞壁的透射电镜图；(e) G$^-$细菌细胞壁的透射电镜图

（引自：Madigan 等，2015）

1. 革兰氏阳性菌的细胞壁

G$^+$ 细菌细胞壁厚 20～80nm，化学组成简单，只含有 90%的肽聚糖和 10%的磷壁酸 [图 2-4 (a)]，占细胞壁干重的 50%～80%。

肽聚糖结构如图 2-5 和图 2-7 (b) 所示，由 3 部分组成：①双糖单位，由两种糖的衍生物 N-乙酰葡糖胺（N-acetylglucosamine，简写为 G）和 N-乙酰胞壁酸（N-acetylmuramic acid，简写为 M）通过 β-1,4 糖苷键重复交替连接成聚糖骨架。双糖单位中的 β-1,4 糖苷键很容易被一种广泛分布于卵清、人泪和鼻涕以及部分细菌和噬菌体中的溶菌酶（lysozyme）所水解，从而导致细菌细胞壁被破坏而死亡。②肽尾，由 4 个氨基酸分子按 L 型和 D 型交替方式连接而成的短肽。在金黄色葡萄球菌中，为 L-丙氨酸-D-谷氨酸-L-赖氨酸-D-丙氨酸，其中 2 种 D

型氨基酸在细菌细胞壁之外很少出现。肽尾通过肽键连接在聚糖骨架链的 *N*-乙酰胞壁酸的乳酰基上。③肽桥（或称肽间桥、交联桥）(peptide interbridge)，相邻肽尾相互交联形成的网状结构。不同细菌肽桥的类型不同，由此形成了肽聚糖的多样性，目前已超过 100 种。在细菌肽聚糖的肽桥中，主要有 4 种类型（见表 2-2）。

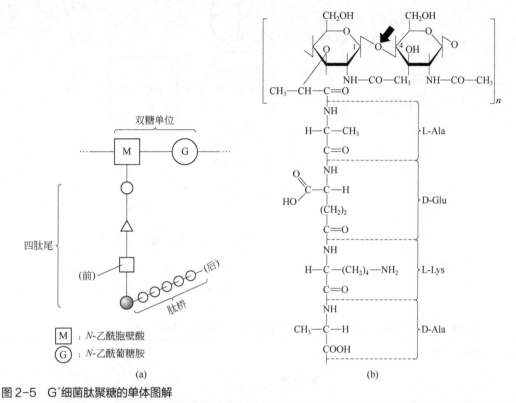

图 2-5　G$^+$ 细菌肽聚糖的单体图解

(a) 简化的单体分子；(b) 单体的分子构造（箭头示溶菌酶的水解位点）
(引自：黄秀梨等，2009)

表 2-2　肽聚糖分子中的 4 种主要肽桥类型

类型	甲肽尾上连接点	肽间桥	乙肽尾上连接点	举例
Ⅰ	第 4 氨基酸	—CO·NH—	第 3 氨基酸	*E. coli*（G$^-$）
Ⅱ	第 4 氨基酸	—(Gly)$_5$—	第 3 氨基酸	*S. aureus*（G$^+$）
Ⅲ	第 4 氨基酸	—(肽尾)$_{1\sim2}$—	第 3 氨基酸	*Micrococcus luteus*（G$^+$）
Ⅳ	第 4 氨基酸	—D-Lys—	第 2 氨基酸	*Corynebacterium poinsettiae*（G$^+$）

(引自：周德庆，2002)

磷壁酸（teichoic acid，又称垣酸）为 G$^+$ 细菌细胞壁的特有成分，是结合在 G$^+$ 细菌细胞壁上的一种酸性多糖。磷壁酸由多个（8～50 个）核糖醇或甘油以磷酸二酯键连接而成，因此按化学成分可分为甘油磷壁酸（见图 2-6）和核糖醇磷壁酸两种类型。磷壁酸的长链插在肽聚糖中，根据与细胞结合部位的不同，磷壁酸又可分为两种 [图 2-4 (a)]：①壁磷壁酸，其长链一端通过磷脂与肽聚糖上的 *N*-乙酰胞壁酸共价结合，另一端游离伸出细胞壁之外。可用稀酸或稀碱溶液提取，含量可达细胞壁干重的 50%（或细胞干重的 10%），含量多少与培养基成分密切相关。壁磷壁酸大多为核糖醇型，少数是甘油型。②膜磷壁酸，也称脂磷壁酸(lipotechoic acid, LTA），甘油磷酸链分子通过共价键与细胞膜外层上的糖脂结合，穿过肽聚糖层到达细胞壁表面。其含量与培养条件关系不大，可用热水或45%热酚提取。

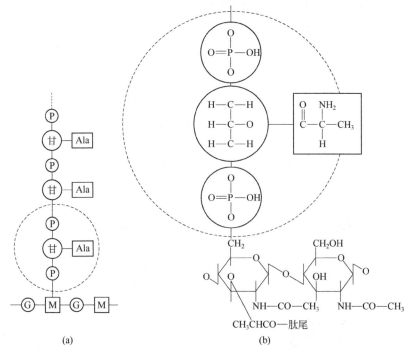

(a) (b)

图2-6　甘油磷壁酸的结构模式（a）及其单体（虚线范围内）的分子结构（b）

（引自：周德庆，2005）

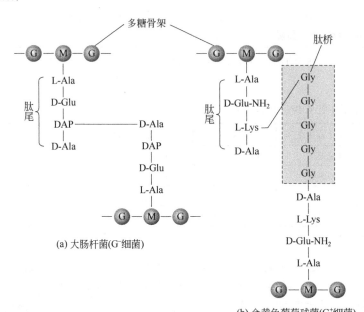

(a) 大肠杆菌(G⁻细菌)

(b) 金黄色葡萄球菌(G⁺细菌)

图2-7　G⁺细菌与G⁻细菌肽聚糖结构比较

(a) 大肠杆菌肽聚糖（DAP：二氨基庚二酸）；(b) 金黄色葡萄球菌肽聚糖
（引自：Madigan 等，2015）

磷壁酸的主要生理功能有：①磷壁酸带有较多负电荷，可与环境中的阳离子（如 Mg^{2+}）结合，以维持细胞膜上一些合成酶的较高活性；②储藏磷元素；③调节细胞内自溶素(autolysin)的活力，借以防止细胞因自溶而死亡，因为在细胞正常分裂时，自溶素可使旧壁适度水解并促使新壁不断插入，而当其活力过强时，则细胞会因细胞壁迅速水解而死亡；④赋予 G^+ 菌以特异的表面抗原；⑤可作为噬菌体的特异吸附受体；⑥增强某些致病菌（如 A 族链球菌）对宿主细胞的粘连，避免被白细胞吞噬，并有抗补体的作用。

2. 革兰氏阴性菌的细胞壁

G^- 细菌细胞壁较薄（10～15nm），层次较多（肽聚糖层和脂多糖层等），化学组成除肽聚糖外，还含有一定量的类脂质和蛋白质等。G^- 菌的肽聚糖层很薄（仅 2～3nm），机械强度较 G^+ 菌弱，其肽聚糖的结构与 G^+ 菌也不同。肽聚糖层之间由四肽侧链直接交联，不能形成三维结构，交联度较低，只有 25%，整体结构较为疏松［如图 2-4（b）和图 2-7（a）］。

各种细菌细胞壁的肽聚糖骨架链均相同，但短肽侧链组成和相邻短肽的交联程度因细菌种类而异，主要有 4 种情况或类型：①在所有革兰氏阴性细菌和部分革兰氏阳性细菌中，短肽侧链为四肽，也称四肽侧链，即 L-丙氨酸-D-谷氨酸-二氨基庚二酸-D-丙氨酸。一个四肽侧链中的第 4 位氨基酸（D-丙氨酸），与相邻聚糖骨架链上另一个四肽侧链中第 3 位的二氨基庚二酸通过肽键直接相连，其交联程度约为 25%。②在大部分革兰氏阳性细菌中，四肽侧链为 L-丙氨酸-D-谷氨酸-L-赖氨酸-D-丙氨酸，其中第 3 位的 L-赖氨酸取代了革兰氏阴性细菌四肽侧链中第 3 位的二氨基庚二酸。其交联方式是第 3 位的 L-赖氨酸，通过另一个由 5 个甘氨酸组成的肽桥与相邻聚糖骨架链上另一个四肽侧链中第 4 位的 D-丙氨酸相连，交联程度可达到 75%。③在藤黄微球菌（*Micrococcus luteus*）［过去称溶壁微球菌（*M. lysodeikticus*）］中，四肽侧链组成同大多数革兰氏阳性细菌一样，也是 L-丙氨酸-D-谷氨酸-L-赖氨酸-D-丙氨酸，只不过第 2 位的 D-谷氨酸的 α-羧基又与甘氨酸相连。其交联方式是第 4 位的 D-丙氨酸与相邻聚糖骨架链上另一个四肽侧链中第 3 位的 L-赖氨酸，通过组成与四肽侧链一样的肽桥连接起来。④萎蔫短小杆菌星木致病变种（*Curtobacterium flaccumfaciens* subsp. *poinsettiae*）中，其肽桥仅有一个氨基酸（D-赖氨酸），将一个四肽侧链第 4 位的 D-丙氨酸与相邻四肽第 2 位的 D-谷氨酸连接起来，而四肽侧链第 3 位的氨基酸不是其他细菌所具有的 L-赖氨酸，而是该菌所特有的 L-鸟氨酸（L-Orn）。

G^- 菌肽聚糖的单体结构和 G^+ 菌基本相同，差别在于：①四肽尾的第 3 个氨基酸分子不是 L-Lys，而是被一种仅存在于原核生物细胞壁上的特殊氨基酸——内消旋二氨基庚二酸(m-DAP)所代替；②没有特殊的肽桥，前后两个单体间通过甲链四肽尾的第 4 个氨基酸的羧基与乙链四肽尾第 3 个氨基酸的氨基直接相连，形成稀疏、机械强度较弱的肽聚糖网套（如图 2-7 和图 2-8）。

G^- 菌的细胞壁结构较 G^+ 菌复杂，在肽聚糖层外面还有一层外壁层，由脂多糖、磷脂和 20 多种外膜蛋白构成，又称外膜（outer membrane），是 G^- 所特有的结构，因含脂多糖，所以也称为脂多糖层。脂多糖层与细胞膜之间有一狭窄胶质空间（12～15nm），称为周质（periplasm），其中，存在着多种周质蛋白，包括水解酶类、合成酶类和运输蛋白等［如图 2-4（b）］。

肽聚糖是细菌细胞壁的主要成分，凡能破坏肽聚糖结构或抑制其生物合成的物质，都会损伤细菌细胞壁，甚至导致细胞死亡。如溶菌酶能切断 N-乙酰葡糖胺与 N-乙酰胞壁酸之间的 β-1,4 糖苷键，从而破坏肽聚糖骨架，引起细菌细胞裂解。而青霉素能干扰肽桥与相邻肽聚糖骨架链四肽侧链上第 4 位的 D-丙氨酸之间的连接，使细菌细胞不能合成完整的细胞壁，从而导致细菌死亡。而人和动物细胞没有细胞壁，也无肽聚糖，因此这两类细胞对溶菌酶和青霉素都不敏感。

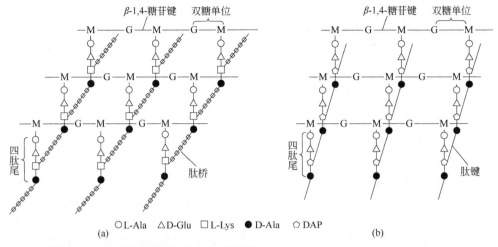

β-1,4-糖苷键　双糖单位

○L-Ala　△D-Glu　□L-Lys　●D-Ala　⬠DAP

(a)　　(b)

图2-8　G$^+$细菌和G$^-$细菌典型肽聚糖的立体结构比较

(a) G$^+$细菌典型肽聚糖；(b) G$^-$细菌典型肽聚糖

脂多糖（lipopolysaccharide,LPS）是G$^-$细菌细胞壁的特有成分，位于细胞壁最外层，厚8～10nm，结构复杂，分子量较大（>10000）。其化学组成因菌种而异，鼠伤寒沙门氏菌（*Salmonella typhimurium*）的脂多糖由类脂A、核心多糖（core polysaccharide）和O-特异侧链（O-specific side chain，或称O-多糖，O-抗原）3部分组成（图2-9）。

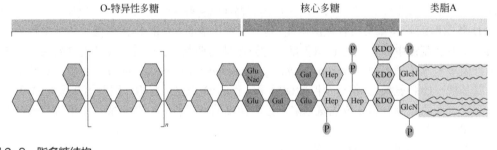

图2-9　脂多糖结构

(引自：Madigan 等，2015)

类脂A是一种糖磷脂，由 *N*-乙酰葡糖胺双糖、磷酸与多种长链（C$_{12}$、C$_{14}$或C$_{16}$）脂肪酸组成，是细菌内毒素的主要成分。各种G$^-$菌的类脂A的结构与成分极为相似，无种属特异性。核心多糖由2-酮-3-脱氧辛酮酸（2-keto-3-deoxyoctonate, KDO）、一种7碳糖（L-甘油-D-甘露庚糖）、半乳糖及葡糖胺组成。核心多糖一边通过KDO残基连接在类脂A上，另一边通过葡萄糖残基与O-特异侧链相连。同属细菌的核心多糖相同，有属的特异性。O-特异侧链位于LPS层的最外面，露在表面之外，由重复的寡糖单位如(甘露糖-鼠李糖-半乳糖)$_n$及阿可比糖（3,6-二脱氧-D-半乳糖）或其他糖组成。糖的种类、顺序和空间构型是菌株特异的，这就形成了O抗原特异性的结构基础。

脂多糖的主要功能有：①构成G$^-$细菌致病物质——内毒素的物质基础；②起保护作用，阻止溶菌酶、抗生素、染料等进入菌体；③吸附Mg^{2+}、Ca^{2+}等阳离子，提高细胞壁的稳定性；④脂多糖结构的变化，决定了G$^-$细菌细胞表面抗原决定簇的多样性；⑤是某些噬菌体的吸附受体。

3. 细菌的革兰氏染色及机理

由于细菌细胞既小又透明，故一般先要经过染色才能进行显微观察。染色方法很多，其中革兰氏染色是最重要的染色方法之一。革兰氏染色的主要过程为：草酸铵结晶紫初染，碘液媒染，95%乙醇脱色，再以沙黄等红色染料复染。最终被染成蓝紫色的称革兰氏阳性细菌，被染成红色的称革兰氏阴性细菌。

以上对细菌细胞壁的分析，为解释革兰氏染色反应机制提供了较充分的基础。一般认为，细菌对革兰氏染色的反应主要与其细胞壁的结构和通透性有关。革兰氏阳性细菌细胞壁较厚，肽聚糖含量和交联程度较高，层次也多，细胞壁间隙较小，因此在乙醇洗脱时，肽聚糖网孔因脱水而明显收缩，媒染后形成的结晶紫-碘复合物不易脱出细胞壁，再加上它基本不含类脂，乙醇处理时不会在细胞壁上出现缝隙，结果结晶紫-碘复合物仍滞留在细胞内，呈蓝紫色。而革兰氏阴性细菌肽聚糖含量与交联程度较低，层数也少，细胞壁较薄，结构也较松散，加上它的类脂含量高，因此在乙醇脱色时，肽聚糖网孔不易收缩；相反乙醇将类脂溶解，而使其细胞壁上出现较大缝隙，这样，结晶紫-碘复合物很容易脱出细胞壁，此时细胞呈无色，再经沙黄等红色染料复染，结果革兰氏阴性细菌呈红色，而革兰氏阳性细菌呈蓝紫色。

4. G⁺细菌和G⁻细菌的主要区别

因为革兰氏阳性细菌与革兰氏阴性细菌在细胞壁结构方面存在明显差异，所以这两类细菌在染色反应、抗原性、毒性以及对溶菌酶和某些抗生素的敏感性等方面，都有很大不同（表2-3）。

表2-3　G⁺细菌与G⁻细菌生物学特性的比较

比较项目	G⁺细菌	G⁻细菌
革兰氏染色反应	能阻留结晶紫而染成蓝紫色	可经脱色而复染成红色
肽聚糖层	厚，层次多	薄，一般单层
磷壁酸	多数含有	无
外膜	无	有
脂多糖（LPS）	无	有
类脂和脂蛋白含量	低（仅抗酸性细菌含类脂）	高
鞭毛结构	基体上着生2个环	基体上着生4个环
产毒素	以外毒素为主	以内毒素为主
对机械力的抗性	强	弱
细胞壁抗溶菌酶	弱	强
对青霉素和磺胺	敏感	不敏感
对链霉素、氯霉素、四环素	不敏感	敏感
碱性染料的抑菌作用	强	弱
对阴离子去污剂	敏感	不敏感
对叠氮化钠	敏感	不敏感
对干燥	抗性强	抗性弱
产芽孢	有的产	不产

（引自：周德庆，2005）

5. 缺壁细菌

虽然细胞壁是原核生物的基本构造，但在自然界长期进化和在实验室的菌种自发突变中都会产生少数缺壁种类，此外通过人为的方法也可以获得缺壁细菌（cell wall deficient bacteria）。主要的缺壁细菌有 L 型细菌、原生质体、球状体和支原体等。

（1）L 型细菌（L-form bacteria）。是指在实验室中通过自发突变而形成的遗传性稳定的细胞壁缺损菌株。1935 年，英国李斯德（Lister）预防医学研究所发现一种因自发突变而形成的细胞壁缺损细菌——念珠状链杆菌（*Streptobacillus moniliformis*），它的细胞膨大，对渗透压十分敏感，典型菌落为"油煎蛋"形，由核心与边缘两部分组成。核心致密、较厚、透明度差；边缘薄，由颗粒组成，平铺在固体培养基表面。由于该研究所第一个字母为"L"，故称 L 型细菌。L 型细菌形态多样，有球状、杆状，也有细长丝状，大小也不一，一般在 0.05～5μm。除"油煎蛋"这种典型 L 型细菌落外，还有颗粒型（granular form）和丝状型（filamentous form）菌落。L 型细菌在遗传学、临床医学和流行病学等研究方面具有重要意义。

（2）原生质体（protoplast）。是人为条件下用溶菌酶彻底除尽处于等渗蔗糖溶液中的细菌细胞壁，或用青霉素抑制细胞壁合成后，仅剩下由细胞膜包裹着的脆弱细胞，一般由 G⁺细菌形成。

（3）球状体（spheroid）。也称原生质球，用溶菌酶处理 G⁻细胞时，必须有乙二胺四乙酸（EDTA）的参与，可得到除去部分细胞壁的球状体。原生质体和球状体，呈球状，对渗透压十分敏感，即使生有鞭毛也不能运动，对噬菌体不敏感。由于它们还具有完整的细胞膜和原生质结构，因而仍可以进行正常代谢，在适宜条件下，其细胞壁还可再生。它们在基因工程中有重要作用，有助于 DNA 和质粒提取，以及方便外源 DNA 进入，是研究遗传物质交换和重组的理想材料。

（4）支原体（mycoplasma）。是在长期进化过程中形成的、适应自然生活条件的无细胞壁的原核生物。这类生物由于细胞膜中含有甾醇而有较高的机械强度，因此没有细胞壁仍能正常生活。

（二）细胞膜

细胞膜（cell membrane）又称细胞质膜（cytoplasmic membrane）或质膜（plasma membrane），是一层紧贴细胞壁内侧、厚 5～8nm、柔软而富有弹性的半透性薄膜，占细胞干重的 10%～30%（图 2-4）。通过质壁分离、选择性染色、原生质体破裂或电子显微镜观察等方法，可证实细胞膜的存在。细胞膜是使细胞的内部同它所处的环境相隔离的最后屏障，是选择性膜，在营养的吸收和代谢物的分泌方面起关键作用，如果细胞膜的完整性受到破坏，将导致细胞死亡。

1. 细胞膜的结构

细胞膜是一种单位膜，主要由蛋白质（占 50%～70%）、磷脂（占 20%～30%）以及少量糖类（如己糖）等组成，细胞膜的成分因菌种而异（表 2-4）。磷脂双分子层为其基本结构。磷脂具有疏水的非极性端和亲水的极性端，磷脂双分子层的两个亲水极性端分别朝向膜的内外两侧，呈亲水性；而两个非极性的疏水端则在膜的内层，形成具有高度定向性的磷脂双分子层。在极性头的甘油分子 C3 位上，不同微生物具有不同的 R 基团，如磷脂酸、磷脂酰甘油、磷脂酰乙醇胺、磷脂酰胆碱、磷脂酰丝氨酸或磷脂酰肌醇等（图 2-10）。在所有细菌的细胞膜上都含有磷脂酰甘油，在 G⁻细菌中通常富含磷脂酰乙醇胺。有些 G⁺细菌的细胞膜中还含有脂氨基酸类（磷脂酰甘油与碱性氨基酸，如赖氨酸、精氨酸组成的脂）。非极性的尾由长链脂肪酸通过酯键连接在甘油分子的 C1 和 C2 位上。

表2-4　溶壁微球菌和紫色细菌的细胞膜成分

成分	占细胞膜干重的比例/%		成分	细胞膜干重的比例/%	
	溶壁微球菌	紫色细菌		溶壁微球菌	紫色细菌
中性脂肪	9	10～20	蛋白质	50	50
磷脂	28	30	己糖	15～20	5～30

（引自：黄秀梨，1998）

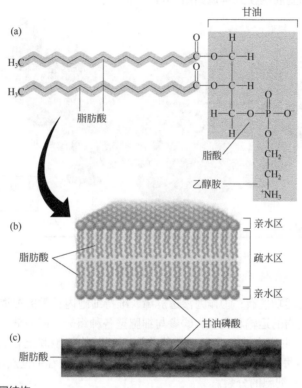

图2-10　磷脂双分子层结构

(a) 磷脂酰乙醇胺的分子结构；(b) 磷脂双分子层的一般结构；(c) 细胞膜的透射电镜图

（引自：Madigan 等，2015）

　　细胞质膜的蛋白质含量高、种类多（达 200 多种）。紧密结合于膜的蛋白质称为整合蛋白（integral protein），通常插入或贯穿磷脂双分子层，后一种称跨膜蛋白；疏松地附着于膜上的称为周边蛋白（peripheral protein），主要分布于磷脂双分子层的内外表面。膜蛋白除了具有结构蛋白的作用外，很多膜蛋白在物质转运和代谢（尤其是能量代谢）中起重要作用，如转运蛋白、电子传递蛋白以及 ATP 合成酶等，许多周边蛋白"漂浮"在磷脂双分子层的表面具有酶促作用。细菌膜蛋白都可在呈液态的磷脂双分子层表层或内层作侧向运动，发挥其相应的生理功能。

　　作为细胞膜主要组分的磷脂和蛋白质，其含量和种类因菌种和培养条件而异。细胞膜中饱和脂肪酸和不饱和脂肪酸的比例也会随生长温度变化而有所不同，一般处于较低生长温度时，细胞膜上的不饱和脂肪酸含量较高；而在较高生长温度时，不饱和脂肪酸含量较低。

目前有关细胞质膜结构与功能的解释，很多学者倾向于 1972 年由 J. S. Singer 和 G. L. Nicolson 所提出的液态镶嵌模型（fluid mosaic model）。该模型认为：①膜的主体是脂质双分子层；②脂质双分子层具有流动性；③占膜蛋白总量 70%～80%的整合蛋白因其表面呈疏水性，故可"溶"入脂质双分子层的疏水性内层中，且不易把它们抽提出来；④占膜蛋白含量 20%～30%、与膜结合得较松散的周边蛋白，因其表面的亲水基团而通过静电引力与脂质双分子层表面的极性头相连；⑤脂质分子间或脂质分子与蛋白质分子间无共价结合；⑥脂质双分子层犹如"海洋"，周边蛋白可在其上做"漂浮"运动，而整合蛋白则似"冰山"沉浸在其中做横向移动。有关细胞膜的模式构造如图 2-11 所示。

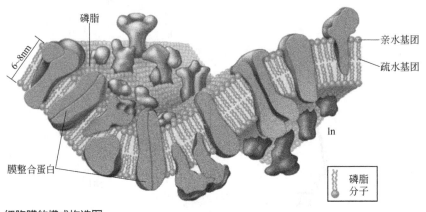

图 2-11　细胞膜的模式构造图

（引自：Madigan 等，2015）

2. 细胞膜的功能

细胞膜的主要生理功能有：①作为渗透屏障，维持细胞内正常的渗透压；②控制细胞内、外营养物质和代谢废物的运输和交换；③参与细胞壁各种组分（脂多糖、肽聚糖、磷壁酸等）以及糖被等大分子的生物合成；④参与产能代谢，细菌的细胞膜上含有氧化磷酸化或光合磷酸化等能量代谢的酶，是细胞产能的重要场所；⑤提供鞭毛着生位点及其运动所需能量；⑥参与 DNA 复制与子细胞的分裂。

3. 间体及其他内膜系统

与高等绿色植物不同，细菌不含叶绿体和线粒体，但许多细菌，如 G^+ 细菌、光合细菌、硝化细菌、固氮细菌等，它们的细胞膜内陷或折叠形成形态多样的内膜系统，如间体、载色体（chromatopore）、羧基体（carboxysome）、类囊体（thylakoid）、气泡（gas vacuole）等。

（1）载色体，又称色素囊（chlorosome），是某些光合细菌的细胞膜向内延伸或折叠形成的片层状、管状或囊状结构，含有菌绿素、类胡萝卜素等光合色素以及电子传递链组分，是进行光合作用的场所，其功能相当于绿色植物中的叶绿体。

（2）类囊体，蓝细菌（cyanobacteria）细胞膜内陷重复折叠形成的片层状结构，与细胞膜不直接相连，同载色体相似，它也含有叶绿素、藻胆素等光合色素以及光合作用酶系，是蓝细菌进行光合作用的场所。

始祖抗生素——青霉素让细菌"爆炸"的秘密

传统认知，青霉素能与青霉素结合蛋白（penicillin binding protein，PBP）结合，抑制细菌细胞壁中肽聚糖交联，导致细胞壁强度降低而造成细菌死亡，但研究发现仅抑制肽聚糖交联不足以导致细胞破裂。2019 年科学家们研究肺炎链球菌时发现，正常情况下肽聚糖水解酶（LytA）被膜磷壁酸固定在细胞膜上，不与细胞壁接触；而青霉素可抑制膜磷壁酸的合成，与此同时壁磷壁酸大量合成并结合 LytA，使 LytA 从细胞膜转移到细胞壁上，结合在细胞壁上的 LytA 开始降解肽聚糖，从而导致细胞失去细胞壁保护而吸水"爆炸"。

（三）细胞质及其内含物

细胞膜包围的、除核区之外的半透明、胶体状、颗粒状的物质，总称为细胞质，主要成分是蛋白质、核糖核酸、类脂、多糖、无机盐和水分等。与真核生物不同的是，原核生物的细胞质是不流动的。细菌细胞质由流体部分（细胞溶质）和颗粒部分构成。流体部分中 80%为水，其中的水溶性物质主要是可溶性酶类和 RNA。颗粒部分主要是核糖体、储藏性颗粒、载色体以及质粒等，少数细菌还有类囊体、羧基体、气泡或伴孢晶体等。细胞质是细胞的内在环境，含有各种酶系统，具有生命活动的所有特征，能使细胞与周围环境不断地进行新陈代谢活动。由于细胞质内含有占固形物含量 15%～20%的核糖核酸，所以呈酸性，易为碱性和中性染料着色。但由于老龄细胞中核酸可作为氮源和磷源被消耗，所以其着色力不如幼龄细胞强。

1. 核糖体

核糖体（ribosome）为 70S 核糖体，由 30S 和 50S 两个亚基组成。在细菌中 80%～90%核糖体串连在 mRNA 上以多聚核糖体的形式存在，核糖体是合成蛋白质的场所。链霉素等抗生素可抑制核糖体 30S 亚基的合成，从而抑制细菌蛋白质的合成，而对人的 80S 核糖体不起作用，因此可以用链霉素治疗细菌引起的疾病，而对人体无害。

2. 储藏性颗粒

储藏性颗粒（reserve materials）通常较大，并为单层膜所包围，经过适当染色可在光学显微镜下清晰地观察到。它们在营养物质过剩时积累，当营养物质缺乏时又被分解利用，可以防止细胞内渗透压或酸度过高。其种类和数量因菌种和培养条件而异，一般来说，一种细菌细胞内只含一种储藏性颗粒，但少数情况下也含有两种或多种。常见的几种储藏性颗粒为：

（1）聚 β-羟基丁酸酯（poly-β-hydroxybutyrate，PHB）。细菌特有的一种由单层膜包裹、大小不一的类脂颗粒，不溶于水，可溶于氯仿，是细胞内碳源和能源的储藏性物质，相当于真核细胞中的脂肪。聚 β-羟基丁酸酯颗粒是 D-3-羟基丁酸的直链聚合物，用亲脂染料苏丹黑染色后，在光学显微镜下清晰可见（图 2-12）。

目前已在发光杆菌属、假单胞菌属、根瘤菌属、莫拉氏菌属、螺菌属、得克斯氏菌属、拜叶林克氏菌属、球衣菌属及芽孢杆菌属等 60 多个属的细菌细胞中发现有聚 β-羟基丁酸酯颗粒的存在。这类细菌大多在富碳源而贫氮源的条件下生长时有 PHB 颗粒积累，当生长条件逆转时，PHB 颗粒便降解。细菌产生的 PHB 可用来制作无毒易降解的医用塑料器皿和外科用手术线等。

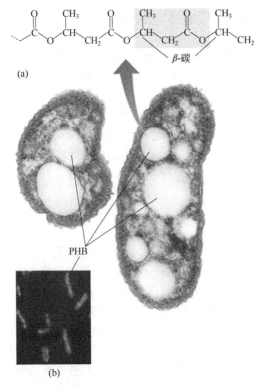

(a) PHB 的化学结构；(b) 红螺菌电镜照片

图 2-12 红螺菌（*Rhodospirillum*）的 PHB 颗粒

(引自：Madigan 等，2015)

（2）异染颗粒（metachromatic granules）。又称迁回体或转菌素（polyhydroxyalkanoate），它最先是在迁回螺菌（*Spirillum volutans*）中发现的，可用甲苯胺蓝或美蓝（亚甲蓝）等蓝色碱性染料染成紫红色。其主要成分是多聚磷酸盐（polyphosphate, PP），还含有 RNA、脂类和 Mg^{2+} 等，是细菌特有的磷素储藏性颗粒。异染颗粒的形状和位置，在细菌分类鉴定中有一定意义。

（3）淀粉粒（starch granule）和糖原（glycogen）。二者是葡萄糖的多聚体，是碳源和能源的储藏物。这类颗粒用碘处理后可在光学显微镜下检出，呈蓝色的为淀粉粒，呈红色的为糖原。拜氏梭菌（*Clostridium beijerinckii*）、巴氏醋杆菌（*Acetobacter pasteurianus*）和奈瑟氏球菌属（*Neisseria*）一些种的细胞内有类似于支链淀粉的细菌淀粉积累。许多细菌在碳源过量而氮源限量的条件下生长时有大量（可高达菌体干重的 50%）糖原积累。以糖原为储藏物的细菌很多，例如，大肠杆菌和沙门氏菌属等大多数肠道细菌，还有芽孢杆菌属、梭菌属、节杆菌属和溶壁微球菌等。

（4）硫滴（sulfur droplet）和硫粒（sulfur granule）。某些硫细菌和光合细菌在富含 H_2S 的环境中，可将 H_2S 氧化成硫，累积并贮藏在细胞内，呈固态的称为硫粒，呈液态的称为硫滴。当环境 H_2S 缺乏时，硫滴和硫粒可被氧化成为硫酸并释放出能量，因此，二者是硫源和能源的储藏物。

除此之外，有些细菌还含有氮源类储藏物如蓝细菌中的藻青素、藻青蛋白等。不同细菌所含的内含物不同，同一种细菌细胞在不同的生长阶段或不同环境中，内含物也不相同。但是，同一种细菌细胞在相同条件下，具有相同的内含物，这有助于细菌的鉴别。

3. 磁小体

磁小体（magnetosome）主要存在于少数水生螺菌属（*Aquaspirillum*）和嗜胆球菌属（*Bilophococcus*）等趋磁细菌中，大小均匀，数目不等，形状为平截八面体、平行六面体或六棱柱体等，成分为 Fe_3O_4，外有一层磷脂、蛋白质或糖蛋白膜包裹。磁小体的主要功能是导向作用，即借助鞭毛引导细菌游向最有利的泥、水界面微氧环境处生活。细菌的磁小体具有潜在的应用研究价值，可能成为生产磁性定向药物和抗体，以及制造生物传感器的材料。

4. 气泡

许多水生细菌的细胞质中含有气泡（gas vacuole）。气泡为充满气体的泡囊状内含物，内有数排柱形小空泡组成，外有蛋白质膜包裹。气泡膜不具常规的膜结构，只由片状排列的蛋白质（分子量约 20000）组成，气泡膜蛋白质高度疏水，不含硫氨基酸，芳香族氨基酸的含量也很低，主要为缬氨酸、丙氨酸和亮氨酸等非极性氨基酸。气泡膜对水和溶质不可透过，但对气体是可透过的，故气泡中充满气体。在光学显微镜下观察，气泡是高度折射和光学透明的。每个细胞中的气泡数目有几个到几百个不等，用中性红染色可观察到。气泡具有调节细胞密度以使细胞漂浮在最适水层获取光能、氧和营养物质的功能。如鱼腥蓝细菌属（*Anabaena*）、顶孢蓝细菌属（*Gloeotrichia*）、盐杆菌属（*Halobacterium*）、暗网菌属（*Pelodictyon*）和红假单胞菌（*Rhodopseudomonas*）等一些种属都有气泡。在这些细菌细胞内，气泡的大小、形状和数量因细菌种类而异。

5. 羧基体

羧基体（carboxysome）又称多角体（polyhedron），某些硫杆菌（*Thiobacillus* sp.）细胞内散布着由单层膜（非单位膜）围成的多角体，因内含固定 CO_2 所需的 1,5-二磷酸核酮糖羧化酶，故称羧基体，在自养细菌的 CO_2 固定中起作用。

（四）核区

与真核生物不同，细菌细胞无真正的细胞核，只是在菌体中央有一环状双链 DNA 分子高度卷曲、缠绕而呈超螺旋，无核膜与核仁，也无一定形态，一般呈球状、棒状或哑铃状，还含有少量 RNA 与蛋白质，称为核区（nuclear region），又称核质体（nuclear body）、原核（prokaryon）、拟核（nucleoid）或原核生物基因组（genome）。细菌无典型的染色体结构，不存在组成染色体的基本单位即核小体，正常情况下，一个细菌细胞只有一个核区，但由于核的分裂通常在细胞分裂之前进行，而且细菌细胞生长迅速，所以在一个细胞内可发现 2 个或 4 个核区。

细菌细胞中核区不含组蛋白，在化学组成上 DNA 占 60%，RNA 占 30%，其余 10% 为蛋白质。细菌的核区 DNA 通常称为细菌染色体 DNA，它是一个很长的闭合环状（closed-circular）双链分子经过反复折叠形成高度缠绕的致密结构——超螺旋。DNA 分子展开的长度是其菌体长度的几百万倍。如大肠杆菌细胞长度为 2μm，而其 DNA 链长达 1100～1400μm，约有 $5×10^6$ 碱基对，含 $5×10^3$ 个基因。原核微生物的 DNA 分子量差异不大，一般为 $1×10^9$～$6×10^9$。

细菌染色体 DNA 也与一些碱性蛋白质相结合，但不是典型染色体结构中的组蛋白，因而称为类组蛋白（histone-like protein）。类组蛋白与细菌染色体的这种结合使 DNA 呈超螺旋，在稳定和约束细菌染色体 DNA、进一步形成细菌染色体的组织结构等方面起着重要作用，并且可能在 DNA 复制、转录、转译以及调节等过程中起作用。细菌染色体 DNA 中约有 1% 碱基被甲基化，以腺嘌呤居多，其次是胞嘧啶，甲基化可保护 DNA 不被自身限制性内切酶降解。细菌染色体 DNA 是贮存和传递遗传信息的物质基础。

（五）质粒

除染色体 DNA 外，很多细菌还有一种染色体外遗传物质——质粒（plasmid）。质粒是游离于细菌染色体之外，或附加在细菌染色体之上，具有独立复制能力的小型共价闭合环状 DNA 分子，即 cccDNA（circular covalently closed DNA）。质粒具有超螺旋结构，大小为 1～300kb，其分子量是染色体 DNA 的 1%，携带着几个到上百个决定细菌某些遗传特性的基因，如接合或致育、抗药、产毒、致病、降解毒物、生物固氮、植物结瘤、气泡形成、芽孢形成、抗原获得、限制与修饰系统、形成原噬菌体、产生抗生素和色素等次级代谢产物等基因。质粒具有独立复制的功能，同时也能复制与它相连接的外来 DNA 片段，并维持许多代，细菌细胞分裂时也可转移到子代细胞中。有的质粒还能整合到染色体中，在染色体的控制下与染色体一起复制。有时质粒还能携带一定 DNA 片段在细胞之间转移。因此，质粒已成为基因工程中被广泛采用的载体。

(六) 糖被

某些细菌在细胞壁外分泌一层厚度不定的胶状黏性物质，称为糖被（glycocalyx）或荚膜（capsule）。荚膜具有一定外形，相对稳定地附着在细胞壁外面。它不易着色，用碳素墨水进行负染色或用荚膜染色法染色后，可在光学显微镜下观察到（图 2-13）。用冷冻蚀刻（freeze-etching）技术，在电子显微镜下可看到荚膜是由许多纤丝状物质组成的网状物。

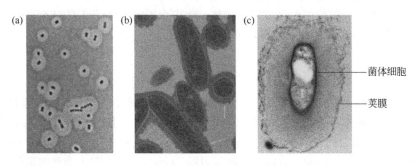

图 2-13　细菌荚膜

(a) 不动杆菌属细菌的相差显微照片；(b) 荚膜红细菌的透射电镜照片；(c) 三叶草根瘤菌的透射电镜照片

(引自：Madigan 等，2015)

1. 糖被的种类

按照有无固定层次、层次厚薄，糖被通常分为 3 类：

（1）大荚膜（macrocapsule）：厚约 200nm，有明显的外缘和一定形状，相对稳定地附着于细胞壁外。与细胞表面结合力较弱，通过液体振荡培养或离心可得到荚膜物质。

（2）微荚膜（microcapsule）：较薄（<200nm），与细胞表面结合较紧密，在光学显微镜下看不到，但能用血清学方法证明其存在。微荚膜易被蛋白酶消化。

（3）黏液层（slime layer）：无明显边缘，与细胞表面结合较松散，可向周围环境扩散，在液体培养基中会增加培养基黏度，这种黏性物质层称为黏液层。有的细菌如动胶菌属的菌种，能分泌黏液将许多菌体黏合在一起，形成一定形状的黏胶物，称为菌胶团（zoogloea），它实质上是细菌群体的一个共同糖被。

2. 糖被的组成及功能

糖被含 90%的水分，其含糖组分因种而异，大部分细菌的糖被由多糖组成，少数是蛋白质或多肽，也有多糖与多肽复合型的。如肠膜状明串珠菌（*Leuconostoc mesenteroides*）和变异链球菌（*Streptococcus mutans*）的糖被是葡聚糖和果聚糖，肺炎克雷伯氏菌（*Klebsiella pneumoniae*）的糖被是杂多糖。巨大芽孢杆菌的糖被是多糖与多肽复合物，痢疾志贺氏菌（*Shigella dysenteriae*）的糖被为多肽-多糖-磷复合物。

糖被的主要功能有：①保护作用，富含水分以及大量极性基团可保护细菌免受干旱损伤，抵御吞噬细胞的吞噬，防止噬菌体的吸附和裂解等；②附着和致病功能，糖被为主要表面抗原，是有些致病菌的毒力因子，如 S 型肺炎链球菌靠其荚膜致病，而无荚膜的 R 型为非致病菌，糖被也是有些病原菌必需的黏附因子，如引起牙病的变异链球菌依靠其荚膜黏附在牙齿表面，引起龋齿，某些水生丝状细菌的鞘衣状荚膜也有附着作用；③作为透性屏障和离子交换系统，以保护细菌免受重金属离子的毒害；④储藏养分，糖被是聚合物，也是细菌的一种储藏性物质，可以在营养缺乏时动用；⑤堆积代谢废物。

糖被的形成与细菌的遗传性和环境条件有关。一般在动物体内（如炭疽芽孢杆菌）或营养丰富培养基（如碳氮比较高）中容易形成，而在普通培养基上，糖被易消失。产糖被的细菌并非在整个生长期内都能形成，如有些链球菌在生活早期形成，后期则消失。产糖被细菌在固体培养基上形成表面湿润、有光泽、黏液状的光滑型（smooth），即 S 型菌落；不产糖被的细菌形成表面干燥的粗糙型（rough），即 R 型菌落。糖被并非细菌细胞的必要组分，用稀酸、稀碱或专一性酶处理后，可去除细菌的糖被，但细菌的生命活动不受影响。

细菌的糖被与生产实践有密切关系。一方面，人们可以利用肠膜状明串珠菌的葡聚糖糖被生产代血浆主要成分——右旋糖酐和交联葡聚糖（sephadex）；利用野油菜黄单胞菌（*Xanthomonas campestris*）的糖被提取黄原胶（xanthan），它可作为石油开采中的钻井液添加剂，也可用于印染、食品等工业；产生菌胶团的细菌具有吸附和分解有害物质的能力，可用来进行污水处理。另一方面，产糖被细菌也给人类生产带来一定危害，如肠膜状明串珠菌的污染，使糖液和某些饮料、食品因发黏而变质，给制糖工业和食品工业造成一定损失；由于某些致病菌产生较厚的糖被而增强其对宿主的致病力。

（七）鞭毛

1. 鞭毛的着生方式

所有的弧菌和螺菌、近半数的杆菌和极少数球菌有鞭毛。它是着生于细菌细胞膜上，穿过细胞壁伸展到菌体细胞之外的、细长呈波状的丝状物，是细菌的运动器官。鞭毛的数目因菌种而异，从一根到数百根。鞭毛长 3～20μm，为菌体的若干倍，但直径较细，一般 10～20nm，需借助电子显微镜或经特殊鞭毛染色后在光学显微镜下观察到。另外，通过观察细菌水浸片或悬滴标本中的运动情况以及固体培养基上菌落特征，或经穿刺培养观察培养特征，也可判断某一细菌是否生有鞭毛。

根据鞭毛的数目和排列方式，主要有图 2-14 所示的几种类型。①单生鞭毛菌，只有一根鞭毛，位于菌体一侧顶端，如霍乱弧菌（*Vibrio cholerae*）；②两端单生鞭毛菌，在菌体两端各有一根鞭毛，如鼠咬热螺旋体（*Spirochaeta morsusmuris*）；③一端丛生鞭毛菌，在菌体一端生有一丛鞭毛，如荧光假单胞菌（*Pseudomonas fluorescens*）；④两端丛生鞭毛菌，菌体两端各有一丛鞭毛，如红色螺菌（*Spirillum rubrum*）；⑤周生鞭毛菌，菌体周身遍布鞭毛，如大肠杆菌。鞭毛的着生位置和数目在细菌分类鉴定中有一定意义。

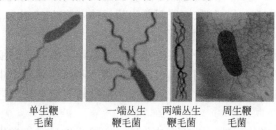

单生鞭　　一端丛生　　两端丛生　　周生鞭
毛菌　　　鞭毛菌　　　鞭毛菌　　　毛菌

图 2-14　四种主要类型鞭毛的细胞

（引自：Madigan 等，2015）

2. 鞭毛的结构

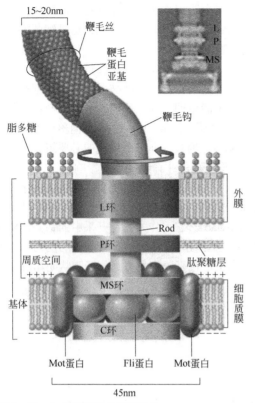

图2-15　G⁻细菌鞭毛的微细结构

（引自：Madigan 等，2015）

细菌的鞭毛由鞭毛丝（filament）、鞭毛钩（hook）和基体（basal body）3 个部分组成（图 2-15）。①鞭毛丝是伸出细胞壁之外的部分，呈波状，是鞭毛蛋白（flagellin）亚基螺旋排列而成的中空圆柱体，鞭毛丝抗原称为 H 抗原，可用于对细菌种以下的亚型或血清型进行分类鉴定。②鞭毛钩是连接鞭毛丝和基体的部分，短而弯曲，直径约 17nm，它由与鞭毛蛋白不同的单一蛋白质组成。③基体是鞭毛基部埋在细胞壁与细胞膜中的部分，由 10～13 种不同的蛋白质亚基组成。基体的结构较复杂，由一个中心杆和一系列同心套环组成。中心杆直径 7nm，长 27nm，同心环的数目因菌种而异。在 G⁻细菌中，有分别位于细胞壁的脂多糖层和肽聚糖层的 L 环和 P 环以及位于细胞质膜上的 MS 环和 C 环；在 G⁺细菌中，只有 S 和 M 一对环。S-M 环周围为一对驱动该环快速旋转的 Mot 蛋白，在 S-M 环的基部还有一个起键钮作用的 Fli 蛋白，它可以根据发自细胞的信号让鞭毛正转或逆转。同时，丝状体中鞭毛蛋白分子链具有弹性，它一张一弛地波浪运动，也能使菌体运动。

3. 鞭毛的运动

鞭毛的功能是推动细菌运动，这是原核生物实现趋性（taxis）的最有效方式。细菌鞭毛主要通过旋转来推动细菌运动，鞭毛的旋转运动是受基体推动的，基体的作用可视作"马达"，它以细胞膜上的质子动力势作为能量，在有关蛋白质的共同作用下推动鞭毛旋转而使菌体运动。鞭毛旋转的方向决定运动类型。单根鞭毛的细菌当鞭毛逆时针旋转时向前运动，而当鞭毛顺时针旋转时翻滚转向。周毛的鞭毛行为像单根鞭毛，当鞭毛逆时针旋转时，菌向前运动，而当顺时针旋转时，鞭毛作用是独立的，菌翻滚转向（图 2-16）。

有数据表明，鞭毛每旋转一次大约需要转移 1000 个质子。细菌的运动速度相当快，一般在液体介质中可达 20～80μm/s。例如铜绿假单胞菌每秒可移动 55.8μm，其每秒移动距离是其体长的 20～30 倍。表 2-5 列出了几种细菌的运动速度。

细菌大多数靠鞭毛运动，但有些无鞭毛细菌也能运动。例如，黏细菌和其他群的少数细菌（发硫菌属、无色杆菌属、颤蓝细菌属、纤发菌属、嗜腐螺菌属和小链球菌属等）能作沿着固体表面的滑行（gliding）运动。某些水生细菌通过其气泡来调节它们在水中的位置，螺旋体则靠其轴丝运动。

细菌朝向或离开化学物质而运动称为趋化性。正趋化性是向化学物质运动（吸引剂，如一个基质），负趋化性是离开化学物质（趋避剂）。因此趋化性是对环境中化学物质的反应，而且细胞要有某种形式的感觉系统。细菌运动可分直线和翻滚，直线为微生物沿一个方向运动（通过鞭毛逆时针旋转引起），翻滚为微生物随机翻滚（由鞭毛顺时针旋转引起）。没有吸引剂或趋避剂浓度梯度的地方，微生物以大量翻滚随机方式运动。但是存在浓度梯度时，微生物感受高浓度吸引剂或趋避剂时，以较长的直线和较少频率的翻滚运动靠近吸引剂或远离趋避剂。鞭毛运动和吸引剂或趋避剂浓度间的连接，涉及位于周质空间的蛋白质化学感受器（化学受体）的作用。虽然蛋白质化学受体对它所结合的化合物有特异性，但这种特异性并非绝对的。例如半乳糖的化学受体也识别葡萄糖和果糖，而甘露糖的化学受体也识别葡萄糖。甲基受体趋化性蛋白（methyl-accepting chemotaxis proteins，MCP）也称为转导蛋白或称膜传感器蛋白，是直接或间接从化学受体传递化学信息到鞭毛传动器（效应器）的膜传感蛋白。

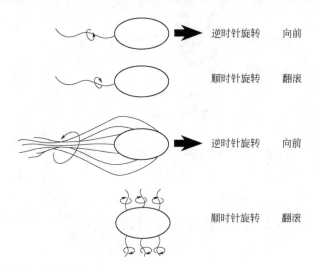

图 2-16　鞭毛旋转对细菌运动的影响

（引自：Nicklin 等，1999）

表 2-5　几种细菌的运动速度

细菌名称	鞭毛类型	细胞长度/μm	运动速度/（μm/s）	速度与细胞长度的比值
逗号弧菌（*Vibrio comma*）	端生	1～5	200	40
铜绿假单胞菌（*Pseudomonas aeruginosa*）	端生	1.5	55.8	37
耶拿硫螺旋菌（*Thiospirillum jenense*）	丛生	3.5	86.5	24
奥氏红硫菌（*Chromatium okenii*）	丛生	10	45.9	5
大肠杆菌（*Escherichia coli*）	周生	2	16.5	8
地衣芽孢杆菌（*Bacillus licheniformis*）	周生	3	21.4	7
尿素八叠球菌（*Sarcina ureae*）	周生	4	28.1	7

（引自：徐孝华，1992）

　　大肠杆菌中已经测定有 4 种类型 MCP 蛋白：MCP Ⅰ、Ⅱ、Ⅲ和Ⅳ。每一种类型的 MCP 对不同的吸引剂和趋避剂的信号作出反应。MCP 这样命名是由于当趋化事件发生时，它们的蛋白质发生甲基化和去甲基化作用。MCP 是跨膜蛋白，它们可以直接与吸引剂或趋避剂相互作用，也可以通过化学受体介导的方式。每一个 MCP 最大量可加上 4 个甲基基团，随着一个吸引剂的感觉识别信号，使 MCP 增加了甲基化，从而引起一个刺激的信号传递到鞭毛传动器，使之按特殊方向旋转。假如鞭毛逆时针旋转，细胞继续直向运动。鞭毛逆时针旋转运动愈长，细菌直向运动愈长。当化学受体不能再感受到浓度梯度增加时，此过程称为发生了适应。这是 MCP 完全甲基化的结果，导致对吸引剂/趋避剂敏感性大约降低至 1/100。此时，这种作用引起鞭毛顺时针旋转运动，细菌翻滚转向。但趋避剂存在时，趋避剂浓度增加，引起 MCP 去甲基化作用增加。鞭毛顺时针旋转，细菌翻滚转向，逃离趋避剂。MCP 和鞭毛运动间的连接如图 2-17 所示，目前了解尚不完全清楚。

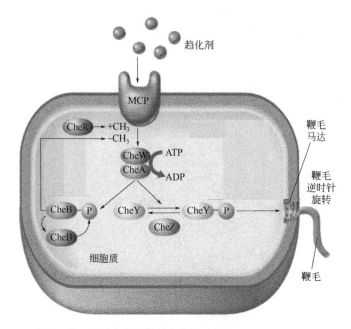

图 2-17　MCP、Che 蛋白和鞭毛马达在细菌趋化中的相互作用

MCP，甲基受体趋化性蛋白；CheR，MCP 甲基转移酶；CheB，MCP 甲基化酶；CheB-P，磷酸化 CheB；CheA，趋化性组蛋白激酶；CheW，偶联蛋白；CheY，反应调节子；CheY-P，磷酸化 CheY；CheZ，CheY 蛋白磷酸化酶。
甲基化 MCP 与 CheA-CheW 复合体结合，后者发生自身磷酸化，并进一步磷酸化 CheY；CheY-P 与鞭毛马达互作，驱动鞭毛逆时针旋转

（引自：Madigan 等，2015）

4. 鞭毛的生长

　　鞭毛的生长并不是从基部开始的，而是从尖端生长的。细胞内形成的鞭毛分子以自我装配的形式从鞭毛的中空核孔处穿出，然后添加到末端。当一个细胞分裂时，两个子细胞都必须得到完整的鞭毛成分。端生鞭毛菌分裂时新鞭毛是从老细胞的另一端形成的；周生鞭毛菌分裂时原有的鞭毛平均分配到两个子细胞中去，然后新合成的鞭毛再填补在缺位上。

细菌鞭毛马达——一种卓越的分子机器

　　鞭毛马达（flagellar motor）是一种分子旋转马达，它在细菌鞭毛的结构与功能中起着中心作用。鞭毛马达的结构已基本清楚，主要由 MotA、MotB、FliG、FliM 和 FliN 五种蛋白质组成定子（stator）和转子（rotor），其驱动力来自于跨膜的 H^+ 或 Na^+ 流。鞭毛马达是细菌趋化系统的效应器，可作为研究分子旋转马达的理想模型，所有生物的能量转化利用和细胞运动的机制，都可用分子旋转马达统一起来。和其他分子旋转马达相比，

鞭毛马达体积大，易人工操作。对细菌鞭毛马达这一奇妙的分子机器的研究，最终将有助于认识生物的能量转化和细胞运动这类生命基本问题。

（八）菌毛

曾称为纤毛、伞毛、线毛、须毛等。它是生长在细菌表面的一种蛋白质微丝（图2-18），呈中空状，比鞭毛细且短，直径7～9nm，长0.2～2μm。数目较多，一个细菌细胞有250～300根，周身分布。菌毛的着生点位于细菌细胞膜内侧的菌毛基粒上，主要成分是菌毛蛋白。菌毛不是细菌的运动器官，不参与运动。菌毛的主要功能是促进致病菌等细菌的黏附；促使某些细菌聚集在一起，在液体培养基表面形成菌膜，以获得充分氧气；是许多革兰氏阴性细菌的抗原。

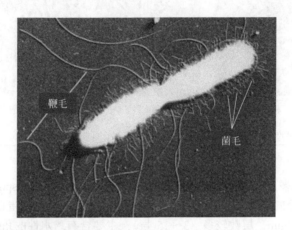

图2-18　伤寒沙门氏菌分裂细胞的电镜照片

（引自：Madigan 等，2015）

性菌毛（sex pilus，F-pilus 或 sex fimbria）是一类特殊菌毛，存在于大肠杆菌和其他肠道细菌表面。比菌毛稍长，约为2μm，数量较少，一般一个细胞只有1～4根。具有性菌毛的细菌，能利用性菌毛的识别作用通过胞质桥将遗传物质传递到受体细胞，这种接合转移方式在基因工程中有重要作用，有的性菌毛还是 RNA 噬菌体的吸附受体。

细菌的鞭毛与菌毛的比较见表2-6。

表2-6　细菌的鞭毛与菌毛比较

项目	鞭毛	菌毛
成分	鞭毛蛋白	菌毛蛋白
大小	（0.1～0.2）μm×（2～70）μm	（0.007～0.009）μm×（0.5～20）μm
结构	一般由3股鞭毛蛋白链紧密绞成绳状	由菌毛蛋白亚基卷绕成中空螺旋
数目	一至数百根	一至数百根
功能	运动	附着，接合
着生处	通过钩形鞘与细胞壁内的鞭毛基体连接	细胞质
菌种	许多杆菌和少数球菌	许多革兰氏阴性细菌和球菌

（引自：周德庆，2005）

（九）芽孢

某些细菌，如芽孢杆菌、梭状芽孢杆菌及芽孢八叠球菌，它们生长到后期，在菌体内形成的一种折光性强、具有抗逆性的休眠体，称为芽孢或内生孢子（endospore）。芽孢不是细菌的繁殖方式，而是某些细菌所具有的遗传性。

芽孢成圆形、椭圆形或圆柱形，芽孢壁较厚，染色时不易着色，需用强染色剂（如孔雀绿等）和加热进行染色。细菌芽孢的大小和在菌体内的位置因菌种而异（图 2-19）。芽孢杆菌的芽孢大多位于菌体中央，一般不大于菌体宽度；梭状芽孢杆菌的芽孢则多数位于菌体偏端或顶端，通常大于菌体宽度。因此，细菌芽孢的存在与否、大小、形状及位置等在细菌鉴定中具有重要意义。

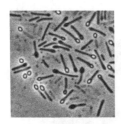 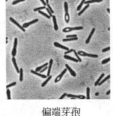 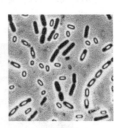

末端芽孢　　　　　　　偏端芽孢　　　　　　　中央芽孢

图 2-19　细菌芽孢的几种类型

（引自：Madigan 等，2015）

成熟的芽孢具有多层结构（图 2-20）。芽孢最外层是孢外壁（exosporium），质量占芽孢干重的 2%～10%，分内外两层，厚约 25nm，透性差，主要成分是脂蛋白，含有少量氨基糖。芽孢衣（coat）厚约 3nm，层数较多（3～15 层），主要含有疏水性的角蛋白，占芽孢总蛋白的 50%～80%，其中半胱氨酸和疏水氨基酸含量很高。芽孢衣非常致密，对多价阳离子的透性差，对溶菌酶、蛋白酶和表面活性剂有很强抗性。皮层（cortex）较厚，体积较大，占芽孢总体积的 36%～60%，内含特有的芽孢肽聚糖，这种肽聚糖由丙氨酸、四肽和胞壁酸组成的亚基重复组成。另外，在皮层中还含有吡啶二羧酸的钙盐（DPA-Ca），具有较强的抗热性，不含磷壁酸，皮层的渗透压很高，约有 2026500Pa，含水量约 70%，而芽孢平均含水量只有 40%。芽孢的核心（core）又称芽孢的原生质体，由芽孢壁、芽孢膜、芽孢质和芽孢核区组成，内含核糖体和 DNA，含水量极低。

芽孢的抗热性极强，如肉毒梭菌（*Clostridium botulinum*）在 100℃沸水中，5～9.5h 才被杀死；温度升至 121℃时，也需 10min 才能被杀死，而其营养细胞在 50℃几分钟即被杀死。另外，细菌芽孢抗辐射、抗紫外线、抗干燥、抗化学物质、抗静水压的能力也很强。表 2-7 列出了细菌芽孢与其营养细胞的比较。

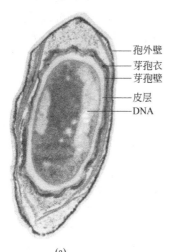 

孢外壁
芽孢衣
芽孢壁
皮层
DNA

(a)　　　　　　(b)

图 2-20　细菌芽孢构造模式图

（引自：Madigan 等，2015）

表 2-7　细菌芽孢与营养细胞的比较

项目	营养细胞	芽孢
结构	典型的革兰氏阳性细胞	芽孢皮层厚，有芽孢壳，有些有芽孢外壁
用显微镜观察	不折光	折光
钙含量	低	高
吡啶二羧酸	无	有
聚 β-羟基丁酸酯（PHB）	有	无
多糖含量	高	低
蛋白质含量	低	高
某些种的伴孢晶体	无	有
含硫氨基酸	低	高
酶的活性	高	低
新陈代谢（氧的吸收）	高	低
大分子合成	有	无
mRNA	有	含量低或无
抗热性	低	高
抗辐射能力	低	高
抗化学药剂和抗酸能力	低	高
染色可能性	可被染色	只有特殊方法才被染色
对溶菌酶	敏感	不敏感

（引自：Brock，1984）

　　芽孢的抗热性在于芽孢皮层的离子强度高，具有极高的渗透压，从而使核心部分大量失水，造成高度失水状态，使芽孢具有极强的抗热性。另外，通过芽孢内大量存在的 DPA-Ca 的螯合作用，使芽孢内的生物大分子形成耐热的稳定性凝胶，芽孢的抗化学药物能力，主要是由于芽孢衣的通透性很差以及芽孢原生质的高度失水状态。而芽孢衣中富含半胱氨酸，也使芽孢具有较强的抗辐射能力。

　　某些芽孢杆菌，如苏云金芽孢杆菌（*Bacillus thuringiensis*）在形成芽孢的同时，能在细胞内形成一种晶体状多肽类内含物，称为伴孢晶体（parasporal crystal）。伴孢晶体呈菱形、方形或不规则形，是一种碱溶性毒性蛋白（即 δ-内毒素），对鳞翅目昆虫的幼虫有毒杀作用，生产中常用作细菌杀虫剂。

　　芽孢的形成过程见图 2-21。

三、细菌的繁殖

　　二等分裂繁殖是细菌最主要、最普遍的繁殖方式。细菌进行裂殖时，首先 DNA 复制，两条 DNA 链各自形成一个核区，同时细胞膜在赤道带附近内陷，在两个核区中间形成细胞质隔膜，使细胞质分开。然后细胞壁也向细胞中心延伸，将细胞质隔膜分成两层，接着细胞壁也分成两层，形成两个子细胞的细胞壁，最后分裂成两个大小一致、独立的子细胞（见图 2-22）。

　　除二等分裂繁殖外，少数细菌还以其他方式进行繁殖。如柄细菌进行不等二分裂，形成大小不等的两个子细胞；格形暗网菌进行三分裂，形成两个相对的"Y"形结构，呈三维网状（见图2-23）；蛭弧菌则进行复分裂，在其宿主细胞内形成多个子细胞；而红微菌、生丝微菌、梨菌等附器细菌，能在其菌丝顶端形成子芽，进行出芽繁殖。

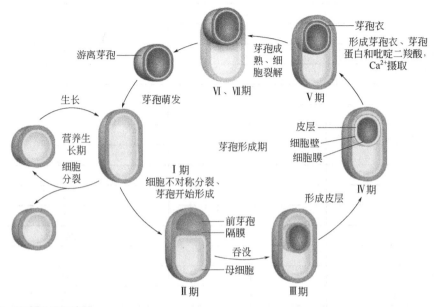

图 2-21 芽孢形成的过程

（引自：Madigan 等，2015）

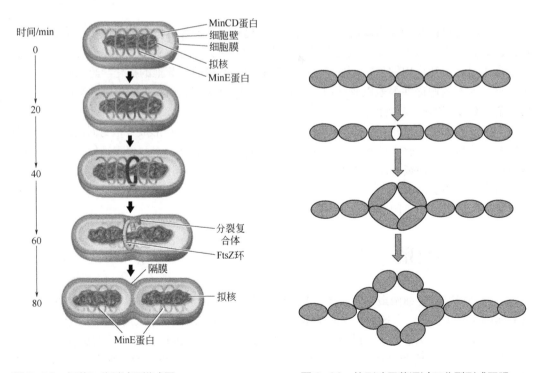

图 2-22 杆菌二分裂过程模式图   图 2-23 格形暗网菌通过三分裂形成网眼

（引自：Madigan 等，2015）

四、细菌的群体形态

（一）在固体培养基上的群体形态

单个微小的细菌用肉眼是看不见的，但将单个细菌（或其他微生物）细胞或一小堆同种细胞接种到固体培养基表面（有时为内层），当条件适宜时，该细胞会迅速生长繁殖形成肉眼可见的、具有一定形态的子细胞群，称为菌落（colony）。如果一个菌落是由一个细胞繁殖而来的，则它是一个纯种细胞群或称为克隆（clone）。生长在固体培养基表面的称为表面菌落，生长在内部的称为埋藏菌落或深层菌落。多个菌落在固体培养基表面连成一片的培养物称为菌苔（lawn）。

菌落特征也是细菌分类鉴定中重要的形态指标之一（图2-24）。不同的细菌在一定条件下具有各自不同的菌落特征；即使同一种细菌，在不同的培养条件下，其菌落特征也有所不同。同一种细菌在相同条件下，所具有的菌落特征是稳定的，由其自身的遗传性决定。菌落特征包括：菌落大小、形状（圆形、假根状、不规则状等）、边缘情况（整齐、波状、裂叶状、锯齿状等）、隆起情况（扩展、台状、低凹、凸面、乳头状等）、光泽（闪光、金属光泽、无光泽）、表面状态（光滑、褶皱、同心环、龟裂状等）、质地（油脂状、膜状等）、颜色、透明度等。

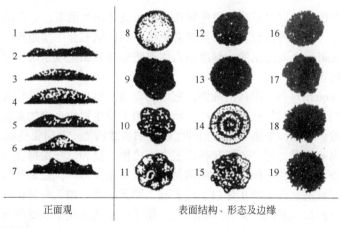

正面观　　　　表面结构、形态及边缘

图2-24　细菌的菌落特征

1，扁平；2，隆起；3，低凸起；4，高凸起；5，脐状；6，草帽状；7，乳头状；8，圆形、边缘完整；9，不规则、边缘波浪；10，不规则、颗粒状、边缘叶状；11，规则、放射状、边缘呈叶状；12，规则、边缘呈扇状；13，规则、边缘呈齿状；14，规则、有同心环、边缘完整；15，不规则、似毛毯状；16，规则、似菌丝状；17，不规则卷发状、边缘波状；18，不规则、呈丝状；19，不规则、根状

（引自：武汉大学、复旦大学，1987）

细菌菌落的共同特征是湿润、黏稠、易挑取（与培养基结合不紧密）、质地均匀、较透明、菌落正反面及菌落边缘与中心颜色一致等。但不同形态、生理类型的细菌，在其菌落特征上也有明显的反映，如无鞭毛、不能运动的细菌，特别是球菌，常形成小而厚、边缘较整齐的菌落；有鞭毛的细菌菌落则表面较粗糙；产生芽孢的细菌菌落较粗糙、干燥、表面常不透明且有褶皱。

（二）在半固体培养基中的群体形态

纯种细菌在半固体培养基上生长时，会出现许多特有的培养性状，因此对菌种鉴定十分重要。半固体培养法通常是把培养基灌注在试管中，形成高层直立柱，然后用穿刺接种法接入实验菌种。若使用半固体明胶培养基做试验，可以根据明胶柱液化层中呈现的不同形状来判断某细菌是否产生蛋白酶和某些其他特征；若使用半固体琼脂培养基，可以鉴定细菌的运动特征，能运动的细菌向穿刺线四周扩散生长，而不能运动的细菌则只能沿穿刺线生长，无扩散现象。

（三）在液体培养基中的群体形态

细菌在液体培养基中生长时，会因其细胞特征、相对密度、运动能力和对氧气的需求等关系的不同，而形成几种不同的群体形态：多数表现为浑浊，部分表现为沉淀，一些好氧性细菌则在液面上大量生长，形成特征性的、厚薄有差异的菌膜（pellicle）、菌醭（mycoderm）或环状、小片状不连续的菌膜等。

五、细菌与疾病

（一）病原菌

虽然品种繁多的、数以百万计的微生物在人体表及体内生活着，它们的存在通常还是对寄主有益的，并且，在某些情况下，甚至是必不可少的。这些微生物是作为正常的菌群或共生关系（commensalism）而提出的。健康的人体有防御体系和免疫系统，它们保护着人体不受有害微生物的侵害。

病原菌（pathogens）指能致病的细菌，它改变着寄主自身的正常结构或功能。病原菌感染后，使寄主表现出一系列的症状，这些症状可能由于微生物的产物如毒素或由于寄主对细菌的免疫反应所致。疼痛、发热、充血和肿胀都是细菌致病的一些常见症状。

一种细菌成为病原菌，它必须能在各寄主之间传播、侵袭，并保持在寄主内获得营养，并能避免或损坏寄主的免疫系统，这种细菌就能在该寄主内落户；使细菌具备这些特征的因素（黏附素、黏多糖酶、纤毛静止蛋白、侵袭素、特定酶类、鞭毛与趋化性）被称作毒力因子。多种毒力因子是由质粒或噬菌体所携带的。能使正常的健康寄主受到感染的那些细菌被认为是真正的病原体，但如果寄主受到损伤，一些病原体便可能有机会传染并造成损害。例如，铜绿假单胞菌不能感染健康的皮肤，但会对烧伤的皮肤会造成严重的损害。那些由于遗传缺陷、药物治疗或受某种病毒如人类免疫缺陷性病毒感染的无免疫应答的人，特别易受传染，甚至可能实际上易受到任何微生物的感染。

（二）细菌性病害的性质

炭疽杆菌是 19 世纪 70 年代最初被证明的一种引起炭疽病的致病细菌。这是 Robert Koch 发现的。随后，许多一般性疾病和有时是致命的疾病的病因学（etiology）被证明是细菌感染的结果。细菌性病害，其范围从诸如由结核分枝杆菌（*Mycobacterium tuberculosis*）引起的结核病和在肺内的巨噬细胞中存活的其他有关的分枝杆菌属引起的慢性感染，到如引起呕吐及腹泻的肠毒素导致的葡萄球菌食物中毒之类的急性感染。由细菌引起疾病的类型取决于该细菌所感染的部位（皮肤、呼吸道、胃肠道生殖-泌尿道、组织或血液系统），上述部位通常反映出病原菌与寄主间传染机理，免疫系统和细菌所产生的有毒产物作斗争的能力。细菌致病的许多例子中，如白喉是上呼吸道受白喉棒状杆菌感染所引起的；破伤风是伤口深处处于厌氧状况，被厌氧的破伤风梭菌（*Clostridium tetani*）所产生的破伤风菌毒素所感染引起的；霍乱即肠道受霍乱弧菌感染——这些症状都是由于产生了很强的毒素，这些毒素能使距感染处相当远的部位的细胞受到很大的伤害。另一些疾病，例如淋病，它是一种由淋病奈瑟氏球菌引起的性传染病，还有军团菌病，它是由于吸入了一种在空气中传播的嗜肺军团菌（*Legionella pneumophila*）而引起的一种肺炎；它们都是由于这些微生物能在细胞内生活，并回避了免疫防御机构的作用所致的。通常，许多不同种毒力（致病力）机制与特殊的微生物所能引起的疾病有关。某些细菌只能引发一种疾病，如霍乱或百日咳（由百日咳杆菌引起）。其他细菌则可能引起多种不同的疾病，视其作用的部位、它们所带有的致病力因子和致病过程的不同阶段而定。酿脓链球菌就是一例，它是咽喉炎的主要病因。然而，如果被一种产生或引起红疹的外毒素的酿脓链球菌所感染，那么引起的就是一种较为严重的猩红热疾病，它的特征是一种扩散疹。在少数病例中，酿脓链球菌可能引起一种蔓延性的关节炎，即风湿热，它还可能伴随着心瓣受损或急性肾小球性肾炎（肾病）。这些病症被认为是由于细菌有与寄主抗原相似的抗原，从而引起自体免疫反应所致的。酿脓链球菌还能引起皮肤病、脓疱病；有些新菌株由于毒素、链球菌热原、外毒素而引起可能致死的败血病。由一种杆菌引起多种症状的另一个例子是螺旋体属，布氏疏螺旋体（*Borrelia burgdorferi*）（引起莱姆氏病，由鹿蜱传染）和苍白密螺旋体（梅毒）。如果原始感染不医治的话，这些病有三个发病阶段，反映微生物在体内随着时间而运动。

第二节

放线菌

放线菌（actinomycetes）是一类介于细菌和真菌之间、多数呈丝状生长、主要以孢子繁殖、陆生性较强的革兰氏阳性原核微生物。放线菌的细胞构造、细胞壁成分和对噬菌体的敏感性与细菌相似，但菌丝的形成和以外生孢子繁殖等方面则类似于丝状真菌。因最初发现这类微生物的菌落呈放射状，故称放线菌。放线菌形态多样（杆状、丝状），(G+C) 摩尔分数高（60%～70%），大多数放线菌革兰氏染色反应呈阳性。

放线菌在自然界分布极广。在土壤、河流、湖泊、空气、海洋、食品、动植物体内和体表等，都有放线菌的分布，其中以土壤中最多，在含水量低、有机物丰富和呈微碱性土壤中广泛分布。每克土壤中放线菌的孢子数一般可达 10^7 个。放线菌多数为腐生菌，少数为寄生菌。腐生型放线菌在自然界物质循环中起着非常重要的作用，少数寄生型放线菌可引起人和动植物病害。

放线菌与人类关系密切。放线菌对人类最大的贡献就是能够产生大量的、种类繁多的抗生素。到目前为止，已筛选的抗生素近万种，每年还新增百余种，其中，放线菌产生的抗生素约占 70%，如红霉素、链霉素、土霉素、金霉素、卡那霉素等。近年来从稀有放线菌发现的新抗生素有明显增多的趋势。有些放线菌还能生产酶制剂和维生素，如游动放线菌产生的葡萄糖异构酶、弗氏链霉菌产生的可用以制革工业脱毛的蛋白酶以及从灰色链霉菌发酵液中可提取维生素 B_{12} 等。放线菌的产物在医药、卫生、农业、食品加工等领域已得到广泛应用，此外，放线菌在甾体转化、烃类发酵、污水处理等方面也有重要作用。少数放线菌还能引起人、动物和植物的病害，如人畜的皮肤病、脑膜炎和肺炎等，以及马铃薯疮痂病和甜菜疮痂病。有的放线菌能破坏棉毛织品和纸张等，给人类造成经济损失。

一、放线菌的形态结构

（一）典型放线菌——链霉菌的形态结构

放线菌的形态极其多样，有的呈较简单的杆状，有的偶尔有菌丝，有的严格以菌丝生长。大部分放线菌菌体由分枝状菌丝体组成，大多数菌丝无隔膜，为单细胞，革兰氏染色阳性，营养期通常不运动，（G+C）摩尔分数高。菌丝的粗细与杆菌的宽度相近，细胞壁含胞壁酸和二氨基庚二酸，不含几丁质和纤维素。菌丝体由于形态、功能不同，分为基内菌丝和气生菌丝，气生菌丝在无性繁殖中分化成孢子丝、孢囊和孢子等。现以丝状放线菌——链霉菌为例来说明放线菌的一般形态结构。

链霉菌属（Streptomyces）是放线菌中的一个大属，包括很多不同种和变种，《伯杰氏手册》中已鉴定的有 500 多个种，主要分布在土壤中。土壤特有的土腥味主要是由链霉菌产生的土臭味素（geosmin）引起的。在放线菌产生的抗生素中，链霉菌属产生的占到了 90%。在放线菌中，链霉菌分布最广、种类最多、形态特征最典型、产生的抗生素应用最广泛，因而得到了深入研究。在此以链霉菌为例，介绍其一般形态构造（图 2-25）。

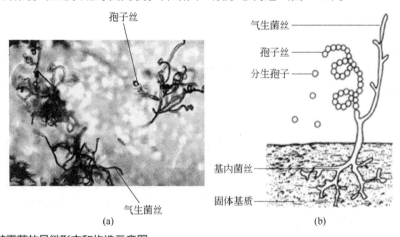

图 2-25　链霉菌的显微形态和构造示意图

[（a）图引自：Madigan 等，2015；（b）图引自：周德庆，2005]

链霉菌细胞呈分枝丝状，菌丝直径一般小于 1μm，营养生长阶段菌丝呈单细胞状态，无横隔，细胞内有多个原核。分枝菌丝不断延伸和分枝形成的网络状结构，称为菌丝体（mycelium）。链霉菌的细胞壁主要成分是肽聚糖，含 L-二氨基庚二酸和甘氨酸。

链霉菌的菌丝体按其形态和功能可分为 3 类 [图 2-25（b）]。

1. 基内菌丝

基内菌丝（substratemycelium）又称营养菌丝，是营养型一级菌丝，生长在培养基内部或表面，菌丝较细，直径在 0.2～0.8μm，长度在 600μm 以上，颜色较浅。基内菌丝一般没有横隔，有较多分枝，其主要功能是吸收营养和排泄代谢废物。不同的基内菌丝可产生水溶性或脂溶性色素，颜色有黄、红、紫、褐蓝等，在放线菌分类鉴定中有一定意义。

2. 气生菌丝

气生菌丝（aerial mycelium）是由基内菌丝生长到一定阶段，伸展到空间呈分枝丝状的二级菌丝。一般颜色较深，比基内菌丝粗，宽度是基内菌丝的两倍，形状直形或弯曲状，有分枝，有的产生色素。其主要功能是分化形成孢子丝。

3. 孢子丝

孢子丝（sporophore）是气生菌丝生长发育到一定阶段，特化成的具有形成孢子作用的繁殖菌丝。孢子丝的形状和排列方式多样，有直立、波浪形、螺旋状、丛生、轮生等，其中以螺旋状较常见。孢子丝的主要功能是形成孢子（spore），具有繁殖作用。

孢子丝的形状及在气生菌丝上的排列方式因菌种的不同而不同。螺旋的数量、大小、疏密程度、旋转方向都是分类鉴定的重要指标。螺旋的数量通常是 5～10 转，旋转方向多为逆时针，少数是顺时针，孢子丝上往往形成成串的孢子。孢子有球状、椭圆状、杆状、梭状、瓜子状、月牙状等。孢子丝排列的方式有交替着生、丛生、轮生等。

同一孢子丝上分化的孢子，其形状、大小有时并不一致，因此孢子的形状和大小不能作为分类鉴定的唯一依据，而必须结合孢子的表面特征进行区分。一般来说，孢子丝直或者波曲者，其孢子往往表面光滑，尚未发现有带刺或毛发状的；孢子丝呈螺旋形者，其孢子表面则因种而异，有光滑的、刺状的、毛发状的。常见的链霉菌孢子丝形态有垂直型、松螺旋型、紧螺旋型、单轮无螺旋型、双轮螺旋型，如图 2-26 所示。放线菌孢子常具有色素，呈白色、灰色、黄色、橙黄色、红色、蓝色、绿色等。成熟的孢子，其颜色在一定培养基和培养条件下比较稳定。孢子的颜色与孢子的结构有一定的相关性，白色、黄色、淡绿色、灰黄色、淡紫色孢子的表面一般都是光滑的，粉红色孢子只有极少数呈刺状，黑色孢子则大多数都呈刺状或毛发状。这些特征是链霉菌分类鉴定的主要形态依据。

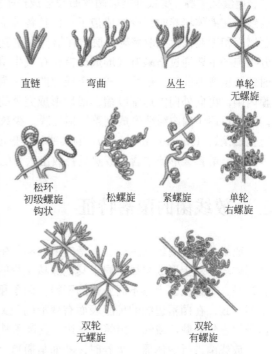

图 2-26　链霉菌孢子丝的各种形态、排列及演变

（引自：Madigan 等，2015）

链霉菌是否产色素以及色素颜色、孢子丝的形状和排列方式、分生孢子的形态和表面结构，均由链霉菌的遗传性决定，因而这些特征可以作为链霉菌分类鉴定的形态指标。

（二）其他放线菌的形态结构

孢囊链霉菌属（*Streptosporangium*）具有由气生菌丝的孢子丝盘卷而成的孢囊，它长在气生菌丝的主丝或侧丝的顶端，内部产生多个无鞭毛的孢囊孢子。

游动放线菌属（*Actinoplanes*）的气生菌丝不发达，在基内菌丝上形成孢囊，内含许多盘曲或直立排列的球形或近球形的孢囊孢子，其上着生一至数根极生或周生鞭毛，可运动。

以诺卡氏菌属（*Nocardia*）为代表的原始放线菌具有分枝状、发达的营养菌丝，但多数无气生菌丝。营养菌丝成熟后，会以横隔分裂方式产生形状、大小一致的杆状、球状或分枝状的分生孢子。

有些放线菌在菌丝顶端形成一至数个或较多的孢子。小单孢菌属（*Micromonospora*）多数不形成气生菌丝，但会在分枝的基内菌丝顶端产生一个孢子。小双孢菌属（*Microbispora*）和小四孢菌属（*Microtetraspora*）都是在基内菌丝上不形成孢子，仅在气生菌丝顶端分别形成 2 个或 4 个孢子。小多孢菌属（*Micropolyspora*）则在气生菌丝和基内菌丝顶端均形成 2～10 个孢子。

二、放线菌的繁殖

放线菌主要通过产生各种无性孢子的方式进行繁殖，无性孢子主要有：分生孢子、节孢子、孢囊孢子等。少数种类以菌丝断裂形成孢子状细胞进行繁殖，如诺卡氏菌属（*Nocardia*）。放线菌在液体培养时很少形成孢子，但其各种菌丝片段都有繁殖功能，这一特性对实验室摇瓶培养和工业化大型发酵罐深层搅拌培养很重要。大多数放线菌可以产生分生孢子进行繁殖。分生孢子主要通过横隔方式形成：首先在气生菌丝顶端特化形成孢子丝，然后形成横隔，同时细胞壁变厚收缩，最后形成一串成熟的分生孢子。在形成横隔时有两种途径：一种是细胞膜内陷，再向外向内逐渐收缩，最后形成完整的横隔膜；另一种途径是细胞壁和细胞膜同时内陷，再逐步向内缢缩形成完整的横隔膜。少数放线菌，如游动放线菌属（*Actinoplanes*）和链孢囊菌属（*Streptosporangium*）的某些种类形成孢囊孢子进行繁殖，一般是在气生菌丝或基内菌丝一端膨大形成孢囊，成熟后释放出大量的孢囊孢子。

三、放线菌的菌落特征

放线菌具有菌丝状生长、有基内菌丝和气生菌丝的分化、形成干粉状孢子等特点，因此在固体培养基上形成明显不同于其他原核生物的菌落特征：表面质地紧密、干燥、丝绒状或有褶皱、不透明、上覆不同染色的干粉；菌落和培养基结合紧密不易挑起；菌落正反面颜色常不一致，在菌落边缘的琼脂表面有变形的现象。只有少数原始的放线菌，如诺卡氏菌属等由于缺乏气生菌丝或气生菌丝不发达，其菌落外形与细菌接近。

放线菌进行液体摇瓶培养时，液面与瓶壁交界处常粘贴一圈菌丝体，培养液澄清，其中悬浮着许多球状菌丝团，一些大型菌丝团则沉在瓶底。

海洋放线菌——新抗生素的重要资源

近十几年的研究结果表明，海洋环境中存在着一个巨大的海洋放线菌资源宝库。生活在海洋这一特殊环境中的放线菌，其生理生化和 16S rRNA 等分子生物学特征与陆生放线菌有很大的区别，其次级代谢途径亦不同于陆生放线菌，从而产生了结构类型新颖多样、生物活性显著的次级代谢产物。海洋放线菌的次级代谢产物分子中多含有卤族元素，多为内酯和内酰胺以及萜类化合物，其次级代谢产物具有新的抗菌作用靶点，对肿瘤细胞和耐药性致病菌表现出较强的抑制作用。海洋放线菌为新型抗生素的发现提供了重要的先导化合物和新的药物作用靶点。随着研究的深入，海洋放线菌将成为发现新抗生素的重要资源。

第三节
蓝细菌

蓝细菌（cyanobacteria）旧称蓝藻（cyanophyte）或蓝绿藻（blue-green algae）。由于它与高等植物和藻类一样，含有光合色素——叶绿素 a，能进行产氧型光合作用，所以过去将其归为藻类。现代技术研究表明，蓝细菌是一大类分布极广，细胞核没有核膜，没有有丝分裂器，没有叶绿体，含叶绿素 a，进行产氧型光合作用，核糖体为 70S，细胞壁与细菌的相似，由肽聚糖构成并含有二氨基庚二酸，革兰氏染色阴性，无鞭毛的大型原核生物。

蓝细菌在自然界分布广泛，从热带到两极，从海洋到高山，到处都有它们的踪影。蓝细菌具有极强的抗逆境能力，在 80℃以上的热带温泉、高盐湖泊或极端环境下仍然可以生存，在贫瘠的沙质海滩和荒漠的岩石上也能找到它们的踪迹。蓝细菌是地球上最早能进行产氧光合作用的生物，其化石记录可追溯至 35 亿年前，蓝细菌的出现和发展使整个地球大气从无氧状态发展到有氧状态，从而孕育了一切好氧生物的进化和发展，因此蓝细菌有"先锋生物"之美称。蓝细菌能在固体表面形成"垫状体"；在温暖的浅海湾，蓝细菌能形成厚厚的一层；在营养丰富的湖泊中，蓝细菌（如铜绿微囊藻）大量繁殖，形成"水华"。有些蓝细菌能与真菌、苔藓、蕨类、苏铁科植物、珊瑚甚至一些无脊椎动物共生。许多蓝细菌类群具有固氮作用。

在人类生产生活中，蓝细菌有着重大的经济价值，包括许多食用种类如发菜念珠蓝细菌（*Nostoc flagelliforme*）、普通木耳念珠蓝细菌即葛仙米（*N. commune*）、盘状螺旋蓝细菌（*Spirulina platensis*）、最大螺旋蓝细菌（*S. maxima*）等，后两种分别产于中非的乍得和中美洲的墨西哥，目前已开发成有一定经济价值的"螺旋藻"产品。至今已知有 120 多种蓝细菌具有固氮能力，特别是与满江红鱼腥蓝细菌（*Anabaena azollae*）共生的水生蕨类满江红，是一种良好的绿肥。有的蓝细菌是在受氮、磷等元素污染后发生富营养化的海水"赤潮"和湖泊中"水华"的元凶，给渔业和养殖业带来严重危害。此外，还有少数水生种类如微囊蓝细菌属（*Microcystis*）产生可诱发人类肝癌的毒素。

一、蓝细菌的形态结构

蓝细菌的个体形态有单细胞和丝状体两大类群（图 2-27）。单细胞类群呈球状、椭圆状或杆状，如由二分裂形成单细胞的黏杆蓝细菌属（*Gloeothece*）和复分裂形成单细胞的皮果蓝细菌属（*Dermocarpa*）等。丝状体蓝细菌一般不分枝或有假分枝，主要包括产生异形胞的丝状蓝细菌，如鱼腥蓝细菌属（*Anabaena*）和念珠蓝细菌属（*Nostoc*）等；分枝的蓝细菌，如飞氏蓝细菌属（*Fischrella*）；不产生异形胞的螺旋状蓝细菌，如螺旋蓝细菌属（*Spirulina*，也称螺旋藻）和颤蓝细菌属（*Oscillatoria*）。多个单细胞蓝细菌聚集在一起，或在丝状蓝细菌外常包裹一共同的胶质外套。

颤蓝细菌属(Oscillatoria)

色球蓝细菌属
(Chroococcus)

念珠蓝细菌属(Nostoc)

皮果蓝细菌属
(Dermocarpa)

管孢蓝细菌属
(Chamaesiphon)

螺旋蓝细菌属(Spirulina)

图 2-27　几种蓝细菌的典型形态

(引自：周德庆，2005)

　　蓝细菌的细胞一般比细菌大，通常直径为 3～10μm，最大的可达 60μm，如巨颤蓝细菌（Oscillatoria princeps）。许多蓝细菌个体聚集在一起，可形成肉眼可见的群体。

　　蓝细菌的细胞结构与原核微生物中的革兰氏阴性细菌相似，细胞壁分为内外两层，外层为脂多糖层，内层为肽聚层。许多种能不断地向细胞壁外分泌胶黏物质，将一群细胞或丝状体结合在一起，形成黏质糖被或鞘。大多数蓝细菌无鞭毛，但可以"滑行"，并表现出一定趋光性和趋化性。细胞膜单层，很少有间体。细胞核为原核。

　　蓝细菌进行光合作用部位是类囊体（thylakoid）。类囊体由多层膜片叠加，形成片层状的内膜结构。类囊体数量很多，以平行或卷曲方式贴近地分布在细胞膜附近，其中含有叶绿素 a、类胡萝卜素、藻胆素等光合色素以及电子传递链组分。蓝细菌的细胞内含有糖原、聚磷酸盐以及蓝细菌肽等贮藏物以及能固定 CO_2 的羧基体。有的蓝细菌，细胞质中还含有气泡，能使菌体漂浮于光线适宜的水层，以利于光合作用。

　　在化学组成上，蓝细菌最独特之处是脂多糖中的不饱和脂肪酸含有两个或多个双键，而细菌通常只含有饱和脂肪酸和一个双键的不饱和脂肪酸。

　　蓝细菌的细胞有几种特化形式，较重要的是异形胞、静息孢子、连锁体和内孢子。异形胞（heterocyst）是存在于丝状体蓝细菌中的较营养细胞稍大、色浅、壁厚、位于细胞链中间或末端，且数目少而不定的细胞。异形胞是蓝细菌的固氮部位，其中藻胆素含量很低，没有产氧的光学系统Ⅱ，只存在光学系统Ⅰ，因此蓝细菌的光合作用结果不产生氧气，从而不会对分子氧敏感的固氮酶产生危害，相反光合作用合成的 ATP 是固氮作用所必需的能量。另外，异形胞中还含有分别贮存碳素养料和氮素养料的糖原与藻青素。营养细胞的光合产物与异形胞的固氮产物，可通过胞间连丝进行物质交换（图 2-28）。静息孢子（akinete）是一种着生于丝状体细胞链中间或末端的形大、色深、壁厚的休眠细胞，胞内有储藏性物质，具有抗干旱或冷冻的能力。连锁体（hormogonium）又称链丝段或藻殖段，是长细胞断裂而成的短链段，具有繁殖功能。内孢子（endospores）是少数蓝细菌种类在细胞内形成许多球形或三角形的孢子，成熟后可释放，具有繁殖功能。

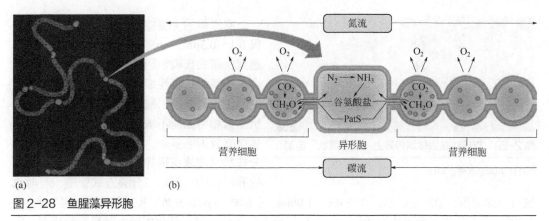

图 2-28　鱼腥藻异形胞

(a) 鱼腥藻显微照片； (b) 鱼腥藻营养细胞与异形胞之间的物质交换

(引自: Madigan 等, 2015)

二、蓝细菌的繁殖

蓝细菌通过无性方式繁殖，有以下几种类型：①裂殖，单细胞类群以裂殖方式繁殖，包括二分裂（如黏杆蓝细菌）或多分裂（如皮果蓝细菌）。大多数丝状蓝细菌的细胞分裂是单平面的，如鱼腥蓝细菌和颤蓝细菌，而分枝的丝状蓝细菌能进行多平面方向的裂殖，如飞氏蓝细菌。②连锁体，又称藻殖段或链丝段，有些丝状蓝细菌的两个或多个细胞连在一起，形成连锁体，成熟脱离母体后能萌发成新的丝状体。③内孢子，少数蓝细菌，如管孢蓝细菌（*Chamaesiphon*）在细胞内形成许多球形或三角形的内孢子，内孢子成熟后释放。④静息孢子，在干燥、低温和长期黑暗等条件下，*Anabaena* 和 *Nostoc* 属的种类可形成休眠状态的静息孢子，当条件适宜时，萌发成新的丝状体继续生长。

第四节
其他原核微生物

一、支原体

支原体（mycoplasma）是一类无细胞壁、能离开活细胞独立生长繁殖的最小的原核生物。支原体于 1898 年被发现，先后被称为胸膜肺炎微生物（pleuropneumonia organisms, PPO）和类胸膜肺炎微生物（pleuropneumonia-like organisms, PPLO）。1955 年，正式命名为支原体，1976 年才被确定分类地位。

支原体能引起人和畜禽呼吸道、肺部、尿道以及生殖系统的炎症。有些腐生种类生活在污水、土壤和堆肥中，少数种类可污染实验室的组织培养。有些植物病害，如玉米矮化病、甘蔗白叶病和桑、竹丛枝病等，也由支原体引起。为了与感染动物的支原体相区分，一般称侵染植物的支原体为类支原体（mycoplasma-like organisms, MLO）或植物菌原体（phytoplasma）。

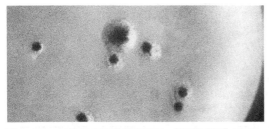

图 2-29　支原体在固体培养基上"油煎蛋状"菌落

（引自：Madigan 等，2015）

支原体的主要特点有：①非常小，直径仅 0.1～0.3μm，一般在 0.25μm 左右；②无细胞壁，革兰氏染色阴性，对渗透压敏感，不含典型革兰氏阴性细菌中所具有的 N-乙酰胞壁酸和二氨基庚二酸，对抑制细胞壁合成的抗生素和溶菌酶不敏感，由于无细胞壁，菌体柔软且形态多变，有球形、扁圆形、丝状、分枝状、玫瑰花形等，能通过比自身小得多的孔径；③一般以二分裂方式繁殖，有时也进行出芽繁殖；④菌落较小，直径 0.1～1.0mm，在固体培养基表面呈特有的"油煎蛋"状（图 2-29）；⑤多数能以糖类作为能源，能在有氧或无氧条件下进行氧化型或发酵型产能代谢；⑥体外培养条件苛刻，需在添加血清、酵母膏或甾醇等营养丰富的培养基中才能生长；⑦细胞膜含甾醇，比其他原核生物的膜更坚韧，细胞膜中固醇或脂聚糖含量高，对渗透溶解有一定抗性；⑧对抑制蛋白质生物合成的抗生素（四环素、红霉素等）和破坏含甾体的细胞膜结构的抗生素（两性霉素、制霉菌素等）敏感；⑨基因组很小，仅在 0.6～1.1kb。

根据是否需要固醇，支原体分为两个类群：①需固醇类群，包括支原体属（*Mycoplasma*）、厌氧支原体属（*Anaeroplasma*）、螺原体属（*Spiroplasma*）和脲支原体属（*Ureaplasma*）；②不需固醇类群，包括无胆甾原体属（*Acholeplasma*）和热原体属（*Thermoplasma*）。

二、立克次氏体

1909 年，美国病理学家 Howard Taylor Ricketts（1871～1910）首次发现落基山斑疹伤寒的病原菌，后来被该菌感染并夺取了生命，故此命名以示纪念。

立克次氏体是一类形体微小、杆状或球杆状、革兰氏染色阴性、专性活细胞内寄生的原核微生物。其个体大小介于细菌和病毒之间，除博氏立克次氏体（Rickettsia burneti，又名 Q 热立克次氏体）外，均不能通过细菌过滤器。立克次氏体首先在动物细胞中发现，后来在患棒叶病的三叶草和长春花中也发现了立克次氏体，侵染植物细胞的立克次氏体一般称为类立克次氏体（rickettsia-like organisms, RLO）或类立克次氏体细菌（rickettsia-like bacteria, RLB）。

立克次氏体的主要特点有：①细胞结构与细菌相似，具有细胞壁和细胞膜；革兰氏染色阴性，细胞壁含有胞壁酸、二氨基庚二酸和脂多糖，但脂质含量明显高于细菌；细胞膜为脂质双分子层，含有大量磷脂；细胞内有丝状核质区，没有核膜和核仁；其大小约（0.3～0.7）μm×（1～2）μm，在光学显微镜下可观察到。②细胞形态具有多形性，有球状、类球状、杆状或丝状等，革兰氏反应阴性。③能量代谢途径不完整，立克次氏体只能氧化谷氨酸，而不能利用葡萄糖、6-磷酸葡萄糖、有机酸等产生能量。④以二等分裂方式繁殖。⑤对多种抗生素，如青霉素、四环素等敏感。⑥细胞膜透性高，易从寄主细胞中获取所需物质（如 NAD 和 CoA），但从立克次氏体内也易"渗出"某些重要物质，一旦离开寄主将无法生存。因此，人工培养立克次氏体时必须采用营养丰富的培养基，如鸡胚卵黄囊、敏感动物组织细胞（骨髓细胞、Hela 细胞）等。在自然界，其寄主一般为虱、螨、蚤、蜱等吸血节肢动物，感染后的这些节肢动物去叮咬其他脊椎动物，从而在动物间传播。⑦对热、干燥、化学试剂等敏感，如 56℃处理 30min 即可杀死；但耐低温，在−60℃条件下可保存数年。

某些人体疾病，如斑疹伤寒、恙虫热和 Q 热等，可由虱、螨、蚤、蜱等吸血节肢动物所携带的立克次氏体传播感染。引起人类感染的主要立克次氏体有普氏立克次氏体（*Rickettsia prowazekii*）、斑疹伤寒立克次氏体（*R. typhi*）和恙虫病立克次氏体（*R. tsutsugamushi*）。表 2-8 列出了几种有代表性的立克次氏体。

表 2-8　几种代表性立克次氏体的特征

菌体名称	细胞内寄生部位	媒介	所致疾病
立氏立克次氏体（*Rickettsia rickettsii*）	细胞质和细胞核	蜱	落基山斑疹伤寒
普氏立克次氏体（*R. prowazekii*）	细胞质	虱	流行性斑疹伤寒
穆氏立克次氏体（*R. mooseri*）	细胞质	蚤	地方性斑疹伤寒
恙虫热立克次氏体（*R. megawi*）	细胞质	恙螨	恙虫病

（引自：黄秀梨等，2009）

三、衣原体

1956 年，我国微生物学家汤飞凡等通过鸡胚培养首先分离出沙眼衣原体，当时称为"大型病毒"或"巴德松体"（bedsonia）。1970 年正式命名为衣原体（chlamydia）。

衣原体是一类比立克次氏体小、在真核细胞内营能量寄生的革兰氏阴性原核微生物。衣原体虽有一定代谢能力但缺少独立的产能系统，必须依靠寄主获得能量、酶类以及低分子量化合物，故有"能量寄生物"之称。

衣原体的有些性质与细菌相似，但与病毒又有明显不同。其主要特点概括有：①革兰氏反应阴性，具有革兰氏阴性细菌的细胞结构特征，细胞壁肽聚糖中含有二氨基庚二酸；②衣原体细胞中同时含有 DNA 和 RNA 两种核酸；③含核糖体，大小为 70S；④以二等分裂方式进行繁殖；⑤参与能量代谢的酶系统不完整，生存方式为严格的细胞内寄生；⑥细胞呈球形或椭圆形，直径在 0.2～0.3μm；⑦对抑制细菌的抗生素和药物敏感，如青霉素和磺胺等；⑧可用鸡胚卵黄囊膜、组织培养细胞、小鼠腹腔等进行人工培养。

衣原体感染周期（图 2-30）中存在大小两种细胞类型。小细胞称为原体（elementary body），具有感染力，细胞呈球状，直径约 0.3μm，不运动，有坚韧的细菌型细胞壁，细胞中央有致密的类核结构，RNA 和 DNA 的含量基本持平。大细胞称为始体（initial body）或网状体（reticulate body），不具有感染性，形体较大，也呈球状，直径达 1～1.5μm，细胞壁较厚，细胞中无致密的类核结构，RNA 含量是 DNA 含量的 3 倍。其感染过程是，首先原体通过吞噬作用（phagocytosis）进入宿主细胞，在宿主细胞质中逐渐长大，形成始体；始体以二等分裂方式多次繁殖，形成大量子细胞；然后子细胞分化成小而壁厚的感染性原体，通过宿主细胞破裂而释放，又可重新感染新的细胞。

与立克次氏体不同，衣原体不需媒介而直接感染宿主。如沙眼衣原体（*Chlamydia trachomatis*）感染后，使人患沙眼；鹦鹉热衣原体（*C. psittaci*）引起鸟和人以外的哺乳动物鹦鹉热病，当人吸入鸟的感染性分泌物，会导致肺炎和毒血症；性病淋巴肉芽肿衣原体（*Lymophogranuloma venereum*）能引起人的淋巴肉芽肿性病。

立克次氏体、衣原体、支原体、细菌、病毒的比较见表 2-9。

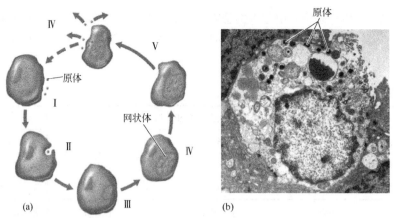

图 2-30　衣原体感染周期

(a) 衣原体感染周期示意图；(b) 受感染的输卵管细胞破裂释放原体的电镜图
Ⅰ，原体攻击宿主细胞；Ⅱ，宿主细胞吞噬原体；Ⅲ，原体转换成网状体；Ⅳ，网状体繁殖；Ⅴ，网状体转换为原体；
Ⅵ，原体释放
（引自：Madigan 等，2015）

表 2-9　立克次氏体、支原体、衣原体、细菌、病毒的比较

特征	细菌	支原体	立克次氏体	衣原体	病毒
直径/μm	0.5～2.0	0.2～0.25	0.2～0.5	0.2～0.3	< 0.25
可见性	光镜可见	光镜勉强可见	光镜可见	光镜勉强可见	电镜可见
细菌滤器	不能滤过	能滤过	不能滤过	能滤过	能滤过
革兰氏染色	阴性或阳性	阴性	阴性	阴性	无
细胞壁	坚韧	缺失	与细菌相似	与细菌相似	无
繁殖方式	裂殖	裂殖	裂殖	裂殖	复制
培养方式	人工培养基	人工培养基	宿主细胞	宿主细胞	宿主细胞
核酸种类	DNA 和 RNA	DNA 和 RNA	DNA 和 RNA	DNA 和 RNA	DNA 或 RNA
核糖体	有	有	有	有	无
大分子合成	有	有	有	有	利用宿主系统
产生 ATP 系统	有	有	有	无	无
增殖过程中结构的完整性	保持	保持	保持	保持	失去
入侵方式	多样	不清楚	昆虫媒介	直接	复杂
对抗生素	敏感	敏感（除青霉素）	敏感	敏感（除青霉素）	不敏感
对干扰素	某些菌敏感	不敏感	有的敏感	有的敏感	敏感

（引自：杨清香，2008）

四、螺旋体

螺旋体（spirochete）是一类菌体细长、柔软、弯曲成螺旋状的运动活泼的单细胞原核微生物。革兰氏染色阴性，大小差异较大，宽 0.1～3μm，长 3～500μm，菌体柔软，无鞭毛，借轴丝收缩而运动，以二等分裂方式进行繁殖。大部分螺旋体为厌氧菌或兼性厌氧菌。

螺旋体的细胞由 3 部分组成：原生质柱（protoplasmic cylinder）、轴丝（axial fibril 或 axial filament）和外鞘（outer sheath）。原生质柱是螺旋体细胞的主要部分，呈螺旋状，由细胞膜和细胞壁包裹。轴丝将细胞和原生质柱连在一起，最外面是外鞘，外鞘通常只能在负染标本或超薄切片的电镜照片中观察到。轴丝的超微结构、化学组成及着生方式与细菌的鞭毛相似。螺旋体依靠轴丝的旋转或收缩进行运动。螺旋体的运动取决于所处环境。如果游离生活，细胞沿着纵轴游动；如果固着在固体表面，细胞就向前爬行。

螺旋体广泛分布于江湖、水塘、海水等水生环境和动物体内。哺乳动物肠道、睫毛表面、白蚁和石斑鱼的肠道、软体动物躯体和反刍动物瘤胃中都有螺旋体。有些螺旋体是动物体内固有的微生物区系，有些引起梅毒、回归热、慢性游走性红斑和钩端螺旋体病。螺旋体有 5 个属，分别是螺旋体属（*Spirochaeta*）、脊螺旋体属（*Cristispira*）、密螺旋体属（*Treponema*）、疏螺旋体属（*Borrelia*）和钩端螺旋体属（*Leptospira*）。

五、黏细菌

黏细菌（myxobacteria）是能产子实体的滑行细菌。黏细菌的形态和大小与一般细菌相似，但其生活周期较细菌复杂。典型的黏细菌生活周期可以分为营养细胞和子实体两个阶段（图 2-31）。在营养细胞阶段，细胞呈杆状，宽度不超过 1.5μm，革兰氏染色阴性，黏细菌不生鞭毛，但能向细胞外分泌黏液，从而在固体表面作"滑行"运动。黏细菌生长发育到一定阶段，分泌的黏液聚集在一起，将多个细胞包裹其中，在适宜条件下形成肉眼可见的子实体。在子实体内部，营养细胞转变成黏孢子（myxospore），呈球状或近球形。生长发育后期子实体失水干燥，释放出黏孢子，在适宜条件下黏孢子可萌发形成营养细胞。子实体的形状和颜色因菌种而异。

黏细菌为专性好氧菌，营养方式是化能有机营养型，主要以死的细菌、真菌、酵母菌、藻类细胞或现成的有机物为养料，多数能在含有蛋白胨或酪蛋白水解物的固体培养基上良好生长。黏细菌主要分布在土壤表层、树皮、腐烂的木材、堆厩肥及动物粪便上，有些类群能分解纤维素，

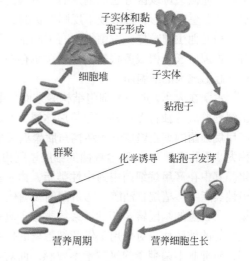

图 2-31　黄色黏球菌的生活周期

（引自：Madigan 等，2015）

如噬纤维菌属（*Cytophaga*）。在原核微生物中，黏细菌生活周期复杂、遗传变异多样，因而成为研究微生物进化发育的理想材料。

第五节

古菌

古菌是在系统发育上与细菌不同的一类特殊的原核生物。20 世纪 70 年代后期，美国伊利诺斯大学的 Carl Woese 等人在利用 DNA 序列研究原核生物之间的相互关系时发现存在两个完全不同的类群，于是提出原核生物中存在第三种生命形式——古细菌（archaebacteria），现

称为古菌。目前被人们普遍接受的生命三域学说，即根据 16S/18S rRNA 基因序列的系统发育学分析将生物分为三个域（domain）：细菌域（Bacteria，以前称"真细菌域"Eubacteria）、古菌域（Archaea，以前称"古细菌域"Archaebacteria）和真核生物域（Eukarya）。

古菌常生活于各种极端自然环境下，如大洋底部的高压热溢口、热泉、盐碱湖等。在地球上，古菌代表着生命的极限，它确定了生物圈的范围。例如，一种古菌——热网菌（*Pyrodictium* sp.）能够在高达 113℃ 的温度下生存，这是迄今为止发现的生长温度最高的生物。但近年来，人们发现古菌的生境不仅限于一些极端环境，还遍布在许多正常的环境中，如淡水湖、陆地土壤、大洋、近海等非极端环境中，几乎无处不在。

古菌根据表型特征可分为 5 大类：产甲烷古菌、极端嗜盐古菌、极端嗜热和超嗜热的代谢硫的古菌、无细胞壁的古菌、还原硫酸盐的古菌。

一、古菌的细胞结构

古菌微小，一般小于 1μm，即使在高倍光学显微镜下，最大的古菌也只有芝麻那么大。用电子显微镜可以区分它们的形态。古菌的形态差异很大，有球形、杆状，也有叶片状或块状，还有呈三角形、方形或不规则形状的。

和其他生物一样，古菌细胞有细胞壁、细胞膜、细胞质和胞内的遗传物质等细胞结构。有的古菌生长一根或多根鞭毛，古菌也存在其他附属物，如蛋白质网可将古菌细胞相互黏结在一起形成大的细胞团。

古菌在大小、形态及细胞结构等方面与细菌相似，但在某些方面又与细菌有着明显不同：①细胞壁成分独特而多样。除热原体属（*Thermoplasma*）外，大多数古菌类群均有细胞壁。产甲烷细菌的细胞壁成分和结构与肽聚糖类似，但不含胞壁酸、D 型氨基酸和二氨基庚二酸，称为"假肽聚糖"；而嗜盐细菌的细胞壁则由蛋白质亚基组成。②细胞膜中含有的类脂不可皂化。其中在产甲烷细菌中为中性类脂，由甘油与聚类异戊二烯以醚键连接；在嗜盐细菌中为极性类脂——植烷甘油醚。③古菌的核糖体 16S rRNA 的核苷酸顺序不同于真细菌和真核生物。④古菌的基因转录和翻译系统类似于真核生物，以甲硫氨酸起始蛋白质的合成。⑤对抗生素等的敏感性，对作用于细菌细胞壁的抗生素，如青霉素、头孢霉素、D-环丝氨酸等不敏感，对抑制细菌翻译的氯霉素不敏感，而对抑制真核生物翻译的白喉毒素却十分敏感。⑥古菌为严格厌氧菌。

1. 古菌的细胞壁结构

古菌除热原体属（*Thermoplasma*）没有细胞壁外，其余都具有与细菌功能相似的细胞壁。但古菌的细胞壁结构与细菌细胞壁有显著不同，其细胞壁中没有真正的肽聚糖，也不含纤维素和几丁质，而是由假肽聚糖、糖蛋白或蛋白质构成的。

许多革兰氏阳性的古菌与革兰氏阳性细菌相似，有一个同质层的厚壁，但革兰氏阴性古菌则缺乏外壁层和复杂的肽聚糖网状结构，通常含有蛋白质的表层或糖蛋白亚基。在化学组成上，古菌的细胞壁不含胞壁酸和 D-氨基酸。在革兰氏阳性古菌中，细胞壁含有复杂的聚合物。如甲烷杆菌属（*Methanobacterium*）和其他一些产甲烷古菌的细胞壁是由假肽聚糖组成的，其多糖骨架由 N-乙酰葡糖胺（*N*-acetylglucosamine）和 N-乙酰塔罗糖胺糖醛酸（*N*-acetyltalosaminouronic acid）相间排列，以 β-1,3 糖苷键连接形成，肽链由 L-谷氨酸、L-丙氨酸和 L-赖氨酸组成，肽桥则由 1 个 L-谷氨酸组成，见图 2-32。

在甲烷八叠球菌属（*Methanosarcina*）、盐球菌属（*Halococcus*）和革兰氏阳性古菌的细胞壁中含有杂多糖。在革兰氏阴性古菌的细胞质膜外有糖蛋白细胞壁或蛋白质细胞壁。例如，甲烷叶菌属（*Methanolobus*）、盐杆菌属和硫化叶菌属（*Sulfolobus*）等的细胞壁中含有糖蛋白，而甲烷球菌属、甲烷微球菌属（*Methano microbium*）和硫还原球菌属（*Desulfurococcus*）的细胞壁是由蛋白质组成的。

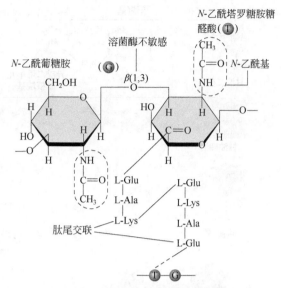

图 2-32　甲烷微球菌属细胞壁中假肽聚糖的结构（单体）

（引自：Madigan 等，2015）

2. 古菌的细胞膜结构

古菌的细胞膜成分与其他生物的细胞膜成分有明显区别。膜磷脂组分中的甘油是 L 型的，不同于细菌和真菌中的 D 型甘油；膜磷脂中长链与甘油的连接是通过醚键而不是其他生物膜中的酯键；细菌和真核生物膜磷脂中的长链是 18～20 个碳原子的直链脂肪酸，而古菌细胞膜磷脂中的长链是 20 个碳原子的带分支的异戊二烯聚合体，见图 2-33。在细菌和真核生物的细胞膜中，其结构都是双分子层，但古菌细胞质膜存在着单分子层或单双分子层混合膜。当磷脂为二甘油四醚时，连接两端两个甘油分子的两个植烷侧链会发生共价结合，形成二植烷，从而形成单分子层膜。这种结构有助于细胞膜的稳定，并常见于嗜高温微生物中，其作用类似于真核生物细胞膜中的胆固醇，其实胆固醇也是异戊二烯的另外一种聚合体（图 2-34）。

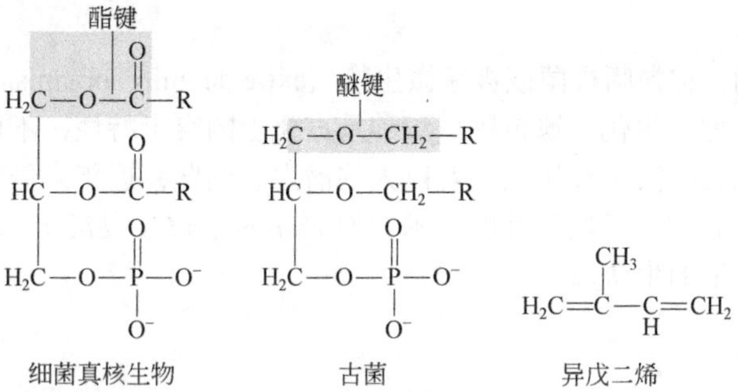

图 2-33　细菌和真核生物磷脂分子结构与古菌磷脂分子结构比较

（引自：Madigan 等，2015）

二、古菌的主要类群

近年来，古菌因在进化理论、分子生物学、生理特性和实践上的重要性，所以受到学术界的极大关注，至 2000 年已记载的种类就有 208 种，它们都是一些能在与地球早期严酷自然环境相似的极端条件下生存的微生物——嗜极菌（extremophiles），包括嗜热菌、嗜酸嗜热菌、嗜压菌、产甲烷菌和嗜盐菌等。

在自然界中，存在着一些绝大多数生物都无法生存的极端环境，诸如高温、低温、高酸、高碱、高盐、高毒、高渗、高压、干旱或高辐射强度等环境。凡依赖于这些极端环境才能正

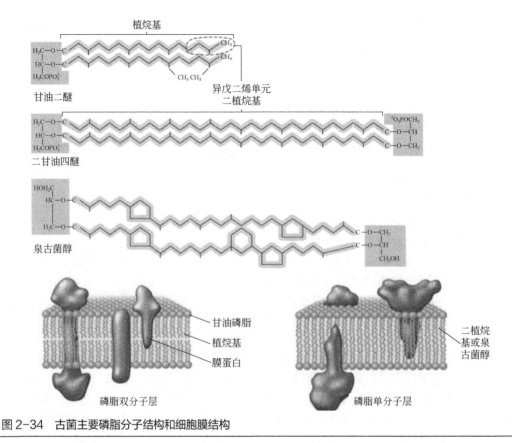

图2-34 古菌主要磷脂分子结构和细胞膜结构

(引自: Madigan 等, 2015)

常生长繁殖的微生物,称为嗜极菌或极端微生物(extreme microorganism)。由于它们在细胞构造、生命活动(生理、生化、遗传等)和种系进化上的突出特性,不仅在基础理论研究上有着重要的意义,而且在实际应用上有着巨大的潜力。因此,近年来倍受世界各国学者们的重视,从1997年起,还出版了国际性的学术刊物 *Extremophiles: Life Under ExtremeConditions*(嗜极菌:极端条件下的生命)。

1. 嗜热微生物

嗜热微生物(thermophiles)一般指能在90℃以上的高温环境中生长的极端微生物,简称嗜热菌。主要分布在如火山口及其周围区域、温泉、工厂高温废水排放区等。

从20世纪60年代以来,截至1997年已分离到20多属共50余种嗜热菌。其中最著名的是19世纪60年代末从美国怀俄明州黄石国家公园的温泉中分离到的 *Thermus aquaticus*(水生栖热菌"*Taq*",能在80℃下生长),以及在深海火山口附近分离到的 *Pyrolobus fumarii*(烟孔火叶菌,最适生长温度为105℃,最高生长为113℃,低于90℃即停止生长)和 *Pyrococcus furiosus*(激烈火球菌"*Pfu*",最适生长温度为100℃)。近年来,由"*Pfu*"产生的DNA聚合酶已取代了曾名噪一时的"*Taq*"酶,并使分子生物学中广泛用于DNA分子体外扩增的PCR技术(聚合酶链式反应技术)又向前迈进了一大步。

有关嗜热菌嗜热作用的分子机制可从表2-10中得到初步了解。

嗜热菌具有生长速率高、代谢活动强、产物/细胞的质量比高和培养时不怕杂菌污染等优点,因此在生产实践和科学研究中有着广阔的应用前景。嗜热微生物可用于细菌浸矿、石油及煤炭的脱硫、高温堆肥、耐高温酶制剂的生产等。特别是由嗜热菌产生的嗜极酶（extreme enzymes）因作用温度高和热稳定性好等突出优点，已在 PCR 等科研和应用领域中发挥着越来越重要的作用。现把几种嗜热菌（thermophiles）和中温菌（mesophiles）所产生的耐热酶的作用温度和热稳定性列在表 2-11 中。

表 2-10　嗜热菌和常温菌若干特点的比较

比较项目	嗜热菌	常温菌
细胞膜的耐热性	高	低
细胞膜的层次	单分子层（类脂疏水端共价交联后形成）	双分子层
细胞膜成分	甘油 D 型，其 C2、C3 分子上连接 C_{20} 植烷	甘油 D 型，其 C2、C3 分子上主要连接不饱和脂肪酸
DNA 的（G+C）摩尔分数	较高（平均 53.2%）	较低（平均 44.9%）
DNA 的氢键数	较多	较少
DNA 螺距	较短	较长
核糖体耐热性	较高	较低
tRNA 热稳性	较强	较弱
tRNA 周转率	较高	较低
酶的耐热性	较高	较低
酶的稳定离子（Ca^{2+}、Zn^{2+}、K^+）	含量较高	含量较低
酶中特定氨基酸（Arg、Pro、Leu 等）	含量较高	含量较低

（引自：周德庆，2005）

表 2-11　若干嗜热菌和中温菌所产耐热酶的比较

产生菌		酶名称	热稳定性	
			酶活性半衰期/min	温度/℃
嗜热菌	*Desulfurococcus* sp.（一种脱硫球菌）	碱性蛋白酶	7.5	105
	Thermus aquaticus（水生栖热菌）	中性蛋白酶，DNA 聚合酶	15，40	95，95
	Pyrococcus furiosus（激烈火球菌）	α-淀粉酶，转化酶	240，48h	100，95
	Thermococcus litoralis	DNA 聚合酶	95	100
中温菌	*Penicillium cyaneofulvum*（蓝棕青霉）	碱性蛋白酶	10	59
	Aspergillus niger（黑曲霉）	酸性蛋白酶	60	61
	Bacillus subtilis（枯草芽孢杆菌）	α-淀粉酶	30	65

（引自：周德庆，2005）

2. 嗜冷微生物

嗜冷微生物（psychrophiles）又称嗜冷菌，指一类能在 0℃或更低温度下生长，最适生长温度低于 15℃，最高生长温度低于 20℃的微生物。部分虽能在 0℃下生长，但其最适生长温度为 20～40℃的微生物，则只能称耐冷微生物（psychrotolerant）。嗜冷微生物主要分布在极地、深海、高山、冰窖和冷藏库等处。海洋深度在 100m 以下，终年温度恒定在 2～3℃的区域，生活着典型的嗜冷菌（兼嗜压菌）。由于嗜冷菌因遇 20℃以上的温度即死亡，故从采样、分离直到整个研究过程必须在低温下进行，因此，深入研究较少。其嗜冷机制主要是细胞膜含有大量不饱和脂肪酸,以保证在低温下膜的流动性和通透性。嗜冷菌是低温保藏食品发生腐败的主要原因。因其酶在低温下具有较高活性,故可开发低温下作用的酶制剂,如洗涤剂用的蛋白酶等。

3. 嗜酸微生物

只能生活在低 pH<4 条件下,在中性 pH 下即死亡的微生物称嗜酸微生物(acidophiles)或嗜酸菌。少数种类还可生活在 pH<2 的环境中。许多真菌和细菌可生长在 pH 5 以下,少数甚至可生长在 pH2 中,但因为在中性 pH 下也能生活,故只能归属于耐酸微生物(acido-tolerant)。专性嗜酸微生物是一些细菌和古菌,前者如硫细菌属(*Thiobacillus*),后者如硫化叶菌属(*Sulfolobus*)和热原体属(*Thermoplasma*)等。嗜酸热原体(*Thermoplasma acidophilum*)能生长在 pH 0.5 的酸性条件下,它的基因组的全序列已于 2000 年 9 月正式公布(1.7Mb)。

嗜酸微生物的细胞内 pH 仍接近中性,各种酶的最适 pH 也在中性附近。它的嗜酸机制可能是细胞壁和细胞膜具有排阻外来 H^+ 和从细胞中排出 H^+ 的能力,且它们的细胞壁和细胞膜还需高 H^+ 浓度才能维持其正常结构。嗜酸菌可用于铜等金属的湿法冶炼和煤的脱硫等实践。

4. 嗜碱微生物

能专性生活在 pH10～11 的碱性条件下而不能生活在中性条件下的微生物,称嗜碱微生物(alkalinophilic),简称嗜碱菌。它们一般存在于碱性盐湖和碳酸盐含量高的土壤中。多数嗜碱菌为芽孢杆菌属(*Bacillus*),有些极端嗜碱菌同时也是嗜盐菌,它们属于古菌类。嗜碱菌的一些蛋白酶、脂肪酶和纤维素酶等已被开发并可添加在洗涤剂中。嗜碱菌的细胞质也在中性范围,有关嗜碱性的生理生化机制目前还很不清楚。

5. 嗜盐微生物

必须在高盐浓度下才能生长的微生物,称为嗜盐微生物(halophile),包括许多细菌和少数藻类,因细菌尤其是古菌为嗜盐微生物的主体,故又称嗜盐菌。一般性的海洋微生物长期栖居在 3% NaCl 左右(0.2～0.5mol/L)的海洋环境中,仅属于低度嗜盐菌;中度嗜盐菌可生活在 0.5～2.5mol/L NaCl 中;而必须生活在 12%～30%(2.5～5.2mol/L)NaCl 中的嗜盐菌,称为极端嗜盐菌,例如盐杆菌属(*Halobacterium*)的有些种甚至能生长在饱和 NaCl 溶液(32%或 5.5mol/L)中;若既能在高盐度环境下生活,又能在低盐度环境下正常生活的微生物,只能称为耐盐微生物(halotolerant)。嗜盐微生物通常分布于盐湖(如死海)、晒盐场和腌制海产品等处。嗜盐微生物除嗜盐细菌外,还有光合细菌外硫红螺菌属(*Ectothiorhodospira*)和真核藻杜氏藻属(*Dunaliella*)等。至今已记载的极端嗜盐古菌有 6 个属共 15 个种,即盐球菌属(*Halobacterium*,*Halococcus*)、富盐菌属(*Haloferax*)、盐盒菌属(*Haloarcula*)、嗜盐碱杆菌属(*Natronobacterium*)和嗜盐碱球菌属(*Natronococcus*)。

盐杆微生物细胞含有红色素,所以在盐湖和死海中大量生长时会使水体呈现红色。一些嗜盐微生物的细胞中存在紫膜,膜中含有蛋白质细菌视紫红质,能吸收和转化太阳光的能量。嗜盐微生物可用于生产胞外多糖、聚 β-羟基丁酸酯、食用蛋白质、调味剂、保健食品强化剂、酶保护剂等,还可用于海水淡化、盐碱地改造以及能源开发等。一些嗜盐微生物能引起食品腐败和食物中毒,一种海洋细菌——副溶血弧菌(*Vibrio parahaemolyticus*)是引起食物中毒的主要微生物之一,通过污染的海产品、咸菜等致病。

6. 嗜压微生物

必须生长在高静水压环境中的微生物称嗜压微生物(barophiles),因它们均为原核生物,故也可称嗜压菌。嗜压微生物普遍生活在深海区，少数生活在油井深处。海洋是地球表面最广大的生境，在海平面以下300m之内有各种生物在活动，此区称透光区；在300～1000m处尚能找到部分生物；而约占海洋面积75%的1000m以下的深海区，因处于低温（−20℃）、高压和低营养条件下，故仅有极少量的嗜压菌兼嗜冷菌在生活着。在深度为10500m、海洋最深处的太平洋马里亚纳海沟中还可分离到极端嗜压菌。嗜压菌的研究难度极大，因采样、分离、研究等全过程均须在特制的高压容器中进行，故有关研究的进展较缓慢。

7. 抗辐射微生物

与上述6类嗜极菌不同的是，抗辐射微生物对辐射这一不良环境因素仅有抗性(resistance)或耐受性（tolerance），而没有"嗜好"。微生物的抗辐射能力明显高于高等动植物。以抗 X 射线为例，病毒高于细菌，细菌高于藻类，但原生动物往往有较高的抗性。1956 年首次分离到的耐辐射异常球菌（*Deinococcus radiodurans*）是至今所知道的抗辐射能力最强的生物。该菌呈粉红色，G^+、无芽孢、不运动，细胞球状，直径 1.5～3.5μm，它的最大特点是具有高度抗辐射能力，例如其 R1 菌株的抗 γ 射线能力是 *E. coli* B/r 菌株的 200 倍，而其抗 UV 的能力则是 B/r 菌株的 20 倍。由于 *D. radiodurans* 在研究生物抗辐射和 DNA 修复机制中的重要性，故对它全基因组序列的研究十分重视，并已于 1999 年破译（全长 3.28Mb）。

土壤中温泉古菌研究进展

古菌一直被冠以嗜极端环境的特征，直到最近十几年，由于分子生物学技术的发展，越来越多的证据表明，在许多非极端环境，包括海洋、湖泊和土壤中，分布着一类特殊的古菌——非嗜热泉古菌（non-thermophilic *Crenarchaeota*）。该类古菌不仅分布广泛，而且数量巨大。通过 16S rRNA 基因序列分析发现，中温泉古菌可能参与到全球碳、氮等生物地球化学循环，预示着其在整个生态系统中起着重要的作用。

三、古菌与细菌和真核生物的特征比较

古菌细胞结构既有类似于原核生物的某些特征，也具有真核生物的部分特征，还具有既不同于原核生物也不同于真核生物的特征，它们之间的主要异同见表 2-12。

表 2-12　古菌与细菌、真核生物的特征比较

特征	古菌	细菌	真核生物
有核仁、核膜的细胞核	无	无	有
共价闭合环状的 DNA	有	有	无
复杂内膜细胞器	无	无	有
细胞壁含肽聚糖、胞壁酸	无	有	无
膜脂特征	醚键酯，支链烃	酯键酯，直链脂肪酸	酯键酯，直链脂肪酸
启动 tRNA 携带氨基酸	甲硫氨酸	甲酰甲硫氨酸	甲硫氨酸
多顺反子 mRNA	有	有	无
mRNA 剪接、加帽、加尾	无	无	有
核糖体大小	70S	70S	80S

特征	古菌	细菌	真核生物
延伸因子2与白喉毒素反应	有	无	有
对氯霉素、链霉素、卡那霉素敏感性	不敏感	敏感	不敏感
对茴香霉素敏感性	敏感	不敏感	敏感
RNA聚合酶	数种，复杂，含8~12个亚基	单一，含4个亚基	有3种，复杂，含12~14个亚基
聚合酶Ⅱ型启动子	有	无	有
产甲烷的种类	有	无	无
固氮的种类	有	有	无
以叶绿素为基础的光合生物	无	有	有
化能自养的种类	有	有	无
贮存聚 β-羟基丁酸的种类	有	有	无
细胞中含气泡的种类	有	有	无

（引自：黄秀梨，2009）

本章小结

学习微生物形态是认识微生物的第一步，必须熟悉常见、常用的微生物形态，了解细胞结构与功能的关系。

本章内容包括细菌、放线菌、蓝细菌、支原体、立克次氏体、衣原体、螺旋体、黏细菌和古菌的形态、结构和功能。它们的共同特点是个体微小、形态简单、进化地位低，细胞核为原核。根据革兰氏染色可把所有的原核生物分为 G⁺ 和 G⁻ 两大类，故此染色法具有重要的理论和实践意义。

细菌是单细胞的微生物，有不同的形状和大小，以典型的二分裂方式繁殖。细菌细胞的构造分为一般构造和特殊构造。细菌细胞的一般构造包括细胞壁、细胞膜、细胞质和拟核，这些是所有细菌都有的结构，是细菌生命活动所必需的；细菌的特殊构造有糖被、鞭毛、菌毛、性毛和芽孢等，这些结构赋予细菌特殊的功能，但不是生命所必需的。

放线菌是一大类形态极为多样（杆状到丝状），多数呈丝状生长的原核微生物。它的细胞结构、细胞壁的化学成分以及对噬菌体的敏感性与细菌相同，但在菌丝的形成和外生孢子繁殖等方面则类似于丝状真菌。放线菌的菌丝分为营养菌丝、气生菌丝和孢子丝，菌丝无隔膜。繁殖主要通过产生无性孢子的方式进行，无性孢子主要有分生孢子、节孢子、孢囊孢子。

除细菌和放线菌外，蓝细菌、支原体、立克次氏体和衣原体也属于原核微生物。古菌是后来发现的具有一些独特特征的一大类微生物，现在称为生命的第3种形式，其细胞形态和繁殖方式与细菌类似，细胞壁和细胞膜的结构和组分既不同于细菌又不同于真核生物。

思考题

1. 试比较以下各对名词：原核微生物与真核微生物；细菌与古菌；肽聚糖与假肽聚糖；原生质体与球状体；鞭毛、菌毛与性菌毛；荚膜、黏液层和菌胶团；芽孢与孢子；菌落与菌苔。
2. 细菌的基本形态有哪些？大小如何？

3. 比较 G^+ 与 G^- 细胞壁结构，并说明革兰氏染色的原理。

4. 什么是缺壁细菌？试简述四类缺壁细菌的形成、特点和实践意义。

5. 细菌的糖被依据其存在特点可分为几种类型，有什么生理功能？

6. 细菌在什么条件下形成芽孢，芽孢的化学组成、结构和生理功能有哪些特点？

7. 为什么芽孢对干燥、热、辐射及化学物质有较强的抗性？

8. 为什么微生物的内含物往往在碳源、能源丰富，而氮源不足的情况下大量形成？

9. 细菌的主要繁殖方式是什么？球菌为什么会有各种聚集形式？

10. 微生物哪些特征可以作为其分类鉴定的依据？

11. 放线菌的菌丝有哪些类型？各自有什么功能？

12. 简述放线菌的各种繁殖方式。

13. 蓝细菌有哪些不同于细菌的结构与成分？它们的功能是什么？

14. 试述古菌在生物系统发育中的地位。

15. 试列表比较细菌、放线菌、蓝细菌、支原体、立克次氏体、衣原体的主要特性。

参考文献

Brock T D, et al., 1984. Biology of Microorganisms. New York: Prentice-Hall.

Carpenter P L, 1977. Microbiology. 4th ed. Philadelphia : W.B. Saunders Company.

Chang Y, Carroll B L, Liu J, 2021. Structural basis of bacterial flagellar motor rotation and switching. Trends in Microbiology, 29(11): 1024-1033.

Flores-Kim J, Dobihal G S, Fenton A, et al., 2019. A switch in surface polymer biogenesis triggers growth-phase-dependent and antibiotic-induced bacteriolysis. eLife, 8:449912.

Lodish H, Berk A, Kaiser CA, et al. , 2004. Molecular cell biology. W.H. Freeman and Company.

Madigan M T, Martinko J M, Bender K S, et al., 2015. Brock biology of microorganisms: 14th ed. New York: Pearson Education Inc.

Nicklin J, et al.,1999. Instant Notes in Microbiology. Oxford : Bios Scientific.

Santiveri M, Roa-Eguiara A, Kühne C, et al., 2020. Structure and function of stator units of the bacterial flagellar motor. Cell, 183(1): 244-257.

Spribille T, Tuovinen V, Resl P, et al., 2016. Basidiomycete yeasts in the cortex of ascomycete macrolichens[J]. Science, 353(6298): 488-492.

黄秀梨, 1998. 微生物学. 北京: 高等教育出版社.

黄秀梨, 辛明秀, 2009. 微生物学. 3 版. 北京: 高等教育出版社.

武汉大学, 复旦大学, 1987. 微生物学. 北京: 高等教育出版社.

徐孝华, 1992. 普通微生物学. 北京: 中国农业大学出版社.

杨清香, 2008. 普通微生物学. 北京: 科学出版社.

周德庆, 2005. 微生物学教程. 2 版. 北京: 高等教育出版社.

诸葛健, 李华钟, 2009. 微生物学. 2 版. 北京: 科学出版社.

第三章

真核微生物

真菌和动物是"近亲"，和植物不是

真菌和植物都具有细胞壁，而动物没有细胞壁。那么，真菌和植物的亲缘关系更近，还是和动物的亲缘关系更近？大量研究证据表明，真菌和动物的亲缘关系更为密切。尽管真菌和植物都是真核生物，都起源于单细胞的原生生物，细胞核中的染色体均由 DNA 和组蛋白组成，细胞中均含有肌动蛋白和微管蛋白，除此之外，二者则不存在其他的同源结构。然而，动物和真菌则具有相同的进化史，二者共同的祖先是有鞭毛的原生生物，与现存的领鞭虫（*Choanoflagellates*）相似。因此，有人建议将动物和真菌归为一个群，即后鞭毛生物 "Opisthokonta"，并越来越多地被人们所接受。这可能就是我们很难开发出对人体病原真菌有效而对人体无害的抗生素的原因。

真核微生物包括真菌（fungi）、黏菌（slime moulds）、藻类（algae）和原生动物（protozoa）。真菌又分为酵母菌、霉菌和蕈菌三大类。藻类含有光合色素，可行光能自养，细胞壁主要由纤维素组成，但没有根、茎、叶的分化，生殖器官常是单细胞的，有性生殖的合子不形成胚，仍称作孢子。所以，藻类往往被生物学家视为低等植物，在植物学范畴中详细论述。原生动物是一类单细胞、无细胞壁和能够自由活动的真核微生物。原生动物的知识在动物学课程中已有系统介绍。本章着重介绍真菌和黏菌的知识，包括其细胞结构、形态特征和生长繁殖等。

第一节
真核微生物的细胞构造

真核细胞与原核细胞相比，在细胞形态大小、细胞壁、细胞质、细胞核、DNA 存在形式以及细胞分裂方式等方面都存在显著差异。总体来说，其形态更大、结构更为复杂、细胞器的功能更为专一，典型真核细胞的构造可见图 3-1。真核微生物已发展出许多由膜包围着的细胞器（organelles），如内质网、高尔基体、溶酶体、微体、线粒体和叶绿体等，更重要的是，它们已进化出有核膜包裹着的完整的细胞核，其中存在着构造极其精巧的染色体，它的双链 DNA 长链与多种组蛋白密切结合并形成核小体，以更完善地执行生物的遗传功能。

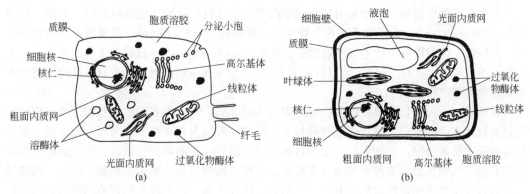

图 3-1 真核细胞结构

(a) 典型的动物细胞；(b) 典型的植物细胞

一、真菌的细胞构造

真菌是一类产孢且不含叶绿素，不能进行光合作用，主要以菌丝状态存在，异养生活的真核微生物。真菌在自然界中分布广泛，类群庞大，形态差异极大。菌体小至显微镜下才能看见的单细胞酵母菌，大至肉眼可见的分化程度较高的灵芝等蕈菌的子实体。

真菌是一类低等真核微生物，其主要特点如下：①有边缘清楚的核膜包围着细胞核，基因组中有大量非编码 DNA，而且在一个细胞内有时可以包含多个核，其他真核生物很少出现这种现象；②没有叶绿体，不含叶绿素，不能进行光合作用，营养方式为异养型，需要以有机物作为碳源，即通过细胞表面自周围环境吸收可溶性营养物质，不同于植物（光合作用）和动物（吞噬作用）；③以产生大量无性和有性孢子进行繁殖；④除酵母菌为单细胞外，一般具有发达的菌丝体。

真菌和人类的关系非常密切。它们也可以作为食物来源，为人类提供蛋白质、维生素等资源，同时还可为人类提供真菌多糖、低聚糖等提高免疫力、抗肿瘤的生物活性物质。有些真菌还可产生抗生素、酒精、有机酸、酶制剂、脂肪、促生长素等。用作名贵药材的灵芝、茯苓等也是真菌。真菌还是有机物的分解者，可以将环境中的各种有机物降解为简单的复合物和无机小分子，使土壤肥力增强，在自然界的物质循环转化中起着重要作用。另外，真菌还是进行基础生物学研究的重要工具载体。但是真菌也有对人类有害的一面，如许多真菌可引起人畜疾病、植物病害，导致工业原料及农产品的霉变、食品和粮食发霉，甚至在食品和粮食中产生毒素，给人类带来了极大的危害和损失。

如果从形态上观察各种真菌，可能有较大的差异，但是它们的细胞构造基本上是相同的。真菌细胞的基本构造有细胞壁、细胞膜、细胞核、内质网、线粒体等。分别介绍如下：

1. 细胞壁

真核微生物细胞壁的功能与原核微生物类似，除在维持细胞固有形态及完整上扮演重要角色外，还可维持细胞正常代谢、离子交换等生物过程，此外，还具有保护细胞免受各种外界因子（渗透压、病原微生物等）损伤等功能。真菌细胞壁的主要成分是多糖，另有少量的蛋白质和脂类。许多研究发现，不同的真菌，其细胞壁所含多糖的种类也不同，在低等真菌中，以纤维素（cellulose）为主，酵母菌以葡聚糖（glucan）为主，而高等陆生真菌则以几丁质（chitin）为主。

有些真核微生物细胞表面长有或长或短的毛发状并具有运动功能的丝状物，其中，形态较长（150～200μm）、数量较少者称为鞭毛，而形态较短（5～10μm）、数量较多者则称为纤毛。真核微生物的鞭毛与纤毛与原核微生物有较大区别（图 3-2）。真核微生物的鞭毛、纤毛较粗，而且构造上具有"9+2"型（31 根亚纤丝），原核微生物的鞭毛没有这些结构，整个鞭毛是由鞭毛蛋白构成的。

酵母菌（yeast）具有典型的真核细胞构造（图 3-3），与其他真菌的细胞构造基本相同，但是也有其本身的特点。酵母菌细胞壁具三层结构：外层为甘露聚糖，内层为葡聚糖，都是复杂的分支状聚合物，其间夹有一层蛋白质分子。层与层之间可部分镶嵌。位于细胞壁内层的葡聚糖是结构多糖，支撑着外部甘露聚糖，是维持细胞壁强度的主要物质。此外，细胞壁上还含有少量类脂和以环状形式分布于芽痕周围的几丁质。用玛瑙螺的胃液制得的蜗牛消化酶，可用来制备酵母菌的原生质体。

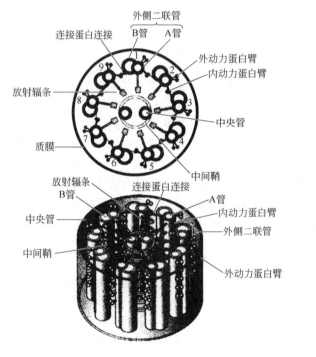

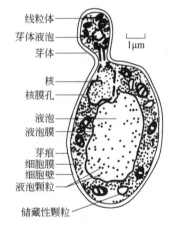

图 3-2　真核生物的鞭毛结构　　　　图 3-3　酵母菌的细胞结构模式

2. 细胞膜

细胞膜是所有细胞生物的重要细胞结构之一。真核细胞与原核细胞在其质膜的构造和功能上十分相似，两者的主要差异可能仅是由于构成膜的磷脂和蛋白质种类不同而形成的。此外，在化学组成中，真菌细胞的质膜中具有甾醇，而在原核生物的质膜中很少或没有甾醇。真核细胞中有细胞器存在，各种细胞器都有内膜包围，这些膜叫作细胞内膜，其化学组成与细胞膜相同。

在酵母细胞膜上所含的各种甾醇中，尤以麦角甾醇居多。它经紫外线照射后，可形成维生素 D_2。据报道，发酵酵母（Saccharomyces fermentati）中所含的总甾醇量可达细胞干重的 22%，其中的麦角甾醇达细胞干重的 9.66%。此外，酿酒酵母（Saccharomyces cerevisiae）、卡尔斯伯酵母（Saccharomyces carlesbergensis）等，也含有较多的麦角甾醇。

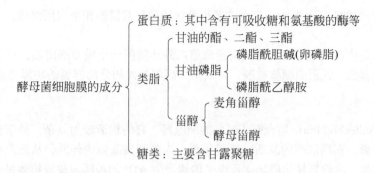

酵母菌细胞膜的成分
- 蛋白质：其中含有可吸收糖和氨基酸的酶等
- 类脂
  - 甘油的酯、二酯、三酯
  - 甘油磷脂
    - 磷脂酰胆碱(卵磷脂)
    - 磷脂酰乙醇胺
  - 甾醇
    - 麦角甾醇
    - 酵母甾醇
- 糖类：主要含甘露聚糖

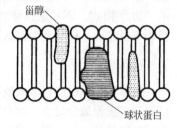

甾醇

球状蛋白

图 3-4　酵母菌细胞膜模式

细胞膜是由上下两层磷脂分子以及嵌杂在其间的甾醇和蛋白质分子所组成的。磷脂的亲水部分排在膜的外侧，疏水部分则排在膜的内侧（图 3-4）。

细胞膜的功能是：①用以调节细胞外溶质运送到细胞内的渗透屏障；②细胞壁等大分子成分的生物合成和装配基地；③部分酶的合成和作用场所。

3. 细胞核

真核生物的细胞核由核膜、染色质、核仁和核基质等构成。细胞核是细胞内遗传信息（DNA）的储存、复制和转录的主要场所，外形为球状或椭圆体状。一切真核生物都有形态完整、有核膜包裹的细胞核，它对细胞的生长、发育、繁殖和遗传、变异等起着决定性的作用。每个细胞通常只含一个核，有的含两至多个，例如，须霉属（*Phycomyces*）、青霉属（*Penicillium*）的真菌，有时每个细胞内含 20～30 个核，占了细胞总体积的 20%～25%，而在真菌的菌丝顶端细胞中，常常找不到细胞核。

除真菌细胞核含 DNA 外，在酵母的线粒体和环状的"2μm 质粒"中也含有 DNA。酵母线粒体中的 DNA 是一个环状分子，分子质量为 $5×10^6$ Da，比高等动物线粒体中的 DNA 大 5 倍，类似于原核生物中的染色体。可通过密度梯度离心而与染色体 DNA 相分离。线粒体上的 DNA 量占酵母细胞总 DNA 量的 15%～23%，它的复制是相对独立进行的。"2μm 质粒"是1967 年后才在酿酒酵母（*Saccharomyces cerevisiae*）中发现的，它可作外源 DNA 片段的载体，并通过转化而完成组建"工程菌"等重要的遗传工程研究。

4. 内质网

内质网（endoplasmic reticulum）指细胞质中一个与细胞基质相隔离，但彼此相通的囊腔和细管系统，由脂质双分子层围成。其内侧与核被膜的外膜相通。内质网分两类，它们间相互连通，一类是在膜上附有核糖体颗粒，称粗面内质网，具有合成和运送胞外分泌蛋白的功能；另一类为膜上不含核糖体的光面内质网，它与脂类代谢和钙代谢等密切相关，主要存在于某些动物细胞中。

核糖体（ribosome）又称核蛋白体，是存在于一切细胞中的无膜包裹的颗粒状细胞器，具有蛋白质合成功能。真核细胞的核糖体较原核细胞的大，其沉降系数为 80S。每个细胞含大量核糖体，核糖体除分布在内质网和细胞基质中，还分布于线粒体和叶绿体中，但它们都是与原核生物相同的 70S 核糖体。

5. 高尔基体

高尔基体（Golgi apparatus，Golgi body）也是一种内膜结构，是由意大利学者高尔基

（C. Colgi）于 1898 年发现的。它由许多小盘状的扁平双层膜和小泡所组成，其上无核糖体颗粒附着。

高尔基体是协调细胞生化功能和沟通细胞内外环境的一个重要细胞器，通过它的参与和对"膜流"的调控，就把细胞核被膜、内质网、高尔基体和分泌泡囊的功能连成了一体。

6. 线粒体

线粒体（mitochondria）是含有 DNA 的细胞器。它的构造较为复杂，外形囊状，由内外两层膜包裹，囊内充满液态的基质。外膜平整，内膜则向基质内伸展，从而形成了大量由双层内膜构成的嵴。内膜是氧化磷酸化及电子传递产生 ATP 的场所，故线粒体是一切真核细胞的"动力车间"。不同细胞种类或在不同生理状态下，其形态和长度变化很大。一般在光学显微镜下呈线状、杆状或颗粒状。

7. 液泡

在真核细胞中还有或大或小，含有液体的泡，这就是液泡（vacuole）。液泡中的液体叫作细胞液，主要成分是水，含有糖原、脂肪、多磷酸盐等储藏物，精氨酸、鸟氨酸和谷氨酰胺等碱性氨基酸，以及蛋白酶、酸性和碱性磷酸酯酶、纤维素酶和核酸酶等各种酶类。液泡不仅有维持细胞渗透压、储存营养物等功能，而且还有溶酶体的功能。

8. 内含物

真菌细胞中有各种内含物（inclusion），不同种类的真菌，其内含物的种类也不相同。常见的有异染粒、淀粉粒、肝糖粒、脂肪粒等。它们多是储藏的养料，当营养丰富时其内含物颗粒较多，当营养缺乏时，可因菌体的利用而消失。

异染粒是真菌细胞中普遍存在的内含物，由偏磷酸及少量脂肪、蛋白质和核酸所组成。最初在细胞质中形成，后来存在于液泡中。异染粒在老细胞中常形成较大的颗粒，折光性强。脂肪粒在真菌细胞中也是普遍存在的。

9. 壳质体

壳质体（chitosome）主要是活跃于各种真菌菌丝体顶端细胞中的微小泡囊，内含几丁质合成酶，其功能是把其中所含的酶源源不断地运送到菌丝尖端细胞壁表面，使该处不断合成几丁质微纤维，从而保证菌丝不断向前延伸。

二、真核微生物与原核微生物的比较

真核微生物和原核微生物在细胞结构和功能等方面存在显著差别（表 3-1）：

表 3-1　真核微生物与原核微生物的比较

项目	真核微生物	原核微生物
大小	大，直径 10～100μm	小，直径小于 10μm
形态	多为多细胞，分枝状菌丝体	简单，无膜，单丝
菌落	大、光滑、湿润、疏松、多为绒毛状	多为单细胞、不分枝
运动结构——鞭毛	"9+2"型，有膜，复杂	小，多光滑，不分枝

项目		真核微生物	原核微生物
细胞壁		多为几丁质；少为纤维素、葡聚糖、甘露聚糖	肽聚糖
细胞膜遗传特性	固醇	有	无
	内膜系统	复杂	简单
	氧化磷酸化部位	线粒体膜上	细胞膜上
	重组方式	有性生殖、准性生殖等	转化、转导和接合
	繁殖方式	有性、无性等多种	一般无性
	有丝分裂	进行有丝分裂	无有丝分裂
	减数分裂	有减数分裂	无减数分裂
细胞质	核糖体	80S（60S+40S）细胞质中，70S 细胞器中	70S 细胞质中
	间体	无	有
	流动性	有	无
	细胞器	有，线粒体、叶绿体、液泡、内质网、高尔基体、溶酶体、微体	无
细胞核	核膜	有	无
	核仁	有	无
	组蛋白	DNA 与组蛋白结合	DNA 不与组蛋白结合
	染色体数	>1，多为线性染色体	1 个，环状染色体
	DNA 含量	少，约 5%	多，约 10%
生理特性	呼吸链位置	线粒体	细胞膜
	光合作用部位	叶绿体	细胞膜
	化能合成作用	无	有
	生物固氮作用	无	有
	专性厌氧生活	无	有

第二节

酵母菌

酵母菌不是分类学上的名称，而是一类非丝状真核微生物，一般泛指能发酵糖类的各种单细胞真菌。酵母菌一般具有以下五个特点：①个体一般以单细胞状态存在；②多数出芽繁殖，也有的裂殖；③能发酵糖类产能；④细胞壁常含甘露聚糖；⑤喜在含糖量较高、酸度较大的水生环境中生长。

酵母菌在自然界分布很广，主要分布于偏酸性含糖环境中，如水果、蔬菜、蜜饯的表面和果园土壤中。石油酵母则多分布于油田和炼油厂周围的土壤中。

酵母菌的种类很多。据 Kreger-van Rij（1982）的资料，已知的酵母有 56 属，500 多种。可以认为，酵母菌是人类的第一种"家养微生物"。酵母菌是人类应用最早的微生物，与人类关系极为密切。千百年来，酵母菌及其发酵产品大大改善和丰富了人类的生活，如各种酒类生产，面包制造，甘油发酵，饲用、药用及食用单细胞蛋白生产，从酵母菌体提取核酸、麦角甾醇、辅酶A、细胞色素 c、凝血质和维生素等。近年来，在基因工程中酵母菌还以最好的模式真核微生物而被用作表达外源蛋白功能的优良受体菌，同时它也是分子生物学、分子遗传学等重要理论研究的良好材料。当然，酵母菌也会给人类带来危害。例如，腐生型的酵母菌能使食品、纺织品和其他原料发生腐败变质，耐渗透压酵母可引起果酱、蜜饯和蜂蜜的变质。少数酵母菌能引起人或其他动物的疾病，如"白色念珠菌"（白假丝酵母）能引起人体一些表层（皮肤、黏膜）或深层各内脏和器官组织疾病。

一、酵母菌的形态和大小

（一）细胞形态

酵母菌是单细胞微生物，它的细胞形态因种而异（图 3-5），除常见的球形、卵形和圆柱形外，某些酵母还具有高度特异性细胞形状，如柠檬形或尖形。

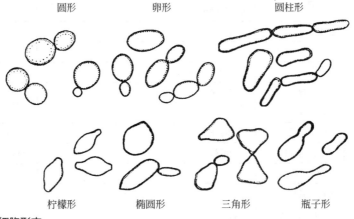

图 3-5　酵母菌细胞形态

柠檬形或尖形酵母通常是在果子和浆汁的天然发酵或腐败的早期阶段发现的。它们是有孢汉逊酵母属（*Hanseniaspora*）和它的不完全型克勒克酵母（*Kloeckera*）。一种尖形细胞在其另一端使伸长出的细胞变圆，有的另一端会突出，这是德克酵母属（*Dekkera*），即不完全型的酒香酵母属（*Brettanomyces*）的酵母特征，这种酵母在欧洲曾用于啤酒酿造，但该属的某些种亦是瓶装葡萄酒和软饮料的腐败微生物。一种具有瓶状细胞的酵母，属于瓶形酵母属（*Pityrosporum*），它是在细胞的一极以重复芽裂方式繁殖的，因此形成瓶。三角形酵母属（*Trigonopsis*）的三角形细胞是很少见的，它们可以从啤酒或葡萄汁中分离出来，在发酵腐烂的仙人球汁中出现的酵母是一种高度弯曲的隐球酵母。

细胞的特殊形状虽是菌属的特征，但并不意味着个体发育的每个时期都具有这种形态。例如，柠檬形的尖端酵母，通常以球形和卵形的芽与母细胞分离，然后开始芽本身的发育。因为出芽是两极性的，一个具有幼芽的卵形细胞在它们的一极又伸长发芽，就会变成柠檬形。由于重复的二极出芽，较老的细胞就会有形状的变化（图 3-6）。

（二）细胞的大小

酵母菌的细胞直径约为细菌的 10 倍，其直径一般为 2~5μm，长度为 5~30μm，最长可

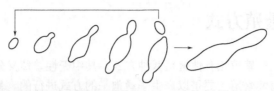

图3-6　柠檬型酵母菌的不同出芽阶段的细胞形态

达 100μm。每一种酵母菌的大小因生活环境、培养条件和培养时间长短而有较大的变化。最典型和最重要的酿酒酵母细胞大小为（2.5～10）μm×（4.5～21）μm。

在年幼培养物中，一些种的细胞的实际大小和形态极不均一，而另一些种却是十分一致的。这种不一致程度可以用于鉴别菌种，在一些情况下，也可用于区别同一种的变种。

观察细胞大小和形态的培养基常用麦芽汁，但最好用合成培养基，因后者有较好的重复性。对不同的酵母菌的描述，应以在最佳的标准条件下得到的结果为依据。

二、酵母菌的细胞构造

酵母细胞构造不能一概而论，因为不同酵母菌种显示出一定差异。有关酵母细胞构造的描述一般都根据酿酒酵母和面包酵母的研究资料获得。近来的研究表明，对于不同的属，能形成一些特殊的结构，而且培养条件也会引起明显的细胞学变化。例如，细胞壁的厚度，细胞形状，脂肪粒、液泡和其他内含物的存在，线粒体的发育和膜多糖形成的程度等，都能随培养条件的改变而发生变化。

酵母细胞学的资料可以通过下列方法得到：用光学显微镜直接观察；用染料染色，或用增光剂去测定特殊成分或表面区域的位置；用透射电子显微镜观察酵母细胞的超薄切片，或用扫描电子显微镜观察细胞和子囊孢子的表面。

酵母细胞的典型构造如图3-3所示。它一般包括细胞壁（一些种中有黏性荚膜）、细胞膜、细胞核、一个或多个液泡、线粒体、核糖体、内质网、微体、微丝、内含物等。芽痕是酵母菌特有的结构，酵母菌为出芽繁殖，芽体成长后与母细胞分离，在母细胞壁上留下的标记即为芽痕。在光学显微镜下无法看到芽痕，但用荧光染料染色或用扫描电镜观察，都可看到芽痕（图3-7）。

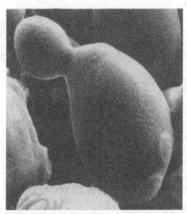

图3-7　酵母菌的电镜图

三、酵母菌的繁殖方式

酵母菌的繁殖分无性繁殖和有性繁殖两种方式。其中无性繁殖又分为出芽繁殖和分裂繁殖，即芽殖和裂殖。有性繁殖主要是以产生子囊孢子的方式进行的。繁殖方式对酵母菌的鉴定极为重要。现将几种有代表性的繁殖方式对比如下（表3-2）：

表 3-2　酵母菌的繁殖方式

无性繁殖	芽殖	各属酵母菌都存在
	裂殖	在裂殖酵母（*Schizosaccharomyces*）中存在
	产无性孢子	节孢子：地霉属（*Geotrichum*）产生
		掷孢子：掷孢酵母属（*Sporobolomyces*）产生
		厚垣孢子：白色念珠菌（*Candida albicans*）产生
有性繁殖	有性（产生子囊孢子）	酵母属（*Saccharomyces*）、接合酵母（*Zygosaccharomyces*）等

（一）酵母菌的繁殖方式

1. 无性繁殖

（1）出芽繁殖

① 酵母菌的出芽过程。如图 3-8 所示。首先是细胞核邻近的中心体产生一个小的突起点，同时细胞表面向外突出，逐渐冒出小芽；然后部分已经增大和伸长的核、细胞质、细胞器（如线粒体）进入芽内；最后芽细胞从母细胞得到一套完整的核结构、线粒体、核糖体、液泡等，与母细胞分离并成为独立的细胞。

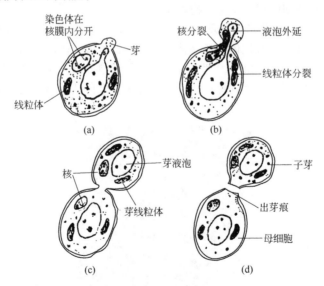

图 3-8　酵母细胞的出芽过程

② 酵母的出芽数。一个酵母能形成的芽数是受到限制的。在酿酒酵母中，若营养不受到限制，则每个细胞可产生 9～43 个芽。然而正常情况下，在达到平衡期的正常群体中，大多数细胞或没有出芽痕或只有很少的芽（1～6 个），仅少量的细胞有 12～15 个芽，也有的研究

者认为常见的是以 20 个芽为度。在群体中，最老的部分细胞出芽数小于最大值的原因是营养消耗或细胞数量太大（图 3-9）。

③ 酵母细胞的出芽位点。在双倍体酵母属中，芽的分布或多或少是随机的。在单倍体酵母属中，出芽痕多数以排、环或螺旋状出现。在产生 3～4 个子细胞后，细胞表面逐渐不规则，在产子囊的尖形酵母中，出芽点都在细胞的两极，出芽痕彼此重叠。由于细胞的极区被一系列环圈占据，因而具有特殊的芽痕特征。红酵母属的种株通常在同一位点重复形成芽，由于在原来细胞壁下面连续地出芽，于是形成厚厚的领圈状。

图 3-9　酵母菌的出芽痕

一般当芽长到正常大小时，子细胞就与母细胞脱离，以典型的单细胞状态存在。但也有的酵母在芽长到正常大小时仍与母细胞相连，而且还继续产生芽。如此反复进行，最后成为具有发达或不发达分枝的假菌丝（图 3-10，图 3-11）。实际上假菌丝就是芽殖后的子细胞与母细胞之间极窄的相连面，像一细腰。而真菌丝横隔处两细胞的宽度是一致的。是否形成假菌

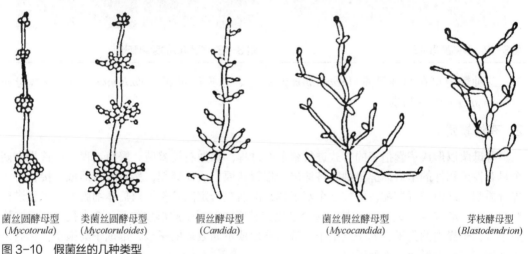

菌丝圆酵母型　　　类菌丝圆酵母型　　　假丝酵母型　　　菌丝假丝酵母型　　　芽枝酵母型
(*Mycotorula*)　　　(*Mycotoruloides*)　　　(*Candida*)　　　(*Mycocandida*)　　　(*Blastodendrion*)

图 3-10　假菌丝的几种类型

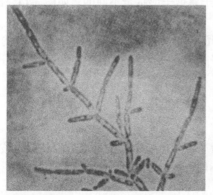 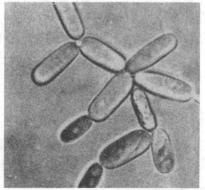

图 3-11　管道假丝酵母（*Candida mesenterica*）和热带假丝酵母（*Candida tropicalis*）的假菌丝

丝在酵母分类上虽具有重要意义，但由于假菌丝的形态会随培养条件改变，因而它在分类上的参考价值不大。

（2）裂殖。在裂殖酵母属（*Schizosaccharomyces*）中，当酵母细胞的径间出现横隔之后，就会横向裂开形成两个细胞（图3-12），同时形成裂痕，然后逐渐在原细胞和新长出的细胞间留下一道环状的疤痕。伸长的母细胞和新生长的细胞随后又裂殖，长出新细胞，这种自我重复的过程，使得原细胞上新的痕圈不断叠加。

（3）芽裂繁殖。这是一种界于出芽和横隔形成两者之间的一种裂殖法，这种繁殖法很少见。它首先是在芽基很宽的颈处出芽，然后形成一层横隔将芽与母细胞分开（图3-13）。

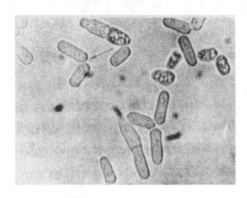

图3-12 裂殖酵母的裂殖

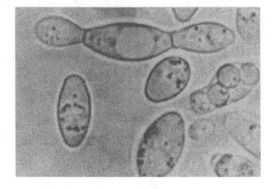

图3-13 类酵母的芽裂繁殖

这种繁殖可在类酵母属（*Saccharomycodes*）、拿逊酵母属（*Nadsonia*）和瓶形酵母属（*Pityrosporum*）中出现。

2. 有性繁殖

酵母菌以形成子囊孢子的方式进行繁殖的过程，称为有性繁殖。繁殖过程是：首先由两个具有性亲和性的单倍体酵母细胞各伸出一根管状原生质体突起，然后吻合而成一接合桥，先行质配，继而进行核配，形成一个双倍体；随后在一定的条件下双倍体细胞成为子囊进行减数分裂，形成4个或8个子核，每个子核和其周围的原生质形成孢子，含有孢子的细胞称为子囊，子囊内的孢子称为子囊孢子；进而分裂成不同数量的子核，形成子囊孢子，也有未经性细胞结合而形成子囊孢子的。

（1）子囊孢子的形状。不同的酵母形成的子囊孢子形状是不同的，如图3-14、图3-15所示。这是酵母菌分类上的特征之一。

（2）子囊孢子的形成。能形成子囊孢子的酵母形成孢子的条件并不相同，有的在常规条件下即可，有的则需要特殊的培养基和在良好的环境条件下，才易形成子囊孢子。在合适的条件下，子囊孢子又可萌发形成新的菌体。

（二）酵母菌的生活史

生物上一代个体经一系列生长、发育阶段产生下一代个体的全部历程，称为该生物的生活史或生活周期（life cycle）。酵母菌依种类不同可分为三个类型：

1. 单、双倍体型

营养体既可以单倍体（n），也可以双倍体（$2n$）形式存在。如酿酒酵母平时以单倍体形

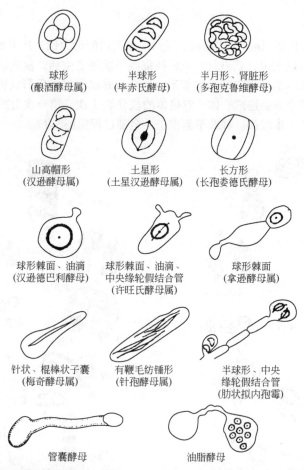

球形
(酿酒酵母属)

半球形
(毕赤氏酵母)

半月形、肾脏形
(多孢克鲁维酵母)

山高帽形
(汉逊酵母属)

土星形
(土星汉逊酵母属)

长方形
(长孢娄德氏酵母)

球形棘面、油滴
(汉逊德巴利酵母)

球形棘面、油滴、
中央缘轮假结合管
(许旺氏酵母属)

球形棘面
(拿逊酵母属)

针状、棍棒状子囊
(梅奇酵母属)

有鞭毛纺锤形
(针孢酵母属)

半球形、中央
缘轮假结合管
(肋状拟内孢霉)

管囊酵母

油脂酵母

图 3-14　酵母菌形成的子囊孢子的形状（一）

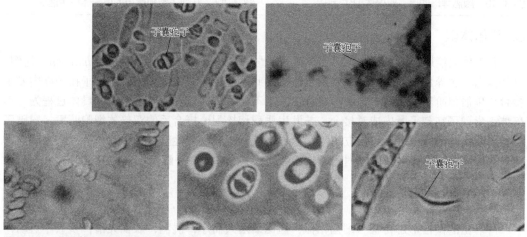

图 3-15　酵母菌形成的子囊孢子的形状（二）

式存在，以无性繁殖芽殖进行繁殖，在产子囊孢子培养基上会形成 1～4 个子囊孢子，所以会以单倍体细胞的形式存在。在单倍体细胞接触时，它又能经质配、核配重新产生双倍体细胞活动于自然界，其生活史见图 3-16。

2. 单倍体型

营养体只能以单倍体（n）形式存在。以八孢子裂殖酵母为例，其主要特点是：营养细胞为单倍体；无性繁殖以裂殖方式进行；双倍体细胞不能独立生活，故此阶段很短。其主要过程为：单倍体营养细胞借裂殖进行无性繁殖；两个营养细胞接触后形成接合管，发生质配后即进行核配，于是两个细胞连成一体；双倍体的核分裂 3 次，第一次为减数分裂；形成 8 个单倍体的子囊孢子；子囊破裂，释放子囊孢子。全部过程见图 3-17。

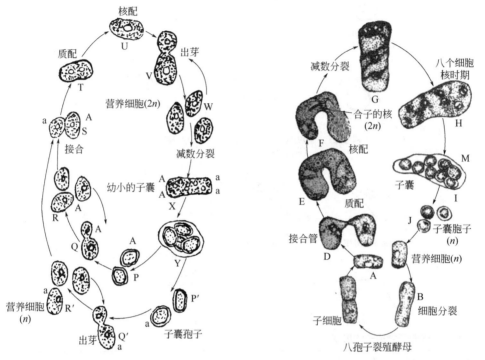

图 3-16　酿酒酵母的单、双倍体型生活史　　　　图 3-17　八孢子裂殖酵母的单倍体型生活史

3. 双倍体型

营养体只能以双倍体（2n）形式存在，以路德类酵母（*Saccharomycodes ludwigii*）为例。其特点为：营养体为双倍体，不断进行芽殖，此阶段较长；单倍体的子囊孢子在子囊内发生接合；单倍体阶段仅以子囊孢子形式存在，故不能进行独立生活。生活史的具体过程为：单倍体子囊孢子在孢子囊内成对接合，并发生质配和核配；接合后的双倍体细胞萌发，穿破了囊壁；双倍体的营养细胞可独立生活，通过芽殖方式进行无性繁殖；在双倍体营养细胞内的核发生减数分裂，营养细胞成为子囊，其中形成 4 个单倍体子囊孢子，如图 3-18 所示。

（三）酵母菌的菌落特征

酵母菌的菌落形态特征与细菌相似，但比细菌大而厚，湿润，表面光滑，多数不透明，黏稠，菌落颜色单调，多数呈乳白色，少数红色，个别黑色。酵母菌生长在固体培养基表面，容易用接种针挑起，菌落质地均匀，正、反面及中央与边缘的颜色一致。不产生假菌丝的酵母菌菌落隆起，边缘十分圆整；形成大量假菌丝的酵母，菌落较平坦，表面和边缘粗糙。酵母菌的菌落一般还会散发出一股悦人的酒香味。酵母菌菌落特征是分类鉴定的重要依据。常见酵母菌的菌落特征见图 3-19。

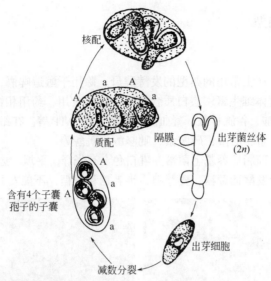

图 3-18　路德类酵母的单倍体型生活史

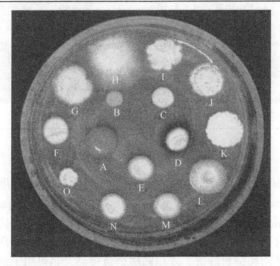

A, 深红酵母(Rhodotorula rubra)；I, 多孢丝孢酵母(Trichosporon cutaneum)；
B, 红法夫酵母(Phaffia rhodozyma)；J, 荚复膜孢酵母(Saccharomycopsis capsularis)；
C, 大型罗伦隐球酵母(Cryptococcus laurentii)；K, 解脂复膜孢酵母(Saccharomycopsis lipolytica)；
D, 美极梅奇酵母(Metschnikowia pulcherrima)；L, 季也蒙有孢汉逊酵母(Hanseniaspora guilliermondii)；
E, 浅红酵母(Rhodotorula pallida)；M, 碎囊汉逊酵母(Hansenula capsulata)；
F, 酿酒酵母(Saccharomyces cerevisiae)；N, 卡氏酵母(Saccharomyces carlsbergensis)；
G, 产朊假丝酵母(Candida utilis)；O, 鲁氏酵母(Saccharomyces rouxii)；
H, 出芽短梗霉(Aureobasidium pullulans)

图 3-19　酵母菌的菌落形态

　　酵母菌在液体培养基中的生长情况也不相同，有的在液体中均匀生长，有的在底部生长并产生沉淀，有的在表面生长形成菌膜，菌膜的表面状况及厚薄也不相同。以上特征对分类也具有意义。

（四）常见酵母的类型

1. 酿酒酵母

酿酒酵母是啤酒生产上常用的典型的发酵酵母。除用于酿造啤酒、酒精及其他的饮料酒外，还可发酵面包。菌体维生素、蛋白质含量高，可作食用、药用和饲料酵母，还可以从其中提取细胞色素 c、核酸、谷胱甘肽、凝血质、辅酶 A 和 ATP 等。在维生素的微生物测定中，常用酿酒酵母测定生物素、泛酸、硫胺素、吡哆醇和肌醇等。

酿酒酵母在麦芽汁琼脂培养基上菌落为乳白色，有光泽，平坦，边缘整齐（图 3-20）。无性繁殖以芽殖为主。能发酵葡萄糖、麦芽糖、半乳糖和蔗糖，不能发酵乳糖和蜜二糖。

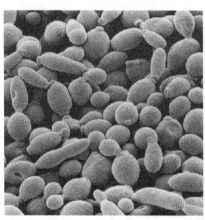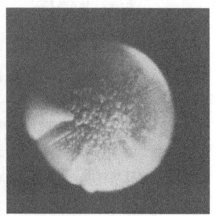

图 3-20　酿酒酵母及其菌落形态

2. 卡尔斯伯酵母

因丹麦卡尔斯伯（Carlsberg）地方而得名，是啤酒酿造业中典型的酵母，俗称卡氏酵母（*Saccharomyces carlsbergensis*）。卡氏酵母细胞呈椭圆形或卵形，（3～5）µm×（7～10）µm。在麦芽汁琼脂斜面上，菌落呈浅黄色，软质，具光泽，产生微细的皱纹，边缘产生细的锯齿状，孢子形成困难。能发酵葡萄糖、蔗糖、半乳糖、麦芽糖及棉子糖。卡氏酵母除了用于酿造啤酒外，还可作食用、药用和饲料酵母。麦角固醇含量较高，也可用于泛酸、硫胺素、吡哆醇和肌醇等维生素的测定。

3. 异常汉逊氏酵母异常变种

异常汉逊氏酵母（*Hansenula anomala*）异常变种的细胞为圆形（4～7µm）或椭圆形、腊肠形，大小为（2.5～6）µm×（4.5～20）µm，有的细胞甚至长达 30µm，属于多边芽殖，发酵液面有白色菌醭，培养液混浊，有菌体沉淀于管底。在麦芽汁琼脂斜面上，菌落平坦，乳白色，无光泽，边缘丝状。在加盖玻片的马铃薯葡萄糖琼脂培养基上，能形成发达的树枝状假菌丝（图 3-21）。

异常汉逊氏酵母产生乙酸乙酯，故常在改善食品的风味中起一定作用。如无盐发酵酱油的增香、以薯干为原料酿造白酒时，经浸香和串香处理可酿造出味道更醇厚的酱油和白酒。该菌种氧化烃类能力强，可以以煤油和甘油作碳源。培养液中它还能累积游离 L-色氨酸。

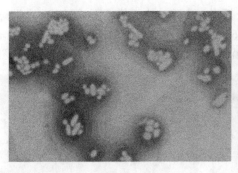

图 3-21　异常汉逊氏酵母及其菌落形态

4. 产朊假丝酵母

　　产朊假丝酵母（*Candida utilis*）的细胞呈圆形、椭圆形或腊肠形，大小为（3.5～4.5）μm×（7～13）μm。液体培养不产醭，管底有菌体沉淀。在麦芽汁琼脂培养基上，菌落乳白色，平滑，有或无光泽，边缘整齐或菌丝状（图 3-22）。在加盖玻片的玉米粉琼脂培养基上，形成原始假菌丝或不发达的假菌丝，或无假菌丝；能发酵葡萄糖、蔗糖、棉子糖，不发酵麦芽糖、半乳糖、乳糖和蜜二糖。不分解脂肪，能同化硝酸盐。

图 3-22　产朊假丝酵母及其菌落形态

　　产朊假丝酵母含有丰富的蛋白质和维生素 B_6 等 B 族维生素。它能以尿素和硝酸盐为氮源，不需任何生长因子。特别重要的是它能利用五碳糖和六碳糖，即能利用造纸工业的亚硫酸废液、木材水解液及糖蜜等生产人畜食用的蛋白质。

5. 解脂假丝酵母解脂变种

　　解脂假丝酵母（*Candida lipolytica*）解脂变种的细胞呈卵形（3～5）μm×（5～11）μm 和长形（20μm）液体培养时有菌醭产生，管底有菌体沉淀。麦芽汁琼脂斜面上菌落乳白色，黏湿，无光泽。有些菌株的菌落有皱褶或表面菌丝状，边缘不整齐。在加盖玻片的玉米粉琼脂培养基上可见假菌丝或具横隔的真菌丝。从黄油、人造黄油、石油井口的黑墨土、炼油厂及动植物油脂生产车间等处采样，可分离到解脂假丝酵母。解脂假丝酵母能利用石油等烷烃，是石油发酵脱蜡和制取蛋白质的较优良的菌种。

6. 白地霉

　　白地霉（*Geotrichum candidum*）28～30℃在麦芽汁中培养 1d，产生白色醭，呈毛绒状或粉状，韧或易碎。具有真菌丝，有的有两叉分枝，横隔多或少，菌丝宽 2.5～9μm，一般为 3～

7μm，裂殖，节孢子单个或连接成链，呈长筒形、方形，也有椭圆形或圆形，末端圆钝。节孢子绝大多数为（4.9～7.6）μm×（5.4～16.6）μm。28～30℃在麦芽汁琼脂斜面划线培养3d，菌落白色，呈毛状或粉状，皮膜型或脂泥型。菌丝及节孢子的形状与麦芽汁中的近似（图3-23）。

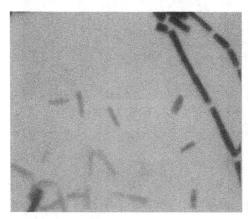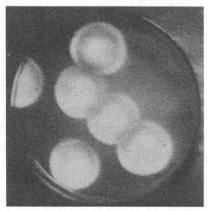

图3-23　白地霉及其菌落形态

28～30℃在麦芽汁琼脂上悬滴培养14h，节孢子发芽形成菌丝，有横隔，悬滴边缘处有的菌丝断裂为节孢子；22h后一部分菌丝末端断裂成节孢子。

25～28℃在麦芽汁琼脂上的巨大菌落，经培养3d后，直径为30～40mm，5d达50～70mm；培养5d的菌落为白色，呈绒毛状或粉状。

此菌能水解蛋白质，其中多数能液化明胶及胨化牛奶，少数则只能胨化牛奶，但不液化明胶；其生长最高温度为33～37℃。

从动物粪便、有机肥料、烂菜、新鲜蔬菜、树叶、青贮饲料、泡菜及土壤垃圾中都可分离到白地霉。其中以烂菜上分布最多，肥料和动物粪便次之。

白地霉的营养价值并不比产朊假丝酵母差，因此可供食用及用作饲料，也可用于提取核酸。白地霉还可合成脂肪，但产量不如红酵母、脂肪酵母等高。

酵母菌的分类

酵母菌（Saccharomyces）是真菌生物，分类上比较混乱，主要是因其形态不一所致。按 J. Lodder 的酵母分类学，能形成子囊孢子的属子囊菌纲的酵母菌科（Saccharomycetaceae），也称真酵母如德巴利酵母（Debaryomyces）。还有些酵母不形成孢子，属于不完全菌纲，苏梗孢目，隐球酵母科（Cryptococcaceae），如假丝酵母（Candida spp.）。

第三节

霉菌

霉菌（mould，mold），不是分类学上的名词，而是一些丝状真菌的通称，通常指那些菌丝体发达又不产生大型肉质子实体结构的真菌。在1971年Ainsworth的分类系统中，霉菌分属于鞭毛菌亚门、接合菌亚门、子囊菌亚门和半知菌亚门。

霉菌在自然界分布极为广泛，只要有机物存在之处均能找到它们的踪迹。主要存在于土壤、空气、水体和生物体内外等处，与人类关系极为密切，兼具利和害的双重作用。①工业应用，柠檬酸、葡萄糖酸等多种有机酸，淀粉酶、蛋白酶和纤维素酶等多种酶制剂，青霉素和头孢霉素等抗生素，核黄素等维生素，麦角碱等生物碱，真菌多糖和植物生长激素（赤霉素）等产品的生产，利用某些霉菌对甾族化合物的生物转化生产甾体激素类药物；②食品酿造，酿酒、制酱及酱油等；③在基础理论研究方面，霉菌是良好的实验材料；④危害，霉菌能引起粮食、水果、蔬菜等农副产品发霉变质及损坏各种工业原料、产品、电器和光学设备，也能引起动植物和人体疾病。如马铃薯晚疫病、小麦锈病、稻瘟病和皮肤癣症等。

一、霉菌的菌丝

1. 菌丝的概念及分类

霉菌的营养体由菌丝（hypha）构成。菌丝可无限伸长和产生分枝，分枝的菌丝相互交错在一起，形成了菌丝体（mycelium）。菌丝直径一般为 3～10μm，与酵母细胞直径类似，但比细菌和放线菌的细胞约粗 10 倍。

霉菌菌丝细胞的构造与酵母菌十分相似。菌丝最外层为厚实、坚韧的细胞壁，其内有细胞膜，膜内空间充满细胞质。细胞核、线粒体、核糖体、内质网、液泡等与酵母菌相同。构成霉菌细胞壁的成分按物理形态可分为两大类：一类为纤维状物质，如纤维素和几丁质，赋予细胞壁坚韧的机械性能，在低等霉菌里细胞壁的多糖主要是纤维素，在高等霉菌里细胞壁的多糖主要是几丁质；另一类为无定形物质，如蛋白质、葡聚糖和甘露聚糖，混填在纤维状物质构成的网内或网外，充实细胞壁的结构。

霉菌的菌丝有两类。一类菌丝中无横隔，整个菌丝为长管状单细胞，含有多个细胞核。其生长过程只表现为菌丝的延长和细胞核的裂殖增多以及细胞质的增加，如根霉、毛霉、犁头霉等的菌丝属于此种形式 [图 3-24（a）]。另一类菌丝中有横隔，菌丝由横隔膜分隔成成串多细胞，每个细胞内含有一个或多个细胞核。有些菌丝，从外观看虽然像多细胞，但横隔膜上有小孔，使细胞质和细胞核可以自由流通，而且每个细胞的功能也都相同，如青霉、曲霉、白地霉等的菌丝均属此类 [图 3-24（b）]。

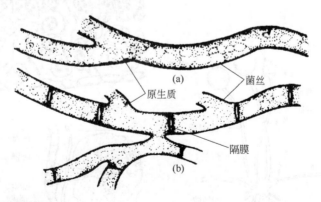

图 3-24　无隔菌丝和有隔菌丝

（a）无隔菌丝；（b）有隔菌丝

霉菌菌丝在生理功能上有一定程度的分化。在固体培养基上，部分菌丝伸入培养基内吸收养料，称为营养菌丝；另一部分则向空中生长，称为气生菌丝。有的气生菌丝发育到一定阶段，分化成繁殖菌丝（图 3-25）。

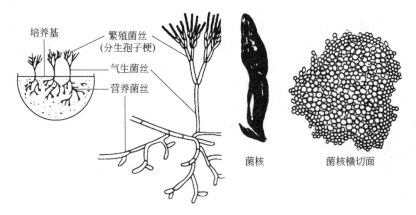

图 3-25　营养菌丝、气生菌丝和繁殖菌丝

2. 霉菌菌丝的变态

不同的真菌在长期进化中，对各自所处的环境条件产生了高度的适应性，其营养菌丝体和气生菌丝体的形态与功能发生了明显变化，形成了各种特化的构造。

（1）假根和匍匐菌丝。假根（rhizoid）是根霉属真菌匍匐菌丝与固体基质接触处分化出来的根状结构，具有固着和吸取营养的功能（图 3-26）。

匍匐菌丝（stolon）又称匍匐枝，是一些真菌在固体基质上形成的与表面平行并具有延伸功能的菌丝，最典型的是根霉的匍匐枝（图 3-26）。

（2）吸器。专性寄生真菌（锈菌、霜霉和白粉菌等）从菌丝旁侧生出拳头状或手指状的突起，能伸入到寄主细胞内吸取养料，而菌丝本身并不进入寄主细胞，这种结构叫吸器（haustorium）（图 3-27）。

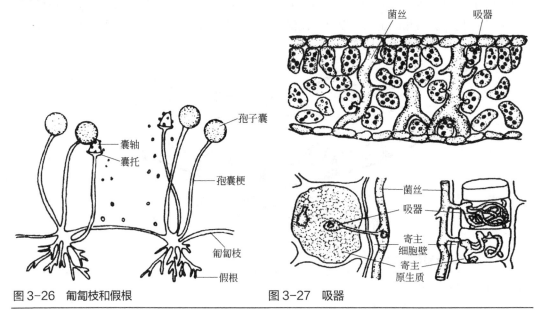

图 3-26　匍匐枝和假根　　　　图 3-27　吸器

（3）菌核。菌核（sclerotium）是一种形状、大小不一的休眠菌丝组织（图3-28），在不良环境条件下可存活数年之久。菌核形状有大有小，如茯苓（形如小孩头）、油菜菌核（形如鼠粪）。菌核的外层色深、坚硬，内层疏松，大多呈白色。有的菌核中夹杂有少量植物组织，称为假菌核。许多产生菌核的真菌是植物病原菌。

（4）子座。很多菌丝集聚在一起形成比较疏松的组织，叫子座（stroma）（图3-29）。子座呈垫状、壳状或其他形状，在子座内外可形成繁殖器官。

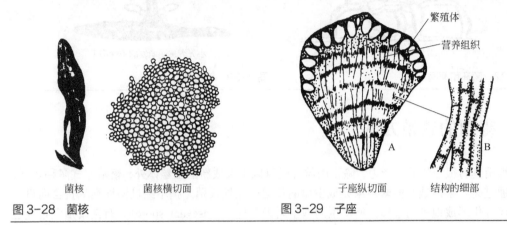

菌核　　　　　菌核横切面　　　　　　　　　子座纵切面　　　结构的细部

图3-28　菌核　　　　　　　　　　　图3-29　子座

（5）菌索。大量菌丝平行集聚并高度分化成根状的特殊组织称菌索（rhizomorph）。菌索周围有外皮，尖端是生长点，多生在地下或树皮下，根状，白色或其他颜色。菌索有助于霉菌迅速运送物质和蔓延侵染，在不适宜的环境条件下呈休眠状态。多种伞菌都有菌索（图3-30）。

（6）附着胞。许多寄生于植物的真菌在其芽管或老菌丝顶端会发生膨大，分泌黏状物，借以牢固地黏附在宿主的表面，称为附着胞（appressorium）（图3-31）。

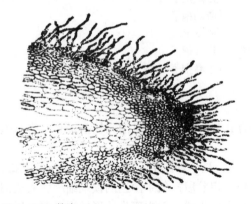

图3-30　菌索　　　　　　　　　　　图3-31　附着胞

（7）菌环和菌网。捕虫类真菌常由菌丝分枝组成环状或网状组织来捕捉线虫类原生动物，然后从菌环（ring）或菌网（net）生出菌丝侵入线虫体内吸收养料（图3-32）。

（8）附着枝。若干寄生真菌由菌丝细胞生出1或2个细胞的短枝，将菌丝附着于宿主体上，称为附着枝（hyphopodium）（图3-33）。

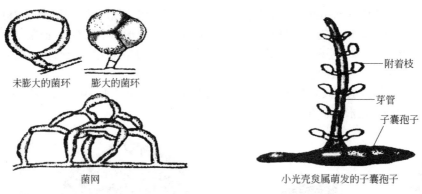

未膨大的菌环　　　膨大的菌环

菌网

图 3-32　菌环和菌网

附着枝

芽管

子囊孢子

小光壳炱属萌发的子囊孢子

图 3-33　附着枝

二、霉菌的繁殖方式

霉菌具有很强的繁殖能力，除了菌丝片段可以生长成新的菌丝体外，繁殖方式多种多样，主要通过无性繁殖或有性繁殖来完成生命的传递。无性繁殖是指不经过两性细胞接合而直接由菌丝分化形成孢子的过程，所产生的孢子叫无性孢子（asexual spore）。有性繁殖则是经过不同性别细胞的接合，经质配、核配、减数分裂形成孢子的过程，而产生的孢子叫有性孢子（sexual spore）。霉菌孢子的形态和产孢子器官的特征是分类的主要依据。

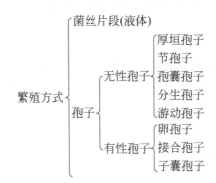

繁殖方式 ┬ 菌丝片段(液体)
　　　　 └ 孢子 ┬ 无性孢子 ┬ 厚垣孢子
　　　　　　　　 │　　　　　 ├ 节孢子
　　　　　　　　 │　　　　　 ├ 孢囊孢子
　　　　　　　　 │　　　　　 ├ 分生孢子
　　　　　　　　 │　　　　　 └ 游动孢子
　　　　　　　　 └ 有性孢子 ┬ 卵孢子
　　　　　　　　　　　　　　 ├ 接合孢子
　　　　　　　　　　　　　　 └ 子囊孢子

1. 无性孢子

霉菌的无性繁殖主要是通过产生无性孢子的方式来实现的。常见的无性孢子有：孢囊孢子、分生孢子、厚垣孢子、节孢子和游动孢子等。

（1）孢囊孢子（sporangiospore）又称孢子囊孢子，是一种内生孢子，为藻状菌纲的毛霉、根霉、犁头霉等所具有。其形成过程：菌丝发育到一定阶段，气生菌丝的顶端细胞膨大成圆形、椭圆形或犁形孢子囊，然后膨大部分与菌丝间形成隔膜，囊内原生质形成许多原生质小团（每个小团内包含 1 或 2 个核），每一小团的周围形成一层壁，将原生质包围起来，形成孢囊孢子。孢子囊成熟后破裂，散出孢囊孢子。该孢子遇适宜环境发芽，形成菌丝体。孢囊孢子有两种类型，一种为生有鞭毛、能游动的叫游动孢子（zoospore），如鞭毛菌亚门中的绵霉属；另一种是不生鞭毛、不能游动的叫静孢子或不动孢子（aplanospore），如接合菌亚门中的根霉属（图 3-34）。

（2）分生孢子（conidiospore conidium）是一种外生孢子，是霉菌中最常见的一类无性孢子。分生孢子由菌丝顶端或分生孢子梗出芽或缢缩形成，其形状、大小、颜色、结构以及着生方式因菌种不同而异，如红曲霉属（*Monascus*）和交链孢霉属（*Alternaria*）等真菌，其分生孢子着生在菌丝或其分枝的顶端，单生、成链或成簇，具有无明显分化的分生孢子梗；曲霉属（*Aspergillus*）和青霉属（*Penicillium*）等真菌，具有明显分化的分生孢子梗，它们的分生孢子着生于分生孢子梗的顶端，壁较厚（图 3-35、图 3-36）。

（3）厚垣孢子（chlamydospore）又称厚壁孢子，是外生孢子，它是由菌丝顶端或中间的个别细胞膨大，原生质浓缩，变圆，细胞壁加厚形成的球形或纺锤形的休眠体，对外界环境有较强抵抗力。厚垣孢子的形态、大小和产生位置各种各样，常因霉菌种类不同而异，如总状毛霉往往在菌丝中间形成厚垣孢子（图 3-37）。

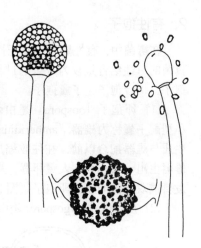

图 3-34　霉菌的孢囊孢子

（4）节孢子（arthrospore）也称粉孢子，是白地霉（*Geotrichum candidum*）等少数种类所产生的一种外生孢子，由菌丝中间形成许多横隔顺次断裂而成，孢子形态多为圆柱形（图 3-38）。

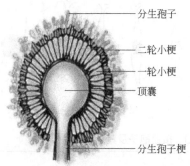

图 3-35　曲霉菌的分生孢子图

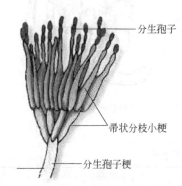

图 3-36　青霉菌的分生孢子图

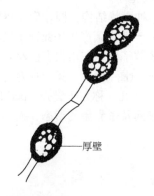

图 3-37　霉菌的厚垣孢子

图 3-38　白地霉的节孢子

2. 有性孢子

在霉菌中,有性繁殖不及无性繁殖普遍,仅发生于特定条件下,一般培养基上不常出现。真菌的有性结合是较为复杂的过程,它们的发生需要种种条件。霉菌的有性孢子主要有:卵孢子、接合孢子、子囊孢子。

(1) 卵孢子 (oospore) 是由两个大小形状不同的配子囊结合后发育而成的有性孢子。其小型配子囊称为雄器 (antheridium),大型的配子囊称为藏卵器 (archegonium)。藏卵器中原生质与雄器配合以前,往往收缩成一个或数个原生质小团,即卵球。雄器与藏卵器接触后,雄器生出一根小管刺入藏卵器,并将细胞核与细胞质输入到卵球内。受精后的卵球生出外壁,发育成双倍体的厚壁卵孢子 (图 3-39)。

(2) 接合孢子 (zygospore) 是由菌丝生出形态相同或略有不同的配子囊接合而成的 (图 3-40)。

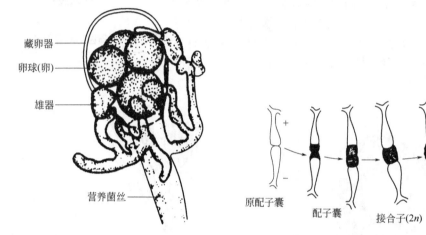

图 3-39 卵孢子 （标注：藏卵器、卵球(卵)、雄器、营养菌丝）

图 3-40 接合孢子及其形成过程 （标注：原配子囊、配子囊、接合子(2n)、接合孢子）

当两个邻近的菌丝相遇时,各自向对方生长出极短的侧枝,称为原配子囊 (progametangium)。两个原配子囊接触后,各自的顶端膨大,并形成横隔,融成一个细胞,称为配子囊 (gametangium)。相接触的两个配子囊之间的横隔消失,细胞质和细胞核互相配合,同时外部形成厚壁,即为接合孢子。接合孢子主要分布在接合菌类中,如高大毛霉 (*Mucor mucedo*)、黑根霉 (*Rhizopus nigricans*)生的有性孢子为接合孢子。

(3) 子囊孢子 (ascospore) 产生于子囊中。子囊是一种囊状结构,圆球形、棒形或圆筒形,还有的为长方形。一个子囊内通常含有 2~8 个孢子。一般真菌产生子囊孢子过程相当复杂,但是酵母菌有性过程产生的子囊孢子相对简单。大多数子囊包在由很多菌丝聚集而形成的特殊的子囊果 (ascocarp) 中。子囊果的形态有三种类型 (图 3-41),第一种为完全封闭的圆球形,称为闭囊壳 (cleistothecium);第二种为烧瓶状,有孔,称为子囊壳 (perithecium);第三种呈盘状,称为子囊盘 (apothecium)。子囊孢子、子囊及子囊果的形态、大小、质地和颜色等因菌种而异,在分类上有重要意义。

三、霉菌的菌落特征

由于霉菌的细胞呈丝状,在固体培养基上生长时形成营养菌丝和气生菌丝,气生菌丝间无毛细管水,所以霉菌的菌落与细菌和酵母菌不同,与放线菌接近。但霉菌的菌落形态较大,质地比放线菌疏松，外观干燥，不透明，呈现或紧或松的蛛网状、绒毛状或棉絮状。菌落与培养基连接较紧密，不易挑取。菌落正反面的颜色及边缘与中心的颜色常不一致。菌落正反面颜色呈现明显差别，其原因是气生菌丝分化出来的子实体和孢子的颜色往往比深入在固体基质内的营养菌丝的颜色深；菌落中心气生菌丝的生理年龄大于菌落边缘的气生菌丝，其发育分化和成熟度较高，颜色较深，形成菌落中心与边缘气生菌丝在颜色与形态结构上的明显差异。

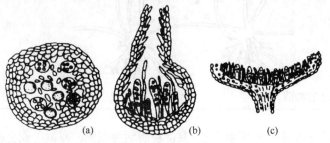

图 3-41　子囊果的形态

（a）闭囊壳；（b）子囊壳；（c）子囊盘

　　菌落特征是鉴定各类微生物的重要形态学指标，在实验室研究和生产实践中有重要的意义。现将细菌、放线菌、酵母菌和霉菌这四大类微生物的细胞和菌落形态等特征作一比较（表 3-3）。

表 3-3　四大类微生物的细胞形态和菌落特征

菌落特征			单细胞生物		丝状微生物	
			细菌	酵母菌	放线菌	霉菌
主要特征	细胞	形态特征	小而均匀、个别有芽孢	大而分化	细而均匀	粗而分化
		相互关系	单个分散或按一定方式排列	单个分散或假丝状	丝状交织	丝状交织
	菌落	含水情况	很湿或较湿	较湿	干燥或较干燥	干燥
		外观特征	小而突起或大而平坦	大而突起	小而紧密	大而疏松或大而紧密
参考特征	菌落透明度		透明或稍透明	稍透明	不透明	不透明
	菌落与培养基结合度		不结合	不结合	牢固结合	较牢固结合
	菌落的颜色		多样	单调	十分多样	十分多样
	菌落正反面颜色		相同	相同	一般不同	一般不同
	细胞生长速度		一般很快	较快	慢	一般较快
	气味		一般有臭味	多带酒香	常有泥腥味	霉味

四、常见的霉菌

1. 根霉

　　根霉（*Rhizopus* sp.）的菌丝无隔膜、有分枝和假根，营养菌丝体上产生匍匐枝，匍匐枝的节间形成特有的假根，从假根处向上丛生直立、不分枝的孢囊梗，顶端膨大形成圆形的孢子囊，囊内产生孢囊孢子。孢子囊内囊轴明显，球形或近球形，囊轴基部与梗相连处有囊托（图 3-42）。

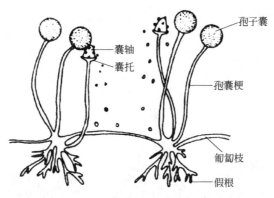

图 3-42 根霉的形态和构造

根霉在自然界分布很广,用途广泛,其淀粉酶活力很强,酿酒工业上多用来作淀粉质原料酿酒的糖化菌。我国最早利用根霉糖化淀粉(即阿明诺法)生产酒精。根霉能产生有机酸(反丁烯二酸、乳酸、琥珀酸等),还能产生芳香性的酯类物质。根霉亦是转化甾族化合物的重要菌类。

根霉的种类很多,其中与人类关系密切的主要有黑根霉、华根霉和米根霉等。

黑根霉(*Rhizopus nigricans*)也称匍枝根霉。匍枝根霉分布广泛,在一切生霉的材料上都能发现它,尤其是在生了霉的食品上更容易找到它,果蔬等在运输和贮藏中腐烂及甘薯的软腐都与匍枝根霉有关。此外,在土壤、空气、各种动物的粪便中也常有分布。其菌落初期为白色,老熟后呈灰褐色或黑色。匍匐菌丝爬行,无色。假根非常发达,根状,褐色,孢囊梗直立,通常 2~4 株成束,较少单生或 5~7 株成束,不分枝,光滑或稍微粗糙,灰褐色到暗褐色,长 500~3500μm,直径 13~42μm。囊托大而明显,楔形。菌丝上一般不形成厚垣孢子,接合孢子球形,有粗糙的突起,直径 150~220μm。此菌在 37℃不能生长,于 30℃生长良好,有极微弱的酒精发酵力,能产生反丁烯二酸及果胶酶,常引起果实腐烂和甘薯的软腐。能转化孕酮为羟基孕酮,是微生物转化甾族化合物的重要真菌。它不能利用硝酸盐,在察氏培养基上不能生长或生长极弱,但可利用$(NH_4)_2SO_4$代替$NaNO_3$。

米根霉(*Rhizopus oryzae*)是中国酒药和酒曲中的重要霉菌之一,在土壤、空气及其他物质上亦常见。菌落疏松或稠密,最初白色,后变为灰褐至黑褐色,匍匐菌丝爬行,无色。假根发达,指状或根状分枝,呈褐色。孢囊梗直立或稍弯曲,2~4 株成束,较少单生或 5 株成束。有时膨大或分枝,壁光滑或粗糙,呈褐色,长 210~2500μm。孢子囊呈球形或近似球形,壁有微刺,老后呈黑色,直径 60~250μm。囊托楔形,菌丝形成厚垣孢子,接合孢子未见。发育温度 30~35℃,最适温度 37℃,41℃亦能生长。能糖化淀粉、转化蔗糖,产生乳酸、反丁烯二酸及微量酒精。产 L(+)乳酸能力强,达 70%左右。

华根霉(*Rhizopus chinensis*)是中国酒药和酒曲中的重要霉菌之一。耐高温,于 45℃能生长,菌落疏松或稠密,初期白色,后变为褐色或黑色,假根不发达,短小,手指状。孢囊柄通常直立,孢囊光滑,浅褐至黄褐色。不形成接合孢子,但能形成大量厚垣孢子,球形、椭圆形或短柱形。发育温度为 15~45℃,最适温度为 30℃。该菌液化淀粉力强,能产生酒精、芳香脂类、左旋乳酸及反丁烯二酸,能转化甾族化合物。

无根根霉(*Rhizopus arrhizus*)对温度适应范围同米根霉。菌落最初白色,后褐色。匍匐枝分化不明显。假根极不发达,短指状或没有假根。孢囊梗直立或稍弯曲,单生,有时在孢囊梗上有囊状膨大。接合孢子球形,有粗糙的突起,厚垣孢子形状及大小不一致。能产生乳酸、反丁烯二酸、脂肪酶。发酵豆类和谷类食品,转化甾族化合物等。此外还有日本根霉、河内根霉、雪白根霉及爪哇根霉等也常用于发酵工业。

2. 毛霉

毛霉(Mucor sp.)又叫黑霉、长毛霉。菌丝为无隔膜的单细胞,多核,以孢囊孢子和接合孢子繁殖。毛霉的菌丝体在基质上或基质内能广泛蔓延,无假根和匍匐枝,菌丝体上直接生出单生、总状分枝或假轴状分枝的孢囊梗。各分枝顶端着生球形孢子囊,内有形状各异的囊轴,但无囊托。孢囊孢子成熟后,孢子囊壁破裂,孢囊孢子分散开来。毛霉菌丝初期白色,后灰白色至黑色,这说明孢子囊大量成熟。

毛霉在土壤、粪便、禾草及空气等环境中存在。在高温、高湿度以及通风不良的条件下生长良好。毛霉的用途很广,常出现在酒药中,能糖化淀粉并能生成少量乙醇,产生蛋白酶,有分解大豆蛋白的能力,我国多用来做豆腐乳、豆豉。许多毛霉能产生草酸、乳酸、琥珀酸及甘油等,有的毛霉能产生脂肪酶、果胶酶、凝乳酶等。对甾族化合物有转化作用。常用的毛霉主要有总状毛霉(Mucor racemosus)、高大毛霉(Mucor mucedo)、鲁氏毛霉(Mucor rouxianus)等。

总状毛霉是毛霉中分布最广的一种。几乎在各地土壤中、生霉的材料上、空气中和各种粪便上都能找到。酒曲中常有它的出现。菌丛灰白色,菌丝直立,稍短,孢囊梗总状分枝。孢子囊球形,浅黄色或黄褐色,成熟时孢囊壁消解。接合孢子球形,有粗糙的突起,形成大量的厚垣孢子,菌丝体、孢囊梗甚至囊轴上都有,形状、大小不一,光滑,无色或黄色。我国四川的豆豉即用此菌制成。总状毛霉能产生3-羟基丁酮,并对甾族化合物有转化作用。

高大毛霉分布很广,多出现在牲畜的粪便上。在培养基上,菌落初期为白色,老后变为淡黄色,有光泽,菌丛高达3～12cm或更高。孢囊梗直立不分枝。孢囊壁有草酸钙结晶。该菌能产生3-羟基丁酮、脂肪酶,还能产生大量的琥珀酸,对甾族化合物有转化作用。

鲁氏毛霉最初从小曲中分离,最早被用于淀粉糖化法制造酒精。在马铃薯培养基上菌落呈黄色,在米饭上略带红色,孢囊梗具有短而稀疏的假轴状分枝,能产蛋白酶,能分解大豆蛋白,我国多用它来做豆腐乳。该菌还能产生乳酸、琥珀酸及甘油等,但产量较低。

3. 曲霉

曲霉(Aspergillus sp.)是一种典型的丝状菌,属多细胞,菌丝有隔膜。营养菌丝大多匍匐生长,没有假根。曲霉的菌丝体由具有横隔的分枝菌丝构成,通常无色,老熟时渐变为浅黄色至褐色。从特化了的菌丝细胞上(足细胞)形成分生孢子梗,顶端膨大形成顶囊,顶囊有棍棒形、椭圆形、半球形或球形。顶囊表面生辐射状小梗,小梗单层或双层,小梗顶端分生孢子串生。分生孢子具各种形状、颜色和纹饰。由顶囊、小梗以及分生孢子构成分生孢子头(图3-43),分生孢子头具各种不同颜色和形状,如球形、棍棒形或圆柱形等。曲霉仅有少数种具有性阶段,产生封闭式子囊果(闭囊壳),内生子囊和子囊孢子,故有的分类学家将曲霉归为子囊菌纲,曲霉菌目,曲霉菌科。

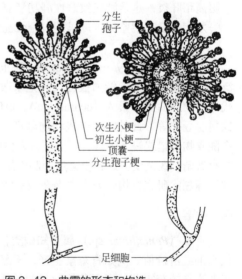

图3-43 曲霉的形态和构造

（图中标注：分生孢子、次生小梗、初生小梗、顶囊、分生孢子梗、足细胞）

曲霉种类较多，其中，与人类关系密切的主要有黑曲霉、米曲霉、黄曲霉和赭曲霉。

黑曲霉（*Aspergillus niger*）属黑曲霉群，在自然界中分布极为广泛，在各种基质上普遍存在，能引起水分较高的粮食霉变，其他材料上亦常见。菌丛黑褐色，顶囊大球形，小梗双层，自顶囊全面着生，分生孢子球形，平滑或粗糙，有的菌系形成菌核。黑曲霉具有多种活性强大的酶系，可用于工业生产。如淀粉酶用于淀粉的液化、糖化，以生产酒精、白酒或制造葡萄糖和消化剂。果胶酶用于水解多聚半乳糖醛酸、果汁澄清和植物纤维精炼。柚苷酶和陈皮苷酶用于柑橘类罐头去苦味或防止白浊。葡萄糖氧化酶用于食品脱糖和除氧防锈。黑曲霉还能产生多种有机酸如抗坏血酸、柠檬酸、葡萄糖酸和没食子酸等。某些菌系可转化甾族化合物，还可用来测定锰、铜、钼、锌等微量元素和作为霉腐实验菌。

米曲霉（*Aspergillus oryza*）属于黄曲霉群。菌丛一般为黄绿色，后变为黄褐色，分生孢子头放射形，顶囊球形或瓶形，小梗一般为单层，分生孢子球形，平滑，少数有刺，分生孢子梗长达 2mm，粗糙。培养适温 37℃。含有多种酶类，糖化型淀粉酶（淀粉 1,4-葡萄糖苷酶）和蛋白质分解酶都较强。主要用作酿酒的糖化曲和生产酱油用的酱油曲。

黄曲霉（*Aspergillus flavus*）属于黄曲霉群，菌落生长较快，最初黄色，后变为黄绿色，老熟后呈褐色。分生孢子头疏松呈放射状，继而变为疏松柱形。分生孢子梗极粗糙，顶囊烧瓶形或近球形，小梗单层、双层或单双层同时存在于一个顶囊上。分生孢子球形，或梨形，粗糙，有些菌系产生带褐色的菌核。培养适温 37℃，产生液化型淀粉酶（α-淀粉酶）的能力较黑曲霉强，蛋白质分解力次于米曲霉。黄曲霉能分解 DNA 产生 5′-脱氧胸腺嘧啶核苷酸。黄曲霉中的某些菌系能产生黄曲霉毒素（aflatoxin），特别在花生或花生饼粕上易于形成，能引起家禽、家畜严重中毒以至死亡。由于黄曲霉毒素能致癌，我国现已停止使用产黄曲霉毒素的菌种。此外，黄曲霉还可用作霉腐实验菌。

黄曲霉毒素与肝癌

长期低水平接触黄曲霉毒素，特别是黄曲霉毒素 B_1，与患肝癌的危险性增加、免疫功能降低及营养不良相关。早期可引起食欲减退、不适及低热症状。随之而来的是呕吐、腹痛和肝炎，这是潜在致命性肝功能衰竭的信号。对农作物中黄曲霉毒素浓度和急性黄疸发病情况开展监测可以早期识别食品污染，有助于防止黄曲霉毒素中毒的暴发。

赭曲霉（*Aspergillus ochraceus*）在玉米、花生、棉籽、大米、坚果、水果等农产品中广泛分布。赭曲霉产孢能力很强，其孢子散落在空气中能够诱导儿童哮喘和人类肺病。其次级代谢产物赭曲霉毒素 A（ochratoxinA，OTA）广泛分布在农产品中，污染谷物、葡萄、饲料、饮料、豆类等。此外，在一些动物副产品如牛奶和动物肾脏、肝脏、血液中也有发现，并且会随食物链最终进入人体，严重危害人体健康。OTA 能够导致动物和人类的肝脏、肾脏损伤，并有致畸、致突变、致癌和免疫抑制作用，还可能与巴尔干地方性肾病和泌尿系统肿瘤有关，被国际癌症研究机构列为人类潜在致癌物。

4. 青霉

青霉（*Penicillium* sp.）属半知菌类，在自然界中分布极为广泛，种类很多，在工业上有很高的经济价值。例如青霉素生产、干酪加工及有机酸的制造等。但也有不少青霉是食品及工业产品的有害菌。青霉菌的营养菌丝体无色、淡色或具鲜明颜色。有横隔，分生孢子梗亦有横隔，光滑或粗糙。基部无足细胞，顶端不形成膨大的顶囊，而是形成扫帚状的分枝，称帚状枝。小梗顶端串生分生孢子，分生孢子球形、椭圆形或短柱形，光滑或粗糙。大部分生长时呈蓝绿色。有少数种产生闭囊壳，内形成子囊和子囊孢子，亦有少数菌种产生菌核。根据帚状体分枝方式不同，将青霉分为 4 个类群：单轮生青霉群，帚状枝由单轮小梗构成；对称二轮生青霉群，帚状枝二列分枝，左右对称；多轮生青霉群，帚状枝多次分枝且对称；非对称生青霉群，帚状枝呈二次或二次以上分枝，左右不对称（图 3-44）。

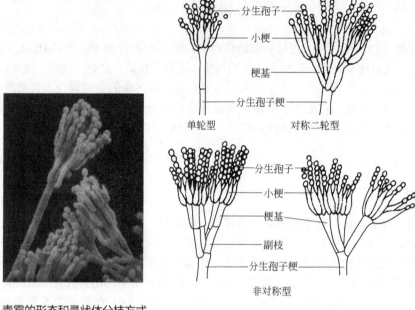

图 3-44　青霉的形态和帚状体分枝方式

　　青霉的孢子耐热性较强，菌体繁殖温度较低，饮料中常用的酸味剂酒石酸、苹果酸、柠檬酸又是它喜爱的碳源，因而常常引起这些制品的霉变。青霉能产生多种酶类及有机酸，在工业生产上主要用于生产青霉素，并用以生产葡萄糖氧化酶或葡萄糖酸、柠檬酸和抗坏血酸。发酵青霉素的菌丝废料含有丰富的蛋白质、矿物质和 B 族维生素，可用作家畜家禽的饲料。该菌还可用作霉菌实验菌。

　　产黄青霉（Penicillium chrysogenum）普遍存在于空气、土壤及腐败的有机材料上。属于非对称青霉群，菌落生长快，致密，绒状，有些略显絮状，有明显的放射状沟纹，边缘白色，孢子多，蓝绿色，老后有的呈现灰色或淡紫褐色，大多数菌系渗出液很多，聚成醒目的淡黄色至柠檬黄色液滴。反面亮黄至暗黄色，色素扩散于培养基中。分生孢子梗光滑，帚状枝不对称。分生孢子链呈分散的柱状。分生孢子椭圆形，壁光滑。

　　橘青霉（Penicillium citrinum）与曲霉类似，菌丝也是由有隔多核的多细胞构成的。但青霉无足细胞，分生孢子梗从基内菌丝或气生菌丝上生出，有横隔，顶端生有扫帚状的分生孢子头。分生孢子多呈蓝绿色。扫帚枝有单轮、双轮和多轮，对称或不对称。菌落从中心由白色变为灰绿色，属非对称生青霉群，半知菌类，串珠霉目的一属。青霉菌属于丛梗孢科，兼有性生殖阶段。菌丝为多细胞分枝。无性繁殖时，菌丝发生直立的多细胞分生孢子梗。梗的顶端不膨大，但具有可继续再分的指状分枝，每枝顶端有 2～3 个瓶状细胞，其上各生一串灰绿色分生孢子。分生孢子脱落后，在适宜的条件下萌发产生新个体。有性繁殖绝无仅有，如有发现，多归于子囊菌纲曲霉科。菌丝体由多数具有横隔的菌丝所组成，通常以产生分生孢子进行繁殖，产生孢子时，菌丝体顶端产生多细胞的分生孢子梗，梗的顶端分枝2～3次，每枝的末端细胞分裂成串的分生孢子。

橘青霉的许多菌系可产生橘霉素，也能产生脂肪酶、葡萄糖氧化酶和凝乳酶，有的菌系产生5′-磷酸二酯酶，可用来生产5′-核苷酸。该菌分布普遍，除土壤外，一般在霉腐材料和贮存的粮食上经常发现。在大米上生长时引起黄色霉变，具毒性。

青霉酸

青霉酸（PA）是一种无色针状结晶化合物，熔点83℃，分子式为$C_8H_{10}O_4$，分子量为170.16，极易溶于热水、乙醇、乙醚和氯仿，不溶于戊烷、己烷。高粱、燕麦、小麦、玉米和大米上可产生青霉酸，主要是圆弧青霉有毒代谢产物的主要成分，青霉酸对各种动物具有毒性，主要引起心脏、肝脏和肾脏等器官的损伤，并具有潜在致癌性。青霉酸在饲料中的含量很高，而且污染极其广泛。已查明有青霉属、曲霉属等28种真菌产生青霉酸。

5. 红曲霉

红曲霉（*Monascus*）属子囊菌纲，曲霉目，曲霉科。红曲霉菌落初期白色，老熟后变为淡粉色、紫红色或灰黑色等，通常都能形成红色素。菌丝具横隔，多核，分枝繁多。分生孢子着生在菌丝及其分枝的顶端，单生或成链。闭囊壳球形，有柄，内散生十多个子囊，子囊球形，含8个子囊孢子，成熟后子囊壁解体，孢子则留在薄壁的闭囊壳内。红曲霉生长温度范围为26～42℃，最适温度32～35℃，最适pH值为3.5～5.0，能耐pH2.5及10%的乙醇，能利用多种糖类和酸类为碳源，同化硝酸钠、硝酸铵、硫酸铵，而以有机氮为最好的氮源。

红曲霉能产生淀粉酶、麦芽糖酶及蛋白酶，合成柠檬酸、琥珀酸、乙醇及麦角甾醇等。有些种能产生鲜艳的红曲霉红素和红曲霉黄素。红曲霉用途很多，我国早在明朝就利用它培制红曲。红曲可用于酿酒、制醋、做豆腐乳的着色剂及中成药生产。

紫红曲霉（*Monascus purpureus*）能产生α-淀粉酶、淀粉1,4葡萄糖苷酶、麦芽糖酶等，用它水解淀粉的最终产物为葡萄糖，近年来已用于工业生产糖化酶制剂。

6. 木霉

木霉（*Trichoderma* sp.）属于半知菌类，广泛分布于自然界。也常寄生于某些真菌上，对多种大型真菌的子实体的寄生力很强，对栽培大型真菌（蘑菇等）危害极大。木霉的应用范围很广。木霉含有多种酶系，尤其是纤维素酶含量很高，是生产纤维素酶的重要菌。木霉能产生柠檬酸，合成核黄素，并可用于甾体转化。木霉还可产生抗生素，如绿毛菌素（viridin，$C_{18}H_{15}O_6$）及胶霉素（gliotoxin，$C_{13}H_{14}N_2S_2O_4$）等。

木霉菌落生长迅速，棉絮状或致密丛束状，菌落表面呈不同程度的绿色，菌丝透明，有隔，分枝繁多，分生孢子梗为菌丝的短侧枝，其上对生或互生分枝，分枝上又可继续分枝，形成二级、三级分枝，分枝末端即为小梗，瓶状、束生、对生、互生或单生（图3-45）。分生孢子由小梗相继生出，靠黏液把它们聚成球形或近球形的孢子头。分生孢子近球形、椭圆形、圆筒形或倒卵形，壁光滑或粗糙，透明或亮黄绿色。代表菌有康氏木霉（*Trichoderma koningi*）和绿色木霉（*Trichoderma viride*）。

7. 赤霉菌

赤霉菌（*Gibberella* sp.）多寄生于植物体内，菌丝在寄主体内蔓延生长，在其寄主表面产生大量白色或粉红色的分生孢子。分生孢子产生于菌丝尖端形成的多级双叉分枝的孢子梗上。分生孢子分大小两种，大的为镰刀形，小的卵圆形。分生孢子萌发形成新的菌丝体。有性繁殖时形成子囊孢子，子囊中有 8 个子囊孢子，子囊着生于子囊壳内。赤霉菌在固体培养上可形成白色、较紧密的绒毛状菌落。

赤霉菌是在研究水稻恶病苗的过程中发现的，水稻恶苗病是由藤仓赤霉菌寄生而引起的，最常见的症状是稻苗徒长，病苗比健康苗可以高出 1/3，经研究得知，促进稻苗生长的物质是赤霉菌分泌的赤霉素，俗称"九二零"，是植物生长刺激剂，能促进农作物和蔬菜等的生长。

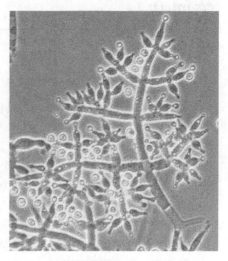

图 3-45　木霉的形态

8. 白僵菌

白僵菌（*Beauveria* sp.）的菌丝无色透明，具隔膜，有分枝，较细，直径 1.5～2μm。以分生孢子进行无性繁殖，分生孢子着生在多次分叉的分生孢子梗顶端，并聚集成团。孢子为球状，直径 2～2.5μm。液体培养则形成圆柱形芽生孢子。

白僵菌的孢子在昆虫体上萌发后，可穿过体壁进入虫体内大量繁殖，使其死亡。死虫僵直，呈白绒毛状，故称该菌为白僵菌。它已广泛应用于杀灭农林害虫（如棉花红蜘蛛、松毛虫、玉米螟等），是治虫效果最好的生物农药之一。但是白僵菌对家蚕也有杀害作用，同时还产生毒素，对动、植物有毒害作用。

9. 脉孢菌

脉孢菌（*Neurospora*）因子囊孢子表面有纵形花纹，犹如叶脉而得名，又称链孢霉。它具有疏松网状的长菌丝，有隔膜、分枝、多核；无性繁殖形成分生孢子，一般为卵圆形，在气生菌丝顶部形成分枝链，分生孢子呈橘黄色或粉红色，常生在面包等淀粉性食物上，故俗称红色面包霉。脉孢菌的有性过程产生子囊和子囊孢子，属异宗配合。一株菌丝体形成子囊壳原，另一株菌丝体的菌丝与子囊壳原的菌丝结合，两株菌丝中的核在共同的细胞质中混杂存在，反复分裂，形成很多核；两个异宗的核配对，形成很多二倍体核，每个结合的核包在一个子囊内；子囊里的二倍体核经两次分裂形成 4 个单倍体核；再经一次分裂，则成为 8 个单倍体核，围绕每个核发育成一个子囊孢子。每个子囊中有 8 个子囊孢子。此时，子囊壳原发育成子囊壳。子囊壳圆形，具有一个短颈，光滑或松散的菌丝，褐色或褐黑色，在一般情况下，脉孢菌很少进行有性繁殖。

脉孢菌是研究遗传学的好材料。因为它的子囊孢子在子囊内呈单向排列，表现出有规律的遗传组合。如果用两种菌杂交形成的子囊孢子分别培养，可研究遗传性状的分离及组合情况，在生化途径的研究中也被广泛应用。此外，菌体内含有丰富的蛋白质、维生素 B_{12} 等。有的用于发酵工业，有的可造成食物腐烂。最常见的菌种如粗糙脉孢菌（*Neurospora crassa*）、好食脉孢菌（*Neurospora sitophila*）。

第四节
蕈菌

蕈菌（mushroom）又称伞菌，是自然界中一类肉眼可见的大型真菌子实体，它们属于真菌的子囊菌亚门和担子菌亚门，其中大多数都属于担子菌亚门。蕈菌也是一个通俗名称，是真菌中进化最高级的，能产生肉眼可见的，供人采摘的子实体，通常包括人们所称的蘑菇、木耳等。古代中国将这种大型的真菌称为"蕈"，蕈菌和其他真菌的区别在于它们可以产生担孢子。从外表看，蕈菌不像微生物，因此过去一直是植物学的研究对象，但从其进化历史、细胞构造、早期发育特点、各种生物学特性和研究方法等多方面来考察，都可证明它们与其他典型的微生物——显微真菌完全一致。事实上，若将其大型子实体理解为一般真菌菌落在陆生条件下的特化与高度发展形式，则蕈菌就与其他真菌无异了。

蕈菌广泛分布于地球各处，在森林落叶地带更为丰富。它们与人类的关系密切，其中，可供食用的种类就有 2000 多种，目前已利用的食用菌约有 400 种，其中，约 50 种已能进行人工栽培，如常见的双孢蘑菇、木耳、银耳、香菇、平菇、草菇、金针菇和竹荪等；新品种有杏鲍菇、珍香红菇、柳松菇、茶树菇、阿魏菇和真姬菇等；还有许多种可供药用，例如灵芝、云芝和猴头菌等；少数有毒或引起木材朽烂的种类则对人类有害。

一、菌体结构

蕈菌的发育过程中，其菌丝的分化可明显地分成 5 个阶段：①形成一级菌丝，担孢子（basidiospore）萌发，形成由许多单核细胞构成的菌丝，称一级菌丝；②形成二级菌丝，不同性别的一级菌丝发生接合后，通过质配形成了由双核细胞构成的二级菌丝，它通过独特的"锁状联合"（clamp connection，图 3-46），即形成喙状突起而联合两个细胞的方式不断使双核细胞分裂，从而使菌丝尖端不断向前延伸；③形成三级菌丝，到条件合适时，大量的二级菌丝分化为多种菌丝束，即为三级菌丝；④形成子实体，菌丝束在适宜条件下会形成菌蕾，然后再分化、膨大成大型子实体；⑤产生担孢子，子实体成熟后，双核菌丝的顶端膨大，细胞质变浓厚，在膨大的细胞内发生核配，形成二倍体的核。二倍体的核经过减数分裂和有丝分裂，形成 4 个单倍体子核。这时顶端膨大细胞发育为担子，担子上部随即突出 4 个梗，每个单倍体子核进入一个小梗内，小梗顶端膨胀生成担孢子。

锁状联合的形成过程极为巧妙：当双核菌丝尖端细胞分裂时，在两个细胞核之间菌丝侧生一个钩状短枝，一个核进入短枝内，另一个核留在菌丝内。两个核同时进行一次有丝分裂，形成 4 个核。分裂后短枝中的一个子核退回到菌丝尖端。此时，钩状短枝向后弯曲生长接触到菌丝壁，形成拱桥形。菌丝中分裂后的两个核之一趋向前端，同时拱桥正下方两核之

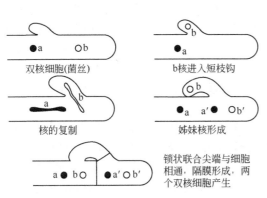

双核细胞(菌丝)　　　　b核进入短枝钩

核的复制　　　　姐妹核形成

锁状联合尖端与细胞相通，隔膜形成，两个双核细胞产生

图 3-46　蕈菌菌丝的生长方式锁状联合

间产生一个横隔。短枝尖端与菌丝壁接触处细胞壁溶解，短枝中的一个核回到菌丝中生长尖端后面的一个细胞内，并生出另一个横隔将这个菌丝细胞与短枝隔开，最终在菌丝上就增加了一个双核细胞。

二、形态特征

蕈菌的最大特征是形成形状、大小、颜色各异的大型肉质子实体。典型的蕈菌，其子实体是由顶部的菌盖（包括表皮、菌肉和菌褶）、中部的菌柄（常有菌环和菌托）和基部的菌丝体三部分组成的。

子实体是食用菌产生有性孢子的繁殖器官，也叫担子果（子囊菌则称子囊果）。典型伞菌的子实体，是由菌柄、菌盖、菌褶等部分组成的（图3-47）。

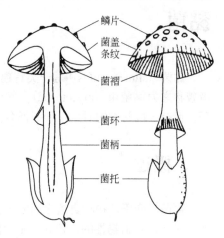

图 3-47　蕈菌典型构造

1. 菌柄

菌柄又叫菇柄或菇脚，起支持菌盖和输送养分的作用。多为圆柱形或纺锤形。大多中生于菌盖上，也有偏生或侧生的，甚至完全无柄。组成菌柄的菌丝体基本上是垂直排列的。菌柄皮层由厚壁细胞紧密靠拢组成。菌柄中有的菌丝排列充实（中实），有的只是疏松的筋质细胞（中松），有的则无菌丝（中空）。有些伞菌如双孢蘑菇，子实体幼小时，在菌盖边缘和菌柄间有一层包膜叫内菌幕，覆盖于子实层外。当子实体长大时，菌盖展开，内菌幕与菌盖脱离，残留在菌柄中上部的环状物叫菌环。有些伞菌如草菇在菌蕾时，外面包裹一层菌膜叫外菌幕，能随子实体长大而增厚，以后残留在菌柄基部呈状物叫菌托。菌托的有无以及大小、形状、厚薄等特性是伞菌分类的重要依据。

2. 菌盖

菌盖又叫菇盖、菌伞，是菌褶着生的地方。不同的食用菌，菌盖的形状也各不相同。常见的有半球形、扇形、钟形、圆锥形、漏斗形和平展形等。菌盖表面有的光滑，有的有皱纹、条纹或龟裂，有的干燥，有的湿润或黏滑，有的具绒毛、鳞片或晶粒等。菌盖的直径大小不一，通常菌盖直径在6cm以下的归为小型菌类，6～10cm的为中型菌类，10cm以上的为大型菌类。菌盖由角质层（亦称覆盖层）和菌肉两部分组成。角质层是由保护菌丝组成的，依次可分外皮层、盖皮及下皮层。菌肉大多数为白色，由生殖菌丝和联结菌丝组成。生殖菌丝是构成菌肉的主要菌丝类型，它比联结菌丝宽而直，能不断生长，分隔多，分隔处明显缢缩。联结菌丝生长有限，分隔少，常大量或不规则地分枝。在红菇科中，生殖菌丝由球状胞组成，埋于管状联结菌丝的基质中，常失去再生能力，所以这些菇类用组织分离难以成活。有些伞菌除生殖菌丝和联结菌丝外，还有产乳菌丝（或称分泌菌丝），内含乳汁或油滴。

3. 菌褶

菌褶又叫菇叶、菇鳃。位于菌盖下方。呈放射状排列的片状结构，是产生担孢子的场所。菌褶稀密、长短不等。与菌柄连接的方式有：

① 直生（贴生）——菌褶的一端直接着生在菌柄上；

② 延生——菌褶沿着菌柄向下着生；

③ 离生——菌褶不和菌柄接触；

④ 弯生——菌褶内端与菌柄着生处呈一凹陷。

菌褶中央是菌髓细胞，两侧是子实层。子实层是产生担子的细胞层。除木耳、猴头菌等的子实层分布在耳片和肉刺的表面外，大多数食用菌的子实层都分布在刀片状菌相的两侧。

第五节

黏菌

黏菌（slime moulds）是一类有趣的真核微生物，它们既像真菌，又似原生动物，有的学者曾称之为黏菌虫（mycetozoa），其会形成具有细胞壁的孢子，但是生活史中没有菌丝的出现，而有一段黏黏的时期，因而得名。其经济价值尚待研究开发。

一、概述

黏菌是介于动物和真菌之间的一类生物，约有 500 种。它们的生活史中，一段是动物性的，另一段是植物性的。营养体是一团裸露的原生质体，多核，无叶绿素，能作变形虫式运动，吞食固体食物，与原生动物的变形虫很相似。黏菌的营养生长期，细胞不具细胞壁，如变形虫一样，可任意改变体形，故又称为"变形菌"。但在生殖时产生具纤维素细胞壁的孢子，这是植物的性状。

黏菌分布于世界各地，在有植物或植物残体而且温度适宜的地方都可存在。温带种类最多，热带或高寒山区很少，南极有记载。

黏菌具有许多不同的分类群。其中较为著名两大类是原生质体黏菌与细胞性黏菌。其中原生质体黏菌在分类上称为黏菌亚纲，也称为"真黏菌"或"非细胞黏菌"。而细胞性黏菌则属于网柱黏菌亚纲。两者的主要差异在于生命周期与生理结构。

黏菌的原生质团没有胞壁，经分割后仍能继续生活，是研究细胞学、遗传学和生物化学的重要实验材料。在其原生质团中已发现有抗生素、维生素等。粉瘤菌和煤绒菌的孢子粉对外伤有消毒作用。有些黏菌侵害栽培中的银耳、侧耳、烟草和甘薯。

二、黏菌的生活史

黏菌的生活史分为两类：原生质体黏菌生活史和细胞性黏菌生活史。原生质体黏菌的生活史以绒泡黏菌属为例；细胞性黏菌的生活史则以网柱细胞黏菌属为例。

1. 原生质体黏菌

原生质体黏菌的特色是没有单一细胞，而形成一整团的原生质。其生活史可分为二倍体时期与单倍体时期。

二倍体时期从两个单倍体细胞经由配子生殖形成合子开始，之后合子进行有丝分裂之后，会形成拥有许多细胞核，但是只有一团原生质的原生质团，称为变形体（plasmodium）。变形体发展成熟之后，会形成网状形态，且依照食物、水与氧气等所需养分改变其表面积。此时也称为营养时期（feeding stage），吞噬作用为其进食方式。接下来形成孢子囊（sporangium），孢子囊发展成熟后发展成为子实体。之后进行减数分裂，释放出单倍体孢子。

接下来进入单倍体时期，释放出来的孢子会经由空气传播，而且这些孢子会产生两种配子，其中一种为变形虫细胞（amoeboid cell），另一种则是鞭毛细胞（flagellate cell）。这两种细胞可以互相变换，但是最后都只会与同类细胞结合进行配子配合（syngamy），产生二倍体的合子。

2. 细胞性黏菌

细胞性黏菌的生活史可分为无性生殖与有性生殖两种周期，两者之间可以互换。其中二倍体时期出现在有性生殖周期中。

刚离开孢子的黏菌细胞称为单一细胞（solitary cell），在单一细胞的阶段为营养时期，此时细胞以吞噬细菌的方式生存。当食物耗尽时，许多原本分开生活的单一细胞会聚集在一起，形成一个变形虫，长相类似蛞蝓，而且可以爬行移动。之后有些细胞进行配子配合，形成二倍体配子，再经过减数分裂形成新的单倍体变形虫，重回无性生殖周期。有些细胞则会组成子实体，生产并释放单倍体孢子。孢子外壳破裂放出单一细胞，完成一次生命周期。

黏菌的营养阶段为自由生、无细胞壁、多核的变形虫状原生质所组成的原生质团。处于营养阶段的原生质团，具负趋光性，在黑暗潮湿的环境中，以细菌、酵母菌和其他有机颗粒为食。营养耗尽时，向有光处迁移，并且就在光暗交界处向子实体阶段过渡，原生质团中所含的无数核（二倍体的）进行同步有丝分裂，形成孢子囊和孢子。孢子成熟后，从囊中释出，在潮湿的表面上萌发，生出游动孢子。游动孢子可两两结合，成为二倍体合子。许多合子集聚在一起，又形成多核原生质团。

三、黏菌的形态特征

黏菌的营养阶段是一团裸露的原生质，内含许多二倍体的核。原生质团呈黏稠状，无定形，有黄、红、粉红、灰色等各种鲜艳的颜色，可伸出伪足捕食食物。黏菌的孢子囊有柄或无柄，单个或成堆，也有美丽鲜艳的颜色。成熟孢子有厚壁，深色，在不利条件下可存活数年之久。游动孢子一端有一根鞭毛，游动一段时间后鞭毛消失。

四、黏菌的主要类群及其代表种类

黏菌在全世界约有 500 种，一般分为 3 个纲，即黏菌纲（Myxomycetes）、集胞菌纲（Acrasiomycetes）和根肿菌纲（Plasmodiophoromycetes）。黏菌纲是最常见而种类最多（约450 种）的一纲，集胞[黏]菌纲种类不多，根肿菌纲中有几个种是危害经济植物的寄生菌。

1. 黏菌纲

有真正的变形体，通常产生具鞭毛的游动细胞，子实体的外表有 1 层包被包围着孢子。

本纲最常见的为发网菌属（*Stemonitis*），其营养体为裸露的原生质团，称变形体。变形体呈不规则的网状，直径数厘米，在阴湿处的腐木上或枯叶上缓缓爬行。在繁殖时，变形体爬到干燥光亮的地方，形成很多的发状突起，每个突起发育成1个具柄的孢子囊（子实体）。孢子囊通常长筒形，紫灰色，外有包被(peridium)。孢子囊柄伸入囊内的部分，称囊轴(columella)，囊内有孢丝（capillitium）交织成孢网。原生质团中的许多核进行减数分裂，原生质团割裂成许多块单核的小原生质，每块小原生质分泌出细胞壁，形成1个孢子，藏在孢丝的网眼中。成熟时，包被破裂，借助孢网的弹力把孢子弹出。

孢子在适合的环境下，即可萌发为具有2条不等长鞭毛的游动细胞。游动细胞的鞭毛可以收缩，使游动细胞变成1个变形体状细胞，称变形菌胞。由游动细胞或变形菌胞两两配合，形成合子，合子不经过休眠，合子核进行多次有丝分裂，形成多数双倍体核，构成1个多核的变形体。

2. 根肿菌纲

本纲菌类是寄生于高等植物、藻类或真菌上的黏菌。在整个生活史中，大部分生活在寄主细胞内，其营养组织为原生质团，不形成子实体；其休眠孢子单个或成团，无壁或在某些种内包以薄壁，这些休眠孢子直接在寄主细胞内形成。

芸薹根肿菌（*Plasmodiophora brassicae*）可作为本纲的代表。该菌侵害十字花科植物根部导致患根肿病。芸薹根肿菌的生活大部分在寄主根部细胞中度过，寄主死后，在病部细胞中形成休眠孢子。孢子微小，单核、单倍体，外被几丁质的薄壁。

孢子放出后，在适当的条件下，即可萌发为游动细胞，从十字花科植物的根毛侵入，不久失去鞭毛变为变形菌胞，变形菌胞的核重复分裂，形成1个多核的原生质团，在寄主根部细胞中，最后形成休眠孢子。

太岁

"太岁"又称肉灵芝，自然界发现极少，靠水生活，放在水中既不会腐烂，也不会变质。"太岁"生活能力很强，主要靠孢子、菌丝等繁殖，其再生能力也很强，可以随意切割，都能再生。一旦失去了其赖以生存的环境，就会进入休眠期，即使不给它水分，也不会轻易死亡，一旦环境条件合适，它就会继续生长。有人认为太岁是黏菌复合体，但还有待科学的分类鉴定。

本章小结

真核微生物的细胞较大，结构复杂，具有完整的细胞核，有线粒体或叶绿体等多种细胞器，在细胞结构和功能等多方面与原核微生物差异明显。真核微生物主要包括真菌、显微藻类和原生动物。真菌又包括酵母菌、霉菌和蕈菌。酵母菌是单细胞真核微生物，与人类的关系非常密切，其繁殖方式可分无性繁殖和有性繁殖两种方式。无性繁殖包括芽殖和裂殖，有性繁殖主要是产生子囊孢子。根据酵母菌无性与有性繁殖交替中的不同特点，可把酵母菌的生活史分成单倍体型、双倍体型和单双倍体型三种类型。霉菌是丝状真菌，其基本结构单位是菌丝。霉菌的菌丝主要为有隔菌丝和无隔菌丝两种类型。菌丝按其功能可分为营养菌丝、气生菌丝和繁殖菌丝，另外菌丝还可以形成各种特化的构造，如假根、吸器、子座、菌核、附着胞、菌环和菌网等。霉菌无性繁殖主要是产生孢囊孢子、分生孢子、厚垣孢子、节孢子等无性孢子；有性繁殖主要产生卵孢子、接合孢子、子囊孢子和担孢子等有性孢子。霉菌与人类的关系密切，可以产生许多有用的代谢产物，也有不少种类是动植物的病原菌。常见的霉菌有根霉、毛霉、曲霉、青霉等。蕈菌是能形成大型肉质子实体的真菌，主要属于担子菌，种类很多，与人类的关系密切，很多种类可以食用称为食用菌，在我国很多地方都有栽培。

思考题

1. 什么是真菌？简述真菌与人类的关系。
2. 分析真核微生物与原核微生物的异同点。
3. 简述酵母菌的一般构造及酵母菌的生活史类型。
4. 酵母菌的繁殖方式有哪些？
5. 霉菌与人类的关系比较密切，试分析有哪些有利和不利方面。
6. 什么是菌丝和菌丝体？菌丝的特化形态有哪些？
7. 霉菌产生的无性孢子和有性孢子有哪些类型？
8. 子囊果的基本形态有哪些？
9. 简述根霉属、曲霉属和青霉属的主要特征。
10. 什么叫锁状联合？其生理意义如何？试图示其过程。
11. 什么是黏菌？按其生活史可分为哪两个类型？

参考文献

李阜棣, 胡正嘉, 2003. 微生物学. 5 版. 北京: 中国农业出版社.

沈萍, 2000. 微生物学. 北京: 高等教育出版社.

王贺祥, 2003. 农业微生物学. 北京: 中国农业大学出版社.

杨清香, 2009. 微生物学. 2 版, 北京: 科学出版社.

周德庆, 2005. 微生物学. 2 版. 北京: 科学出版社.

诸葛健, 李华钟, 2009. 微生物学. 2 版. 北京: 科学出版社.

第四章

病毒与亚病毒

各种细胞，包括细菌、真核生物和古菌，都可以被病毒感染。病毒感染宿主细胞并利用细胞原有的代谢遗传系统形成后代病毒体。在生态系统中，病毒起到了控制宿主种群，并促进宿主多样性变化的作用。病毒可能会杀死宿主细胞，也可以将自己的遗传物质嵌入宿主基因组。在人类中，溶原性病毒 DNA 进化成我们基因组的许多部分。现在，研究人员设计病毒来攻击肿瘤，并进行基因治疗。

病毒是非细胞生物，人类对它们的认识是从其致病性开始的。在 19 世纪后期，许多细菌、真菌和原生动物被确定为传染源，这些生物中的大多数在显微镜下可以很容易看到，并在实验室中培养成功。但病毒的发现比细胞生物要晚得多。1892 年俄国植物病理学家伊万诺夫斯基（D. Iwanowski）首次发现烟草花叶病的感染因子能够通过细菌滤器，病叶汁液的滤过液能感染健康烟草发病，认为它是一种能通过细菌滤器的"细菌毒素"或极小的"细菌"。1898年荷兰生物学家贝杰林克（M. W. Beijerinck）对烟草花叶病病原体进行了进一步的研究，发现可以用酒精将烟草花叶病的致病因子从悬液中沉淀下来而不失去其侵染力，而且这种致病因子能够在琼脂凝胶中扩散，但用培养细菌的方法却培养不出来。贝杰林克首次用"病毒（virus）"来命名这种史无前例的小病原体，拉丁语的原意是"毒"。伊万诺夫斯基和贝杰林克通过他们创造性工作发现了烟草花叶病毒（tobacco mosaic virus，TMV），从而开创了研究病毒本质及其与宿主相互作用的病毒学（virology），并成为微生物学的一个重要分支学科。

随着研究的深入，科学家们发现病毒的特性更接近于化学物质而非生物。1935 年美国生物学家斯坦利（W. M. Stanley）首次从烟草花叶病病叶中提取出了烟草花叶病毒结晶，并证实该结晶具有致病力。随后鲍顿（F. C. Bawden）和皮里（N. W. Pirie）这两位英国生物化学家证明了病毒结晶含有核酸和蛋白质两种成分，而只有核酸具有感染和复制能力。

随着研究的不断深入，以及电子显微镜、超速离心机等先进技术手段的应用，人们不仅看到了病毒的形象，而且对病毒的结构及化学组成也都有了更清楚的了解。1971 年起，人们又陆续发现了各种亚病毒——只含小分子量 RNA 而不含蛋白质的类病毒（viriods）和拟病毒（virusoids）以及只含蛋白质而不含核酸的朊病毒（prions）。类病毒、拟病毒、朊病毒的发现，极大地丰富了病毒学的内容，使人们对病毒的本质又有了新的认识。

现代病毒学家把病毒这类非细胞生物分为病毒（即真病毒，euvirus）和亚病毒（subvirus）两大类：

```
                  ┌ 真病毒：至少含核酸和蛋白质两种组分
                  │
        非细胞生物 ┤        ┌ 类病毒：只含具有侵染性的RNA组分
                  │        │
                  └ 亚病毒 ┤ 拟病毒：只含有不具独立侵染性的核酸组分
                           │
                           └ 朊病毒：只含单一蛋白质组分
```

第一节

病毒

　　为概括病毒的本质，病毒学研究工作者一直试图给"病毒"一个科学、严谨而又被普遍接受的定义，但迄今仍无定论。现将病毒区别于其他生物的主要特征归纳如下：①无细胞结构，仅含有一种类型的核酸——DNA 或 RNA，至今尚未发现二者兼有的病毒；②大部分病毒没有酶或酶系统极不完全，不含催化能量和物质代谢的酶，不能进行独立的代谢作用；③严格的活细胞内寄生，没有自身的核糖体，不能生长也不能进行二分裂繁殖，必须依赖宿主细胞进行自身的核酸复制，形成子代；④个体极小，能通过细菌滤器，普通光镜下不可见，在电子显微镜下才可看见；⑤对抗生素及磺胺药物不敏感，对干扰素敏感。

　　根据以上特点，可以认为病毒是超显微的非细胞生物。每一种病毒只含有一种核酸；它们只能在活细胞内营专性寄生，靠其宿主代谢系统的协助复制核酸、合成蛋白质等组分，然后再进行装配而得以增殖；在离体条件下，它们能以无生命的化学大分子状态长期存在并保持其侵染活性。

一、病毒的形态、构造和化学成分

（一）病毒的大小

　　病毒的大小是病毒分类鉴定的标准之一。病毒个体微小，超过了普通光学显微镜的分辨能力，必须用电子显微镜才能观察到。

1. 大小范围

　　病毒的大小常以纳米（nm）来度量，不同病毒大小差异很大，大多数介于 10～300nm 之间，通常大小在 100nm 左右。例如，较大的拟菌病毒直径约 800nm，而较小的脊髓灰质炎病毒颗粒直径约 30nm。当然，由于测定条件和方法不同，同一种病毒的大小在不同的文献中略有出入，但变动范围不大。图 4-1 较形象地表示出病毒的形态和大小。

2. 测量大小的方法

　　超滤法：根据病毒粒子能通过哪种孔径的超滤膜（50nm、100nm、200nm 三种滤膜孔径）以估计其大小。

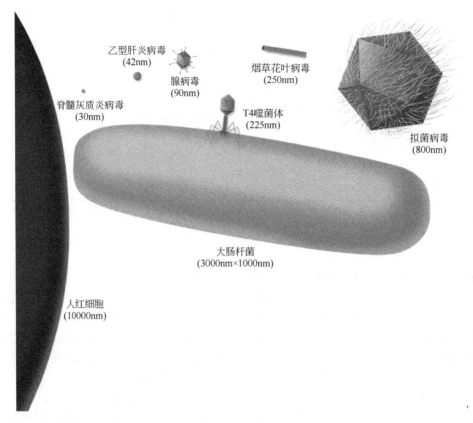

图 4-1　几种病毒的形态和相对大小

（引自：Anderson 等，2015）

　　电镜法：对样品负染色，在电子显微镜下投影确定形态，照相后用尺子测量，据放大倍数推算其大小。

　　超速离心沉降法：据病毒粒子在悬浮液中的沉降速度，间接测定病毒大小和分子量。因为沉降速度取决于病毒的大小、质量和介质的黏度等。

　　电泳法：根据电泳速度测定病毒粒子大小。一般来说，颗粒带静电荷量越多，颗粒越小，越近球形，则电泳速度越快。

（二）病毒的形态

1. 病毒的个体形态

　　尽管已发现的病毒种类很多，形态各异，有球形、卵圆形、砖形、杆状、丝状及蝌蚪状等（图 4-2），病毒通常是三种不同形状之一：二十面体对称型、螺旋对称型或复合对称型（图 4-3）。另外有的病毒毒粒呈多形性（pleomorphic），如流感病毒（influenza virus）新分离的毒株常呈丝状，在细胞内稳定传代后则为直径约 100nm 的拟球形颗粒。

　　（1）二十面体对称病毒。这类二十面体病毒用电子显微镜观察时呈球形，但它们的表面实际上是排列成一排的 20 个平面三角形，方式有点类似于足球，所以这类颗粒也常称作拟球形颗粒。其中，那些外表面无包膜的病毒颗粒常称作等轴颗粒。砖形颗粒（如痘病毒）和椭圆形颗粒（如传染性脓疱病毒）均属于球形颗粒的变形。

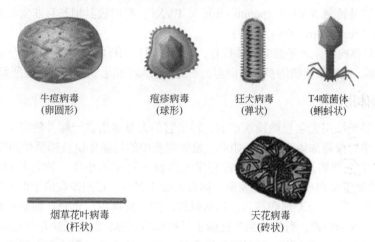

牛痘病毒　　　　　疱疹病毒　　　　狂犬病毒　　　　T4噬菌体
（卵圆形）　　　　（球形）　　　　（弹状）　　　　（蝌蚪状）

烟草花叶病毒　　　　　　　　　天花病毒
（杆状）　　　　　　　　　　（砖状）

图 4-2　病毒粒子的个体形态

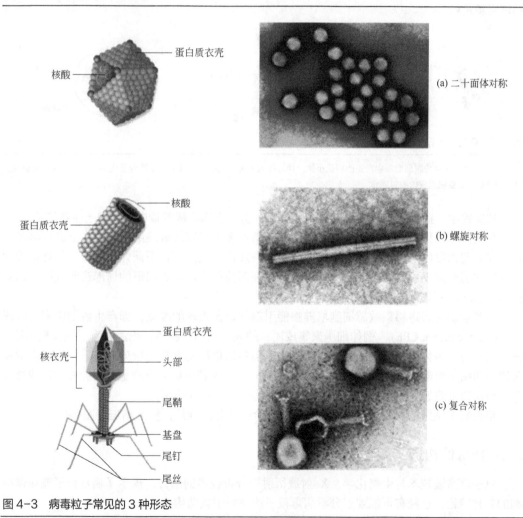

图 4-3　病毒粒子常见的 3 种形态

（2）螺旋对称病毒。螺旋对称病毒用电子显微镜观察时呈圆柱形或杆状。它们的壳粒排列呈螺旋状，有点类似于螺旋楼梯。一些螺旋病毒很短并具有刚性，如烟草花叶病毒；有的为弯曲杆状，如马铃薯 X 病毒（potato virus X, PVX）；有的极其细长且非常柔韧呈丝形，如甜菜黄化病毒（beet yellow virus, BYV）

（3）复合对称病毒。大多数噬菌体特有，是球形颗粒和杆状颗粒的结合体，病毒粒子如蝌蚪状。有的病毒，如感染植物的多分体病毒，系由几个大小和形状不同的颗粒所组成的复合体。

2. 病毒的群体形态

病毒虽然是无法用光学显微镜观察的，但当它们大量聚集在一起并使宿主细胞发生病变时，就可用光学显微镜加以观察，例如动、植物细胞中的包涵体以及噬菌体的噬菌斑。

病毒感染宿主细胞后，所形成的在光学显微镜下可见的小体，称为包涵体（inclusion body）。包涵体属于蛋白质性质，呈圆形、卵圆形或不定形。它们多数位于细胞质内，具嗜酸性，如天花病毒。少数位于细胞核内，具嗜碱性，如疱疹病毒。也有在细胞质和细胞核内都同时存在的，如麻疹病毒。有的包涵体还给予了特殊的名称，如天花病毒包涵体叫顾氏小体，狂犬病毒包涵体叫内基氏小体，烟草花叶病毒包涵体叫 X 小体（图 4-4），昆虫病毒形成的包涵体叫多角体。

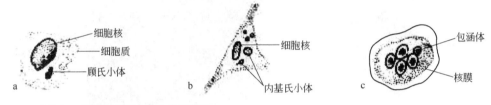

图 4-4　病毒在一些宿主细胞中产生的包涵体

（a）天花病毒在家兔角膜细胞质中产生的顾氏小体；（b）狂犬病毒在犬脑神经细胞质中的内基氏小体；（c）家兔角膜接种疱疹病毒后，上皮细胞核内的包涵体

在实践中，病毒的包涵体主要有两类应用：①用于病毒病的诊断，②用于生物防治。

噬菌体可接种于生长在培养液中或营养琼脂平板上相应的敏感细菌培养物上进行培养，其存在表现为细菌培养液变清亮或细菌平板成为残迹平板。若是噬菌体经过适当稀释再接种相应的敏感细菌平板，经过一定时间培养，在细菌菌苔上可形成圆形的局部透明区域，即噬菌斑（plaque）[图 4-5（a）]。

大多数动物病毒感染敏感细胞培养物能引起其显微表现的改变，即产生致细胞病变效应（cytopathic effect, CPE），例如细胞聚集成团、肿大、圆缩、脱落，细胞融合形成多核细胞，细胞内出现包涵体，乃至细胞裂解等。若人工培养的单层动物细胞感染病毒后，形成类似噬菌斑的动物病毒群体，称为蚀斑或空斑 [图 4-5（b）]。若单层动物细胞受到肿瘤病毒的感染后，使动物细胞恶性增生，形成类似细菌菌落的病灶，称为病斑。

植物病毒感染植物后，在叶片上出现的一个个坏死的病灶，称为枯斑 [图 4-5（c）]。

（三）病毒的构造

电子显微镜技术与生物化学、X 射线衍射等分析技术的结合，揭示了病毒粒子亚显微结构的各种特征，已经有可能观察分析病毒粒子的空间细微结构。

病毒是非细胞生物，故单个病毒个体不能称作"单细胞"，一般称为病毒粒子（毒粒）或病毒体（virion）。病毒粒子有时也称病毒颗粒（virus particle），是指成熟的、结构完整且具有

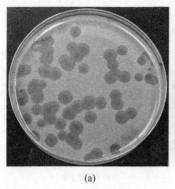 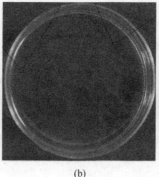 

(a) (b) (c)

图4-5　病毒的群体形态

(a) 噬菌斑；(b) 蚀斑；(c) 枯斑

侵染力的单个病毒。在病毒的结构组成中，包围着病毒核酸及其结合蛋白的蛋白质鞘称作衣壳（capsid）。衣壳是由许多在电镜下可以辨别的形态学亚基（morphological subunit）——衣壳粒（capsomer）所构成的。衣壳粒又由一定数目的蛋白质亚基（protein subunit）以次级键结合形成。由病毒核酸及其结合蛋白组成，并被衣壳包围着的病毒粒子的中心部分称作核心（core）。衣壳与核心一起构成病毒的基本结构——核衣壳（nucleocapsid）。一些简单的病毒如烟草花叶病毒、脊髓灰质炎病毒等的病毒粒子就是一个核衣壳结构。有些复杂的病毒在衣壳的外面还有一层由脂类和多糖组成的膜结构，称作包膜（envelope）。包膜是病毒成熟时由细胞膜衍生而来的，但被病毒改造成具有其独特抗原特性的膜状结构，故易被乙醚等脂溶剂破坏。许多病毒的表面有一些排列规则，向外凸出，呈放射状的突起，称为刺突（spikes）。刺突多见于有包膜病毒的包膜表面，其性质是糖蛋白。这种病毒包膜表面的糖蛋白突起也称作包膜突起（peplomer body）或突出体。图4-6为病毒粒子的模式构造。

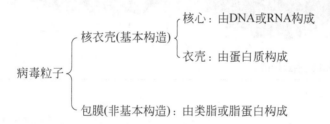

由于衣壳粒排列组合的方式不同，病毒粒子往往表现出不同的构型和形状。根据相对简单的几何学原理，病毒的衣壳主要有螺旋对称和二十面体对称两种结构类型。

1. 螺旋对称结构

这种结构给病毒衣壳以杆状或丝状外观。病毒衣壳呈螺旋对称（helical symmetry），即蛋白质亚基有规律地沿着中心轴呈螺旋排列，进而形成高度有序、对称的稳定结构。核酸位于衣壳内侧的螺旋状沟中，多为单链RNA。螺旋衣壳的直径是由蛋白质亚基的特征决定的，其长度则是由与壳体结合的病毒核酸分子的长度所决定的。该结构以烟草花叶病毒了解得最为清楚，其形态构造见图4-7。

2. 二十面体对称结构

这种结构给病毒衣壳以近球形外观。高分辨率电镜观察及其X射线衍射图分析表明，该

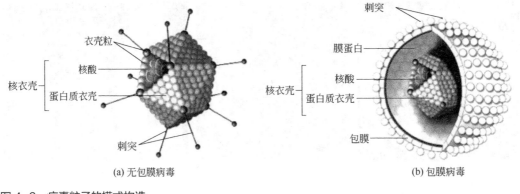

图 4-6　病毒粒子的模式构造

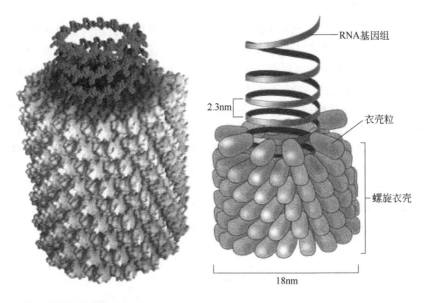

图 4-7　烟草花叶病毒的模式构造

（引自：Slonczewski 等，2017）

种病毒衣壳均为二十面体对称结构。蛋白质亚基围绕具立体对称的正二十面体的角或边排列，进而形成一个封闭的蛋白质鞘。几何学中的立方对称结构实体包括正四面体、正六面体、正八面体、正十二面体和正二十面体。在这些拓扑等价多面体中，若以一定数目的亚基排列成具有一定表面积的立方对称实体，以二十面体容积为最大，能包装更多的病毒核酸，所以病毒壳体多取二十面体对称（icosahedral symmetry）结构（图 4-8）。二十面体是具有 20 个三角形面，30 条边和 12 个顶角的多面体。1 个正二十面体的三角形面均为等边三角形，并且有五重、三重和二重对称轴。在二十面体的顶上，5 个亚基聚集形成电镜下可见的五聚体（pentamers）。由于它与 5 个其他衣壳粒相邻，通常又叫作五邻体（penton）。二十面体所有的 12 个五邻体顶仍保留，但另有六聚体（hexamers）在基本三角面上形成，由于每个六聚体分别与 6 个衣壳粒相邻，故常称作六邻体（hexon）。如，卫星烟草坏死病毒具 12 个五邻体；腺病毒Ⅴ型具 12 个五邻体，240 个六邻体；芜菁黄化花叶病毒具 12 个五邻体，20 个六邻体。

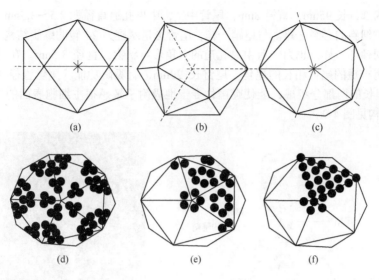

图 4-8 二十面体结构

（a）二重对称轴；（b）三重对称轴；（c）五重对称轴；（d）3个衣壳粒排列成20枚3联体；（e）12枚五邻体和20枚六邻体；（f）数目庞大的衣壳粒

在二十面体衣壳中，病毒核酸盘绕折叠在衣壳的有限空间里。具有二十面体衣壳的病毒多无包膜。无论是在裸露的或有包膜的二十面体病毒的制备物中，都发现有空衣壳（empty capsid）存在，即衣壳内没有核酸。这表明核酸的存在对于二十面体衣壳的形成并非必需。然而，空衣壳较之完整的病毒颗粒更容易降解，所以核酸的结合无疑有助于增加二十面体衣壳的稳定性。二十面体病毒粒子结构见图4-3（a）。该结构的代表是腺病毒。腺病毒的外形呈典型的二十面体，粗看像"球状"，没有包膜，直径为70～80nm。它有12个角、20个面和30个棱。衣壳由252个衣壳粒组成，内有称作五邻体的衣壳粒12个（分子质量各为70000Da），分布在12个顶角上，还有称作六邻体的衣壳粒240个（分子质量各为120000Da），均匀分布在20个面上。每个五邻体上突出一根末端带有顶球的蛋白纤维，称为刺突。腺病毒的核心是由线状双链DNA（dsDNA）构成的。所有的腺病毒，不管它们的天然宿主和血清型是什么，其基因组的大小都约为36500个核苷酸对。

3. 复合对称衣壳

病毒衣壳除螺旋对称和二十面体对称两种主要结构类型外，也有少数病毒的衣壳为复合对称结构（complex symmetry）。衣壳既有螺旋对称结构，又有二十面体对称部分。具有复合对称衣壳结构的典型例子是有尾噬菌体（tailed phage），这类噬菌体都无包膜，其衣壳由头部和尾部组成。包装有病毒核酸的头部通常呈二十面体对称，尾部呈螺旋对称。如大肠杆菌T4噬菌体由头部（head）、颈部（neck）和尾部（tail）三部分组成。头部长95nm，宽65nm，为一变形的二十面体结构，头部衣壳由8种蛋白质组成。头部含有结合着多胺、几种内部蛋白质和小肽的dsDNA。头尾相连处有一构造简单的颈部，包括颈环和颈须两部分。颈环为一六角形的盘状结构，直径37.5nm，其上有6根颈须。其尾部结构复杂，由尾管（tail tube）亦称尾髓、尾鞘（tail sheath）、颈环（collar）、基板（base plate）、尾钉（tail pins）亦称刺突和尾丝（tail fibers）5个主要部分组成。尾鞘长约95nm，由144个衣壳粒构成螺旋对称结构，每转螺旋含6个衣壳粒。尾鞘伸展时螺旋为24转，收缩时尾鞘变得短而粗，螺旋减至12转。

尾管在尾鞘内部，长95nm，直径8nm，尾管中空，中央孔道直径为2.5～3.5nm，是病毒头部核酸注入宿主细胞的必经之路。与尾鞘一样，尾管也是螺旋为24转的螺旋结构。基板连接在尾部末端，同颈环一样，也为一有中央孔道的六角形盘状物，直径3.5nm。在基板的6个角上，各结合有一短的尾钉和长的尾丝。尾钉长20nm，有吸附功能。尾丝直径约2nm，长约140nm，由等长的两部分组成，能使噬菌体专一地吸附于敏感宿主细胞表面的相应受体上。T4的模式结构见图4-9。

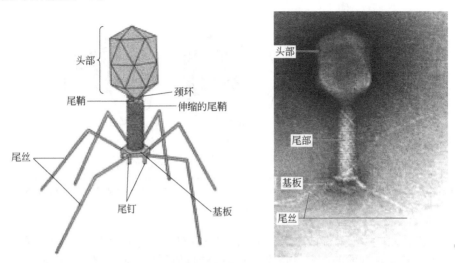

图4-9　大肠杆菌（*E. coli*）T4噬菌体结构模式图（引自：Prescott等，2002）和电镜照片

　　T4噬菌体通过尾丝吸附在宿主*E. coli*细胞表面的相应受体上，基板受到构象变化的刺激，中央孔道打开，释放溶菌酶并水解部分细胞壁，紧接着尾鞘收缩，把尾管插入宿主细胞中，随后头部核酸沿尾管中央孔道注入。

（四）病毒的化学成分

　　病毒的化学组成因种而异，分析表明，病毒的基本化学组成是核酸和蛋白质。有包膜的病毒和某些无包膜的病毒除核酸和蛋白质外，还含有脂类和多糖（常以糖脂、糖蛋白方式存在）。有的病毒还含有聚胺类化合物及无机阳离子等组分。

1. 核酸

　　核酸是病毒的遗传物质，是病毒感染宿主的物质基础。一种病毒只含有一种类型的核酸，DNA或RNA。病毒核酸存在形式有单链DNA（single-stranded DNA, ssDNA）、双链DNA（double-stranded DNA, dsDNA）、单链RNA（ssRNA）和双链RNA（dsRNA）4种主要类型。除双链RNA外，其他各类核酸又有线状形式和环状形式。在原核生物（包括细菌、蓝藻、支原体、螺旋体等）病毒中，除在细菌病毒中发现有少数病毒含RNA外，其余都含DNA。侵染植物和真菌的大多数病毒都是RNA病毒。在动物病毒（包括脊椎动物病毒和无脊椎动物病毒）中，DNA病毒和RNA病毒兼而有之。大多数病毒粒子中只含有一个核酸分子，仅含有每个基因的一个拷贝。少数RNA病毒含2个或2个以上的核酸分子，而且各个分子担负着不同的遗传功能，它们一起构成病毒的基因组。现将各种代表性病毒的核酸类型列在表4-1中。

表 4-1 若干代表性病毒的核酸类型

核酸类型			病毒种类		
			动物病毒	植物病毒	微生物病毒
DNA	ssDNA	线状	细小 DNA 病毒（如鼠细小病毒、腺联病毒、大蜡螟浓核症病毒）	双生病毒（如玉米条纹病毒、木薯潜隐病毒、菜豆夏枯病毒）	
		环状			*E. coli* 的 ΦX174、M13、fd 和 f1 噬菌体等
	dsDNA	线状	各种腺病毒、疱疹病毒、虹彩病毒和痘病毒		*E. coli* 的 T 系列、P1、P2 和 Mu，枯草芽孢杆菌的 PBSX、SP01，沙门氏菌的 P22 噬菌体等
		环状	乳多孔病毒（如猴 SV40 病毒、鼠多瘤病毒等）	花椰菜花叶病毒组（如大丽菊花叶病毒、香石竹蚀环病毒等 12 种）	*E. coli* 的 λ 噬菌体、铜绿假单胞菌的 PM2 噬菌体等
RNA	ssRNA（线状）		细小 RNA 病毒（如脊髓灰质炎病毒、牛口蹄疫病毒），披盖病毒（黄热病毒、登革热病毒），弹状病毒（如狂犬病毒、水疱性口膜炎病毒），副黏病毒（如麻疹病毒、腮腺炎病毒、新城疫病毒），正黏病毒（如流感病毒），逆转病毒（如劳氏肉瘤病毒等）	烟草花叶病毒，烟草脆裂病毒，马铃薯 X（Y、S）病毒；雀麦花叶病毒，豇豆斑驳病毒，黄瓜花叶病毒，大麦黄化病毒，烟草环斑病毒，番茄丛矮病毒，芜菁花叶病毒；马铃薯黄矮病毒；苜蓿花叶病毒；甜菜黄花叶病毒；球叶莴苣坏死黄化病毒	各种 RNA 噬菌体（如 *E. coli* 的 MS2、Qβ、f2、R17）
	dsRNA（线状）		呼肠孤病毒、质型多角体病毒	伤瘤病毒（如玉米矮缩病毒，水稻矮化病毒）	各种真菌病毒，假单胞菌的 Φ6 噬菌体

由上表可知，病毒的核酸类型极其多样。总的说来，动物病毒以线状的 dsDNA 和 ssRNA 为多，植物病毒以 ssRNA 为主，噬菌体以线状的 dsDNA 居多，而至今发现的真菌病毒都是 dsRNA，藻类病毒则都是 dsDNA。

病毒的核酸含量指核酸的分子量占病毒颗粒质量的比例，是病毒分类的重要参考依据之一。核酸含量高者如 T-偶数噬菌体（T-even phage）的 DNA 几乎占病毒颗粒质量的 50%，低者如 TMV，其 RNA 的含量只有 5%，流感病毒 RNA 的含量甚至还不到 1%。不同病毒的核酸其分子量也有很大的差异：病毒 DNA 的分子量为 $(1.5 \sim 250) \times 10^6$，病毒 RNA 的分子量为 $(0.4 \sim 20) \times 10^6$。

病毒核酸的功能与细胞型生物一样，是遗传的物质基础，携带着遗传信息，指导病毒蛋白质的合成，控制着病毒的遗传、变异、增殖以及对宿主的感染性等。病毒核酸对衣壳的形成与稳定也有一定的作用。病毒核酸可借用理化方法加以分离，这种分离的核酸因缺乏壳体的保护，较为脆弱，但仍具有感染性，称为感染性核酸（infectious nucleic acid），其感染范围比完整的病毒粒子更广，但侵染力较低。

2. 蛋白质

蛋白质是病毒的另一类极其重要的化学组成。其氨基酸组成同其他生物一样，没有任何特殊之处。病毒蛋白质可根据其是否存在于病毒粒子中而分为两类：结构蛋白（structural protein）和非结构蛋白（non-structural protein）。前者系指构成一个完整的、形态成熟且具有感染性的病毒粒子所必需的蛋白质，包括衣壳蛋白、包膜蛋白和存在于病毒粒子中的酶等。后者系指由病毒基因组所编码的，在病毒复制过程中产生并具有一定功能，但并不结合于成熟的病毒粒子中的蛋白质，如复制酶和装配酶等。

病毒蛋白质的作用主要是构成病毒粒子外壳，保护病毒核酸；决定病毒感染的特异性，与易感染细胞表面存在的受体有特异亲和力；还具有抗原性，能刺激机体产生相应抗体。

病毒蛋白质的功能是：①构成病毒衣壳，使病毒有一定形态，维持病毒结构。②由蛋白质构成的病毒衣壳具保护作用，使核酸免受酶或其他理化因子的影响。③病毒蛋白质还参与病毒感染过程，决定宿主范围，能够与易感染细胞表面存在的受体特异性结合，表现为吸附作用。如 T2 噬菌体靠尾丝吸附于宿主的接受位点上。④病毒蛋白质也决定了病毒的抗原性，能刺激机体产生相应抗体。将蛋白质注入体内——此即预防病毒感染的原理。⑤此外，病毒蛋白质还构成了病毒组成中的酶。其中一类是分解性酶，能破坏宿主细胞膜和细胞壁，如噬菌体溶菌酶、流感病毒的神经氨酸酶等；另一类是合成性酶，主要催化核酸的合成，如呼肠孤病毒的 RNA 转录酶、鸡新城疫病毒的 RNA 聚合酶以及劳斯肉瘤病毒（rous sarcoma virus）的以 RNA 为指导的 DNA 聚合酶（或称逆转录酶）等，它们在复制中起作用。但是一般来说，病毒是不具酶或酶系极不完全的，所以一旦离开宿主就不能进行独立的代谢和繁殖。

3. 脂类

有包膜病毒的包膜内含有来源于宿主细胞细胞膜或核膜的脂类化合物，其脂类成分有磷脂、胆固醇、脂肪酸和甘油三酸酯等，其中 50%～60%为磷脂，余下的多为胆固醇。由于病毒包膜的脂类来源于细胞，所以其种类与含量均具有宿主细胞特异性，不同的病毒的脂类含量差异很大。如马脑炎病毒的脂质含量高达 54%，痘苗病毒的脂质含量仅为 5%。脂类构成脂双层而成为病毒包膜的骨架。

此外，在少数无包膜病毒，如 T 系列噬菌体、λ 噬菌体以及虹彩病毒科（Iridoviridae）的某些成员的病毒粒子中也发现脂类的存在。

4. 糖类

除病毒核酸中所含的戊糖外，有些病毒还含有少量的糖类，其中绝大多数是有包膜的病毒。这些糖类主要是以寡糖侧链存在于病毒糖蛋白和糖脂中，或以糖胺聚糖（黏多糖）形式存在。除了有包膜病毒的糖蛋白突起外，某些复杂病毒的毒粒还含有内部糖蛋白或者糖基化的衣壳蛋白。由于这些糖类通常是由细胞合成的，所以它们的组成与宿主细胞相关。

糖类可以防止核酸酶对病毒核酸的降解。因为核酸酶只破坏未经修饰的 DNA。如 T-偶数噬菌体基因组 DNA 的 5-羟甲基胞嘧啶的葡萄糖基化可以保护噬菌体 DNA 免遭核酸酶破坏，即葡萄糖基化是 T-偶数噬菌体生存所必需的。

5. 其他成分

在某些动物病毒、植物病毒和噬菌体体内，存在一些如丁二胺、亚精胺、精胺等阳离子化合物。在某些植物病毒中还发现有金属阳离子存在。如在烟草花叶病毒中发现有 Fe、Ca、Mg、Cu、Al 等金属的离子。这些含量极微的有机阳离子和无机阳离子与病毒核酸呈无规则的结合。它们的结合量仅与环境中相关离子浓度有关，是病毒装配时从环境中获得的不恒定成分。在某些病毒粒子内，还发现有其他的小分子组分。如在有尾噬菌体尾部结合有一定数量的 ATP。ATP 在噬菌体感染过程中可能为尾鞘的收缩提供所需的能量。

二、病毒的分类

自从伊万诺夫斯基发现病毒以来，迄今已有一百多年的历史。随着科学技术的不断发展，研究工作日趋广泛深入，新的病毒数量陆续增加。病毒分布极为广泛，几乎可以感染所有的生物，包括各类微生物、植物、昆虫、鱼类、禽类、哺乳动物和人类。机体携带病毒并非必然引起疾病，现已分离到不少病毒对其宿主无致病作用。

病毒分类强调其分类和命名的稳定性、实用性、认可性和灵活性。稳定性是指病毒名称及其隶属关系一旦确定下来，就应该尽可能保留。实用性是指病毒分类体制应该对病毒学研究领域是有用的。认可性是指病毒分类阶元和名称应该为病毒学研究者乐意接受和使用，所以，认可性也是实用性的必然结果。灵活性是指病毒分类阶元可以依据某些新发现而进行重新修订和再确定。

病毒分类大致经历了 3 个阶段：最早根据病毒与宿主的相互关系来分；随着近代电子显微镜技术的发展以及分离、提纯病毒新方法的应用，逐渐转向对病毒本身的结构特征、化学组成进行较详细的研究，使病毒的分类逐渐摆脱人为因素，朝着自然分类系统的方向前进；现在以病毒生化特性为依据，特别强调病毒核酸的结构，因此更能反映病毒的本质。

由于病毒的专性寄生性，在病毒的早期分类中，很自然地侧重于按宿主范围，或以其侵入的特异性器官和组织部位，或根据病毒的传播方式及致病性分类命名。这种分类显然不科学，人为因素较多。根据宿主的不同病毒可分为动物病毒、植物病毒和微生物病毒。动物病毒又可分为脊椎动物病毒和无脊椎动物病毒，无脊椎动物病毒中尤以昆虫病毒最为重要。

按照国际病毒分类委员会（The International Committee on Taxonomy of Viruses，ICTV）的建议和要求，病毒分类遵照以下原则：①病毒核酸的性质，核酸的类型、结构、分子量、(G+C) 摩尔分数，核苷酸序列等；②病毒粒子的形态学特征，如病毒粒子形状、结构、大小等；③病毒粒子的化学组成，如蛋白质的数量、种类、大小、功能、氨基酸序列，脂类及糖类含量和特性等；④病毒粒子对乙醚、氯仿等脂溶剂的敏感性；⑤血清学性质及抗原关系；⑥病毒在细胞培养上的增殖特征；⑦对脂溶剂以外其他理化因子的敏感性；⑧病毒的生物学特性，如天然宿主的范围、地理分布、流行病学特征等。

在 ICTV 2019 版分类表中，总共有 4 个域，9 个界，16 个门，2 个亚门，36 个纲，55 个目，8 个亚目，168 个科，103 个亚科，1421 个属，68 个亚属与 6590 个种。除亚域，亚界和亚纲外，其他级别的分类单元都被使用。共有 4 个域，1 个地位未定目，24 个地位未定科及 3 个地位未定属被承认。

三、细菌的病毒——噬菌体

噬菌体（phage）是侵染细菌和放线菌等细胞型微生物的病毒。广泛分布于自然界。1915 年英国人 Twort（陶尔特）在培养葡萄球菌时，发现菌落上出现了透明斑。用接种针接触透明斑后再接触另一菌落，不久，被接触的部分又出现了透明斑。1917 年，在法国巴黎巴斯德研究所工作的加拿大籍微生物学家 d'Herelle（第赫兰尔）也观察到痢疾杆菌的新鲜液体培养物能被加入的某种污水的无细菌滤液所溶解，混浊的培养物变清。若将此澄清液再行过滤，并加到另一敏感菌株的新鲜培养物中，结果同样变清。以上现象，被称为陶尔特-第赫兰尔现象。第赫兰尔将该溶菌因子命名为噬菌体（bacteriophage, phage）。

1938 年以后，人们对其进行了大量研究，而且主要集中于大肠杆菌 T 系列噬菌体，获得了很多有关病毒的基础知识。虽然植物病毒在病毒学发展史上曾起过领先的作用，但要从分子水平上深入研究病毒复制增殖、生物合成、基因表达、颗粒装配、感染性以及其他活性等问题，噬菌体却是一个很方便的模型和独特工具，因为它是一个宿主为单细胞的简单寄生生物。

（一）噬菌体的形态结构

噬菌体除其有特异性宿主外，与其他病毒并无显著区别。在电子显微镜下观察，噬菌体有三种基本形态，蝌蚪形、微球形和丝状，从结构来看又可分为六种不同的类型（表 4-2，图 4-10）。

表 4-2　6 种类型噬菌体的实例

类型	形状	结构	核酸	噬菌体举例	
				E. coli 噬菌体	其他细菌噬菌体
a	蝌蚪形	六角形头部，可收缩性尾部	dsDNA	T2, T4, T6	假单胞菌属：12S, PB-1 芽孢杆菌属：SP-50 沙门氏菌属：66t
b	蝌蚪形	六角形头部，非收缩性长尾	dsDNA	T1, T5, λ	假单胞菌属：PB-2 棒杆菌属：B 链霉菌属：K1
c	蝌蚪形	六角形头部，非收缩性短尾	dsDNA	T3, T7	假单胞菌属：12B 芽孢杆菌属：GA/1 沙门氏菌属：P22
d	微球形	六角形头部，12 个顶角各有一个较大壳粒，无尾	ssDNA	ΦX174, S13	沙门氏菌属：ΦR
e	微球形	六角形头部，12 个顶角各有一个较小壳粒，无尾	ssRNA	f2, Qβ, MS2	假单胞菌属：7S, PP7 柄细菌属的某些噬菌体
f	丝状	丝状（线状）	ssDNA	M13	假单胞菌属的某些噬菌体

在病毒学研究中，*E. coli* 是发现噬菌体最多、研究得最深入的一种宿主。

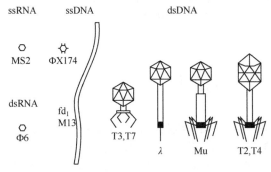

图 4-10　噬菌体的 6 种类型

（二）噬菌体的增殖

病毒的增殖方式与细胞型微生物不同，病毒粒子不存在个体生长过程。病毒是专性活细胞内寄生物，缺乏生活细胞所具备的细胞器（如核糖体、线粒体等）以及代谢必需的酶系统和能量。增殖所需的原料、能量和生物合成的场所均由宿主细胞提供，在病毒核酸的控制下合成病毒的核酸（DNA 或 RNA）与蛋白质等成分，然后在宿主细胞的细胞质或细胞核内装配为成熟的、具感染性的病毒粒子，再以各种方式释放至细胞外，感染其他细胞，这种增殖方式称为复制（replication）。自病毒吸附于细胞开始，到子代病毒从受染细胞释放出来为止的病毒复制全过程称为病毒的复制周期（replicative cycle）。无论是动物病毒、植物病毒或细菌病毒——噬菌体，其增殖过程虽不完全相同，但基本相似。概括起来可分为吸附、侵入、复制、成熟以及释放 5 个连续步骤。每一步骤的结果和时间长短都随病毒种类、病毒的核酸类型、培养温度及宿主细胞种类不同而异。

根据噬菌体与宿主细胞的关系可将噬菌体分为烈性噬菌体（virulent phage）和温和噬菌体（temperate phage）两类。

1. 烈性噬菌体的复制周期

凡是在短时间内能连续完成吸附、侵入、复制、成熟以及释放这五个阶段而实现其在宿主细胞内复制增殖，产生大量子代噬菌体，从而引起宿主细胞迅速裂解的噬菌体，称为烈性噬菌体。

烈性噬菌体侵入宿主细胞后，按照噬菌体的遗传特性，借宿主细胞的生化机制，进行核酸复制和蛋白质合成，形成各部件，再组装成许多子代噬菌体。噬菌体的增殖是其基因组复制与表达的结果。烈性噬菌体的复制周期依其发生顺序分为 5 个阶段：吸附、侵入、复制、成熟以及释放（图 4-11）。实际上噬菌体复制周期中所发生的事件都是相互依赖、互为因果的，且有些事件几乎是同时发生的。将其划分为 5 个阶段只不过是为了研究方便而已。

（1）吸附（adsorption，attachment）。噬菌体对宿主细胞的吸附具高度的特异性。噬菌体与宿主细胞混合发生碰撞接触，尾丝散开，固着于胞壁的特异性吸附位点上。一种细菌可被多种噬菌体感染，因为不同的感染噬菌体在同一宿主细菌的不同吸附位点上吸附。当敏感细菌发生突变后，则不能被噬菌体吸附而成为对某噬菌体的抗性菌株。生产上常利用此特性选育抗噬菌体的抗性菌株。噬菌体也可发生变异成为抗性菌株的吸附者。宿主细胞每个受体结构是受细胞核内的遗传性质所决定的。据研究，一个细菌表面约有 300 个吸附位点。每一个敏感细胞所能吸附的相应噬菌体的数量，就称为吸附量。感染时，噬菌体与细菌细胞数目之比，也就是平均每个细菌感染噬菌体的数量，称为感染复数（multiplicity of infection, MOI）。

噬菌体的吸附作用也受各种外界因素的影响，包括温度（最适生长温度最有利于吸附）、pH 值（中性 pH 有利于吸附，pH<5 或 pH>10 时不易吸附）、阳离子（Ca^{2+}、Mg^{2+}、Ba^{2+} 等二价阳离子对吸附有促进作用）、辅助因子（色氨酸对 T4 有促进吸附作用，生物素有促进谷氨酸噬菌体的吸附作用）等。

（2）侵入（penetration）。噬菌体侵入方式较其他病毒复杂。*E. coli* 的 T4 噬菌体以其尾部吸附到敏感菌表面，将尾丝展开，通过尾部刺突固着于细胞上。尾部所携带的少量溶菌酶水解局部细胞壁的肽聚糖，使细胞壁产生一小孔，然后尾鞘收缩为原长的一半，将头部的核酸通过中空的尾髓压入细胞内，而蛋白质外壳则留在细胞外（图 4-12）。尾鞘的收缩可大大提高噬菌体 DNA 注入细胞的速率，如 T2 噬菌体的核酸注入速率比 M13 丝状噬菌体快 100 倍左右。从吸附到侵入的时间间隔很短，只有几秒至几分钟。

（3）复制（replication）。包括核酸的复制和蛋白质的生物合成。首先，噬菌体以其核酸中的遗传信息向宿主细胞发出指令并提供"蓝图"，操纵宿主细胞的代谢机能，使宿主细胞的代谢系统按次序地逐一转向合成子代噬菌体的头部、尾部等"部件"及核酸，合成所需"原料"可通过宿主细胞原有核酸等的降解、代谢库内的贮存物或环境中取得。

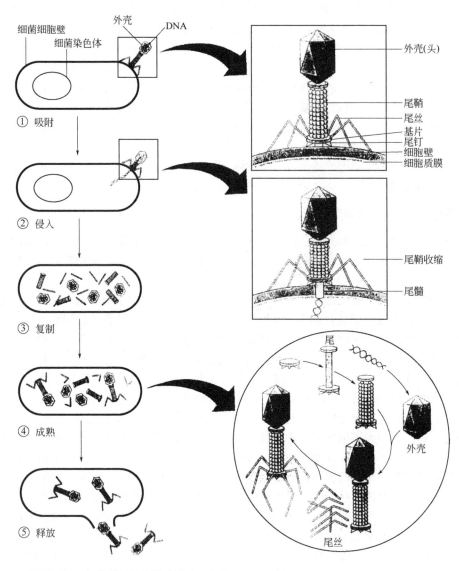

图 4-11 大肠杆菌 T-偶数噬菌体的增殖过程示意图

　　烈性噬菌体的增殖方式按核酸类型的不同主要分成三类：①按早期、次早期和晚期基因
的顺序来进行转录、转译和复制的双链 DNA 噬菌体的增殖方式；②按"滚环"模型复制单链
DNA 的增殖方式；③按"花朵"模式复制 A 蛋白（成熟蛋白）、衣壳蛋白和复制酶蛋白的增
殖方式。下面以其中的第一类——dsDNA 噬菌体的增殖方式为典型代表来加以介绍(图 4-13)。
　　当噬菌体 dsDNA 侵入宿主细胞后，首先设法利用宿主细胞原有的 RNA 聚合酶以噬菌体
的早期基因为模板来转录噬菌体的 mRNA。然后由这些 mRNA 进行转译，以合成噬菌体特有
的蛋白质。这种利用细菌原有的 RNA 聚合酶转录噬菌体的早期基因而合成 mRNA 的过程常
称早期转录，由此产生的 mRNA 称早期 mRNA，其后的转译称早期转译，而产生的蛋白质则
称早期蛋白。这些早期蛋白质主要是次早期 mRNA 聚合酶（如 T4 噬菌体），或更改蛋白（能
改变宿主菌原有的 RNA 聚合酶，使其成为只能转录噬菌体的次早期基因的 RNA 聚合酶，如

T4 等噬菌体）。

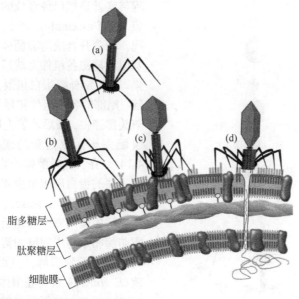

图 4-12   T4 噬菌体吸附在大肠杆菌细胞壁上并注入 DNA

（a）未吸附；（b）、（c）尾部附着；（d）尾鞘收缩，注入 DNA

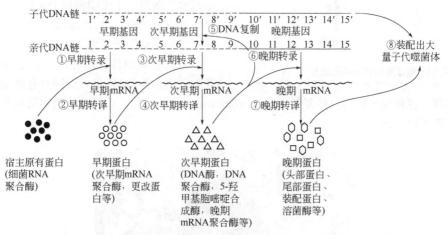

图 4-13   dsDNA 烈性噬菌体通过 3 阶段转录的增殖过程

利用早期蛋白中新合成的或更改后的 RNA 聚合酶来转录噬菌体的次早期基因，借以产生次早期 mRNA 的过程，称为次早期转录，由此合成的 mRNA 称次早期 mRNA，进一步的转译称次早期转译，其结果产生了多种次早期蛋白。例如分解宿主细胞 DNA 的 DNA 酶，复制噬菌体 DNA 的 DNA 聚合酶，5-羟甲基胞嘧啶合成酶，以及供晚期基因转录用的晚期 mRNA 聚合酶。

晚期转录是指在利用新合成的 DNA 聚合酶复制出新的噬菌体 DNA 后，对晚期基因所进行的转录作用。其结果产生了晚期 mRNA，再经晚期转译后，就产生大量可用于子代噬菌体装配的晚期蛋白，包括头部蛋白、尾部蛋白、各种装配蛋白和溶菌酶等。

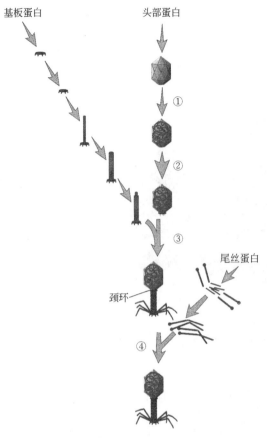

基板蛋白   头部蛋白

① ② ③

颈环

④

尾丝蛋白

图 4-14   T-偶数噬菌体的装配过程

（4）成熟（maturity）。噬菌体成熟的过程其实就是把已经合成的各"部件"进行自组装（self assembly）产生成熟子代噬菌体的过程。当分开合成的噬菌体 DNA、头部蛋白亚基以及尾部各组件完成后，首先 DNA 收缩聚集，被头部外壳蛋白包围，形成二十面体的头部。尾部的各个组件和尾丝独立完成装配，再与头部连接，最后才装上尾丝，整个噬菌体就装配完毕，成为新的成熟子代噬菌体（图 4-14）。在 T4 噬菌体的装配过程中，约有 30 个不同的蛋白质和至少 47 个基因参与。

（5）释放（release）。当大量的子代噬菌体在宿主菌内完全成熟后，利用水解细胞膜的脂肪酶和水解细胞壁的溶菌酶的作用，从细胞内部促进细胞裂解，从而实现了噬菌体的释放。*E. coli* 的 T 系列噬菌体就是这样释放的（图 4-15）。还有一些纤丝状的噬菌体，例如 *E. coli* 的 f1、fd 和 M13 等，它们的衣壳蛋白在合成后都沉积在细胞膜上，噬菌体成熟后并不破坏细胞壁，而是一个个噬菌体 DNA 穿过细胞膜时才与衣壳蛋白结合，然后穿出细胞。这种情况下，宿主细胞仍可继续生长。

当大量噬菌体吸附在同一宿主细胞表面并释放大量溶菌酶，最终会因外在的原因导致细胞裂解，这种现象称为自外裂解（lysis from without）。可见，自外裂解是不可能产生大量子代噬菌体粒子的。

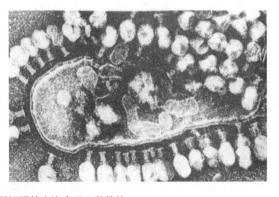

图 4-15   大肠杆菌细胞裂解释放出许多 T4 噬菌体

烈性噬菌体通过吸附、侵入、复制、成熟以及释放五个阶段完成其复制周期（图 4-16），周而复始，进行自身的增殖传代。

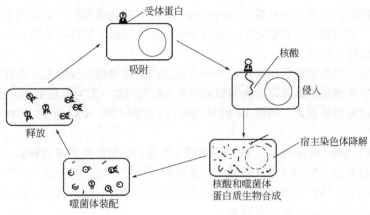

图 4-16　烈性噬菌体的复制周期示意图

2. 烈性噬菌体的一步生长曲线

　　利用烈性噬菌体的生活周期，可以在实验室条件下获得噬菌体的生长曲线。用较低浓度的噬菌体悬浮液与高浓度的敏感宿主菌细胞相混合进行感染，使每个宿主细胞所吸附的噬菌体最多不超过一个。保温数分钟后，加入抗血清或以离心法除去尚未吸附的游离噬菌体。接着，用新鲜培养液把经过上述处理的细菌悬液高倍稀释，以免发生第二次吸附和感染。置最适生长温度下培养后，每隔数分钟从培养液中取样，用双层平板法测定每毫升培养液的噬菌斑数。以培养时间为横坐标，以噬菌斑数为纵坐标作图，由此绘制而成的定量描述烈性噬菌体生长规律的实验曲线，称为一步生长曲线或一级生长曲线（one-step growth curve）。因为它可反映每种噬菌体的三个最重要的特性参数——潜伏期（latent period）、裂解期（rise phase）和裂解量（burst size），故十分重要（图 4-17）。

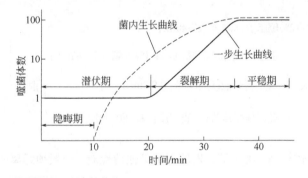

图 4-17　大肠杆菌 T2 噬菌体的一步生长曲线

　　（1）潜伏期。从噬菌体吸附并将核酸注入宿主细胞至第一个成熟的子代噬菌体装配前这段时间，称为潜伏期。潜伏期又分隐晦期（eclipse phase）和胞内累积期（intracellular accumulation phase）两段：隐晦期是指在潜伏前期，人为地（用氯仿等）裂解宿主细胞，裂解液仍无侵染性的一段时间，这时细胞内正处于复制噬菌体核酸和合成其衣壳蛋白的阶段；胞内累积期又称潜伏后期，指隐晦期后，若人为地裂解宿主细胞，裂解液具有侵染性的一段时间，这意味着细胞已经开始装配噬菌体粒子，并可用电镜观察到。

　　（2）裂解期。潜伏期过后，噬菌斑数突然迅速上升，表明被感染的细菌已经越来越多地被裂解，培养液中大量的子代噬菌体不断地释放出来，直至所有感染细胞都被裂解为止，这段时间称为裂解期，也称为上升期（rise period）。生长曲线表现为一陡斜的直线。对于一个宿主细胞来说，裂解期应该是很短的，但由于各个宿主细胞的裂解不是同步的故实际的裂解期仍会持续一段较长时间。

平均每个宿主细胞裂解后所释放出的子代噬菌体的数量称为裂解量。裂解量应该等于裂解期所测得的平均噬菌斑数除以潜伏期测得的平均噬菌斑数（实为被感染的宿主细胞数）。不同噬菌体的裂解量相差很大，例如 T4 约为 100，T2 约为 150，ΦX174 约 1000，而 f2 则高达 10000 左右。

（3）平稳期（plateau phase）。被感染的宿主细胞在裂解期全部被裂解后，培养液中的噬菌体效价达到最高点，此时便进入平稳期。这个时期即使存在一些未感染的细菌，因细菌悬液的稀释倍数很高，使得新释放的噬菌体不能吸附未感染的细菌。从生长曲线上表现为一恒定的横直线，测定噬菌斑数不会再增加。

3. 噬菌体的效价测定

当敏感宿主菌细胞与经过适当稀释的噬菌体混合于琼脂培养基中培养时，其中每一个噬菌体粒子便侵染和裂解一个宿主细胞，释放出子代噬菌体并通过琼脂再扩散到周围的细胞中，继续侵染引起更多的细胞裂解，从而在平板的菌苔上形成一个肉眼可见的噬菌斑。噬菌斑是一个噬菌体粒子在菌苔上逐步形成的噬菌体群体。每种噬菌体的噬菌斑都具有一定的形状、大小、透明度和边缘特征，故可用于噬菌体的鉴定、计数和纯种分离。

在利用细菌和放线菌为菌种的发酵工业生产中，为了有效地防治噬菌体的危害，常常需要通过测定噬菌斑来检查噬菌体的存在与否或数量的多少。在科学实验中也常常需要测定某种噬菌体的效价（titer）。所谓效价，是指每毫升待测样品中所含有的具侵染性的噬菌体粒子数，又称噬菌斑形成单位（plaque-forming unit, pfu）或感染中心数（infective centre）。噬菌体的效价测定的方法有多种，较常用且较精确的方法当属双层平板法（two layer plating method）。

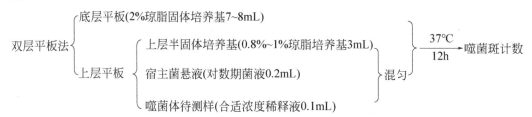

（1）材料准备

① 待检含噬菌体样品：种子液、发酵液或其他待检液，一般须经离心后取上清液，并进行适当倍数的稀释。

② 指示菌液（即敏感宿主菌菌液）：一般采用培养至对数生长期的菌液或由新培养好的斜面种子制成的细胞悬浮液。

③ pH7.0 的 1%蛋白胨水：用于待检液的稀释。

④ 培养基：底层固体培养基（约含琼脂 2%）、上层半固体培养基（含琼脂 0.8%～1%）。

（2）操作步骤　先用 7～8mL 适合某种宿主细菌生长的约含 2%琼脂的培养基倾注底层平板，待凝固成平板后置于一定温度的培养箱内烘干平板上的水分，再把预先熔化并冷却到 45℃以下，加入较高浓度敏感宿主菌和一定体积待测噬菌体样品稀释液，在试管中摇匀后，迅速倒在底层平板上铺平，凝固后，在一定温度下倒置培养一定时间，细菌菌苔上就会出现分散的单个噬菌斑，便可观察计数。

双层平板法的优点很多，如加入底层培养基，弥补培养皿底部不平的缺陷，使所形成的全部噬菌斑基本处于同一平面上，因而各斑大小均匀，边缘清晰易见，不发生上下噬菌斑重叠现象。此外，上层半固体培养基较稀，形成的噬菌斑较大，也有利于计数。因此，该法是一种被普遍采用并能精确测定效价的方法。

用双层平板法测出的噬菌体效价总比用电镜直接计数得到的效价低。这是因为前者是计有侵染力的噬菌体粒子，后者是计噬菌体的总数（包括有侵染力和无侵染力的全部个体）。同一样品根据噬菌斑计算出来的效价与用电镜直接计数计算出来的效价的比值称为成斑效率（efficiency of plating, EOP）。噬菌体的成斑效率一般大于 50%。

4. 温和噬菌体的生长规律

凡是吸附并侵入细胞后，噬菌体的核酸只整合在宿主的核染色体组上，并可长期随宿主基因组的复制而进行同步复制，在一般情况下不进行增殖和引起宿主细胞裂解的噬菌体，称为温和噬菌体。

温和噬菌体侵入菌体后不立即裂解细菌细胞，而是将其核酸整合到宿主细胞的染色体上，进行同步复制，随细胞分裂传递给子代，并赋予细菌细胞以新的性状。温和噬菌体侵入而不引起宿主细胞裂解的现象称为溶原性或溶原现象。整合到宿主细胞染色体上的噬菌体基因组称为原（前）噬菌体（prophage）。含原噬菌体的细菌称为溶原性细菌（lysogenic bacteria）或溶原菌（lysogen）。

溶原菌正常繁殖时，溶原状态通常十分稳定，能经历许多代，绝大多数不发生裂解现象，前噬菌体（大约 10^{-5}）偶尔可自发地脱离宿主菌基因组而进入溶菌周期，产生成熟噬菌体，导致细菌裂解，这种现象称为溶原菌的自发裂解。

溶原菌在某些理化因素（如射线、致癌剂、突变剂等）的作用下能诱导前噬菌体的活化，从而使宿主菌发生较高频率（10^{-2}）的裂解并释放出大量噬菌体粒子，这种现象称为诱导裂解或诱导释放。可以引起溶原菌诱导释放的理化因子主要有：紫外线、X 射线、丝裂霉素 C、氮芥、H_2O_2、乙酰亚胺等。

由此可知，温和噬菌体可有三种存在形式：①游离态，游离的具有感染性的噬菌体粒子；②整合态，指整合在宿主核染色体上处于原噬菌体的状态；③营养态，原噬菌体经外界理化因子诱导后，从宿主染色体上切离下来，在胞质内以类似质粒的噬菌体核酸形式存在，处于积极复制和装配的状态。另外，温和噬菌体可有溶原性周期和溶菌性周期，而毒性噬菌体只有一个溶菌性周期。

λ 噬菌体是一种研究得较清楚的大肠杆菌温和噬菌体。λ 噬菌体的原噬菌体插入宿主细胞染色体的特定位点上（在 lac 位点附近），成为宿主细胞染色体的附体，并随着宿主细胞的复制、繁殖而传代。

PI 噬菌体也是一种温和噬菌体。与 λ 噬菌体相比，它有两个明显不同的特征。一是它的原噬菌体主要是独立地存在于宿主细胞内，而不是染色体的附加体。二是当它插入染色体为附加体时不是在某个特定位点上，而是在许多不同位点上插入。

溶原性细菌在增殖过程中，极少数个体（$10^{-6} \sim 10^{-2}$）有时会丧失其原噬菌体，变成非溶原性细菌，再也不会发生自发裂解溃溶和诱导裂解现象，同时其免疫力也随之丧失，该过程称为溶原细胞的复愈或非溶原化，这样的菌株称为复愈菌株（curing strain）。

在溶原性细菌的培养物中，常有少量游离噬菌体存在，但并不引起同原菌株细胞的裂解，不易被发现。故若在发酵生产中采用溶原性菌株，往往会给生产带来潜在的危险，造成严重的经济损失。因此，对生产菌株必须测定其是否为溶原性菌。方法是将少量溶原性细菌与大量的非溶原性敏感指示菌（遇溶原性细菌裂解所释放的温和噬菌体会发生裂解循环者）相混合，与琼脂培养基混合后倾注培养皿，经培养后溶原菌会增殖成为一个个菌落。由于在其增殖过程中有极少数个体会发生自发裂解，其释放的噬菌体可不断侵染溶原菌菌落周围的指示菌菌苔，于是就形成了中央有溶原菌小菌落，四周有透明圈围着的独特噬菌斑（图4-18）。

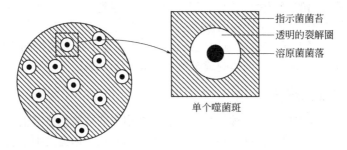

图4-18　溶原菌及其特殊噬菌斑

温和噬菌体侵入宿主细胞后发生的感染过程见图4-19。

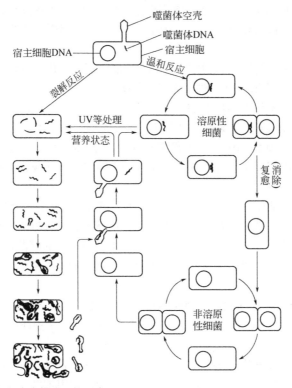

图4-19　温和噬菌体侵入宿主细胞后的反应

溶原性细菌具"免疫性"，溶原性细菌具有抵抗同种或有亲缘关系噬菌体重复感染的能力，即使得宿主菌处在一种噬菌体免疫状态。例如含有 λ 原噬菌体的溶原性细胞，对于 λ 噬菌体的毒性突变株有免疫性。或者说，毒性突变株对非溶原性宿主细胞有毒性，对溶原性宿主细胞（含 λ 噬菌体 DNA）却没有毒性。其他温和噬菌体对其毒性突变株的免疫关系也是如此。

当正常的温和噬菌体感染其宿主而使其发生溶原化时，因噬菌体基因组整合到宿主的染色体上，而使宿主获得了除免疫性以外的新遗传性状的现象，称为溶原性转变（lysogenic conversion）。例如，沙门氏菌噬菌体溶原化时改变细菌脂多糖（LPS）O-抗原的组分，因此改变细菌抗原的特性。许多细菌的毒素基因也由温和噬菌体携带，如白喉棒杆菌（*Corynebacterium diphtheriae*）的 β 噬菌体携带的白喉毒素基因。

（三）噬菌体的应用及防治

噬菌体的某些生物学特性，使其在人类的生产实践和生物学基础理论研究中都有一定的价值。可概括为以下几个方面：①用于鉴定未知菌；②用于某些传染性疾病的临床诊断与治疗；③检验植物病原菌；④测定辐射量；⑤研究分子生物学的重要工具和理想材料，主要是作为基因工程的载体。

1. 用于鉴定未知细菌

噬菌体与宿主菌的关系具有高度特异性和敏感性，即一种噬菌体只能裂解一种和它相应的细菌，因此可用于未知细菌，尤其是用其他方法很难鉴别的病原菌的鉴定和分型，不仅可鉴定到种，而且可鉴定到型。这对追溯传染源以及在临床诊断和流行病学调查中均有重要意义。例如，在痢疾杆菌等病原菌的鉴定中已形成了一个新的与血清学方法基本平行的噬菌体分型法。用伤寒沙门氏菌 Vi 噬菌体可将有 Vi 抗原的伤寒沙门氏菌分为 96 个噬菌体型。在葡萄球菌感染的流行病学调查中，噬菌体分型也有一定价值。

2. 用于某些传染性疾病的临床诊断与治疗

应用噬菌体效价增长试验可检测标本中的相应细菌，即在疑有某种细菌存在的标本中，加入一定数量的已知的相应噬菌体，37℃孵育 6～8h，再进行该噬菌体的效价测定。若其效价有明显增长，则表明标本中有某种细菌的存在。若在一标本中检出某种噬菌体，且数量较多，也表明有相应细菌的存在。

早在 1949 年，我国就开始生产痢疾杆菌噬菌体佐剂，以预防和治疗细菌性痢疾。如果将噬菌体制剂与抗生素或者磺胺药物配合应用，则效果更好。但由于噬菌体的特异性过于专一，限制了噬菌体在临床上的广泛应用。

3. 检验植物病原菌

利用噬菌体可以检验由种子携带的植物病原菌。将种子培养在营养液中，有针对性地定量加入某种病原菌噬菌体，培养一定时间，再应用双层琼脂技术检查。如果噬菌体数目增多，即证明该种子内带有某种病原菌。这是植物检疫部门进行快速检验的手段之一。

4. 测定辐射剂量

某些噬菌体（如 T2）对辐射剂量的反应敏感而精确。在特定条件下，用射线照射噬菌体一定时间，然后通过测定其剩余侵染能力计算出射线的辐射剂量。这是一种很重要的方法，因为它可以直接测定辐射的生物效应，获得用理化方法不能得到的数据。

5. 分子生物学研究的重要工具

噬菌体对基因工程理论与技术的发展发挥了重要作用，现已成为进行分子生物学研究的重要工具和较为理想的材料。噬菌体基因数量少，结构比细菌和高等细胞简单得多，而且容易获得大量的突变体，因此成为研究基因复制、转录、重组、表达调控机制等的重要工具；

成为研究 DNA、RNA 和蛋白质相互作用的理想模型。近年来，利用 λ 噬菌体作为载体构建基因文库，利用丝状噬菌体表面表达技术构建肽文库、抗体文库和蛋白质文库等，又使噬菌体成为分子生物学研究中的重要载体，在生产和理论研究中也将起到更大的作用，并制备出某些重要产物。如可用于制备乙型肝炎疫苗，这对于乙型肝炎的防治有着重要意义。

噬菌体也会给人类造成损失，微生物发酵工业常深受其害。例如在抗生素工业、微生物农药和有机溶剂生产等发酵工业中，普遍存在着噬菌体危害。目前在酿酒工业中也有发现。当发酵过程中污染了噬菌体后，轻者使发酵周期延长，发酵单位产量降低，重者造成倒罐，酿成重大经济损失。

预防噬菌体污染必须贯彻"以防为主，防重于治"的积极措施，这些措施主要有：①绝不使用可疑的菌种；②保持环境卫生，严格控制或杜绝噬菌体赖以生存增殖的环境条件；③绝不随意排放或丢弃活菌液；④注意通气质量；⑤加强管道及发酵罐的灭菌；⑥根据菌株和噬菌体的遗传变异规律，不断选育抗噬菌体的突变株，并经常轮换生产菌种。

如果预防失败，一旦发现噬菌体污染时，要及时采取合理措施。如：①尽快提取产品；②使用药物抑制，加入草酸盐、柠檬酸铵等螯合剂（抑制噬菌体的吸附和侵入）或加入金霉素、四环素等抗生素（抑制噬菌体的增殖或吸附）；③及时改用抗噬菌体生产菌株。

四、植物病毒

植物病毒大多是含单链 RNA 的病毒。按粒子形态分为 3 种类型：杆状、线状或近球形的多面体。有些植物病毒也具有囊膜。

植物病毒和其他病毒一样是严格寄生生物，但它们的专化性不强。一种病毒往往能寄生在不同的科属种的栽培植物和野生植物上。例如烟草花叶病毒能侵染十几个科百余种草本和木本植物。植物感染病毒后可使植物表现出 3 类症状：①叶绿体受到破坏或不能形成叶绿素，从而引起花叶、黄化、红化等症状；②植株矮化、丛簇、畸形等；③形成枯斑及导致坏死等。病毒侵染植物除造成上述外表症状外，还有内部细胞的或组织的不正常表现。最突出的表现是在感染病毒植株的细胞内形成细胞包涵体，这在烟草花叶病毒病中发生较普遍。细胞包涵体分为两类，一类是结晶形的，另一类是非结晶形的。结晶形包涵体通常由病毒粒子堆叠而成；在非结晶形的包涵体中，有不少是病毒粒子和宿主细胞成分混合而成的。结晶形的包涵体无色透明，呈六角形、长条形或不规则状晶体。有的呈纺锤状、针状或卷曲成 8 字形的长纤维状。非结晶形包涵体多半是半透明的颗粒状聚集体，呈圆形或椭圆形。包涵体在细胞内的分布因病毒而异，在原生质体、细胞核及叶绿体，甚至在空胞内都可以见到有包涵体存在。

植物病毒的传播感染途径有：①昆虫传播是自然条件下最主要的传播途径。主要的虫媒是半翅目刺吸式口器的昆虫，蚜虫、叶蝉和飞虱；②病株的汁液接触无病植株伤口，可以使健康植株感染病毒，病毒一般很少从植物的自然孔口侵入；③嫁接传染，几乎所有全株性的病毒病都能通过嫁接传染。

五、人类和脊椎动物病毒

在伊万诺夫斯基的启发下，自 1930 年以来许多医生和兽医在研究某些人和动物疾病时，也发现一些经过细菌滤器除去了细菌的液体也会使人和动物生病。相继发现了许多可致人类及动物疾病的脊椎动物病毒（vertebrate virus）。

脊椎动物病毒的危害程度远远超过其他微生物引起的传染性疾病，是对人类危害最大、体积最小的"杀手"。据估计，人类的传染性疾病 80%由病毒引起。诸如流行性感冒、肝炎、麻疹、疱疹、腮腺炎、流行性乙型脑炎、脊髓灰质炎、非典型肺炎（由 SARS 病毒引起）及获得性免疫缺陷综合征（艾滋病）等人类的常见病都是由病毒引起的。这些病毒性疾病，传染性强，流行范围广，死亡率较高。家畜和其他哺乳动物中的病毒病也极为普遍，如猪瘟、牛瘟、口蹄疫、马传染性病毒病和兔的乳头状瘤等。家禽中则有鸡新城疫、鸡瘟和鸡的劳氏肉瘤等，许多还是人畜共患病，且危害严重。

动物病毒侵入寄主细胞后可引起 4 种结果，见图 4-20。在已发现的动物病毒中约有 1/4 的病毒具有致肿瘤作用，至少有五类病毒（乳头瘤病毒、反转录病毒、疱疹病毒、肝 DNA 病毒和黄病毒）与癌症发病有关。病毒如何引起肿瘤，迄今仍不清楚。但病毒的致肿瘤效应，可通过多种方法确定。如可以借接种实验动物能否形成肿瘤，或者借组织培养法，接种病毒后正常细胞是否转化为肿瘤细胞证明病毒的致癌性。正常细胞与肿瘤细胞可以通过细胞的聚集反应来区别。肿瘤细胞失去了细胞接触抑制作用，迅速生长，聚集成团；正常细胞呈单层生长。在研究肿瘤细胞转化过程中还发现，在感染了病毒的转化细胞中找不到完整的病毒粒子，但有病毒 DNA 存在，并整合到宿主细胞的 DNA 上，以原病毒的形式存在，类似于溶原性细菌的原噬菌体。病毒引起肿瘤似乎在于将其遗传物质引进了宿主细胞。所有致肿瘤病毒可分为含 DNA 及 RNA 的两大类。含 RNA 的致肿瘤病毒属逆转录病毒，均含逆转录酶，它们的基因组皆为单链 RNA 分子，病毒的形态结构也相似。

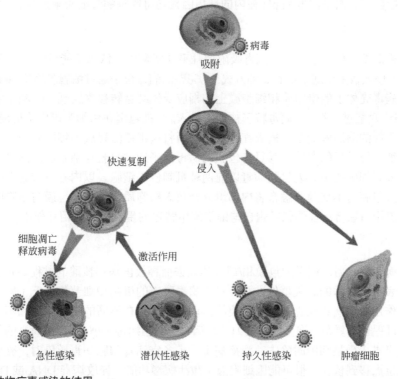

图 4-20　动物病毒感染的结果

（引自：Wiley 等，2017）

脊椎动物病毒大多呈球状，含有单链或双链的 DNA 或 RNA。有些是有包膜的，有些是无包膜（裸露的）的，大小差异很大。

（一）脊椎动物病毒的增殖过程

脊椎动物病毒的增殖过程与噬菌体相似，但在某些细节上有所不同，概括起来可分为：吸附、侵入、脱壳、复制、装配与释放几个连续步骤。

1. 吸附

吸附是病毒表面蛋白与细胞受体特异性的结合，导致病毒附着于细胞表面，这是启动病毒感染的第一阶段。

大多数脊椎动物病毒无吸附结构，但病毒表面的吸附蛋白能够特异性地识别敏感宿主细胞表面特异性的病毒受体并与之结合。无包膜毒粒的病毒吸附蛋白（VAP）往往是核壳的组成部分，有包膜病毒的 VAP 为包膜糖蛋白。现在已知病毒受体是细胞的功能性物质，为细胞正常生长代谢所必需，而非病毒专一性的成分，例如狂犬病毒（rabies virus）的受体是细胞表面的乙酰胆碱受体，单纯疱疹病毒的受体是硫酸乙酰肝素。不同种系的细胞具有不同病毒的细胞受体，病毒受体的细胞种系特异性决定了病毒的宿主范围。

病毒表面的吸附蛋白与病毒受体间的结合力来源于空间结构的互补性，相互间的电荷、氢键、疏水性相互作用及范德瓦耳斯力。不同病毒的吸附速率常数有很大差别，而且影响细胞受体和病毒吸附蛋白的活性的因素，如细胞代谢抑制物、蛋白酶、糖苷酶、脂溶剂、抗体等，以及包括温度、离子浓度和 pH 在内的环境因素均可影响病毒的吸附反应。

2. 侵入

侵入又称病毒内化，它在一个病毒吸附后几乎立即发生，依赖于能量的感染步骤。

动物病毒侵入宿主细胞主要有 3 种方式：①完整的病毒粒子通过细胞膜移位（transposition）的方式，由病毒壳体上的蛋白质和细胞膜上的相应受体结合转移来实现。②利用细胞的内吞（endocytosis）功能进入细胞，病毒粒子被细胞吞入后，被包围在由细胞膜内陷形成的液泡内，并由溶酶体释放的酶溶解复杂的核衣壳外层，从而将病毒核酸释放到细胞质中。这可能是动物病毒侵入细胞最常见的方式。③具有包膜的病毒粒子通过包膜与细胞质膜的融合，病毒的内部组分释放到细胞质中。无包膜病毒以前两种机制侵入细胞。以内吞方式进入的有包膜病毒亦需要通过包膜与小泡膜的融合将内部组分释放入细胞质中。病毒包膜与细胞膜的融合皆需要病毒包膜中有融合活性的包膜蛋白与细胞膜中特定的蛋白质组分相互作用。

3. 脱壳

脱壳是病毒侵入后，病毒的包膜和/或壳体除去而释放出病毒核酸的过程。它是病毒基因组进行功能表达所必需的感染事件。至今对于病毒脱壳的机制和细节仍缺乏了解，但病毒与细胞受体的作用对于病毒脱壳是至关重要的。动物病毒存在不同的结构类型和不同的侵入方式，其脱壳过程也较复杂。许多病毒（如正黏病毒、副黏病毒、小 RNA 病毒）的保护性包膜或壳体在病毒进入受染细胞时除去。疱疹病毒、乳多空病毒和腺病毒感染时，壳体沿着细胞骨架从进入位点移到核孔，很可能因细胞因子激活病毒功能，释放病毒 DNA 或 DNA 蛋白质复合物进入核内，空壳最后降解。呼肠孤病毒的壳体仅部分除去。而所有负链 RNA 病毒的基因组都不完全从壳体释放。痘病毒分两阶段脱壳：首先外壳由宿主细胞酶除去，然后在感染后合成的病毒脱壳酶的作用下，病毒 DNA 从核心中释放。

4. 复制

动物病毒基因组的结构类型多种多样，每一种都有其独特的复制方式和表达策略（图4-21）。此外，不同病毒的大分子合成位点亦有所不同。DNA 病毒的基因组复制与转录在细胞核中进行，但嗜肝 DNA 病毒（hepadnaviruses）的基因组复制以及痘病毒的基因组复制与转录是在细胞质中进行的。RNA 病毒基因组的复制与转录都在细胞质中进行，而正黏病毒基因组的复制在细胞核内进行，逆转录病毒基因组的复制在细胞质和细胞核中进行。

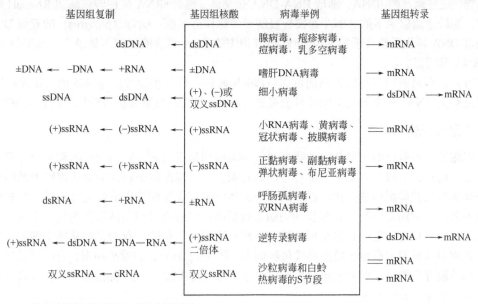

图 4-21　动物病毒基因复制方式和表达策略

DNA 动物病毒与真核细胞相同，DNA 动物病毒的转录与翻译不互相偶联，因此，转录和转录后的加工、修饰以及转运是病毒 mRNA 合成的突出特征。动物病毒基因组 DNA 转录产生的初始转录物要经过 3′末端腺苷化、5′末端加上帽子结构、甲基化、拼接等加工修饰才能成熟为功能性 mRNA。大多数 DNA 动物病毒至少早期基因的转录是利用宿主转录酶进行的，但痘病毒早期 mRNA 由结合于毒粒核心的病毒转录酶合成。动物病毒 DNA 的复制也和噬菌体一样，依赖于病毒早期蛋白的功能。一些小型 DNA 病毒依靠宿主细胞 DNA 聚合酶进行 DNA 复制，如细小病毒 DNA 仅能在处于 S 期的细胞核内复制，而像疱疹病毒和痘病毒等大型 DNA 病毒的 DNA 复制都需要病毒编码的 DNA 聚合酶。乙型肝炎病毒（hepatitis B virus，HBV）DNA 在受染细胞的核内利用宿主 RNA 聚合酶进行转录并产生几种 mRNA，其中最大的 3.4kb RNA 称作前基因组（pregenome）。然后 RNA 前基因组与 DNA 聚合酶和核心蛋白结合形成未成熟的核心壳粒，继而逆转录酶利用蛋白质为引物，以前基因组+RNA 为模板转录产生–DNA，前基因组 RNA 几乎全部被 RNaseH 降解，余下的 RNA 片段再作为 DNA 聚合酶的引物拷贝–DNA，产生子代 dsDNA。

RNA 动物病毒与 DNA 动物病毒相比较，RNA 动物病毒之间的复制策略存在更大的差别。基于它的基因组复制和转录的模式，可将其分为 4 个主要类型。

正链 RNA 病毒：如小 RNA 病毒、黄病毒之类的正链 RNA 病毒的基因组 RNA 具有 mRNA 活性，可直接翻译成聚蛋白（polyprotein），再经宿主和病毒编码的蛋白酶切割产生不同的病毒蛋白质。病毒 RNA 复制是由新合成的病毒复制酶以基因组+RNA 为模板合成–RNA，再以

–RNA 为模板合成新的+RNA 病毒基因组。在复制过程中，有双链形式的复制分子产生。

负链 RNA 病毒：由于负链 RNA 病毒基因组与其 mRNA 序列互补，所以它们必须利用结合于毒粒的病毒转录酶合成 mRNA。病毒 RNA 的复制与正链 RNA 病毒类似。

双链 RNA 病毒：呼肠孤病毒的分段双链 RNA 基因组的每个节段编码一种 mRNA，mRNA 的合成是在部分脱壳的颗粒中利用毒粒携带的转录酶转录基因组的负链完成的。

二倍体正链RNA病毒：逆转录病毒的+RNA 基因组由毒粒携带的逆转录酶以细胞的 tRNA 为引物，逆转录产生–DNA，形成 RNA-DNA 杂交体。然后+RNA 被逆转录酶的 RNaseH 组分降解，逆转录酶以余下的–DNA 为模板复制产生称作前（原）病毒（provirus）的双链 DNA。前病毒 DNA 环化后整合于宿主染色体，并在宿主的 RNA 聚合酶作用下转录产生 mRNA 和新的+RNA 基因组。

另外，布尼亚病毒科白蛉热病毒属（*Phlebovirus*）成员和沙粒病毒科的成员基因组的 S 节段是双义 RNA，其中的正义部分可直接进行翻译，负义部分则须由毒粒携带的转录酶转录。

5. 装配与释放

裸露的、有包膜的和复杂的动物病毒的形态结构都不相同，它们的成熟和释放过程也各有特点，而且，病毒形态发生的部位也因病毒而异。与噬菌体一样，动物病毒晚期基因编码的壳体蛋白自我装配形成壳体。裸露的二十面体病毒首先装配成空的前壳体，然后与核酸结合成熟为完整的病毒颗粒。有包膜动物病毒包括所有具螺旋对称壳体和某些具二十面体壳体的病毒。这些病毒的装配首先是形成核壳，然后再包装上包膜。有的是在从宿主细胞核膜芽出的过程中从核膜上获得包膜而形成包膜病毒 [图 4-22（a）]，如疱疹病毒；有的则是在从宿主细胞质膜芽出的过程中裹上包膜而形成包膜病毒 [图 4-22（b）]，如流感病毒。而且这一过程往往与病毒释放同时发生。

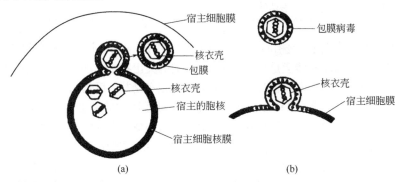

图 4-22　包膜病毒的装配示意图

(a) 从宿主细胞核膜芽出时获得包膜；(b) 从宿主细胞质膜芽出时获得包膜

（二）艾滋病毒

在人类的病毒病中，最严重的是 1981 年 1 月首先在美国发现的引起艾滋病即获得性免疫缺陷综合征（acquired immunodeficiency syndrome, AIDS）的病毒即人类免疫缺陷病毒（human immunodeficiency virus, HIV）。HIV 病毒外形呈球形（图 4-23），直径 100～120nm，由最外层的囊膜和包裹于其中的核衣壳组成。HIV 病毒结构如图 4-24 所示，病毒核心内含有 RNA 和酶（逆转录酶、整合酶、蛋白酶）。病毒壳体由两种蛋白质组成，核心蛋白（P24）和衣壳蛋白（P17）。病毒壳体外包围着囊膜，囊膜系双层脂质蛋白膜，其中嵌有 gp41 和 gp120 两种糖蛋白分别组成跨膜蛋白和刺突。

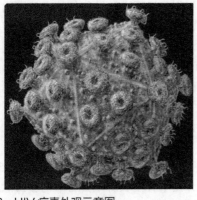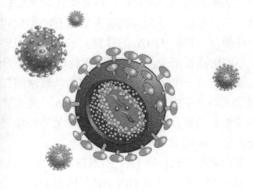

图 4-23 HIV 病毒外观示意图

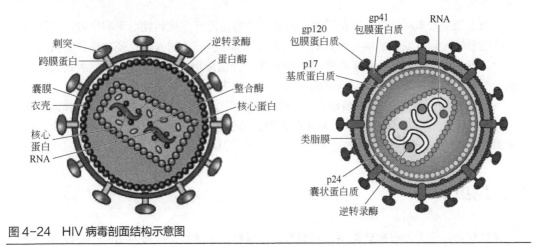

图 4-24 HIV 病毒剖面结构示意图

HIV 属于逆转录病毒，当 HIV 病毒进入寄主细胞后，其逆转录酶利用病毒的 RNA 作为模板，逆转录相应的 DNA 分子。然后 DNA 转移到细胞核，并整合到染色体上，以此作为病毒复制的基地。HIV 病毒的寄主细胞通常是 T 淋巴细胞，这种白细胞在调节免疫系统上起主要作用，一旦受到 HIV 病毒的侵染和破坏，就会引起人体免疫功能的丧失。

HIV 病毒主要通过血液和分泌物（精液、乳汁等），并经黏膜表面和皮肤的破损处进入体内。传播方式包括性生活、输血和使用血制品。患艾滋病的母亲也可通过胎盘或乳汁传给胎儿。

多环节阻止艾滋病毒增殖的鸡尾酒疗法

艾滋病毒在传播和繁殖的过程中极易发生一些结构和功能的变化，当用一种药物治疗时很快便产生抗药性。1996 年由美籍华人科学家何大一提出，将两大类抗艾滋病药物逆转录酶抑制剂和蛋白酶抑制剂中的 3～4 种组合在一起使用，每一种药物针对艾滋病毒繁殖周期中的不同环节，从而达到抑制或杀灭艾滋病毒，治愈艾滋病的目的，称为"高效抗逆转录病毒治疗（highly active antiretroviral therapy，HAART）"，因其类似鸡尾酒的配制过程，故又称"鸡尾酒疗法"。

鸡尾酒疗法中使用的逆转录酶抑制剂有核苷类逆转录酶抑制剂（NRTI）和非核苷类逆转录酶抑制剂（nNRTI）。核苷类逆转录酶抑制剂作用于逆转录酶与其天然底物核苷结合的活性部位。该类药物是天然核苷的类似物，它与内源性的 dNTP 竞争性作用于酶的活性部位，抑制 DNA 的复制。非核苷类逆转录酶抑制剂与核苷类逆转录酶抑制剂作用于不同的活性部位，并且只选择性地作用于 HIV 逆转录酶。HIV 逆转录酶在距其底物作用部位处有一个亲脂性很强被称为"疏水腔"的特殊部位，这是非核苷类抑制剂的作用部位，小分子的非核苷类抑制剂进入"疏水腔"，与其活性部位表面的一些氨基酸作用形成稳定的复合物，通过改变逆转录的构象进而影响到底物作用部位构象的变化而使酶丧失逆转录病毒 DNA 的正常功能。

蛋白酶抑制剂抑制 HIV 的蛋白酶活性。HIV 在复制过程中编码 2 种多聚蛋白 p55 和 p60，这两种蛋白前体在 HIV pol 基因编码蛋白酶作用下分别裂解成具有结构蛋白活性和病毒特异性的酶。HIV 蛋白酶的特异性裂解活性对该病毒复制周期正常运转和病毒毒粒成熟至关重要。

由于使用了多种药物，避免了病毒对单一药物迅速产生抗药性而影响疗效，鸡尾酒疗法能够较大限度地抑制病毒的复制，并能修复部分被破坏的人体免疫功能，进而能够减少患者的痛苦，提高其生存质量。自 1996 年该疗法应用于临床之后，已使大量艾滋病患者受益。有统计数据表明，鸡尾酒疗法使艾滋病患者的死亡率降低到 20%。

但是，鸡尾酒疗法也存在着极大的副作用及局限性。首先，它不能彻底清除体内的病毒，治愈疾病。其次，该疗法存在较大副作用，易引起恶心、贫血、肾结石等。再次，由于需要多种药物，进行该疗法的费用较大，且需经常调整药物搭配，否则也会产生抗药性。

六、昆虫病毒

昆虫病毒寄生于无脊椎动物昆虫的细胞内，呈杆状或球状，核酸为 RNA 或 DNA。最大特点是病毒粒子在宿主细胞内常包埋于蛋白质基质中形成包涵体（inclusion body）。据包涵体的有无及包涵体在细胞中的位置及形状，可将昆虫病毒分为 4 类：

核型多角体病毒（nucleopolyhedrosis virus，NPV），病毒粒子杆状，是双股 DNA 病毒。该病毒包在包涵体内，包涵体呈多面体，位于宿主细胞核内。这类病毒已从鳞翅目、膜翅目与双翅目，并偶尔从脉翅目昆虫中分离得到。感染家蚕、柞蚕和蓖麻蚕的病毒，有的也属于核型多角体病毒，它们引起蚕病，对养蚕业危害很大。

核型多角体病毒主要通过口器传播。被核型多角体病毒感染致死的幼虫是感染源，释放出大量多角体。被活虫吞食，包涵体在虫体内被消化，释放出病毒粒子，侵入细胞核，在核内繁殖并形成角体，杀死宿主后，成为新的感染源。

昆虫幼虫感染核型多角体病毒后，食欲减退，动作迟钝，随后躯体软化，体内组织液化，白色或褐色体液从破裂的皮肤流出［图 4-25（a）］，一般从感染到死亡整个过程为 4~20d。病死的幼虫倒吊在植物枝条上，组织液化下坠，使下端膨大［图 4-25（b）］，这是感染虫体的特征。

质型多角体病毒（cytoplasmic polyhedrosis virus，CPV），病毒粒子近球形，直径约 60nm，是多面体双链 RNA 病毒。一个多角体包涵体内含有多个病毒粒子。多角体被幼虫吞食后，在中肠被消化。病毒粒子侵入中肠、前肠和后肠细胞，在细胞质内增殖，并形成多角体，不能侵入其他组织。感染的幼虫食欲不振，上吐下泻，排出大量多角体。中肠肿大，呈乳白色，血淋巴及皮肤不破坏，死虫躯体萎缩，无倒挂特征。

(a)　　　　　　　　　　　(b)

图 4-25　感染核型多角体病毒死亡的幼虫

颗粒体病毒（granulosis virus，GV）包涵体呈圆形及椭圆形颗粒状。病毒颗粒杆状，含双链 DNA。包涵体内只含一个病毒颗粒，偶尔含有两个。主要感染鳞翅目昆虫的真皮、脂肪组织及血细胞等。昆虫吞食后停止进食，在肠道中将包涵体消化掉，释放出病毒粒子，侵入真皮、脂肪组织及气管和中肠皮层，先进入细胞核，在核内繁殖，随后释放到细胞质内，形成只含有一个病毒粒子的包涵体（颗粒体）。死虫特征与核型多角体病毒感染相似。我国已制成菜粉蝶颗粒体病毒制剂用于生物防治。

无包涵体病毒，病毒粒子球形，不形成包涵体。宿主范围广泛，除昆虫纲外，还存在于蜘蛛纲、甲壳纲等。

用昆虫病毒防治农林害虫具有专一性高、扩散性强、毒力较大、后效较久、使用方便、对人畜较安全等优点，且能保护自然环境，防治化学农药公害。因此，它是一种有着广阔前景的病毒农药，已成为害虫综合防治中的重要一环，是生物防治中的一个活跃的领域。

第二节

亚病毒

前面内容所涉及的病毒皆为经典意义的病毒，即真病毒。它们是一种极为简单的生命形式，然而却不是最简单的生命形式。目前所知的最简单的生命形式是称之为亚病毒的一类生物分子。这些生物分子不具有真病毒的形态结构，能利用非自身编码的酶系统进行复制，有侵染性，并可在宿主中引起症状。亚病毒主要有类病毒、拟病毒和朊病毒。

一、类病毒

1971 年首次报道，引起马铃薯纺锤形块茎病的病原体是一种裸露的低分子量 RNA，没有蛋白质外壳，在其感染的植物组织中未发现有病毒粒子。这种小分子 RNA 能在敏感细胞中自我复制，不需要辅助病毒，可使宿主产生特殊症状。

类病毒是当今所知道的最小、只含 RNA 一种成分及专性细胞内寄生的分子生物。现将类病毒的特点及其与病毒的比较列在表 4-3 中。

表 4-3　类病毒的特点及其与病毒的比较

比较项目	病毒	类病毒	比较项目	病毒	类病毒
大小	大	小	耐热性	50～60℃下失活	90℃下仍存活
成分	核酸和蛋白质等	裸露的 RNA 分子	传播特点	一般不能通过种子传播	可通过种子传播
核酸分子质量	$10^6 \sim 10^8$ Da	10^5 Da			

大量实验证明，马铃薯纺锤形块茎病类病毒（potato spindle tuber viroid，PSTV）呈棒形结构，是一个裸露的闭合环状 RNA 分子。整个环由两个互补的半体所组成，其中一个半体含 179 个核苷酸，另一个半体含 180 个核苷酸，两者间有 70% 的碱基以氢键方式结合，共形成 122 个碱基对。整个棒状结构中有 27 个内环，最大的螺旋分段含有 8 个碱基对，最大的内环含有 12 个核苷酸（图 4-26）。

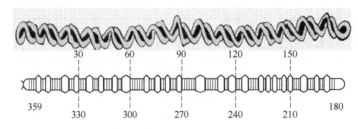

图 4-26　马铃薯纺锤形块茎类病毒（PSTV）的结构模型

类病毒的发现，是生命科学中的一个重大事件。对生物学家来说，类病毒的发现为探索生命起源提供了一个新的低层次上的好对象；对分子生物学家来说，类病毒是研究最重要生物大分子结构与功能的绝好材料；对病理学家来说，类病毒的发现为他们揭开人类和动、植物的各种传染性疑难杂症的病因带来了新的希望；对哲学家来说，类病毒的发现，为长期以来有关生命本质的认识带来革命性的影响。

二、拟病毒

拟病毒（virusoid）又称类类病毒（viroid-like）或病毒的病毒，是一种包裹在植物病毒粒子中的环状单链 RNA，该植物病毒被称为拟病毒的辅助病毒（helper virus）。拟病毒必须依赖辅助病毒才能复制，它被包装在辅助病毒的衣壳中，本身对于辅助病毒的复制不是必需的，而且它与辅助病毒的基因组无明显的同源性。拟病毒利用辅助病毒的复制酶进行复制，犹如病毒利用宿主细胞的能量、原料及酶进行复制一样。故可认为拟病毒是寄生于辅助病毒粒子中的分子寄生物。

1981 年 Randles 等在绒毛烟上分离到一种直径为 30nm 的二十面体病毒，称为绒毛烟斑驳病毒（velvet tobacco mottle virus，VTMoV）。当他们在鉴定该病毒时，发现其基因组除含一种大分子线状 ssRNA（称 RNA-1）外，还含有一种类似于类病毒的环状 ssRNA 分子（称 RNA-2）及它的线状形式（称 RNA-3）。进一步研究表明该病毒的 RNA-1 和 RNA-2 之间存在着互相依赖的关系，进行单独接种时，都不能感染和复制，只有两者同时存在才能感染寄主，复制核酸和产生新的拟病毒粒子。因此，这种环状 ssRNA 分子（RNA-2）是一种类似于类病毒的新型 RNA 分子，于是 Haseloff 等（1982）将这种包被于病毒衣壳内的环状 RNA 分子称为拟病毒。

目前，已发现的拟病毒除烟斑驳病毒外，还有苜蓿暂时性条斑病毒（lucerne transient streak virus，LTSV）、莨菪斑驳病毒（solanum nodiflorum mottle virus，SNMV）和地下三叶草斑驳病毒（subterranean clover mottle virus，SCMoV）等。现将它们的核酸和蛋白质组成列在表 4-4 中。

表 4-4　含有拟病毒 RNA 的四种病毒的蛋白质和核酸组成

组成		病毒			
		VTMoV	SNMV	LTSV	SCMoV
衣壳蛋白	分子质量/Da	33000	30200	32400	29000
核酸	RNA-1	单链，线状	单链，线状	单链，线状	单链，线状
	分子质量/Da	1.5×10^6	1.5×10^6	1.4×10^6	1.5×10^6
	RNA-2	单链，环状	单链，环状	单链，环状	单链，环状
	分子质量/Da	0.12×10^6	0.12×10^6	0.12×10^6	0.12×10^6
	碱基数	366	377	324	400 或 300[①]

① RNA-2 约含 400 个核苷酸，RNA-3 约含 300 个核苷酸。

关于拟病毒的复制机制，目前还只有很少的研究结果。据推测，拟病毒的复制是以自身侵染性 RNA 分子为模板，借助宿主细胞内依赖于 RNA 的 RNA 聚合酶进行复制。具体过程为：先以滚环方式合成一条高分子量多拷贝的负链 RNA，再以负链为模板合成一系列的正链 RNA，于是形成了一个双链的复制中间体，然后再从复制中间体上产生线状的 ssRNA-3 分子，RNA-3 再在 RNA 连接酶的作用下环化成 RNA-2 这种拟病毒分子（图 4-27）。

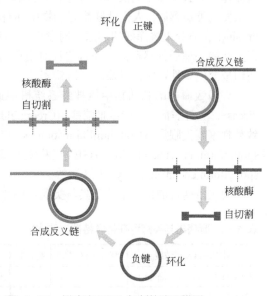

图 4-27　拟病毒 RNA 复制的滚环模型

拟病毒的研究至少有以下 4 个方面的意义：①有助于探索核酸的结构与功能，拟病毒是一种低分子量的侵染性核酸分子，因而易于进行细致的化学组分和结构分析，通过拟病毒与类病毒的结构与功能的比较，对核酸的结构与功能可能会得到更深入的了解；②有助于探索拟病毒与辅助病毒（RNA-1）间的相互关系，拟病毒必须依靠辅助病毒的存在才能复制，而辅助病毒的复制却不需要拟病毒的存在，拟病毒的存在可以影响辅助病毒的产量和改变辅助病毒在宿主上的症状及反应的程度；③利用拟病毒这类低分子 RNA 来组建新的弱毒疫苗，拟病毒又可称类类病毒，它与普通类病毒的差异在于它的侵染对象不是高等植物或动物，而是小小的植物病毒，根据拟病毒的存在可影响辅助病毒的产量和改变辅助病毒在宿主上的症状和反应程度的原理，有可能用它来人工组建具有防病功能的弱化疫苗；④对拟病毒的深入研究，也有助于进一步探索病毒的本质和生命起源等重大生物学理论问题。

拟病毒在核苷酸组成、大小和二级结构上均与类病毒相似，而在生物学性质上却与卫星RNA(satellite RNA)相同，如：①单独没有侵染性，必须依赖于辅助病毒才能进行侵染和复制，其复制需要辅助病毒编码的 RNA 依赖性 RNA 聚合酶。②其 RNA 不具有编码外壳蛋白的能力，需要利用辅助病毒的外壳蛋白，并与辅助病毒基因组 RNA 一起包裹在同一病毒粒子内。③卫星 RNA 和拟病毒均可干扰辅助病毒的复制。④卫星 RNA 和拟病毒同辅助病毒基因组 RNA 比较，它们之间没有序列同源性。根据卫星 RNA 和拟病毒的这些共同特性，现在也有许多学者将它们统称为卫星 RNA。

RNA 植物病毒中还有一类由于基因组太小而没有足够的遗传信息，因此不能单独侵染寄主并进行复制的所谓卫星病毒（satellite virus），它们都是依赖于辅助病毒的线状单链 RNA 分子（分子量 $2.8×10^5～5×10^5$）。与卫星 RNA 不同的是，卫星病毒有编码自身衣壳蛋白的基因，形成独特的核衣壳。

三、朊病毒

朊病毒（prion）又称蛋白感染粒（prion，原是 protein infection 的缩写）。据目前所知，朊病毒是一类能侵染动物并在宿主细胞内复制的小分子无免疫性的疏水性蛋白质。

羊瘙痒病（scrapie）是绵羊和山羊的一种中枢神经系统退化性紊乱疾病，具有脱毛、皮肤瘙痒、失去平衡和后肢麻痹等症状。其病原经过近两个世纪的研究仍是未解决的一个谜。自从发现类病毒后，人们就联想起动物中亦有相应类病毒存在的可能。1982 年，美国的 S. B. Prusiner 在研究羊瘙痒病的病原体时发现，该病原体在经过高温、辐射以及化学药品等能使病毒失活的处理后依然存活，而且它只对蛋白酶是敏感的，因而认为，病原体是一种仅由蛋白质组成的侵染性颗粒，并命名为朊病毒。

许多致命的哺乳动物中枢神经系统机能退化症均与朊病毒有关，如人的库鲁病（Kuru disease，一种震颤病）、克-雅脑病（Creutzfeldt-Jakob disease, CJD，一种早老年性痴呆病）、致死性家族失眠症（fatal familial insomnia, FFI）和动物的羊瘙痒病、牛海绵状脑病 [bovine spongiform encephalopathy, BSE，或称疯牛病（mad cow disease）]、猫海绵状脑病（feline spongiform encephalopathy, FSE）等。

有关朊病毒的化学本质及其与类病毒的比较见表 4-5。

表4-5　朊病毒与类病毒在化学特性上的比较

处理因素及其浓度	类病毒（PSTV）	朊病毒	处理因素及其浓度	类病毒（PSTV）	朊病毒
RNA 酶 A（0.1～100μg/mL）	+	−	苯酚（饱和溶液）	−	+
RNA 酶（100μg/mL）	−	−	SDS[2]（1～10%）	−	+
蛋白酶 K（100μg/mL）	−	+	Zn^{2+}（2 mmol/L）	+	−
胰蛋白酶（100μg/mL）	−	+	尿素（3～8 mmol/L）	−	+
碳酸二乙酯（10～20mmol/L）	[−]	+	碱（pH=10）	[−]	+
羟胺（0.1～0.5mmol/L）	+	−	硫氰酸钾（KSCN，1mol/L）	−	+
补骨脂素[1]（10～500μg/mL）	+	−			

① 补骨脂素（psoralen）是一种能侵入病毒衣壳内与其核酸起光化反应以阻止其复制的化合物。

② SDS 为十二烷基硫酸钠。

注：+、−及 [−] 分别表示各处理因素对两类病毒的活性有影响、无影响及有微弱影响。

从表 4-5 中可以看出，对朊病毒影响最大的都是一些蛋白酶、氨基酸化学修饰剂（碳酸二乙酯）和蛋白质变性剂（尿素、苯酚、KSCN、SDS）等。实验还证明，对侵染仓鼠脑的朊病毒作进一步提纯后，发现蛋白质纯度越高，则其比侵染性（ID50 单位即半数感染剂量，每毫克蛋白质）也越强。经测定，朊病毒的分子质量为 27000～30000Da。

朊病毒在电子显微镜下呈杆状颗粒，直径 25nm，长 100～200nm（一般为 125～150nm）。杆状颗粒不单独存在，总是呈丛状排列，每丛大小和形状不一，多时可含 100 个。

纯化的感染因子称为朊病毒蛋白（prion protein, PrP）。致病性朊病毒用 PrP^{SC} 表示，它具有抗蛋白酶 K 水解的能力，可特异地出现在被感染的脑组织中，呈淀粉样形式存在。

正常的人和动物细胞 DNA 中有编码 PrP 的基因，其表达产物用 PrP^C 表示，分子质量为 33～35kDa。正常细胞表达的 PrP^C 与羊瘙痒病的 PrP^{SC} 为同分异构体，PrP^C 与 PrP^{SC} 有相同的氨基酸序列，PrP^C 有 43% 的 α 螺旋和 3% 的 β 折叠，而 PrP^{SC} 约有 34% 的 α 螺旋和 43% 的 β 折叠。多个折叠使 PrP^{SC} 溶解度降低，对蛋白酶的抗性增加。

既然 PrP^{SC} 是一种蛋白质而且不含任何核酸，那么它在人或动物体内又是如何进行复制，如何进行传播的呢？Prusiner 等提出了杂合二聚机制假说，即 PrP^{SC} 单分子为感染物，从 PrP^C 单体分子慢慢改变构象，形成 PrP^{SC} 单体分子，中间经过 PrP^C-PrP^{SC} 杂合二聚物，然后再转变为 PrP^{SC}-PrP^C。在这个过程中，有未知蛋白质（protein X）可能起着调整 PrP^C 转化或维持 PrP^{SC} 形态的作用。这个二聚物解离又释放新的 PrP^{SC}，因此不断"复制"下去（图 4-28）。

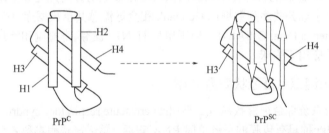

图 4-28　PrP^C 与 PrP^{SC} 的分子结构模式图（PrP^C，正常型蛋白；PrP^{SC}，致病型蛋白）

朊病毒的发现在生物学界引起轰动，因为它与目前公认的"中心法则"即生物遗传信息的流向是"DNA→RNA→蛋白质"的传统观念发生抵触，因而有可能为分子生物学的发展带来革命性的影响。Prusiner 等人阐明羊瘙痒病的发病机制是由于朊病毒分子构象的改变而致病的。这一假说开辟了病因学的一个新领域，有可能为弄清一系列疑难传染性疾病的原理、病因及治疗提供一条新的思路，具有重大的理论和实践意义。

有关朊病毒的本质至今还有不同的看法，只有依靠进一步改进实验手段和通过深入的研究才有可能得到可靠的结论。

四、研究进展

1. 病毒分类

国际病毒分类委员会（ICTV）于 2005 年 7 月发表了最新的病毒分类第八次报告中，将目前 ICTV 所承认的 5450 多个病毒归属为 3 个目 73 个科 11 个亚科 289 个属 1950 多个种。在亚病毒感染因子下设类病毒、卫星病毒和朊病毒，其中类病毒有 2 个科 7 个属；卫星病毒有 2 个亚科，卫星核酸有 3 个亚组；朊病毒分为哺乳动物朊病毒和真菌朊病毒。

2. 甲型 H1N1 流感病毒

2009 年 3 月新型甲型 H1N1 流感病毒引起的甲型 H1N1 流感首先在墨西哥暴发，短时间内蔓延至世界大多数国家和地区。

2009 年 6 月 11 日世界卫生组织（WHO）宣布将甲型 H1N1 流感大流行警告级别提高为最高级 6 级，这意味着甲型 H1N1 流感已在全球大流行。

2009 年 6 月 25 日《自然》（*Nature*）发表了香港大学李嘉诚医学院管轶教授等的一篇文章，2009 年猪源 H1N1 甲型流感流行的起源和进化基因组学——接近最终版本（Origins and evolutionary genomics of the 2009 swine-origin H1N1 influenza A epidemicnear—final version），指出起源于猪的甲型 H1N1 流感病毒是一个重组体，分别有来自禽、猪和人病毒的基因。这种流行性病毒似乎在进入人体之前曾经发生了猪流感病毒序列的典型演化，是从在猪当中流传的几种病毒衍生来的。

2009 年 7 月，管轶教授等又在美国科学院院报 *PNAS* 上撰文，确定大流行流感病毒出现的日期（Dating the emergence of pandemic influenza viruses），指出他们发现 20 世纪的 3 种最严重的大流行流感病毒并不是突然出现的，而且可能在它们最终暴发之前以接近完成的形式流行了许多年。这些结果可能有助于科学家和公共卫生工作者理解病毒的自然史并改善对当前病毒的监测。

多个甲型 H1N1 流感病毒株在不同的国家和地区被成功分离并完成全基因组序列测定，序列信息已经提交全球公共序列数据库 Genbank 和全球流感共享数据库（Global Initiative on Sharing Avian Influenza Data, GISAID）。用于甲型 H1N1 流感病毒检测和治疗的各种试剂和注射疫苗陆续问世并应用于临床。

3. 严重急性呼吸道综合征冠状病毒 2 型

严重急性呼吸系统综合征冠状病毒 2 型（severe acute respiratory syndrome coronavirus 2, SARS-CoV-2），是一种具有包膜的正链单股 RNA 病毒，属于冠状病毒科乙型冠状病毒属严重急性呼吸道综合征相关冠状病毒种。它造成了于 2019 年底暴发的 2019 冠状病毒病（COVID-19）。

SARS-CoV-2 是一种具有包膜的、不分节段的正链单股 RNA 病毒，颗粒呈圆形或椭圆形，直径约 80～120nm，属于网巢病毒目冠状病毒科。病毒粒子被宿主细胞提供的脂质双层所包裹，其中含有核酸及核衣壳蛋白，有三种主要蛋白：包膜蛋白（E 蛋白）、膜蛋白（M 蛋白）和刺突蛋白（S 蛋白）（图 4-29）。

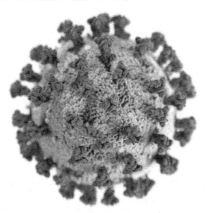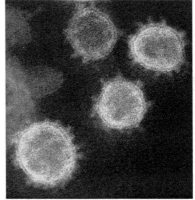

图 4-29　SARS-CoV-2 渲染图（左）及电子显微镜图（右）

2020年1月7日21时，研究人员从患者样本中检出一种新型冠状病毒。2020年1月11日，上海市公共卫生临床中心、华中科技大学武汉中心医院、武汉市疾病预防控制中心、中国疾病预防控制中心传染病预防控制所联合澳大利亚悉尼大学，在 Virological 网站上发布了病例中的 SARS-CoV-2 基因组序列信息。2020年1月27日，中国疾病预防控制中心从环境中分离出第一株 SARS-CoV-2。截至2021年6月6日，全球已有222个国家和地区累计报告逾1.73亿名确诊病例，累计死亡3713874例。

本章小结

病毒是一类结构极其简单，可以侵染各种生物的分子病原体，分为真病毒和亚病毒两大类。真病毒简称病毒，其本质是一类只含 DNA 或 RNA 的遗传因子，能以感染态（在活细胞内）和非感染态（离体条件下）两种状态存在。

单个形态完整、有侵染力的病毒称病毒粒子。病毒粒子具有特定的形态结构、生物学特性和理化性质。病毒粒子的基本结构是核衣壳，由核酸（核心）和包裹于其外的衣壳蛋白两部分组成。核酸是病毒的遗传物质，在结构上呈现明显的多样性，有 dsDNA、ssDNA、dsRNA 和 ssRNA 四种基本类型。病毒的形态极其简单，有呈螺旋对称的杆状、二十面体对称的球状和上述两种复合对称的其他形状 3 种主要类型，其典型代表分别为植物病毒中的烟草花叶病毒、动物病毒中的腺病毒和微生物病毒中的 *E. coli* T-偶数噬菌体。

各类病毒的增殖过程基本相同。以 T-偶数噬菌体为例，可分为吸附、侵入、复制、成熟和释放 5 个阶段。凡能在短时间内连续完成这 5 个阶段而实现其增殖的噬菌体，称烈性噬菌体，反之则称温和噬菌体。在染色体组上整合有温和噬菌体并能进行正常生长繁殖的宿主，称溶原菌，这种现象即为溶原性。定量描述烈性噬菌体增殖规律的实验曲线，称为一步生长曲线，其特征参数有潜伏期、裂解期和裂解量 3 个。病毒粒的计量单位为效价，不同种类病毒的效价有着不同的测定方法。

病毒的种类繁多，它们通过侵染宿主细胞，与宿主发生相互作用，一方面病毒得以繁衍、进化，另一方面病毒给宿主细胞和机体带来种种不同的影响。病毒与人类关系密切，对人类重要传染病的防治、工农业生产和环境保护等具有重大的影响。

亚病毒是一些比经典意义病毒更为简单的病原因子，具有许多不同于病毒的特征，亚病毒有 3 类，包括类病毒、拟病毒和朊病毒。亚病毒的发现，是 20 世纪生命科学中的一件大事，不仅扩展了病毒学研究范围，深化人们对病毒的起源与进化，乃至生命本质的认识，而且对开展生物学基础理论的研究、促进人类保健事业和推动生产实践的发展均具有重大的意义。

病毒的研究与人类实践有着密切的关系。人类和动、植物重大病害的防治，发酵工业中噬菌体危害的控制，利用昆虫病毒防治害虫，以及病毒在基因工程和动、植物遗传育种中的应用等，都仍将是 21 世纪生命科学研究中的重要课题。

思考题

1. 病毒区别于其他生物的特点是什么？根据你的理解，病毒应如何定义？
2. 什么是真病毒？什么是亚病毒？
3. 病毒的一般大小如何？实践中如何估测病毒粒子的大小？

4. 病毒粒子有哪几种对称形式? 每种对称又有几类特殊外形? 试各举一例。

5. 什么是噬菌斑、包涵体、蚀斑和枯斑? 它们各有何实践意义?

6. 试以烟草花叶病毒为代表, 图示并简述螺旋对称的杆状病毒的典型构造。

7. 试以腺病毒为例, 图示并简述二十面体对称的球状病毒的典型构造。

8. 试以 *E. coli* T-偶数噬菌体为例, 图示并简述复合对称病毒的典型构造, 并指出其各部分的特点和功能。

9. 什么叫烈性噬菌体? 简述其复制周期。

10. 什么是噬菌体效价? 试简述双层平板法测定噬菌体效价的操作过程。

11. 什么是烈性噬菌体的一步生长曲线? 它可分几期? 各期有何特点?

12. 溶原现象有什么生物学意义?

13. 溶原性细菌有哪些基本特性?

14. 试列表比较动、植物病毒与 T-偶数噬菌体在增殖过程中的不同点。

15. 亚病毒有哪几类? 各自有何特点?

16. 试述病毒在基因工程中的重要应用。

参考文献

Anderson D, Salm S, Allen D, 2015. Nester's Microbiology: a human perspective. 8th ed. United States of America: McGrawHill Education.

Gorbalenya A E, Baker S C, Baric R S, et al, 2020. The species severe acute respiratory syndrome-related coronavirus : classifying 2019-nCoV and naming it SARS-CoV-2. Nature Microbiology, 5(4): 536-544.

Kathleen P T, 2018. Foundations in microbiology. New York: McGraw-Hill Education.

Kumar S, 2016. Essentials of microbiology. New Delhi, India: Jaypee Brothers Medical Publishers (P) Ltd.

Prescott H K, 2002. Microbiology. 5th. The McGraw-Hill Companies.

Slonczewski J L, 2017. Microbiology an evolving science. Canada: W. W. Norton & Company, Inc.

Willey J M, 2017. Prescott's microbiology. 10th ed, United States of America: McGrawHill Education.

Wang-Shick R, 2017. Molecular virology of human pathogenic viruses. Academic Press.

王贺洋, 2003. 农业微生物学. 北京: 中国农业大学出版社.

周德庆, 2005. 微生物学. 2版. 北京: 科学出版社.

第五章
微生物的营养

我们如何培养微生物

1878年，英国医生李斯特为了研究使牛奶变酸的微生物，他把牛奶稀释了一百万倍，再用自己设计制造的、带有极细管口的注射器取出万分之一毫升牛奶稀释液，放进事先经过灭菌的培养基中，在保温箱里培养几天后，培养基变浑浊了，随后在显微镜下观察，都是像项链一样的成串的球菌。当时用的培养基是液体，所以叫作液体培养基。随后科赫想到用固体培养基来获得纯培养物。他看到明胶比较容易熔化又容易凝固，便把它们熔化后倒在玻璃板上铺成一个平面，待它凝固后，用一根烧过的白金针挑上一点要分离的含有微生物的样品在明胶表面划线，然后把这块有明胶的玻璃板放在保温箱里培养。24h后，明胶表面有划痕的地方便会长出许多肉眼可以看见的斑点，每一个斑点为一个菌落。

但是人们很快发现，明胶在20℃以上便很容易变软，不容易划线，温度再高一些，便开始熔化，更难划线了，即使划好了，在30℃以上培养细菌时，本来可以分开生长的菌落会挤在一起。这个困难后来被科赫的一个助手克服了。这个助手的妻子让丈夫用做果酱的琼脂试试，结果一试便成功了。琼脂是从一种海藻里提取出来的胶状物质，它在将近100℃时才会熔化，而冷却到45℃左右才凝固，而且绝大部分微生物都不能利用琼脂为营养物生长。以琼脂为载体的固体培养基一直沿用至今。随培养方法的改善，越来越多的不可培养微生物被培养并分离。

营养指微生物获得与利用营养物质的过程，生物体从环境中获取维持其生命活动所必需的能量和物质，以满足正常生长和繁殖的需要。微生物的营养主要研究营养物质在微生物生命活动过程中的生理功能，以及微生物细胞从外界环境摄取营养物质的具体机制。微生物所需的化学元素都由环境提供（见表5-1）。一般来说，所有生物都需要一系列的化学元素，例如碳、氢、氧、氮、磷、硫、钠、钾、镁、钙、铁等。营养物（nutrient）指能够满足机体生长、繁殖和完成种种生理活动所需要的物质，由一列化学元素组成，是生命活动的物质基础。微生物的营养物可为它们的正常生命活动提供结构物质、能量、代谢调节物质和必要的生理环境。微生物细胞吸收营养物质的方式主要有吞噬作用和渗透吸收作用。微生物可通过人工配制的培养基进行培养。培养基（culture medium）是人工配制的，适合微生物生长繁殖或产生代谢产物的营养基质。

表 5-1 化学元素的主要供给

元素	环境中无机物的提供者	元素	环境中无机物的提供者
C	空气中的 CO_2，岩石和沉积物中的 CO_3^{2-}	Ca	矿物沉淀，海洋（$CaCO_3$、$CaCl_2$）
O	空气中的 O_2，氧化物，水	Mg	矿物沉淀，地质沉淀（$MgSO_4$）
N	空气中的 N_2，土壤和水中的 NH_4^+、NO_3^-、NO_2^-	Cl	海洋（NaCl、NH_4Cl）
H	水，H_2，矿物沉淀	Fe	矿物沉淀，地质沉淀（$FeSO_4$）
P	矿物沉淀（H_3PO_4、PO_4^{3-}）	Mn、Na、Zn、Cu 等	各种地质沉淀物
S	矿物沉淀，海洋（SO_4^{2-}、H_2S、S^0）		

第一节
微生物细胞的化学组成和所需营养物质

一、微生物细胞的化学组成

1. 化学元素

所有生物的物质基础都是各种化学元素，可将它们分为大量元素（macroelement）和微量元素（microelement）。大量元素包括碳、氢、氧、氮、磷、硫、钾、镁、钙、铁等，在组成细胞结构和新陈代谢中发挥重要作用。碳、氢、氧、氮、磷、硫这六种大量元素可占细菌细胞干重的 96%。微量元素包括锌、锰、氯、钼、硒、钴、铜、钨、镍、硼等，不同种微生物的微量元素组成差异显著。某微量元素是否必需可通过在培养该微生物的基本培养基中缺失该微量元素时观察微生物是否生长来确定。不仅如此，微生物细胞的化学元素组成也会随微生物的不同生长阶段及培养条件的变化而发生变化，如在氮源丰富的培养基上生长的细胞比在氮源相对贫乏的培养基上生长的细胞含氮量高。

2. 化学成分及其分析

组成微生物细胞的各类化学元素的比例常因微生物种类的不同而各异。各种化学元素主要以有机物、无机物和水的形式存在于细胞中。有机物主要包括蛋白质、糖、脂、核酸、维生素以及它们的降解产物和一些代谢产物等物质。表 5-2 列举了大肠杆菌（*Escherichia coli*）的主要构成，从表中我们可以发现微生物的一些重要特征：

① 细胞干重的 96%由六种主要元素组成；

② 水在所有成分中所占比例最高，约 70%；

③ 蛋白质是第二普遍的化学组成物质；

④ 大约 97%的细胞干重由有机物组成；

⑤ 化学成分在细胞生长全过程中都需要，但大部分是通过化合物的形式被摄取的，而不是以单质的形式被摄取；

⑥ 即使像大肠杆菌这样"简单"的微生物都由 5000 多种不同的化合物组成的，但几种营养物就可以满足其生长和代谢。它们包括葡萄糖、微量元素、硫酸铵、氯化亚铁、氯化钠、

磷酸二氢钾、硫酸镁、磷酸氢钙和水。

表5-2　大肠杆菌的化学组成成分

元素	干重/%	有机物	总重/%	干重/%	无机物	总重/%	干重/%
C	50	蛋白质	15	50	水	70	
O	20	核酸			其他	1	3
N	14	RNA	6	20			
H	8	DNA	1	3			
P	3	糖类	3	10			
S	1	脂肪	2	不确定			
K	1	其他	2	不确定			
Na	1						
Ca	0.5						
Mg	0.5						
Cl	0.5						
Fe	0.2						
Mn、Zn、Mo、Cu、Co	0.3						

　　细胞有机物成分的分析可采用直接抽提和破碎细胞后再抽提两种方法。无机物是指与有机物相结合或单独存在于细胞中的无机盐（inorganic salt）等物质。分析无机物时一般采用焚烧的方式，焚烧后的残留物为灰分（ash），是各种无机元素的氧化物。各种微生物都含有水，约占细胞质量的85%～95%。细胞湿重与干重之差为细胞含水量，常以百分率表示：（湿重－干重）/湿重×100%。将细胞表面所吸附的水分除去后称量所得质量即为湿重，一般以单位培养液中所含细胞质量表示（g/L）。采用高温烘干、低温真空干燥和红外线烘干等方法将细胞干燥至恒重即为干重。需要注意的是，采用高温烘干法会导致细胞物质分解，所以采用后两种方法所得结果更为可靠。

二、营养物质及其功能

　　目前知道，微生物的营养要求与动植物十分接近，它们之间存在着"营养上的统一性"。在元素水平上都需要20种左右，都以碳、氢、氧、氮、磷、硫6种元素为主。微生物生长所需要的元素主要以相应的有机物与无机物的形式提供，也有小部分可以由分子态的气体物质提供。

　　微生物细胞的化学组成从一个侧面反映了微生物生长繁殖的物质需要。虽然，随微生物种类、生理状态及环境的不同，其组成有变化，但通过对细胞元素的分析可大体看出微生物所需的营养物质。营养物质按照它们在机体中的生理作用不同，可以将它们区分成碳源、氮源、能源、生长因子、无机盐和水。

1. 碳源

　　凡可构成微生物细胞和代谢产物中碳架来源的物质统称为碳源（carbon source）。尽管含碳化合物作为微生物的营养物质之一可分为有机和无机两类，但大部分细胞的结构物质和代谢物质的含碳化合物都是有机物。微生物利用的碳源物质主要有糖类、有机酸、醇、脂类、烃、CO_2 及碳酸盐等。

一些碳源可被微生物直接吸收利用，例如葡萄糖、氨基酸，但大分子量的碳源只有经细胞消化分解后才能被吸收。另一些碳源物质在细胞内经过一系列复杂的化学变化后成为微生物自身的细胞物质（如糖类、脂类、蛋白质等）和代谢产物。碳可占一般细菌细胞干重的一半，是微生物的重要化学组成。同时绝大部分碳源物质在细胞内生化反应过程中还能为机体提供维持生命活动所需的能源，因此碳源物质通常也是能源物质。

大多数微生物是异养型的，它们以有机化合物为碳源，能利用的碳源种类很多，但其中以糖类为最好的碳源。糖类中单糖优于双糖，己糖优于戊糖；葡萄糖、蔗糖通常作为培养微生物的主要碳源；在多糖中，淀粉可以为大多数微生物所利用，纤维素能为少数微生物所利用；纯的多糖优于琼脂等杂多糖。

不同种微生物利用碳源物质的范围也有差别。有的微生物利用的碳源物质范围很广。例如，洋葱伯克霍尔德氏菌（*Burkholderia cepacia*）可以利用 90 多种不同类型的有机化合物作为碳源。这些碳源包括有机酸、伯醇、糖类、氨基酸和其他含碳化合物。目前对紫云英根际微生物碳源利用多样性的研究表明，紫云英根际土壤微生物总活性比非根际高，其主要贡献者是以氨基酸、糖类、酯类和醇类四大碳源为生的微生物，并且利用不同碳源的微生物种群在紫云英根际的表现不一样，因此可以通过分析碳源谱来研究紫云英根际微生物种群结构和功能多样性。

而有些微生物可利用的碳源种类十分有限。例如蓝细菌、绿硫菌和紫硫细菌以光为能源，以 H_2O 为供 H 体，还原 CO_2 合成有机物。这些细菌都只能以 CO_2 作为碳源。绝大多数产甲烷菌利用 CO_2 作为碳源，有些也利用甲酸、甲醇、假胺类和乙酸等有机碳源。

在实验室培养微生物时优先考虑的是目标微生物生长的健壮情况，首选提供微生物便于吸收利用的葡萄糖、蔗糖、可溶性淀粉等优质碳源，而在发酵工业生产实践上，还要考虑生产成本和经济效益，会选择价格相对低廉的玉米粉、米糠、废糖蜜、植物淀粉等作为碳源。

2. 氮源

凡是能被用来构成菌体物质中或代谢产物中氮素来源的营养物质统称为氮源（nitrogen source）。微生物的氮源主要来自于占地球大气成分 79% 的 N_2，该元素是构成蛋白质、DNA、RNA 和 ATP 必不可少的元素之一。一些微生物可利用无机态氮（NH_4^+、NO_3^-、NO_2^-），固氮微生物还可将 N_2 同化为含氮化合物供其他生物利用。能够被微生物利用的氮源物质包括蛋白质及其不同程度的降解产物（胨、肽、氨基酸等）、铵盐、硝酸盐、分子氮、嘌呤、嘧啶、脲、胺、酰胺、氰化物等。

实验室中常用的蛋白质类氮源包括蛋白胨、牛肉浸膏、酵母浸膏等，生产上常用鱼粉、蚕蛹、黄豆饼粉、玉米浆作为氮源。这些化合物是异养微生物的主要氮源，但必须被降解成小分子物质才能被吸收。因为花生饼粉和黄豆饼粉中的氮主要以蛋白质形式存在，所以，这些氮源并不是微生物的良好氮源，被称为"迟效氮源"。而$(NH_4)_2SO_4$ 和玉米浆等则被称为"速效氮源"。

氮源的主要功能是提供细胞原生质和其他结构物质中的氮素，一般不作为能源使用。但化能自养菌中的亚硝化细菌和硝化细菌能从 NH_3 和 NO_2 等还原态无机化合物氧化中获得其生命活动所需要的能量。

3. 能源

能源（energy source）是提供微生物生命活动所需能量的物质。化能异养微生物的能源就是碳源，葡萄糖便是常见的一种兼有碳源与能源功能的双功能营养物。所有真菌、放线菌和大部分细菌是化能异养型微生物。化能自养微生物的能源主要是还原态无机物，如 NH_4^+、NO_3^-、H_2S、S^0、H_2、Fe 等，这些微生物有亚硝化细菌、硝化细菌、硫细菌、氢细菌等。光能自养和光能异养微生物的能源主要是太阳能，如蓝细菌、紫色非硫细菌等。

不仅葡萄糖具有一种以上营养要素的功能，还原态的无机营养物常是双功能的（NH_4^+ 既是硝酸细菌的能源，又是它的氮源）。有机物常有双功能或三功能（能源、碳源、氮源）作用。

4. 无机盐

无机盐（inorganic salt）或矿质元素是微生物生长所不可缺少的营养物质，可为微生物提供除碳、氮源以外的各种重要元素。在生物细胞内一般只占鲜重的 1% 至 1.5%，它们具有以下作用：

① 参加微生物中氨基酸和酶的组成；
② 调节微生物的原生质胶体状态，维持细胞的渗透与平衡；
③ 作为酶的激活剂。

根据微生物对矿质元素需要量大小可以把它分成大量元素和微量元素。磷、硫、钾、钠、钙、镁等盐参与细胞结构组成，并与能量转移、细胞透性调节功能有关。微生物对它们的需求量较大（$10^{-4} \sim 10^{-3}$mol/L），称为大量元素。微量元素是指那些在微生物生长过程中起重要作用，而机体对这些元素的需要量极其微小的元素，通常需要量在 $10^{-8} \sim 10^{-6}$mol/L，有锌、锰、钠、氯、钼、硒、钴、铜、钨、镍、硼等。微生物对铁的需求介于大量元素和微量元素之间。不同的微生物对以上各元素的需求量各不相同。

5. 生长因子

生长因子（growth factor）通常指那些微生物生长所必需而且需要量很小，但微生物自身不能合成的或合成量不足以满足机体生长需要的有机化合物。常用生长因子有维生素、氨基酸、嘌呤碱和嘧啶碱，卟啉及其衍生物、固醇、胺类、小分子脂肪酸和辅酶也可作为生长因子。维生素是首先被发现的生长因子，它的主要作用是作为酶的辅基或辅酶参与新陈代谢，如维生素 B_1 就是脱氧酶的辅酶。氨基酸也是许多微生物所需要的生长因子，这与它们缺乏合成氨基酸的能力有关，因此，必须在它们的生长培养基里补充这些氨基酸或者含有这些氨基酸的小肽物质。

自养微生物和某些异养微生物如大肠杆菌不需要外源生长因子也能生长。不仅如此，同种微生物所需的生长因子也会随环境条件的变化而改变，如在培养基中是否有前体物质、通气条件、pH 和温度等条件都会影响微生物对生长因子的需求。有时对某些微生物生长所需生长因子的本质还不了解，通常在培养基中要加入一些营养丰富的天然物质以满足需要。能提供生长因子的天然物质有酵母膏、蛋白胨、麦芽汁、玉米浆、动植物组织或细胞浸液以及微生物生长环境的提取液等。

生长因子的主要功能是提供微生物细胞重要的化学物质如蛋白质、核酸和脂质等，作为辅助因子如辅酶和辅基等的成分和参与代谢。

6. 水

水是微生物生长所必不可少的一种物质，在代谢中占有重要地位。水在细胞中的生理功能主要有以下 5 点：

① 起到溶剂和介质的作用，营养物质的吸收与代谢产物的分泌以水为介质才能完成；

② 直接参与细胞内化学反应，如蓝细菌利用水作为 CO_2 的还原剂；

③ 维持蛋白质、核酸等生物大分子稳定的天然构象；

④ 因为水的比热高，是热的良好导体，能有效地吸收代谢过程中产生的热并及时地将热迅速散发出体外，从而有效地控制细胞内温度的变化；

⑤ 通过水合作用与脱水作用控制由多亚基组成的结构，如微管、鞭毛的组装与解离。

水以自由水和结合水两种形式存在。结合水没有流动性和溶解力，所以微生物不能利用它。不同生物及不同细胞结构中游离水的含量有较大的差别。一般细菌中游离水含量为70%～85%，酵母菌为75%～85%，霉菌为85%～90%，芽孢为40%，孢子为38%。

游离水的含量可以用水活度（water activity）表示，水活度是指在一定的温度和压力条件下，溶液的蒸气压与同样条件下纯水蒸气压之比，即 $a_w = p/p_0$，式中 p 代表溶液蒸气压，p_0 代表纯水蒸气压。纯水的 a_w 为1.00，当含有溶质后，$a_w < 1.00$。一般来说，细菌生长最适 a_w 较酵母菌和霉菌高，而嗜盐微生物生长最适 a_w 则较低。

三、微生物的营养类型

由于微生物种类繁多，其营养类型（nutritional）比较复杂，人们常在不同层次上和侧重点上对微生物营养类型进行划分。一般营养类型的划分有三个指标，分别是能源、还原 CO_2 生成葡萄糖的电子供体（氢供体）和碳源（表5-3），将三者结合起来可将微生物的营养类型区分为四种（表5-4）。

表5-3　微生物营养类型的分类

划分依据	营养类型	特点
碳源	自养型	以 CO_2 为唯一或主要碳源
	异养型	以有机物为碳源
能源	光能营养型	以光为能源
	化能营养型	以氧化无机物或有机物释放的化学能为能源
氢或电子供体	无机营养型	以 H_2O 或还原性无机物为氢或电子供体
	有机营养型	以有机物为氢或电子供体

表5-4　微生物的营养类型

营养类型	能源	氢或电子供体	碳源	举例
光能自养型（光能无机营养型）	光能	H_2O 或还原性无机物	CO_2	蓝细菌、藻类
化能自养型（光能无机营养型）	化学能（无机物氧化）	H_2O 或还原性无机物	CO_2	甲烷杆菌、硫杆菌、硝化杆菌和一些深海细菌
光能异养型（光能无机营养型）	光能	有机物	有机物	红螺细菌、绿色细菌
化能异养型（光能无机营养型）	化学能（有机物氧化）	有机物	有机物	绝大多数细菌和全部真核微生物，包括腐生性和寄生性二类微生物

仅根据碳源可将微生物划分为自养型和异养型两大类。自养型微生物能在完全无机的环境中繁殖和生长，具有一整套酶系统，它们利用 CO_2 或以碳酸盐为碳源合成细胞的有机物质。异养型微生物合成有机物的能力较差，它们主要以有机含碳化合物为碳源，一般需要复杂的

有机物才能完成生命活动。

(一) 自养型

自养型 (autotrophy) 是以 CO_2、碳酸盐为碳源,以铵盐和硝酸盐为氮源来合成细胞质的微生物。因为它们具有将 CO_2 同化为细胞物质的特殊能力,而不依赖活体提供营养。自养微生物包括光能无机自养微生物 (光能自养型) (photolithoautotrophy) 和化能无机自养微生物 (化能自养型) (chemolithoautotrophy)。

1. 光能自养型

微生物利用光作为能源,以 CO_2 为基本碳源,还原 CO_2 的 H 供体是还原态无机化合物。它们都含有一种或几种光合色素 (叶绿素或菌绿素)。例如蓝细菌进行产氧光合作用,它们利用 H_2O 作为 H 供体,在光照下同化 CO_2,并释放出 O_2,合成有机物:

$$H_2O+CO_2 \xrightarrow[\text{光照}]{\text{菌绿素}} (CH_2O)+O_2$$

绿硫细菌和紫硫细菌含细菌菌绿素,以 H_2S 和硫酸盐为供 H 体,还原 CO_2 产生单质 S。因此它们的光养生长是在严格的厌氧条件下进行的。利用 H_2S 生长时的反应式为:

$$2H_2S+CO_2 \xrightarrow[\text{光照}]{\text{菌绿素}} (CH_2O)+H_2O+2S$$

2. 化能自养型

微生物利用无机化合物氧化过程中释放出来的能量,以 CO_2 为基本碳源生长。主要有甲烷杆菌 (氧化 H_2)、硫杆菌 (氧化 S、H_2S 等)、硝化杆菌 (氧化 NH_3 和 NO_3^-) 和一些深海细菌。由于该类微生物通过无机物的氧化产生的能量不足以维持新陈代谢,它们一般生长迟缓,一些硝化细菌甚至只能在严格的无机环境中生长。

根据它们对氧气的需求可分为好氧化能自养型和厌氧化能自养型。前者如硫细菌,它们可从还原态的无机化合物的氧化作用中得到将 CO_2 合成细胞物质所需要的能量与还原力。产甲烷杆菌大多数能自养生活,属厌氧化能自养菌,它们以 H_2 作为能源和供 H 体,以 CO_2 为碳源生长,其反应式为:

$$4H_2+CO_2 \longrightarrow CH_4+2H_2O$$

深海中有生物吗

在加拉帕戈斯群岛 (Galapagos Islands) 东北的 2600m 的深海海底中有生物吗? 那儿是高压、无氧和黑暗的环境条件,理应很少有生物能够生存。然而,乘坐潜水艇到达那儿的科学家却发现那儿是一个丰富多彩的海底生物世界,生活着许许多多软体动物、甲壳动物和蠕虫等。这些生物靠什么生活呢?

科学家发现,在海底世界,初级生产者不是光能自养型的细菌和藻类,而是化能自养型细菌,这些细菌利用深海热液喷口 (hydrothermal vents) 从地球中带来的 H_2S 和 CO_2,氧化 H_2S 获得能量固定 CO_2 来合成有机物,并供其他生物利用。

绝大多数细菌生长在热液喷口周围，热液喷口处的温度超过了 100℃，其上部的温度大约 30℃，细菌的浓度大约是离喷口较远处的 4 倍，细菌的生长速度与海边光合细菌相同。这些细菌既是海底世界的生产者，也是分解者。

（二）异养型

异养型（heterotrophy）微生物是一类必须以有机物的形式获取碳源的微生物，因为它们从其他生物体获取含碳化合物。异养微生物的营养类型分为光能异养型（photoheterotroph）和化能异养型（chemoheterotrophy），化能异养型中又可分为腐生型（saprophytism）和寄生型（parasitism）。

1. 光能异养型

光能异养型的微生物以光为能源，以有机碳化合物（甲酸、甲醇、异丙醇和乙酸等）作为碳源和 H 供体进行光合生长。光能异养微生物能利用 CO_2，但必须在有机物存在的条件下才能生长，人工培养还需供给生长因子。

目前已用这类微生物，如红螺菌来净化高浓度有机废水，用以处理污水有很好的发展前景。红螺菌属于紫色非硫细菌群，该菌群为光能异养型，它们不能以硫化物为唯一电子供体，需要同时供给一些简单的有机物才能正常生长。

2. 化能异养型

微生物以有机化合物为碳源，利用有机化合物氧化过程中产生的能量为能源，以有机或无机含氮化合物为氮源，合成细胞物质。因此有机化合物对这类微生物来讲既是碳源又是能源。绝大多数的工业微生物都属于此类。由于栖息场所和摄取养料不同，可将异养微生物分为腐生型和寄生型两大类。

腐生型利用无生命的有机物获得营养物质，多数细菌、放线菌和真菌为这一类型。食用菌作为一类大型真菌可分为腐草型和腐木型，它们利用农业下脚料和工业废弃物通过腐生的方式获取营养。

寄生型为从活的寄生体内获取营养物质的微生物营养类型。如寄生菌、细菌、真菌、原生动物。还有一些寄生菌为中间类型（兼性腐生或兼性寄生），如结核杆菌、痢疾杆菌就是兼性寄生菌。

以上营养类型划分不是绝对的。例如红螺菌既可利用光能，也可利用化能（黑暗）。氢单胞菌是异养和自养的过渡型（称兼性自养型），在有机物存在时营异养，无机物存在时营自养（利用氢的氧化获得能量，还原 CO_2 合成细胞物质）。这说明微生物的营养类型之间的界限并非绝对的。再如紫色非硫细菌在光照和厌氧条件下可利用光能生长，为光能营养型微生物，而在黑暗与好氧条件下，依靠有机物氧化产生的化学能生长，则为化能营养型微生物。微生物类型的可变性无疑有利于提高微生物对环境条件的适应能力。因此自养与异养的区别不在于能否利用 CO_2，而在于是否以 CO_2 和碳酸盐为唯一的碳源。

微生物不同营养类型的巧妙应用

光合细菌是自然界最广泛存在的比较古老的细菌类群，具有原始光能合成体系，能在厌氧条件下进行不产氧的光合作用，在有机质丰富和低氧的水域中能以各种各样的有机物作为电子供体进行光能异养生长，可利用多种有机物质，在对高浓度有机废水的净化处理中，表现出负荷低、效率高及投资少的优点。在禽畜养殖方面，光合细菌可作为一种饲料蛋白补充，还可以起到益生菌的作用。在水产养殖方面，有改善水质、预防鱼病的作用，对产量和成活率均有显著的提高。然而，光合细菌在黑暗有氧条件下则能进行化能异养生活。

在光合细菌中沼泽红假单胞菌的应用最为广泛，是我国农业农村部颁布的 12 种允许在饲料中直接添加的活体微生物之一。采用乙酸钠、氯化铵、无机盐和酵母粉的培养液培养沼泽红假单胞菌，静置光照培养时培养周期是 9d，振荡黑暗培养时培养周期可缩短至 24h。其原因是什么呢？

沼泽红假单胞菌属于红螺菌科即紫色非硫细菌，在静置光照条件下，可进行不产氧光合作用，以有机物作为电子供体进行光能异养生长。但由于通过菌绿素光合作用产生的 ATP 还要推动逆光合作用电子传递产生还原力，再经过卡尔文(Calvin)循环固定 CO_2，固定 CO_2 要大量消耗能量，所以，在静置光照下培养生长较慢，培养周期长。在有氧黑暗条件下，沼泽红假单胞菌进行化能异养生活，生长快，所以培养周期短。

第二节

营养物质进入细胞的方式

营养物质顺利进入微生物细胞是营养物质被微生物利用的决定性因素。营养物质只有在进入细胞后才能被微生物细胞内的新陈代谢系统分解利用，进而使微生物正常生长繁殖。

绝大多数微生物是以其整个身体或细胞直接接触营养物质，对营养物质的吸收主要是细胞壁和细胞质膜在起作用。细胞壁的结构有孔隙，在其孔隙大小允许的范围内一切物质可以自由出入，如水和无机盐等，说明细胞壁对物质没有选择性。真正控制物质进出的"关卡"是它的细胞膜。细胞膜只允许自己所需的物质进入细胞，拒绝不利于自身生长的物质进入细胞。同时它对不同的营养物质采取不同的吸收方式，如对水、二氧化碳和氧气等小分子物质是以细胞内外物质的浓度差异为动力，经细胞膜而进入细胞。微生物细胞吸收营养物质的方式主要有吞噬作用和渗透吸收作用。影响营养物质进入细胞的因素主要有三个：

其一是营养物质本身的性质。浓度、分子量、溶解性、电负性、极性等都影响营养物质进入细胞的难易程度。

其二是微生物所处的环境。温度通过影响微生物溶解度、细胞膜的流动性以及运输系统的活性来影响微生物的吸收能力；pH 和离子强度通过影响物质的电离程度来影响其进入细胞的能力。例如，当环境 pH 比细胞内 pH 高时，弱碱性的甲胺进入大肠杆菌后以正电荷的形式存在，这种状态的甲胺不容易分解而导致细胞内甲胺浓度升高；当环境 pH 比细胞内 pH 低时，甲胺以正电荷的形式存在于环境中而难以进入细胞中，导致细胞内甲胺浓度降低；当环境中存在诱导物质运输系统形成的物质时，有利于微生物吸收营养物质；而环境中存在的代谢过程抑制剂、解偶联剂以及能使原生质膜上的蛋白质或脂类物质等成分发生作用的物质（如巯基试剂、重金属离子等）都可以在不同程度上影响物质的运输速率。另外，环境中被运输物质的结构类似物也影响微生物细胞吸收被运输物质的速率，如 L-刀豆氨酸、L-赖氨酸、D-精氨酸都能降低酿酒酵母吸收 L-精氨酸的能力。

其三是微生物细胞的透过屏障。所有微生物都具有一种保护机体完整性且能限制物质进出细胞的透过屏障，透过屏障主要由原生质膜、细胞壁、荚膜以及黏液层等组成。荚膜与黏液层的结构较为疏松，对细胞吸收营养物质的影响能力较小。革兰氏阳性菌由于细胞壁结构较为紧密，对细胞吸收营养物质有一定的影响，分子量大于 10000 的葡聚糖难以通过这类细菌的细胞壁。真菌和酵母菌细胞壁只能允许分子量较小的物质进入细胞。与细胞壁相比，原生质膜在控制物质进入细胞的过程中起着更为重要的作用，它对跨膜运输的物质具有选择性。根据被运输物质的特点可将物质运输方式分为吞噬作用和渗透吸收作用两种类型。

一、吞噬作用

除孢子虫外，多数原生动物能直接从周围环境摄取细菌、细胞碎片等固体颗粒的活动称为吞噬作用（phagocytosis）。一般认为，发生这一作用的机理本质上与摄取液体的胞饮作用相同。当固体物质吸附于细胞膜上时，膜就突出或陷入，两边的细胞膜一经融合，被膜包围的固体物质就被包在细胞内，形成膜泡，这就称为吞噬体（吞噬泡），但不久吞噬体就与溶酶体合在一起成为消化泡，被包裹的固体物质由于溶酶体内的分解酶的作用而被分解成为低分子，从而被吸收在细胞质内（图 5-1），营养物质的吞噬作用一般分为四个时期，即吸附期、膜伸展期、膜泡迅速形成期和膜泡释放期。

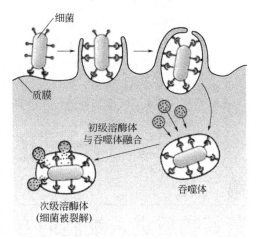

图 5-1　吞噬作用

（引自：Jacquelyn G. Black 等，Microbiology: Principles and Explorations，6th edtion, Wiley, 2005)

二、渗透吸收作用

渗透吸收作用包括自由扩散、促进扩散、主动运输和基团移位四种方式。

1. 自由扩散

自由扩散也称单纯扩散。原生质膜是一种半透性膜，营养物质通过原生质膜上的小孔，由高浓度的胞外环境向低浓度的胞内进行扩散。自由扩散是非特异性的，但原生质膜上的含水小孔的大小和形状对参与扩散的营养物质分子有一定的选择性。它有以下特点：①物质在扩散过程中没有发生任何反应；②不消耗能量，不能逆浓度运输；③运输速率与膜内外物质的浓度差成正比。自由扩散不是微生物细胞吸收营养物质的主要方式，水是可以通过自由扩散通过原生质膜的分子，脂肪酸、乙醇、甘油、一些气体（O_2、CO_2）及某些氨基酸在一定程度上也可通过自由扩散进出细胞。

2. 促进扩散

与自由扩散一样，促进扩散也是一种被动的物质跨膜运输方式，在这个过程中：①不消耗能量，②参与运输的物质本身的分子结构不发生变化，③不能进行逆浓度运输，④运输速率与膜内外物质的浓度差成正比，⑤需要载体参与。通过促进扩散进入细胞的营养物质主要有氨基酸、单糖、维生素及无机盐等。一般微生物通过专一的载体蛋白运输相应的物质，但也有微生物对同一物质的运输由一种以上的载体蛋白来完成。

3. 主动运输

主动运输是广泛存在于微生物中的一种主要的物质运输方式。与上面两种运输相比它的一个重要特点是物质运输过程中需要消耗能量，而且可以进行逆浓度运输。在主动运输过程中，运输物质所需要的能量来源因微生物不同而不同，好氧型微生物与兼性厌氧微生物直接利用呼吸能，厌氧微生物利用化学能，光合微生物利用光能。主动运输与促进扩散类似之处在于物质运输过程中同样需要载体蛋白，载体蛋白通过构象变化而产生与被运输物质之间的亲和力，使两者之间发生可逆性结合与分离，从而完成相应物质的跨膜运输，区别在于主动运输过程中的载体蛋白构象变化需要消耗能量。

4. 基团移位

基团移位是另一种类型的主动运输，它与主动运输方式的不同之处在于它有一个复杂的运输系统来完成物质的运输，而物质在运输过程中发生化学变化。基团移位主要存在于厌氧型和兼性厌氧型细胞中，主要用于糖的运输，脂肪酸、核苷、碱基等也可以通过这种方式运输。在研究大肠杆菌对葡萄糖和金黄色葡萄球菌对乳糖的吸收过程中，发现这些糖进入细胞后以磷酸糖的形式存在于细胞质中，表明这些糖在运输过程中发生了磷酸化作用，其中的磷酸基团来源于胞内的磷酸烯醇丙酮酸（PEP），因此也将基团转位称为磷酸烯醇丙酮酸-磷酸糖转移酶运输系统（PTS），PTS 通常由五种蛋白质组成，包括酶Ⅰ、酶Ⅱ（包括 a、b、c 三个亚基）和一种低分子量的热稳定蛋白质（HPr）。在糖的运输过程中，PEP 上的磷酸基团逐步通过酶Ⅰ、HPr 的磷酸化与去磷酸化作用，最终在酶Ⅱ的作用下转移到糖，生成磷酸糖于细胞质中。

$$PEP\text{-}P + HPr \rightarrow HPr\text{-}P + 酶Ⅰ \longrightarrow 酶Ⅰ + 丙酮酸$$
$$酶Ⅰ\text{-}P + HPr \longrightarrow 酶Ⅱ + 酶Ⅰ$$
$$HPr\text{-}P + 酶Ⅱ \longrightarrow 酶Ⅱ\text{-}P + HPr$$
$$糖 + 酶Ⅱ\text{-}P \longrightarrow 糖\text{-}P + 酶Ⅱ$$

渗透吸收作用四种运输营养方式的比较列于表 5-5。

表5-5　四种运输营养方式的比较

比较项目	自由扩散	促进扩散	主动运输	基团移位
特异载体蛋白	无	有	有	有
运送速度	慢	快	快	快
溶质运送方向	由浓至稀	由浓至稀	由稀至浓	由稀至浓
平衡时内外浓度	内外相等	内外相等	内部高	内部高
运送分子	无特异性	特异性	特异性	特异性
能量消耗	不需要	需要	需要	需要
运送前后溶质分子	不变	不变	不变	改变
载体饱和效应	无	有	有	有
与溶质类似物	无竞争性	有竞争性	有竞争性	有竞争性

比较项目	自由扩散	促进扩散	主动运输	基团移位
运送抑制剂	无	有	有	有
运送对象举例	水、甘油、乙醇、O_2、CO_2	糖、SO_4^{2-}、PO_4^{3-}	氨基酸,乳糖等糖类,少量无机离子	葡萄糖、果糖、嘌呤、嘧啶等

第三节
培养基

培养基是人工配制的,适合微生物生长繁殖或产生代谢产物的营养基质。无论是以微生物为材料的研究还是利用微生物生产生物制品,都必须进行培养基的配制,它是微生物学研究和微生物发酵生产的基础。一般的培养基都含有糖类、含氮物质、无机盐(包括微量元素)、维生素和水等,有的培养基还含有抗生素和色素。

一、配制培养基的原则

1. 目的明确

配制培养基首先要明确培养目的,要培养什么微生物?是为了得到菌体还是代谢产物?是用于实验室科学研究还是发酵工业生产?根据不同的目的,配制不同的培养基。

培养细菌、放线菌、酵母菌、霉菌所需要的培养基是不同的。例如在实验室中常用牛肉膏蛋白胨培养基培养异养细菌、用高氏 1 号培养基培养放线菌等,培养特殊类型的微生物还需特殊的培养基。

自养型微生物有较强的合成能力,所以培养自养型微生物的培养基完全由简单的无机物组成。异养型微生物的合成能力较弱,所以培养基中至少要有一种有机物,通常是葡萄糖。有的异养型微生物需要多种生长因子,因此常采用天然有机物为其提供所需的生长因子。

如果为了获得菌体或作种子培养基用,一般来说,培养基的营养成分宜丰富些,特别是氮源含量应高些,以利于微生物的生长与繁殖。如果为了获得代谢产物或用作发酵培养基,则所含氮源宜低些,以使微生物生长不致过旺而有利于代谢产物的积累。在有些代谢产物的生产中还要加入作为它们组成部分的元素或前体物质以提高特定代谢产物的产量,如生产维生素 B_{12} 时要加入钴盐,在金霉素生产中要加入氯化物,生产青霉素时要加入其前体物质苯乙酸。

2. 营养协调

培养基应含有维持微生物生长所必需的一切营养物质。但更为重要的是,营养物质的浓度与各种成分之间的配比要合适。营养物质浓度过低不能满足其生长的需要,过高又抑制其生长。适量的蔗糖是异养型微生物的良好碳源和能源,但高浓度的蔗糖则抑制微生物生长。金属离子是微生物生长所不可缺少的矿质养分,但浓度过大,反而抑制其生长,甚至产生杀菌作用。

此外,各营养物质之间的配比,特别是碳氮比(C/N 比)直接影响微生物的生长繁殖和代谢产物的积累。碳氮比一般指培养基中元素碳和元素氮的比值，有时也指培养基中还原糖与粗蛋白的含量之比。不同的微生物要求不同的碳氮比。如细菌和酵母菌培养基中的碳氮比约为 5/1，霉菌培养基中的碳氮比约为 10/1，因此细菌、酵母菌的培养基的 C/N 值小一点比较好，霉菌培养基 C/N 值大一点比较好。在微生物发酵生产中，碳氮比直接影响发酵产量，如谷氨酸发酵中需要较多的氮作为合成谷氨酸的氮源，若培养基碳氮比为 4/1，则菌体大量繁殖，谷氨酸积累少；若培养基碳氮比为 3/1，则菌体繁殖受抑制，谷氨酸产量增加。

最后，还须注意培养基中无机盐的量以及它们之间的平衡，生长因子的添加也要注意比例适当，以保证微生物对各生长因子的平衡吸收。

3. 理化适宜

微生物的生长与培养基的 pH 值、氧化还原电位、渗透压等理化因素关系密切。配制培养基应将这些因素控制在适宜的范围内。

（1）pH 值。各大类微生物一般都有其生长适宜的 pH 范围。如细菌为 7.0~8.0，放线菌为 7.5~8.5，酵母菌为 3.8~6.0，霉菌为 4.0~5.8，藻类为 6.0~7.0，原生动物为 6.0~8.0。但对于某一具体的微生物菌种来说，其生长的最适 pH 范围常会大大突破上述界限，其中一些嗜极菌更为突出。

微生物在生长、代谢过程中，会产生改变培养基 pH 的代谢产物，若不及时控制，就会抑制甚至杀死其自身。因此，在设计此类培养基时，要考虑培养基成分对 pH 的调节能力。这种通过培养基内在成分所起的调节作用，可称为 pH 的内源调节。内源调节主要有 2 种方式：①借磷酸缓冲液进行调节，例如调节 K_2HPO_4 和 KH_2PO_4 两者浓度比即可获得 pH6.4~7.2 间的一系列稳定的 pH，当两者为等物质的量浓度比时，溶液的 pH 值可稳定在 6.8。②以 $CaCO_3$ 作"备用碱"进行调节，$CaCO_3$ 在水溶液中溶解度很低，故将它加入至液体或固体培养基中并不会提高培养基的 pH，但当微生物生长过程中不断产酸时，可以溶解 $CaCO_3$，从而发挥其调节培养基 pH 的作用。如果不希望培养基有沉淀，有时可添加 $NaHCO_3$。

与内源调节相对应的是外源调节，这是一类按实际需要不断从外界流加酸或碱液，以调整培养液 pH 值的方法。

（2）氧化还原电位。各种微生物对培养基的氧化还原电位要求不同。一般好氧微生物生长的 Eh（氧化还原势）值为 +0.3~+0.4V，厌氧微生物只能生长在 +0.1V 以下的环境中。好氧微生物必须保证氧的供应，需要采用专门的通气措施。厌氧微生物则必须除去氧，在配制这类微生物的培养基时，常加入适量的还原剂以降低氧化还原电位，常用的还原剂有巯基乙酸、半胱氨酸、硫化钠、抗坏血酸、铁屑等，也可以用其他理化手段除去氧。

（3）渗透压和水活度。多数微生物能忍受渗透压较大幅度的变化。培养基中营养物质的浓度过大，会使渗透压太高，使细胞发生质壁分离，抑制微生物的生长。低渗溶液则使细胞吸水膨胀，易破裂。配制培养基时要注意渗透压的大小，要掌握好营养物质的浓度。常在培养基中加入适量的 NaCl 以提高渗透压。在实际应用中，常用水活度表示微生物可利用的游离水的含水量。

4. 经济节约

配制培养基时还应遵循经济节约的原则，尽量选用价格便宜、来源方便的原料。在保证微生物生长与积累代谢产物需要的前提下，经济节约原则大致有：以粗代精、以野代家、以废代好、以简代繁、以烃代粮、以纤代糖、以氮代朊、以国（产）代进（口）等。

二、培养基的种类及应用

培养基种类繁多，根据组成成分、物理状态和用途的不同可以将培养基分为以下多种类型。

1. 按组成成分来分

（1）天然培养基。天然培养基(complex medium)含有化学成分还不清楚或化学成分不恒定的天然有机物，例如牛肉膏蛋白胨培养基和麦芽汁培养基。常见的天然培养基成分包括：麦芽汁、牛肉浸膏、蛋白胨（表5-6）、鱼粉、麸皮、玉米粉、花生饼粉、玉米浆及马铃薯等。

天然培养基的优点是营养丰富、种类多样、配制方便、价格低廉；缺点是化学成分不清楚、不稳定。因此，这类培养基只适用于一般实验室中的菌种培养、发酵工业中生产菌种的培养和某些发酵产物的生产等。

表5-6 常见天然培养基的主要来源和成分

营养物质	来源	主要成分
牛肉浸膏	瘦牛肉组织浸出汁浓缩而成的膏状物	糖类、有机氮化合物、微生物、盐
蛋白胨	将肉、酪素或明胶用酸或蛋白酶水解后干燥而成的粉末状物质	有机氮化合物、微生物、糖
酵母浸膏	酵母细胞的水溶性提取物	B族维生素、有机氮化合物、糖类

（2）合成培养基。合成培养基(synthetic medium)又称组合培养基或综合培养基，是一类按微生物的营养要求精确设计后用多种高纯化学试剂配制成的培养基。例如高氏1号培养基、察氏培养基等。合成培养基的优点是成分精确、清楚、重复性高；缺点是价格较贵，配制麻烦，且微生物生长速度比较慢。因此，通常仅适用于营养、代谢、生理、生化、遗传、育种、菌种鉴定或生物测定等。

（3）半合成培养基。半合成培养基（semisynthetic medium）采用一部分天然有机物作为碳源、氮源和生长因子，然后加入适量的化学药品配制而成，在发酵生产和实验中经常使用。例如培养真菌的马铃薯蔗糖培养基等。半合成培养基特点是配制方便，成本低，微生物生长良好。

2. 按物理状态来分

根据培养基中凝固剂的有无及含量的多少，可以将培养基划分为液体培养基、固体培养基、半固体培养基和脱水培养基四种类型。

（1）液体培养基。液体培养基（liquid medium）中未加任何凝固剂，呈液体状态，通过振荡或搅拌可以增加培养基的通气量，同时使营养物质分布均匀。它广泛用于微生物学实验和生产，在实验室中主要用于微生物的生理、代谢研究和获取大量菌体，在发酵生产中绝大多数发酵都采用液体培养基。

（2）固体培养基。呈固体状态的培养基都称为固体培养基（soild medium）。固体培养基有加入凝固剂后制成的；有直接用天然固体状物质制成的，如培养真菌用的麸皮、大米、玉米粉和马铃薯块培养基；还有在营养基质上覆上滤纸或滤膜等制成的，如用于分离纤维素分解菌的滤纸条培养基。

常用的固体培养基是在液体培养基中加入凝固剂（约2%的琼脂或5%～12%的明胶），加热至100℃，然后再冷却并凝固的培养基。理想的凝固剂应该具备以下条件：①不被所培养的微生物所分解利用；②在微生物生长的温度范围内保持固体状态；③凝固剂的凝固点温度不能太低，否则将不利于微生物的生长；④凝固剂对所培养的微生物无毒害作用；⑤凝固剂在灭菌过程中不会被破坏；⑥透明度好，黏着力强；⑦配制方便且价格低廉。常用的凝固剂有琼脂（agar）、明胶（gelatin）和硅胶（silica gel）等，其中，琼脂是最优良的凝固剂，它是由藻类中提取的一种高度分支的复杂多糖，明胶是由胶原蛋白制备得到的产物，是最早用来作为凝固剂的物质，但由于其凝固点太低，已经较少作为凝固剂，硅胶是由无机的硅酸钠及硅酸钾被盐酸及硫酸中和时凝聚而成的胶体，它不含有机物，适合配制分离与培养自养型微生物培养基。

除在液体培养基中加入凝固剂制备的固体培养基外，一些天然固体基质制成的培养基也属于固体培养基，例如，由马铃薯、胡萝卜条、小米、麸皮及米糠制成固体状态的培养基就属于此类型培养基，又如生产酒的酒曲、生产食用菌的棉籽壳培养基。

固体培养基在科学研究和生产实践中具有很多用途，它为微生物提供一个营养表面，单个微生物细胞在这个营养表面进行生长繁殖，可以形成单个菌落，从而对所培养微生物进行菌种分离、鉴定、菌落计数、检测杂菌、育种、菌种保藏、抗生素等生物活性物质的效价测定及获取真菌孢子等。在食用菌栽培和发酵工业中也常使用固体培养基。

（3）半固体培养基。半固体培养基（semisolid medium）是指在液体培养基中加入少量凝固剂（如 0.2%～0.5%的琼脂）而制成的半固体状态的培养基。半固体培养基有许多特殊的用途，如观察微生物的运动特征、分类鉴定、噬菌体效价滴定、厌氧菌的培养及菌种保藏等。

（4）脱水培养基。脱水培养基（dehydration medium）又称脱水商品培养基或预制干燥培养基，指含有除水以外的一切成分的商品培养基，使用时只要加入适量水分并加以灭菌即可，是一类既成分精确又使用方便的现代化培养基。

3. 按用途来分

（1）选择性培养基。选择性培养基（selective medium）是一类根据某微生物的特殊营养要求或其对某些物理、化学因素的抗性而设计的培养基，具有使混合菌样中的劣势菌变成优势菌的功能，广泛用于菌种筛选等领域。

混合菌样中数量很少的某种微生物，如直接采用平板划线或稀释法进行分离，往往因为数量少而无法获得。选择性培养的方法主要有两种。一是利用待分离的微生物对某种营养物的特殊需求而设计的，如以纤维素为唯一碳源的培养基可用于分离纤维素分解菌、用石蜡油来富集分解石油的微生物、用较浓的糖液来富集酵母菌等。二是利用待分离的微生物对某些物理和化学因素具有抗性而设计的，如分离放线菌时，在培养基中加入数滴 10%的苯酚，可以抑制霉菌和细菌的生长，在分离酵母菌和霉菌的培养基中，添加青霉素、四环素和链霉素等抗生素可以抑制细菌和放线菌的生长；结晶紫可以抑制革兰氏阳性菌，培养基中加入结晶紫后，能选择性地培养 G^- 菌；7.5%NaCl 可以抑制大多数细菌，但不抑制葡萄球菌，从而选择培养葡萄球菌；德巴利酵母属中的许多种酵母菌和酱油中的酵母菌能耐高浓度（18%～20%）的食盐，而其他酵母菌只能耐受 3%～11%浓度的食盐，所以，在培养基中加入 15%～20%浓度的食盐，即构成耐食盐酵母菌的选择性培养基。

在实际应用中，有时需要配制既有选择作用又有鉴别作用的培养基。例如，当要分离金黄色葡萄球菌时，在培养基中加入 7.5%NaCl、甘露糖醇和酸碱指示剂，金黄色葡萄球菌可耐高浓度 NaCl，且能利用甘露糖醇产酸。因此，能在上述培养基中生长，而且菌落周围颜色发生变化，则该菌落有可能是金黄色葡萄球菌，再通过进一步鉴定加以确定。

（2）鉴别培养基。鉴别培养基（differential medium）用于鉴别不同类型微生物，在此类培养基中加入能与目的菌的无色代谢产物发生显色反应的指示剂，从而只需用肉眼辨别颜色就能方便地从近似菌落中找到目的菌的菌落。鉴别培养基经常用来分类鉴定微生物以及分离和筛选产生某种代谢产物的微生物菌种。最常见的鉴别培养基是伊红亚甲蓝乳糖培养基，即EMB培养基，它在饮用水、牛奶的大肠菌群数等细菌学检查和在 *E. coli* 的遗传学研究工作中有着重要的用途。常用的一些鉴别培养基参见表5-7。

表5-7 一些鉴别培养基

培养基名称	所含化学物质	代谢产物	培养基特征变化	主要用途
酪素培养基	酪素	胞外蛋白酶	蛋白质水解圈	鉴别产蛋白酶菌株
明胶培养基	明胶	胞外蛋白酶	明胶液化	鉴别产蛋白酶菌株
油脂培养基	食用油、吐温等	胞外脂肪酶	淡红色变成深红色	鉴别产脂肪酶菌株
淀粉培养基	可溶性淀粉	胞外淀粉酶	淀粉水解圈	鉴别产淀粉酶菌株
H_2S 试验培养基	醋酸铅	H_2S	产生黑色沉淀	鉴别产 H_2S 菌株
糖发酵培养基	溴甲酚紫	乳酸、醋酸、丙酸	由紫色变成黄色	鉴别肠道细菌
远藤氏培养基	碱性复红、亚硫酸钠	酸、乙醛	带金属光泽深红色菌落	鉴别水中大肠杆菌
伊红亚甲蓝培养基	伊红、亚甲蓝	酸	带金属光泽深紫色菌落	鉴别水中大肠杆菌

(3) 孢子培养基。孢子培养基（spore medium）是供菌种繁殖孢子的一种常用固体培养基，对这种培养基的要求是能使菌体迅速生长，产生较多优质的孢子，并要求这种培养基不易引起菌种发生变异。所以对孢子培养基的基本配制要求如下。第一，营养不要太丰富（特别是有机氮源），否则不易产孢子。如灰色链霉在葡萄糖-硝酸盐-其他盐类的培养基上都能很好地生长和产孢子，但若加入0.5%酵母膏或酪蛋白后，就只长菌丝而不长孢子。第二，所用无机盐的浓度要适量，不然也会影响孢子量和孢子颜色。第三，要注意孢子培养基的pH和湿度。生产上常用的孢子培养基有麸皮培养基、小米培养基、大米培养基、玉米碎屑培养基和用葡萄糖、蛋白胨、牛肉膏和食盐等配制成的琼脂斜面培养基。大米和小米常用作霉菌孢子培养基，因为它们含氮量少，疏松、表面积大，所以是较好孢子培养基。大米培养基的水分需控制在21%～50%，而曲房空气湿度需控制在90%～100%。

(4) 种子培养基。种子培养基（seed culture medium）供孢子发芽、生长和大量繁殖菌丝体，并使菌体长得粗壮，成为活力强的"种子"。所以种子培养基的营养成分要求比较丰富和完全，氮源和维生素的含量也要高些，但总浓度以略稀薄为好，这样可达到较高的溶解氧，供大量菌体生长繁殖。同时应尽量考虑各种营养成分的特性使微生物代谢过程中能维持稳定的pH，以利于菌种的正常生长和发育，其组成还要根据不同菌种的生理特征而定。一般种子培养基都用营养丰富而完全的天然有机氮源，因为有些氨基酸能刺激孢子发芽。但无机氮源容易利用，有利于菌体迅速生长，所以在种子培养基中常包括有机及无机氮源。最后一级的种子培养基的成分最好能较接近发酵培养基，这样可使种子进入发酵培养基后能迅速适应，快速生长。有时，还需加入使菌种能适应发酵条件的基质。菌种的质量关系到发酵生产的成败，所以种子培养基的质量非常重要。

(5) 发酵培养基。发酵培养基（fermentation medium）在生产中用于供菌种生长、繁殖并积累发酵产物。它既要使种子接种后能迅速生长，达到一定的菌体浓度，又要使长好的菌体能迅速合成所需产物。因此，发酵培养基的组成除有菌体生长所必需的元素和化合物外，还要有产物所需的特定元素、前体和促进剂等。但若因生长和生物合成产物需要的总的碳源、氮源、磷源等的浓度太高，或生长和合成两阶段各需的最佳条件要求不同时，则可考虑培养基用分批补料来加以满足。一般配制数量较大，配料较粗。发酵培养基中碳源含量往往高于种子培养基。若产物含氮量高，则应增加氮源。在大规模生产时，原料应来源充足、价格低廉，还应有利于产物的分离提取。

（6）基础培养基。尽管不同微生物的营养需求各不相同，但大多数微生物所需要的基本营养物质是相同的。基础培养基（basal medium）是含有一般微生物生长繁殖所需要的基本营养物质的培养基。牛肉膏蛋白胨培养基是最常用的基础培养基，基础培养基也可以作为一些特殊培养基的基本成分，再根据某种微生物的特殊营养需求，在基础培养基中加入所需要的特殊营养成分。

（7）加富培养基。加富培养基（enriched medium）也称为营养培养基，即在普通培养基（如肉汤蛋白胨培养基）中加入某些特殊营养物质制成的一类营养丰富的培养基，这些特殊的营养物质包括血液、血清、酵母浸膏、动植物组织液、生长因子等，用来培养营养要求比较苛刻的异养型微生物，如培养百日咳博德特氏菌（*Bordetella pertussis*）需要含有血液的加富培养基。加富培养基还可以用来富集和分离某种微生物，这是因为加富培养基中含有某种微生物所需要的特殊营养物质，该种微生物在这种培养基中比其他微生物生长速度要快，并且逐渐富集而占优势，逐步淘汰其他微生物，从而容易达到分离该种微生物的目的。从某种意义上讲，加富培养基类似于选择培养基，两者的区别在于，加富培养基是用来增加所要分离的微生物的数量，使其形成生长优势菌群，从而分离到该种微生物；选择培养基则是抑制不需要的微生物的生长，使所需要的微生物增殖，从而达到分离所需微生物的目的。

4. 按所培养的微生物类群来分

根据所培养的微生物类群可将培养基分为：细菌、放线菌、酵母菌和霉菌培养基。

常用的异养型细菌培养基为牛肉膏蛋白胨培养基，常用的自养型细菌培养基是无机的合成培养基，常用的放线菌培养基为高氏 1 号合成培养基，常用的酵母菌培养基为麦芽汁培养基，常用的霉菌培养基为察氏合成培养基。

除了上述的主要类型外，培养基按用途划分还有很多种，比如分析培养基（assay medium）常用来分析某些化学物质（抗生素、维生素）的浓度，还可以用来分析微生物的营养需求；还原性培养基（reduced medium）专门用来培养厌氧型微生物；组织培养物培养基（tissue-culture medium）含有动、植物细胞，用来培养病毒、衣原体（chlamydia）、立克次氏体（rickettsia）及某些螺旋体（spirochete）等专性活细胞寄生的微生物。尽管如此，有些病毒和立克次氏体目前还不能用人工培养基来培养，需要接种在动植物体内、动植物组织中才能增殖。如鸡瘟病毒、牛痘病毒、天花病毒、狂犬病毒等十几种病毒可以用鸡胚来培养。

培养方法的发展

微生物在自然界的分布是无处不在的，科学研究的发展证明微生物不仅在农作物栽培中扮演着重要的角色，在高等动物甚至人体内也起着超乎想象的作用，纯种的分离培养是开展相关研究的至关重要步骤。长期以来，我们能够培养的微生物还不到其在环境中存在的百分之一是教科书中普遍采用的观点，但近几年随着扩增子测序及宏基因组检测技术的发展成熟，越来越多的研究证明，我们能够培养的微生物远超 1%，在参考高丰度菌种（相对丰度>0.1%）的情况下，一般在动植物相关的研究中，50%～70%左右的细菌可被培养出来。

微生物的生长取决于是否从环境中获取足够的营养物质。传统的培养方法满足不了新发现和已测到但不可培养的微生物的生长。为了解决培养的难题，我们可以通过基础培养基加富尽可能提供微生物所需营养物，还可以在体外培养时模拟微生物天然的生长环境。科学家们研制了多种多样新型的培养方法，如稀释培养法、高通量培养法、细胞包囊法、扩散盒培养法以及纳米微孔生物培养室培养法等，从而扩大了可人工培养的微生物范围。

有些病毒和立克次氏体需要接种在动植物体内、动植物组织中才能增殖。如鸡瘟病毒、牛痘病毒、天花病毒、狂犬病毒等十几种病毒可以用鸡胚来培养。

本章小结

微生物所需的营养物质包括碳源、氮源、能源、无机盐、生长因子和水六大类。根据能源、还原 CO_2 生成葡萄糖的电子供体（氢供体）和碳源的不同，可将微生物的营养类型划分为光能自养型、光能异养型、化能自养型和化能异养型四种。营养物质进出细胞的主要类型有吞噬作用和渗透吸收作用。渗透吸收作用包括自由扩散、促进扩散、主动运输和基团移位四种方式。培养基是满足微生物营养需要的基质，配制时要选择合适的物质和适合的条件。培养基按组成成分不同分为天然、合成和半合成培养基；按固体状态不同可分为液体、固体、半固体和脱水培养基；按用途不同可分为选择性、鉴别、种子和发酵培养基。

思考题

1. 异养微生物和自养微生物的碳源、氮源有哪些？有何差异？
2. 生长因子包括哪些物质？分别起什么作用？
3. 微生物有哪些营养类型？为什么微生物的营养类型多种多样？
4. 试述微生物营养的 6 种主要类型及其生理作用。
5. 配制培养基有哪些原则？
6. 培养基按用途分为哪些类别？
7. 什么是鉴别培养基？如何鉴别放线菌和霉菌？
8. 培养基配制时的理化条件有哪些？
9. 影响营养物质进入细胞的因素有哪些？
10. 渗透作用和吸胀作用有何不同？

参考文献

Kathleen P T, 2009. Foundations in Microbiology. 6th ed. Beijing: Higher Education Press.

杰奎琳·布莱克, 2008. 微生物学：原理与探索. 蔡谨, 主译. 原著第 6 版. 北京: 化学工业出版社.

梁丽琨, 鞠宝, 郭承华, 2002. 深层液体培养法生产沼泽红假单胞菌. 微生物学杂志, 22(5): 9-11.

沈萍, 2000. 微生物学. 北京: 高等教育出版社.

王伟东, 洪坚平, 2015. 微生物学. 北京: 中国农业大学出版社.

第六章

微生物的新陈代谢

微生物新陈代谢与生产实践

微生物新陈代谢是微生物维持其正常生长、繁殖的基础，并且与人类的生活、生产实践息息相关。如酿酒、制醋、制酱、酸奶发酵、泡菜制作、有机酸发酵、氨基酸发酵等均是利用微生物新陈代谢过程将糖、蛋白质、脂肪等大分子物质转化为对人体有益的小分子产物；微生物通过其自身的代谢活动参与地球上碳、氮、硫、磷等元素的物质转化，提高了物质转化的速度和利用效率；在能源危机日益加重的今天，生物乙醇和生物丁醇发酵成为生物质能源工程研究的热点和重点……

新陈代谢（metabolism）简称代谢，是活的生物体内进行的各种化学反应的总称，由物质代谢和能量代谢两种相互依存、密不可分的过程组成。其中物质代谢可分为分解代谢（catabolism）与合成代谢（anabolism），而能量代谢又可分为产能代谢和耗能代谢。分解代谢又称异化作用，是指较大的、复杂的分子被分解成较小、较简单的分子并释放能量、产生还原力的过程。合成代谢又称同化作用，是以简单的小分子物质为前体消耗能量合成复杂的生物大分子的过程。合成代谢所利用的小分子物质来源于分解代谢过程中产生的中间产物或环境中的小分子营养物质。因此在生物体内，合成代谢和分解代谢的作用是偶联进行的，不仅在物质转化上，而且在能量的产生和利用上都是密切相关的。

某些微生物在代谢过程中除了产生其生命活动所必需的初级代谢产物和能量外，还会产生一些次级代谢产物，如抗生素、毒素、色素、激素、生物碱等。这些次级代谢产物除了有利于这些微生物的生存外，还与人类的生产与生活密切相关，次级代谢产物的产生也是微生物学的一个重要的研究领域。

第一节

能量代谢

能量可简单地定义为一种做功能力或引起特定变化的能力。微生物的能量来源于化学能或光能，光能必须转化为化学能才能被生物体利用，这种能量转变的过程被称为微生物的能量代谢。各类微生物的细胞中都进行着各种各样的化学反应，在任何一个化学反应中，都必须有反应物和产物。反应物与产物之间能量的变化表现为放能与吸能。无论是放能反应或吸能反应都需要一个能携带和转移能量的化合物，在生物体（或细胞）中，这种化合物叫作高能化合物。目前所知，能作为吸能反应和放能反应偶联者的高能化合物主要为腺嘌呤三磷酸（ATP），除此之外，酰基辅酶 A（RCO～SCoA）及其他几种高能化合物均能直接或间接地将其能量转移给 ATP。表 6-1 列出了几种高能化合物及其所含有的自由能。

表6-1　几种高能化合物及其所含的能量

化合物	自由能/（kJ/mol）	化合物	自由能/（kJ/mol）
磷酸烯醇丙酮酸	−51.6	ATP	−31.8
1,3-二磷酸甘油酸	−52.0	乙酰辅酶 A	−31
乙酰磷酸	−44.8		

一、ATP 的结构

生物体内最重要的高能化合物是 ATP，ATP 是在腺嘌呤核苷酸上连着 3 个磷酸分子（图 6-1），在其结构中有两个磷酸键是高能键，另一个为低能键。高能键不稳定，在标准条件下水解时，每摩尔 ATP 水解为产物 ADP 和 Pi 可以释放 31.8kJ 能量。

$$ATP + H_2O \rightleftharpoons ADP + Pi + 31.8kJ$$

ATP 在生物体中是重要的能量载体，它在细胞代谢的能量流通中扮演着"能量货币"的重要角色，作为能量的载体参与代谢途径中能量的贮存、释放和转移。它在产能过程如光合作用、发酵和好氧呼吸中产生，并用于吸能反应的进行。实际上，如果细胞内没有第二个反应能利用这些自由能，ATP 一般是不会有水解反应发生的，因为这些水解自由能会以热能的形式从细胞内损失掉。细胞通过严格的调控机制可以使 ATP 水解与一个需能反应相偶联，这样高能化合物水解释放的自由能一般都能用于生物合成反应和细胞功能的其他方面。

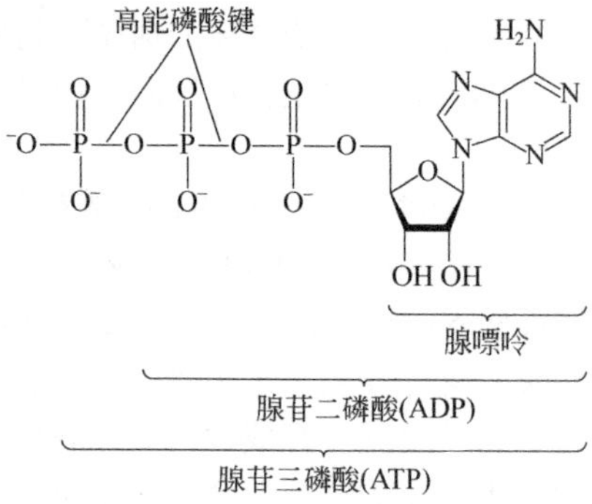

图 6-1　ATP 的结构示意图

二、ATP 产生方式

由于一切生命活动都是耗能反应，因此能量代谢就成了新陈代谢中的核心问题。微生物的最初能源物质包括有机物（化能异养菌的能源）、还原态的无机物（化能自养菌的能源）和光能（光能营养菌的能源），研究微生物能量代谢的根本目的，就是要追踪生物体如何把外界环境中多种形式的最初能源（有机物、无机物或光能）转换成对一切生命活动都能利用的通用能源——ATP。具体而言，微生物产生 ATP 的方式主要有 3 种：底物水平磷酸化（substrate level phosphorylation）、氧化磷酸化和光合磷酸化。

（一）底物水平磷酸化

底物在生物氧化过程中，常生成一些含有高能磷酸键的化合物，这些高能化合物通过酶的作用将其高能磷酸根转移给 ADP 生成 ATP 的过程即为底物水平磷酸化。其通式可表示为：

$$X \sim P + ADP \longrightarrow ATP + X$$

如在糖酵解过程中产生磷酸烯醇丙酮酸（PEP），在丙酮酸激酶的作用下磷酸烯醇丙酮酸将其高能磷酸键转移给 ADP 生成 ATP。

底物水平磷酸化存在呼吸和发酵过程中，并且是发酵过程中唯一获取能量的方式。这种 ATP 生成方式的特点是：物质氧化过程释放的电子直接在两种物质之间转移，不经过电子传递链，不需要消耗氧气，催化底物磷酸化的酶位于细胞质中。表 6-2 中列出了微生物代谢中的几种底物水平磷酸化反应及产生的高能分子。

表6-2　微生物代谢中的底物水平磷酸化

高能化合物的底物水平磷酸化反应	偶联形成的高能分子	高能化合物的底物水平磷酸化反应	偶联形成的高能分子
1,3-二磷酸甘油酸→3-磷酸甘油酸	ATP	丙酰磷酸→丙酸	ATP
磷酸烯醇丙酮酸→丙酮酸	ATP	丁酰磷酸→丁酸	ATP
琥珀酰辅酶 A→琥珀酸	GTP	甲酰四氢叶酸→甲酸	ATP
乙酰磷酸→乙酸	ATP		

（二）氧化磷酸化

1. 电子传递载体和电子传递链

电子传递链（electron transport chain，ETC）又称呼吸链（respiratory chain），指位于原核生物细胞膜上或位于真核生物线粒体内膜上的、由一系列氧化还原电势呈梯度差的电子（氢）传递体按次序排列的情况，其功能是把氢或电子从低氧化还原电势的化合物逐级传递到高氧化还原电势的分子氧或其他无机和有机氧化物，并使其还原。电子传递链的另外一个功能是贮存电子传递过程中释放的部分能量，用于合成 ATP。因此，电子传递在好氧呼吸、无氧呼吸、化能自养及光合作用中都是十分重要的。

（1）电子传递载体。在细胞内的氧化还原反应中，电子从供体传递到受体的过程中常包含一个或多个中间携带物即载体，可分为两大类：自由扩散型和与细胞膜紧密结合型。

自由扩散型的电子载体包括 NAD^+ 和 $NADP^+$，它们都是氢原子和电子的载体，在电子传递中总是把 2 个 H 原子传递给下一个载体。虽然 NAD$^+$ 和 NADP$^+$ 电极对具有相同的还原电势，但它们在细胞内的功能却不相同：NAD$^+$/NADH 直接参与产能反应，而 NADP$^+$/NADPH 则主要参与生物化学中的合成反应。

与膜结合的电子载体组成了电子传递系统。在原核生物和真核生物中，电子传递链的主要组分都是类似的，一般为 NADH 脱氢酶（NADH dehydrogenases）、黄素蛋白（flavoproteins）、铁硫蛋白（iron-sulfur proteins）和细胞色素（cytochromes）、Q（泛醌）等。这些电子传递载体按照氧化还原电位由低到高逐个排列，NADH 脱氢酶和细胞色素分别位于电子传递链的起始和末尾。除醌类是非蛋白质类和铁硫蛋白不是酶外，其余都是一些含有辅酶或辅基的酶，辅酶如 NAD$^+$ 或 NADP$^+$，辅基如黄素腺嘌呤二核苷酸（FAD）、黄素单核苷酸（FMN）和血红素等。

① NADH 脱氢酶。NADH 脱氢酶位于细胞质膜的内侧，有一个 NADH 结合位点，接受 NAD(P)H+H$^+$传递的两个电子和两个 H$^+$，而 NAD(P)H 变为 NAD(P)$^+$（图 6-2）。NADH 脱氢酶接着将两个电子和质子传递给电子传递链上的第二个电子载体——黄素蛋白。

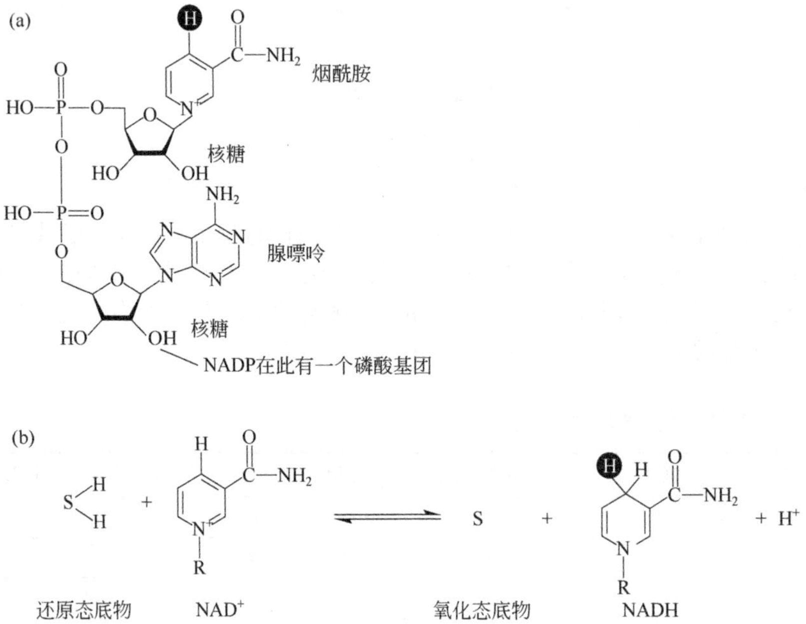

图 6-2　NAD 的结构和功能

(a) NAD 和 NADP 的结构，NADP 在它的一个核糖单位上有一个磷酸基而不同于 NAD；(b) NAD 能接受来自还原态底物 (H$_2$S) 的电子和氢，电子和氢由烟酰胺环携带

② 黄素蛋白。含有核黄素衍生物的蛋白质称为黄素蛋白，其核黄素部分作为辅基与蛋白质结合，接受电子和质子后被还原，并把电子传递给下一个载体后被氧化。但需要注意的是，黄素蛋白接受两个电子和两个质子，但只传递电子。细胞中常见的黄素蛋白包括黄素单核苷酸（FMN）和黄素腺嘌呤二核苷酸（FAD）（图 6-3），它们的活性基团是异咯嗪环。

③ 细胞色素。细胞色素是血红素作为辅基的蛋白质。细胞色素通过血红素辅基上 Fe 原子失去或获得电子而被氧化或还原（图 6-4）。细胞色素分为多种类型，它们的氧化还原电势不同。根据所含血红素种类的不同，细胞色素可分为细胞色素 a、细胞色素 b、细胞色素 c 等。在同一生物体内，同一类细胞色素又会有一些细微的差别，因此对同一类细胞色素又进行命名，如命名为细胞色素 a_1、细胞色素 a_2、细胞色素 a_3 等。个别情况下，多种细胞色素或细胞色素与铁硫蛋白以复合体的形式存在。如：细胞色素 bc_1 复合体含有细胞色素 b 和一个细胞色

2e⁻ + 2 H⁺ +
异咯嗪环
核糖
腺嘌呤
核糖

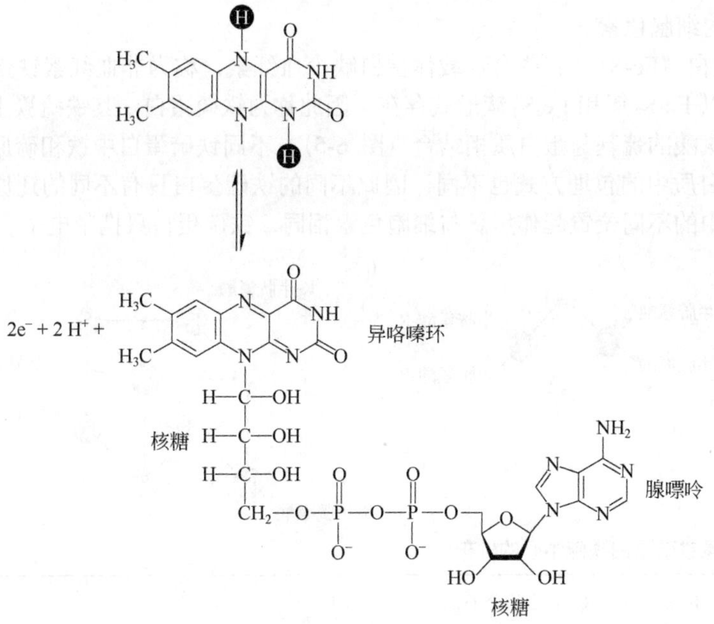

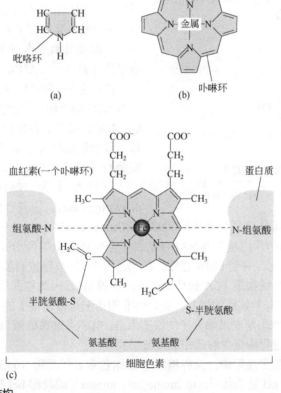

图 6-3　FAD 的结构和功能

核黄素由异咯嗪环和附近的核糖组成，FMN 是黄素单核苷酸，直接参与氧化还原反应的部分用灰色表示

吡咯环
金属
卟啉环
(a)
(b)
血红素(一个卟啉环)
蛋白质
组氨酸-N
N-组氨酸
半胱氨酸-S
S-半胱氨酸
氨基酸 —— 氨基酸
细胞色素
(c)

图 6-4　细胞色素及其结构

(a) 吡咯环的结构；(b) 四个吡咯环形成一个卟啉环；(c) 细胞色素 c 的结构，血红素由卟啉环和一个附着的铁原子组成，是许多细胞色素的非蛋白质成分，这种铁原子能交替地接受和释放电子

素 c 两个不同的细胞色素。

④ 铁硫蛋白（Fe-S）。有些含铁载体蛋白缺少血红素，称为非血红素铁蛋白。这类蛋白质中的铁主要以 Fe_2S_2 簇和 Fe_4S_4 簇形式存在，因此称为铁硫蛋白。其铁硫簇上的铁原子通过蛋白质上半胱氨酸的巯基与蛋白质相结合（图 6-5）。不同铁硫蛋白中铁和硫原子数目不同且铁硫中心在蛋白质中的包埋方式也不同，因此不同的铁硫蛋白具有不同的还原电势，可以在电子传递系统中的不同位置起作用。与细胞色素相同，铁硫蛋白只携带电子。

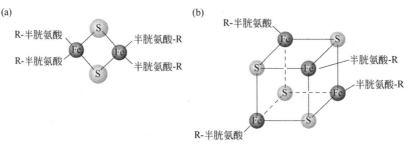

图 6-5　非血红素铁硫蛋白铁硫中心的排布

（a）Fe_2S_2 中心；（b）Fe_4S_4 中心。R—蛋白质分子

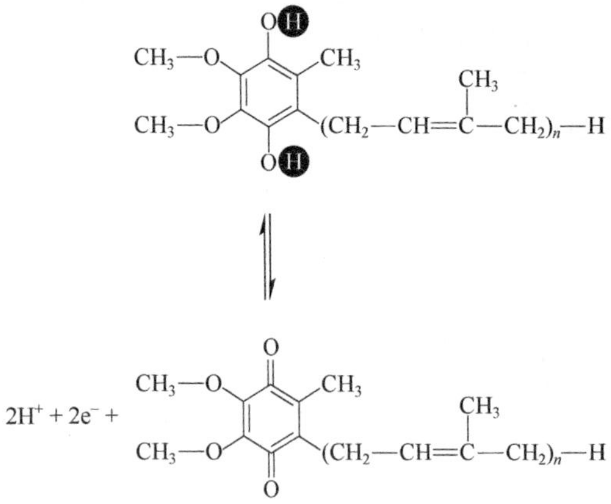

⑤ 醌。醌是电子传递链上疏水的非蛋白质分子。由于其结构上的改变起氧化还原剂的作用（图 6-6）。存在于微生物中的主要是泛醌和萘醌。泛醌广泛存在于真核微生物和 G^- 细菌中，而萘醌主要存在于 G^+ 细菌中。与黄素蛋白一样，醌接受两个电子和两个质子，但是只将电子传递给下一个载体。

（2）电子传递链。线粒体的电子传递系统将 NADH 脱氢酶、黄素蛋白、铁硫蛋白、辅酶 Q、细胞色素等载体排列成 4 个载体复合物，每个复合物都能传递电子，直到 O_2（图 6-7），辅酶 Q 和细胞色素 c 将复合物相互连接。

复合体 I 为 NADH 脱氢酶（NADH dehydrogenase），该复合体氧化 NADH 并使醌还原，因此又称为 NADH:Q 氧化还原酶（NADH:Quinone oxidoreductase）。FMN、CoQ、NAD 均为该酶的辅酶。此酶的作用是先与 NADH 结合并将 NADH 上的两个高势能电子转移到 FMN 辅酶上，使 NADH 氧化，并使 FMN 还原，在此过程中 H^+ 被释放到膜外。

复合体 II 的专一性底物是 TCA 循环的中间产物琥珀酸，因此称为琥珀酸脱氢酶（succinate dehydrogenase），$FADH_2$ 为该酶的辅基。复合体 II 相当于是复合体 I 的支路，在传递电子时，$FADH_2$ 将电子传递给琥珀酸脱氢酶分子的铁硫蛋白。电子经过铁硫蛋白又传递给 CoQ 从而进入了电子传递链，该过程中很少有质子被排放到膜外。

复合体 III 为细胞色素还原酶，又称辅酶 Q-细胞色素 c 还原酶（coenzyme Q-cytochrome c reductase）、细胞色素 bcl 复合体（cytochrome bcl complex）或简称 bcl 等，该复合体含有两种类型的细胞色素 b（b_L 和 b_H）、一种类型的细胞色素 c 和一个铁硫蛋白。细胞色素还原酶的功能是将电子由辅酶 Q 传递给细胞色素 c。

图 6-6　辅酶 Q 或泛醌的结构和功能

在生物体内侧链的长度从 $n=6$ 到 $n=10$ 而各不相同

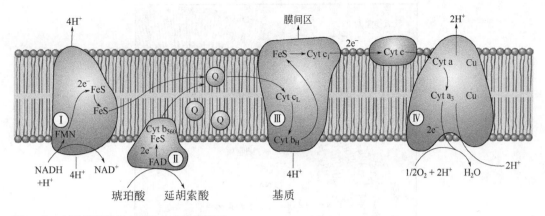

图 6-7　电子传递载体在线粒体内膜的排列

Cyt，细胞色素

　　复合体Ⅳ为细胞色素氧化酶，又称为细胞色素 c 氧化酶（cytochrome c oxidase），含有细胞色素 a 和细胞色素 a_3。其功能是接受细胞色素 c 传递过来的电子并最终交给 O_2，经过一系列反应生成 H_2O。

　　原核生物和真核生物的电子传递链虽然以同样的原理起作用，但它们在构成的细节上有很大的差别：①细菌的呼吸链位于细胞膜上；②电子供体具有多样性，除 NADH 外，还有 H_2、S、Fe^{2+} 和甲酸等，并且细胞质膜上的许多脱氢酶（如甲酸脱氢酶等）可以直接将来自电子供体的电子传递到呼吸链上（见自养微生物的氧化磷酸化）；③电子传递链的组成及电子载体或质子载体的含量可因细菌种类和培养条件等环境条件的改变而不同，并且许多细胞色素是原核微生物独有的，此外，真核微生物的末端氧化酶即细胞色素氧化酶为细胞色素 a_2、细胞色素 a_3（Cu^{2+}），而细菌中为细胞色素 o、细胞色素 d、细胞色素 a；④细菌的电子传递链有分支现象，即不仅仅有一个末端氧化酶。图 6-8 表示一个简化了的大肠杆菌电子传递链。在辅酶 Q 后呼吸链分成两个分支，细胞色素 d 分支对氧的亲和性高，在氧供应不足的情况下起作用，因不具有质子泵的功能，其效率较低；细胞色素 o 分支对氧亲和性低，是一种质子泵，在氧供应充足的条件下工作。

2. 氧化磷酸化

　　氧化磷酸化（oxidative phosphorylation）又称为电子传递链磷酸化（electron transport phosphorylation），指物质在生物氧化过程中，形成的 NADH + H^+ 和 $FADH_2$ 可通过位于线粒体内膜或细菌细胞膜上的电子传递链将电子传递给氧或其他氧化型物质，在这个过程中偶联着 ATP 合成的作用。氧化磷酸化形成 ATP 的机制目前研究得已经较清楚了，获得学术界普遍认同的是化学渗透假说（chemiosmotic hypothesis），它由英国学者 Peter Mitchell（1978 年诺贝尔奖获得者）于 1961 年提出。该学说认为，在电子传递过程中，质子从膜的内侧传递到膜的外侧，从而造成了膜两侧质子分布不均匀，此即质子动力势（proton motive force, PMF），通过 ATP 酶的逆反应可把质子从膜的外侧重新输回到膜的内侧，于是在消除质子动力势的同时合成了 ATP（图 6-9）。除了合成 ATP 外，质子动力势可以用于做功，如驱动离子的转运、鞭毛旋转及细胞内其他的需能反应。

　　将质子动力势转化为 ATP 的蛋白质复合体称为 ATP 合成酶（ATP synthetase），简称为 ATP 酶（ATPase），该酶催化 ATP 和 ADP+Pi（无机磷）之间的可逆反应。ATP 合成酶有两个重要的组成部分：一个是多亚基构成的头部，叫作 F_1，位于细胞膜内侧；另一个是运输质子的跨

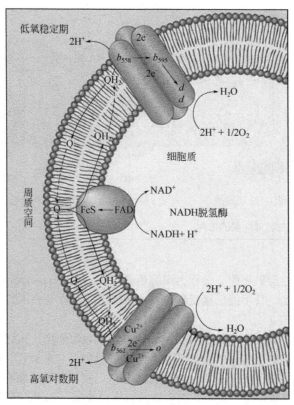

图 6-8 大肠杆菌的呼吸系统

NADH 是电子供体，辅酶 Q 将 NADH 脱氢酶与两个末端氧化酶系统连接起来。当细菌处于稳定期和有很少氧时，上部的分支起作用；当在通气好和迅速生长时，利用下部的分支。该系统至少包括了 5 种细胞色素，细胞色素 b_{558}、细胞色素 b_{595}、细胞色素 b_{562}、细胞色素 d 和细胞色素 o

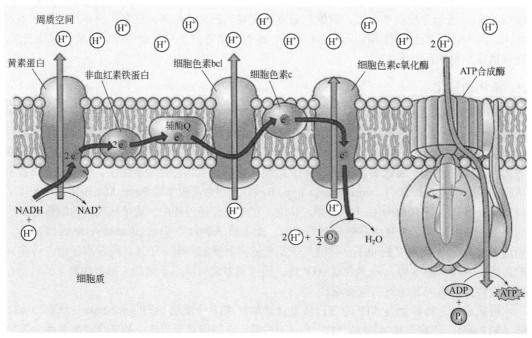

图 6-9　线粒体电子传递链及其 ATP 合成酶

膜通道，叫作 F_0。F_1 是由 5 种不同的多肽组成 $\alpha_3\beta_3\gamma\delta\epsilon$ 的复合体，3 个 α 亚基和 3 个 β 亚基交替排列成近似球状的复合物，γ 亚基的大部分位于 F_1 的中央，周围是 α 和 β 亚基并与膜结合在一起，它构成复合物的茎部并与 F_0 作用，ϵ 亚基也位于茎状结构内。F_0 亚基含有 3 种多肽 ab_2c_{12}，是质子的跨膜通道，亚基 b 突出到膜外，b_2 和 δ 亚基一起形成定子，可以防止 $\alpha_3\beta_3$ 亚基和 $\gamma\epsilon$ 亚基的转动（图 6-10）。

F_1/F_0 复合体是已知的最小的生物马达。穿过 F_0 亚基的质子运动使 c 蛋白发生转动，结果产生了一种扭力，这种力量通过 $\gamma\epsilon$ 亚基传递到 F_1。γ 亚基以逆时针方向在 $\alpha_3\beta_3$ 复合物中迅速转动，很像汽车发动机的曲柄轴的转动，引起 β 亚基活性位点构象发生变化，驱动 ATP 合成。由 ATP 酶产生一个分子的 ATP 所消耗的质子数为 3~4 个。

呼吸链氧化磷酸化效率的高低可用 P/O 比（即每消耗 1 mol 氧原子所产生的 ATP 的物质的量）来作定量表示。以 NADH 为起端的电子传递链上，释放自由能的部位有 3

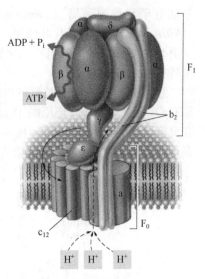

图 6-10　ATP 合成酶的结构和功能

处：由复合体 I 将 NADH 放出的电子经 FMN 传递给 CoQ 的过程是第 1 个 ATP 合成部位；第 2 个部位是复合体 III，将电子由 CoQ 传递给细胞色素 c 的过程中合成 ATP；第 3 个 ATP 合成部位是复合体 IV，将电子从细胞色素 c 传递给氧的过程中合成 ATP，因此 2[H] 产生 3 个 ATP，故 P/O=3。$FADH_2$ 氧化释放的电子未经 FMN 而直接交给 CoQ，因为琥珀酸-Q 还原酶将电子从 $FADH_2$ 转移到 CoQ 上的标准氧还电势变化（电势差）所蕴含的自由能不足以合成一个 ATP。故该电子依次继续向细胞色素系统传递至细胞色素（Cyt）c 的过程中才形成 1 个 ATP。因此，凡以 $FADH_2$ 所携带的高势能电子传递经呼吸链仅生成 2 个 ATP，其 P/O=2。

具有抑制电子传递、能量转移和偶联作用的物质都会阻止氧化磷酸化的进行。如抑制电子传递的 KCN、$NaNO_3$ 和 CO 等，从细胞色素处切断呼吸链的抗霉素 A，抑制脱氢酶自基质脱氢的氨基甲酸甲酯等。解偶联剂阻断 ADP 磷酸化生成 ATP，如 2,4-二硝基苯酚和短杆菌肽等。人患病发烧就是因病菌分泌出解偶联物质，使得呼吸链释放出的能量不能与 ATP 相偶联而以热的形式释放。寡霉素和鲁塔霉素能阻止能量转移到 ADP 上。

3. 化能自养菌 ATP 的产生

化能异养菌的氧化磷酸化指将氧化有机物过程中（如葡萄糖通过 EMP、HMP、TCA 等途径）脱下的氢和电子传递给 NAD(P)+ 或 FAD 等电子载体，$NADH_2$ 或 $FADH_2$ 等将电子和氢传递给电子传递链，并最终传递给分子氧，在电子传递的过程中偶联着 ATP 的生成。

化能自养微生物还原 CO_2 所需要的 ATP 和 [H] 是通过氧化无机底物，如 NH_4^+、NO_2^-、H_2S、S^0、H_2 和 Fe^{2+} 等而获得的。其产能的途径主要也是借助于经过呼吸链的氧化磷酸化反应，因此，化能自养菌一般都是好氧菌。上述几类无机底物不仅可作为最初能源产生 ATP，而且其中有些底物（如 NH_4^+、H_2S 和 H_2）还可作为无机氢供体。当这些无机氢在充分提供 ATP 能量的条件下，可通过逆呼吸链传递的方式形成还原 CO_2 所需的还原力 [H]。

根据用作能源的无机化合物种类不同，化能自养微生物主要分为氢细菌、硫细菌、硝化细菌和铁细菌等生理类群，现以研究得较多的硝化细菌为例加以说明。

硝化细菌（nitrifying bacteria）是广泛分布于各种土壤和水体中的化能自养微生物。从生理类型来看，硝化细菌分为两类，其一称亚硝化细菌或氨氧化细菌，可把 NH_3 氧化成 NO_2^-，包括亚硝化单胞菌属（*Nitrosomonas*）、亚硝化球菌属（*Nitrosococcus*）、亚硝化螺菌属（*Nitrosospira*）与亚硝化叶菌属（*Nitrosolobus*）等；另一则称硝化细菌或亚硝酸氧化细菌，可把 NO_2^- 氧化为 NO_3^-，包括硝化杆菌属（*Nitrobacter*）、硝化刺菌属（*Nitrospina*）和硝化球菌属（*Nitrococcus*）等。

亚硝化细菌中，NH_3 被氨单加氧酶（ammonia monooxygenase, AMO）氧化，产生 NH_2OH 和 H_2O。接着羟氨氧化还原酶（hydroxylamine oxidoreductase, HAO）将 NH_2OH 氧化成 NO_2^-，在反应过程中转移 4 个电子（图 6-11）。氨单加氧酶是一种膜整合蛋白，而羟氨氧化还原酶存在于细胞质中。氨单加氧酶催化的反应如下：

$$NH_3 + O_2 + 2H^+ \longrightarrow NH_2OH + H_2O$$

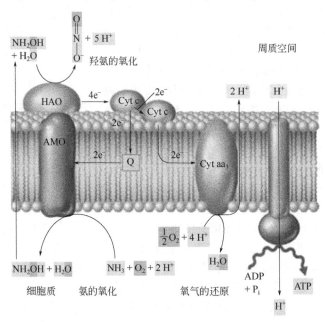

图 6-11　氨氧化细菌中氨的氧化和电子流

系列反应的反应物和产物均在图中重点标出，周质中的细胞色素 c（Cyt c）与膜中的细胞色素 c 不同。AMO，氨单加氧酶；HAO，羟氨氧化还原酶；Q，泛醌

需要 2 个外源电子加上 2 个质子将 1 个氧原子还原为水。这些电子来自羟氨的氧化，并通过细胞色素 c 和泛醌从羟氨氧化还原酶传递给氨单加氧酶。这样，每 4 个由 NH_3 氧化成 NO_2^- 产生的电子中，实际上只有 2 个电子到达终端氧化酶（细胞色素 aa_3）。在整个反应过程中，共产生 1 个 ATP。

硝化细菌利用亚硝酸盐氧化还原酶（nitrite oxidoreductase）将亚硝酸盐氧化成硝酸盐，电子通过 1 个极短的电子传递链传给终端氧化酶（图 6-12）。在这步反应中也只产生 1 分子 ATP。由于产能效率低，所以硝化细菌生长速度和细胞产率都很低。这是在硝化作用旺盛的土壤中硝化细菌不多的原因。

在所有还原态的无机物中，除了 H_2 的氧化还原电位比 $NAD^+/NADH$ 对稍低些外，其余都明显高于它，因此，在各种无机底物进行氧化时，都必须按其相应的氧化还原势的位置进入呼吸链（图 6-13），由此必然造成化能自养微生物呼吸链只具有很低的氧化磷酸化效率（P/O 比）。

与异养微生物相比，化能自养微生物的能量代谢主要有 3 个特点：①无机底物的氧化直接与呼吸链发生联系，即由脱氢酶或氧化还原酶催化的无机底物脱氢或脱电子后，可直接进入呼吸链传递，这与异养微生物对葡萄糖等有机底物的氧化要经过多条途径逐级脱氢明显不同；②呼吸链的组分更为多样化，氢或电子可以从任一组分直接进入呼吸链；③产能效率即 P/O 比一般要低于化能异养微生物。由于化能自养微生物产能效率低以及固定 CO_2 要大量耗能等，因此它们的产能效率、生长速率和生长得率都很低，这就增加了对它们研究的难度。

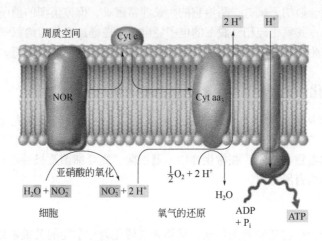

图 6-12　硝化细菌将亚硝酸盐氧化成硝酸盐

系列反应的反应物和产物均在图中着重标出。NOR，亚硝酸盐氧化还原酶

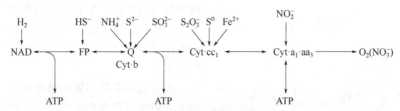

图 6-13　无机底物脱氢后，氢或电子进入呼吸链的部位正向传递产 ATP，逆向传递则耗 ATP 并产生还原力[H]

矿井污水为什么变红变酸？

　　每年有数百万吨硫酸从阿帕拉契亚山（Appalachian）流入俄亥俄河，这些硫酸是由化能自养的铁氧化硫杆菌造成的，硫酸又从矿砂里溶解出足够的金属，使河流变红和变酸。铁氧化硫杆菌能将亚铁离子和硫化物分别氧化成三价铁离子和硫酸，并从中获得能量。这两种还原态物质的联合氧化作用至关重要，因为铁的溶解性能不好，亚铁离子稍溶于水并需要在 pH3.0 以下的还原环境里形成。当 pH 高于 4~5 时，亚铁离子自发地被水中的氧气氧化成三价铁离子，以氢氧化铁的形式沉淀下来。当硫杆菌和其他细菌使硫氧化或由硫的自发氧化产生硫酸使 pH 下降到 2~3，亚铁离子保持还原态和可溶性，才可作为有效的能源。值得注意的是：铁氧化硫杆菌在这样的酸性条件下生长良好，并活跃地将亚铁离子氧化成不溶性的三价铁离子的沉淀物。这种水对大多数水生生物有毒作用，也不适于人类使用。

　　这种代谢形式在煤矿中普遍存在的黄铁矿（FeS_2）处理中较常见。这类细菌为了生长，氧化黄铁矿中的这两种元素，并在氧化过程中形成硫酸，以溶解剩下的矿物质。

$$2FeS_2 + 7O_2 + 2H_2O \longrightarrow 2Fe^{2+} + 4SO_4^{2-} + 4H^+$$
$$2Fe^{2+} + 1/2O_2 + 2H^+ \longrightarrow 2Fe^{3+} + H_2O$$

细菌产生的三价铁离子容易使更多的黄铁矿氧化成硫酸和亚铁离子，进一步加快了黄铁矿的氧化，随后亚铁离子又进一步支持细菌生长。由于铁氧化硫杆菌营养要求简单，只需要黄铁矿和一般的无机盐，防治它的生长非常困难。但该类型的菌所进行的产能方式为氧化磷酸化，其氧化硫和铁脱下的电子经电子传递链最终传递给氧气并偶联着 ATP 的形成，防治它生长切实可行的办法是封闭这个矿井使之成为厌氧环境。

（三）光合磷酸化

微生物不仅能从无机物和有机物的氧化中获得能量，而且能捕获光能并将它用来合成 ATP 与 NAD(P)H，这个捕获光能和将光能转变成化学能的过程称为光合作用。在这种转化过程中，光合色素起着重要作用。在微生物中，蓝细菌、光合细菌及极端嗜盐古菌的光合色素和光合磷酸化特点均有所不同。

1. 光合色素

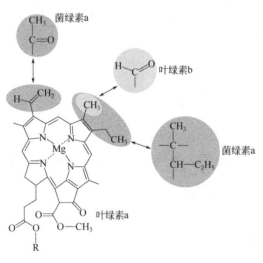

图 6-14　叶绿素 a、叶绿素 b 及菌绿素 a 的结构

光合色素是光合生物所特有的色素，是将光能转化为化学能的关键物质。光合色素可分为主要色素和辅助色素两种类型。前者有叶绿素（chl）或细菌叶绿素（菌绿素，Bchl），直接参与光合作用；后者包括类胡萝卜素和藻胆素等，不直接参与光合作用，但可以捕获光能，并能把吸收的光能高效地传给叶绿素（或细菌叶绿素）。

光合色素中最重要的是叶绿素。叶绿素是由 4 个吡咯环组成的卟啉环和一个与环中心的 4 个氮原子配位的镁原子构成的。叶绿素 a、b 共同存在于高等植物、绿藻和蓝细菌中。菌绿素是光合细菌的光反应色素，具有和叶绿素相似的化学结构，两者的区别在于侧链基团的不同（图 6-14），以及由此而导致的光吸收特性的差异。目前已发现的菌绿素有菌绿素 a、b、c、d、e 和 g 共 6 种。

分布最广的辅助色素是类胡萝卜素。类胡萝卜素虽然不直接参与光合反应，但它们有捕获光能的作用，能把吸收的光能高效地传给叶绿素（菌绿素）。此外，类胡萝卜素还有两个作用：一是可以作为叶绿素所催化的光氧化反应的淬灭剂，以保护光合结构不受光氧化损伤；二是可能在细胞能量代谢方面起辅助作用。蓝细菌和红藻的叶绿体中含有藻胆蛋白（phycobiliprotein），藻胆蛋白是这些生物主要的集光（天线）色素，并能够将能量从藻胆蛋白复合物极有效地传递给叶绿素 a，这样可使蓝细菌在相当低的光强度下生长。

2. 光合磷酸化

光合磷酸化（photophosphorylation）是指将光能转变为化学能的过程，即当一个叶绿素分子吸收光量子时，叶绿素或细菌叶绿素被激活，导致其释放一个电子而被氧化，释放出的电子在电子传递系统中传递的过程中逐步释放能量，并产生 ATP。光合磷酸化可分为环式光合磷酸化和非环式光合磷酸化两种，另外嗜盐菌以其特有的紫膜进行光合磷酸化。

（1）环式光合磷酸化（cyclic photophosphorylation）。光合细菌属于细菌域中的红螺菌目（Rhodospirillales），为厌氧的原核微生物，包括绿硫菌属、绿色非硫菌属（绿屈挠菌属）、紫硫菌属（着色菌属）和紫色非硫菌属等。这是一群典型的水生细菌，广泛分布于深层淡水和海水中，由于能利用水中有毒的 H_2S 和有机物（脂肪酸、醇类等），因此可用于污水的净化，所产生的菌体还可以用作饵料、饲料或饲料添加剂等。

光合细菌进行的是环式光合磷酸化，只含有一个光反应中心，图 6-15 是紫色非硫细菌的不产氧光合作用图解。首先细菌叶绿素吸收光能处于激发态，放出高能电子，电子通过类似呼吸链的传递，即经脱镁细菌叶绿素（bacteriopheophytin, Bph）、辅酶 Q、Cyt bc_1、铁硫蛋白和 Cyt c_2 的循环式传递，重新被菌绿素接受，其间建立了质子动力势和产生 1 个 ATP。此循环还有另一功能，即在供应 ATP 条件下，能使外源氢供体（H_2S、H_2、有机物）逆电子流产还原力，并由此使光合磷酸化与固定 CO_2 的 Calvin 循环相连接。因此，该光合系统的特点是：①电子的传递途径属循环式；②含有一个光反应中心；③产能（ATP）与产还原力[H]分别进行，不产生 O_2；④还原力来自 H_2S 等无机供氢体。

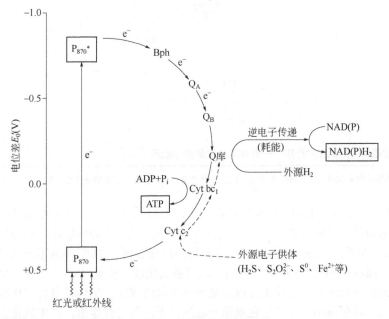

图 6-15 光合细菌的不产氧光合作用——环式光合磷酸化反应图解

P_{870}^* 表示激发态菌绿素，虚线表示外源氢或电子通过耗能的逆电子传递产生还原力[H]

（2）非环式光合磷酸化（non-cyclic photophosphorylation）。与植物一样，蓝细菌所进行的光合作用是产氧的非环式光合作用。蓝细菌的叶绿素 a 有 P_{680} 和 P_{700} 两种。P_{700} 位于光合系统 I（PS I），有利于红光吸收；P_{680} 位于光合系统 II（PS II），有利于蓝光吸收。PS I 的光合色素 P_{700} 吸收光能后释放电子，电子经 Fe-S（一种非血红素铁硫蛋白）和 Fd（铁氧还蛋白，ferredoxin）的传递，最终将 $NADP^+$ 还原为 $NADPH+H^+$。PS II 的 P_{680} 吸收光能后释放电子，经褐藻素（pheophytin，Ph）、Q（醌）、Cyt bf、质体蓝素（plastocyanin，Pc）等传递体，最后将电子交给 PS I 的 P_{700}，电子在 Cyt bf 和 Pc 间传递时产生 1 个 ATP。PS II 失去的电子以水光解所释放出的电子来补充。因此，该光合系统的特点是：①电子的传递途径属非循环式；②含有两个光反应中心；③反应中可同时产 ATP（产自 PS II）、还原力[H]（产自 PS I）和 O_2（产自 PS II）；④还原力 $NADPH_2$ 中的[H]来自 H_2O 分子的光解产物 H^+和电子。非环式光合磷酸化的途径见图 6-16。

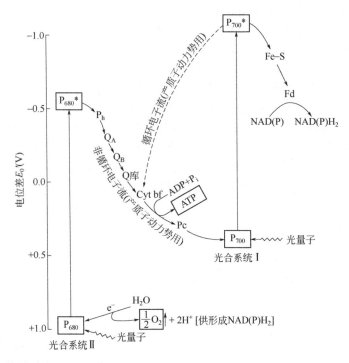

图 6-16　蓝细菌等的产氧光合作用——非环式光合磷酸化图示

P_{680}^* 和 P_{700}^*，两种叶绿素的激发态；Ph，褐藻素；Pc，质体蓝素；Fe-S，非血红素铁硫蛋白；Fd，铁氧还蛋白

在产氧光合作用中，PS I 和 PS II 通常一起发挥作用，然而，当存在足够的还原力时，一些藻类和蓝细菌可以只利用 PS I 进行环式光合磷酸化，从水之外的物质中获得还原力来还原 CO_2，实际上这是不产氧的光合作用。如许多蓝细菌能够利用 H_2S 作为不产氧光合作用的电子供体，而绿藻利用 H_2。当 H_2S 被利用时，它被氧化成单质硫（S^0），产生与绿色硫细菌相似的硫粒，沉积在细胞外。沼泽颤蓝细菌是一种丝状蓝细菌，生活在富含硫化物的盐池中，在那里它与光合绿色细菌和光合紫色细菌一起进行不产氧光合作用，产生硫化物的氧化产物硫，此时光合系统 II 的电子流被 H_2S 强烈抑制，因此如果生物体想存活下去的话，需要进行不产氧光合作用。

从进化的观点来看，产氧和不产氧光养生物中均存在环式光合磷酸化，这也表明两者之间存在密切关系。产氧光养生物，如沼泽颤蓝细菌，获得了光合系统 II，因此能够分解水，但它们仍保留着在某些条件下仅使用光合系统 I 的能力，此时就如同不产氧光养生物在光养生长时一样。

（3）嗜盐菌紫膜的光介导 ATP 合成。嗜盐菌是一类必须在高盐（3.5～5.0 mol/L NaCl）环境中才能正常生长的古菌，广泛分布在盐湖、晒盐场或腌渍海产品上，常见的咸鱼上的红紫斑就是嗜盐菌的细胞堆。主要代表有盐生盐杆菌（*Halobacterium halobium*）、盐沼盐杆菌（*H. salinarium*）和红皮盐杆菌（*H. cutirubrum*）等。嗜盐菌（halophile）的细胞膜包括红膜和紫膜两种组分，红膜含红色类胡萝卜素、细胞色素和黄素蛋白等用于氧化磷酸化反应的呼吸链载体成分。紫膜（purple membrane）由称作细菌视紫红质（或细菌紫膜质，bacteriorhodopsin）的蛋白质（占 75%）和类脂（占 25%）组成。其中细菌视紫红质是由视黄醛以烯醇式碱基与蛋白质的赖氨酸残基通过共价键相连而构成的。嗜盐菌在无氧条件下，利用光能所造成的紫膜蛋白上视黄醛（retinal）辅基构象的变化，可使质子不断驱至膜外，从而在膜两侧建立一个质子动力势，当膜外的 H⁺通过膜中的 ATP 合成酶返回时，合成 ATP，此即光介导 ATP 合成（light-mediated ATP synthesis），是迄今所知道的最简单的光合磷酸化反应（图 6-17）。

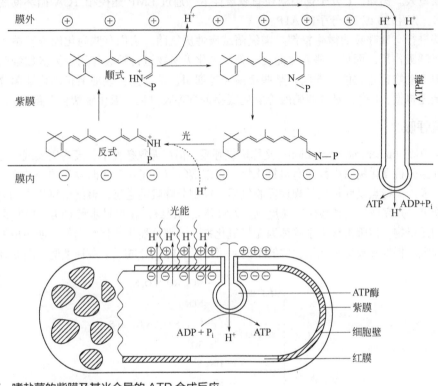

图 6-17　嗜盐菌的紫膜及其光介导的 ATP 合成反应

上图为紫膜上视黄醛分子的反应式，图中的 P 为蛋白质；下图为紫膜及其膜内外质子动力势图示

三、生物氧化

　　生物氧化（biological oxidation）是指发生在活细胞内的一系列产能性氧化反应的总称。它是由一系列酶在温和的条件下按一定的次序催化进行的，氧化反应中的能量释放分段逐级进行，释放出的部分能量以化学能的形式储存在能量载体内，如 ATP 中的高能磷酸键能。

　　生物氧化的过程可分脱氢（或电子）、递氢（或电子）和受氢（或电子）3 个阶段；生物氧化的功能有产能（ATP）、产还原力[H]和产小分子中间代谢物 3 种。如葡萄糖作为生物氧化的典型底物，它在生物氧化的脱氢阶段中，可通过糖酵解（EMP）、己糖磷酸支路（HMP）、ED、三羧酸循环（TCA）四条代谢途径完成其脱氢反应，并伴随还原力[H]和能量的产生（见第六章第二节）。贮存在生物体内葡萄糖等有机物中的化学潜能，经上述 4 条途径脱下的氢和电子，通过呼吸链（或称电子传递链）等方式传递，最终可与氧、无机物或有机氧化物等氢受体（hydrogen acceptor 或 receptor）相结合而释放出其中的能量。根据递氢特点尤其是氢和电子受体性质的不同，可把生物氧化分为呼吸、无氧呼吸和发酵 3 种类型。

1. 呼吸

呼吸（respiration）又称有氧呼吸（aerobic respiration），是一种最普遍又最重要的生物氧化或产能方式。化合物氧化脱下的氢和电子经完整的呼吸链（又称电子传递链）传递，最终被外源分子氧接受，生成水并释放出 ATP 形式的能量。有氧呼吸的特点是有氧存在、氧化彻底和产能量大。例如，1 分子葡萄糖在有氧条件下，通过 EMP 途径和 TCA 循环彻底氧化为 CO_2 和水，产生 36 或 38 分子的 ATP。

能够进行有氧呼吸的微生物都是需氧菌或兼性厌氧菌。它们有些为化能异养菌，氧化有机物进行呼吸作用，而另一些为化能自养菌，氧化无机物进行呼吸作用。大多数细菌、全部真菌和原生动物都是化能异养菌。某些细菌如氢细菌、硫细菌、铁细菌和硝化细菌分别利用氢、含硫无机物、Fe^{2+}、氨或亚硝酸等氧化底物进行呼吸（见"氧化磷酸化"部分）。

2. 无氧呼吸

无氧呼吸（anaerobic respiration）又称厌氧呼吸，指在无氧条件下，某些厌氧或兼性厌氧微生物以外源无机氧化物（少数为有机氧化物）为末端氢（电子）受体时发生的一类产能效率低的特殊呼吸。其特点是底物按常规途径脱氢后，经部分呼吸链递氢，最终由氧化态的无机物或有机物受氢，并完成氧化磷酸化产能反应。无氧呼吸的最终产物也是水和 CO_2，并生成 ATP 和较还原的无机物。但因最终电子受体为无机氧化物，一部分能量转移给它们，所生成的能量低于有氧呼吸。根据呼吸链末端氢受体的不同，可把无氧呼吸分成以下多种类型（图 6-18）。

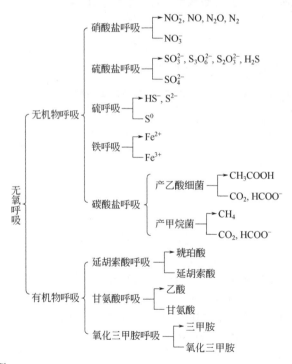

图 6-18　无氧呼吸类型

（1）硝酸盐呼吸指在无氧条件下，某些兼性厌氧微生物利用硝酸盐作为呼吸链的最终氢受体，把它还原成亚硝酸、NO、N_2O 直至 N_2 的过程，又称为异化性硝酸盐还原作用（dissimilatory nitrate reduction）或反硝化作用（denitrification）。

能进行硝酸盐呼吸的都是一些兼性厌氧微生物——反硝化细菌，如地衣芽孢杆菌（*Bacillus licheniformis*）、脱氮副球菌（*Paracoccus denitrificans*）、铜绿假单胞菌（*Pseudomonas aeruginosa*）和脱氮硫杆菌（*Thiobacillus denitrificans*）等。反硝化作用发生在有硝酸盐存在的土壤、水体、淤泥和废物处理系统等厌氧生境中。在通气不良的土壤中，反硝化作用会造成氮肥的损失。在污水处理系统中，通过反硝化细菌的反硝化作用可进行污水脱氮，这是氧化塘法处理污水的原理之一，对环境保护具有重大意义。但反硝化作用的中间产物 NO 和 N_2O 等具有温室效应，而且 N_2O 在阳光的照射下可以转变为 NO，NO 可与空气中的臭氧反应生成亚硝酸盐（酸雨），因此应尽量设法防止反硝化作用的进行。

（2）硫酸盐呼吸（sulfate respiration）是一类称作硫酸盐还原细菌（或反硫化细菌）的严格厌氧菌在无氧条件下获取能量的方式，其特点是底物脱氢后，经呼吸链递氢，最终由末端氢受体硫酸盐受氢，在递氢过程中与氧化磷酸化作用相偶联而获得 ATP。除了硫酸盐外，作为电子受体的还有亚硫酸盐、硫代硫酸盐或其他氧化态硫化物。硫酸盐呼吸的最终还原产物是 H_2S。能进行硫酸盐呼吸的严格厌氧菌有脱硫脱硫弧菌（*Desulfovibrio desulfuricans*）、巨大脱硫弧菌（*D. gigas*）和致黑脱硫肠状菌（*Desulfotomaculum nigrificans*）等。

在浸水或通气不良的土壤中，厌氧微生物的硫酸盐呼吸及其有害产物对植物根系生长十分不利（例如引起水稻秧苗的烂根等），还引起埋于土壤或水底的金属管道与建筑构建的腐蚀，故应设法防止。但硫酸盐还原细菌有清除重金属离子和有机污染的作用。

（3）硫呼吸（sulphur respiration）以无机硫作为呼吸链的最终氢受体并产生 H_2S 的生物氧化作用。能进行硫呼吸的都是一些兼性或专性厌氧菌，主要有硫还原菌属（*Desulfurella*）和脱硫单胞菌属（*Desulfuromonas*）的成员。例如氧化乙酸脱硫单胞菌（*Desulfuromonas acetoxidans*）厌氧条件下通过氧化乙酸为 CO_2 和还原元素硫为 H_2S 的偶联反应而生长。还发现了最适生长温度近 90℃ 甚至还要高的极端高温硫还原古菌，它们利用小肽或葡萄糖作为电子供体。

（4）铁呼吸（ironrespiration）在某些专性厌氧菌和兼性厌氧菌（包括化能异养细菌、化能自养细菌和某些真菌）中发现，其呼吸链末端的氢受体是 Fe^{3+}。

（5）碳酸盐呼吸（carbonate respiration）是一类以 CO_2 或碳酸氢盐作为呼吸链末端氢受体的无氧呼吸。根据其还原产物不同而分两类：其一是产甲烷菌产生甲烷的碳酸盐呼吸，它们利用 H_2 作为电子供体（能源），以 CO_2 作为末端电子受体，产物为甲烷；其二是产乙酸细菌产生乙酸的碳酸盐呼吸，它们利用 H_2 作为电子供体，以 CO_2 作为电子受体，但最终产物为乙酸。两种类群的菌都是一些专性厌氧菌，在厌氧生境系统中起着重要的作用。特别是其中的产甲烷菌，它作为厌氧生物链中的最后一个成员，在自然界的沼气形成及环境保护的厌氧消化（anaerobic digestion）中担负着重要的角色。

（6）延胡索酸呼吸（fumarate respiration）以延胡索酸作为末端氢受体，还原产物是琥珀酸。能进行延胡索酸呼吸的微生物都是一些兼性厌氧菌，如埃希氏菌属（*Escherichia*）、变形杆菌属（*Proteus*）、沙门氏菌属（*Salmonella*）和克氏杆菌属（*Klebsiella*）等肠杆菌；一些厌氧菌，如拟杆菌属（*Bacteroids*）、丙酸杆菌属（*Propionibacterium*）和产琥珀酸弧菌（*Vibrio succinogenes*）等也能进行延胡索酸呼吸。

近年来，又发现了几种类似于延胡索酸呼吸的无氧呼吸，它们都以有机氧化物作为无氧环境下呼吸链的末端氢受体，包括甘氨酸（还原成乙酸）、二甲基亚砜[DMSO，还原成二甲基硫化物（dimethyl sulfide，DMS）]，以及氧化三甲基胺 [trimethylamine oxide，还原成三甲基胺（trimethylamine）] 等。

3. 发酵

"发酵 (fermentation)" 有两个含义，广义的发酵指任何利用好氧性或厌氧性微生物来生产有用代谢产物或食品、饮料的一类生产方式。这里要介绍的仅是用于生物体能量代谢中的狭义发酵概念，它指在无氧等外源氢受体的条件下，底物脱氢后所产生的还原力[H]未经呼吸链传递而直接交给某一内源性中间代谢物接受，以实现底物水平磷酸化产能的一类生物氧化反应。这种氧化不彻底，只释放一部分自由能。如 1 分子葡萄糖进行酒精发酵时产生 2 分子乙醇和 2 分子 ATP（详见第六章第二节丙酮酸代谢的多样性部分）。

发酵作用是厌氧菌获得能量的主要方式，有些兼性厌氧菌也能进行发酵作用。但是，兼性厌氧菌在进行发酵时，若有氧存在，则会发生呼吸作用而抑制发酵的进行，此乃巴斯德效应 (Pasteur effect)。例如，在利用酵母菌发酵生产酒精时，若通入 O_2 则发酵作用下降，而呼吸作用加强，葡萄糖的利用速率大大降低，酒精生成被抑制，菌体生长速率升高。所以发酵时要求不能有氧气存在。

有氧呼吸、无氧呼吸及发酵的比较见表 6-3 和图 6-19。

表 6-3　有氧呼吸、无氧呼吸和发酵的总结比较

产能方式	生长条件	最终氢（电子）受体	产生 ATP 磷酸化类型	ATP 数（1mol 葡萄糖）
有氧呼吸	有氧	分子氧（O_2）	底物水平磷酸化	36 或 38[①]
无氧呼吸	无氧	通常为无机底物（如 NO_3^-、SO_4^{2-} 或 CO_3^{2-} 等）	底物水平磷酸化和氧化磷酸化	变化（小于 38 大于 2）
发酵	有氧或无氧	有机分子	底物水平磷酸化	2

① 原核生物有氧呼吸产生 38 分子 ATP，真核生物有氧呼吸产生 36 分子 ATP。

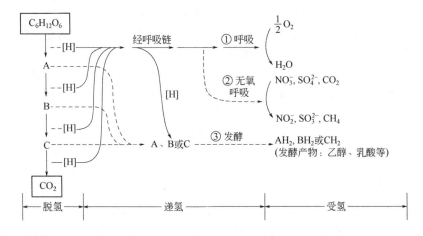

图 6-19　有氧呼吸、无氧呼吸和发酵示意图

四、能量利用和贮存

1. 生物合成是能量利用的主要方面

合成代谢是一个耗能过程，所需能量来自有机物的分解、无机物氧化或来自光能。无论

通过什么途径产生的能量，都主要以 ATP 的形式参与细胞的生物合成。估计由 ATP 供给的能量大约有 1/3 用于合成各种细胞物质，使微生物得以生长和繁殖。

2. 微生物的许多其他生命活动都需要消耗能量

所有微生物都要消耗一部分 ATP，用以维持其生命的基础代谢。实验证明，所有细胞中的蛋白质、核酸的合成和降解总是不停地进行着，即不断地进行合成，又不断地进行降解，在数量上保持一种动态平衡。此外微生物对营养物质的主动吸收（主动运输和基团移位）、细胞质流动、孢子释放和鞭毛运动都需要消耗能量。

3. 生物发光

在真菌、细菌和藻类中都有能发光的菌种。生物发光是一种能量转移的方式，是光合作用的逆行。先形成一种分子的激活态，当这种激活态返回到基态时就发出光来。不同种类的发光细菌的发光机制是相同的，是由特异性的荧光素酶（由 α 和 β 两条多肽亚基组成）、$FMNH_2$、O_2 和长链脂肪族醛（通常是棕榈醛）所参与的复杂反应，在 450~490nm 时发射蓝绿光。

$$FMNH_2 + O_2 + RCHO \longrightarrow FMN + RCOOH + H_2O + 光$$

反应中，反应底物 $FMNH_2$、RCHO 和产物 FMN 都结合在细菌荧光素酶的 α 多肽亚基的有限区域，β 亚基的作用虽然未知，但有的研究者认为 β 亚基仅仅是为了维持 α 亚基的活性的构造。研究还发现，在 RCHO 缺乏的情况下，荧光素酶也可以催化 $FMNH_2$ 和 O_2 反应，生成 FMN 和 H_2O_2，但只能发出极其微弱的光。而在 RHCO 存在的条件下则可以发出持续的、稳定的荧光。由于生物发光与普通的电子传递争夺 NADPH 的电子，因此当电子传递体系被抑制剂阻断时，发光的强度增大。

4. 生物热

生物热的产生是在微生物活动中，能量以热的形式散失。在需 ATP 的合成反应中，ATP 水解时，释放出的能量并非全部被利用。例如，水解 1mol ATP 可释放 30.5kJ 能量，而合成 1 个酰胺键或酯键仅需 12.6kJ 能量，其余以热的形式散失。一般认为，微生物以热的形式消耗的 ATP，占 ATP 总量的比例并不大。大肠杆菌每克干细胞每小时有 4.2kJ 的能量是以热的形式释放出来的，而果蝇为 0.42kJ，人为 0.042kJ，可见微生物产生的热量较多。在实践中，青贮和堆肥中常表现出的温度升高现象即为生物热。

第二节

分解代谢

微生物的分解代谢指它们对各种大分子物质（如多糖、蛋白质、核酸和类脂）及其单体（如糖类、氨基酸、核苷酸和脂肪酸）和其他有机化合物的分解作用。分解代谢可分为三个阶段：第一阶段是将蛋白质、多糖以及脂类等大分子物质降解为氨基酸、单糖以及脂肪酸等小分子物质，该过程主要由微生物分泌的胞外酶起作用（见本节第三部分）；第二阶段是将第一阶段的产物降解为更为简单的乙酰辅酶 A、丙酮酸等能进入 TCA 循环的中间产物；第三阶段是通过 TCA 循环将第二阶段产物完全降解生成 CO_2。在第二和第三阶段伴随有 ATP、NADH 和 $FADH_2$ 的产生，其中 NADH 和 $FADH_2$ 通过电子传递链被氧化，并产生大量的 ATP。

一、葡萄糖的分解及丙酮酸的生成

对于大多数异养型微生物来说，己糖是最重要的碳源和能源，也是微生物细胞壁、荚膜和贮藏物的主要组成成分，尤其是葡萄糖和果糖，可以直接进入糖代谢途径，逐步分解成各种中间产物，并释放出能量。

1. EMP 途径

EMP 途径（Embden-Meyerhof-Parnas pathway）又称糖酵解途径（glycolysis pathway）或己糖二磷酸途径（hexose diphosphate pathway），广泛存在于动植物和许多微生物中，是绝大多数微生物共有的基本途径。反应步骤如图 6-20 所示。该途径可分为两个部分，在起始六碳阶段，葡萄糖首先经过两次磷酸化转变为 1,6-二磷酸果糖，在这个过程中消耗 2 分子 ATP。1,6-二磷酸果糖在 EMP 途径的特征酶 1,6-二磷酸果糖醛缩酶的催化下分解为 3-磷酸甘油醛和磷酸二羟丙酮，糖酵解的三碳阶段开始。其中磷酸二羟丙酮也可转变为 3-磷酸甘油醛，3-磷酸甘油醛通过 5 步逐渐转变为丙酮酸，在这个过程中共生成 2 分子丙酮酸，2 分子 $NADH+H^+$ 和 4 分子 ATP。由于在前面葡萄糖磷酸化时用去 2 分子 ATP，所以净得 2 分子 ATP。

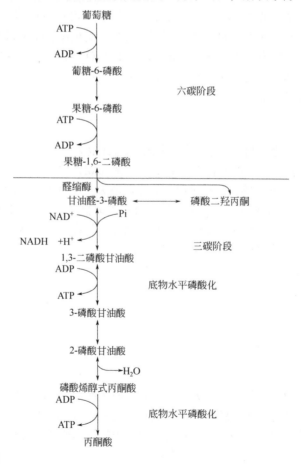

图 6-20　EMP 途径

EMP 途径的总反应式为：

$$C_6H_{12}O_6 + 2NAD^+ + 2ADP + 2P_i \longrightarrow 2CH_3COCOOH + 2NADH + 2H^+ + 2ATP + 2H_2O$$

EMP 途径中参与催化反应的酶均位于细胞质中，该过程不需要氧的参与，能够在有氧和无氧的条件下发生。EMP 途径可为微生物的生理活动提供 ATP 和 $NADH_2$，是连接 TCA 循环、HMP 途径和 ED 途径等代谢途径的桥梁，并可为生物合成提供多种中间代谢物。微生物通过 EMP 途径的逆向反应可进行多糖合成，在无氧的情况下微生物经 EMP 途径可以进行乙醇、乳酸、甘油、丙酮和丁醇等发酵，因此 EMP 途径与人类生产实践关系密切。

2. HMP 途径

HMP 途径是从 6-磷酸葡萄糖酸开始分解的，即在单磷酸己糖基础上开始降解，故称为己糖磷酸途径（hexose monophosphate pathway，HMP），简称 HMP 途径，又称戊糖磷酸途径（pentose phosphate pathway）或 WD 途径（Warburg-Dickens pathway）。

HMP 途径（见图 6-21）可概括为 3 各阶段：①葡萄糖分子通过几步氧化反应产生 5-磷酸核酮糖和 CO_2；②5-磷酸核酮糖发生结构变化形成 5-磷酸核糖和 5-磷酸木酮糖；③几种磷酸戊糖在无氧参与的条件下发生碳架重排，生成一系列 7 碳、4 碳和 3 碳化合物。最后生成 6-磷酸果糖和 3-磷酸甘油醛。6-磷酸果糖经异构化生成 6-磷酸葡萄糖。3-磷酸甘油醛既可通过 EMP 途径转化成丙酮酸而进入 TCA 循环，也可通过果糖二磷酸醛缩酶和果糖二磷酸酶的作用而转化为己糖磷酸。

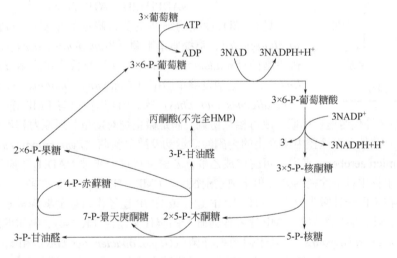

图 6-21 HMP 途径

在整个 HMP 过程中，由 6 分子的 6-磷酸葡萄糖一起参与反应，最后除 1 分子 6-磷酸葡萄糖被氧化成 CO_2 和 H_2O 外，又生成 5 分子的 6-磷酸葡萄糖。其特点是葡萄糖不经 EMP 途径和 TCA 循环而得到彻底氧化，并能产生大量 $NADPH + H^+$ 形式的还原力以及多种重要中间代谢产物。HMP 途径的总反应式为：

6 葡萄糖-6-磷酸 + $12NADP^+$ + $6H_2O$ ⟶ 5 葡萄糖-6-磷酸 + 12NADPH + $12H^+$ + $6CO_2$ + P_i

虽然这条途径中产生的 NADPH 可经呼吸链氧化产能，1mol 葡萄糖经 HMP 途径最终可得到 35mol ATP，但这不是代谢中的主要方式。一般认为 HMP 途径不是产能途径，而是为生物合成提供大量的还原力（NADPH）和中间代谢产物。如：5-磷酸核糖是合成核酸和某些辅酶的原料；4-磷酸赤藓糖是合成芳香族氨基酸和维生素 B_6（吡哆醛）、杂环族氨基酸（苯丙氨酸、酪氨酸、色氨酸和组氨酸）的重要前体；5-磷酸核酮糖可转化为 1,5-二磷酸核酮糖，在羧化酶的催化下固定 CO_2，对光能自养微生物和化能自养微生物意义重大。另外，HMP 途径

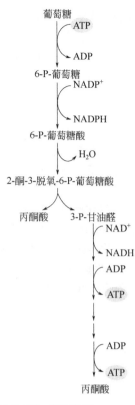

葡萄糖

6-P-葡萄糖

6-P-葡萄糖酸

2-酮-3-脱氧-6-P-葡萄糖酸

丙酮酸　3-P-甘油醛

丙酮酸

图 6-22　ED 途径

为微生物利用 $C_3 \sim C_7$ 多种碳源提供了必要的代谢途径，扩大了碳源利用范围。

3. ED 途径

ED 途径（Entner-Doudoroff pathway）是少数 EMP 途径不完整的细菌所特有的利用葡萄糖的替代途径，为微生物所特有。因最初由 N. Entner 和 M. Doudoroff 两人（1952 年）在嗜糖假单胞菌（*Pseudomonas saccharophila*）中发现，故名。在 ED 途径中，6-磷酸葡萄糖首先脱氢生成 6-磷酸葡萄糖酸，随后 6-磷酸葡萄糖酸脱水生成 2-酮-3-脱氧-6-磷酸葡萄糖酸（KDPG），然后在该途径的特征性酶 KDPG 醛缩酶的催化下裂解为丙酮酸和甘油醛-3-磷酸。后者在糖酵解途径的后半部分转变成丙酮酸。该途径的产能效率低，1 分子葡萄糖经 ED 途径只产生 1 分子 ATP、1 分子 NADPH、1 分子 NADH 和 2 分子丙酮酸（图 6-22）。ED 途径的总反应式为：

$$C_6H_{12}O_6 + NAD^+ + NADP^+ + ADP + P_i \longrightarrow 2CH_3COCOOH + NADH + NADPH + 2H^+ + ATP + 2H_2O$$

具有 ED 途径的细菌主要有嗜糖假单胞菌（*Pseudomonas saccharophila*）、铜绿假单胞菌（*Pseudomonas aeruginosa*）、荧光假单胞菌（*Pseudomonas fluorescens*）、林氏假单胞菌（*Pseudomonas lindneri*）、运动发酵单胞菌（*Zymomonas mobilis*）和真养产碱菌（*Alcaligenes eutrophus*）等。ED 途径可与 EMP 途径、HMP 途径和 TCA 循环等代谢途径相联，故可相互协调，满足微生物对能量、还原力和不同中间代谢产物的需要。此外，本途径中所产生的丙酮酸对运动发酵单胞菌（*Zymomonas mobilis*）这类微好氧菌（microaerobes）来说，可脱羧成乙醛，乙醛又可进一步被 NADH₂ 还原为乙醇。

不同微生物中各条途径的分布和比例差别很大。EMP、HMP 途径是许多微生物共有的，往往同时存在于同一种微生物中，只以 EMP 途径或 HMP 途径作为葡萄糖降解唯一途径的微生物并不多，只有很少的菌以 HMP 途径作为唯一的碳代谢途径（表 6-4），例如弱氧化醋酸杆菌（*Acetobacter suboxydans*）、氧化葡萄糖杆菌（*Gluconobacter oxydans*）和氧化醋单胞菌（*Acetomonas oxydans*）。而 ED 途径只在某些假单胞菌中才有，并在多数情况下与 HMP 途径共存，单独存在的种类也不多。当同一种微生物中同时存在 EMP 途径和 HMP 途径时，在代谢中两者所占的比例也可因环境变化而有较大变动。例如，在甘油工业生产上，产甘油假丝酵母在不同的营养和发酵条件下，EMP 途径和 HMP 途径的比例变化会显著影响到甘油的合成量。

表 6-4　不同微生物中葡萄糖降解途径的分布 %

微生物	EMP	HMP	ED	微生物	EMP	HMP	ED
酿酒酵母	88	12	—	嗜糖假单胞菌	—	—	100
产朊假丝酵母	66~81	19~34	—	枯草芽孢杆菌	74	26	—
灰色链霉菌	97	3	—	氧化葡萄糖杆菌	—	100	—
产黄青霉	77	23	—	真养产碱杆菌	—	—	100
大肠杆菌	72	28	—	运动发酵单胞菌	—	—	100
铜绿假单胞菌	—	29	71	藤黄八叠球菌	70	30	—

二、丙酮酸代谢的多样性

由葡萄糖降解至丙酮酸后，丙酮酸的进一步代谢去向视不同的微生物和环境条件而异。在有氧条件下，丙酮酸通过三羧酸循环彻底氧化成 CO_2，生成的 $NADH+H^+$ 和 $FADH_2$，进入呼吸链，将 H^+ 和电子交给最终受体分子氧，生成水，获得能量。在无氧条件下，一些微生物可以进行发酵作用，将丙酮酸转化为各种发酵产物。

(一) 好氧分解——TCA 循环

TCA 循环（tricarboxylic acid cycle）又称 Krebs 循环或柠檬酸循环（citric acid cycle），由诺贝尔奖获得者（1953 年）、德国学者 H. A. Krebs 于 1937 年提出。该循环是指由丙酮酸经过一系列循环式反应而彻底氧化、脱羧，形成 CO_2、H_2O 和 $NADH + H^+$ 的过程。这是一个广泛存在于各种生物体中的重要生物化学反应，在各种好氧微生物中普遍存在。在真核微生物中，TCA 循环的反应在线粒体内进行，其中的大多数酶位于线粒体的基质中；在原核生物中，大多数酶位于细胞质内。只有琥珀酸脱氢酶属于例外，它在线粒体或原核细胞中都是结合在膜上。

TCA 循环的反应过程见图 6-23。丙酮酸首先被脱羧，生成 1 分子 NADH 和 1 分子乙酰辅酶 A，该反应被称为 TCA 循环前的"入门反应"（gateway step）。接着乙酰辅酶 A 的乙酰基与草酰乙酸结合生成柠檬酸。柠檬酸再经过脱氢、脱羧及氧化反应，释放出另外 2 个 CO_2 分子。最后重新生成草酰乙酸，且又可以作为乙酰基受体来参与 TCA 循环。

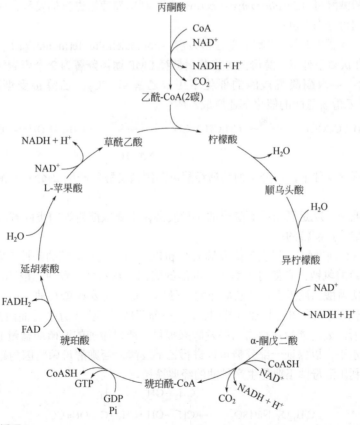

图 6-23　TCA 循环

通过 TCA 循环，1 分子丙酮酸被氧化后可释放出 3 分子 CO_2，并生成 4 分子 $NADH + H^+$、1 分子 $FADH_2$ 和 1 个 GTP，相当于 15 分子的 ATP。

$$丙酮酸 + 4NAD^+ + FAD + GDP + Pi + 3H_2O \longrightarrow 3CO_2 + 4NADH + 4H^+ + FADH_2 + GTP$$

在 TCA 循环中生成一系列二羧酸和三羧酸化合物，最后又再生成草酰乙酸，其结果是乙酰辅酶 A 被分解成 CO_2、NADH 和 $FADH_2$，NADH 和 $FADH_2$ 可以进入呼吸链进行有氧呼吸，产生大量能量。在该循环途径中虽然没有氧气的直接参与，但因为 NAD^+ 和 FAD 再生时需氧，所以该途径必须在有氧条件下才能正常运转。TCA 位于一切分解代谢和合成代谢中的枢纽地位，不仅可为微生物的生物合成提供各种碳架原料，而且还与人类的发酵生产紧密相关，如：α-酮戊二酸和草酰乙酸是许多氨基酸的前体；琥珀酰辅酶 A 用来生成细胞色素、叶绿素及其他四氢吡咯化合物中的卟啉环；草酰乙酸可以转化成磷酸烯醇丙酮酸，而磷酸烯醇丙酮酸是葡萄糖异生的一个前体；乙酰辅酶 A 为脂肪酸的合成提供了原料。

（二）厌氧发酵

葡萄糖转化为丙酮酸后，在无氧条件下，厌氧微生物和兼性厌氧微生物可以通过不同的途径将丙酮酸转化为多种发酵产物。根据发酵产物的种类可分为乙醇发酵、乳酸发酵、混合酸发酵和丁二醇发酵、丁酸发酵、丙酮-丁醇发酵、乙酸发酵及丙酸发酵等，下面主要介绍与 EMP、HMP、ED 途径有关的发酵。

1. 酵母菌的发酵

酵母菌如酿酒酵母（*Saccharomyces cerevisiae*）利用葡萄糖进行的发酵，根据不同条件下代谢产物的不同可分为三种类型：

I 型发酵（乙醇发酵）：又称同型乙醇发酵（homoalcholic fermentation），发酵产物只有乙醇和 CO_2。在厌氧条件下，酵母菌可将葡萄糖经 EMP 途径降解为 2 个丙酮酸，然后在乙醇发酵的关键酶——丙酮酸脱羧酶的催化下生成乙醛和 CO_2，乙醛接受糖酵解中产生的 $NADH + H^+$，在乙醇脱氢酶的催化下还原成乙醇：

$$CH_3COCOOH \xrightarrow{\text{脱羧酶}} CH_3CHO + CO_2 \xrightarrow[\substack{NADH+H^+}]{\text{乙醇脱氢酶}} CH_3CH_3OH + NAD^+$$

因此，在厌氧条件下，每分子葡萄糖经酵母菌酒精发酵后产生 2 分子乙醇、2 分子 CO_2 和 2 分子 ATP。

在酒精工业上，就是利用酿酒酵母的 I 型发酵，主要以淀粉等糖类降解后的葡萄糖等可发酵性糖为底物生产酒精的。

II 型发酵（甘油发酵）：以上乙醇发酵只在 pH3.5～4.5 以及厌氧的条件下发生。如果在培养基中加入亚硫酸氢钠，它便与乙醛生成难溶的磺化羟基乙醛，致使乙醛不能作为 $NADH_2$ 的氢受体，迫使磷酸二羟丙酮代替乙醛作为氢受体，先生成 α-磷酸甘油，然后再水解去磷酸生成甘油。由于酵母菌在进行甘油发酵时，1 分子葡萄糖只产生 1 分子甘油而没有 ATP 产生，这时菌体生长所需要的能量还得由乙醇发酵来提供，所以添加的亚硫酸盐必须控制在 3%（亚适量）的水平，以保证一部分糖可以进行乙醇发酵，否则酵母菌将因为得不到能量而停止发酵。这是利用酵母菌工业化生产甘油的经典途径。

$$C_6H_{12}O_6 + NaHSO_3 \longrightarrow \begin{array}{c} CH_2-OH \\ | \\ CH-OH \\ | \\ CH_2-OH \end{array} + CH_3-\begin{array}{c} H \\ | \\ C-OH \\ | \\ OSO_2Na \end{array} + CO_2$$

III型发酵（甘油发酵）：在弱碱性（pH>7.5）条件下，乙醛也不能作为正常的氢受体，于是 2 分子乙醛之间进行歧化反应，分别氧化和还原生成 1 分子乙酸和 1 分子乙醇。

$$CH_3CHO+H_2O+NAD^+ \longrightarrow CH_3COOH+NADH+H^+$$

$$CH_3CHO+NADH+H^+ \longrightarrow CH_3CH_2OH+NAD^+$$

同时由磷酸二羟丙酮担任氢受体接受来自 3-磷酸甘油醛脱下的氢而生成 α-磷酸甘油，后者经 α-磷酸甘油酯酶催化，生成甘油。所以发酵产物有乙酸、乙醇和甘油。其总反应为：

$$C_6H_{12}O_6 \longrightarrow \begin{array}{c} CH_2-OH \\ | \\ CH-OH \\ | \\ CH_2-OH \end{array} + CH_3CH_2OH + CH_3COOH$$

第一次世界大战与甘油发酵

第一次世界大战期间，德国需要甘油以制造硝化甘油。一段时期，德国依靠进口获得甘油，但这样的进口因被英国海军封锁而停止。德国科学家 Carl Neuberg 知道酿酒酵母利用糖进行乙醇发酵时常常产生微量的甘油。他试图改变发酵条件，利用酵母菌生产甘油而不是乙醇。正常的乙醇发酵中乙醛被 NADH 和乙醇脱氢酶还原成乙醇，Neuberg 发现这个反应在 pH7.0 时通过加入 3.5%亚硫酸氢钠而停止，二价的亚硫酸根离子与乙醛反应，使乙醛不能有效地还原成乙醇。因为即使没有乙醛，酵母菌也必须使 NAD^+ 再生。Neuberg 猜想它们将增加甘油合成的速度来解决这一问题。正常情况下，磷酸二羟丙酮（糖酵解途径中的中间体）被 NADH 还原成磷酸甘油，随后被水解生产甘油。Neuberg 的猜想是正确的，德国酿酒厂用这种技术进行甘油生产，结果每月生产 1000t 甘油。在和平时期利用酿酒酵母生产甘油因经济上没有竞争力而停止。现在用嗜盐的盐生杜氏藻（*Dunaliella salina*）进行微生物法生产甘油，细胞内高浓度甘油积累可以抵消胞外高浓度盐的渗透压。杜氏藻能在像美国犹他州的盐湖和海边岩石水坑那样的地方生长。

2. 细菌酒精发酵

不同的细菌进行乙醇发酵时，其发酵途径也各不相同。如运动发酵单胞菌（*Zymomonas mobilis*）和厌氧发酵单胞菌（*Z. anaerobia*）利用 ED 途径分解葡萄糖生成丙酮酸，而丙酮酸脱羧生成乙醛，乙醛又被还原成乙醇。因此 1 分子葡萄糖经 ED 途径进行酒精发酵后产生 2 分子乙醇、2 分子 CO_2 和 1 分子 ATP。

$$C_6H_{12}O_6 + ADP + 2P_i \longrightarrow 2CH_3CH_2OH + 2CO_2 + ATP + H_2O$$

经 ED 途径进行的细菌酒精发酵比传统的酵母酒精发酵有较多的优点，包括代谢速率高、产物转化率高、菌体生成少、代谢副产物少、发酵温度较高以及不必定期供氧等。其缺点则是生长 pH 较高（细菌约 pH 5，酵母菌为 pH 3），较易染杂菌，并且对乙醇的耐受力较酵母菌低（细菌约耐 7%乙醇，酵母菌为 8%～10%）。

一些生长在极端酸性条件下的严格厌氧菌，如胃八叠球菌（*Sarcina ventriculi*）和肠杆菌科（Enterobacteriaceae）则是利用 EMP 途径进行乙醇发酵。

3. 乳酸发酵

许多细菌能利用葡萄糖产生乳酸，产生乳酸的这类细菌通常称为乳酸细菌。乳酸发酵有同型乳酸发酵（homolactic fermentation）和异型乳酸发酵（heterolactic fermentation）之分。它们在菌种、发酵途径、产物和产能水平上均不相同。

（1）同型乳酸发酵。同型乳酸发酵是指1分子葡萄糖经EMP途径生成2分子丙酮酸，而后2分子丙酮酸被2分子$NADH_2$全部还原成2分子乳酸，产物较纯。乳杆菌属（*Lactobacillus*）、链球菌属（*Streptococcus*）的多数细菌通过同型乳酸发酵途径产生乳酸，如德氏乳杆菌（*Lactobacillus delbruckii*）、嗜酸乳杆菌（*L. acidophilus*）、植物乳杆菌（*L. plantarum*）和干酪乳杆菌（*L. casei*）等。其反应式是：

$$CH_3COCOOH + NADH + H^+ \xrightarrow{\text{乳酸脱氢酶}} CH_3CHOHCOOH + NAD^+$$

结果1分子葡萄糖产生2分子乳酸和2分子ATP。

（2）异型乳酸发酵。凡葡萄糖经发酵后除主要产生乳酸外，还产生乙醇、乙酸和CO_2等多种产物的发酵，称异型乳酸发酵。有些乳酸菌因缺乏EMP途径中的醛缩酶和异构酶等若干重要酶，故其葡萄糖降解须完全依赖HMP途径。能进行异型乳酸发酵的乳酸菌有肠膜明串珠菌（*Leuconostoc mesenteroides*）、乳脂明串珠菌（*L. cermoris*）、短乳杆菌（*Lactobacillus brevis*）、发酵乳杆菌（*L. fermentum*）和两歧双歧杆菌（*Bifidobacterium bifidum*）等，它们虽都进行异型乳酸发酵，但其途径和产物仍稍有差异，因此又被细分为两条发酵途径。

① 异型乳酸发酵的"经典"途径（"classical" pathway）：常以肠膜明串珠菌为代表，它在利用葡萄糖时，发酵产物为乳酸、乙醇和CO_2，并产生1分子H_2O和1分子ATP；利用核糖时的产物为乳酸、乙酸、$2H_2O$和2ATP；而利用果糖时则为乳酸、乙酸、CO_2和甘露醇（3果糖→乳酸+乙酸+CO_2+2甘露醇）。具体反应可见图6-24。

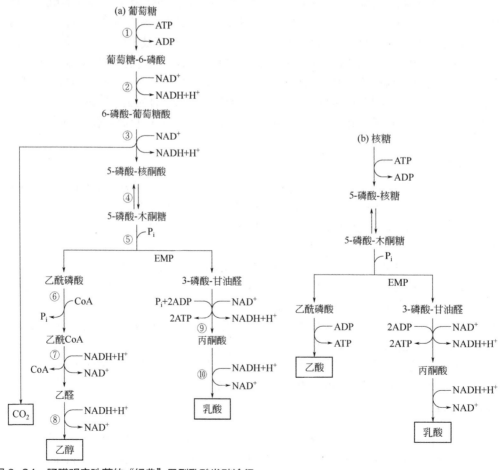

图6-24 肠膜明串珠菌的"经典"异型乳酸发酵途径

在异型乳酸发酵途径中，由木酮糖-5-Pi 经磷酸转酮酶（phosphoketolase）产生乙酰磷酸和甘油醛-3-磷酸后，再分别产生乙醇和乳酸。其反应细节见图 6-25。

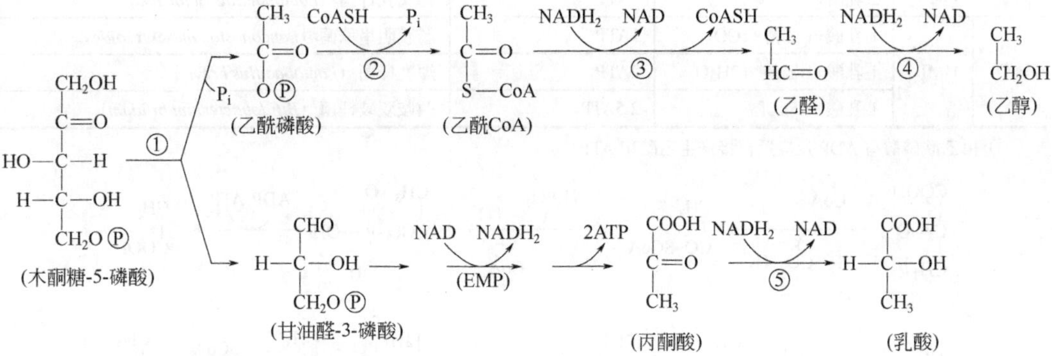

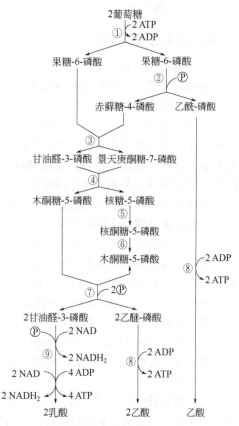

图 6-25　异型乳酸发酵途径中的部分反应

①磷酸转酮酶，②磷酸转乙酰酶，③乙醛脱氢酶，④乙醇脱氢酶，⑤乳酸脱氢酶

② 异型乳酸发酵的双歧杆菌途径：这是一条在 20 世纪 60 年代中后期才发现的双歧杆菌通过 HMP 发酵葡萄糖的新途径。特点是 2 分子葡萄糖可产 3 分子乙酸、2 分子乳酸和 5 分子 ATP。有关异型乳酸发酵的双歧杆菌途径细节见图 6-26。

由上可知，每分子葡萄糖产 ATP 数在不同乳酸发酵途径中是不同的（表 6-5）。

乳酸发酵在工业上用于生产乳酸，在农业上用于青贮饲料的发酵。此外，在食品加工中可由牛奶生产奶酪和酸奶，用各种蔬菜泡制泡菜等，这不仅增加了食品的风味，还提高了其营养价值。此外，乳酸在饲料青贮过程中起到了防腐、增加饲料风味和促进牲畜食欲的作用。

4. 丁酸发酵

这是由专性厌氧的梭菌所进行的一种发酵，因产物中含有丁酸，故称为丁酸发酵，丁酸发酵的代表菌为丁酸梭菌（*Clostridium butyricum*）。其具体步骤为：葡萄糖经 EMP 途径产生丙酮酸，由丙酮酸进一步生成乙酰辅酶 A、H_2 和 CO_2。乙酰辅酶 A 既可以由 2 分子乙酰辅酶 A 缩合成乙酰乙酰辅酶 A，还原成丁酰辅酶 A，并进而转化成丁酸，也可以生成高能化合物乙酰磷酸，它可以将磷酸交给 ADP 生成乙酸和 ATP。因此，在丁酸发酵产物中含有丁酸、乙酸、CO_2 和 H_2（图 6-27）。

图 6-26　异型乳酸发酵的双歧杆菌途径

①己糖激酶和 6-磷酸-葡萄糖异构酶，②6-磷酸-果糖磷酸转酮酶，③转醛醇酶，④转羟乙醛酶（转酮醇酶），⑤5-磷酸-核糖异构酶，⑥5-磷酸-核酮糖异构酶，⑦5-磷酸-木酮糖磷酸转酮酶，⑧乙酸激酶，⑨同 EMP 途径相应酶

表6-5　同型乳酸发酵与两种异型乳酸发酵的比较

类型	途径	产物（1葡萄糖）	产能（1葡萄糖）	代表菌种
同型	EMP	2乳酸	2ATP	德氏乳杆菌（*Lactobacillus delbruckii*）
异型	HMP	1乳酸+1乙醇+1CO_2	1ATP	肠膜明串珠菌（*Leuconostoc mesenteroides*）
		1乳酸+1乙酸[①]+2H_2O	2ATP	短乳杆菌（*Lactobacillus brevis*）
		1乳酸+1.5乙酸	2.5ATP	两歧双歧杆菌（*Bifidobacterium bifidum*）

① 由乙酰磷酸与ADP反应后直接产生乙酸和ATP。

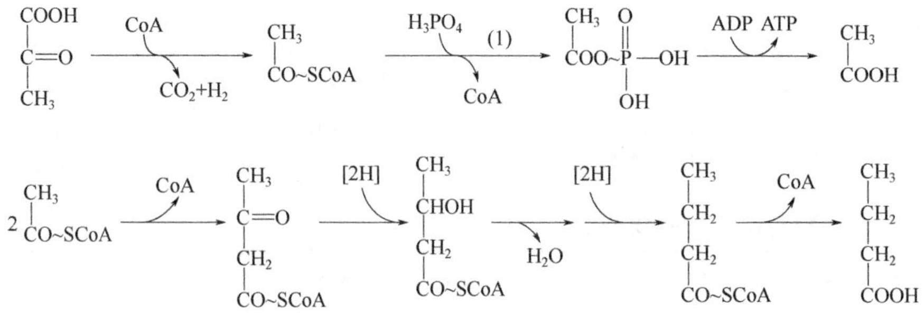

图6-27　丁酸发酵途径

5. 混合酸和丁二醇发酵

某些肠杆菌，如埃希氏菌属（*Escherichia*）、沙门氏菌属（*Salmonella*）和志贺氏菌属（*Shigella*）中的一些细菌发酵葡萄糖生成琥珀酸、乳酸、甲酸、乙酸、乙醇、CO_2和H_2等产物。因为产物中有多种有机酸，故称混合酸发酵（mixed acids fermentation）。混合酸发酵以EMP途径为基础，它的多种产物是由葡萄糖分解生成的丙酮酸，在多种酶的催化下生成的：乳酸由部分丙酮酸经乳酸脱氢酶催化而来；其余丙酮酸由丙酮酸甲酸裂解酶裂解成甲酸和乙酰CoA，其中一部分乙酰CoA在乙醛脱氢酶和乙醇脱氢酶作用下还原成乙醇，另一部分乙酰CoA则由磷酸转乙酰酶和乙酸激酶催化成乙酸；在大肠杆菌与产气肠杆菌中还有一种在厌氧条件下合成的酶——甲酸氢解酶，它在酸性条件下催化甲酸裂解成CO_2和H_2；所以大肠杆菌与产气肠杆菌发酵葡萄糖时产酸、产气，而志贺氏菌没有甲酸氢解酶，故发酵葡萄糖时产酸，不产气，这样就可以通过葡萄糖发酵试验将大肠杆菌与志贺氏菌区别开来；而琥珀酸则由一部分磷酸烯醇丙酮酸经磷酸烯醇丙酮酸羧化酶与苹果酸脱氢酶还原而来（图6-28）。混合酸发酵时，1分子葡萄糖产生2.5分子ATP。

肠杆菌属（*Enterobacter*）、沙雷氏菌属（*Serratia*）和欧文氏菌属（*Erwinia*）中一些细菌的葡萄糖发酵产物中有大量2,3-丁二醇、更多H_2和CO_2以及少量乳酸、乙醇等，此种发酵称丁二醇发酵（butanediol fermentation）。发酵丁二醇时，大部分丙酮酸由乙酰乳酸合成酶催化成乙酰乳酸，再经乙酰乳酸脱羧酶脱羧成为3-羧基丁酮（乙酰甲基甲醇），然后再被丁二醇脱氢酶还原成为2,3-丁二醇。

丁二醇发酵中的中间产物——3-羟基丁酮是菌种鉴定的V-P试验（Voges-Proskauer test）的物质基础。3-羟基丁酮在碱性条件下被空气中的氧气氧化成乙二酰，它能与试剂中精氨酸的胍基反应生成红色化合物。产气肠杆菌产生大量3-羟基丁酮，故为V.P试验阳性，而大肠杆菌产生很少或不产3-羟基丁酮，故V.P试验为阴性（图6-29）。

产气肠杆菌产生的丁二醇是中性的，而大肠杆菌的产物中有多种有机酸，发酵液pH很低（<4.5），所以甲基红试验（methylene red test）大肠杆菌为阳性，产气肠杆菌为阴性。因此根据混合酸和丁二醇发酵可对肠道细菌进行多项生理生化指标鉴定。

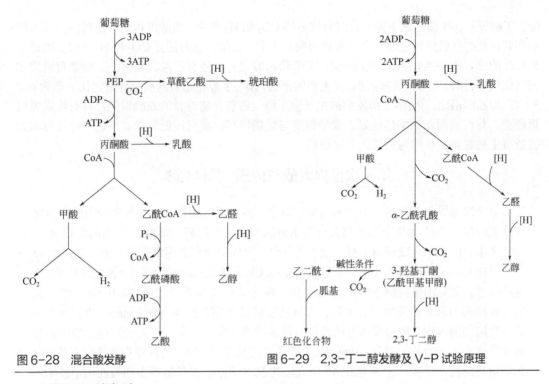

图 6-28　混合酸发酵

图 6-29　2,3-丁二醇发酵及 V-P 试验原理

6. 丙酮-丁醇发酵

　　能进行丙酮-丁醇发酵的微生物均为厌氧的梭菌，如丙酮丁醇梭菌（*Clostridium acetobutylicum*）、拜氏梭菌（*C. beijerinckii*）、*C. saccharoperbutylacetonicum* 和 *C. saccharobutylicum* 等。丙酮-丁醇发酵已被阐明为产酸期和产溶剂期两个阶段，其代谢途径如图 6-30 所示。在发酵初期，葡萄糖经 EMP 途径生成丙酮酸，丙酮酸产生大量的有机酸（乙

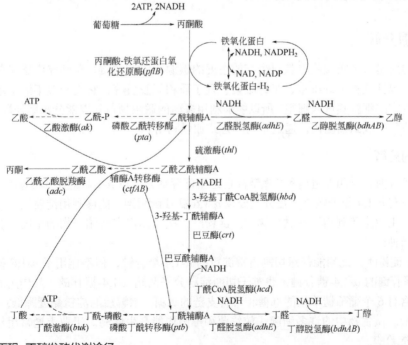

图 6-30　丙酮-丁醇发酵代谢途径

酸、丁酸等），pH 值迅速下降，此时有较多的 CO_2 和 H_2 产生。当酸度达到一定值后，进入产溶剂期，此时有机酸被还原，产生大量丙酮、丁醇、乙醇，也有部分 CO_2 和 H_2 产生。因此丁醇发酵的终产物种类较多，除了丙酮、丁醇和乙醇之外，还有乙酸、乳酸、丁酸等有机酸和二氧化碳等，原料的转化效率较低。其主要的产物丙酮、丁醇和乙醇的质量分数之比一般为 6：3：1。与乙醇相比，丙酮-丁醇发酵的主产物丁醇（占总产物含量的 60% 以上）具有性质更接近烃类、与汽油调和的配伍性好、能量密度与燃烧值高、蒸气压低等优点，是一种极具潜力的新型生物燃料，被称为第二代生物燃料。

第一次世界大战与丙酮-丁醇发酵

第一次世界大战期间，生产人造橡胶需要丁醇，而丙酮在无烟炸药生产中用作消化纤维素溶剂。1941 年以前通过高温分解木材的方式生产丙酮，每生产 1t 丙酮需要 80～100t 桦木、山毛榉木或枫树木材。战争爆发时，世界上现存的丙酮供不应求。然而 1915 年一个在英国满切斯特工作的年青犹太科学家 Chain Weizmann 发明了一种发酵技术，用这种技术，厌氧细菌丙酮丁醇羧菌可将 100t 糖蜜或谷物转变成 12t 丙酮和 24t 丁醇。这时，英国和加拿大的酿酒厂被改造，直到新发酵设备制造出来。Weizmann 找到一种筛选高产溶剂的丙酮丁醇羧菌菌株的简便方法及改进了生产工艺。因为在这种发酵中最有效菌株也产生最耐热的芽孢，Weizmann 只是利用反复的 100℃的热休克处理的方法，分离到耐热的高产菌株。在 20 世纪 40 年代末到 50 年代，在被价廉得多的石油化学技术取代之前，商业上一直用这种发酵工艺生产丙酮和丁醇。1948 年 Chian Weizmann 成为以色列的第一任总统。目前，因能源危机的日益加重，而丁醇是一种性能良好的可再生能源，丙酮丁醇发酵再次成为微生物和能源工程研究的一个热点。

三、其他有机物的分解

（一）多糖分解

糖类物质是大多数微生物赖以生存的主要的碳源和能源物质。自然界广泛存在的糖类只要是多糖，包括淀粉、纤维素、半纤维素、几丁质和果胶质等，它们一般不溶于水，不能直接通过微生物的细胞膜进入细胞。所以能够利用多糖的微生物首先要能分泌胞外酶水解多糖，然后才能将其吸收到细胞内，通过不同的方式加以利用。

1. 淀粉的分解

淀粉可分为直链和支链两种，直链淀粉是由葡萄糖分子以 α-1,4-糖苷键相连的长链；支链淀粉除了具有 α-1,4-糖苷键外，在分支处以 α-1,6-糖苷键相连。能够利用淀粉的微生物都能分泌淀粉酶，工业上可利用这些微生物生产淀粉酶。按照作用方式和产物的不同，淀粉酶主要包括以下四种：

（1）α-淀粉酶。此酶能任意切割直链淀粉的 α-1,4-糖苷键，但不作用于 α-1,6-糖苷键和邻近 α-1,6-糖苷键的 α-1,4-糖苷键，也难于切断淀粉分子两端 α-1,4-糖苷键。其作用的产物为麦芽糖以及含有 6 个葡萄糖单位的寡糖和带有支链的寡糖。水解后的淀粉黏度降低，液体变清，又称液化酶。微生物中的许多细菌、放线菌和霉菌均能产生此酶。工业上通常用枯草芽孢杆菌生产 α-淀粉酶。

（2）β-淀粉酶。该酶从直链淀粉的非还原端开始分解，按双糖为单位切割 α-1,4-糖苷键，每次分解出一个麦芽糖分子，可将直链淀粉彻底分解为麦芽糖。它不能作用于 α-1,6-糖苷键，也不能越过 α-1,6-糖苷键去作用于 α-1,4-糖苷键，所以该酶作用淀粉后的产物是麦芽糖和极限糊精。β-淀粉酶比较广泛地存在于植物和霉菌之中，但在细菌中不是普遍存在的。

（3）葡萄糖淀粉酶（糖化酶）。从淀粉分子的非还原端开始以葡萄糖为单位切割 α-1,4-糖苷键，不能作用于 α-1,6-糖苷键，但能越过 α-1,6-糖苷键继续作用于 α-1,4-糖苷键，水解产物几乎全是葡萄糖。根霉和曲霉中普遍存在这种酶。

（4）异淀粉酶。只作用于 α-1,6-糖苷键，故能水解 α-淀粉酶和 β-淀粉酶的水解产物糊精。在酵母、产气杆菌中存在这种酶。

后三种淀粉酶的共同特点是可将淀粉水解为麦芽糖或葡萄糖，所以称为糖化酶。在应用方面，淀粉酶可以用于液化脱浆、糖化和生产葡萄糖等。

2. 纤维素和半纤维素的分解

纤维素是一种结构多糖，是植物细胞壁的主要成分，它是由葡萄糖通过 β-1,4-糖苷键连接的大分子物质，每个分子由 10000 个以上的葡萄糖残基组成。不溶于水，人和动物均不能消化。但很多微生物通过分泌纤维素酶对纤维素进行分解。

纤维素酶是能够水解纤维素形成纤维二糖和葡萄糖的一类酶的总称，包括 C1 酶、Cx 酶和 β-葡萄糖苷酶三种，三种酶联合作用将纤维素水解。C1 酶破坏天然纤维素晶状结构，使天然纤维素转变为水合非结晶纤维素。Cx 酶不能切开天然纤维素，只能水解溶解的纤维素衍生物或者膨胀和部分降解的纤维素，它又分为内切酶和外切酶两种。内切酶以随机形式切割水合非结晶纤维素分子内部的 β-1,4-糖苷键，一般产物为纤维二糖和纤维糊精；外切酶从水合非结晶纤维素分子的非还原性末端作用于 β-1,4-糖苷键，每次切断一个 β-1,4-糖苷键，生成葡萄糖。β-葡萄糖苷酶又称纤维二糖酶，水解纤维二糖生成葡萄糖。

$$\text{天然纤维} \xrightarrow{\text{C1酶}} \text{水合非结晶纤维素} \xrightarrow{\text{Cx酶}} \text{纤维二糖+葡萄糖} \xrightarrow{\text{纤维二糖酶}} \text{葡萄糖}$$

真菌和放线菌的纤维素酶是胞外酶，分泌于培养基中，容易提取，目前使用的纤维素酶主要来自真菌和放线菌。细菌的纤维素酶结合在细胞膜上，是细胞表面酶。

植物细胞壁中除纤维素外还含有许多半纤维素，其结构主要是各种聚戊糖和聚己糖，最常见的是木聚糖。与纤维素相比，半纤维素容易被微生物所分解，许多微生物如曲霉、镰刀霉、木霉等霉菌，芽孢杆菌等细菌以及一些放线菌都具有产生某种半纤维素酶的能力，可将相应的半纤维素分解成单糖而吸收利用。

3. 几丁质的分解

几丁质是 N-乙酰氨基葡萄糖以 β-1,4-糖苷键相连的大分子化合物，是昆虫体壁和许多真菌细胞壁的组成成分。这种物质不易分解，能分解几丁质的微生物种类较少。在细菌中，嗜几丁素芽孢杆菌（*Bacillus chitinovorus*）和链霉菌（*Streptomyces* sp.）能分解几丁质，目前可从这两个菌的培养物中提取几丁质酶。几丁质酶能将几丁质水解成几丁二糖，再进一步由几丁二糖酶水解成 N-乙酰氨基葡萄糖。由于几丁质是真菌细胞壁的组分，在获得原生质体的实验中，常用几丁质酶分解细胞壁。

4. 果胶质的分解

果胶是植物细胞壁间质的主要成分，它是甲基半乳糖醛酸以 α-1,4-糖苷键形成的直链高分子化合物，与钙结合成原果胶质。果胶质的分解靠一系列的酶作用，首先，原果胶质酶将原果胶质水解成聚合链较短的、可溶性的多聚甲基半乳糖醛酸，即果胶。果胶再由果胶酶作用生成果胶酸，最后，果胶酸经果胶酸酶水解成半乳糖醛酸。有些细菌和真菌，尤其是植物病原菌，都具有果胶酶系。工业上用的果胶酶主要来自黑曲霉。

在生产中，可利用微生物产生的果胶酶进行纤维植物（如亚麻、黄麻、大麻、苎麻等）脱胶，也可用果胶酶使橘子脱囊衣，使果酒澄清。纺织工业中用果胶酶处理棉织品。

（二）蛋白质的分解

蛋白质是大分子的含氮化合物，是构成生物细胞的主要成分，其分解产物为胺和氨基酸。蛋白质及其不同程度的降解产物通常可作为微生物生长的氮源，在某些条件下，也可作为生长的碳源和能源。蛋白质是大分子化合物，不能直接进入细胞，必须靠胞外蛋白酶水解成小分子肽或氨基酸后才能进入细胞，短肽在肽酶的作用下进一步分解成氨基酸。肽酶的作用是从多肽的一端开始，为自由氨基端，或为自由羧基端，每次水解出一个氨基酸。肽酶有专一性，通常根据它们的作用部位分为氨肽酶和羧肽酶。

微生物利用蛋白质的能力因菌种而差异很大。真菌中的毛霉、曲霉都具有分解力强的蛋白酶，细菌中只有芽孢杆菌、肠杆菌和假单胞菌中少数菌种才有分解力强的蛋白酶。由于大多数细菌不产生蛋白酶，所以培养细菌时，多以蛋白胨作为培养基的氮源。此外，蛋白酶有专一性，不同的蛋白质需要特殊的蛋白酶分解。例如，在细菌鉴定中有明胶液化和酪蛋白水解的测定，这两种蛋白质分别被明胶酶和酪蛋白酶所分解。如枯草芽孢杆菌含有这两种酶，测定为正反应，而大肠杆菌不含有，则测定为负反应。

（三）氨基酸的分解

微生物分解氨基酸的能力因菌种而异，一般认为革兰氏阴性菌分解能力大于革兰氏阳性菌。如大肠杆菌、变形杆菌和铜绿假单胞菌几乎能分解所有的氨基酸，而乳酸杆菌、链球菌分解氨基酸的能力较差。微生物分解氨基酸主要有脱氨基和脱羧基两种作用方式。

1. 脱氨基作用

氨基酸脱氨基分解时产生酮酸，由酮酸进入产能的呼吸途径，进一步氧化产能。脱下的氨则可参与合成反应。脱氨基作用有几种不同方式，它们是氧化脱氨、还原脱氨、脱水脱氨、水解脱氨和氧化还原脱氨。现举例如下：

（1）氧化脱氨。这种方式在需氧微生物中存在。它由氨基酸氧化酶和氨基酸脱氢酶所催化，产物为丙酮酸和氨，例如：

$$CH_3CHNH_2COOH+1/2O_2 \longrightarrow CH_3COCOOH+NH_3$$
丙氨酸   丙酮酸

（2）还原脱氨。在厌氧微生物中存在。它是由氢化酶所催化的，产物为饱和脂肪酸和氨，例如：

$$HOOCCH_2CHNH_2COOH+2H \longrightarrow HOOCCH_2CH_2COOH+NH_3$$
天冬氨酸   琥珀酸

（3）脱水脱氨。这种反应主要发生在含羟基的氨基酸中，它们在脱水酶的催化下脱水脱氨，产物为丙酮酸。在大肠杆菌和酵母菌中都有这种脱氨方式。例如：

$$CH_2OHCHNH_2COOH \longrightarrow CH_3COCOOH+NH_3$$
丝氨酸   丙酮酸

（4）水解脱氨。这种脱氨方式在一些真菌和细菌中都存在，不同的氨基酸水解后生成不同的产物。例如，大肠杆菌和变形杆菌等水解色氨酸生成吲哚、丙酮酸，水解半胱氨酸生成丙酮酸；酵母菌也可以水解半胱氨酸生成丙酮酸；米曲霉水解亮氨酸生成异己羧酸。因此，根据这个特点，可以作为某些细菌鉴定的依据。

（5）氧化还原脱氨。有些厌氧微生物能使一对氨基酸之间发生氧化与还原的偶联反应，即一个氨基酸氧化脱氨，而另一氨基还原脱氨。这种反应又称为 Stickland 反应。它只在一定的氨基酸对之间发生。在酵母菌和梭菌中均发现这种脱氨方式。例如：

$$CH_3CHNH_2COOH + CH_2NH_2COOH + H_2O \longrightarrow CH_3COCOOH + CH_3COOH + 2NH_3$$

2. 脱羧基作用

某些细菌和真菌可以用脱羧基作用分解氨基酸，产物为胺和 CO_2。这种反应靠氨基酸脱羧酶催化，这个酶是诱导酶，有专一性。反应通式为：

$$R \cdot CHNH_2COOH \longrightarrow RCH_2NH_2 + CO_2$$

胺常有难闻的气味，尤其是蛋白质性质的食品受微生物污染时发出一种腐臭气味，常与产生二胺有关，二胺对人和动物都有毒性。胺的进一步降解视环境条件而不同，在有氧条件下，受氧化酶催化，生成有机酸，由此可进入其他途径；在无氧条件下，生成醇和有机酸，并常有 H_2S 产生，这些物质混在一起也有难闻的气味。

3. 脱羧基和脱氨基作用

某些微生物如细菌和酵母菌的氨基酸在水解脱氨的同时又脱羧基，生成少一个碳原子的一元醇、氨和 CO_2。例如缬氨酸脱羧脱氨生成异丁醇，即：

$$\underset{\substack{| \\ CH_3CHCHCOOH}}{\overset{H_3C \quad NH_2}{| \qquad |}} + H_2O \longrightarrow \underset{\substack{| \\ CH_3CHCH_2OH}}{\overset{CH_3}{|}} + NH_3 + CO_2$$

（四）脂肪和其他有机物的分解

1. 脂肪的分解

脂肪是甘油和脂肪酸组成的甘油三酯，微生物分解脂肪主要靠脂肪酶催化。脂肪酶是胞外酶或胞内酶，所以无论细胞内外的脂肪都能被分解和利用。在一般条件下，脂肪分解缓慢，其分解的开始产物为甘油和脂肪酸。甘油可在甘油激酶的催化下生成 α-磷酸甘油，再经 α-磷酸甘油脱氢酶催化生成磷酸二羟丙酮，后者进入 EMP 或者 HMP 途径分解。脂肪酸的进一步氧化靠连续脱下二碳的片段，形成乙酰辅酶 A，这种氧化方式称为 β 氧化途径。乙酰辅酶 A 可以进入三羧酸循环，脱下的氢和电子可以进入呼吸链。因此，在有氧条件下脂肪酸氧化得很彻底，并释放出大量的能量。由于脂肪不易溶解，所以开始分解较难。在厌氧条件下脂肪酸分解不彻底，产生甲基酮，发出油类腐败的臭味。

2. 其他有机化合物的分解

微生物可以分解利用的有机化合物种类很多。在较复杂和难分解的有机材料上，都可以生长各种不同类型的微生物，如烃类物质和芳香族化合物等。

对烃类物质的分解以细菌中的假单胞杆菌为主，其次是分枝杆菌、棒状杆菌、假丝酵母及其他酵母等。它们可以氧化甲烷、乙烷、丙烷和高级烃类获得能量和生成各种氧化产物，如甲烷可被甲烷假单胞杆菌（*Pseudomonas methanica*）氧化生成 CO_2 和 H_2O，并放出能量，这个反应受羧化酶和甲酸脱氢酶的催化。

苯等芳香族化合物可被假单胞杆菌等细菌和青霉菌、曲霉菌和酵母菌等真菌分解。这类化合物都是具有苯环的化合物，它们的氧化一般为开环裂解，受加氧酶的催化。反应过程中的一系列产物可以进入三羧酸循环，产生能量。例如，儿茶酸氧化生成 β-酮基己二酸，并由此物质转变成乙酰辅酶 A 和琥珀酸，二者均可进入三羧酸循环。

目前，人们十分重视这些能分解特殊物质的微生物，大力寻找并试图利用它们。因为这类微生物与石油蛋白的获得和某些残留农药的分解有关。

第三节
合成代谢

微生物的合成代谢（也称同化作用）是指从简单的小分子物质合成复杂的大分子物质，如蛋白质、核酸、多糖和脂类等化合物的过程。合成作用必须具备三个要素，即小分子前体物质、能量和还原力。它们主要是从分解代谢（也称异化作用）中获得的。所以，细胞分解代谢与合成代谢是密切相关的，分解反应常常并不进行到底，有些中间产物根据微生物的需要而转入合成途径。

尽管分解反应和合成反应有着密切的相互联系或有着共同的中间代谢物，但合成代谢绝不是分解代谢的简单逆转。它们的区别主要表现在：①酶系不同。在合成代谢中作用的酶和分解代谢中作用的酶不相同。②分解代谢是产能反应，而合成代谢是耗能反应。③在真核生物中，合成代谢和分解代谢发生在不同的细胞区域内，而原核生物在细胞结构上没有分区，分解和合成代谢主要是由不同的酶来催化完成的。

一、自养微生物 CO_2 的固定

CO_2 是各种自养微生物的唯一碳源。自养微生物通过氧化磷酸化、发酵和光合磷酸化等过程获取的能量主要用于 CO_2 的固定。在微生物中，至今已了解的 CO_2 固定的途径有 4 条，即卡尔文循环、厌氧乙酰 CoA 途径、逆向 TCA 循环和羟基丙酸途径。

（一）卡尔文循环

卡尔文循环（Calvin cycle, Calvin 循环）又称核酮糖二磷酸途径或还原性戊糖磷酸循环。利用 Calvin 循环进行 CO_2 固定的生物，除了绿色植物、蓝细菌和多数光合细菌外（在一切光能自养生物中，此反应不需光，可在黑暗条件下进行，故称暗反应)，还包括硫细菌、铁细菌和硝化细菌等许多化能自养菌，因此十分重要。核酮糖二磷酸羧化酶（ribulose biphosphatecarboxylase，简称 RuBisCO）和磷酸核酮糖激酶（phosphoribulokinase）是本途径的两种特有的酶。

卡尔文循环是在真核自养微生物叶绿体的基质中发现的。蓝细菌、一些硝化细菌和硫芽

孢杆菌具有羧基体，是原核生物固定 CO_2 的场所。卡尔文循环可分为 3 个阶段：羧化期、还原期和再生期。

（1）羧化反应。6 个核酮糖-1,5-二磷酸（RuBP）通过核酮糖二磷酸羧化酶（RuBisCO）将 6 分子 CO_2 固定，并形成 12 个 3-磷酸甘油酸（PGA）分子，即：

1,5-二磷酸核酮糖   不稳定中间代谢物   2×3-磷酸甘油酸

（2）还原反应。这一过程是经逆向 EMP 途径进行的，3-磷酸甘油酸在 3-磷酸甘油酸激酶的催化下消耗 ATP 被磷酸化为 1,3-二磷酸甘油酸，然后再通过 3-磷酸甘油醛脱氢酶借助 NADPH，使 1,3-二磷酸甘油酸还原成 3-磷酸甘油醛，3-磷酸甘油醛可逆 EMP 途径生成葡萄糖。

3-磷酸甘油酸   1,3-二磷酸甘油酸   3-磷酸甘油醛

（3）CO_2 受体的再生。卡尔文循环的第三阶段再生 RuBP 并产生 3-磷酸甘油醛、果糖和葡萄糖。该循环的这部分类似于 HMP 途径并涉及转酮醇酶和转醛醇酶反应，当磷酸核酮糖激酶催化 RuBP 再生时，该循环完成。

5-磷酸核酮糖   1,5-二磷酸核酮糖

因为生成 1 个葡萄糖（$C_6H_{12}O_6$）分子需 6 个 CO_2 分子，为了方便起见，假设有 6 个分子的 CO_2 一起参与卡尔文循环。由于 RuBisCO 要和 6 个 CO_2 分子结合，所以必须有 6 个二磷酸核酮糖分子作为受体分子，这样将产生 12 个 3-磷酸甘油酸分子（共有 36 个碳原子），这 12 个分子经一系列复杂的分子重排反应产生 C_3、C_4、C_5、C_6 和 C_7 等中间体，最后产生 6 个 5-磷酸核酮糖分子和 1 个己糖分子，由 6 个 5-磷酸核酮糖生成 6 个二磷酸核酮糖。二磷酸核酮糖再生过程中的最后一步反应是在磷酸核酮糖激酶的作用下消耗 ATP 使 5-磷酸核酮糖磷酸化（图 6-31）。

从总体上来对卡尔文循环进行化学计量，将 12 个磷酸甘油酸（PGA）分子还原成 3-磷酸甘油醛需要 12 个 ATP 分子和 12 个 NADPH 分子，磷酸核酮糖转化成二磷酸核酮糖又需消耗 6 个 ATP，所以 6 个 CO_2 通过卡尔文循环生成 1 个己糖共需 12 个 NADPH 和 18 个 ATP。己糖分子可以转化成贮藏性多聚物，如糖原、淀粉或聚 β-羟基烷酸，用于将来构建新的细胞物质。

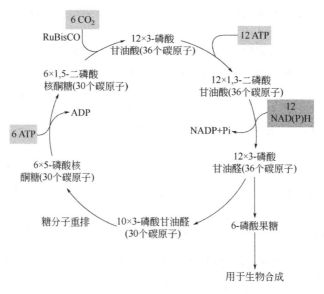

图 6-31 卡尔文循环

如果以产生 1 个葡萄糖分子来计算，则卡尔文循环的总式为：

$$6CO_2+12NAD(P)H_2+18ATP \longrightarrow C_6H_{12}O_6+12NAD(P)+18ADP+18P_i$$

（二）厌氧乙酰-CoA 途径

厌氧乙酰 CoA 途径（anaerobic acetyl-CoA pathway）又称活性乙酸途径（activated acetic acid pathway）。这种非循环式的 CO_2 固定机制主要存在于一些能利用氢的严格厌氧菌，包括产乙酸菌、硫酸盐还原菌和产甲烷菌等化能自养细菌中（图 6-32）。

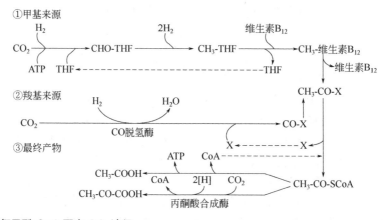

图 6-32 厌氧乙酰 CoA 固定 CO_2 途径

从图 6-32 中可以看出，以 H_2 作电子供体，先分别把 2 分子 CO_2 还原成乙酸的甲基和羧基。整个反应中的关键酶是 CO 脱氢酶，并有四氢叶酸（THF）和维生素 B_{12} 参与。在反应①中，CO_2 先被还原为 CH_3-THF，再转变成 CH_3-维生素 B_{12}（甲基维生素 B_{12}），反应②中的另一个 CO_2 在 CO 脱氢酶的催化下，形成 CO 与该酶的复合物 CO-X，然后与 CH_3-维生素 B_{12}

一起形成 CH_3-CO-X（乙酰 X），由它进一步转变成乙酰-CoA 后，既可产生乙酸，也可在丙酮酸合成酶的催化下，与第三个 CO_2 分子结合，形成分解代谢和合成代谢中的关键中间代谢物——丙酮酸。

（三）逆向 TCA 循环

绿硫细菌，如绿棒菌属（*Chlorobaculum*）和绿硫菌属（*Chlorobium*）固定 CO_2 的途径与绿色非硫细菌不同，采用的是逆向 TCA 循环途径（reverse TCA cycle）（又称还原性 TCA 循环，reductive TCA cycle）（图 6-33）。除此之外，一些古菌（如热变形菌属、硫化叶菌属）、绿菌属（*Aquifer*）以及脱硫菌属中 CO_2 固定也是通过该途径进行的。这些研究结果表明，逆向 TCA 循环分布较广，可能是自养作用的一种早期进化形式。

本循环起始于柠檬酸（C_6 化合物）的裂解产物草酰乙酸（C_4），以它作 CO_2 受体，每循环一周固定 2 分子 CO_2，并还原成可供各种生物合成用的乙酰 CoA（C_2），由它再固定 1 分子 CO_2 后，就可进一步形成丙酮酸、丙糖、己糖等一系列构成细胞所需的重要合成原料。必须指出的是，在 *Chlorobium* 中，逆向 TCA 循环中的多数酶与正向 TCA 循环时相同，只有依赖于 ATP 的柠檬酸裂合酶（citrate lyase，它可把柠檬酸裂解为乙酰-CoA 和草酰乙酸）是个例外，正向进行氧化性 TCA 循环时，由乙酰-CoA 和草酰乙酸合成柠檬酸是利用柠檬酸合酶（citrate synthase）。

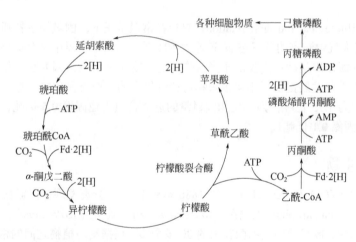

图 6-33　逆向 TCA 循环固定 CO_2 途径

Fd·2[H]为还原态铁氧还蛋白

（四）羟基丙酸途径

羟基丙酸途径（hydroxypropionate pathway）是少数绿色非硫细菌如绿屈挠菌属（*Chloroflexus*）在以 H_2 或 H_2S 作电子供体进行自养生活时所特有的一种 CO_2 固定机制。以 H_2 或 H_2S 为电子供体，把 2 个 CO_2 分子转变为草酰乙酸。本途径的总反应是 $2CO_2+4[H]+3ATP \longrightarrow$ 草酰乙酸，关键步骤是羟基丙酸的产生（图 6-34）。从图 6-34 中可以看出从乙酰 CoA 开始先后经 2 次羧化反应，先形成羟基丙酰 CoA，然后形成甲基丙二酰 CoA，再经分子重排变成苹果酰 CoA，最后裂解成乙酰 CoA 和乙醛酸。其中的乙酰 CoA 重新进入固定 CO_2 的反应循环，而乙醛酸则通过丝氨酸或甘氨酸中间代谢物形式为细胞合成提供必要的原料。

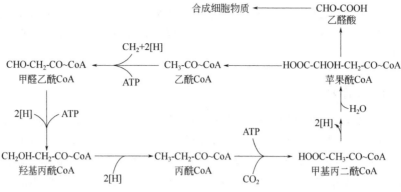

图6-34 CO_2固定的羟基丙酸途径

除了绿屈挠菌属外，几种极端嗜热古菌，包括生金球形菌（*Metallosphaera*）、酸菌（*Acidianus*）和硫化叶菌（*Sulfolobus*）也存在羟基丙酸途径，这些都是非光养核生物，靠近古菌域的底部。因此，羟基丙酸途径的根源也许非常深，可能是自然界自养生活的最早尝试。

二、生物固氮

生物固氮（biological nitrogen fixation）是指在常温常压下，固氮微生物通过体内固氮酶的催化作用，将大气中游离的分子态 N_2 还原为 NH_3 的过程。生物界中只有原核生物才具有固氮能力。生物固氮作用是地球上仅次于光合作用的生物化学反应，因为它为整个生物圈中一切生物的生存和繁荣发展提供了不可或缺和可持续供应的还原态氮化物。据统计，世界上每年生物固氮量约为 1.75 亿吨，为非生物固氮量的近 2 倍（工业固氮 0.5 亿吨、燃烧过程固氮0.2 亿吨、雷电固氮 0.1 亿吨）。

（一）固氮微生物

荷兰微生物学家 M. Beijerinck 分别于 1886 年和 1901 年分离发现了固氮微生物（nitrogen-fixing organisms, diazotrophs）根瘤菌（*Rhizobium*）和固氮菌（*Azotobacter*），目前知道的固氮微生物包括细菌、放线菌和蓝细菌在内的 80 多个属。根据其与植物之间的相互关系，固氮微生物可分为自生固氮微生物、共生固氮微生物和联合固氮微生物三种生态类型。

1. 自生固氮微生物

在土壤或培养基中自由生长时就可以固定分子态氮，对其他生物没有依附作用的微生物称为自生固氮微生物。已发现具有自生固氮作用的微生物有 50 多个属，均为原核生物。如化能自养的氧化亚铁硫杆菌（*Thiobacillus ferrooxidans*）、产碱菌属（*Alcaligenes*）；光能自养的蓝细菌、红螺菌（*Rhodospirillum*）、红假单胞菌（*Rhodopseudomonas*）、着色菌属（*Chromatium*）；化能异养微生物中好氧的固氮菌属（*Azotobacter*）、拜叶林克氏菌属（*Beijerinckia*），厌氧的巴氏梭菌（*Clostridium pasteurianum*）、甲烷八叠球菌（*Methanosarcina*），兼性厌氧的克雷伯氏菌属（*Klebsiella*）、多黏芽孢杆菌（*Bacillus polymyxa*）等。

2. 共生固氮微生物

只有和其他生物共生才具有最高固氮能力的微生物称为共生固氮微生物。共生固氮微生物与其共生生物之间往往要形成特殊的共生组织，最常见的是根瘤。如能和豆科植物共生固氮的根瘤菌（包括根瘤菌科、叶瘤菌科、布鲁氏菌科、丝微菌科、慢生根瘤菌科、甲基杆菌科、伯克霍尔德氏菌科、罗尔斯通氏菌科等 8 科 12 属近 70 个种），能与木本双子叶植物共生固氮的弗兰克氏放线菌属（*Frankia*）。除此之外蓝细菌中的许多种属（如念珠藻属、鱼腥藻属等）能与部分真菌（形成地衣）、苔藓类植物、蕨类植物（如满江红）、裸子植物（如苏铁）和被子植物（如根乃拉草）等建立具有固氮功能的共生体。

3. 联合固氮微生物

联合固氮微生物与相应的植物（或动物）间有较为密切的关系，但同时又不形成根瘤那样的共生结构。这些微生物常集聚于植物根际、根表或动物肠道，部分还可以进入根的皮层细胞间生活，取得定居环境和必要的养料，而又以固氮产物供植物利用。如产脂固氮螺菌（*Azospirillum lipoferum*）和雀稗固氮菌（*Azotobacter paspali*），叶面的拜叶林克氏菌（*Beijerinkia*）和动物肠道的肠杆菌（*Enterobacter*）等。到目前为止，所发现的各种联合固氮细菌均能自生固氮，因而通常将它们归到自生固氮菌类群中。

（二）固氮的生化机制

1. 生物固氮反应的 6 要素

（1）ATP 的供应。由于 $N \equiv N$ 分子中存在 3 个共价键，因此要把 1 分子 N_2 还原成 2 分子 NH_3 时需要消耗大量的 ATP $[N_2：ATP=1：(18 \sim 24)]$。这些 ATP 由有氧呼吸、厌氧呼吸、发酵或光合磷酸化作用提供。

（2）还原力[H]及其传递载体。将 N_2 还原为 NH_3 需要大量的还原力（N_2：[H]=1：8），必须以 $NAD(P)H+H^+$ 的形式提供，其来源因不同固氮微生物而异。厌氧的巴氏梭菌靠丙酮酸裂解；光合细菌通过光合磷酸化获得电子；好氧的固氮菌则是通过 TCA 循环等代谢产生 NADPH 作为氢和电子的供体；在共生的根瘤类菌体中，有大量的贮藏物质——聚 β-羟基丁酸，它能为固氮作用提供电子。[H]由低电位势的电子载体铁氧还蛋白（ferredoxin, Fd, 一种铁硫蛋白）或黄素氧还蛋白（flavodoxin, Fld, 一种黄素蛋白）传递至固氮酶上。

（3）固氮酶（nitrogenase）。固氮酶是一种复合蛋白，由双固氮酶（dinitrogenase）和双固氮酶还原酶（dinitrogenase reductase）两种相互分离的蛋白质构成。双固氮酶是一种含铁和钼的蛋白质，因此被称为钼铁蛋白，它是还原 N_2 的活性中心。钼铁蛋白是 $\alpha_2\beta_2$ 型四聚体，分子质量约为 220kDa。每个 $\alpha\beta$ 单位含一个铁钼辅因子（FeMo-co）和一个 P-簇（P-cluster）。钼铁辅因子的组成为[Mo:7Fe:9S]:高柠檬酸，是 N 的络合和还原中心，是固氮酶的催化中心。P-簇的组成为[8Fe-7S]，是电子传递的中间载体。双固氮酶还原酶是一种只含铁的蛋白质，称为铁蛋白，由两个相同的 γ 亚基组成，分子质量约为 $58 \sim 78$kDa，含有一个[4Fe-4S]簇和两个 Mg-ATP 结合位点及水解位点，将 ATP 水解的能量交给电子，因此是电子活化的中心。铁蛋白将电子传于 MoFe 蛋白，并使后者还原。整个固氮酶由一个钼铁蛋白和两个铁蛋白组成，为 $\alpha_2\beta_2\gamma_4$ 的八聚体，其三级结构如图 6-35 所示。

（4）还原底物——N_2。

（5）镁离子。

（6）严格的厌氧微环境。

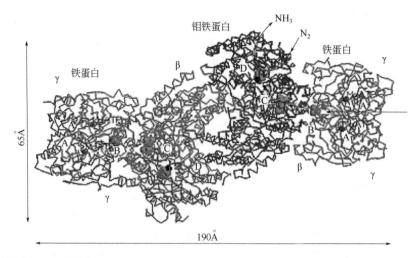

图 6-35　固氮酶的三级结构示意图

A，Mg-ATP 结合位点；B，[4Fe-4S]簇；C，P-簇；D，FeMo-co；$1Å=10^{-10}$m

2. 固氮酶活力测定方法——乙炔还原法

测定固氮酶活力的经典方法曾有过粗放的微量克氏定氮法和烦琐的同位素法等。1966 年，M. J. Dilworth 和 R. Scholhom 等人分别发表了既灵敏又简便的测定固氮酶活性的乙炔还原法（acetylene reduction test）。

已知固氮酶除了能催化 N_2 转化为 NH_3 外，还可催化许多反应，如 C_2H_2（乙炔）$\longrightarrow C_2H_4$（乙烯）、$2H^++2e \longrightarrow H_2$、$N_2O \longrightarrow N_2+H_2O$ 等反应。其中还原乙炔的反应灵敏度高、设备较简单、成本低廉和操作方便，只要把样品与乙炔一起保温，然后用气相色谱分析所产生的乙烯就可知酶活力，所以乙炔还原法成了测定固氮酶活力的常规方法。

理论计算：1 分子 N_2 还原形成 2 分子 NH_3 需要 6 个电子，而 1 分子 C_2H_2 还原形成 1 分子 C_2H_4 只需要 2 个电子，比例为 3：1，因而，可以根据乙烯形成量来推算固氮产物的量。但是，由于固氮生物特性的不同和测定条件的差异，不能简单地根据所测定的乙烯形成量都按 3：1 来计算固氮量，已知变化幅度在 1.5：1 到 25：1 之间。

3. 固氮的生化过程

目前所知道的生物固氮总反应是：

$$N_2+8[H]+18\text{~}24ATP \longrightarrow 2NH_3+H_2+18\text{~}24ADP+18\text{~}24P_i$$

固氮反应的具体细节可见图 6-36。从图 6-36 可以看到，整个固氮过程主要经历以下几个环节：①由 Fd 或 Fld 向氧化型双固氮酶还原酶的铁原子提供 1 个电子，使其还原；②还原型的双固氮酶还原酶与 ATP-Mg 结合，改变了构象；③双固氮酶在 "FeMo-co" 的 Mo 位点上与分子氮结合，并与双固氮酶还原酶-Mg-ATP 复合物反应，形成一个 1：1 复合物，即完整的固氮酶；④在固氮酶分子上，有 1 个电子从双固氮酶还原酶-Mg-ATP 复合物转移到双固氮酶还原酶重新转变成氧化态，同时 ATP 也就水解成 ADP+P_i；⑤通过上述过程连续 6 次（用打点子的箭头表示）的运转，才可使双固氮酶释放出 2 个 NH_3 分子；⑥还原 1 个 N_2 分子，理论上仅需 6 个电子，而实际测定却需 8 个电子，其中 2 个消耗在产 H_2 上。

N_2 分子经固氮酶的催化而还原成 NH_3 后，就可通过图 6-36 的生化反应途径与相应的酮酸结合，以形成各种氨基酸。如由丙酮酸形成丙氨酸，由 α-酮戊二酸形成谷氨酸，由草酰乙酸形成天冬氨酸等。各种氨基酸进一步合成蛋白质及其他有关化合物。

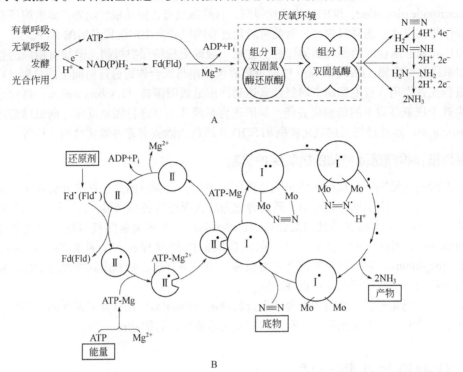

图 6-36　自生固氮菌固氮的生化途径（A）及其细节（B）

（三）好氧菌固氮酶防氧保护机制

已知的大多数固氮微生物都是好氧菌，其生命活动包括生物固氮所需的大量能量都是来自好氧呼吸和非环式光合磷酸化。然而固氮酶的两个蛋白质组分对氧气是极其敏感的，它们一旦遇氧就很快导致不可逆的失活。因此好氧性固氮菌在长期进化过程中，早已进化出适合在不同条件下保护固氮酶免受氧害的机制了。

1. 好氧性自生固氮菌的抗氧保护机制

（1）呼吸保护指固氮菌科（Azotobacteraceae）的菌种能以极强的呼吸作用迅速将周围环境中的氧消耗掉，使细胞周围微环境处于低氧状态，借此保护固氮酶。

（2）构象保护在高氧分压条件下，维涅兰德固氮菌（*Azotobacter vinelandii*）和褐球固氮菌（*A. chroococcum*）等的固氮酶能形成一个无固氮活性但能防止氧害的特殊构象，称为构象保护。目前知道，构象保护的原因是存在一种耐氧蛋白即铁硫蛋白Ⅱ，它在高氧条件下可与固氮酶的两个组分形成耐氧的复合物。

2. 蓝细菌固氮酶的抗氧保护机制

蓝细菌是一类放氧性光合生物（oxygenic phototrophs），在光照下，会因光合作用放出的氧而使细胞内氧浓度急剧增高，对此，它们进化出若干固氮酶的特殊保护系统，主要有以下两类。

（1）分化出特殊的还原性异形胞。在具有异形胞分化的蓝细菌如 *Anabaena* 和 *Nostoc* 等属中，固氮作用只局限在异形胞中进行。异形胞的体积较一般营养细胞大，细胞外有一层由糖脂组成的片层式的较厚外膜，它具有阻止氧气进入细胞的屏障作用；异形胞内缺乏产氧光合系统Ⅱ，加上脱氢酶和氢化酶的活性高，使异形胞能维持很强的还原态；其中超氧化物歧化酶（superoxide dismutase，SOD）的活性很高，有解除氧毒害的功能；此外，异形胞还有比邻近营养细胞高出 2 倍的呼吸强度，借此可消耗过多的氧并产生对固氮必需的 ATP。

（2）非异形胞蓝细菌固氮酶的保护。它们一般缺乏独特保护机制，但却有相应的弥补方法。如织线蓝细菌属（*Plectomena*）能通过将固氮作用与光合作用进行时间上的分隔（白天光照下进行光合作用，夜晚黑暗下固氮）来达到；束毛蓝细菌属（*Trichodesmium*）通过束状群体中央处于厌氧环境下的细胞失去能产氧的光合系统Ⅱ，来进行固氮反应；而黏球蓝细菌属（*Gloeocapsa*）则通过提高过氧化物酶和 SOD 的活性来除去有毒过氧化合物；等等。

3. 豆科植物根瘤菌固氮酶的抗氧保护机制

根瘤菌侵入根毛并形成侵入线再到达根部皮层后，会刺激内皮层细胞分裂繁殖，这时根瘤菌也在皮层细胞内迅速分裂繁殖，随后分化为膨大而形状各异（梨、棒、杆、T 或 Y 状）、不能繁殖，但有很强固氮活性的类菌体（bacteroids）。许多类菌体被包在一层类菌体周膜（peribacteroid membrane，pbm）中，在此层膜的内外都存在着一种独特的豆血红蛋白（leghaemoglobin），它与氧气的结合能力很强，起着调节根瘤中膜内氧浓度的功能，氧浓度高时与氧结合，氧浓度低时又可以释放氧。

共生在赤杨和杨梅等植物中的弗兰克氏放线菌（*Frankia*）在其营养菌丝的末端膨大成球状的泡囊，泡囊与异形胞相似，具有保护固氮酶避免氧毒害的功能。

三、肽聚糖的生物合成

肽聚糖是绝大多数原核生物细胞壁所特有的一种结构大分子物质；它在细菌的生命活动中有着重要的功能（见第一章），而且还是青霉素、头孢霉素、万古霉素、环丝氨酸和杆菌肽等许多抗生素作用的靶位点，加之它的合成机制复杂，并必须运送至细胞膜外进行最终装配等，因此在这里作为细胞大分子结构物质进行重点介绍。

肽聚糖是一种杂型多糖，由不同单糖分子聚合而成。肽聚糖的基本重复单位由 *N*-乙酰葡糖胺（NAG）、*N*-乙酰胞壁酸（NAM）和肽链三部分组成。整个肽聚糖的合成过程约有 20 步。根据它们反应部位的不同，分成在细胞质中、细胞膜上和细胞膜外 3 个合成阶段。

（一）在细胞质中的合成

1. UDP-NAG 和 UDP-NAM 的合成

葡萄糖经磷酸化、异构化，接受 L-谷氨酰胺提供的氨基形成 6-磷酸葡萄糖胺。再经乙酰化、异构化生成 *N*-乙酰葡糖胺-1-磷酸，在尿苷三磷酸（UTP）存在下，生成尿苷二磷酸（UDP）-NAG；UDP-NAG 与磷酸烯醇丙酮酸（PEP）由转移酶催化，并经还原生成 UDP-NAM。反应过程见图 6-37。

2. 由 *N*-乙酰胞壁酸合成"Park"核苷酸

"Park"核苷酸即 UDP-*N*-乙酰胞壁酸五肽。L-丙氨酸与 UDP-NAM 上的羟基通过肽键相连，其他氨基酸再依次连接，形成 UDP-NAM-三肽。L-丙氨酸经过异构，形成二肽后，再与 UDP-NAM-三肽相连。形成 D-丙氨酰-D-丙氨酸二肽的两步反应均可被环丝氨酸（噁唑霉素）

抑制（图 6-38）。ATP 的能量用来产生肽键，但没有 tRNA 和核糖体参与反应。

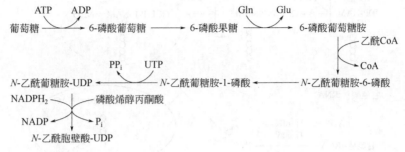

图 6-37　UDP-NAG 和 UDP-NAM 的合成

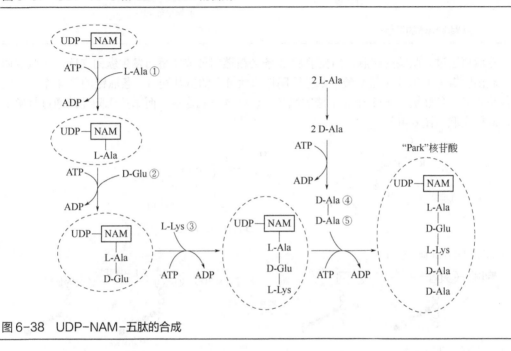

图 6-38　UDP-NAM-五肽的合成

（二）在细胞膜中的合成——组装和运载

在细胞质中合成的 UDP-NAG 和"Park"核苷酸在穿越疏水的细胞膜并运送到膜外的过程中，需要糖基载体脂（GCL-P，又称细菌萜醇）的参与。肽聚糖单体的组装过程见图 6-39。NAM-五肽在细胞膜内表面从 UDP 转移到细菌萜醇磷酸上，接着 UDP-NAG 中的 NAG 加到 NAM-五肽上形成肽聚糖单体。如果需要五甘氨酸肽桥，甘氨酸通过专门的甘氨酰 tRNA 加入，但没有核糖体参与。组装形成的肽聚糖单位由 GCL-P 运载到细胞膜的外表面并插入到细胞壁的生长点。

（三）在细胞膜外的合成——交联

由焦磷酸类脂载体运载的肽聚糖单体插入到细胞膜外正在活跃合成肽聚糖的部位。在那里，因细胞分裂而促使自溶素（autolysin）酶解细胞壁上的肽聚糖网套，于是，原有的肽聚糖分子成了新合成分子的引物，接着，肽聚糖单体与引物分子之间发生转糖基作用，使多糖链在横向上延伸一个双糖单位。释放出的 GCL-P-P 在焦磷酸酯酶催化下重新变为 GCL-P，并返回细胞膜内，循环使用。杆菌肽阻断细菌萜醇焦磷酸的去磷酸化作用，从而影响细胞壁的合成。

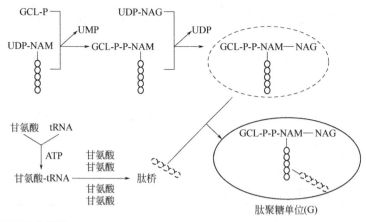

图 6-39　肽聚糖单体的组装

　　然后再通过转肽酶的转肽作用使前后 2 条多糖链间形成肽桥而发生纵向交联。转肽的同时释放出肽链上的第 5 个氨基酸。革兰氏阴性菌肽链上的氨基酸（一条肽链的第 4 个氨基酸的羧基和另一条肽链的第 3 个氨基酸的氨基）以肽键方式连接，而革兰氏阳性菌通过甘氨酸肽桥进行交联（图 6-40）。

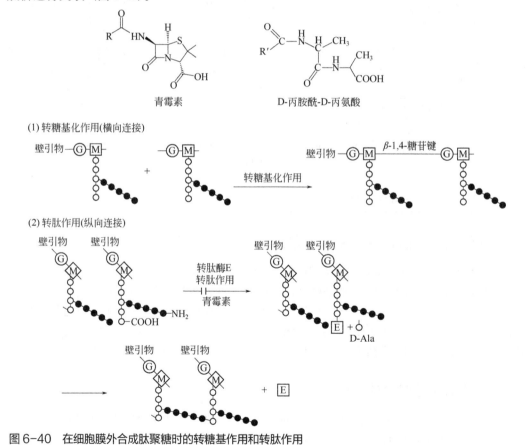

图 6-40　在细胞膜外合成肽聚糖时的转糖基作用和转肽作用

Ｅ指转肽酶

　　转肽作用可被青霉素所抑制。其作用机制是：青霉素是肽聚糖单体五肽尾末端的 D-丙氨酰-D-

丙氨酸的结构类似物，即它们两者可相互竞争转肽酶的活力中心。转肽酶一旦被青霉素结合，前后 2 个肽聚糖单体间不能形成肽桥，因此合成的肽聚糖是缺乏机械强度的"次品"，由此产生了原生质体或球状体之类的细胞壁缺损细菌，当它们处于不利的环境下时，极易裂解死亡。青霉素的作用机制是抑制肽聚糖分子中肽桥的生物合成，因此对处于生长繁殖旺盛阶段的细菌具有明显的抑制作用，相反，对处于生长停滞状态的休息细胞（rest cell），却无抑制作用。

四、微生物次级代谢产物的合成

初级代谢（primary metabolism）是指将营养物质转换成细胞结构物质、维持微生物正常生命活动的生理活性物质或能量的代谢，普遍存在于一切生物中。初级代谢的产物称为初级代谢产物，如氨基酸、核苷酸、蛋白质、多糖、脂类等。在这些物质转化过程中的任何环节发生障碍，都有可能引起生长停止，甚至导致机体发生突变或死亡。次级代谢（secondary metabolism）是相对于初级代谢而提出的一个概念，是指微生物生长到稳定期前后，以结构简单、代谢途径明确、产量较大的初级代谢物作前体，通过复杂的次级代谢途径所合成各种结构复杂的化合物的过程。通过次级代谢合成的产物称为次级代谢产物。与初级代谢产物不同的是，次级代谢产物往往具有分子结构复杂、代谢途径独特、在生长后期合成、产量较低、生理功能不很明确（尤其是抗生素）及其合成一般受质粒控制等特点。但许多次级代谢产物对人类和国民经济的发展有重大影响。

（一）次级代谢产物的类型

根据次级代谢产物的作用不同，可将其分为：抗生素、色素、毒素、生物碱、激素及维生素等类型。

1. 抗生素

这是微生物、植物和动物所产生的，具有在低浓度下选择性地抑制或杀灭其他微生物或肿瘤细胞的功能的一类次级代谢产物。现已从自然界发现和分离的抗生素约有 5000 种，并通过化学结构的改造，共制备了约 3 万种合成抗生素。目前世界各国实际生产和应用于医疗的抗生素达数百种，青霉素、链霉素、四环素类、红霉素、新生霉素、多黏菌素、利福平、放线菌素（更生霉素）、博来霉素（争光霉素）等达数百种抗生素已进行工业生产。其中以青霉素类、头孢菌素类、四环素类、氨基糖苷类及大环内酯类最为常用。

2. 激素

微生物产生的一些可以刺激动物、植物生长或性器官发育的一类次级代谢产物。目前已发现微生物能产生约 15 种激素，如赤霉素、细胞分裂素、生长素、脱落酸等。

3. 维生素

维生素一般指动物体内不能合成或者合成量不足而必须由食物供给的一类低分子有机化合物。维生素不是构成机体组织和细胞的组成成分，也不会产生能量，但对调节物质代谢过程却具有十分重要的作用。微生物合成维生素的能力随其种属不同而有很大差别。例如：丙酸杆菌（*Propionibacterium* sp.）产生维生素 B_{12}，分枝杆菌（*Mycobacterium*）产生吡哆醛和烟酰胺，假单胞菌产生生物素，以及霉菌产生核黄素和 β-胡萝卜素等。

4. 毒素

所谓"毒素"主要是指生物代谢过程中产生的有害物质。毒素和抗生素的区别仅在于它们的作用对象有不同侧重。前者侧重于对高等动植物的毒害，而不论其对微生物是否有毒；后者侧重于对病原微生物的毒害，要求对高等动植物无毒或低毒。一些微生物可以产生毒素，如破伤风梭菌（*Clostridium tetani*）产生的破伤风毒素，白喉杆菌（*Corynebacterium diphtheriae*）产生的白喉毒素，肉毒梭菌（*Clostridium botulinum*）产生的肉毒毒素及苏云金芽孢杆菌（*Bacillus thuringiensis*）产生的伴孢晶体，黄曲霉（*Aspergillus flavus*）产生的黄曲霉毒素，镰刀菌产生的镰刀菌毒素，等。人和动物一次性大量摄入含微生物毒素的食物常会发生急性中毒，而长期摄入含少量毒素的食物则会导致慢性中毒和癌症。

5. 生物碱

生物碱是指一类来源于生物（以植物为主）的碱性含氮有机化合物，又称植物碱。真菌中的麦角菌（*Claviceps purpurea*）可以产生麦角生物碱（麦角碱）。麦角菌主要寄生在黑麦、大麦等禾本科植物的子房里，曾在中世纪的欧洲使大批孕妇流产，夺去数以万计人的生命。当人们吃了含有麦角碱的面粉后，便会中毒发病，开始四肢和肌肉抽筋，接着手足、乳房、牙齿感到麻木，然后这些部位的肌肉逐渐溃烂剥落，直至死亡，其状惨不忍睹。

但麦角碱有促进血管收缩、肌肉痉挛、麻痹神经的作用，可以制成有效的止血剂和强烈的流产剂，成为妇产科疗效很好的药剂。

6. 色素

色素是一类本身具有颜色并能使其他物质着色的高分子有机物质。不少微生物在代谢过程中产生不同颜色的色素，有的在细胞内，有的分泌到细胞外。微生物所产生的色素可分为水溶性和脂溶性色素。水溶性色素如绿脓菌素、蓝乳菌素等；脂溶性色素如八叠球菌的黄色素，灵杆菌产生的灵菌红素等。有的色素可用于食品，如红曲霉属（*Monascus*）的红曲色素等。

真菌的次级代谢产物——真菌色素

真菌作为生命世界中重要的组成部分，其所含色素的生理和生物功能一直都吸引着科学家们的注意。昆明植物所研究人员利用中国西南地区丰富的高等真菌资源，运用现代技术手段，系统开展了高等真菌色素成分和生物活性的研究。他们从炭球菌（*Daldinia concentrica*）发酵液中分离得到并鉴定了一个具有新颖结构骨架的抗 HIV-1 活性新色素，命名为炭球菌素。炭球菌素对艾滋病病毒与细胞融合具有显著的阻断作用，同时对艾滋病病毒致细胞病变具有显著的抑制作用，已获得美国专利授权（US 7659308 B2）和中国专利授权 ZL200310110784.5。从牛肝菌（*Suillus granulatus*）分离的黄色色素被首次发现具有抗 HIV-1 活性，以此为模板，进行了全合成、结构修饰和改造，发现其结构修饰过的化合物的活性大幅度提高。从云南特色食用菌干巴菌（*Thelephora ganbajun* Zang）中发现一系列新的对联三苯类色素，具有高度抗氧化活性。

（二）次级代谢的特点

1. 次级代谢产物的产生与微生物的生长不呈平行关系

初级代谢贯穿于生命活动的始终，与菌体生长平行进行。微生物的次级代谢是微生物生理、生化状态的体现，通常次级代谢产物是在菌体生长后期或稳定期开始形成的。

2. 次级代谢产物的合成以初级代谢产物为前体，并受初级代谢的调节

次级代谢产物的基本结构是由少数几种初级代谢产物构成的，即次级代谢产物的生物合成是以初级代谢产物为前体。例如糖降解产生的乙酰 CoA 是合成四环素、红霉素及 β-胡萝卜素的前体，缬氨酸、半胱氨酸是合成青霉素、头孢霉素的前体，色氨酸是合成麦角碱的前体。因此，次级代谢与初级代谢产物合成途径有着密切的关系，当产生前体物质的初级代谢过程受到控制时，也必然影响次级代谢的进行。

3. 次级代谢酶系对底物要求的专一性不强

初级代谢的酶系专一性很强，因其差错会导致致命性的后果。次级代谢酶系对底物专一性不强，产生菌能同时合成多种结构相似的次级代谢产物，同时也使得微生物的代谢产物极易因环境条件的改变而出现多样性。有人认为，次级代谢产物之所以种类繁多，组分复杂，就是因为酶的底物特异性不高所致。如：产黄青霉能产生 10 个具有不同特性的青霉素，它们都具有 α-氨基青霉烷酸的基本结构，其区别仅在于侧链的不同，结构上的差别，使它们具有不同的生物活性，其中青霉素 G 的抗菌活性最高。

4. 次级代谢产物种类繁多、结构特殊

次级代谢产物的种类有氨基糖、苯醌、香豆素、环氧化合物、麦角生物碱、吲哚衍生物、吩嗪、吡咯、喹啉、萜烯、四环类抗生素等。特殊结构有 β-内酰胺环、肽环、聚乙烯或多烯的不饱和键、大环内酯类抗生素的大环等。

5. 次级代谢酶在细胞中具有特定的位置和结构

次级代谢产物与次级代谢酶在细胞中存在的位置有关，如多肽类抗生素——短杆菌肽 S 和杆菌肽 A 的合成酶在细胞质中形成，但只有当附着在细胞膜上时才能合成抗生素。次级代谢酶在胞内的位置可能与细胞对这些自身产物的抗性有关，因为次级代谢酶系必须与初级代谢的酶系分开，否则次级代谢产物将会干扰细胞的初级代谢。

6. 次级代谢产物的合成具有菌株特异性

次级代谢的某些物质的合成，仅存在个别菌株之中。同种微生物往往能产生多种产物（一菌多产物），如：加利福尼亚链霉菌产生包括链霉素、紫霉素、黄质霉素、多色霉素、灰霉素等不同抗生素的不同菌株。多种菌可能产生的产物相同（一产物多菌），如：链霉素可以由灰色链霉菌、鲜黄链霉菌等不同菌产生。产生菌的分类地位和其所产生的次级代谢产物之间没有相关性。分类地位相同的菌可以产生不同的抗生素，分类地位不同的菌可以产生相同的抗生素。

7. 次级代谢产物的合成过程由多基因控制

次级代谢的基因不仅存在于微生物的染色体中，也存在于质粒中，且染色体外的基因在次级代谢产物的合成中往往起主导作用。核基因能够通过质粒的转化作用转入到亲缘关系相近的微生物类群中，使微生物次级代谢产物的分布具有分类学上的局限性。此外，染色体外的遗传物质可由于外界环境的影响从细胞中失去，从而造成微生物生产的不稳定性。质粒往往控制着次级代谢产物产生过程中的部分合成途径，如金霉素合成过程中，质粒控制着由 L-半胱氨酸生成吡咯精的合成途径，由吡咯精丙酰化生成金霉素的合成途径，则由染色体控制。卡那霉素、紫青霉素、新霉素、硫藤黄菌素、阿克拉霉素及柔毛霉素等都属于这种情况，即

质粒控制部分结构的合成过程。

8. 次级代谢产物的合成对环境因素特别敏感

次级代谢产物合成信息的表达受环境因素调节，微量金属离子、磷酸盐浓度、培养温度或菌种传代次数过多等都会影响次级代谢产物的合成。

9. 次级代谢产物的合成与菌体的形态变化有一定的关联

一些产芽孢的细菌在次级代谢过程中会形成芽孢，真菌和放线菌会形成孢子，有人将次级代谢产物的合成作用看作是细胞分化的伴随现象。对于丝状真菌来说，无论是在生长期还是次级代谢产物形成期，菌丝体细胞中的各个部分并不是处于相同的生理状态之下的。因为真菌的生长只在菌丝的末梢进行，菌丝体细胞存在着一个年龄梯度。其幼年细胞处在生长代谢状况下，而年长细胞则处于形成次级代谢产物的代谢状况下。因此要提高这类微生物的次级代谢产物的产量，就必须有足够数量的生产能力强的菌丝体，并且还要求这种状况能尽量长时间地维持下去。所以，微生物在形态学与生理学上变化的因果关系或依存关系并不确定。

（三）次级代谢的合成途径

次级代谢产物的种类繁多、化学结构复杂，分属多种类型如内酯、大环内酯、多烯类、多炔类、多肽类、四环类和氨基糖类等，其合成途径也十分复杂，但各种初级代谢途径，如糖代谢、TCA 循环、脂肪代谢、氨基酸代谢以及萜烯、甾体化合物代谢等仍是次级代谢途径的基础。从图 6-41 可以看出，微生物的次级代谢途径主要有 4 条：①糖代谢延伸途径，由糖类转化、聚合产生的多糖类、糖苷类和核酸类化合物进一步转化而形成核苷类、糖苷类和糖

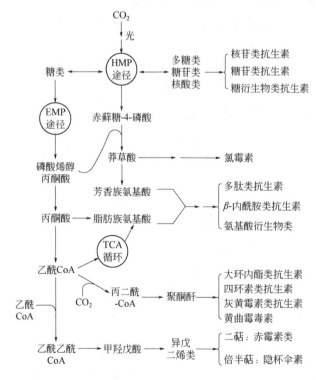

图6-41 次级代谢途径及其与初级代谢途径的联系

衍生物类抗生素；②莽草酸延伸途径，由莽草酸分支途径产生氯霉素等；③氨基酸延伸途径，由各种氨基酸衍生、聚合形成多种含氨基酸的抗生素，如多肽类抗生素、β-内酰胺类抗生素、D-环丝氨酸和杀腺癌菌素等；④乙酸延伸途径，又可分 2 条支路，其一是乙酸经缩合后形成聚酮酐，进而合成大环内酯类、四环素类、灰黄霉素类抗生素和黄曲霉毒素，另一分支是经甲羟戊酸而合成异戊二烯类，进一步合成重要的植物生长刺激素——赤霉素或真菌毒素——隐杯伞素等。

本章小结

能量代谢是微生物新陈代谢的核心。研究能量代谢就是追踪有机物、无机物或日光辐射能这些最初能源是如何一步步地转变成生命活动通用能源（ATP）的。微生物产生 ATP 的方式有氧化磷酸化、底物水平磷酸化和光合磷酸化三种。化能异养微生物利用有机物作能源，通过生物氧化以及与此相连的氧化磷酸化或底物水平磷酸化反应生成 ATP。化能自养微生物在氧化无机底物的过程中通过氧化磷酸化获取 ATP，不但产生的能量少，而且还须通过能耗大的逆呼吸链反应产生固定 CO_2 所必需的还原力[H]，因此它们的生长缓慢，生长得率极低。光能营养微生物可以通过环式光合磷酸化（如厌氧的光合细菌）、非环式光合磷酸化（如产氧的蓝细菌）或紫膜光合磷酸化（如嗜盐菌类古菌）获得 ATP。

生物氧化是指发生在活细胞内的一系列产能性氧化反应的总称，必须经历脱氢、递氢和受氢 3 个阶段，并按其最终氢受体的性质而分为有氧呼吸、无氧呼吸或发酵 3 种。有氧呼吸的产能效率最高，无氧呼吸次之，发酵则最低。

微生物所特有的合成代谢途径种类繁多，最重要且有代表性的是 CO_2 的自养固定、生物固氮、细胞壁肽聚糖和微生物次级代谢物的生物合成。本章介绍了它们的概貌和若干研究进展。

思考题

1．什么是微生物的新陈代谢，分解代谢和合成代谢有何差别与联系？

2．生物产生 ATP 的方式有哪些？并比较其异同。

3．什么叫有氧呼吸？什么是呼吸链（电子传递链）？呼吸链有哪些组分？

4．细菌的呼吸链与真核生物的呼吸链有何不同？

5．什么是氧化磷酸化作用？试用化学渗透学说解释微生物细胞中 ATP 的产生。

6．在化能自养细菌中，亚硝化细菌和硝化细菌是如何获得其生命活动所需的 ATP 和还原力[H]的？

7．什么叫非环式光合磷酸化和环式光合磷酸化？各有什么特点？哪些微生物能分别利用这两种途径？

8．试述嗜盐菌紫膜光合作用的基本原理。

9．什么是生物氧化？试列表比较有氧呼吸、无氧呼吸和发酵的异同点。

10．在化能异养微生物的生物氧化中，葡萄糖脱氢和产能途径主要有哪几条？各途径的主要特点是什么？

11．试述酵母菌在不同发酵条件下发酵葡萄糖的 3 种类型。

12．细菌的酒精发酵走什么途径？它与酵母菌的酒精发酵有何不同？细菌的酒精发酵有何优缺点?

13. 什么叫乳酸发酵? 试比较同型和异型乳酸发酵的异同。

14. 试述在细菌鉴定中 V-P 试验的原理。

15. 试述混合酸发酵和丁二醇发酵在细菌鉴定上的作用。

16. 什么是丙酮丁醇发酵? 简述其意义。

17. 自养微生物固定 CO_2 的途径有哪些? 各有什么特点?

18. 什么是生物固氮作用? 生物固氮需满足哪些条件? 目前对固氮生化机制的认识如何?

19. 固氮酶由哪几个组分构成? 各有何功能?

20. 试述好氧菌固氮酶防氧保护机制。

21. 根据固氮微生物与植物之间的关系,固氮微生物可以分为哪几种生态类型? 各有何特点?

22. 试述乙炔还原法测定固氮酶活性的理论依据和优点。

23. 试写出固氮过程中从分子态氮还原至氨并进一步转变为各种氨基酸的反应过程。

24. 什么叫异形胞? 什么是类菌体? 什么是豆血红蛋白? 其各自的功能是什么?

25. 画简图表示细胞壁肽聚糖的合成过程,哪些化学因子可抑制其合成?

26. 青霉素为什么只作用于正在生长的细菌?其抑菌机制是什么?

27. 何谓次级代谢? 次级代谢产物有哪几类?

28. 次级代谢和初级代谢有何关系? 次级代谢物合成途径有几条?

29. 一酵母突变株的糖酵解途径中,从乙醛到乙醇的途径被阻断,它不能在无氧条件下的葡萄糖平板上生长,但可在有氧条件下的葡萄糖平板上存活。试解释这一现象。

参考文献

Prescott L M, Harley J P, Klein D A, 2003. 微生物学. 6 版. 沈萍, 彭珍荣, 译. 北京: 高等教育出版社.

Madigan M T, Martinko J M, Dunlap P V, et al, 2008. Brock biology of microorganisms. Person education. USA: San Francisco.

黄秀梨, 辛明秀, 2009. 微生物学. 北京: 高等教育出版社.

李阜棣, 胡正嘉, 2007. 微生物学. 6 版. 北京: 中国农业出版社.

沈萍, 2000. 微生物学. 北京: 高等教育出版社.

王贺祥, 2003. 农业微生物学. 北京: 中国农业大学出版社.

杨清香, 2008. 普通微生物学. 北京: 科学出版社.

杨生玉, 王刚, 沈永红, 2007. 微生物生理学. 北京: 化学工业出版社.

杨苏声, 周俊初, 2004. 微生物生物学. 北京: 科学出版社.

周德庆, 2002. 微生物学教程. 2 版. 北京: 高等教育出版社.

第七章
微生物的生长及其控制

控制微生物，防止食品腐败变质？

相隔一年拍摄的同一份汉堡

　　英国《每日邮报》2010 年 3 月 19 日报道，家住美国科罗拉多州丹佛市的美国营养师布鲁索拿麦当劳"快乐儿童餐"做了个试验：一年前，她把从麦当劳餐厅买回来的儿童餐打开，然后放在家里的架子上，一年之后拍摄的照片显示，从外形上看薯条和汉堡竟然没有明显的变化。布鲁索表示"食品储存久了理应逐渐腐烂并发出臭味，而这种快餐却没有变坏……，薯条之所以一年后还能保持黄色，是因为其中含有柠檬酸和酸式焦磷酸钠等有助于保存颜色的成分"。布鲁索将对比的两张照片放在了自己的博客上，还表示这一年里她曾多次把窗户打开，但是苍蝇和其他昆虫完全没有被这些薯条和汉堡所吸引。她指责麦当劳食品防腐剂太多，连苍蝇都忽视这种快餐，而且微生物也不能降解这些食品。

　　这消息实在让人感叹："人类利用微生物知识控制了微生物的生长繁殖，从而达到了防止食品腐败变质的目的。只是人类把相关的知识用滥了，微生物这些小生命与我们人类是相通的，微生物一年都不能分解的东西，我们还敢吃吗？"

　　微生物在适宜的环境条件下，不断地吸收营养物质，并且通过代谢作用将营养物质转变为细胞物质，使得细胞内原生质的总含量不断增加，细胞的质量不断增加，体积不断增大，这个过程称为生长。细胞的生长是有限度的，当细胞生长到一定程度时，就开始分裂，形成两个基本相似的子细胞，每个子细胞又重复这一过程。这样，在单细胞微生物中，因细胞分裂而引起细胞数目增加的过程称为繁殖。在多细胞微生物中，如某些霉菌，细胞数目的增加不伴随着个体数目的增加，只能叫生长，不能叫繁殖。只有通过形成无性孢子或有性孢子使得个体数目增加的过程才叫作繁殖。

研究各种环境条件对微生物生长的影响具有重要的实践意义，了解微生物在什么样的环境条件下才能进行正常的生长和繁殖，从而可以指导我们采取合适的培养方法培养有益微生物，生产有用的代谢产物，为人类造福；了解如何控制微生物的生长繁殖，从而可以指导我们采取高温灭菌、电离辐射等措施控制微生物的生长和存活，减少它们的破坏性和危害性。

第一节
测定生长繁殖和获得纯培养的方法

一、微生物生长的测定

微生物特别是单细胞微生物，体积很小，利用目前的技术还很难对微生物的个体生长进行测定，而且个体生长的测定从目前来看没有太大的实际应用价值。因此，测定它们的生长不是依据个体的大小，而是测定群体的增加量，即群体的生长。微生物生长量的测定方法很多，可以根据菌体细胞数量、菌体体积或质量作直接测定，也可用某种细胞物质的含量或某个代谢条件的强度作间接测定。

(一) 测细胞数目

1. 细胞总数的测定（total count）

测定液体培养基中微生物细胞的总数，包括活的和已丧失生活能力的微生物细胞。

(1) 显微镜直接计数法。指用特制的细菌计数器或血细胞计数板在光学显微镜下直接观察细胞并进行计数的方法，一般细菌则采用细菌计数器，菌体较大的酵母菌或霉菌孢子可采用血细胞计数板。将经过适当稀释的菌悬液（或孢子悬液）放在计数板载玻片与盖玻片之间的计数室中，在显微镜下进行计数。由于计数室的容积是一定的（$0.1mm^3$），所以可以根据在显微镜下观察到的微生物数目来换算成单位体积内的微生物总数目（图 7-1），计算公式如下：

菌液样品的含菌数/mL=每小格平均菌数×400×50000×稀释倍数

显微镜直接计数法的优点是直观、快速、操作简单。但此法的缺点是所测得的结果通常是死菌体和活菌体的总和。目前已有一些方法可以克服这一缺点，如结合活菌染色微室培养（短时间）以及加细胞分裂抑制剂等方法来达到只计数活菌体的目的。

(2) 涂片计数法。将已知体积（0.01mL）的待测样品，均匀地涂布在载玻片的已知面积内（$1cm^2$），经固定染色后，在显微镜下选择若干个视野计算细胞的数量。视野可用镜台测微尺测得直径并计算其面积，从而推算出 $1cm^2$ 总面积中所含细胞数目，计算公式如下：

原菌液的含菌数/mL=视野中的平均菌数×($1cm^2$/视野面积)×100×稀释倍数

(3) 比浊法。细菌培养物在生长过程中，原生质含量的增加，会引起培养物混浊度的增高。比浊法是根据菌悬液的透光量间接地测定细菌的数量。细菌悬浮液的浓度在一定范围内与透光度成反比，与光密度成正比。所以，可用光电比色计测定光密度(OD 值)，根据预先测定的光密度与细菌数目的关系曲线，查找曲线可计算待测样品中细菌浓度。但培养液的颜色不宜过深，颗粒性杂质也会干扰测定结果，再者细菌浓度仅在一定范围内与光密度成直线关系，待测菌液浓度要合适。因此，此法灵敏度较差。但比浊法同时却具有简便、快速、不干扰或不破坏样品的优点，此法实际应用时可使用侧臂三角瓶在不同的培养时间进行原位测定样品的浊度，因而被广泛地用来跟踪培养过程中细菌数目的消长情况，如细菌生长曲线的测定和工业生产上发酵罐中的细菌生长情况等。

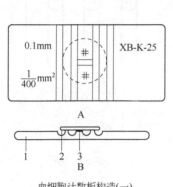
血细胞计数板构造(一)
A, 正面图；B, 纵切面图
1, 血细胞计数板；2, 盖玻片；3, 计数室

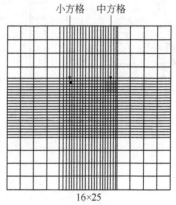
16×25
血细胞计数板构造(二)
放大后的方网格，中间大方格为计数室

图 7-1　血细胞计数板计数室示意图

(引自：李阜棣等，2010)

2. 活细胞数量的测定（viable count）

活细胞定义为可以分裂和生成后代的细胞，并且一般进行的活菌计数就是确定样品中能够在适宜的培养基上生成菌落的细胞数。

（1）平板菌落计数法。平板菌落计数法是将待测样品经适当稀释后，理论上可以认为充分稀释后其中的微生物可以分散为单个细胞，取一定量的稀释液与冷却至合适温度的培养基进行混合浇注平板或涂布到已凝固平板上，经过保温培养后，由每个单细胞生长繁殖形成肉眼可见的菌落，即一个单菌落应代表原样品中的一个单细胞。统计菌落数，根据其稀释倍数和取样接种量即可换算出样品中的含菌数（如图 7-2）。但是，由于待测样品往往不易完全分散成单个细胞，所以，长成的一个单菌落也可能来自样品中的多个细胞。因此平板菌落计数的结果往往偏低。为了清楚地阐述平板菌落计数的结果，现在已倾向使用菌落形成单位（colony-forming unit，cfu）而不以绝对菌落数来表示样品的活菌含量。

该计数法的缺点是操作较繁琐，结果需要培养一段时间才能取得，而且测定结果易受多种因素的影响，但是这种计数方法最大的优点是可以获得活菌的信息，所以被广泛用于生物制品检验，以及食品、饮料和水等含菌指数或污染度的检测。

（2）最大概率数（MPN）。最大概率数（most probable number, MPN）法是将待测样品在定量培养液中进行一系列稀释培养。在一定稀释度以前的培养液中出现细菌生长，而在这个稀释度以后的培养液中不出现细菌生长。将最后 3 级有菌生长的稀释度称为临界级数，以 3～5 次重复的 3 个临界级数求得最大概率数（MPN），可以计算出样品单位体积中细菌的近似值。以 5 次重复为例，某一细菌在稀释法中的生长情况如下：

稀释度	10^{-3}	10^{-4}	10^{-5}	10^{-6}	10^{-7}	10^{-8}
重复数	5	5	5	5	5	5
出现生长的管数	5	5	5	4	1	0

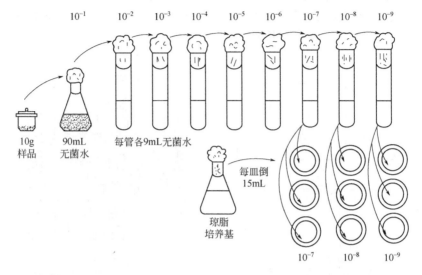

图 7-2　平板菌落计数法示意图

　　根据上述结果，其数量指标为"541"，统计分配表（表 7-1），得到近似值为 17。乘以第一位数的稀释倍数 10^{-5}，则原菌液中的活菌数=$1.7×10^6$ 个。本方法特别适合于含菌量少的样品或一些在固体培养基上不易生长的细菌样品的测定，如测定土壤微生物中特定生理群（如能进行氨化、硝化、纤维素分解、自生固氮、硫化和反硫化的细菌和根瘤菌等）的数量和检测污水、牛奶及其他食品中特殊微生物类群的细菌数量。其缺点是只能进行特殊生理群的测定，结果也较粗放。

表 7-1　五次重复测数统计表

\multicolumn{3}{c}{数量指标}	近似值	\multicolumn{3}{c}{数量指标}	近似值
10^0	10^{-1}	10^{-2}		10^0	10^{-1}	10^{-2}	
0	0	0	0	4	0	1	1.7
0	1	0	0.18	4	1	0	1.7
1	0	0	0.20	4	1	1	2.1
1	1	0	0.40	4	2	0	2.2
2	0	0	0.45	4	2	1	2.6
2	0	1	0.68	4	3	0	2.7
2	1	0	0.68	5	0	0	2.3
2	2	0	0.93	5	0	1	3.1
3	0	0	0.78	5	1	0	3.3
3	0	1	1.1	5	1	1	4.6
3	1	0	1.1	5	2	0	4.9
3	2	0	1.4	5	2	1	7.0
4	0	0	1.3	5	2	2	9.5

数量指标			近似值	数量指标			近似值
10^0	10^{-1}	10^{-2}		10^0	10^{-1}	10^{-2}	
5	3	0	7.9	5	4	3	28.0
5	3	1	11.0	5	5	0	24.0
5	3	2	14.0	5	5	1	35.0
5	4	0	13.0	5	5	2	54.0
5	4	1	17.0	5	5	3	92.0
5	4	2	22.0	5	5	4	160.0

3. 薄膜过滤计数法

测定水与空气中的活菌数量时，由于含菌浓度低，则可先将待测样品（一定体积的水或空气）通过微孔薄膜（如硝化纤维薄膜）过滤浓缩，然后把滤膜放在适当的固体培养基上培养，长出菌落后即可计数。

（二）微生物细胞生物量的测定

这种测量方法包括了活菌和死菌，对单细胞和多细胞微生物均可采用，主要有以下几种方法：

1. 干重法

取一定量的培养液，经离心或过滤将微生物细胞从培养基内分离出来，并用清水反复洗涤菌体，经常压或真空干燥，干燥温度常采用105℃、100℃或红外线烘干，也可在较低温度（80℃或40℃）下真空干燥，然后精确称重，即可计算出培养物的总生物量。一般细菌每1mg干重约等于 $4\sim5$mg 湿菌鲜重，相当于 $4\times10^9\sim5\times10^9$ 个细胞。本法适宜于含菌量高，不含或少含非菌颗粒性杂质的样品。

2. 含氮量法

细胞的蛋白质含量是比较稳定的，而氮又是蛋白质的重要组成。因此微生物细胞的含氮量可以表示其生长情况。已知细菌细胞干重的含氮量一般为12%～15%，酵母菌为7.5%，霉菌为6.0%。因此只要用化学分析方法如凯氏定氮法测出待测样品的含氮量，就可以推算出细胞的生物量。本方法适用于在固体或液体条件下微生物总生物量的测定，但需充分洗涤菌体以除去含氮杂质，缺点是操作程序较复杂，故主要用于科学研究。

3. 生理指标法

与微生物生长量相平行的生理指标很多，可根据实验目的和条件适当选用。如微生物细胞的 DNA 含量较稳定，故可采用适当的荧光指示剂或染色剂与菌体 DNA 作用，用荧光比色或分光光度法测得 DNA 的含量。另外，总碳、总磷、RNA、ATP、DAP（二氨基庚二酸）等含量的测定也可确定生物量。

Bactometer 全自动微生物检测计数仪

该仪器利用电阻抗法（impedance technology），操作时将一个接种过的生长培养基置于一个装有一对不锈钢电极的容器内，测定因微生物生长而导致的阻抗（及其组分）

改变。例如微生物生长时可将培养基一些大分子营养物质（蛋白质、糖类等），经代谢转变为较小但更为活跃的分子（氨基酸、乳酸等）。利用电阻抗法可测试微弱的变化，样本颜色及光学特征都不影响读数，可以数小时内获得监测结果，从而比传统平板方法快速监测微生物的存在及计算数量。

二、纯培养的定义及分离方法

微生物在自然界的分布是"无处不在"的，无论是高山平原、江河湖海、动植物体内外，乃至一般生物无法生存的臭氧层、海洋底和岩芯中，都有微生物存在，可以说我们所处的整个地球就是一个充满微生物的环境。而且微生物往往是多个种类"混居"在一起，大多物体，如1粒沙或1g土中不仅含有多种细菌，也往往有霉菌孢子等其他微生物存在。

科学研究或工业生产中则大多需要单一种类的微生物来生产产品，如用棒状杆菌生产味精、利用枯草芽孢杆菌来生产淀粉酶等，在生产过程中如果污染了其他的微生物不仅不能生产出相应的产品，而且还降低产量，浪费原料。因此，我们需要把相应的研究对象分离出来成为纯种。微生物学中将在实验条件下从一个单细胞或一种细胞群繁殖得到的后代称为纯培养（pure cultivation）。获得微生物纯培养是利用和研究微生物的基础，常用的分离获得微生物纯培养的方法有以下几种。

1. 稀释平皿法

该方法一般首先将待测样品用无菌水制成一系列的稀释梯度，如 10^{-1}、10^{-2}、10^{-3}、10^{-4}、…，取最后3个稀释度，通常细菌取 $10^{-4} \sim 10^{-6}$，放线菌取 $10^{-3} \sim 10^{-5}$，霉菌取 $10^{-2} \sim 10^{-4}$。以倾注平皿法或涂布平板法接种于合适的培养基，每个稀释度做3~5个平行。将接种后的平板培养一段时间后即可有菌落出现，取稀释得当的平板，也就是在平板上出现单个的分散的菌落，这个菌落可能就是由一个微生物细胞繁殖形成的，挑取该单菌落，即可得到纯培养，图 7-3 所示为该法的操作步骤。

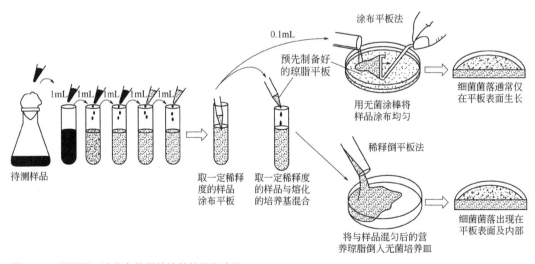

图 7-3 稀释平皿法分离获得纯培养的操作步骤

（引自：Jacquelyn G. Black 等，Microbiology:Principles and Explorations, 6th edition Wiley, 2005）

2. 划线法

将样品用无菌水制成较高浓度的菌悬液待用，培养基熔化后倒入平皿冷却凝固制成平板，用接种环在火焰旁取少许菌悬液，迅速送入平板内，在平板培养基的一边，作第 1 次平行划线 2~3 条，转动培养皿约 70°角，接种环灼烧灭菌后，通过第 1 次划线部分作第 2 次平行划线，然后再用同样方法，作第 3 次平行划线。微生物细胞数量将随着划线次数的增加而减少，并逐步分散开来，如果划线适宜的话，微生物能一一分散，经培养后，可在平板表面得到单菌落。划线的方法包括分区划线法和连续划线法两种（如图 7-4）。

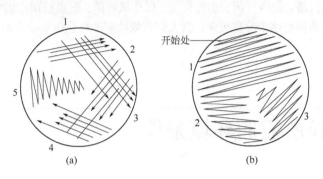

图 7-4　划线法分离获得纯培养示意图

(a) 分区划线；(b) 连续划线

3. 单细胞挑取法

单细胞挑取法是从待分离材料中只挑取一个细胞来培养。可用一台显微挑取器，装于显微镜上，把一滴细菌悬浮液置于载玻片上，用装于显微挑取器上的极细的毛细吸管，在显微镜下对准一个单独的细菌细胞挑取，再接种于平板上培养而得到纯培养。此法常用于真菌单孢子的分离，对操作技术要求较高。

4. 选择培养基法

不同种类的微生物对营养物质的要求不同，对不同的环境条件如温度、pH、氧气等要求也有很大的不同，并且对不同的物质如消毒剂、抗生素、染料等也具有不同程度的抵抗能力。因此，利用这些特性，便可配制各种选择性培养，从而抑制不需要的微生物的生长而把某种微生物分离纯化出来。如含有 1:50000~1:20000 结晶紫的培养基能抑制大多数革兰氏阳性菌的生长，在培养基中加入链霉素可抑制许多原核微生物的生长。

在分离某些植物或动物病原菌时，可先将其接种至敏感宿主体内，侵染后，宿主的某些组织中可能只含该种微生物，这样容易得到纯培养。

也可以通过对样品进行处理，以消除不需要的微生物。如从样品中分离芽孢细菌，可将样品用适当高温处理一段时间，以杀死所有的非芽孢细菌，芽孢存活下来，继续培养便可获得芽孢菌的纯培养。

对一些在样品中数量较少的微生物的分离，可先进行富集培养，以帮助所需要的微生物的生长，从而容易得到所需要的纯培养。

纯种分离技术的诞生

纯种分离技术是人类揭开微生物世界奥秘的重要手段，要研究在自然条件下处于混居状态的某一种微生物的特点以及它对人类是有益的或是有害的，就必须采用在无菌技术基础上的纯种分离方法。

利用固体培养基来分离和纯化微生物经历了马铃薯块切面、明胶平板、琼脂平板等阶段。琼脂固体平板的问世和普遍应用为微生物的纯种分离技术奠定了坚实的基础。以后，用于霉菌孢子和酵母菌体等的单孢子或单细胞分离纯化技术也相继问世。上述方法的综合应用，不但纠正了微生物学早期因分离不纯而将微生物误认为是多形态的观点，还为寻找病原微生物提供了方法上的保证。从此，许多夺走人、畜生命的严重传染病的病原体，如结核杆菌、霍乱弧菌、白喉杆菌、伤寒杆菌、破伤风杆菌、鼠疫杆菌、痢疾杆菌、脑炎双球菌、梅毒螺旋菌等被逐个分离出来，为人们有效地防治这些传染病奠定了基础。

第二节
微生物生长所需的环境条件

生长是微生物与外界环境因素共同作用的结果。环境条件的改变，在一定限度内，可引起微生物形态、生理、生长、繁殖等特征的改变，或者抵抗、适应环境条件的某些改变；当环境条件的变化超过一定极限，则导致微生物的死亡。

一、营养物质

如第五章所述微生物所需的基本营养物质可分为碳源、氮源、无机盐、生长因子以及水。满足微生物对营养物质需求是微生物生长繁殖的先决条件，即营养要齐全，缺乏某一种或几种营养物质必然会影响到微生物的生长繁殖。培养基中营养物质的组成不同往往对微生物生长会有很大的影响，营养物质的种类不同，所培养的微生物种类及生物量差别较大。例如，在仅含有睾丸酮作为唯一碳源的基础培养基中，只有可利用睾丸酮的假单胞菌在上面生长，而其他不能利用该种碳源的微生物则不能生长。因此，在微生物发酵培养研究工作中，探讨选择合适的培养基组成（即合适的氮源、碳源）往往是必不可少的环节。

营养物质的不同配比也影响到微生物的生长，最重要的营养物质比例是碳氮比（C/N）即碳源与氮源含量之比。一般地说，真菌需要 C/N 比较高的培养基（似动物的"素食"），细菌尤其是动物病原菌需 C/N 较低的培养基（似动物的"荤食"）。对同一种微生物，C/N 也有影响，例如在微生物的谷氨酸发酵中，培养基的 C/N 为 4∶1 时，菌体大量繁殖，谷氨酸积累少；当 C/N 为 3∶1 时，菌体繁殖受到抑制，而谷氨酸大量增加。

再者，培养基中营养物质的浓度对微生物生长也有很大的影响，营养物浓度不仅影响微生物的生长速率，也会影响所培养微生物的生物量。所以无论在实验室或工业生产上营养物质的浓度也是必须要考虑的一个因素。

二、温度

由于微生物的生命活动是由一系列生物化学反应组成的，而这些反应受温度的影响极为明显，因此，温度是影响微生物生长的最重要的因素之一。它对活有机体的影响表现在两方面：一方面因为细胞中的生物化学反应速率和一般的化学反应一样，反应速度随温度每提高10℃而加倍，随着温度升高，胞内各种反应加速，整个新陈代谢活动在较高的温度下更加活跃，温度升高可加快生长速度；另一方面，机体的重要组成如蛋白质、核酸等对温度都较敏感，随着温度的增高而可能遭受不可逆的破坏。因此，只有在一定范围内，机体的代谢活动与生长繁殖才随着温度的上升而增加，当温度上升到一定程度，开始对机体产生不利影响，如再继续升高，则细胞功能急剧下降以至死亡。

(一) 微生物生长温度三基点

从微生物总体来看，微生物生长的温度范围较广，已知的微生物在–12～100℃均可生长。但具体到某一种微生物，则只能在一定的温度范围内生长（表 7-2）。各种微生物都有其生长繁殖的最低温度、最适温度、最高温度，这就是微生物生长温度三基点（three cardinal point of grouth temperature）。

表 7-2　各种微生物的生长温度范围

微生物	生长温度范围/℃			微生物	生长温度范围/℃		
	最低	最适	最高		最低	最适	最高
玫瑰色醋杆菌	10	30～35	41	普通变形杆菌	10	37	42
无色杆菌	–2	25	30	铜绿假单胞菌	0	37	43
根癌土壤杆菌	0	25～28	37	金黄色葡萄球菌	15	37	40
枯草芽孢杆菌	15	30～37	55	野油菜黄单胞菌	5	20～30	38
嗜热糖化芽孢杆菌	52	65	75	嗜热放线菌	28	50	65
破伤风梭菌	14	37～38	50	嗜热链霉菌	20	40～45	53
白喉棒状杆菌	15	34～36	40	构巢曲霉	5	25～37	38
胡萝卜软腐欧文氏菌	4	25～30	39	黑曲霉	7	30～39	47
大肠杆菌	10	30～37	43	灰绿葡萄孢霉	0	15～25	35
肺炎克氏杆菌	12	37	40	尖孢镰刀菌	4	15～32	40
干酪乳细菌	10	30	40	好食脉孢菌	4	36	44
嗜热乳杆菌	30	50～63	65	扩展青霉	0	25～27	30
结核分枝杆菌	30	37	42	酵母菌	0.5	25～30	40
淋病奈氏球菌	5	37	55				

1. 最低生长温度

最低生长温度（minimum growth temperature）是指微生物能进行繁殖的最低温度界限。当微生物处于最低生长温度时，新陈代谢降到极低的程度。若温度再低，则微生物的生命活动停止，生长完全停止，但除少数对低温敏感的微生物会很快死亡外，多数微生物仍能保存活力，当温度升高时又恢复其正常的生命活动。故低温的作用主要是抑菌，而不能运用低温手段来杀死大多数微生物。因低温对微生物生长有抑制作用，故广泛用于保藏食品和菌种。

2. 最适生长温度

最适生长温度（optimum growth temperature）是某菌分裂代时最短或生长速率最高时的培养温度。不同微生物的最适生长温度是不一样的。对同一微生物来说，其不同的生理生化过程也有着不同的最适温度，也就是说，最适生长温度并不等于生长量最高时的培养温度，也不等于发酵速度最高时的培养温度或累积代谢产物量最高时的培养温度，更不等于累积某一代谢产物量最高时的培养温度。对不同生理、代谢过程进行相应最适温度的研究，有着重要的实践意义。例如，国外曾报道在产黄青霉 165h 的青霉素发酵过程中，运用了有关规律，即根据不同生理代谢过程的温度特点分四段控制其培养温度，即：0h（30℃）→5h（25℃）→40h（20℃）→125h（25℃）→165h。结果，其青霉素产量比自始至终进行 30℃恒温培养的对照提高了 14.7%。

3. 最高生长温度

最高生长温度（maximum growth temperature）是指微生物生长繁殖的最高温度界限。在此温度下，微生物细胞易衰老和死亡，高于此温度，微生物不可能生长。微生物所能适应的最高生长温度与其细胞内酶的性质有关。

4. 热致死温度

不同微生物生长的温度上限不同，最高生长温度若进一步升高，便可杀死微生物，在一定时间内（一般为 10min）杀死某微生物的水悬浮液群体所需的最低温度称热致死温度（thermal death point）。在一定温度下，杀死某种微生物的水悬浮液群体所需的最短时间称为热致死时间（thermal death time）。热致死温度与处理时间有关，在一定温度下处理的时间越长，死亡率越高。例如，根癌土壤杆菌（*Agrobacterium tumefaciens*）为 53℃、胡萝卜软腐欧文氏菌（*Erwinia carotovora*）为 48～51℃等。不同微生物的热致死温度可能不同。如，*E. coli* 在 60℃下为 10min，伤寒沙门氏菌（*Salmonella typhi*）在 58℃下为 30min，嗜热乳杆菌（*Lactobacillus thermophilus*）在 71℃下为 30min。

（二）微生物的生长温度类型

根据不同微生物对温度的要求和最适温度不同，可以把它们区分为低温、中温和高温 3 种不同的类型（表 7-3）。

表 7-3 微生物的生长温度类型

微生物类型		生长温度范围/℃			分布的主要处所
		最低	最适	最高	
低温型	专性嗜冷	-12	5～15	15～20	两极地区
	兼性嗜冷	-5～0	10～20	25～30	海水及冷藏食品上
中温型	室温	10～20	20～35	40～45	腐生菌
	体温		35～40		寄生菌
高温型	嗜热	30	45～60	70	温泉、堆肥堆、海洋底、火山口等
	极端嗜热	30	70～90	100℃以上	温泉、堆肥堆、海洋底、火山口等

1. 低温型微生物或嗜冷微生物（psychrophiles）

生长的温度范围与最适温度见表 7-3。一般分布在中高纬度的陆地、海洋及冷藏食品上，包括有细菌、真菌和藻类等许多类群，其中研究较多的是藻类，如能在寒带冰河雪原表面生长的雪藻和可在极地冰块下面生长的硅藻。它们往往是造成冷冻食品腐败的主要原因。

2. 中温型微生物（mesophiles）

生长温度范围与最适生长温度见表 7-3，可进一步分为体温型和室温型两大类。体温型绝大多数是人或温血动物的寄生或兼性寄生微生物，以 35～40℃为最适温度。室温型则广泛分布于土壤、水、空气及动植物表面和体内，是自然界中种类最多、数量最大的一个温度类群，其最适温度为 25～30℃。

3. 高温型微生物或嗜热微生物（thermophiles）

生长温度范围与最适生长温度见表 7-3，主要分布在高温的自然环境（如火山、温泉和热带土壤表层）及堆厩肥、沼气发酵等人工高温环境中。比如堆肥在发酵过程中温度常高达 60～70℃。能在 55～70℃中生长的微生物有芽孢杆菌属、梭状芽孢杆菌属、高温放线菌属、甲烷杆菌属等，分布于温泉中的细菌，有的可在接近于 100℃的高温中生长。这些耐高温的微生物，常给食品工业和发酵工业等带来损失。

三、氧气和氧化还原电位

（一）氧气对微生物生长的影响

地球上的整个生物圈都被大气层包围着。以体积计，氧约占空气的 1/5，氮约占 4/5。因此，氧对微生物的生命活动有着极其重要的影响，分子态氧（O_2）是有些微生物种类的必需生活条件，而对另一些种类则起抑制甚至毒害作用，能在有氧条件下生长的称为好氧菌（aerobe），能在无氧条件下生长的称为厌氧菌（anaerobe）。因此按照微生物与氧的关系，可把它们分成好氧菌和厌氧菌两大类，并可继续细分为五类（表 7-4）。

表 7-4　微生物与氧的关系

微生物类型		最适生长的 O_2 体积分数	实例
好氧菌	专性好氧菌	等于或大于 20%	铜绿假单胞菌（*Pseudomonas aeruginosa*）
	兼性好氧菌	2%～10%	大肠杆菌（*Escherichia coli*）
	微好氧菌	2%以下	霍乱弧菌（*Vibrio cholerae*）
厌氧菌	耐氧菌	有氧或无氧	肠膜明串珠菌（*Leuconostoc mesenteroides*）
	厌氧菌	不需要氧，有氧时死亡	双歧杆菌（*Bifidobacterium*）

1. 专性好氧菌

专性好氧菌（strict aerobe）必须在有分子氧的条件下才能生长，有完整的呼吸链，以分子氧作为最终氢受体，细胞含超氧化物歧化酶（SOD）和过氧化氢酶（catalase）。绝大多数真菌和许多细菌都是专性好氧菌，例如铜绿假单胞菌（*Pseudomonas aeruginosa*，又称绿脓杆菌）和白喉棒杆菌（*Corynebacterium diphtheriae*）等。

2. 兼性好氧菌

兼性好氧菌（facultative aerobe）在有氧或无氧条件下均能生长，但有氧情况下生长得更好；在有氧时靠呼吸产能，无氧时借发酵或无氧呼吸产能；细胞含 SOD 和过氧化氢酶。许多酵母菌和细菌都是兼性好氧菌。例如酿酒酵母（*Saccharomyces cerevisiae*），肠杆菌科的各种细菌包括 *E. coli*、产气肠杆菌（*Enterobacteraerogenes*，旧称产气气杆菌或产气杆菌）和普通变形杆菌（*Proteus vulgaris*）等都是常见的兼性厌氧微生物。

3. 微好氧菌

微好氧菌（microaerophilic bacteria）是指只能在较低的氧分压（0.01～0.03bar，而正常大气中的氧分压为 0.2bar，1bar=10^5Pa）下才能正常生长的微生物，也通过呼吸链并以氧为最终氢受体而产能。例如霍乱弧菌（*Vibrio cholerae*），一些氢单胞菌属（*Hydrogenomonas*）、发酵单胞菌属（*Zymomonas*）以及少数拟杆菌属（*Bacteroides*）的种等。

4. 耐氧菌

耐氧菌（aerotolerant anaerobe）是一类可在分子氧存在下进行厌氧生活的厌氧菌，即它们的生长不需要氧，分子氧对它也无毒害。它们不具有呼吸链，仅依靠专性发酵获得能量。细胞内存在 SOD 和过氧化物酶，但缺乏过氧化氢酶。一般的乳酸菌多数是耐氧菌，例如乳链球菌（*Streptococcus lactis*）、粪链球菌（*S. faecalis*）、乳酸乳杆菌（*Lactobacillus lactis*）以及肠膜明串珠菌（*Leuconostoc mesenteroides*）等；乳酸菌以外的耐氧菌如雷氏丁酸杆菌（*Butyribacterium rettgeri*）等。

5. 厌氧菌

厌氧菌（anaerobe）有以下几个特点：分子氧对它们有毒，即使短期接触空气，也会抑制其生长甚至致死；在空气或含 10% CO_2 的空气中，它们在固体或半固体培养基的表面上不能生长，只有在其深层的无氧或低氧化还原势的环境下才能生长；其生命活动所需的能量通过发酵、无氧呼吸、环式光合磷酸化或甲烷发酵等提供；细胞内缺乏 SOD 和细胞色素氧化酶，大多数还缺乏过氧化氢酶。常见的厌氧菌有梭菌属（*Clostridium*）、拟杆菌属（*Bacteroides*）、梭杆菌属（*Fusobac-terium*）、双歧杆菌属（*Bifidobacterium*）、优杆菌属（*Eubacterium*）、消化球菌属（*Peptococcus*）以及各种光合细菌和产甲烷菌等。其中产甲烷菌的绝大多数种都是极端厌氧菌。

以上五种微生物在深层固体培养基中的生长情况模式图示于图 7-5。

关于厌氧菌的氧毒机制目前大家比较认可的理论是 1971 年 McCord 和 Fridovich 提出的关于专性厌氧菌的超氧化物歧化酶（SOD）学说。在氧还原成水的过程中，可形成某些有毒的中间产物。例如过氧化氢（H_2O_2）、超氧阴离子（$O_2^-·$）

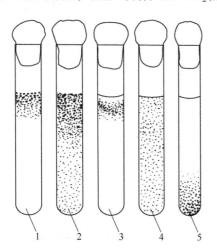

图 7-5　五类与氧关系不同的微生物在半固体琼脂柱中的生长状态模式图

1，专性好氧菌；2，兼性好氧菌；3，微好氧菌；4，耐氧菌；5，厌氧菌

（引自：王伟东等，微生物学，中国农业大学出版社，2015）

和羟基自由基 (OH·) 等。

$$O_2 + e^- \xrightarrow{\text{氧化酶}} O_2^- \cdot (\text{或} \cdot O_2^-, O_2^-)$$

$$O_2^- + H_2O_2 \longrightarrow O_2 + OH^- + \cdot OH$$

超氧基化合物与 H_2O_2 可以分别在超氧化物歧化酶与过氧化氢酶作用下转变成无毒的化合物，即：

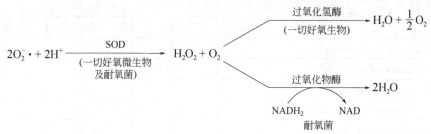

凡严格厌氧菌无 SOD 活力，一般也无过氧化氢酶活力，因而死于 $O_2^- \cdot$ 和 H_2O_2 的毒害，这类微生物必然只能进行专性厌氧生活；所有具有细胞色素系统的好氧菌都有 SOD 和过氧化氢酶；耐氧性厌氧菌不含细胞色素系统，但具有 SOD 活力而无过氧化氢酶活力。

由于不同微生物与氧的关系不同，因此在培养不同类型的微生物时，一定要采取相应的措施保证不同类型的微生物能正常生长。例如：培养好氧微生物可以通过振荡或通气等方法使之有充足的氧气供它们生长；培养专性厌氧微生物则要排除环境中的氧，同时通过在培养基中添加还原剂的方式降低培养基的氧化还原电势；培养兼性厌氧或氧的忍耐型微生物，可以用深层静置培养的方式等。

(二) 氧化还原电位对微生物生长的影响

在氧化还原反应中，电子从一种物质转移到另一种物质，于是，在这两种物质之间产生了电位差，叫氧化还原电势。氧化还原电势的强弱常用伏特 (V) 单位来表示。Eh 值能较全面地反映环境的氧化还原状况。除受通气状况或氧分压的影响外，Eh 值还取决于氧化/还原物质的比值和 pH 等其他环境因素。据测定当 pH=7.0 时，完全富氧环境的 Eh 值最高，达+0.82V；富氢环境的 Eh 值最低达−0.42V。一般环境的 Eh 值均介于以上两个极端值之间。

改善通气状况、降低 pH 值和加入氧化性物质等能提高环境的 Eh 值，反之则可以使 Eh 值下降。实践中为了满足厌氧性微生物的生长而需要在培养基中添加半胱氨酸、硫代乙醇或硫代硫酸钠等还原性物质，其目的就是为了进一步降低 Eh 值。

需氧菌一般在 Eh 值大于 0.1V 时才生长，并以 0.3～0.4V 为适宜。厌氧菌一般要求 Eh 值小于 0.1V 生长。兼性厌氧菌两种条件均可生长，但代谢方式各异。当 Eh 值小于 0.1V 时进行发酵作用，大于 0.1V 时则进行呼吸作用。微生物的生命活动也会反过来影响和改变环境的 Eh 值。在一个 Eh 值高的氧化型环境中，常能观察到由于好氧性微生物的大量繁殖，一方面耗掉了分子氧，另一方面也会因其代谢活动而产生某些还原态中间产物（如半胱氨酸、H_2S 等），从而可以造成局部的厌氧环境，为厌氧性微生物的生长创造了条件。

四、氢离子浓度(pH)

pH 是溶液中氢离子活性的量度，并且把其定义为某溶液中氢离子浓度的负对数。微生物作为一个总体来说，其生长的 pH 范围很广（pH 2~8），有少数种类还可超出这一范围，但具体到某一种类，与温度的三基点相类似，也存在最高、最适与最低三个数值（表 7-5），绝大多数种类都生长在 pH 5~9 之间。

表 7-5　不同微生物的生长 pH 适应范围

微生物	pH 值		
	最低	最适	最高
氧化硫硫杆菌 (*Thiobacillus thiooxidans*)	0.5	2.0~3.5	6.0
嗜酸乳杆菌 (*Lactobacillus acidophilus*)	4.0~4.6	5.8~6.6	6.8
大豆根瘤菌 (*Rhizobium japonicum*)	4.2	6.8~7.0	11.0
圆褐固氮菌 (*Azotobacter chroococcum*)	4.5	7.4~7.6	9.0
亚硝化单胞菌 (*Nitrosomonas* sp.)	7.0	7.8~8.6	9.4
醋化醋杆菌 (*Acetobacter aceti*)	4.0~4.5	5.4~6.3	7.0~8.0
金黄色葡萄球菌 (*Staphylococcus aureus*)	4.2	7.0~7.5	9.3
泥生绿菌 (*Chlorobium limicola*)	6.0	6.8	7.0
水生栖热菌 (*Thurmus aquaticus*)	6.0	7.5~7.8	9.5
黑曲霉 (*Aspergillus niger*)	1.5	5.0~6.0	9.0
一般放线菌	5.0	7.0~8.0	10.0
一般酵母菌	3.0	5.0~6.0	8.0
一般霉菌	1.5	3.8~6.0	7.00~11.0

凡其最适生长 pH 值偏于碱性范围内的微生物，有的是嗜碱性的，称嗜碱微生物（alkaliphile），例如亚硝化细菌、尿素分解菌、根瘤菌和放线菌等；有的是不一定要在碱性条件下生活，但能耐较碱的条件，称耐碱微生物（alkalitolerant microorganism），如若干链霉菌等。生长 pH 值偏于酸性范围内的微生物也有两类，一类是嗜酸微生物（acidophile），例如硫杆菌属（*Thiobacillus*）等；另一类是耐酸微生物（acidotolerant microorganism），如乳酸杆菌、醋酸杆菌、许多肠杆菌和假单胞菌等。一般地说，大多数细菌、藻类和原生动物的最适 pH 为 6.5~7.5，在 pH 4~10 之间也可生长；放线菌一般在微碱性即 pH 7.5~8 最合适；酵母菌、霉菌则适合于 pH 5~6 的酸性环境，但生存范围在 pH 1.5~10 之间。

除了不同种类的微生物有其最适的生长 pH 外，同一微生物在其不同的生长阶段和不同的生理、生化过程中，也有不同的最适 pH 要求。例如，黑曲霉（*Aspergillusniger*）在 pH 2~2.5 范围有利于产柠檬酸，在 pH 2.5~6.5 范围内以菌体生长为主，而在 pH 7 左右时，则以合成草酸为主。又如，丙酮丁醇梭菌（*Clostridium acetobutylicum*）在 pH 5.5~7.0 范围内，以菌体生长繁殖为主，而在 pH 4.3~5.3 范围内才进行丙酮丁醇发酵。抗生素生产菌也有同样的情况（如表 7-6）。pH 值或氢离子浓度影响微生物的作用机制是：①影响细胞质膜电荷和养料吸收。如在酸性环境中，乙酸能进入细胞，而在中性或碱性环境中，乙酸离子化，不能进入细胞。②影响酶的活性。③改变环境中养料的可给性或有害物质的毒性。因此，在发酵工业中 pH 的变化常可以改变微生物的代谢途径并产生不同的代谢产物，在发酵生产中控制 pH 极其重要，可以调节和控制发酵液 pH 值改变微生物的代谢方向以获得需要的代谢产物。

在生命活动过程中，微生物对环境中物质的代谢常也能反过来改变环境的 pH 值。如许多细菌和真菌在分解培养基质中的糖类时产酸使环境变酸，另一些微生物则在分解蛋白质时产氨而使环境变碱。这就是通常遇到的培养基的原始 pH 在培养微生物过程中时时发生改变的原因。因此在配制培养基时，往往不仅需要调节 pH 值，有时还要选择适合 pH 值的缓冲液（主要是磷酸缓冲液），或加入过量碳酸钙等方法来维持微生物生长过程中的 pH 值。总结生产中的经验，调节 pH 的措施分"治标"和"治本"两大类。"治标"是在培养基 pH 变酸或变碱后，用相应的碱或酸进行调节；"治本"是在过酸时通过增加氮源和提高通气量的方式进行调节，培养基过碱时用增加适当碳源和降低通气量的方式进行调节。前者是指根据表面现象进行直接、快速但不能持久的调节；后者则是指根据内在机制所采用的间接、缓效但能发挥较持久作用的调节。

表 7-6　几种抗生素产生菌的生长与发酵的最适 pH

微生物	生长最适 pH	合成抗生素最适 pH
灰色链霉菌（Streptomyces griseus）	6.3～6.9	6.7～7.3
红霉素链霉菌（S. erythreus）	6.6～7.0	6.8～7.3
产黄青霉（Penicillium chrysogenum）	6.5～7.2	6.2～6.8
金霉素链霉菌（S. aureofaciens）	6.1～6.6	5.9～6.3
龟裂链霉菌（S. rimosus）	6.0～6.6	5.8～6.1
灰黄青霉（P. griseofulvum）	6.4～7.0	6.2～6.5

五、水分和渗透压

水是微生物细胞的重要组成成分，它是一种起着溶剂和运输介质作用的物质，参与机体内水解、缩合、氧化与还原等反应在内的整个化学反应，并在维持蛋白质等大分子物质的稳定的天然状态上起着重要作用，因此，水是一切生物进行正常生命活动的必要条件。缺水的干燥环境不适于微生物生活，长期失水将导致死亡。渗透压（osmotic pressure）主要影响溶液中水的可给性，若环境溶液中的溶质含量过高，渗透压过大，也将抑制微生物的生长繁殖。

1. 水活度

微生物的生命活动离不开水。水分的影响不仅取决于含量的多少，更重要的是其可给性（availability），溶质浓度高低和固体表面对水的亲和力都影响水分的可给性。环境中水的可给性常用水活度（water activity，a_w）表示。a_w 值是指在一定的温度和压力条件下，溶液上方的蒸气压和同样条件下纯水蒸气压之比，实质上是以小数来表示与溶液或含水物质平衡时的空气的相对湿度，即在相同温度和压力条件下，密闭容器中该溶液的水饱和蒸气压与纯水饱和蒸气压的比值。

$$a_w = p / p_0$$

式中，p 代表溶液饱和蒸气压，p_0 代表纯水的饱和蒸气压。

已知溶液的 a_w 值取决于溶质的种类及其解离度。如在 25℃下，纯水的水活度为 1.00，完全干燥条件下的水活度为 0.00。饱和 NaCl（约 30%）的 a_w 值为 0.80，饱和蔗糖（20.5%）为 0.85，饱和甘油（20.4%）为 0.65。不同微生物生长需要的 a_w 值范围各异。例如细菌一般为 0.90～0.99，酵母菌和丝状真菌为 0.90～0.95。少数类群可在较低的 a_w 值环境中生活，如嗜盐细菌可低至 0.75，嗜盐酵母和丝状真菌可达 0.60。微生物活的 a_w 范围为 0.63～0.99。表 7-7 为某些微生物生活环境的水活度。

表 7-7　某些微生物生活环境的水活度

水活度	环境（或材料）	代表性微生物
1.000	纯净水	柄杆菌属（*Caulobacter*）、螺菌属（*Spirillium*）
0.995	人体血液	链球菌属（*Streptococcus*）、大肠埃希氏菌属（*Escherichia*）
0.980	海水	假单胞属（*Pseudomonas*）、弧菌属（*Vibrio*）
0.950	面包、粮食	许多 G⁺杆菌
0.900	槭（树）糖浆、火腿	G⁺球菌
0.850	咸腊肠	鲁氏酵母（*Saccharomyces rouxii*）
0.800	水果、蛋糕、果酱	拜耳酵母（*Saccharomyces bailii*） 青霉属（*Penicillium*）（真菌）
0.750	盐湖、盐鱼	盐杆菌属（*Halobacterium*）、盐球菌属（*Halococcus*）
0.700	谷类、蜜饯、干果	其他嗜干真菌

　　微生物的营养细胞一般不耐干燥，在干燥条件下，几小时便会死亡，但放线菌的分生孢子和细菌芽孢可以在干燥条件下保存数年。若在微生物营养细胞中加入少量保护剂（如脱脂牛奶、血清、蔗糖等）于低温冷冻的条件下真空干燥，用此法冻干的微生物不仅可以长期保持其活力，而且能保持原有的遗传特性，是一种较理想的菌种保藏方法。

2. 渗透压

　　微生物细胞通常具有比环境高的渗透压，因而很容易从环境中吸收水分。除极端的生态条件以外，适合于微生物生长的渗透压范围较广。低渗溶液除能破坏去壁的细胞原生质体的稳定性以外，一般不对微生物的生存带来威胁。高渗环境会使细胞原生质脱水而发生质壁分离，因而能抑制大多数微生物的生长。这一原则也使我们可以在食品加工和日常生活中用高浓度的盐或糖来加工蔬菜、肉类和水果等。常用的食盐浓度为 10%～15%，蔗糖为 50%～70%。某些微生物能在高渗透压环境中生活，称为耐高渗微生物（osmophiles），如海洋微生物需要培养基中有 3.5%的 NaCl，某些极端嗜盐细菌能耐 15%～30%的高盐环境。虽然自然界没有高糖的天然环境，但少数霉菌和酵母菌能在 60%～80%的糖液或蜜饯食品上生长。

第三节
微生物的生长

一、微生物的个体生长

（一）细菌细胞的生长

　　就大多数原核生物而言，其单个细胞持续生长直至分裂成两个新的细胞，这个过程称为二等分裂。杆状细菌如大肠杆菌在培养过程中，能观察到细胞延长至大约为细胞最小长度的 2 倍时，处于细胞中间部位的细胞膜和细胞壁从两个相反的方向向内延伸，逐渐形成一个隔膜，直至 2 个子细胞被分割开,最终分裂形成 2 个子细胞.整个生长周期一般较短,可分为 DNA 复制前的准备期(I)、DNA 复制期(R)和细胞分裂期(D)3 个时期,但这三个阶段的划分不如真核生物明显.对于某一原核细胞来说,在 3 个时期当中,I 期变化较大,它随着细胞生长时的营养条件而变化.I 期有时为零,而 R 期与 D 期相对稳定.例如大肠杆菌在 37℃培养时,R 为 40min,D 期为 20min.当细胞周期大于 R 期与 D 期之和时,E 期可以表现出来;当细胞生长周期等于或者小于这两个时期之和时,都没有 I 期.后者说明 R 期提前进行,这时细菌的 DNA 第 1 次复制还没有结束,第 2 次复制又在新复制的 DNA 上开始了.迅速生长的细菌染色体上有 2 个以下复制点,而且拟核分裂后,细菌并不立即分裂,所以每个细胞中可以见到 2~4 个拟核.

在细胞分裂过程中,必然包含有细胞壁合成的过程,所以由肽聚糖合成新的细胞壁及形成壁隔是细胞生长周期中细胞的一个显著现象.细胞壁是细胞外的一种"硬"性结构.细菌在生长过程中,细胞壁只有通过扩增,才能使细胞体积扩大.不同细菌细胞壁扩增的方式不同,杆菌在生长过程中,新合成的肽聚糖不是在一个位点而是在多个位点插入;而球菌在生长过程中,新合成的肽聚糖是固定在赤道板附近插入,导致新老细胞壁明显分开,原来的细胞壁被推向两端.

(二) 酵母细胞的生长

酵母菌细胞的生长表现为细胞体积的连续增加并在一定的间隔时间发生核和细胞的分裂,这样一个完整的生长过程就是酵母菌的细胞周期.酵母菌细胞的分裂分为两类.一类是不等分裂,如酿酒酵母,母细胞体积增大到一定程度产生芽,最后芽和母细胞分离,形成大小不等的两个细胞;另一类是均等分裂,如粟酒裂殖酵母,当菌体体积增加到一定大小后,便形成分隔,产生两个大小相等的细胞.以酿酒酵母为例(图 7-6),酵母菌的细胞可分为 4 个时期:G_1、S、G_2 和 M 期.S 和 M 期分别指 DNA 合成期和有丝分裂期,G_1 和 G_2 期分别是指 S 和 M 期之间的间隙期.

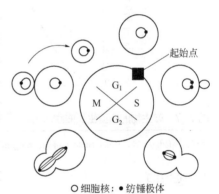

图 7-6　酿酒酵母的细胞周期

(引自: 王贺祥, 2003)

(三) 丝状真菌菌丝的生长

丝状真菌的营养菌丝的生长主要以极性的顶端生长方式进行,顶端生长虽在菌丝生长中占主导地位,但不排斥其他生长的可能.菌丝顶端呈半椭圆形,原生质在菌丝细胞内部呈区域化的极性分布.最初的几个微米区域为最顶端区域,只充满着丰富的微泡囊;内质网和线粒体等从顶端 3~6μm 以后的亚顶端区域开始出现,微泡囊散布在其间及其原生质周缘;核只是在距顶端 40~100μm 之后的成熟区域才开始出现.菌丝生长所需的蛋白质、脂肪和糖类主要在亚顶端区域合成,新生的微泡囊由内质网(或高尔基体)分泌产生,内含有细胞壁合成所需的前体物质,分泌的微泡囊从亚顶端移向最顶端,当与细胞膜融合时,泡囊膜被补充为新生的细胞膜,微泡囊内含的细胞壁前体物质被释放出来在细胞壁和细胞膜间隙处聚合,成为新生的黏滞可塑的细胞壁,导致菌丝顶端向前延伸,原先最顶端的细胞壁和细胞膜被推向后部,原先的细胞壁在被推向后部的过程中因其多糖分子之间发生交联而硬化.在新的菌丝分枝处,坚硬的细胞壁可由于水解酶的作用而重新变得可塑,使新的分枝形成.

二、细菌的群体生长

大多数细菌的繁殖速度都很快，大肠杆菌在适宜条件下，每 20min 左右便可分裂一次，如果始终保持这样的繁殖速度，一个细菌在 48h 内，其子代群体将达到无法想象的数量。然而，实际情况并非如此。

将少量单细胞纯培养接种到一恒定容积的新鲜液体培养基中，在适宜的条件下培养，定时取样测定其细菌含量，可以看到以下现象：开始有一短暂时间，细菌数量并不增加，随之细菌数目增加很快，既而细菌数又趋于稳定，最后逐渐下降。如果以培养时间为横坐标，以细菌数目的对数或生长速度为纵坐标作图，可以得到一条类似于 S 形的曲线，这就是微生物的典型生长曲线（growth curve）。生长曲线代表了细菌在新的适宜的环境中生长繁殖直至衰老死亡全过程的动态变化。根据微生物的生长速率常数（growth rate constant），即每小时分裂次数（R）的不同，一般可将生长曲线大致分为延迟期、指数期、稳定期和衰亡期四个阶段（如图 7-7）。

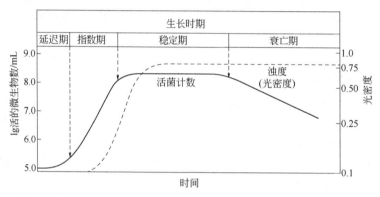

图 7-7　微生物的典型生长曲线

(引自：Madigan 等，Brock Biology of Microorganisms, 14th edition, Pearson Education Inc, 2015)

1. 延迟期

延迟期（lag phase）又称延滞期、停滞期、调整期或适应期。指少量单细胞微生物接种到新鲜培养液中，在开始培养的一段时间内，通常不立即进行细胞分裂、增殖，生长速率近于零，细胞数目几乎保持不变，甚至稍有减少，这段时间被称为延滞期。

该期的特点为：①生长速率常数为零；②细胞形态变大或增长，许多杆菌可长成丝状，如巨大芽孢杆菌在接种时，细胞仅长 3.4μm，而培养至 3h 时．其长为 9.1μm，至 5.5h 时，竟可达 19.8μm；③细胞内的 RNA 尤其是 rRNA 含量增高，原生质呈嗜碱性；④合成代谢十分活跃，核糖体、酶类和 ATP 的合成加速，易产生各种诱导酶；⑤对外界不良条件如 NaCl 溶液浓度、温度和抗生素等理化因素反应敏感。如大肠杆菌 53℃ 处理 25min，在延滞期存活率仅为 1%，而在对数生长期末几乎无死亡。

由以上特点可以看出该期属于细胞分裂启动之前的恢复或调整时期，而不是生长的休眠或停滞期。出现延滞期的原因，是由于接种到新鲜培养液中的种子细胞，暂时还缺乏分解或催化有关底物的酶或辅酶，或是缺乏充足的中间代谢物。为产生诱导酶或合成有关的中间代谢物，就需要有一段用于适应的时间，此即延滞期。

在工业发酵和科研中延滞期会增加生产周期而产生不利的影响，但是延滞期无疑也是必需的，因为细胞分裂之前，细胞各成分的复制与装配等也需要时间，因此应该采取一定的措施缩短延滞期。

延滞期短的几分钟，长的可达几小时，影响延滞期长短的因素除菌种本身外，主要有三个方面：①菌龄。菌龄指接种物或种子的群体生长年龄，即菌种处在生长曲线的哪一阶段来作为种子。采用最适菌龄即对数期的菌种可缩短延滞期；而采用延滞期或衰亡期的菌种接种，则延滞期延长；采用稳定期的菌种接种，延滞期长短居中。②接种量。一般来说，接种量越大，延滞期越短，反之则长。因此适当扩大接种量可缩短延滞期；在发酵工业上，一般采用1/10 的接种量。③培养基成分。接种于营养丰富的天然培养基中的菌群，延滞期要短于营养单调的合成培养基。新接种的培养基与菌种的原培养基营养成分越接近，延滞期就越短，所以在发酵生产中，往往在种子培养基中加入发酵培养基的某些成分，使发酵培养基的成分与种子培养基的成分尽量接近，以缩短延滞期。培养中其他条件如温度、通气量等不变或加入酶激活剂如 Mg^{2+} 等，也可缩短延滞期。

2. 指数期

指数期（exponential phase）又称对数期，指在生长曲线中，紧接着延滞期的一段细胞数目以几何级数增长的时期。由于此时养分、空间较丰裕，而排出的代谢物还不足以影响生长，故此时期细菌呈高速度生长，增殖率远大于死亡率，其生长曲线表现为一条上升的直线。

细菌的繁殖主要是无性二分裂法，每分裂一次为一个世代。每经过一个世代，群体数增加一倍。因此，在指数期细胞增长数目以 $1\rightarrow2\rightarrow4\rightarrow8$……的速度增加。假定在时间 T_0 时细胞数为 N_0，经过繁殖"n"代后，至时间 T 时的细菌数为 N_t，则指数期三个重要参数繁殖速率、代时、繁殖代数有下列计算公式：

(1) 繁殖代数 (n)：T_0 到 T 这段时间内细菌的繁殖代数。

$$N_t = N_0 \times 2^n$$

用对数表示可化为

$$\lg N_t = \lg N_0 + n\lg 2$$

则：

$$n = \frac{\lg N_t - \lg N_0}{\lg 2} = 3.322(\lg N_t - \lg N_0)$$

(2) 生长速率常数 (R)：按前述生长速率常数的定义可得，

$$R = \frac{n}{T - T_0} = \frac{3.322(\lg N_t - \lg N_0)}{T - T_0}$$

(3) 代时 （generation time）：通常以 G 表示，是指在细菌个体生长里，每个细菌分裂繁殖一代所需的时间，在群体生长里细菌数量增加一倍所需的时间称为倍增时间（doubling time）。则：

$$G = \frac{1}{R} = \frac{T - T_0}{3.322(\lg N_t - \lg N_0)}$$

例如，设大肠杆菌接种时的细胞数量为 100 个/mL，经 400min 的培养，细胞数量达到 10亿个/mL。则该菌的繁殖代数 n=3.322×($\lg10^9$–$\lg10^2$)=23.2，表明经过 400min 培养后，大肠杆菌至少已经历了 23 个世代。此外，根据繁殖代数和培养时间 t，可以计算出该菌在对数生长期间细胞数量增加一代所需要的世代时间 G=400/23.2=17.2 （min），表明该大肠杆菌每 17min将分裂一次。

指数期的特点是：①生长速率常数 R 最大，因而细胞每分裂一次所需的时间——代时或原生质增加一倍所需的倍增时间最短；②细胞进行平衡生长，故菌体各部分的成分十分均匀；③酶系活跃，代谢旺盛；④在此时期内，菌体细胞的形态特征均匀一致，最代表种的特征；

⑤此时期内的微生物的生化特性均匀一致，并且典型。

影响指数期微生物增代时间的因素很多，主要有以下 4 种：

① 菌种。不同菌种的代时差别极大。表 7-8 列出了某些代表性细菌类群在一定的培养基和温度条件下的世代时间，其中最快的是漂浮假单胞菌（*Pseudomonas nitrigenes*）只要 9.8min，最慢的梅毒密螺旋体（*Trepoema pallidum*）为 33h。

表7-8　不同细菌的代时

细菌	培养基或宿主	温度/℃	代时/min	细菌	培养基或宿主	温度/℃	代时/min
漂浮假单胞菌	肉汤	37	9.8	枯草芽孢杆菌	肉汤	25	26～32
大肠杆菌	肉汤	37	17	巨大芽孢杆菌	肉汤	30	31
蜡状芽孢杆菌	肉汤	30	18	嗜酸乳杆菌	牛乳	37	66～87
嗜热芽孢杆菌	肉汤	55	18.3	褐球固氮菌	葡萄糖	25	240
乳酸链球菌	牛乳	37	26	大豆根瘤菌	葡萄糖	25	344～461
蕈状芽孢杆菌	肉汤	37	28	结核分枝杆菌	合成	37	792～932
霍乱弧菌	肉汤	37	21～38	梅毒密螺旋体	家兔	37	1980
金黄色葡萄球菌	肉汤	37	27～30				

② 营养成分。同一种细菌，在营养物丰富的培养基中生长，代时较短，反之较长。

③ 营养物浓度。营养物的浓度可影响微生物的生长速率和总生长量。在营养物浓度很低的情况下，营养物的浓度才会影响生长速率，随着营养物浓度的逐步增高，生长速率不受影响，而只影响最终的菌体产量。如果进一步提高营养物的浓度，则生长速率和菌体产量两者均不受影响。凡是处于较低浓度范围内，可影响生长速率和菌体产量的营养物，就称生长限制因子。

④ 培养温度。温度对微生物的生长速率有极其明显的影响。如表 7-9 所示，大肠杆菌在不同的温度下代时变化较大。

表7-9　大肠杆菌在不同温度下的代时

温度/℃	代时/min	温度/℃	代时/min	温度/℃	代时/min
10	860	35	22	25	40
15	120	40	17.5	30	29
20	90	45	20	47.5	77

处于对数期的细菌细胞生长迅速，在形态、生理特性和化学组成等方面较为一致，而且菌体大小均匀，单个存在的细胞占多数，因而适于用作进行生理生化等研究的材料。由于旺盛生长的细胞对环境理化等因子的作用敏感，因而也是研究遗传变异的好材料。在微生物发酵工业中，需要选取对数期细胞作为转种或扩大培养的种子，以便缩短发酵周期和提高设备利用率。

3. 稳定期

稳定期（stationary phase）又称恒定期、平衡期或最高生长期。随着细胞的不断生长繁殖，培养基中营养物质逐渐消耗，代谢产物逐渐积累，pH 等环境变化，使得细胞的生长速率逐渐下降直至零，此时细胞的繁殖速度和死亡速度相等，细胞总数达到最高点并维持稳定，此时期称为稳定期。

稳定期细胞的特点：①生长速率常数 R 等于零，即处于新繁殖的细胞数与衰亡的细胞数相等，或正生长与负生长相等的动态平衡之中。此期活菌数达到最高峰，且保持相对稳定。②代谢活动继续进行，并保持相当水平。这一时期是发酵过程积累代谢产物或某些酶的重要阶段。有的微生物在这时开始以初级代谢物作前体，通过复杂的次级代谢途径合成抗生素等对人类有用的各种次级代谢物。所以次级代谢产物又称稳定期产物。③细胞内开始积累糖原、异染颗粒和脂肪等内含物。④芽孢杆菌一般在这时开始形成芽孢。

稳定期到来的原因是：①营养物尤其是生长限制因子的耗尽；②营养物的比例失调，例如 C/N 不合适等；③酸、醇、毒素或 H_2O_2 等有害代谢产物的累积；④pH、氧化还原势等物理化学条件越来越不适宜等。

了解稳定期的生长规律对生产实践有着重要的指导意义，例如，对以生产菌体或与菌体生长相平行的代谢产物［单细胞蛋白（SCP）、乳酸等］为目的的某些发酵生产来说，稳定期是产物的最佳收获期，故在发酵工业中，为了获得更多的菌体和代谢产物，常常通过补料、调节 pH 值、控制温度或调整通气量等措施来延长稳定期；此外，通过对稳定期到来原因的研究，还促进了连续培养原理的提出和工艺、技术的创建。

4．衰亡期

如果处于稳定期的细菌继续培养，由于营养和环境条件进一步恶化，死亡率迅速增加，以致明显超过增殖率，这时尽管群体的总菌数仍然较高，但活菌数急剧下降，其对数与时间呈反比，表现为群体中活的细胞数目以对数速率急剧下降，生长曲线直线下垂，此阶段就被称为衰亡期（decline phase 或 death phase）。

衰亡期的特点：①生长速率常数 R 为负值，细菌数目出现负增长。②细胞大小悬殊，细胞出现多形态，畸形甚至出现自溶。有些革兰氏染色反应阳性菌此时会变成阴性反应。③细菌代谢活性降低，产生或释放出一些产物，如氨基酸、转化酶、外肽酶或抗生素等。④芽孢杆菌释放芽孢。

产生衰亡期的原因主要是外界环境对细胞生长越来越不利，从而引起细胞内的分解代谢明显超过合成代谢，导致细胞大量死亡。

以上是细菌生长所经过的各个生长期。酵母菌等单细胞微生物的生长情况基本类似。应该指出的是：细菌生长曲线的不同时期反映了某种微生物在某种生活环境中（如试管、摇瓶、发酵罐）的生长、繁殖和死亡规律，该生长曲线只适用于群体细胞而不适用于单个细胞。

认识和掌握细菌的群体生长规律具有重要的实践意义，例如酒精生产过程中应设法缩短延迟期，延长对数生长期，以便在最短时间内获得最大产量。医学上要采用革兰氏染色鉴定病原菌，就应采用对数生长期的菌体，因在这一时期革兰氏反应最典型。又如，根据稳定期的生长规律，可知稳定期是产物的最佳收获期，食品工业上生产食用酵母，就应在稳定期收集菌体，因为在这一阶段活菌数目达到最高，为了得到更多的代谢产物，可适当调控和延长稳定期；通过对稳定期到来原因的研究还促进了连续培养原理的提出和工艺技术的创建。

三、丝状真菌的群体生长

丝状真菌的生长与繁殖能力很强，不管是菌丝的片段还是各种无性和有性孢子都可以进行生长繁殖，对丝状真菌进行固体培养时，菌丝片段可以在幼龄端形成新的生长点，通过顶端生长使菌丝延长，菌丝可以产生新的分支菌丝；孢子萌发形成萌发管，萌发管继续生长最后发育成菌丝，菌丝生长过程中菌丝的生长点在顶端，因此也是顶端生长。不管是菌丝片段还是孢子萌发产生的菌丝在固体培养基上的生长情况常用菌落直径或面积、菌丝长度来表示。常用的方法是将待测菌株点种于平板上，每隔一定时间测量菌落的半径或直径，如以时间和生长量作曲线，在一定限度内生长量与时间成线性关系。

霉菌在液体培养基中进行培养时，如果采取静置培养的办法，则霉菌一般都浮在液体培养基表面形成菌层，不同的霉菌形态和颜色不同；如果不停地搅拌，霉菌往往形成菌丝球，菌丝球均匀地分布于培养液中或沉于培养液底部。

在工业生产中，了解丝状真菌在液体培养基中的生长规律很重要，因为培养容器中真菌的生长情况反映了发酵过程所采取的通气、搅拌、温度等培养条件是否合适，同时发酵产物的收获时间以及发酵产物与发酵液的分离难易等都与真菌的生长情况有关。丝状真菌在液体培养基中的生长情况测定常采用称量菌丝干重的办法，这种测定法比较直接而可靠。

丝状真菌虽然不是单细胞微生物，在液体培养条件下也表现出与细菌的生长曲线相类似的生长规律，但它们的繁殖不会按几何级数的形式增加。以菌丝干重为指标，丝状真菌在液体振荡培养或深层通气法培养条件下生长过程可分为 3 个不同的阶段。例如，在深层通气液体培养条件下腐皮镰刀菌 (*Fusarium solani*) 的生长情况与细菌的生长曲线类似，有延迟期、迅速生长期和衰退期等过程 (图 7-8)。

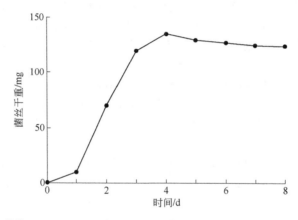

图 7-8　丝状真菌生长曲线

(引自：袁红莉，王贺祥，农业微生物学及实验教程，中国农业大学出版社，2009)

(一) 延迟期

将孢子或菌丝片段接种到新鲜培养基中后，在新的培养环境中霉菌的生物量在最初阶段增加很慢，很明显该阶段是霉菌在新的环境中需要一个适应过程，所以在接种后一段时间内表现出生长停滞的现象。出现生长延滞可能是孢子萌发存在停滞阶段，也可能菌丝已经生长，但生长很缓慢，因此与单细胞的细菌生长曲线一样把这阶段也称作延迟期或称为调整期。

(二) 迅速生长期

在菌丝缓慢生长阶段即延迟期过后出现的一段菌丝体干重迅速增加的时期称为迅速生长期。在迅速生长期阶段，真菌的生长常表现为菌丝尖端伸长和分枝速度加快，培养基中的各种营养成分如碳源、氮源等被迅速利用，细胞的呼吸强度和代谢速率均达到高峰，相应的代谢产物出现，菌丝体干重的立方根与时间呈直线关系。

(三) 衰退期

液体培养条件下，真菌生长进入衰退期后生长速度明显减慢，菌丝干重下降。对多数菌丝而言，细胞质中也开始出现大的空泡和贮存物颗粒，抗生素等次级代谢产物开始合成。除少数新生菌丝活力较强外，更多老菌丝活力弱且逐渐自溶。在恒容积的培养容器中养分的量是固定的，养料的消耗、有害代谢产物的产生以及生长环境的恶化等最终导致该时期的出现。

四、细菌的二次生长、同步生长

(一) 二次生长

在培养液中同时存在两种均能为微生物利用的主要营养物时，微生物将首先利用较易利用的营养物开始生长，当较易利用的营养物被消耗完，进入稳定期后，微生物经过短暂的适应，开始利用第二种营养物，再次开始新的对数生长，并进入新的稳定期，从而表现出二阶式的双峰生长曲线，称为二次生长（diauxic growth）曲线（图 7-9）。1942 年，Monod 研究枯草芽孢杆菌在有葡萄糖和阿拉伯糖的培养液中的生长情况时，首先发现了二次生长现象。后来，在大肠杆菌和许多其他微生物中都观察到了二次生长现象，而且也不仅限于葡萄糖和阿拉伯糖。需要指出并不是任何两种糖同时存在就能产生二次生长，如葡萄糖与果糖、阿拉伯糖与木糖等就不产生二次生长现象。

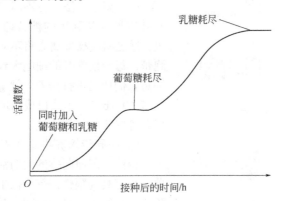

图 7-9　大肠杆菌的二次生长曲线

（引自：李季伦等，微生物生理学，北京农业大学出版社，1993）

出现二次生长的原因，是由于利用葡萄糖的酶系是固有的，而利用第 2 种糖如阿拉伯糖或乳糖等的酶系是诱导生成的。在有葡萄糖的情况下，细胞内的 cAMP（环化腺嘌呤核苷酸）水平低，阻碍了利用第 2 种糖的酶系的合成。只有当葡萄糖被利用完后，细胞内 cAMP 的浓度升高，才能诱导合成利用第 2 种糖的酶系。由于合成新酶系需要一定的时间，所以在二次生长之间出现了一段延缓期。

(二) 同步生长

在微生物生长研究中，常常需要了解单个细胞在生长的不同阶段（主要是指细胞分裂周期）所发生的生理生化变化，以便搞清楚微生物个体生长的规律。这就需要使被研究的微生物群体处于相同的生长阶段，以便所得到的结果能反映出单个细胞在不同生长阶段的生理特征。这种能使培养物中所有微生物细胞都处于相同的生长阶段的培养方法就称为同步培养法。同步培养方法获得的培养物称同步培养物：同步生长就是指这种在培养物中所有微生物细胞都处于同一生长阶段，并都能同时分裂的生长方式。此时，对同步培养物的生长测定就相当于对个体细胞的测定。

获得同步培养物的方法主要有选择法、诱导法两类。

1. 选择法

选择法又称机械法。利用不同生长时期的微生物细胞体积、质量和大小不同，而同一生长时期相近的原理，采用过滤、离心和硝酸纤维素滤膜法选择处于同一生长时期的细胞。

（1）过滤法。将不同步的细胞培养物通过孔径大小不同的微孔滤器，从而将大小不同的细胞分开，分别将滤液中的细胞取出转入新鲜培养基中进行培养，获得同步细胞。

（2）硝酸纤维素滤膜法。根据细菌能紧紧结合到硝酸纤维素滤膜上的特点，将细菌悬液通过垫有硝酸纤维素滤膜的过滤器，然后将滤膜颠倒过来，再将培养基流过滤器，以洗去未结合的细菌，然后将滤器放入适宜条件下培养一段时间，其后仍将培养基流过滤器，这时新分裂产生的细菌被洗下，分部收集，收集器在短时间内收集的细菌处于同一分裂阶段，用这种细菌接种培养，便能得到同步培养物［见图 7-10 （a）］。

（3）离心方法。将不同步的细胞培养物悬浮在不被这种细菌利用的糖或葡聚糖的不同梯度溶液里，通过密度梯度离心将不同细胞分布成不同的细胞带，每一细胞带的细胞大致处于同一生长期，分别将它们取出进行培养，就可以获得同步细胞［见图 7-10 （b）］。本法已成功地应用于酵母菌和大肠杆菌等同步细胞的筛选。

机械法同步培养物是在不影响细菌代谢的情况下获得的，因而菌体的生命活动必然较为正常。但此法也有其局限性，有些微生物即使在相同的发育阶段，个体大小也不一致，甚至差别很大，这样的微生物不宜采用这类方法。

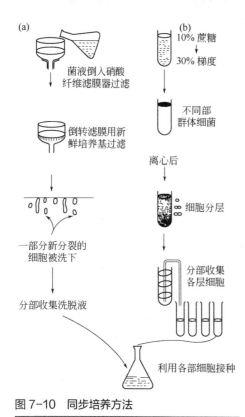

图 7-10　同步培养方法

(a) 膜洗脱法；(b) 密度梯度离心法
（引自：武汉大学、复旦大学生物系微生物学教研室，微生物学，1992）

2. 诱导法

根据细菌生长与分裂对环境因子要求不同，用理化条件（药物、营养物、温度、光照等）人为诱导控制微生物细胞群体进行到某个生长阶段而停下来，然后再去除该因子，以达到诱导微生物细胞同步生长的目的。主要方法有温度法、养料法（培养基成分控制）等。

（1）温度法。最适生长温度有利于细菌生长与分裂，不适宜温度如低温不利于细菌生长与分裂。

将微生物的培养温度控制在接近最适温度条件下一段时间，它们将缓慢地进行新陈代谢，但又不进行分裂。换句话说，使细胞的生长在分裂前不久的阶段稍微受到抑制，然后将培养温度调整到最适生长温度，大多数细胞就会进行同步分裂，通过培养可获得同步细胞。

(2) 培养基成分控制。培养基中的碳、氮源或生长因子不足，可导致细菌缓慢生长直至生长停止。因此将不同步的细菌在营养不足的条件下培养一段时间，然后转移到营养丰富的培养基里培养，能获得同步细胞。另外也可以将不同步的细胞转接到含有一定浓度的、能抑制蛋白质等生物大分子合成的化学物质如抗生素等的培养基里，培养一段时间后，再转接到完全培养基里培养也能获得同步细胞。例如肠杆菌胸腺嘧啶 (thymine) 缺陷型菌株，先将其培养在不含胸腺嘧啶的培养基内一段时间，所有的细胞在分裂后，由于缺乏胸腺嘧啶，新的DNA 无法合成而停留在 DNA 复制前期，随后在培养基中加入适量的胸腺嘧啶，于是所有的细胞都同步生长。

(3) 其他。对于光合细菌可以将不同步的细菌经光照培养后再转到黑暗中培养，这样通过光照和黑暗交替培养的方式可获得同步细胞；对于不同步的芽孢杆菌培养至绝大部分芽孢形成，然后经加热处理，杀死营养细胞，最后转接到新的培养基里，经培养可获得同步细胞。

环境条件控制获得同步细胞的机理不完全了解。这种处理可能是导致胞内某些物质合成，它合成和积累可导致细胞分裂，从而获得同步细胞。

五、细菌的连续培养和高密度培养

(一) 连续培养

分批培养 (batch culture)：将微生物置于一定容积的培养基中，经过培养生长，最后一次收获的培养方式。由于分批培养是在一个相对独立密闭的系统中，故分批培养也叫密闭培养 (closed culture)。

研究生长曲线所用的方法就是分批培养法，在分批培养过程中，培养基是一次性加入，不进行补充和更换。由于微生物的新陈代谢，营养物质不断被消耗，代谢产物未能及时排出培养系统，微生物所处的培养环境逐步恶化，微生物生长速率下降，导致衰亡期的到来。基于对生长曲线中稳定期到来的原因分析，人们发明了连续培养的方法。具体地说，就是在对指数期的后期时，一方面以一定速度连续流入新鲜培养基和通往无菌空气，并立即搅拌均匀；另一方面，利用溢流的方式，以同样的流速不断流出培养物，从理论上讲，指数生长期就可无限延长。这种通过一定方式使容器中的营养物达到动态平衡，其中的微生物长期保持在指数期的平衡生长和恒定生长速率上的培养方法称为连续培养 (continuous cultivation)。容器中微生物的生长方式称为连续生长 (continuous growth)。图 7-11 示意连续培养法装置，该装置包括培养基存储器、流量控制阀、培养器、排出管和承受器等。

在连续培养过程中，它可以根据研究者的目的与研究对象不同，分别采用不同的连续培养方法。常用的连续培养方法有恒浊法与恒化法两类。

1. 恒浊连续培养

借光电控制系统来控制调节培养基流速，而使培养液中微生物细胞密度保持恒定（恒浊）的连续培养方法称作恒浊连续培养。使用装置即为恒浊器 (turbidostat)。新鲜培养基流入和培养物流出培养室的流速根据光电效应产生的电信号的强弱变化自动调节，当培养室的浊度增加，流速加快，浊度降低，反之，流速减慢，浊度增加，以此来维持培养物的某一恒定浊度。工作的精度是由光电控制系统的灵敏度决定的。

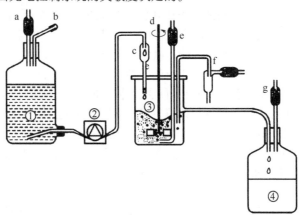

图 7-11 连续培养装置构造示意图

①培养液储备瓶，其上有过滤器（a）和培养基进口（b）；②蠕动泵；③恒化器，其上有培养基入口（c）、搅拌器（d）、空气过滤装置（e）和取样口（f）；④收集瓶，其上有过滤器（g）

（引自：Joanne Willey 等，Prescot's Microbiology，tenth edition，McGraw Hill，2015）

恒浊连续培养，既可以不断提供具有一定生理状态的细胞，又得到以最高生长速率进行生长的培养物。因此，恒浊连续培养在微生物代谢研究和发酵工业实践方面有着广泛的应用前景。

2. 恒化连续培养

控制恒定的流速，使由于细菌生长而耗去的营养及时得到补充，培养室中营养物浓度基本恒定，从而保持细菌的恒定生长速率，故称恒化连续培养，又叫恒组成连续培养。使用装置即为恒化器（chemostat）。恒化连续培养的培养基成分中，必须将某种必需的营养物质控制在较低的浓度，以作为限制因子，而其他营养物均为过量，这样，细菌的生长速率将取决于限制性因子的浓度。随着细菌的生长，限制因子的浓度降低，致使细菌生长速率受到限制，但同时通过自动控制系统来保持限制因子的恒定流速，不断予以补充，就能使细菌保持恒定的生长速率。用不同浓度的限制性营养物进行恒化连续培养，可以得到不同生长速率的培养物。恒化连续培养常用于模拟和研究微生物在自然状态和养料稀薄状态下的生长规律。

恒化连续培养应用范围以实验室、科研为主，尤其适用于与生长速率相关的各种理论研究中。现将恒浊器与恒化器的比较列于表 7-10。

表 7-10 恒浊器与恒化器的比较

装置	控制对象	生长限制因子[①]	培养液流速	生长速度	产物	应用范围
恒浊器	菌体密度（内控制）	无	不恒定	最高生长速度	大量菌体或与菌体生长相平行的代谢产物	生产为主
恒化器	培养液流速（外控制）	有	恒定	低于最高生长速度	不同生长速度的菌体	实验室为主

① 生长限制因子：凡处于较低浓度内可影响生长速率和菌体产量的某营养物就称为生长限制因子。

连续培养法用于工业发酵时称为连续发酵（continuous fermentation）。连续发酵的最大优点是取消了分批发酵中各批之间的时间间隔，从而缩短了发酵周期，提高了设备利用率。另外，连续发酵便于自动控制，降低动力消耗及体力劳动强度，产品也较均一。我国已将其用于丙酮-丁醇的发酵生产中，缩短了发酵周期，效果良好。在国外应用更为广泛。但连续发酵中杂菌污染和菌种退化问题仍较突出。代谢产物与机体生长不呈平行关系的发酵类型的连续培养技术，也有待研究解决。

（二）高密度培养

高密度培养（high cell-density culture，HCDC）也称为高密度发酵，一般指微生物在液体培养条件下，细胞群体密度与常规培养相比有显著的提高，最终提高特定产物的生产率的培养方法。一般用干细胞质量/升（DCW/L）或活细胞数量/毫升（cfu/mL）来描述高密度培养的状况，高密度培养的下限值为 $20\sim30$ g DCW/L，上限值为 $150\sim200$ g DCW/L。高密度培养技术在用基因工程菌生产多肽类药物的实践中逐步发展起来。如用 $E.\ coli$ 在生产各种多肽类药物人生长激素、胰岛素、白细胞介素类和人干扰素等高产值的贵重药品过程中，采用高密度发酵技术，既可减少培养容器的体积、培养基的消耗和提高"下游工程"中分离、提取的效率，还可以缩短生产周期、减少设备投入以及降低生产成本，因而具有非常重要的实践意义。

采用不同的生产菌种在达到高密度水平上差异很大。在理想条件下，根据计算可知 $E.\ coli$ 的理论高密度值可达 200g/L（以湿重计）或更高，那么就意味着在此情况下培养容器的发酵液中几乎 1/4 都是 $E.\ coli$ 细胞，这样就会引起培养液的高黏度，培养液也几乎丧失流动性，根本无法充分实现连续培养。至今已报道的高密度发酵的实际最高纪录为 $E.\ coli$ w3110 的 174g/L（以湿重计）和 $E.\ coli$ 用于生产 PHB 的"工程菌"的 175.4g/L（以湿重计）。当然要考虑到微生物高密度发酵的研究时间还比较短，理论研究不够深入、全面，所以被研究报道过的微生物种类还很少，主要局限于 $E.\ coli$ 和 $S.\ cerevisiae$（酿酒酵母）等少数兼性厌氧菌进行高密度培养时的情况。相信随着更多研究的开展，综合考虑影响高密度培养的各种因素，充分运用高密度培养的主要规律和方法，高密度发酵应该能获得更好的培养效果。高密度发酵主要通过以下几种方式来实现。一是培养基的优化，如在进行 $E.\ coli$ 高密度培养时，通过估计最佳培养基成分和各组分含量，可实现其产菌体 1g/L，合适的 C/N 也是 $E.\ coli$ 高密度培养的基础。二是适时补料，适时补料是 $E.\ coli$ 工程菌高密度培养的重要手段之一。若供氧不足时，过量的葡萄糖会引起"葡萄糖效应"，并导致有机酸过量积累，从而使生长受到抑制。因此，补料一般应采用逐量流加的方式进行。三是提高溶解氧浓度，在实验中发现，提高好氧菌和兼性厌氧菌培养时的溶氧量也是进行高密度培养的重要手段。在实际的发酵生产中提高氧浓度甚至用纯氧或加压氧培养微生物可显著提高高密度培养的水平。例如有科研工作者用纯氧培养酵母菌，就可使菌体湿重达到100g/L。四是防止有害代谢产物生成和积累，乙酸是 $E.\ coli$ 产生的对自身生长代谢有抑制作用的产物。为防止它的生成，可采用诸如选用天然培养基，降低培养基的 pH，以甘油代替葡萄糖作碳源，加入甘氨酸、甲硫氨酸，降低培养温度（从 37℃ 下降到 26~30℃），以及采用透析培养法（dialysis culture）去除乙酸等。五是保持合适 pH，主要通过使培养液保持良好的缓冲性能来维持合适的 pH。例如，在植物乳杆菌（$Lactobacillus\ plantarum$）培养液中，使醋酸钠：$CaCO_3$ 保持 0.5：1.5 时，就可达到高密度生长（2.72×10^{10} cfu/mL）

第四节

微生物培养法概论

由于微生物个体微小，单个或少量微生物表现不出明显的效应，即微生物各种功能的发挥必须"以量取胜"，人类需要利用大量微生物产生的宏观效应来研究其生命活动规律和生产有用的代谢产物，所以，要对微生物进行培养。由于氧对微生物的生命活动有着极其重要的影响，所以培养方法主要又分为好氧培养和厌氧培养二大类。对于好氧微生物来说，必须在有氧的条件下才能生长，它们有完整的呼吸链，以分子氧作为最终受氢体，细胞内含有超氧化物歧化酶和过氧化氢酶。培养好氧微生物时应保证不断供给空气中的氧。大多数细菌、放线菌、真菌均属好氧性的微生物。培养兼性厌氧或严格厌氧微生物则需要在少量氧或甚至无氧的条件下培养，还可根据所用培养基的物理特性分为固体培养和液体培养。

一、好氧培养方法

好氧培养（aerobic cultrure）时需要有氧气通入，否则不能良好生长。在按对氧气不同需要的 5 个类型中，好氧菌、微好氧菌和兼性好氧菌都需要氧气存在，只不过需要的氧气量不同。

（一）固体培养方法

在实验室中，固体培养主要有试管斜面、培养皿琼脂平板及较大型的克氏扁瓶、茄子瓶等方法，通过棉花塞从外界获得无菌的空气（氧气）。

生产实践中的微生物固态培养不同于实验室，主要采用曲法培养，包括浅盘（shallow pan）固体培养和深层固体培养。它起源于我国酿造生产特有的传统制曲技术，将原料（如粉碎的谷物、麸皮）加入适量的水，拌匀后在一定的温度、水分和湿度情况下培养微生物。关于"曲"并没有一个准确的定义，只是一个包括固体基质、微生物和相应代谢产物的混合料，其构成如下：

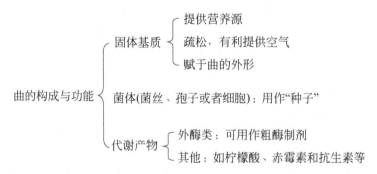

浅盘固体培养由于固体基质能提供大量空隙，培养的微生物可以直接获得充足的氧气。深层固体培养即为深层通风制曲（见图 7-12），是机械化程度和生产效率较高的现代化制曲方法，它一般是由一个面积在 10m² 左右的曲槽组成的，曲槽上有曲架和用适当材料编织成的筛板，其上可摊一层较厚（30cm 左右）的曲料，曲架下部不断通以低温、潮湿的新鲜过滤空气，以此来进行半无菌的固体培养。我国的酱油厂一般都用此法制曲。

（二）液体培养方法

在一般情况下，氧气在水中的溶解度较低，只有 6.2mL/L，这些氧只能保证氧化大约相当于常用培养基葡萄糖浓度的千分之一的葡萄糖（8.3mg），而培养基中除葡萄糖外的其他养料在参与微生物生长发育及产生代谢产物的过程中也需要消耗大量的氧气。因此，氧在水中的溶解度成为限制微生物生长繁殖的关键因素。无论是实验室还是工业上主要通过增加培养液与氧的接触面积或提高氧分压来提高溶氧速率。

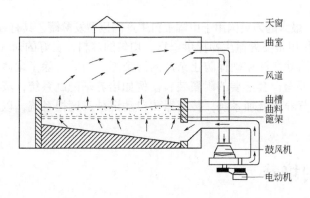

图 7-12　通风曲室

(引自：颜方贵，发酵微生物学，北京农业大学出版社，1993)

实验室中主要采用摇瓶培养法。由于其简便、实用，自十九世纪三十年代问世以来，很快发展成为微生物培养中极重要的技术，广泛用于种子培养、扩大发酵用。将菌种接种到装有液体培养基的三角烧瓶中，然后将摇瓶固定于摇床上，摇床有旋转式摇床和往复式摇床两种类型，用旋转式摇床进行微生物振荡培养时，固定在摇床上的锥形瓶随摇床以 200~250r/min 的速度运动，由此带动培养物围绕着锥形瓶内壁平稳转动。在用往复式摇床进行振荡培养时，培养物被前后抛掷，引起较为激烈的搅拌和撞击。如要获得更大的氧供应，可在较大的烧瓶（250~500mL 锥形瓶）中装相对较小容积的培养基（20~30mL），由此可获得更高的氧传递速率，便于细胞的迅速生长。若要获得较低的氧供应，则采用较慢的振荡速度和相对大的培养体积。

工业上的液体培养在早期的青霉素和柠檬酸等发酵中采用浅盘培养，因该方法易染杂菌及生产效率低等缺点现很少采用。现在主要采用大型发酵罐进行深层液体通气培养，发酵罐一般由钢质材料制作，高与直径之比一般为 1：（2~2.5），容积一般为 50~500m³，图 7-13 为一典

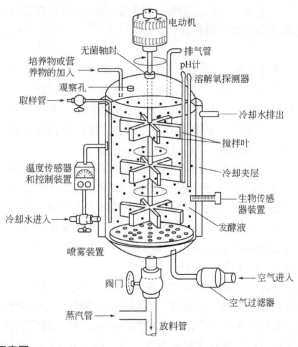

图 7-13　大型发酵罐示意图

(引自：Joanne Willey 等，Prescot's Microbiology，tenth edition，McGraw Hill，2015)

型的发酵罐示意图。最大的为英国用于甲醇蛋白生产的巨型发酵罐，其有效容积达 1500m³。

发酵罐的主要作用是要为微生物提供丰富、均匀的养料，良好的通气和搅拌，适宜的温度和酸碱度，并能消除泡沫和确保防止杂菌的污染等。为此，除了罐体有相应的各种结构（图 7-13）外，还要有一套必要的附属装置。例如培养基配制系统，蒸汽灭菌系统，空气压缩和过滤系统，营养物流加系统，传感器和自动记录、调控系统，以及发酵产物的后处理系统等。

二、厌氧菌的培养

（一）固体培养方法

厌氧培养（anaerobic cultrure）时不需要氧气参加，对于厌氧微生物来讲，氧气对它们有害。因此要采用各种办法去氧或在氧化还原电位低的条件下进行培养。在实验室中主要有以下 5 种方法进行厌氧培养。

（1）高层琼脂柱。将加有还原剂的固体或半固体培养基装入试管中，以培养相应的厌氧菌。在这种培养基中，越是深层，其氧化还原势越低，因而越有利于厌氧菌的生长。

厌氧袋技术

厌氧袋（bio-bag）即在塑料袋内造成厌氧环境来培养厌氧菌。塑料袋透明而不透气，内装气体发生管（有硼氢化钠的碳酸氢钠固体以及 5%柠檬酸安瓿）、亚甲蓝指示剂管、钯催化剂管、干燥剂。放入已接种好的平板后，尽量挤出袋内空气，然后密封袋口。先折断气体发生管，后折断亚甲蓝指示剂管，厌氧袋内在半小时内造成无氧环境。如不突变表示袋内已达厌氧状态，可以孵育。

（2）厌氧培养皿。用于厌氧培养的培养皿有几种设计：①Brewer 皿，利用皿盖去创造一个狭窄空间，加上还原性培养基的配合使用而达到无氧培养的目的；②Spray 皿或 Bray 皿，利用皿底有两个相互隔开的空间，其中之一为焦性没食子酸，另一则为 NaOH 溶液，待在皿盖平板上接入待培养的厌氧菌后，立即密闭，经摇动，使焦性没食子酸与 NaOH 溶液接触，发生吸氧反应，从而造成无氧环境（图 7-14）。

（3）亨盖特滚管技术。厌氧微生物研究的革命性技术，推动严格厌氧微生物的研究。此法由美国微生物学家 R. E. Hungate 于 1950 年设计，故名。主要原理是：利用除氧铜柱在 350℃下与氧反应来制备高纯度氮，再用此高纯度氮去驱除培养基配制、分装过程中各种容器和小环境中的空气，使培养基的配制、分装、灭菌和贮存，以及接种、稀释、培养、观察、分离、移种和保藏等操作的全过程始终处于高度无氧的环境下，从而保证了严格厌氧菌的存活。图 7-15 为亨盖特（Hungate）滚管技术中的厌氧试管。

（4）厌氧罐技术。这是一种经常使用的只保证厌氧菌在培养过程中处于良好无氧环境中的厌氧菌培养技术，其装置如图 7-16。厌氧罐一般都有一个圆柱形透明罐体，其上有一个可用螺旋夹紧密夹牢的罐盖，盖内中央有一个放钯催化剂的空间，罐内通常放亚甲蓝溶液做氧化还原指示剂。其基本原理是通过抽气法抽走罐内原有空气，罐内剩余的少量氧气在钯催化剂的催化下，将灌入混合气体（H_2，CO_2，N_2）中的 H_2 还原成 H_2O 而被除去，从而达到无氧状态。

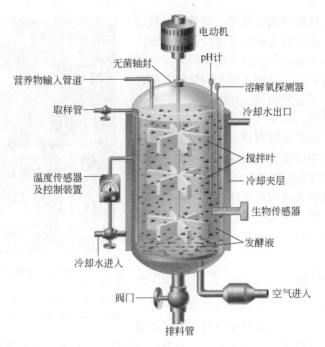

电动机

无菌轴封

pH计

营养物输入管道

溶解氧探测器

取样管

冷却水出口

搅拌叶

冷却夹层

温度传感器
及控制装置

生物传感器

发酵液

冷却水进入

阀门

空气进入

排料管

图 7-14　厌氧培养皿示意图

(引自：车振明，微生物学，华中科技大学出版社，2008)

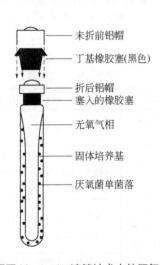

未折前铝帽

丁基橡胶塞(黑色)

折后铝帽

塞入的橡胶塞

无氧气相

固体培养基

厌氧菌单菌落

螺旋夹

密封垫圈

钯催化剂粒

催化剂盒

H_2-CO_2产气袋

厌氧度指示袋

培养皿

图 7-15　用于 Hungate 滚管技术中的厌氧试管剖面图　　图 7-16　厌氧罐的一般构造剖面图

(引自：周德庆，微生物学教程，第 4 版，高等教育出版社，2020)　(引自：Joanne Willey 等，Prescot's，Microbiology，tenth edition，McGraw Hill，2015)

(5) 厌氧手套箱技术。厌氧手套箱 (anaerobic glove box) 是迄今为止国际上公认的培养厌氧菌的最佳仪器之一 (见图 7-17)。它是一个密闭的大型金属箱，箱的前面有一个有机玻璃做的透明面板，板上装有两个手套，可通过手套在箱内进行操作，故名。箱侧有一交换室，具有内外二门，内门通箱内，先关着。欲放物入箱，先打开外门，放入交换室，关上外门进行抽气和换气 (H_2, CO_2, N_2) 达到厌氧状态，然后手伸入手套把交换室内门打开，将物品移入箱内，关上内门。箱内保持厌氧状态，也是利用充气中的氢在钯的催化下和箱中残余氧化合成水的原理。该箱可调节温度，本身是孵箱或孵箱即附在其内，还可放入解剖显微镜便于观察厌氧菌菌落，这种厌氧箱适于作厌氧细菌的大量培养研究，大量培养基可放入做预还原和厌氧性无菌试验。金属硬壁型厌氧箱的抽气、充气、厌氧环境和温度等均系自动调节。

厌氧罐技术、厌氧手套箱技术和亨盖特滚管技术已成为现代实验室中研究厌氧菌最有效的三项技术。3项基本技术的比较如表7-11。

生产实践上进行大规模厌氧培养主要应用于传统白酒生产中，一般采用大型深层地窖对固态发酵料进行堆积式固态发酵。

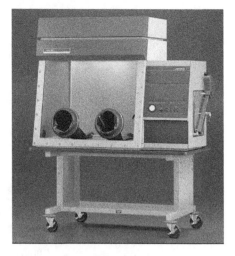

图7-17　厌氧手套箱示意图

（引自：Joanne Willey 等，Prescot's Microbiology，tenth dition，McGraw Hill，2015）

（二）液体培养方法

实验室中厌氧菌的液体培养同固体培养一样，都需要特殊的培养装置以及加有还原剂和氧化还原指示剂的培养基。若在厌氧罐或厌氧手套箱中对厌氧菌进行液体培养，通常不必提供额外的培养措施；若单独放在有氧环境下培养，则在培养基中必须加入巯基乙酸、半胱氨酸、维生素 C 等有机还原剂或庖肉（牛肉小颗粒），或加入铁丝等能显著降低氧化还原电位的无机还原剂，在此基础上，再用深层培养或同时在液面上封一层石蜡油或凡士林-石蜡油，则可保证专性厌氧菌的生长。

表7-11　3种现代常用厌氧培养技术的比较

比较项目	厌氧罐技术	亨盖特滚管技术	厌氧手套箱技术
除氧原理	以氮取代空气，残氧用氢去除	用高纯氮驱除各小环境中的空气	以氮取代空气，残氧用氢去除
基本构造	透明可密闭罐体；钯催化剂盒；亚甲蓝指示剂；外源或内源法供氧、二氧化碳和氢	制纯氮的铜柱；专用试管；"滚管"装置	附有2个操作手套和交换室的大型密闭箱体；箱内有恒温培养箱和钯催化剂盒等；另有供氧、氢和 CO_2 等附件
操作要点	放入物件→紧闭罐盖→抽气换气（或内源气袋供气）→恒温培养	用铜柱制高纯氮→配预还原无氧灭菌培养基→接种→制"滚管"→恒温培养	物件以交换室入箱→自动抽气、换气→接种→培养
优缺点	设备价廉，操作较简便；除培养时为无氧外，其余过程无法避氧	各环节能严格驱氧；操作烦琐，技术要求极高	各环节能严格除氧；设备昂贵；操作、维护较烦琐

工业上主要采用液体静置培养法，接种后不通空气静置保温培养，常用于酒精、啤酒、丙酮、丁醇及乳酸等发酵过程。该法发酵速度快，周期短，发酵完全，原料利用率高，适合大规模机械化、连续化、自动化生产。

微生物培养技术的发展

在微生物发酵工业中，要使微生物良好地生长或累积代谢产物，就需要应用微生物纯种培养技术。微生物培养技术的发展表现为：从固体培养法为主发展到液体培养法为主；从浅层培养法为主发展到深层发酵法；从静置培养法发展到通气搅拌培养法；从单罐培养发展到连续培养以及多级连续培养；从利用分散的微生物细胞发展到固定化细胞；从利用自然菌种到利用变异菌株以至"工程菌"；等等。其中，大规模液体深层通气搅拌发酵装置（即发酵罐）的发明和普及使用，为生物工程学开辟了崭新的前景，同时也使微生物发酵工业成为国民经济的重要支柱产业之一。

第五节
微生物生长的控制

尽管许多微生物对人类有益并且是必需的，但微生物的活动也给人类带来很多不利影响，如食品或工农业产品的发霉变质，发酵工业的杂菌污染，实验室中的微生物、动物、植物组织或细胞培养物的污染，培养基、生化试剂、生物制品或药物的染菌、变质，人和动、植物受病原微生物的感染而患各种传染病，等。因此，我们必须掌握控制或杀死微生物的方法，减少它们所带来的有害影响。

可以通过多种物理、化学方法抑制和杀死微生物。由于需要和目的不同，对微生物生长控制的要求和采用的方法也就有很大的不同，因而产生的效果也不同。

消毒（disinfection）指杀灭物体上环境中的病原微生物，但不一定能杀死细菌芽孢及非病原微生物的方法。具有消毒作用的化学药品，称作消毒剂。

灭菌（sterilization）指杀灭物体上所有微生物，包括病原微生物（细菌、真菌和病毒）、非病原微生物和芽孢的方法。

无菌（asepsis）指不含活微生物的状态，即灭菌的结果，并使用无菌技术保持其不被微生物污染。

防腐（antisepsis）指防止或抑制微生物生长繁殖，防止物体腐烂的方法，细菌不一定被杀灭。用于防腐的化学制剂，称为防腐剂。许多化学消毒剂，在低浓度时可作为防腐剂使用。

一、控制微生物的物理方法

（一）高温

具有杀菌效应的温度范围较广。高温的致死作用，主要是由于它使微生物的蛋白质和核酸等重要生物高分子发生变性、破坏，例如它可使核酸发生脱氨、脱嘌呤或降解，以及破坏细胞膜上的类脂成分等。湿热灭菌要比干热灭菌更有效，这一方面是由于湿热易于传递热量，另一方面是由于湿热更易破坏保持蛋白质稳定性的氢键等结构，从而加速其变性。

1. 干热灭菌

（1）烘箱热空气法。通常将灭菌物体置于鼓风干燥箱内，加热 160～180℃，2h，可杀死一切微生物，包括细菌的芽孢。主要用于玻璃器皿、瓷器等的灭菌。该法适用于耐高温的玻璃和金属制品以及不允许湿热气体穿透的油脂（如油性软膏、注射用油等）和耐高温的粉末化学药品的灭菌。在干热状态下，由于热穿透力较差，微生物的耐热性较强，必须长时间受高温的作用才能达到灭菌的目的。

（2）火焰灭菌法。以火焰直接杀死物体中的全部微生物的方法，分为灼烧和焚烧两种。灼烧主要用于耐烧物品，直接在火焰上灼烧，如接种针（环）、金属器具、试管口等的灭菌；焚烧常用于需要烧毁的物品，焚烧是直接点燃或在焚烧炉内焚烧，如传染病畜禽及实验感染动物的尸体、病畜禽的垫料，以及其他污染的废弃物等的灭菌。

2. 湿热灭菌法

在同样的温度下，温热的杀菌效果比干热好（表7-12），其原因有：①蛋白质凝固所需的温度与其含水量有关，含水量愈大，发生凝固所需的温度愈低。与干热灭菌相比，相同温度下，湿热灭菌的菌体蛋白质吸收水分，因而含水量高，蛋白质更易于变性凝固。②温热灭菌过程中蒸汽放出大量潜热，加速提高湿度。因而湿热灭菌比干热所需温度低，如在同一温度下，则湿热灭菌所需时间比干热短。③湿热的穿透力比干热大（表7-13），使深部也能达到灭菌温度，故湿热比干热收效好。

表7-12　干热与湿热空气对不同细菌致死时间比较

细菌种类	90℃，干热	90℃，相对湿度	
		20%	80%
白喉棒杆菌	24h	2h	2min
痢疾杆菌	3h	2h	2min
伤寒杆菌	3h	2h	2min
葡萄球菌	8h	2h	2min

表7-13　干热和湿热空气穿透力的比较

加热方式	温度/℃	加热时间/h	穿透布的层数及其温度/℃		
			20层	40层	100层
干热	130~140	4	86	72	<70
湿热	105	3	101	101	101

湿热灭菌法包括有：

（1）水煮沸法。将物品置于水中，加热水到沸点100℃，维持15min以上，能杀死物品上存在的细菌和真菌的营养细胞，使某些病毒失活，但不能杀死全部细菌芽孢和真菌孢子。可采取延长煮沸时间或向水中加入2%碳酸钠的方法增强灭菌效果。该法适用于注射器、解剖用具、家庭餐具的消毒。也可利用沸水产生的蒸汽对物品进行灭菌。如农村栽培食用菌，需对大量培养基进行灭菌，通常利用大的蒸锅（蒸笼）或水泥砌的流通蒸汽灭菌灶，利用100℃沸水产生的蒸汽使物体加热6~8h，以杀死耐热性强的孢子和芽孢。

（2）间歇灭菌法。将待灭菌物品置于蒸锅（蒸笼）内常压下蒸30~60min，以杀死其中微生物营养细胞。冷后置于一定温度（28~37℃）下培养过夜，促使第一次蒸煮中未被杀死的芽孢或孢子萌发成营养细胞，再用同样的方法处理。如此反复进行3次，可杀灭所有的营养细胞和芽孢、孢子，达到灭菌的目的。此方法既麻烦又费时，一般适用于有些不宜用高压蒸汽灭菌的物品，如某些糖、明胶及牛奶培养基等。

（3）巴氏消毒法。以较低温度杀灭液态食品中的病原菌或特定微生物，而又不致严重损害其营养成分和风味的消毒方法。由巴斯德首创，用以消毒乳品与酒类，目前主要用于葡萄酒、啤酒、果酒及牛乳等食品的消毒。具体方法可分为三类，第一类为低温维持巴氏消毒法，在 62～63℃保持 30min；第二类为高温瞬时巴氏消毒法，在 72℃保持 15s；第三类为超高温巴氏消毒法，在 140℃左右超高温保持 1～2s，加热消毒后应迅速冷却至 10℃以下，称为冷击法，这样可进一步促使细菌死亡，也有利于鲜乳等食品马上转入冷藏保存。超高温巴氏消毒的鲜乳在常温下保存期可长达半年。

（4）高压蒸汽灭菌法。高压蒸汽灭菌是在专门的高压蒸汽灭菌器中进行的，是热力灭菌中使用最普遍、效果最可靠的一种方法。其优点是穿透力强，灭菌效果可靠，能杀灭所有微生物。其原理十分简单：在一个大气压下，蒸汽的温度只能达到 100℃，当在一个密闭的金属容器内，继续加热，由于蒸汽不断产生而加压，随压力的增高其沸点温度也升至 100℃以上，以此提高灭菌的效果。通常用 $1.02kgf/cm^2$（$1kgf/cm^2$ 约合 98.07kPa）的压力，在 121℃温度下维持 15～30min，即可杀死包括细菌芽孢在内的所有微生物，达到完全灭菌的目的。凡耐高温、不怕潮湿的物品，如培养基、生理盐水等各种溶液、工作服及实验器材等均可采用此方法。所需温度与时间视灭菌材料的性质和要求决定。

连续加压灭菌法（continuous autoclaving）在发酵行业里也称"连消法"。此法只在大规模的发酵工厂中作培养基灭菌用。主要操作是将培养基在发酵罐外连续不断地进行加热、保温和冷却，然后才进入发酵罐。培养基一般在 135～140℃下处理 5～15s。这种灭菌方法有很多优点：①因采用高温瞬时灭菌，故既可杀灭微生物，又可最大限度减少营养成分的破坏，从而提高了原料的利用率，例如，在抗生素发酵中，它比以往的"实罐灭菌"（120℃，30min）提高产量 5%～10%；②由于总的灭菌时间较分批灭菌明显减少，所以缩短了发酵罐的占用周期，从而提高了它的利用率；③由于蒸汽负荷均匀，故提高了锅炉的利用率；④适宜于自动化操作；⑤降低了操作人员的劳动强度。

在加压蒸汽灭菌中，要引起注意的一个问题是，在恒压之前，一定要排尽灭菌锅中的冷空气才会大大提高灭菌效果，否则，灭菌器内温度将低于压力表显示压力所对应的温度。这是由于灭菌锅是靠蒸汽的温度而不是单纯靠压力来达到灭菌效果的。混有空气的蒸汽与纯冷空气的排除程度与压力、温度之间的关系如表 7-14 所示。要检验灭菌锅内空气排除度，可采用多种方法。最好的办法是灭菌锅上同时装有压力表和温度计，其次是将待测气体通过橡胶管引入深层冷水中，如只听到"扑扑"声而未见有气泡冒出，也可证明锅内已是纯蒸汽了。还有一些方法只能在灭菌后才知道当时的灭菌温度是多少，例如，在灭菌的同时，加入耐热性较强的试验菌种嗜热脂肪芽孢杆菌（*Bacillus stearothermophilus*）经培养后，看看它是否被杀死；加入硫黄（熔点 115℃）、乙酰替苯胺（116℃）或脱水琥珀酸（120℃）等结晶，看其是否熔化；等等。

手提式高压蒸汽灭菌锅的使用方法

加水 打开高压蒸汽灭菌锅，将里面的灭菌桶取出，向锅内加水，水面与底架平齐为宜。

装料 将锥形瓶瓶口向上竖放在灭菌桶内，再将灭菌桶放回灭菌锅。物品之间要保留空隙，以利于通气。

密封 加盖，将排气软管插入灭菌锅的排气管内。以两两对称的方式，同时拧紧相对的两个紧固螺栓，以防漏气。

排气 加热，当压力上升到 49kPa 时，打开排气阀放气，当压力降到 0 时，关闭排气阀。重复上述放气过程一次，以彻底排出锅内的冷空气。

升压 当锅内的压力升到 98kPa 左右时，保持 20min。

降压 停止加热，让其自然降压。当压力降至 0 以后，打开排气阀，10min 后，拧开紧固螺栓，取出锥形瓶。最后将灭菌锅里的水排放干净。

表 7-14　空气排除度对灭菌温度的影响

压力表读数		锅内温度/℃		
kgf/cm²	lb/in²	纯蒸汽	排除1/2空气	不排除空气
0.35	5	109	94	72
0.70	10	115	105	90
1.05	15	121	112	100
1.40	20	126	118	109
1.75	25	130	124	115
2.10	30	134	128	121

3. 影响热力灭菌效果的因素

（1）微生物因素。不同种类的微生物对热的抵抗力和对消毒剂的敏感性有差异。多数微生物的营养体和病毒在 50～65℃，10min 就会被杀死，但各种孢子，特别是芽孢最能抗热，如放线菌、酵母、霉菌的孢子比营养细胞的抗热性强，在 80～90℃上才可以被杀死；肉毒梭菌的芽孢对高热有更强的抵抗力，需煮沸 3～5h 才能被杀死。灭菌物体中含菌量越高，杀死所有微生物所需的时间就越长，如天然原料谷皮等植物性原料配制的培养基，一般含菌量较高，而合成培养基含菌量较低，所以天然培养基所需要灭菌时间相对较长。对同种微生物来讲，不同培养时期的细胞，其抗热性、抗消毒剂能力也不同，在同一温度下，生长对数期的菌体细胞抗热性、抗毒力较小，稳定期的老龄细胞抗性较大。

（2）温度与作用时间。每种微生物都有一定的致死时间，热力灭菌法常采用热致死时间和热致死温度为标准。一般而言，温度越高，则热致死时间越短，灭菌效果越好。如结核杆菌加热至 58℃，需 30min 被杀死，59℃需 20min，65℃需 2min，72℃则只需几秒。

（3）灭菌对象的性质。一般地讲，基质的组成对微生物的抗热性有较大影响（表 7-15），基质中有蛋白质、糖或脂肪存在时，由于这些物质能降低热的穿透性，微生物抗热性明显增强，水分能促进菌体蛋白质凝固，加速菌体死亡，所以，固体培养基比液体培养基灭菌时间长；相应基质中的盐类可能对灭菌也会产生不同的影响。再者灭菌对象的 pH 对灭菌效果也有较大的影响，pH 在 7 附近，微生物的抗热性最强，偏向两极，则抗热性下降，pH < 6.0 时，最易引起死亡（表 7-16），因此，对酸性物品灭菌时可考虑降低温度与时间。当然，灭菌对象的体积也会影响到灭菌效果（表 7-17）。

表 7-15　不同基质对微生物抗热性的影响

菌种名称	基质温度/℃	基质名称	热死时间/min
大肠杆菌	70	水	<5
	70	30%果糖	>30

菌种名称	基质温度/℃	基质名称	热死时间/min
肉毒梭菌	100	水	330
	100	棉籽油	425
	120	水	3
	120	20%明胶	720
马铃薯芽孢杆菌	120	磷酸盐缓冲液	20min 残留 60%
	120	0.5%蛋白质	20min 残留 82%

表 7-16　pH 对灭菌时间的影响

温度/℃	芽孢数/(个/mL)	灭菌时间/min				
		pH6.1	pH5.3	pH5.0	pH4.7	pH4.5
120	$1.0×10^4$	8	7	5	3	3
115	$1.0×10^4$	25	12	13	13	—
110	$1.0×10^4$	70	65	35	30	24
100	$1.0×10^4$	740	720	180	150	150

表 7-17　不同容量的液体在加压灭菌锅内的灭菌时间

容器种类	体积/mL	在 121～123℃ 下所需灭菌时间/min	容器种类	体积/mL	在 121～123℃ 下所需灭菌时间/min
三角烧瓶	50	12～14	三角烧瓶	1000	20～25
	200	12～15		2000	30～35
	500	17～22	血清瓶	9000	50～55

(二) 辐射灭菌

辐射是以电磁波的方式通过空间传递的一种能量形式。电磁波携带的能量与波长有关，波长愈短，能量愈高。辐射灭菌（radiation sterilization）是利用电磁辐射产生的电磁波杀死大多数物质上的微生物的一种有效方法。辐射对细菌的影响，随其性质、强度、波长、作用的距离、时间而不同，但必须被细菌吸收，才能影响细菌的代谢。辐射对微生物的灭活作用可分为电离辐射和非电离辐射两种。用于灭菌的电离辐射主要有 X 射线、γ 射线等；用于灭菌的非电离辐射包括紫外线、红外线、微波、强可见光等（图 7-18）。

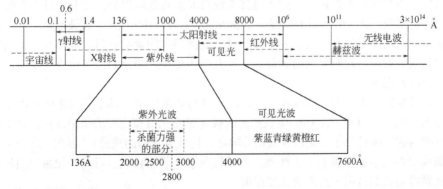

图 7-18　辐射的波长和类型

1Å=10^{-10}m

1. 电离辐射

电离辐射放射性同位素的射线（即 α、β、γ 射线）和 X 射线以及高能质子、中子等可将被照射物质原子核周围的电子击出，引起电离，故称之为电离辐射。α 射线是带正电的氦核流，有很强的电离作用，但穿透能力很弱。β 射线是带负电荷的电子流，穿透力虽大，但电离辐射作用弱。放射性同位素 ^{60}Co 能产生 γ 射线。它们的共同特点是波长短、能量大，能使被照射的物质分子发生电离作用产生自由基，自由基能与细胞内的大分子化合物作用使之变性失活，从而使细胞受到损伤或死亡。电离辐射能够用来对不耐热的物（食）品杀菌。

2. 非电离辐射

（1）紫外线。紫外线（UV）的波长范围是 136～397nm，非电离辐射，波长 200～300nm 部分具有杀菌作用，其中以 265～266nm 段的杀菌力最强，这与 DNA 的吸收光谱范围一致。紫外线的杀菌原理是细菌经紫外线照射后，因 DNA 分子吸收 260nm 左右的紫外线，使同一条 DNA 链上相邻的两个胸腺嘧啶产生共价键而结合成二聚体，影响 DNA 复制与转录时的正常碱基配对，引起致死性突变而死亡。此外，紫外线还可使空气中的分子氧变为臭氧，臭氧放出氧化能力强的原子氧，也具有杀菌作用。实验室通常使用的紫外线杀菌灯，其紫外线波长为 253.7nm，杀菌力强而稳定。紫外线的穿透力不强，即使是很薄的玻璃也不能透过，所以只能用紫外线杀菌灯消毒物体表面，常用于微生物实验室、无菌室、手术室、传染病房、种蛋室等的空气消毒，或用于不能用高温或化学药品消毒物品的表面消毒。若紫外线照射量不足以致死细菌，则可引起蛋白质或核酸的部分改变，使其发生突变。因此，紫外线照射也是一种有效的诱变方法，常用于菌株、毒株的选育。

（2）红外线。红外线辐射是一种 0.77～1000μm 波长的电磁波，有较好的热效应，尤以 1～10μm 波长的热效应最强，亦被认为是一种干热灭菌。红外线由红外线灯泡产生，不需要经空气传导，所以加热速度快，但热效应只能在照射到的表面产生，因此不能使一个物体的前后左右均匀加热。红外线的杀菌作用与干热空气相似，利用红外线烤箱灭菌的所需温度和时间亦同于烘箱，多用于医疗器械的灭菌。人受红外线照射较长会感觉眼睛疲劳及头疼，长期照射会造成眼内损伤。因此，工作人至少应戴能防红外线伤害的防护镜。

（3）微波。微波是一种波长为 1mm 到 1m 左右的电磁波，频率较高，可穿透玻璃、塑料薄膜与陶瓷等物质，但不能穿透金属表面。微波能使介质内杂乱无章的极性分子在微波场的作用下，按波的频率往返运动，互相冲撞和摩擦而产生热，介质的温度可随之升高，因而在较低的温度下能起到消毒作用。一般认为其杀菌机理除热效应以外，还有电磁共振效应、场致力效应等的作用。消毒中常用的微波有 2450MHz 与 915MHz 两种。微波照射多用于食品加工。在医院中可用于检验室用品、非金属器械、无菌病室的食品食具、药杯及其他用品的消毒。微波长期照射可引起眼睛的晶状混浊、睾丸损伤和神经功能紊乱等全身性反应，因此要避免受到微波的辐射。

（4）强可见光。人们很久以前就知道太阳光具有杀菌作用，其主要的杀菌作用是由于紫外线造成的。但含有 400～700nm 波长范围的强可见光也具有直接的杀菌效应，它们能够氧化细菌细胞内的光敏感分子，如核黄素和卟啉环（构成氧化酶的成分）。因此，实验室应注意避免将细菌培养物暴露于强光下。此外，曙红和四甲基蓝能吸收强可见光使蛋白质和核酸氧化，因此常将两者结合用来灭活病毒和细菌。

（三）过滤除菌

过滤除菌是将液体通过某种多孔的材料，使微生物与液体分离。现今大多用膜滤器除菌。膜滤器用微孔滤膜作材料，通常由硝酸纤维素制成，可根据需要选择 0.025～25μm 的特定孔径。含微生物的液体通过微孔滤膜时，大于滤膜孔径的微生物被阻拦在膜上，与滤液分离。微孔滤膜具有孔径小、价格低、滤速快、不易阻塞、可高压灭菌及可处理大容量液体等优点。但也有使用小于 0.22μm 孔径滤膜时易引起滤孔阻塞的缺点，而当使用 0.22μm 孔径滤膜时，虽可基本滤除溶液中存在的细菌，但病毒及支原体等可通过。

过滤除菌可用于对热敏感液体的灭菌，如含有酶或维生素的溶液、血清等，还可在啤酒生产中代替巴氏消毒法。膜过滤器装配及其过滤除菌如图 7-19 所示。

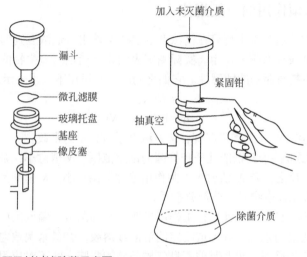

图 7-19　膜过滤器装配及其过滤除菌示意图

（四）超声波

超声波（频率在 20000Hz 以上）具有强烈的生物学作用。它致死微生物主要是通过探头的高频振动引起周围水溶液的高频振动，当探头和水溶液的高频振动不同步时能在溶液内产生空穴（真空区），菌体接近或进入空穴，因细胞内外压力差，导致细胞破裂，内含物外溢实现的。此外，超声波振动，机械能转变为热能，使溶液温度升高，细胞热变性，抑制或杀死微生物。科研中常用此法破碎细胞，研究其组成、结构等。超声波几乎对所有微生物都有破坏作用，效果因作用时间、频率及微生物种类、数量、形状而异。一般地，高频率比低频率杀菌效果好，球菌较杆菌抗性强，细菌芽孢具有更强的抗性。

二、控制微生物的化学方法

化学药物渗透到微生物的体内，使菌体蛋白质凝固变性，干扰微生物酶的活性，抑制微生物代谢和生长或损害细胞膜的结构，改变其渗透性，破坏其生理功能等，从而起到消毒灭菌作用。许多化学药物能够抑制或杀死微生物，已将其广泛用于消毒、防腐及治疗疾病。

消毒剂是可抑制或杀灭微生物，对人体也可能产生有害作用的化学药剂，主要用于抑制或杀灭非生物体表面、器械、排泄物和环境中的微生物。防腐剂是可抑制微生物但对人和动物毒性较低的化学药剂，可用于机体表面如皮肤、黏膜、伤口等处防止感染，也可用于食品、饮料、药品的防腐。现消毒剂和防腐剂间的界线已不严格，如高浓度的石炭酸（3%～5%）用于器皿表面消毒，低浓度的石炭酸（0.5%）用于生物制品的防腐。用于消除宿主体内病原微生物或其他寄生虫的化学药物称为化学治疗剂，按其作用和性质又可分为抗代谢物和抗生素。消毒剂与化学治疗剂不同，它在杀灭病原微生物的同时，对动物体的组织细胞也有损害作用，所以只能外用或用于环境的消毒，常用于机体表面，如皮肤、黏膜、伤口等处防止感染，也有的用于食品、饮料、药品的防腐作用。而化学治疗剂对于宿主和病原微生物的作用具有选择性，它们能阻碍微生物代谢的某些环节，使其生命活动受到抑制或使其死亡，而对宿主细胞毒副作用甚小。

（一）化学药剂杀菌作用的一般规律

多种不同的化学药剂对微生物只在高浓度下起杀菌作用，低浓度则为抑菌作用，极低浓度时则失去作用甚至表现为刺激作用。实际测定表明化学药剂对微生物的作用取决于药剂浓度、处理时间和微生物对药物的敏感性。它们之间的关系可用下式来表示：

$$CNt=K$$

或
$$\lg t=\lg K-\lg(CN)$$

式中，C 为药剂浓度；t 为作用时间；N 为浓度系数；K 为常数。

浓度系数 N 主要取决于药剂的性质和抑菌的浓度范围，N 值愈小，则表明该药剂的有效作用浓度范围愈大，反之，若 N 值愈大，则作用浓度范围愈小。K 值则反映微生物对药剂的敏感性，K 值愈小表示微生物对该药剂愈敏感。

优良的化学药剂应具有以下性质：①作用迅速；②抑菌或杀菌范围广；③对应用对象有较强的穿透能力；④易与水混合并形成稳定的溶液或溶胶；⑤其杀菌效力不受应用对象表面有机物质的干扰；⑥不受光、热及其他不良气候条件的影响；⑦不对应用对象产生染色、腐蚀或破坏等有害作用；⑧安全、经济，无异味并易于包装运输等。

研究表明化学药剂对微生物的作用主要表现为 3 个方面：①破坏细胞结构，如苯酚和乙醇等；②干扰细胞的能量代谢，如重金属、一氧化碳和氰化物等；③干扰细胞物质的合成，如磺胺、氨基酸和核苷酸类似物等。

（二）消毒剂和防腐剂

消毒剂和防腐剂之间没有本质的区别，通常一种化学物质在某一浓度下是杀菌剂，而在更低的浓度下是抑菌剂。常用的消毒剂和防腐剂可分为：有机化学药物、无机化学药物、染色剂等。

1. 有机化合物

有机化合物常用的有酚、醇、醛、有机酸类及表面活性剂。

（1）酚类。酚类及其衍生物可使细胞蛋白质凝固变性，它们同时又是表面活性剂，能降低表面张力，破坏细胞膜而导致微生物死亡。2%～5%的苯酚溶液是一种常用的消毒剂，0.5%可消毒皮肤，2%～5%可消毒痰、粪便与器皿，5%可喷雾消毒空气。苯酚又名石炭酸，是评价其他防腐剂或消毒剂的标准消毒液。石炭酸的水溶性较差，通常将它与皂液和煤油混合，增加其溶解度，这种混合液称为来苏儿。常采用 3%～5%的溶液用于物体表面、地面和皮肤等消毒。

（2）醇类。醇是脱水剂，也是脂溶剂，可以使蛋白质脱水、变性，损害细胞膜而具有杀菌能力。醇类杀菌作用的能力是丁醇＞丙醇＞乙醇＞甲醇。丁醇不溶于水，异丙醇的杀菌作用比乙醇强，且挥发性低，但毒性较高，甲醇挥发性强，毒性也很大。因此，通常使用乙醇，乙醇是普遍使用的消毒剂，常用于实验室内的玻棒、玻片及物体的表面和皮肤的消毒。浓度为 70%～75%时杀菌力最强，乙醇浓度过高时，会使菌体表面蛋白质变性，形成一层蛋白质沉淀膜，阻止乙醇进入菌体，因此，超过75%以至无水酒精效果较差。加入1%的稀酸或稀碱可加强其效力，若与其他杀菌剂混合使用可大大增强试剂的杀菌能力。如碘酊（含 1%碘），是常用的皮肤表面消毒剂。但是，醇类对芽孢和无包膜病毒的杀菌效果较差。

（3）醛类。主要是与蛋白质氨基酸中的多种基团（如—NH₂、—OH、—COOH 和—SH 等）共价结合而使其烷基化，改变酶或蛋白质的活性，使微生物的生长受到抑制或死亡。常用的醛类是甲醛，如福尔马林就是 37%～40%的甲醛水溶液，防腐杀菌性能较强，常用于浸泡制作标本的动物尸体。福尔马林加热后易挥发所以也常用于空气消毒，工厂和实验室常采用甲醛熏蒸进行空间消毒加热法：10～20mL/m³ 熏蒸 12～24h；或加入高锰酸钾法，甲醛 10mL/m³，加高锰酸钾 5g/m³ 计算用量熏蒸半个小时至 1h。不同情况下，用量有所不同，但甲醛与高锰酸钾的比例保持 2：1。甲醛是原浆毒物，能与蛋白质结合，对黏膜有强烈的刺激性，尤其伤害眼睛，应特别注意，灭菌后应排尽甲醛。戊二醛属于刺激性和异味较小的醛类消毒剂，2%质量分数的戊二醛溶液可以在 10min 内杀死细菌和病毒，在 3～10h 杀死细菌芽孢，是目前杀菌效力较高的一种化学药剂，常用于医用器械和用具的消毒。

（4）表面活性剂。又称去污剂，易溶于水，能降低液体的表面张力，使物品表面油脂乳化易于除去，故具清洁作用。并能吸附于细菌表面，改变细胞壁通透性，使菌体内的酶、辅酶、代谢中间产物溢出，呈现杀菌作用。表面活性剂有阳离子型、阴离子型和非离子型三类。因细菌带负电，故阳离子型杀菌作用较强。如常用的新洁尔灭是人工合成的季铵盐阳离子表面活性剂，0.05%～0.1%新洁尔灭溶液用于皮肤、黏膜和器械消毒。阴离子型如烷苯磺酸盐与十二烷基硫酸钠解离后带负电，对革兰氏阳性菌也有杀菌作用。肥皂属于脂肪酸钠盐，是一种阴离子型表面活性剂，但杀菌作用不强，一般认为肥皂主要是机械性地移去微生物，因为附着于肥皂泡沫中的微生物会被水冲洗掉。非离子型表面活性剂对细菌无毒性，有些反而有利于细菌的生长，例如吐温 80（tween80）对结核分枝杆菌有刺激生长并有使菌分散的作用。

2. 无机化合物

无机化学药剂主要包括卤化物、重金属、氧化剂、无机酸和碱等。

（1）卤化物。卤素（包括氯、碘等）对细菌原生质及其他结构成分有高度的亲和力，易渗入细胞，之后和菌体原浆蛋白的氨基或其他基团相结合，使其菌体有机物分解或丧失功能呈现杀菌作用。在卤素中氟、氯的杀菌力最强，其次为溴、碘，但氟和溴一般消毒时不用。碘酒在医疗上广泛用作皮肤、伤口和黏膜的表面消毒剂。碘可能通过与细胞中酶和蛋白质中的酪氨酸结合而发挥作用，它对细菌、真菌、病毒和芽孢均有较好的杀菌效果。氯主要包括氯气和氯化物。氯气广泛用于饮水、游泳池和垃圾场的消毒。漂白粉和次氯酸钠中有效成分是次氯酸根离子，也常用作食品、器具、家庭用具、车间、牛奶场、少量饮水的就地处理和实验室的消毒剂。有机氯化物中的氯胺和双氯胺也是较好的卫生和空气消毒剂。

（2）重金属。尽管某些重金属元素是有机体生命活动不可缺少的，但用量过高时会对微生物产生毒害作用，特别是重金属离子进入细胞后将与酶或蛋白质上的巯基结合，导致蛋白质变性，因而大多数重金属及其衍生物都是有效的杀菌剂。常用汞及其衍生物，包括氯化汞（HgCl₂）、氯化亚汞（Hg₂Cl₂）、氧化汞（HgO）和有机汞。氯化汞又称升汞，是杀菌力很强的一种杀菌剂，0.05%～0.2%浓度范围内的升汞溶液可杀灭大多数细菌，腐蚀金属，升汞溶液对动物有剧毒，组织分离时采用0.1%的浓度用于外表消毒和器皿消毒。汞溴红又称红汞，2%红汞水溶液即红药水常用于皮肤、黏膜及小创伤的消毒，但注意不可与碘酒共用。

银是温和的消毒剂，0.1%～1%硝酸银可消毒皮肤，1%硝酸银可防治新生儿传染性眼炎。蛋白银是蛋白质与银或氧化银制成的胶体银化物，可用作消毒剂和植物杀虫剂。

硫酸铜对真菌和藻类有强杀伤力，是一种广泛使用的杀菌剂，1.0g/mL的硫酸铜可以防止藻类在清洁水体中生长。农业上为了控制植物病害，常用硫酸铜与生石灰（CaO）按一定比例配制成波尔多液，对梨树、葡萄和苹果树进行喷施，杀灭真菌和螨类等。

（3）氧化剂类。氧化剂作用于蛋白质的巯基，使蛋白质和酶失活，强氧化剂还可破坏蛋白质的氨基和酚羟基。最常用的是高锰酸钾和过氧化氢。臭氧（O_3）是很强的氧化剂，将来有可能取代氯气用作饮用水消毒，目前存在的问题是成本太高和有效期较短。

3. 染色剂

染色剂，尤其是一些碱性染料（如结晶紫、亚甲蓝、孔雀绿和吖啶黄等）的阳离子可与菌体蛋白质上的羧基或核酸上的磷酸基作用，形成弱电离的化合物，妨碍菌体的正常代谢，因而具有抑菌效果。例如，结晶紫可阻断UDP-N-乙酰胞壁酸转变为UDP-N-乙酰胞壁酸五肽，干扰细菌细胞壁肽聚糖的合成。临床上常配成2%～4%的水溶液即紫药水，用于皮肤和伤口的消毒。与革兰氏阴性菌相比，革兰氏阳性菌对碱性染料更加敏感。如3～10mg/kg用量的结晶紫对G^+有抑制作用，而对G^-的抑制浓度为100mg/kg。所以，在分离和培养某些微生物（如根瘤菌）时，可以向培养基中添加染色剂，以提高分离效果。

（三）化学治疗剂

化学治疗剂（chemotherapeutic agents）是指能直接干扰病原微生物的生长繁殖并可用于治疗感染性疾病的化学药物。它能选择性地作用于病原微生物新陈代谢的某个环节，使其生长受到抑制或致死，但对人体细胞毒性较小，故常用于口服或注射。化学治疗剂种类很多，按其作用与性质又分为抗代谢物和抗生素等。

1. 抗代谢物

有些化合物结构与生物的代谢物很相似，竞争特定的酶，阻碍酶的功能，干扰正常代谢，这些物质称为抗代谢物。抗代谢物种类较多，如磺胺类药物为对氨基苯甲酸的对抗物，6-巯基嘌呤是嘌呤的对抗物，5-甲基色氨酸是色氨酸的对抗物，异烟肼（雷米封）是吡哆醇的对抗物。

磺胺类药物（sulfonamide）是一类具有对氨基苯磺酰胺结构药物的总称。磺胺类药物是最常用的化学治疗剂，具有抗菌谱广、性质稳定、使用简便、在体内分布广等优点，可抑制肺炎链球菌和痢疾志贺氏菌等的生长繁殖，能治疗多种传染性疾病，是青霉素等抗生素广泛应用前治疗多种细菌性传染病的"王牌药"。

磺胺类药物的作物机制现在已经比较清楚，磺胺类药物作用的靶点为细菌的二氢叶酸合成酶。对细菌来讲，对氨基苯甲酸（PABA）是叶酸的组成部分，PABA在二氢叶酸合成酶的催化下，与二氢蝶啶焦磷酸酯及谷氨酸合成二氢叶酸，再在二氢叶酸还原酶的作用下还原成四氢叶酸，四氢叶酸可进一步合成叶酸辅酶F，辅酶F为DNA合成中所必需的嘌呤、嘧啶碱基的合成提供一个碳单位。从下面的比较可以看出，磺胺药与对氨基苯甲酸在分子大小和电荷分布方面都十分相似。磺胺药与对氨基苯甲酸产生竞争性拮抗作用，从而阻止了细菌二氢叶酸的合成，进而抑制了细菌的生长繁殖。

对氨基苯甲酸(正常代谢物) 　　　　对氨基苯磺酰胺(代谢拮抗物)

二氢蝶啶 →[二氢蝶酸合成酶 / 磺胺 / PABA]→ 二氢蝶酸 →[二氢叶酸合成酶 / 谷氨酸]→ 二氢叶酸 →[二氢叶酸还原酶 / 2[H] / TMP]→ 四氢叶酸 →[前体 / 碳基转移]→ 嘌呤、嘧啶、核苷酸、丝氨酸、甲硫氨酸等

人体作为微生物的宿主，不需要靠自身合成四氢叶酸，可以从食物中摄取四氢叶酸，因此，磺胺类药物影响叶酸代谢时对人体没有影响。

2. 抗生素

（1）抗生素的种类。抗生素是生物在其生命活动过程中产生的一种次级代谢物或其人工衍生物，它们在很低浓度时就能抑制或影响某些生物的生命活动。

1929 年 Alexander Fleming 发现一种青霉的培养液具有抑制金黄色葡萄球菌及其他某些革兰氏阳性菌生长的能力。他将这种具有抗菌性质的活性物质称为青霉素（penicllin）。

1940 年牛津大学 H. Florey、E. B. Chain 及其同事指出青霉素可以治疗感染，并制定了从青霉培养液中提取青霉素的方法。以后 Florey 等在工业化生产上又作了大量努力，用振荡培养（深层发酵代替静置发酵）以及用廉价易得的玉米浆为培养基，使青霉素工业逐步得到发展。

1944 年 Waksman 发现灰色链霉菌产生的链霉素，为利用放线菌产生抗生素的先锋。继链霉素发现之后，1947 年发现氯霉素，1948 年发现金霉素，1951 年又发现红霉素，从此进入抗生素时代。

抗生素的种类很多，目前已有近万种抗生素和 7000 多种半合成抗生素。但实际临床应用的抗生素只有数十种。现已报道抗生素，按结构可分为 6 个类型：

① 糖的衍生物，主要由氨基己糖的衍生物组成，如链霉素；

② 多肽类抗生素，主要或全部由氨基酸组成，有多肽或蛋白质的某些特性，如多黏菌素、青霉素；

③ 多烯类抗生素，分子结构中有多个双键，如制霉菌素、两性霉素；

④ 大环内酯抗生素，是由一个或多个单糖组成并与碳链一起形成一个巨大的芳香内酯类化合物，如红霉素；

⑤ 四环类抗生素，都具有四个缩合苯环，如四环素；

⑥ 嘌呤类抗生素，都含有嘌呤环，如嘌呤霉素。

"青霉素"只垂青于有知识的头脑

有不少人认为弗莱明发现青霉素纯属靠运气。实际上，青霉素不是纯粹靠运气能够发现的，重要是弗莱明的研究工作基础和敏锐的观察分析问题能力。这正是应了巴斯德的一句名言："在观察的领域中，机遇只偏爱那种有准备的头脑。"

弗莱明（Alexander Fleming，1881～1955）多年来一直在寻找抗菌药物。1928 年 9 月的下午，弗莱明和往常一样来到了实验室，观察到其中的一个培养皿中原本生长着金

黄色的葡萄球菌，却变成了青色的霉菌。弗莱明心中暗想，一定是葡萄球菌受到了污染。但是令人奇怪的是，凡是培养物与青色霉菌接触的地方，金黄色的葡萄球菌被裂解了，青色霉菌消灭了它接触到的葡萄球菌。葡萄球菌是极其重要的人类致病细菌，可不知名的青霉菌居然对葡萄球菌有如此强烈的抑制和裂解作用。因此，这一发现就非同寻常了。良好的科学研究素质促使弗莱明立刻意识到可能出现了某种了不起的东西。他惊讶地发现，那种青霉菌及其黄色的培养汤都有较好的杀菌能力。于是他推论，真正的杀菌物质一定是青霉菌生长过程的代谢物，他称之为青霉素。很低浓度的青霉素能杀死许多能引起严重疾病的传染病菌，但对人和动物的毒害极小。

青霉素是被发现的第一种有效实用的抗生素，给那些正与各种传染病进行殊死搏斗的人们带去了福音。表面看来，这一重大的医学成就的取得是多么偶然，多么不可思议，甚至在弗莱明自己的报告中也称之为一个偶然的机遇。其实，早在1911年，里查特·威斯特林在斯德哥尔摩大学答辩的博士论文中记载过青霉，经鉴定证明那就是弗莱明发现的青霉产生菌。遗憾的是，威斯特林并没有进行更深入的研究，从而没有发现它的抗菌作用。如果人们知道这些，就不能不承认，这一偶然发现之中其实也包含着某些必然的因素——那就是弗莱明头脑中的知识基础。

（2）抗生素的抗菌谱和效价。抗生素抑制或杀死微生物的能力可以从抗生素的抗菌谱和效价两方面来评价。由于不同微生物对不同抗生素的敏感性不一样，抗生素的作用对象就有一定的范围，这种作用范围就称为抗生素的抗菌谱。通常将对多种微生物有作用的抗生素称为广谱抗生素，如四环素、土霉素既对 G^+ 菌又对 G^- 细菌有作用；而只对少数几种微生物有作用的抗生素则称为狭谱抗生素，如青霉素只对 G^+ 菌有效。抗生素的效价单位就是指微量抗生素有效成分多少的一种计量单位。有的是以抗生素的相当生物活性单位的质量作为单位，如 1μg=1 单位（U），链霉素盐酸盐就是以此来表示的；有的则是以纯抗生素的活性单位相当的实际质量为 1 单位而加以折算的，如青霉素单位最初是以能在 50mL 肉汤培养基内完全抑制金黄色葡萄球菌生长的最小的青霉素量作为一个单位，以后青霉素纯化后确定这一量相当于青霉素钠盐 0.5988μg，因而定 0.5988μg 青霉素钠盐为 1 个青霉素单位。

（3）抗生素的杀菌作用机制

① 抑制细胞壁合成。细胞壁的完整性可维持细胞的坚韧性，使菌体维持一定的形态并抵抗内部的强大的渗透压而不会破裂，细胞壁不能正确合成或不完整，将造成菌体死亡。

革兰氏阳性菌的细胞壁与革兰氏阴性菌的细胞壁比较，有明显厚得多的网状肽聚糖层。多种抗革兰氏阳性菌的抗生素的作用机制与抑制肽聚糖的合成有关，使得细胞壁无法完全形成。这些药物包括青霉素（penicillin）、头孢菌素（cephalosporin）、万古霉素（vancomycin）、杆菌肽（bacitracin）、异烟肼（isoniazid）、乙胺丁醇（Ethambutol）等。这些抗生素的种类及作用点见图 7-20。

② 作用于细胞膜。一些抗生素能改变膜透性或使细胞膜破裂，对细菌有较强的杀菌作用。

多黏菌素为多肽类抗生素，在同一分子中既有亲水多肽基团又有疏水基团，亲水性基团可以与细菌细胞膜磷脂上的磷酸基形成复合物，而疏水基团可以插入膜的脂肪酸链之间，解聚细胞膜的结构，使细胞膜的通透性增加，细胞破裂死亡。多黏菌素是许多细菌的杀菌剂，尤其对绿脓杆菌有效，但对动物和人也有毒害，通常作局部治疗用。抗真菌抗生素两性霉素 B 和制霉菌素可与敏感真菌的细胞膜中的甾醇结合，破坏膜的完整性，使细胞内钾离子等内容物渗出，细胞死亡。两性霉素 B 和制霉菌素对新型隐球菌、白假丝酵母菌和酵母菌等具有良好的抗菌作用。

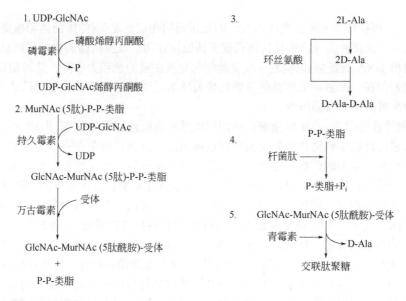

图 7-20　肽聚糖合成的抑制点

③ 作用于蛋白质合成。由于真核生物和原核生物核糖体的差异，真核生物的核糖体主要是 80S，由 60S 和 40S 两个亚基组成，而原核生物的核糖体是 70S，主要由 30S 和 50S 两个亚基组成。干扰蛋白质合成的抗生素很多，主要有四环素类、氨基糖苷类、大环内酯类、氯霉素等。这些抗生素作用于蛋白质合成的许多不同的位点上。

四环素类作用于核糖体 30S 亚基 16S rRNA 上，使氨基酰 tRNA 复合物不能结合到核糖体上，阻断肽链的延伸。此外，四环素还有类似重金属的螯合作用，抑制某些细菌的酶。氨基糖苷类如链霉素，对蛋白质的起始、延长、终止各阶段均有影响，但其主要作用是不可逆地与核糖体 30S 亚基结合，抑制蛋白质合成的起始及密码子的识别：大环内酯类抗生素如红霉素，可与核糖体的 50S 亚基结合抑制多肽的合成。林可霉素抗菌作用和红霉素相似，但不完全一样。林可霉素仅与革兰氏阳性菌的核糖体形成复合物，而不与革兰氏阴性菌核糖体结合，和链霉素、四环素之间无交叉抗药性，而和红霉素有部分交叉抗药性，这可能是因为林可霉素与核糖体结合有一部分与红霉素的结合部位重合。

④ 抑制核酸的合成。不同的抗生素通过不同的机制来干扰或抑制微生物的核酸的合成或复制，同时由于宿主细胞的核酸代谢与微生物很相似，因此，这类抗生素对宿主细胞均有毒性。例如博来霉素能直接与 DNA 共价结合，造成 DNA 链的断裂。丝裂霉素能使双链 DNA 发生交联，干扰 DAN 的解链，抑制 DNA 的复制。因丝裂霉素的作用，最终导致 DNA 降解，利福霉素和利福平直接作用于 DNA 依赖性的 RNA 聚合酶而抑制 mRNA 合成。

（4）细菌耐药性和产生机制。细菌的耐药性是指致病微生物对于抗菌药物作用的耐受性和对抗性。它是抗菌药物、细菌本身及环境共同作用的结果。它可分为天然耐药和获得性耐药，前者通过染色体 DNA 突变而致，后者大多是由质粒、噬菌体及其他遗传物质携带外来 DNA 片段导致的耐药性的产生。细菌对抗生素（包括抗菌药物）的抗药性主要有 5 种机制。

① 使抗生素分解或失去活性。细菌产生一种或多种水解酶或钝化酶来水解或修饰进入细菌内的抗生素使之失去生物活性。如：细菌产生的 β-内酰胺酶能使含 β-内酰胺环的抗生素分

解，细菌产生的钝化酶（磷酸转移酶、核酸转移酶、乙酰转移酶）使氨基糖苷类抗生素失去抗菌活性。

② 使抗菌药物作用的靶点发生改变。因抗菌药物作用的靶位(如核糖体和核蛋白)发生突变或被细菌产生的某种酶修饰而使抗菌药物无法发挥作用，以及抗菌药物的作用靶位(如青霉素结合蛋白和 DNA 促旋酶)结构发生改变而使之与抗生素的亲和力下降，这种耐药机制在细菌耐药中普遍存在。如耐甲氧西林的金黄色葡萄球菌是通过对青霉素的蛋白质结合部位进行修饰，使细菌对药物不敏感所致。

③ 细胞特性的改变。由于细菌细胞壁的障碍或细胞膜通透性的改变，形成一道有效屏障，抗菌药无法进入细胞内到达作用靶位而发挥抗菌效能，这也是细菌在进化与繁殖过程中形成的一种防卫机制。这类耐药机制是非特异性的，主要见于革兰氏阴性菌。因为革兰氏阴性菌细胞壁黏肽层外面存在着类脂双层组成的外膜，外层为脂多糖，由紧密排列的碳氮分子组成，阻碍了疏水性抗菌药进入菌体内。外膜上存在着多种孔蛋白，分子较大者为 OmpF，分子较小者为 OmpC，它们可形成特异性通道（OprD）和非特异性的通道（OprF），作为营养物质和亲水性抗菌药物的通道。抗菌药物分子越大，所带负电荷越多，疏水性越强，则不易通过细菌外膜。细菌发生突变失去某种特异孔蛋白后即可导致细菌耐药性，另外外膜蛋白 OprF 的缺失，使药物不易通过而产生耐药性，如绿脓杆菌对多种抗菌药的耐药性。而在革兰氏阳性菌中细胞膜被一层厚厚的肽聚糖细胞壁所包裹。尽管细胞壁具有很强的机械强度，但由于其结构比较粗糙，几乎不影响抗菌药物这样的小分子物质扩散至细胞内。

④ 细菌产生药泵。细菌产生的一种主动运输方式，将进入细胞内的药物泵出至胞外。

⑤ 改变代谢途径。如磺胺药与对氨基苯甲酸（PABA），竞争二氢蝶酸合成酶而产生抑菌作用。再如，金黄色葡萄球菌多次接触磺胺药后，其自身的 PABA 产量增加，可达原敏感菌产量的 20～100 倍，后者与磺胺药竞争二氢蝶酸合成酶，使磺胺药的作用下降甚至消失。

科学家发现细菌耐药新机制

随着抗生素的广泛使用，随之而来的抗生素耐药性正对全球卫生和食品安全构成巨大威胁，如肺炎、结核病、淋病和沙门氏菌病等越来越多的感染变得更难治疗，其根本原因就在于治疗感染的抗生素有效性下降了。

2021 年最新的研究发现了细菌产生耐药性的新机制，美国伊利诺伊大学芝加哥分校的研究人员通过测定耐药性细菌的高分辨率结构发现，缺乏水分子可能是抗生素产生耐药性的原因之一。该研究在 *Nature* 杂志的子刊 *Nature Chemical Biology* 发表，题为 *Structure of Erm-modified 70S ribosome reveals the mechanism of macrolide resistance*。

许多抗生素可以与细菌内核糖体结合，通过干扰其蛋白质的合成来抑制细菌的生长。大环内酯类抗生素是结合细菌核糖体最成功的抗生素之一，而耐药性细菌会改变它们的核糖体结构，使药物不能再与它们结合。研究人员以大环内酯类抗生素为研究对象，比较了大环内酯类抗生素敏感细菌和耐药细菌核糖体的高分辨率结构，结果发现耐药细菌核糖体中不存在紧密结合抗生素所需的水分子。进一步研究发现，水分子是核糖体和抗生素之间的桥梁，当耐药细菌改变核糖体的化学结构时，水分子的丢失让核糖体和药物之间的连接无法正常建立，导致依赖于这种连接的大环内酯类抗生素亲和力降低，无法发挥杀菌作用。

这项研究首次解释了为什么大环内酯类抗生素不能与耐药细菌的核糖体结合，这就为开发新型抗生素提供了思路。论文链接：https://www.nature.com/articles/s41589-020-00715-0

本章小结

微生物个体微小，以"数量"取胜表现出来的宏观效应对人类才有意义，所以在微生物学中使用的"生长"一般均指它们的群体生长。测定微生物生长的方法很多，但活菌数才更有意义，平板菌落计数法比较常用。微生物的检测，其发展方向是快速、准确、简便、自动化，如 BACTOMETER 快速细菌检测系统可以数小时内获得检测结果。稀释平皿法和划线法是最常用的分离获得纯培养的技术，是进行微生物相关研究的基础。

许多因素会影响微生物的生长，其中以营养物种类、温度、氧气、pH 和水分尤为重要。营养物种类及 C/N 决定着所培养微生物的种类及代谢产物的生成情况；每种微生物都有自己的最高、最适和最低生长温度三基点。按照最适生长温度的不同，微生物可分为低温、中温和高温 3 个类型；根据对氧气的需求情况，微生物可分为专性好氧菌、兼性好氧菌、微好氧菌、耐氧菌和厌氧菌 5 个类型；细菌喜欢在中性环境中生长，放线菌喜欢偏碱性环境，真菌则喜欢偏酸环境。水分的影响不仅决定于含量的多少，更重要的是其可给性水活度（a_w）的大小。

细菌细胞整个生长周期一般较短，可分为三个不明显的阶段，即 DNA 复制前的准备期（I）、DNA 复制期（R）和细胞分裂期（D）；酵母菌的细胞周期可分为 4 个时期，即 G_1、S、G_2 和 M 期；丝状真菌营养菌丝的生长主要以极性的顶端生长方式进行。我们更关心的内容是微生物的群体生长规律。单细胞微生物在恒容积新鲜液体培养基中呈现典型的生长曲线，一般可将生长曲线大致分为延迟期、对数期、稳定期和衰亡期四个阶段。认识和掌握微生物的生长曲线，具有重要的实践意义。如处于对数期的细菌，生长繁殖速率快，代谢旺盛，生产上常用这个时期的细菌作为菌种，以缩短生产周期；进入稳定期后，抗生素等代谢产物逐渐增多，这时如果适当补充营养物质，就有助于延长稳定期，提高代谢产物的产量。丝状真菌不是单细胞微生物，所以它们的繁殖将不会按几何级数增加的形式进行，其群体生长规律包括延迟期、迅速生长期、衰退期三个阶段。

能使培养物中所有微生物细胞都处于相同的生长阶段的培养方法称为同步培养法。包括选择法和诱导法两类。通过同步培养使被研究的微生物群体处于相同的生长阶段，从而能够研究出单个细胞在不同生长阶段的生理特征。连续培养及连续发酵缩短了发酵周期，提高了设备利用率，包括主要应用于生产的恒浊连续培养及以研究为主的恒化连续培养两种类型。

微生物培养方法根据与氧的关系分为好氧培养及厌氧培养，不论好氧或厌氧又根据培养过程的状态分为固体培养和液体培养。

对于有害的微生物必须严格控制，消毒灭菌的方法很多。在物理方法中，常利用温度、辐射（紫外线、X 射线、γ 射线等）和过滤来控制微生物的生长，其中高压蒸汽灭菌法最为常用。在化学方法中，常利用消毒防腐剂（红汞、碘酒、乙醇等）和化学治疗剂（抗生素、磺胺药等）来控制微生物的生长。有关化学治疗剂的作用和微生物抗药性机制的深入研究，对生物学基础理论的推动和医疗实践的发展具有重要作用。

思考题

1. 名词解释

生长，繁殖，纯培养，最适生长温度，热致死温度，热致死时间，兼性厌氧菌，好氧微生物，厌氧微生物，水活度，细菌生长曲线，代时，二次生长，同步生长，同步培养物，连续培养，连续培养，恒浊器，恒化器，灭菌，消毒，防腐，巴氏消毒法，间歇灭菌法，石炭酸系数，抗生素，抗代谢物，抗菌谱，效价

2. 试述单个细菌细胞的生长与细菌群体生长的区别。

3. 说明微生物的典型生长曲线及其实践意义。

4. 常用的测定生物细胞量和细胞数的方法有哪几种？

5. 什么是微生物的生长温度三基点？

6. 影响微生物生长的因素有哪些？

7. 在实践中，利用温度进行微生物灭菌有哪些方法？

8. 细菌耐药性机理是哪些，如何避免抗药性的产生？

9. 什么叫生长速率常数（R），什么叫生长代时（G），它们如何计算？

10. 什么叫连续培养，有何优点？

11. 目前一般认为氧对厌氧菌毒害的机制是什么？

12. 实验室中培养厌氧菌的技术有哪些？

13. 试列表比较灭菌、消毒、防腐的异同，并各举若干实例。

14. 青霉素抑制 G^+ 的机理是什么。

15. 举例说明微生物与氧的关系

16. 影响微生物生长发育的理化因素有哪些？请你任选其三种因素，各举两个例子，说明在日常生活中，如何来改变这三种因素，达到抑制微生物生命活动，为人类造福的目的。

参考文献

黄秀梨, 辛明秀, 2009. 微生物学. 3 版. 北京: 高等教育出版社.

杰奎琳·布莱克, 2008. 微生物学: 原理与探索. 6 版. 蔡谨译. 北京: 化学工业出版社.

李阜棣, 胡正嘉, 2003. 微生物学. 5 版. 北京: 中国农业出版社.

沈萍, 2009. 微生物学. 北京: 高等教育出版社.

王贺祥, 2003. 农业微生物学. 北京: 中国农业大学出版社.

武汉大学, 复旦大学, 1987. 微生物学. 北京: 高等教育出版社.

杨清香, 2009. 微生物学. 2 版. 北京: 科学出版社.

周德庆, 2005. 微生物学. 2 版. 北京: 科学出版社.

诸葛健, 李华钟, 2009. 微生物学. 2 版. 北京: 科学出版社.

第八章

微生物遗传

微生物由于其一系列极其独特的生物学特性，在现代遗传学、分子生物学和其他许多重要生物学基础研究中，成了学者们最热衷选用的模式生物（model organism）。这些独特生物学特性包括物种与代谢类型的多样性、个体的结构简单、营养体一般都是单倍体、易于在成分简单的组合培养基上大量生长繁殖、繁殖速度快、易于积累不同的中间代谢物或终产物、菌落形态的可见性与多样性、环境条件对微生物群体中各个个体作用的直接性和均一性、易于形成营养缺陷型突变株、各种微生物一般都有其相应的病毒，以及存在多种处于进化过程中、富有特色的原始有性生殖方式等。

遗传学中的基因重组、基因精细结构、遗传转化和基因工程等研究，都是首先利用细菌和病毒进行的。通过对细菌质粒和噬菌体 DNA 的研究，逐步发展形成的重组 DNA 技术，现已广泛应用于生物学研究的各个领域。大肠杆菌乳糖操纵子模型，是第一个也是研究最清楚的基因表达调控模式，对分子遗传学研究产生了深远的影响。顺反子的概念是用 T4 噬菌体突变型做顺反互补测验推导出来的。经过改良的大肠杆菌细胞，早已应用于基因工程，生产人类需要的重要蛋白质；基因工程中用到的酶、载体等几乎都跟微生物有关。

由于代时周期短，易于管理和进行化学分析，便于研究基因的突变、重组、结构和功能，大肠杆菌成为生物界当之无愧的明星。

遗传（heredity, inheritance）和变异（variation）是一切生物体最本质的属性之一。所谓遗传，讲的是发生在亲子间即上下代间的关系，即指上一代生物如何将自身的一整套遗传基因稳定地传递给下一代的行为或功能，它具有极其稳定的特性。某一生物个体基因组（genome）所携带的遗传信息即遗传型又称基因型（genotype），遗传型是一种内在的可能性或潜力，其实质是遗传物质上所负载的特定遗传信息。某一生物体所具有的一切外表特征和内在特性的总和就是表型（phenotype），是其遗传型在合适环境条件下通过代谢和发育而得到的具体体现。具有某遗传型的生物，只有在适当的环境条件下，通过其自身的代谢和发育，才能将它付诸实现，产生自己的表型。表型是基因型和环境相互作用的结果。生物体在某种外因或内因的作用下所引起的遗传物质结构或数量的改变就是变异，变异的特点是在群体中只以极低的概率（一般为 $10^{-10} \sim 10^{-5}$）出现，性状变化幅度大，并且可遗传。遗传和变异是对立和统一的关系。

对微生物遗传规律的深入研究，不仅促进了遗传学向分子水平的发展，还促进了生物化学、分子生物学和生物工程学的飞速发展；由于它与生产实践联系密切，故还为微生物和其他生物的育种工作提供了丰富的理论基础，促使育种工作从自发向着自觉、从低效转向高效、从随机转为定向、从近缘杂交朝着远缘杂交等方向发展。

第一节
遗传变异的物质基础

围绕生物的遗传变异有无物质基础以及何种物质可执行遗传变异功能的问题，曾有过种种推测。从孟德尔控制生物体性状的遗传因子这一朦胧的符号到摩尔根提出了基因学说，把遗传物质的范围缩小到染色体上之后，科研工作者对遗传物质化学实质的研究从来都没有间断过。通过化学分析进一步发现染色体主要是由核酸和蛋白质这两种高分子组成的。由于其中的蛋白质可由千百个氨基酸单位组成，而氨基酸种类通常又达 20 多种，经过它们的不同排列组合，演变出的不同蛋白质数目几乎可达到一个天文数字。相反，核酸的组成却相形见绌，一般仅由 4 种不同的核苷酸组成，它们通过排列与组合只能产生较少种类的核酸。为此，当时学术界普遍认为遗传物质非蛋白质莫属。直到 1944 年后，科学家们利用微生物这类十分有利的生物对象设计了 3 个著名的实验，遂以确凿的事实证明了核酸尤其是 DNA 才是一切生物遗传变异的真正物质基础。

一、3 个经典实验

证明 DNA 是遗传物质的事例很多，其中最直接的证明有细菌转化、噬菌体的感染和病毒重建三个经典实验。

1. 细菌的转化

转化（transformation）是指一种生物由于接受了另一种生物的遗传物质（DNA 或 RNA）而表现出后者的遗传性状，或发生遗传性状改变的现象。

转化现象是 1928 年英国科学家 Griffith 在进行肺炎链球菌的研究中发现的。肺炎链球菌是一种致病菌，野生型的肺炎链球菌有毒力、能产生荚膜、菌落光滑，称为光滑型（smooth）或 S 型。其突变型无毒力、不能产生荚膜、菌落粗糙，称为粗糙型（rough）或 R 型。

Griffith 在观察有毒和无毒菌株在活体内的相互作用时发现：当把加热杀死的 S 型菌和活的 R 型菌混合培养时，能从中分离出活的 S 型菌，并能继续传代（图 8-1）。说明在加热杀死的 S 型菌中存在某种能使活的 R 型菌转变成 S 型菌的因子，他们把这种因子称为转化因子（transforming factor），这种现象称为转化。

其后，Avery 等人在 1944 年对转化因子的本质进行了鉴定。他们将 S 型菌的细胞抽提物分成一系列组分，结果将 DNA 组分和 R 型离体转化后再去注射小鼠，小鼠是死亡的，如果用脱氧核糖核酸酶（DNAase）处理 DNA 组分后则转化现象即刻消失，从而直接证明了转化因子是 DNA。

2. 噬菌体感染实验

Hershey 和 Chase 于 1952 年以 T2 噬菌体为材料进行了噬菌体感染实验。T2 噬菌体是大肠杆菌噬菌体，它由蛋白质（60%）外壳和 DNA（40%）核心组成。蛋白质中含有硫而不含有磷，DNA 中含有磷而不含有硫，所以用 ^{32}P 和 ^{35}S 标记 T2 噬菌体，并用这些标记 T2 噬菌体进行感染实验，就可以分别测定 DNA 和蛋白质的功能。

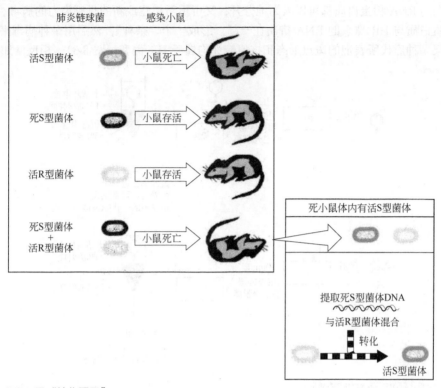

图 8-1　DNA 是"转化因子"

（引自：朱玉贤，2007）

　　首先在含有 ^{32}P 和 ^{35}S 的培养基中（两个实验）使 T2 噬菌体感染大肠杆菌得到标记 T2 噬菌体，然后将标记噬菌体感染一般培养液中的大肠杆菌。经过短时间的保温后，在组织搅拌器中搅拌。已经知道这一短时间的搅拌只能完成感染作用。搅拌以后分别测定沉淀物和上清液中的同位素标记，细菌都包含在沉淀物中，上清液中只含有游离的噬菌体。测定结果表明几乎全部 ^{32}P 都和细菌在一起，几乎全部 ^{35}S 都在上清液中（图 8-2）。这一结果说明，在感染过程中噬菌体的 DNA 进入细菌细胞中，它的蛋白质外壳并不进入细胞中去。用电子显微镜观察也证实了这一结论。

　　噬菌体感染寄主细胞时，只把它的 DNA 注射到细胞中去，可是经过短短二十几分钟后，从细胞中释放出大约上百个噬菌体。这些噬菌体的蛋白质外壳的大小和留在细胞外面的外壳一模一样。这一实验结果也同时说明，决定 T2 噬菌体的蛋白质外壳的遗传信息的携带者是 DNA。

3. 病毒重建实验

　　在 1956 年，Fraenkel-Corat 用烟草花叶病毒（tobacco mosaic virus, TMV）进行实验。TMV 是一种杆状病毒，它有一个筒状蛋白质外壳，由很多个相同的蛋白质亚基组成。外壳内有一条单链的 RNA 分子沿着其内壁在蛋白质亚基间盘旋着。把 TMV 在水和苯酚中振荡，使 TMV 的蛋白质和 RNA 分开，然后分别用来感染烟草。结果只有 TMV 的 RNA 能感染烟草，而 TMV 的蛋白质部分不能感染烟草。而且，用 TMV 的 RNA 接种烟草后，烟草能表现出与 TMV 接种后的相同的病害症状，同时还能从感染的烟草植株中分离到完整的 TMV 病毒粒子。至此，已足够证明 RNA 是烟草花叶病毒遗传信息的携带者。

TMV 具有许多不同的株系，它们引起的病状是不同的，其蛋白质的氨基酸组成也各不相同。它们的 RNA 和蛋白质都可以人为地分开，又可重新组建成新的具感染力的病毒。如将 S 株系的蛋白质与 HR 株系的 RNA 拼凑在一起，形成一个"杂种"，然后用杂种病毒来感染烟草，结果杂种后代所表现的斑点形态和抗原特性均属于 HR 类型（图 8-3）。相反，如用 S 株

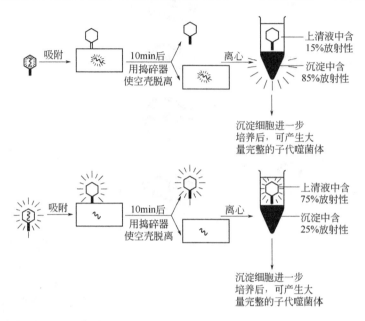

图 8-2　大肠杆菌噬菌体的感染实验

（引自：沈萍，2006）

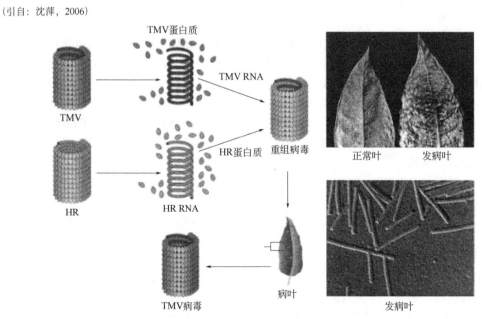

图 8-3　TMV 重建实验

（引自：Klug and Cummings, Concepts of Genetics, Prentice-Hall Inc, 2000）

系的 RNA 与 HR 株系的蛋白质结合,所引起的症状和由此分离的蛋白质组成均与 S 株系相似,而不同于 HR 株系,可见遗传性状完全由 RNA 决定,RNA 是 TMV 的遗传物质。

以上三个实验直接地证明了遗传物质是 DNA(或 RNA),使孟德尔的遗传因子概念不再是形式上的符号,而是如摩尔根所预言的"它是一个化学实体"。但由于长期以来人们认为"蛋白质是遗传物质"的观念根深蒂固,所以 DNA 是遗传物质的观点的真正确立是在 1953 年 Watson 和 Crick 提出了 DNA 分子结构的双螺旋模型以后。

二、遗传物质在微生物细胞内存在的部位和方式

包括 7 个水平。

1. 细胞水平

在细胞水平上,真核微生物和原核生物的大部分 DNA 都集中在细胞核或核区(拟核)中。在不同种微生物或同种微生物的不同细胞中,细胞核的数目常有所不同。例如,酿酒酵母、构巢曲霉(*Aspergillus nidulans*)等真菌一般是单核的;另一些如粗糙脉孢菌(*Neurospora crassa*)和米曲霉(*A. oryzae*)是多核的;藻状菌类(真菌)和放线菌类的菌丝细胞是多核的,而其孢子则是单核的;在细菌中,杆菌细胞内大多存在两个核区,而球菌一般仅一个。

2. 细胞核水平

真核生物的细胞核是有核膜包裹、形态固定的真核,核内的 DNA 与组蛋白结合在一起形成核小体进而形成染色体;原核生物只有原始的无核膜包裹的呈松散状态存在的核区,其中的 DNA 呈环状双链结构,不与组蛋白核小体结合。不论真核生物的细胞核或原核生物细胞的核区都是该微生物遗传信息的最主要携带者,被称为核基因组或简称基因组(genome)。除核基因组外,在真核生物和原核生物的细胞质(仅酵母菌 2μm 质粒例外地在核内)中,多数还存在着一类 DNA 含量少、能自主复制的核外染色体,例如,在真核细胞中就有:①细胞质基因,包括线粒体和叶绿体基因等;②共生生物,如草履虫"放毒者"(killer)品系中的卡巴粒(kappa particle),它是一类属于杀手杆菌属(*Caedibacter*)的共生细菌;③2μm 质粒(2μm plasmid),又称 2μm 环状体(2μm circle),存在于酿酒酵母的细胞核中,但不与核基因组整合,长 6300bp,每个酵母菌细胞核中约含 30 个 2μm 质粒。在原核细胞中,其核外遗传成分统称为质粒,种类很多。

3. 染色体水平

真核生物的 DNA 缠绕到组蛋白八聚体外面构成核小体,进而逐级压缩成染色体结构;而原核生物的 DNA 并没有和蛋白质构成复合物,所以严格来讲原核生物中不存在染色体结构。

(1)染色体数。不同生物的染色体数差别很大。真核生物单倍体染色体数,如米曲霉有 7 条,双孢蘑菇(*Agaricus bisporus*)有 13 条,人有 23 条;原核生物如大肠杆菌只有一条 DNA 分子。

(2)染色体倍数。指同一细胞中相同染色体的套数。如果一个细胞中只有一套染色体,就称单倍体(heploid)。在自然界中存在的微生物多数都是单倍体,而高等动、植物只有其生殖细胞才是单倍体。如果一个细胞中含有两套功能相同的染色体,就称双倍体(diploid)。只有少数微生物如酿酒酵母的营养细胞以及由两个单倍体性细胞通过接合形成的合子(zygote)等少数细胞才是双倍体,而高等动、植物的体细胞多是双倍体。在原核生物中,通过转化、转导或接合等过程而获得外源染色体片段时,只能形成一种不稳定的、称作部分双倍体的细胞。

4. 核酸水平

(1) 核酸种类。绝大多数生物的遗传物质是 DNA，只有部分病毒，包括多数植物病毒和少数噬菌体等的遗传物质才是 RNA。在真核生物中，DNA 总是与缠绕的组蛋白同时存在的，而原核生物的 DNA 却是单独存在的。

(2) 核酸结构。绝大多数微生物的 DNA 是双链的，只有少数病毒，如 *E. coli* 的 ΦX174 和 fd 噬菌体等的 DNA 为单链结构；RNA 也有双链与单链之分，前者如多数真菌病毒，后者如多数 RNA 噬菌体。此外，同是双链 DNA，其存在状态有的呈环状（如原核生物和部分病毒），有的呈线状（部分病毒），而有的则呈超螺旋状（麻花状），例如细菌质粒的 DNA。

(3) DNA 长度。即基因组的大小，一般可用 bp（碱基对，base pair）、kb（千碱基对，kilo bp）和 Mb（百万碱基对，mega bp）作单位。不同微生物基因组的大小差别很大，如酿酒酵母有 13Mb，沙眼衣原体（*chlamydia trachomatis*）有 1.07Mb。

5. 基因水平

基因是生物体内一切具有自主复制能力的最小遗传功能单位，其物质基础是一条以直线排列、具有特定核苷酸序列的核酸片段。从基因的功能上来看，原核生物的基因是多顺反子，即以操纵子（operon）的形式发挥作用。每一操纵子包括调节基因（regulator gene）、结构基因（structure gene）、操作子（operator）、启动子（promoter）和终止子序列（terminator）。结构基因是决定某一多肽链结构的 DNA 模板，它是通过转录（transcription）和翻译（translation）过程来执行多肽链合成任务的。操作子是位于启动子和结构基因之间的一段核苷酸序列，它与结构基因紧密连锁在一起，能通过与阻遏蛋白（repressor）的结合与否，控制结构基因是否转录。启动子是一种依赖于 DNA 的 RNA 聚合酶所识别的核苷酸序列，它既是 RNA 聚合酶的结合部位，又是转录的起始位点。所以，操作子和启动子既不能转录出 mRNA，也不能产生任何基因产物。调节基因是能调节操纵子中结构基因活动的基因，调节基因能转录出自己的 mRNA，并经翻译产生调节蛋白（包括阻遏蛋白和激活蛋白），由于阻遏蛋白和操作子的相互作用可阻挡 RNA 聚合酶沿着结构基因移动，从而关闭了它的活动。终止子是实现转录终止的 DNA 序列，在转录后即 RNA 水平行使功能，有强终止子和弱终止子之分。

真核生物一般无操纵子结构，存在着大量不编码序列和重复序列，由于细胞膜的存在，转录与翻译在细胞中有空间分隔，并且基因中编码序列（exon）往往被不编码的序列（intron）所隔开，从而使编码序列变成不连续的状态。

6. 密码子水平

遗传密码（genetic code）是指 DNA 链上决定各具体氨基酸的特定核苷酸排列顺序。遗传密码的信息单位是密码子（codon），每一密码子由 3 个核苷酸序列即 1 个三联体（triplet）所组成。密码子一般都用 mRNA 上 3 个连续核苷酸序列来表示。4 个核苷酸按三联体的方式排列可有 64 种组合，其中有 61 个编码氨基酸的密码子，3 个不编码氨基酸的终止密码子（UAA、UAG 和 UGA）；61 个密码子对 20 种氨基酸而言，会出现几个密码子编码同一氨基酸（如决定亮氨酸的密码子就有 6 个）的简并现象。

7. 核苷酸水平

在绝大多数生物的 DNA 组分中，都只含腺苷酸（AMP）、胸苷酸（TMP）、鸟苷酸（GMP）和胞苷酸（CMP）4 种脱氧核苷酸。只有少数例外，例如在 *E. coli* 的 T-偶数噬菌体 DNA 中，就有少量稀有碱基——5-羟甲基胞嘧啶。

三、DNA 的结构

DNA 是生物遗传的主要物质基础。生物机体的遗传信息以密码子的形式编码在 DNA 分子上，表现为特定的核酸排列顺序，并通过 DNA 的复制由亲代传给子代。在后代的生长发育过程中，遗传信息 DNA 转录给 RNA，然后翻译成特异的蛋白质，以执行各种生理功能，使后代表现出与亲代相似的遗传性状。

（一）DNA 的一级结构

DNA 又称脱氧核糖核酸，是英文 "deoxyribonucleic acid" 的简称。它是一种高分子化合物，其基本单位是脱氧核酸（图 8-4 左）。脱氧核苷酸包括腺嘌呤脱氧核酸（dAMP）、鸟嘌呤脱氧核酸（dGMP）、胞嘧啶脱氧核酸（dCMP）和胸腺嘧啶脱氧核酸（dTMP）。大量脱氧核酸经 3'-5'磷酸二酯键聚合而成为 DNA 链。与蛋白质结构的分类类似，DNA 的结构也可分为一级、二级和三级。一般而言，DNA 的一级结构是指核酸分子中 4 种核酸的排列顺序及其连接方式，由于 DNA 中核酸彼此之间的差别仅见于碱基部分，因此 DNA 的一级结构又指碱基序列（sequence）（图 8-4 右）。

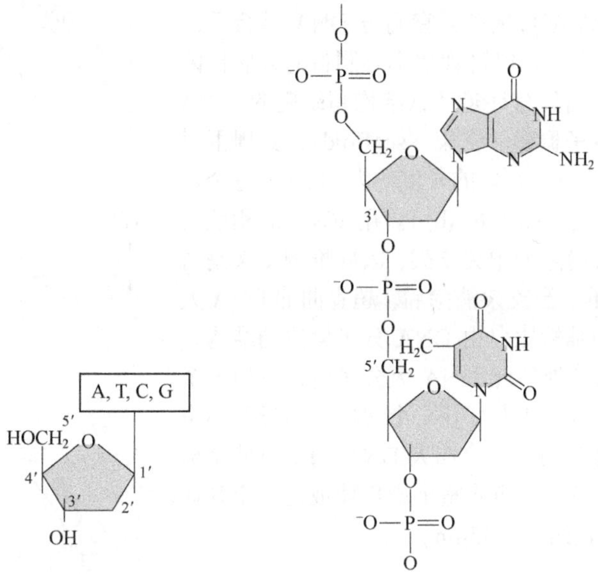

图 8-4　DNA 组成单位和一级结构

（二）DNA 的二级结构

Watson 和 Crick 于 1953 年提出了著名的 DNA 双螺旋模型（图 8-5）。此模型所描述的是 B-DNA 钠盐在一定湿度下的右手双螺旋结构。B-DNA 钠盐结构既规则又很稳定，是由两条反向平行的多脱氧核糖核酸围绕同一中心轴组成的，两条链均为右手螺旋，其走向取决于磷酸二酯键的走向，一条是 5'-3'，另一条是 3'-5'。链间有螺旋型的凹槽，其中一条较浅，叫小沟；一条较深，叫大沟。两条链上的碱基以氢键相连，G 与 C 配对，A 与 T 配对。嘌呤和嘧啶碱基对层叠于双螺旋的内侧，碱基平面与螺旋轴相垂直，螺旋轴穿过碱基平面，相邻碱基对沿轴旋转 36°，上升 0.34nm。每个双螺旋含 10 对碱基，双螺旋的螺距为 3.4nm，直径是 2.0nm。

DNA 双螺旋结构除 B 型外，还有 A 型和 Z 型。

（三）DNA 的三级结构

在细胞中，双螺旋还可以进一步盘曲形成更加复杂的结构，被称为 DNA 的三级结构，它具有多种形式，其中以超螺旋（supercoil）最常见。环形 DNA 分子和线形 DNA 分子，在 DNA 双螺旋结构基础上都可以进一步扭曲成超螺旋。原核生物的染色体 DNA 和真核生物的染色体 DNA 都是以超螺旋状态存在的。

1. 细菌染色体 DNA 的结构

大多数原核生物染色体是单个、共价、闭合的双链 DNA［图 8-6（a）］。大肠杆菌染色体 DNA 的大小为 4.7×10^6bp，长约 1333μm，其长度约为大肠杆菌菌体长度（约 2μm）的 1000 倍。显然这样大的 DNA 分子必定要进行超螺旋和高度折叠才能容纳在细胞中特定的区域。原核细胞中含有一些 DNA 结合蛋白，它们与 DNA 结合后，帮助 DNA 进行高度折叠。电镜观察小心制备的大肠杆菌染色体，可见它是一团具有许多环状结构超螺旋的 DNA 大分子，中央有一电子稠密的支架（scaffold），其周围附着有 30～50 个超螺旋的环，环的长度约为 20nm，每个环的 DNA 都是负超螺旋［图 8-6（b）］。用 RNA 酶和胰蛋白酶进行部分处理可消除掉中央支架，因此推测支架是由 RNA 和蛋白质组成的。当支架消除后，超卷曲的 DNA 大分子有所展开，但仍维持比自由 DNA 分子紧凑的结构。当用 DNA 酶进行部分处理此 DNA 大分子时，可使一个超螺旋环中的一条 DNA 链上打开一个切口，而导致环由超螺旋构型转变为开环的构型。加大 DNA 酶量可使全部超螺旋环转变为开放的环，而使整个染色体成为一个开环的 DNA 大分子，周长约为 l333μm。

2. 真核生物的染色体结构

真核生物的染色体是由线形 DNA 分子、组蛋白及非组蛋白组成的。组成真核生物染色体的基本单位是核小体

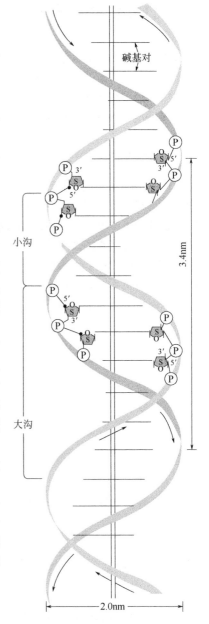

图 8-5　DNA 双螺旋模型

（nucleosome）。核小体是由 DNA 和组蛋白所组成的颗粒。在核小体中，由组蛋白 H_2A、H_2B、H3 和 H4 各 2 个分子组成组蛋白八聚体，构成核小体的核心，DNA 分子缠绕到组蛋白八聚体核心的外面 1.75 圈，长约 140bp，由八聚体核心延伸出的 DNA 与 1 分子 H_1 组蛋白相连，共同组成一个核小体。在电子显微镜下，可以看到核小体往往成串存在，呈念珠状。在细胞分裂间期，形成核小体是 DNA 长度压缩的第一步。在核小体形成的基础上，DNA 链进一步折叠成每圆台有 6 个核小体、直径为 30nm 的纤维状结构。这种 30nm 的染色质纤维，再折叠形成许多超螺旋环附着在一个中央支架上而成为染色体，其中的中央支架是由非组蛋白组成的（图 8-7）。

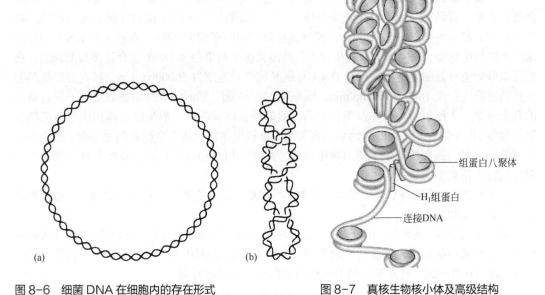

(a)   (b)

图 8-6　细菌 DNA 在细胞内的存在形式　　　　图 8-7　真核生物核小体及高级结构

（引自：Prescott 等，2002）

四、遗传信息的传递过程

（一）DNA 的复制

　　DNA 的复制是半保留和半不连续，按照碱基互补的原则进行的（图 8-8）。新合成的子代双链 DNA分子，其中一条链是新合成的，一条是来自模板链；DNA 分子在合成过程中始终是按照 5′到 3′的顺序，所以以 3′到 5′走向的亲本链为模板的新合成的链，一旦引发就可以合成，这条链称为前导链，相反以另外一条亲本链为模板合成的链必须以冈崎片段的形式来进行，这条链称为后滞链。

　　DNA 复制需要从 DNA 分子的特定部位开始，此特定部位称为复制起点（replication origin），通常原核生物染色体的复制起点和质粒的复制起点以 *ori*表示。原核生物的染色体 DNA 一般只有一个复制起点。例如，大肠杆菌的环状染色体 DNA 上只有一个称为 *oriC* 的复制起点，*oriC* 的长度约 245bp，位于大肠杆菌遗传图的 84.3nm 处。真核生物染色体的复制是在几个特定部位上进行的，具有多个复制起点，例如酿酒酵母基因组中约有 400 个复制起点。酿酒酵母中的复制起点常称为自主复制序列（简称为ARS），每个 ARS 的长度为 100～200bp。

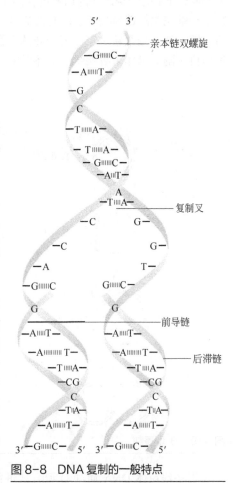

图 8-8　DNA 复制的一般特点

每一复制起点及其复制区则为一个复制单位，称为复制子（replicon）。因此，真核细胞染色体含多个复制子，而原核细胞染色体只有一个复制子。不同生物的复制子大小不同。哺乳动物的复制子大多在 100～200kb，果蝇或酵母的复制子约为 40kb。真核生物 DNA 的复制速度比原核生物慢，基因组比原核生物大，然而真核生物染色体 DNA 上有许多复制起点，它们可以分段进行复制。例如，细菌 DNA 复制叉的移动速度为 50000bp/min；哺乳类动物复制叉移动速度实际仅 1000～3000bp/min，相差近 20～50 倍。然而哺乳类动物的复制子只有细菌的几十分之一，所以就每个复制单位而言，复制所需时间在同一数量级。真核生物与原核生物染色体 DNA 的复制还有一个明显的区别是：真核生物染色体在全部复制完之前，起点不再重新开始复制；而在快速生长的原核生物中，起点可以发动连续复制。真核生物在快速生长时，往往采用更多的复制起点。

线形双链 DNA 的复制一般是双向复制。根据复制起点的多少又可分为双向、单点复制和双向、多点复制。

环状双链 DNA 的复制，可分为 θ 型、滚环型和 D 型 3 种类型。θ 型复制是 1963 年 Cairns 根据大肠杆菌环状染色体复制的中间产物自显影的实验提出的（图 8-9）。由于形状像希腊字母 θ，而叫 θ 型复制。在 θ 型复制中同样有双向复制和单向复制。

有些噬菌体如由 ΦX174 和一些质粒通过滚环方式进行的 DNA 复制，其特点是，环状双链 DNA 分子的一条链在内切酶的作用下把二酯键打开，使 3′-OH 游离出来，DNA 聚合酶以其中一条完整的链为模板，以游离的 3′-OH 作为共价延伸的起点，按照碱基互补的原则合成新生链，从而把跟新生链序列一致的老链置换出来并不断甩出，大多数情况下是合成几个单位后再切割。总体来看就像一个环以中心轴旋转一样，所以称滚环复制（图 8-10）。

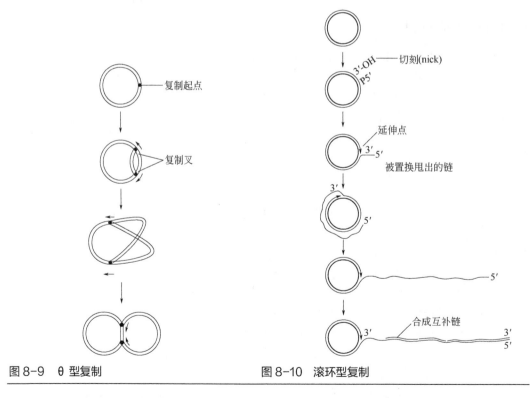

图 8-9　θ 型复制　　　　　　　　　　图 8-10　滚环型复制

很多线粒体 DNA 通过 D 型方式进行复制（图 8-11）。线粒体 DNA 分子有重链（H）和轻链（L）之分，两条链的复制起点不在同一位置。首先以重链为模板合成新轻链，新轻链把老轻链置换出来形成凸起，像大写的字母 D，这也是 D 型复制的由来。当老轻链被置换到一定程度，复制起点暴露，这时以被置换出的轻链为模板合成新的重链。

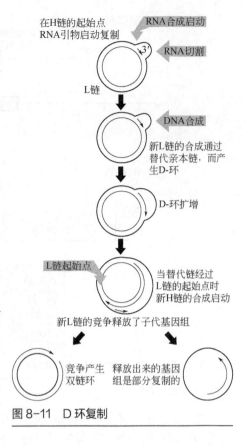

在H链的起始点
RNA引物启动复制　　　RNA合成启动

RNA切割

L链

DNA合成

新L链的合成通过替代亲本链，而产生D-环

D-环扩增

L链起始点　　　当替代链经过L链的起始点时新H链的合成启动

新L链的竞争释放了子代基因组

竞争产生双链环　　　释放出来的基因组是部分复制的

图 8-11　D 环复制

（二）转录

转录是 DNA 指导的 RNA 合成作用。反应是以 DNA 为模板，在 RNA 聚合酶催化下，以 4 种核苷三磷酸（NTPs），即 ATP、GTP、CTP、UTP 为原料，各核酸之间以 3′,5′磷酸二酯键相连进行聚合反应。合成反应的方向为 5′-3′。

1. RNA 聚合酶

催化转录作用的酶是 RNA 聚合酶（RNA polymerase）。很多细菌的 RNA 聚合酶具有很大的保守性，在组成、分子量及功能上都很相似。大肠杆菌 RNA 聚合酶是由 5 个亚基 $\alpha_2\beta\beta'\sigma$ 组成的，分子量为 500kDa。$\alpha_2\beta\beta'$ 这 4 个亚基组成核心酶（core enzyme），加上 σ 亚基后成为全酶 $\alpha_2\beta\beta'\sigma$（holoenzyme）。$\sigma$ 因子与全酶的结合不紧密，容易脱落。

真核生物 RNA 聚合酶比原核生物 RNA 聚合酶要复杂，有 RNA 聚合酶 I、II、III 三种类型。RNA 聚合酶 I 催化转录作用生成 18S、5.8S 及 28S rRNA 前体，它所识别的启动子与 RNA 聚合酶 II 所识别的启动子相比，有较大的差异。RNA 聚合酶 II 负责 mRNA 前体的合成，RNA 聚合酶 III 催化转录作用生成 tRNA、5S rRNA，它所识别的启动子比较特殊，启动子不位于编码基因的上游，而在编码基因的转录区内。

2. 启动子及终止信号

（1）启动子。启动子区是 RNA 聚合酶的结合区，其结构直接关系到转录的效率。那么，启动子区有什么结构特点呢？

经过科学家们数年的努力，分析了 46 个大肠杆菌启动子的序列以后确证绝大部分启动子都存在两段共有序列，即位于-10bp 处的 TATA 区和-35bp 处的 TTGACA 区（图 8-12）。现已查明，-35 区和-10 区是 RNA 聚合酶与启动子识别和结合的位点，-35 区是 RNA 聚合酶 σ 因子识别 DNA 分子的部位，其共有序列为 TTGACA。-10 区是 RNA 聚合酶核心酶与 DNA 分子紧密结合的部位。

在真核生物基因中，Hogness 等先在珠蛋白基因中发现了类似普里布诺框（Pribnow box）的霍尔内斯框（Hogness box），这是位于转录起始点上游-30～-25bp 处的共同序列 TATAAA，也称 TATA 框（图 8-12）。在起始位点上游-78～-70bp 处还有另一段共同序列 CCAAT，这是与原核生物中-35 区相对应的序列，称为 CAAT 框（CAAT box）。另外，还有一部分 DNA 序列能增强或减弱真核基因转录起始的频率，这些区域称为增强子和沉默子。

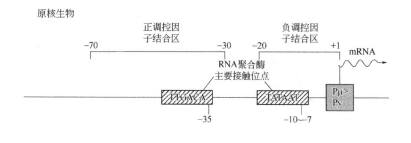

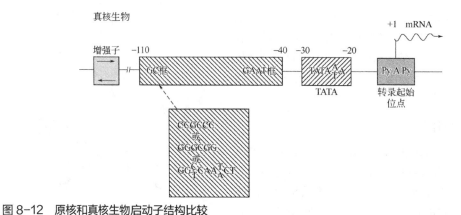

图 8-12　原核和真核生物启动子结构比较

（引自：朱玉贤，2007）

　　（2）终止子。终止子（terminator）位于一个基因或一个操纵子的末端，提供转录停止信号的 DNA 区段，有倒转重复序列。与启动子不同的是终止子仍能被 RNA 聚合酶转录成 RNA，在 RNA 水平，倒转重复序列可以实现链内配对，形成发夹结构，使 RNA 聚合酶在此停顿。根据发夹结构中茎部 GC 碱基对的多少和终止子下游 AT 碱基对的多少，大肠杆菌的终止子分为两类：一类是不依赖于 ρ 因子的终止子（图 8-13），这类终止子称为强终止子，强终止子茎

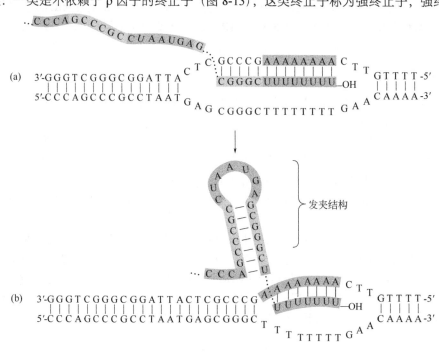

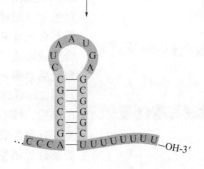

(c) 3'-GGGTCGGGCGGATTACTCGCCCGAAAAAAAACTTGTTTT-5'
　　　||||||||||||||||||||||||||||||||||||||||
　　　5'-CCCAGCCCGCCTAATGAGCGGGCTTTTTTTTGAACAAAA-3'

图 8-13　强终止子决定的转录终止过程

部富含 GC，下游富含 AT，富含 GC 使发夹结构稳定，RNA 聚合酶停顿的时间就长，再加上下游 RNA 和 DNA 杂合链富含 AU，RNA 容易从杂合链中脱离，两方面结合很容易实现转录的终止；另一类是依赖于 ρ 因子的终止子（图 8-14），这类终止子属于弱终止子，相对于强终止子而言，茎部 GC 和下游 AT 含量相对都少。

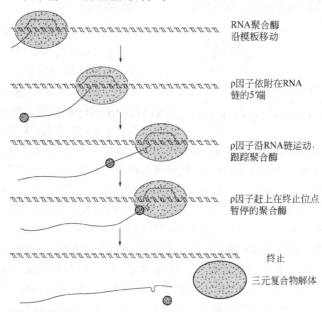

RNA聚合酶
沿模板移动

ρ因子依附在RNA
链的5'端

ρ因子沿RNA链运动，
跟踪聚合酶

ρ因子赶上在终止位点
暂停的聚合酶

终止

三元复合物解体

图 8-14　ρ 因子参与的转录终止模式

（引自：朱玉贤，2007）

3. 转录过程

在所有生物中，对大肠杆菌转录过程研究得较为清楚。大肠杆菌转录过程可分为 3 个阶段：起始、延伸及终止（图 8-15）。

（1）起始。在起始阶段，RNA 聚合酶的 σ 因子首先识别启动子的识别部位（−35 区），RNA 聚合酶核心酶结合在启动子的结合部位（−10 区）。RNA 聚合酶结合在启动子区后，使

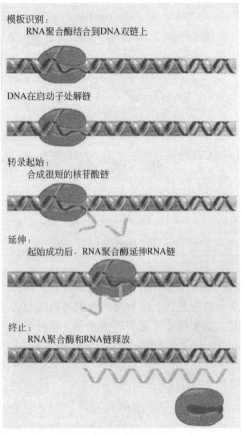

模板识别:
　　RNA聚合酶结合到DNA双链上

DNA在启动子处解链

转录起始:
　　合成很短的核苷酸链

延伸:
　　起始成功后，RNA聚合酶延伸RNA链

终止:
　　RNA聚合酶和RNA链释放

图8-15　原核生物转录的基本过程

（修改自：Benjamin Lewin, Genes IX, Jones & BarHett Learning, 2008）

DNA的双链结构打开。然后，一个与模板链上起始位点配对的核苷三磷酸（A或G）与模板链结合构成RNA的5'端，并且由第二个核酸结合形成磷酸二酯键，形成6～9个核酸后，RNA聚合酶全酶σ因子释放出来。

（2）延伸。RNA聚合酶全酶将σ因子释放出来后，核心酶继续沿着DNA链移动，以5'至3'方向合成RNA。DNA在转录时形成约17bp的解旋单链空泡结构叫作转录泡（transcription bubble），在转录泡中延伸的RNA与互补DNA配对形成RNA-DNA杂合体结构。

（3）终止。在RNA链延长过程中，RNA聚合酶转出终止子序列后，终止子序列在RNA水平形成发夹结构，使RNA聚合酶停止转录，RNA从RNA-DNA杂合体结构解离下来。这样在转录过程完成后，就合成一个与模板DNA链互补的RNA链。

4. 转录后加工

原核生物中转录作用生成的一些mRNA属于多顺反子mRNA，即几个结构基因，利用共同的启动子及共同的终止信号，经转录作用生成一个大的mRNA分子，这样的mRNA分子可编码几种不同的蛋白质。例如，半乳糖操纵子上的 *Lac*Z、*Lac*Y及 *Lac*A基因，被共同转录成一个大的mRNA，该mRNA被翻译成3种酶，即半乳糖酶、透过酶及乙酰转移酶。在原核生物中，由于遗传物质裸露在细胞质中，所以转录与翻译进行的场所没有明显的界限。在转录尚未完成时，翻译就已经开始了。mRNA的寿命也是短暂的，只存在几分钟便失去作用，而且在它们翻译成蛋白质以前不经过修饰。相反，tRNA和rRNA分子是在特殊的RNA酶作用下从较大的RNA分子加工而成的。大的RNA转录物被分割成23S、16S、5S rRNA和一系列的tRNA分子。此外，这些RNA通常在转录后发生化学上的修饰，特别是在tRNA分子上可以发现一些异常的碱基，包括次黄嘌呤、二氢尿嘧啶、甲基鸟嘌呤和硫尿嘧啶。

真核生物转录作用生成的mRNA为单顺反子mRNA，即一个mRNA分子只编码一种多肽链。这些mRNA是比较稳定的，而且能保持作用几小时或几天。mRNA前体又称hnRNA（heterogeneous RNA，不均一RNA）。

真核生物转录生成的hnRNA要经过复杂的加工过程，主要包括：5'末端加帽、3'末端加尾及剪接去除内含子并连接外显子（图8-16）。

（三）翻译

mRNA生成后，多个核糖体附着其上，形成核糖体-mRNA复合物。由tRNA把相应的氨基酸带到核糖体-mRNA复合物上，按mRNA上的遗传密码装配成具有一定氨基酸排列顺序的特定多肽，这个过程称为翻译。

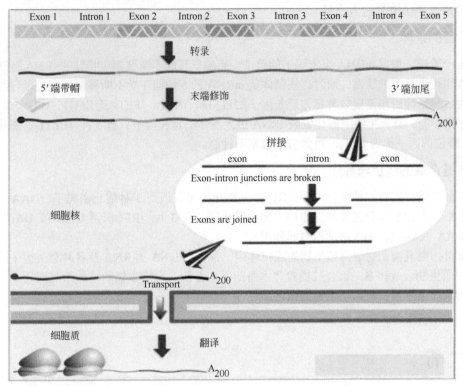

图 8-16　原始转录产物的生成及主要加工过程

蛋白质合成的机理十分复杂。整个过程涉及 3 种 RNA 分子（mRNA、tRNA、rRNA），几种核酸（ATP，GTP）及一系列酶与蛋白质辅助因子。全部过程都在核糖体上完成，所以可以把核糖体看成是合成蛋白质的工厂。所有生物的核糖体都由两个亚基构成，一个较大，一个较小。原核生物的核糖体（70S）由 30S 亚基和 50S 亚基组成，30S 亚基含有 1 分子 16S rRNA 和 21 种蛋白质，50S 亚基含有 34 种蛋白质及 5S、23S rRNA 各 1 分子。真核细胞核糖体的 40S 亚基中有 30 多种蛋白质及 1 分子 18S rRNA，60S 亚基中有 50 多种蛋白质及 5S、28S 和 5.8S rRNA 各 1 分子。蛋白质生物合成大体上可分成 4 个阶段：①氨酰-tRNA 复合物的合成；②肽链合成的起始；②肽链的延伸；④肽链合成的终止与释放。后面 3 步在核糖体上进行。

1. 氨酰-tRNA 的合成（氨基酸的活化）

各种氨基酸在掺入肽链以前必须活化以获得额外的能量。活化了的氨基酸与 tRNA 形成氨酰-tRNA。氨基酸的活化及其活化后与相应 tRNA 的结合过程，都是由同一类酶所催化的，这类酶称为氨基酸-tRNA 合成酶。氨基酸-tRNA 合成酶所催化的反应必须有 ATP 参加。

2. 肽链链合成的起始

大肠杆菌及其他原核细胞中几乎所有蛋白质合成都始自甲硫氨酸，但并不是以甲硫氨酸-tRNA 作起始物，而是以甲酰甲硫氨酰-tRNA（fMet-tRNA^{fMet}）的形式作为肽链合成的起始物。在肽链合成的起始阶段，核糖体的大、小亚基，mRNA 与甲酰甲硫氨酸-tRNA 共同构成启动复合体。这一过程需要一些称为启动因子的蛋白质以及 GTP 与镁离子的参与。已知原核生物中的起始因子有 IF1、IF2 及 IF3。

真核细胞的起始密码子也是 AUG，起始氨基酸也是甲硫氨酸，但不必先甲酰化。真核生物的起始因子（eIF）有九十种。

3. 肽链的延伸

这一阶段，根据 mRNA 上密码子的要求，新的氨基酸不断被相应特异的 tRNA 运至核糖体的作用位点，形成肽键。同时，核糖体从 mRNA 的 5′端向 3′端不断移位推进翻译过程。原核生物肽链延伸阶段需要数种称为延长因子的蛋白质（EFTu、EFTs 及 EFG）、GTP 与某些无机离子的参与。真核生物中催化氨酰-tRNA 进入受体的延长因子只有一种（EFTI），催化肽酰tRNA 移位的因子称为 EFT_2，可为白喉毒素所抑制。

4. 肽链合成的终止与释放

真核生物只需要一种终止因子（RF），此终止因子可识别 3 种终止密码子（UAA，UAG 与 UGA），并需要鸟苷三磷酸。原核生物的终止因子有 3 种（RFl 识别 UAA 或 UAG，RF2 识别 UAA 或 UGA，RF3 协助两者起作用）。

此外，哺乳类动物等真核生物的线粒体中，存在自 DNA 到 RNA 及各种有关因子的独立的蛋白质生物合成体系，以合成线粒体本身的某些多肽。真核生物的该体系与胞质中一般蛋白质合成体系不同，与原核生物的相近。

第二节
基因突变和诱变育种

一、基因突变

基因突变（gene mutation）简称突变，是变异的一类，泛指细胞内（或病毒粒内）遗传物质的分子结构或数量突然发生的可遗传的变化，可自发或诱导产生。狭义的突变专指基因突变（点突变），而广义的突变则包括基因突变和染色体畸变。突变的概率一般很低（$10^{-9} \sim 10^{-6}$）。从自然界分离到的菌株一般称野生型菌株（wild type strain），简称野生型。野生型经突变后形成的带有新性状的菌株，称突变株（mutant，或突变体、突变型）。

(一) 突变类型

突变的类型很多，按突变后极少数突变株能否在选择性培养基上迅速选出和鉴别的表型来区分，凡能用选择性培养基（或其他选择性培养条件）快速选择出来的突变株称选择性突变株（selectable mutant），包括营养缺陷型、抗性突变型和条件致死突变型；反之则称为非选择性突变株（non-selectable mutant），包括形态突变型、抗原突变型和产量突变型。

1. 营养缺陷型（auxotroph）

某一野生型菌株因发生基因突变而丧失合成一种或几种生长因子、碱基或氨基酸的能力，因而无法再在基本培养基（minimal medium, MM）上正常生长繁殖的变异类型，称为营养缺陷型。它们可在加有相应营养物质的基本培养基上选出。营养缺陷型突变株在遗传学、分子生物学、遗传工程和育种等工作中十分有用。

2. 抗性突变型（resistant mutation）

抗性突变型指野生型菌株因发生基因突变，而产生的对某化学药物或致死物理因子的抗性变异类型。它们可在加有相应药物或用相应物理因子处理的培养基上选出。抗性突变型普遍存在，例如对一些抗生素具抗药性的菌株等。抗性突变型菌株在遗传学、分子生物学、遗传育种和遗传工程等研究中，极其重要。

3. 条件致死突变型（conditional lethal mutation）

某菌株或病毒经基因突变后，在某种条件下可正常生长、繁殖并呈现其固有的表型，而在另一种条件下却无法生长、繁殖，这种突变类型称为条件致死突变型。

Ts 突变株即温度敏感突变株（temperature sensitive mutation, Ts mutation）是一类典型的条件致死突变株。例如 *E.coli* 的某些菌株，可在 37℃ 下正常生长，却不能在 42℃ 下生长；又如某些 T4 噬菌体突变株，在 25℃ 下可感染其宿主 *E.coli*，而在 37℃ 时却不能感染等。引起 Ts 突变的原因是突变使某些重要蛋白质的结构和功能发生改变，以致会在某特定温度下具有功能，而在另一温度（一般为较高温度）下则无功能。

4. 形态突变型（morphological mutation）

形态突变型指由突变引起的个体或菌落形态的变异，一般属非选择性突变。例如，细菌的鞭毛或荚膜的有无，霉菌或放线菌的孢子有无或颜色变化，菌落表面的光滑、粗糙以及噬菌斑的大小或清晰度等的突变。

5. 抗原突变型（antigenic mutation）

抗原突变型指因基因突变引起的细胞抗原结构发生的变异类型，包括细胞壁缺陷变异（L型细菌等）、荚膜或鞭毛成分变异等，一般也属非选择性突变。

6. 产量突变型（metabolite quantitative mutation）

通过基因突变而产生的在代谢产物产量上明显有别于原始菌株的突变株，称为产量突变型。若产量显著高于原始菌株者，称正变株（positive-mutant），反之则称负变株（negative-mutant）。筛选高产正变株的工作对生产实践极其重要，但由于决定产量高低是由多个基因决定的，因此在育种实践上，只有把诱变育种与重组育种和遗传工程育种很好地结合起来，才能取得更好的效果。

（二）突变率

某一细胞（或病毒粒）在每一世代中发生某一性状突变的概率，称突变率（mutation rate）。例如，突变率为 10^{-8} 者，即表示该细胞在 1 亿次分裂过程中，会发生 1 次突变。为方便起见，突变率可用某一单位群体在每一时代（即分裂一次）产生突变株的数目来表示，例如，1 个含 10^8 个细胞的群体，当其分裂成 2×10^8 个细胞时，即平均发生 1 次突变的突变率也是 10^{-8}。

某一基因的突变一般是独立发生的，它的突变率不影响其他基因的突变率。这表明要在同一细胞中同时发生两个或两个以上基因突变的概率是极低的，因为双重或多重基因突变的概率是各个基因突变概率的乘积，例如某一基因突变率为 10^{-8}，另一为 10^{-6}，则双重突变的

概率仅 10^{-14}。

由于突变概率如此低，因此要测定某基因的突变率或在其中筛选出突变株就像大海捞针似的困难，所幸的是有检出选择性突变株的手段可供利用，尤其可采用检出营养缺陷型的回复突变株（back mutation, reverse mutation）或抗性突变株（resistant mutation）的方法来方便地达到目的。据测定，一般基因的自发突变率为 10^{-6}，转座突变率为 10^{-4}，无义突变（编码氨基酸的密码子变成终止密码子）或错义突变（编 A 氨基酸的密码子变成编 B 氨基酸的密码子）的突变率约 10^{-8}，E. coli 乳糖发酵性状的突变率为 10^{-10} 等。

（三）基因突变的特点

整个生物界，因其遗传物质的本质都是相同的核酸，故显示在遗传变异特性上都遵循着共同的规律，这在基因突变的水平上尤为明显。基因突变一般有以下 7 个共同特点：①自发性——指可自发地产生突变；②不对应性——指突变性状（如抗青霉素）与引起突变的原因间无直接对应关系；③稀有性——通常自发突变的概率在 $10^{-9} \sim 10^{-6}$ 间；④独立性——某基因的突变率不受其他基因突变率的影响；⑤可诱变性——自发突变的频率可因诱变剂（mutagen）的影响而大为提高（提高 $10^1 \sim 10^5$ 倍）；⑥稳定性——基因突变后的新遗传性状是稳定的；⑦可逆性——野生型菌株某一性状可发生正向突变（forward mutation），也可发生相反的回复突变。

（四）基因突变自发性和不对应性的实验证明

在各种基因突变中，以抗性突变最为常见和易于识别。对这种抗性产生的原因在过去较长一段历史时期中，曾产生过十分激烈的争论甚至极其尖锐的斗争。一种观点认为，突变是通过生物对某特定环境（例如化学药物、抗生素和高温等）的适应而产生的，这种环境正是突变的诱因，所产生的抗性性状是与该环境因素相对应的，并认为这就是环境因素对生物体的"驯化"、"驯养"、"蒙导"或"定向变异"，这一看法很易被常人接受；另一观点则与此相反，认为抗性突变是可以自发产生的，即使诱发产生，其产生的性状与诱变因素间也是不对应的，即最终适应了的化学药物等不良因素并非诱变因素，而仅仅是一种用于筛选的环境而已。由于在变异现象后面存在着自发突变、诱发突变、诱发因素和选择条件等多因素的错综复杂关系，所以只用常规的思维就难以探究问题的真谛。从 1943 年起，几个学者通过创新思维陆续设计几个严密而巧妙的实验，主要攻克了如何检出在接触抗性因子前就已产生的自发突变菌株的难题，终于在坚实的科学基础上解决了这场纷争。由于在目前的初学者中还常易被"驯养论"所蒙蔽，故有必要在这里介绍既具有历史意义，并对培养创新思维有现实意义的这 3 个著名实验。

1. Luria 等的变量试验

1943 年，S. E. Luria 和 M. Delbrück 根据统计学的原理，设计了一个变量试验（fluctuation test，又称波动试验或彷徨试验）（图 8-17）。

该实验的要点是：取对噬菌体 T1 敏感的 E. coli 指数期的肉汤培养物，用新鲜培养液稀释成浓度为 10^3 个/mL 的细菌悬液，然后在甲、乙两试管各装 10mL。紧接着把甲管中的菌液先分装在 50 支小试管中（每管 0.2mL），保温 24～36h 后，即把各小管的菌液分别倒在 50 个预先涂满 E. coil 噬菌体 T1 的平板上，经培养后分别计算各皿上所产生的抗噬菌体的菌落数；乙管中的 10mL 菌不经分装先整管保温 24～36h, 然后分成 50 份分别倒在同样涂满 T1 的平板上，经同样培养后，也分别计算各皿上所产生的抗噬菌体菌落数。结果发现，在来自甲管的 50 皿中，各皿出现的抗性菌落数相差极大，而来自乙管的各皿上抗性菌落数基本相同（图 8-17）。这就说明，*E. coli* 抗噬菌体性状的产生，并非由所抗的环境因素（即噬菌体 T1）诱导出来的，而是在它接触 T1 前，在某次细胞分裂过程中自发产生的。这一自发突变发生得越早，抗性菌落出现得就越多，反之则越少。噬菌体 T1 在这里仅起着淘汰原始的未突变菌株和甄别抗噬菌体突变型的作用，而绝非"驯养者"的作用。利用这一方法还可计算出突变率。

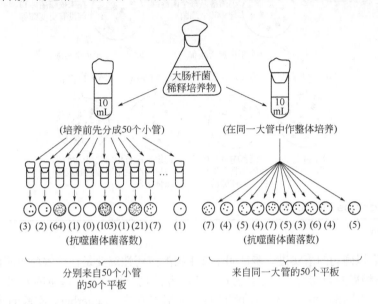

图 8-17　Luria 等的变量试验

（引自：周德庆，2002）

2. Newcombe 的涂布试验

1949 年，H. B. Newcombe 在《自然》杂志上发表了一篇与上述变量试验属同一观点但实验方法更为简便的涂布试验结果。他选用了简便的固体平板涂布法：先在 12 只固体平板上各涂以数目相等（5×10^4）的对 T1 噬菌体敏感的 *E. coil* 细胞，经 5h 培养，约繁殖了 12 代后，平板上长出大量的微菌落（每个菌落约 5100 个细胞）。取其中 6 皿直接喷上 T1 噬菌体，另 6 皿则先用灭菌后的玻棒把平板上的微菌落重新均匀涂布一遍，然后同样喷上 T1 噬菌体。经培养过夜后，计算这两组平板上形成的抗 T1 的菌落数。结果发现，在涂布过的一组中，共长出抗 T1 的菌落 353 个，要比未经涂布的一组仅 28 个菌落高得多（图 8-18）。这也充分证明这一抗性突变的确发生在与 T1 接触之前。噬菌体的加入只起到甄别这类自发突变是否发生，而决不是诱发相应突变的原因。

根据上述实验结果，还能计算出 *E. coli* 抗噬菌体 T1 突变的突变率：当喷上噬菌体时，每一平板上平均约有 2.6×10^8 个细胞，在 6 个平板上，比接种时增加的细胞总数是 $6 \times (2.6 \times 10^8 - 5.1 \times 10^4) = 15.6 \times 10^8$。由于在未涂布的平板上共发现 28 个突变菌落，因此突变率应是 $28/15.6 \times 10^{-8} = 1.8 \times 10^{-8}$。这与上述 S. E. Luria 等变量试验所测得的突变率（$2 \times 10^{-8} \sim 3 \times 10^{-8}$）十分一致。

3. Lederberg 等的影印平板培养法

1952 年，J. Lederberg 夫妇发表了一篇著名论文，题为《影印平板培养法和细菌突变株的

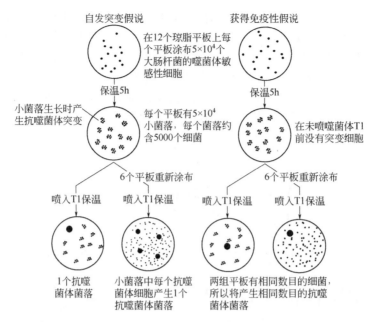

图 8-18　Newcombe 的涂布试验

（引自：周德庆，2002）

直接选择》，它以确切的事实进一步证明了微生物的抗药性突变是在接触药物前自发产生的，且这一突变与相应的药物毫不相干。影印平板培养法是一种通过盖印章的方式，使在一系列平板的相同位置上出现相同遗传型菌落的接种和培养方法。Lederberg 实验的基本过程见图8-19：把长有数百个菌落的 *E. coli* 母种平板倒置于包有一层灭菌丝绒布的木质圆柱体（直径应略小于培养皿平板）上，使其上均匀地沾满来自母平板上的菌落，然后通过这一"印章"把母平板上的菌落"忠实地"一一接种到不同的选择性培养基平板上，经培养后，对各平板相同位置上的菌落进行对比，就可选出适当的突变型菌株。此法可把母平板上 10%～20%

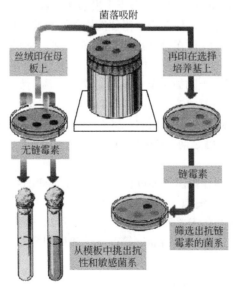

图 8-19　Lederberg 的影印平板培养法

数量的细菌转移到丝绒布上，并可利用这一"印章"连续接种 8 个子平板。因此，通过影印接种法，就可从非选择性条件下生长的微生物群体中，分离到过去只有在选择性条件下才能分离到的相应突变株。

图 8-19 就是利用影印平板培养法证明 *E. coli* 是如何通过自发突变产生抗链霉素突变株的实验图示。大致方法是：首先把大量对链霉素敏感的 *E. coli* K12 细胞涂布在不含链霉素的平板表面，待其长出密集的小菌落后，用影印法接种到不含链霉素的丝绒布上，随即再影印到含链霉素的选择性平板上。影印的作用是保证这 2 个平板上所长出的菌落的亲缘和相对位置保持严格的对应性。经培养后，在选择性平板上出现了个别抗链霉素菌落。对两个平板进行比较后，就可在母板的相应位置上找到抗性平板上那几个抗性菌落的"孪生兄弟"。

由上可见，在这一实验中，原始的链霉素敏感株，在根本未接触过任何一点链霉素的条件下，就可筛选到抗链霉素的突变株。通过这一严格而科学的实验，终于使自发突变论者彻底摆脱了"驯养论"者的长期纠缠和责难。影印平板培养法不仅在遗传学基础理论的研究中发挥了重要作用，而且在育种实践和其他研究中也具有重要的应用。

此外，这些著名学者在实验设计和方法创新方面，对培养青年学生的创新思维和科学精神等也有很好的借鉴意义。

（五）基因突变及其机制

基因突变的机制是多样的，可以是自发的或诱发的，诱发的又可以影响一对碱基的点突变（point mutation）和影响染色体的畸变。

1. 诱发突变

诱发突变（induced mutation）简称诱变，是指通过人为的方法，利用物理、化学或生物因素显著提高基因自发突变频率的手段。凡具有诱变效应的任何因素，都称为诱变剂（mutagen）。

（1）碱基的置换（substitution）。碱基置换是染色体的微小损伤，因它只涉及一对碱基被另一对碱基所置换，故属于典型的点突变。置换又可以分为转换和颠换两个亚类，转换指一个嘌呤被另一个嘌呤或一个嘧啶被另一个嘧啶所替代，颠换指一个嘌呤被一个嘧啶或一个嘧啶被一个嘌呤所替代。由碱基对置换而引起的密码子突变，可以使编码一种氨基酸的密码子变成编码另一种氨基酸的密码子，导致错义突变；也可以使编码氨基酸的密码子变成终止密码子，使翻译提前终止，导致无义突变；由于密码子的简并性，也可能存在密码子虽然发生变化，但编码氨基酸的种类不变，导致同义突变。

① 直接引起置换的诱变剂。这是一类可直接与核酸的碱基发生化学反应的化学诱变剂，在体内或离体条件下均有作用，例如亚硝酸、羟胺和各种烷化剂等，硫酸二乙酯（DES）、甲基磺酸乙酯（EMS）、环氧乙酸等都属于烷化剂。这类诱变剂可与一个或几个碱基发生化学反应，引起 DNA 复制时发生转换。能引起颠换的诱变剂很少。

② 间接引起置换的诱变剂。它们都是一些碱基类似物（base analog）、如 5-溴尿嘧啶（5-BU）、5-氨基尿嘧啶（5-AU）、2-氨基嘌呤（2-AP）等，其作用都是通过活细胞的代谢活动掺入到 DNA 分子中而引起的，故是间接的。

（2）移码突变（frame-shift mutation）。移码突变指诱变剂会使 DNA 序列中的一个或少数几个核苷酸发生增添（插入）或缺失，从而使该处后面的全部遗传密码的阅读框架发生改变，并进一步引起转录和翻译错误的一类突变。由移码突变产生的突变株，称为移码突变株（frame-shift mutant）。移码突变只属于 DNA 分子的微小损伤，也是一种点突变，其结果只涉及有关基因中突变点后面的遗传密码阅读框架发生错误，因此除涉及这一基因外，并不影响突变后其他基因的正常读码。

能引起移码突变的因素是一些吖啶类染料，如原黄素、吖啶黄、吖啶橙等。

目前认为吖啶类化合物引起移码突变的机制是因为它们都是一些平面型三环分子，结构上与一个嘌呤-嘧啶对十分相似，故能嵌入两个相邻的 DNA 碱基对之间，造成双螺旋的部分解开（两个碱基对原来相距 0.34nm，当嵌入一吖啶分子后即成 0.68nm），从而在 DNA 复制过程中，使链上增添或缺失一个碱基，并引起移码突变。

（3）染色体畸变（chromosomal aberration）。某些强烈理化因子，如电离辐射（X 射线等）和烷化剂、亚硝酸等，除了能引起点突变外，还会引起 DNA 分子的大损伤——染色体畸变，既包括染色体结构上变化，即缺失（deletion）、重复（duplication）、插入（insertion）、易位（translocation）和倒位（inversion），也包括染色体数目的变化。其中染色体数目的变化，又包括非整倍性的变化（如单体、三体、缺体等）和整倍性的变化（如单倍体、三倍体、多倍体等）。

2. 自发突变

自发突变（spontaneous mutation）是指生物体在无人工干预下自然发生的低频率突变。自发突变的原因很多，一般有：①由背景辐射和环境因素引起，例如天然的宇宙射线等；②由微生物自身有害代谢产物引起，例如过氧化氢等；③由 DNA 复制过程中碱基配对错误引起。据统计，DNA 链在每次复制中，每个碱基对错误配对的频率是 $10^{-11} \sim 10^{-7}$，而一个基因平均约含 1000bp，故自发突变频率约为 10^{-6}。因此，若对细菌作一般液体培养时，因其细胞浓度常可达到 10^{8} 个/mL，故经常会在其中产生自发突变株。

（六）紫外线对 DNA 的损伤及其修复

已知的 DNA 损伤类型很多，机体对其修复的方法也各异。发现得较早和研究得较深入的是紫外线（ultraviolet ray, UV）的作用。现介绍其中的两种主要修复作用。嘧啶对 UV 的敏感性比嘌呤强得多，其光化学反应产物主要是嘧啶二聚体（TT，TC，CC）和水合物，相邻嘧啶形成二聚体后，造成局部 DNA 分子无法配对，从而引起微生物的死亡或突变。微生物有多种修复受损 DNA 的途径。

1. 光复活作用

把经 UV 照射后的微生物立即暴露于可见光下时，就可出现明显降低其死亡率的现象，此即光复活作用。最早是 A. Kelner（1949 年）在灰色链霉菌（Streptomyces griseus）中发现的。后来，在许多微生物中都陆续得到了证实。最明显的是 E. coli 实验，在紫外线照射后，8×10^{6} 个/mL 的 E. coli 有 100 个/mL E. coli 存活；反之，如果经紫外线照射后在可见光下暴露 30min，则有 2×10^{6} 个/mL E. coli 存活。

现已了解，经 UV 照射后带有嘧啶二聚体的 DNA 分子，在黑暗下会被一种光激活酶——光解酶（光裂合酶，photolyase）结合，这种复合物在 300～500nm 可见光下时，此酶会因获得光能而激活，并使二聚体（dimer）重新分解成单体（monomer）。与此同时，光解酶也从复合物中释放出来，以便重新执行功能。光解酶是一种分子量为 $5.5 \times 10^{4} \sim 6.5 \times 10^{4}$ 的蛋白质（随菌种的不同而略有差异），并含两个辅助因子，其一为 FADH，另一为 8-羟基脱氮核黄素或次甲基四氢叶酸。每一个 E. coli 细胞中约含 25 个光解酶分子，而枯草芽孢杆菌（Bacillus subtilis）中则不存在光解酶。由于在一般的微生物中都存在着光复活作用，所以在利用 UV 进行诱变育种等工作时，就应在红光下进行照射和后续操作，并放置在黑暗条件下培养。

2. 切除修复

切除修复（excision repair）是活细胞内一种用于对被 UV 等诱变剂损伤后 DNA 的修复方式之一，又称暗修复（dark repair），这是一种不依赖可见光，只通过酶切作用去除二聚体，随后重新合成一段正常 DNA 链的核酸修复方式。

整个修复过程（图 8-20），共有 4 种酶参与：①内切核酸酶在胸腺嘧啶二聚体的 5′一侧切开一个 3′-OH 和 5′-P 的单链缺口；②外切核酸酶从 5′-P 至 3′-OH 方向切除二聚体，并扩大缺口；③DNA 聚合酶以 DNA 的另一条互补链为模板，从原有链上暴露的 3′-OH 端起逐个延长，重新合成一条缺失的 DNA 链；④通过连接酶的作用，把新合成的寡核苷酸的 3′-OH 末端与原链的 5′-P 末端相连接，从而完成了修复作用。

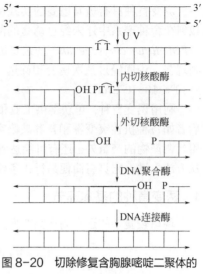

图 8-20　切除修复含胸腺嘧啶二聚体的 UV 损伤 DNA

二、突变与育种

（一）自发突变与育种

1. 从生产中育种

在利用微生物进行大生产的过程中，微生物必然会以 10^{-6} 左右的突变率进行自发突变，其中有可能出现一定概率的正突变株。这对长期在生产第一线、富于实际工作经验和善于细致观察的人们来说，是一个获得较优良生产菌株的良机。例如，有人在污染噬菌体的发酵液中，曾分离到抗噬菌体的自发突变株；有人从产黑孢子的糖化酶产生菌中及时筛选到糖化力强、培养条件较粗放的白色孢子变种"上酒白种"；等等。

2. 定向培育优良菌株

定向培育是一种利用微生物的自发突变，并采用特定的选择条件，通过对微生物群体不断移植以选育出较优良菌株的古老方法。在 19 世纪巴斯德培育低毒力的炭疽芽孢杆菌（*Bacillus anthracis*）活菌苗时就已采用此法；其后，法国的 A. Calmette 和 C. Guerin 两人在培育卡介苗时也曾使用过。上述两学者曾把牛型结核杆菌接种在含牛胆汁和甘油的马铃薯培养基上，并以坚韧不拔的毅力前后花了 13 年工夫，连续移种了 230 多代，直至 1923 年始获成功。由于这类育种费时费力，工作被动，加之效果又很难预测，因此早已被各种现代育种技术所取代。

（二）诱变育种

诱变育种（induced mutation breeding）是指利用物理、化学等诱变剂处理均匀而分散的微生物细胞群，在促进其突变率显著提高的基础上，采用简便、快速和高效的筛选方法，从中挑选出少数符合目的的突变株，以供科学实验或生产实践使用。在诱变育种过程中，诱变和筛选是两个主要环节，由于诱变是随机的，而筛选则是定向的，故相比之下，尤以后者为重要。

诱变育种具有极其重要的实践意义。在当前发酵工业或其他大规模的生产实践中，很难找到在育种谱系中还未经过诱变的菌株。其中最突出的例子莫过于青霉素生产菌株产黄青霉（*Penicillium chrysogenum*）的选育历史和卓越成果了，从 1943 年自霉甜瓜中筛选到以来截止到现在，中间经过数次诱变和筛选，青霉素产量由最初的 100U/mL 发酵单位提升到现在的 $5 \times 10^6 \sim 10 \times 10^6$U/mL。

利用诱变育种，可获得供工业和实验室应用的各种菌株，前者如代谢产物的高产突变株，后者如各种抗性突变株和营养缺陷突变株等。从生产角度来看，诱变育种除能大幅度提高有用代谢产物的产量外，还有可能达到减少杂质、提高产品质量、扩大品种和简化工艺等目的。从方法上讲，它具有简便易行、条件和设备要求较低等优点，故至今仍有较广泛的应用。

1. 诱变育种的基本环节

现以较复杂的选育高产突变株为例，用表解法介绍其中的基本原理和环节：

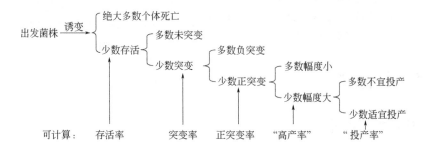

2. 诱变育种中的几个原则

（1）选择简便有效的诱变剂。诱变剂的种类很多。在物理因素中，有非电离辐射类的紫外线、激光和离子束（ion beam，由小型加速器提供）等，能够引起电离辐射的 X 射线、Y 射线和快中子等；在化学诱变剂中，主要有烷化剂、碱基类似物和吖啶化合物，其中的烷化剂因可与巯基、氨基和羧基等直接反应，故更易引起基因突变。最常用的烷化剂有 *N*-甲基-*N'*-硝基-*N*-亚硝基胍（NTG）、甲基磺酸乙酯（EMS）、甲基亚硝基脲（NMU）、硫酸二乙酯（DES）、氮芥、乙烯亚胺和环氧乙酸等。有些诱变剂如氮芥、硫芥和环氧乙烷等被称为拟辐射物质，原因是它们除了能诱发点突变外，还能诱发一般只有辐射才能引起的染色体畸变这类 DNA 的大损伤。

由于一切生物的遗传物质都是核酸尤其是 DNA，所以，凡能改变核酸结构的因素都可影响核酸的生物学功能，例如有些化学物质会引起核酸结构损伤并对生物具有致突变、致畸变和致癌变（常简称"三致"）作用。其中的突变，既有选择性突变，也有非选择性突变；既有产量性状突变，也有非产量性状突变；既有正变，也有负变；等等。在上述各种效应中，虽然有的主要出现在人类等高等哺乳动物（如癌变），有的难以检出（如产量性状等非选择性突变），但根据生物化学统一性的原理，使人们有理由相信，不但"三致"的原初机制都是同样因 DNA 结构损伤而引起了突变，而且人们还可设法选用最简单的低等生物（如细菌）作模型去了解发生在复杂的高等生物（如人）体内的各种突变事件（如患癌症）的原因。其中，埃姆斯试验就是一个很好的例证。

埃姆斯试验（Ames test）是一种利用细菌营养缺陷型的回复突变来检测环境或食品中是否存在化学致癌剂的简便有效方法。该法由 B. Ames 于 20 世纪 70 年代中期所发明，故名。此法测定潜在化学致癌物是基于这样的原理：鼠伤寒沙门氏菌（*Salmonella typhimurium*，图

8-21 中用 S.t.表示）的组氨酸营养缺陷型（his⁻）菌株在基本培养基[-]的平板上不能生长，如发生回复突变变成原养型（his⁺）后则能生长。方法大致是在含待测可疑"三致"物例如黄曲霉毒素（aflatoxin）、二甲氨基偶氮苯（俗名"奶油黄"）等的试样中，加入鼠肝匀浆液，经一段时间保温后，吸入滤纸片中，然后将滤纸片放置于上述平板中央。经培养后，出现 3 种情况：①在平板上无大量菌落产生，说明试样中不含诱变剂；②在纸片周围有一抑制圈，其外周出现大量菌落，说明试样中有某种高浓度的诱变剂存在；③在纸片周围长有大量菌落，说明试样中有浓度适当的诱变剂存在（图 8-21）。在本试验中还应注意两点：第一，因许多化学物质原先并非诱变剂或致癌剂，只有在进入机体并在肝脏的解毒过程中，受到肝细胞中一些加氧酶（oxygenase）的作用，才形成有害的环氧化物或其他激活态化合物，故试验中先要加入鼠肝匀浆液保温；第二，所用的试验菌株除需要用营养缺陷型外，还应是 DNA 修复酶的缺陷型。当然，本试验除可用 S.t.菌外，也可用 E. coli 的色氨酸缺陷型（try⁻）或利用对 λ 噬菌体的诱导作用来进行。目前，埃姆斯试验已广泛用于检测食品、药物、饮水和环境等试样中的致癌物。与繁琐的动物试验相比，此法具有快速（约 3 天）、准确（符合率 > 85%）和费用省等优点。

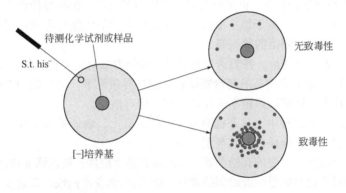

待测化学试剂或样品

S.t. his⁻

[-]培养基

无致毒性

致毒性

图 8-21　埃姆斯试验法检测致癌物示意图

在选用理化因素作诱变剂时，在同样效果下，应选用最简便的因素，而在同样简便的条件下，则应选用最高效的因素。实践证明，在物理诱变剂中，尤以紫外线为最简便；而在化学诱变剂中，一般可选用公认效果较显著的"超诱变剂"。例如，用 NTG 处理产氨短杆菌（Brevibacterium ammoniagenes）、E. coli、节杆菌属（Arthrobacter）的一些菌种以及某些放线菌时，可以做到即使未淘汰野生型菌株，也可直接获得 12%～80%的营养缺陷型菌株，而用一般诱变剂作处理时，则最多不会超过百分之几。因此，NTG 就是"超诱变剂"之一。

有了合适的诱变剂，还应采用简便有效的诱变方法。使用 UV 照射最为方便，一般用 15 W 的 UV 灯，照射距离为 30cm，在无可见光（只有红光）的接种室或箱体内进行。由于 UV 的绝对物理剂量很难测定，故通常选用杀菌率或照射时间作为相对剂量。在上述条件下，照射时间一般不短于 10～20s，也不会长于 10～20min，故操作十分方便。常可取 5mL 单细胞悬液放置在直径为 6cm 的小培养皿中，在无盖的条件下直接照射，同时用电磁搅拌棒或其他方法均匀旋转并搅动悬液。化学诱变剂的种类、浓度和处理方法尤其是终止反应的方法很多，这里介绍一种十分简便的方法可以试用：先在平板上涂布一层出发菌株细胞，然后在其上划区并分别放上几颗很小的化学诱变剂颗粒（也可用吸有诱变剂溶液的滤纸片代替），经保温后，可发现在颗粒周围有一透明的抑菌圈，在抑菌圈的边缘存在若干突变株的菌落，将它们一一制成悬浮液后，再分别涂布在琼脂平板表面，并让其长成大量的单菌落，最后，可用影印平板法或逐个检出法选出所需突变株。

（2）挑选优良的出发菌株。出发菌株（original strain)就是用于育种的原始菌株，选用合适的出发菌株有利于提高育种效率。这项工作目前还只停留在经验阶段，例如：①最好选用来自生产中的自发突变菌株；②选用具有有利于进一步研究或应用性状的菌株，如生长快、营养要求低等；③可选用已发生过其他突变的菌株，如在选育金霉素高产菌株时，发现用丧失黄色素合成能力的菌株作出发菌株比分泌黄色素者更有利于产量变异；④选用对诱变剂敏感性较高的增变变异株；等等。

（3）处理单细胞或单孢子悬液。为使每个细胞均匀接触诱变剂并防止长出不纯菌落，就要求作诱变的菌株必须以均匀而分散的单细胞悬液状态存在。由于某些微生物细胞是多核的，即使处理其单细胞，也会出现不纯菌落；又由于一般 DNA 都是以双链状态存在的，而诱变剂通常仅作用于某一单链的某一序列，因此，突变后的性状往往无法反映在当代的表型上，而是要通过 DNA 的复制和细胞分裂后才表现出来，于是出现了不纯菌落。这种遗传型虽已突变，但表型却要经染色体复制、分离和细胞分裂后才表现出来的现象，称为表型延迟（phenotypic lag)。上述两类不纯菌落的存在，也是诱变育种工作中初分离的菌株经传代后很快出现生产性状"衰退"的原因之一。鉴于以上原因，用于诱变育种的细胞应尽量选用单核细胞，如霉菌或放线菌的分生孢子或细菌的芽孢等。

（4）选用最适的诱变剂量。各类诱变剂剂量的表示方式有所不同，如 UV 的剂量指强度与作用时间之乘积；化学诱变剂的剂量则以在一定外界条件下，诱变剂的浓度与处理时间来表示。在育种实践中，还常以杀菌率来作诱变剂的相对剂量。

在产量性状的诱变育种中，凡在提高诱变率的基础上，既能扩大变异幅度，又能促使变异移向正变范围的剂量，就是合适的剂量（图 8-22）。

在诱变育种中有两条重要的实验曲线：①剂量存活率曲线，是以诱变剂的剂量为横坐标，以细胞存活数的对数值为纵坐标而绘制的曲线；②剂量-诱变率曲线，以诱变剂的剂量为横坐标，以诱变后获得的突变细胞数为纵坐标而绘制成的曲线。通过比较以上两曲线，可找到某诱变剂的剂量-存活率-诱变率三者的最佳结合点。在实际工作中，突变率往往随剂量的增高而提高，但达到一定程度后，再提高剂量反而会使突变率下降。根据 UV、X 射线和乙烯亚胺等诱变效应研究结果，发现正变较多地出现在偏低的剂量中，而负变则较多地出现在偏高的剂量中；还发现经多次诱变而提高了产量的菌株中，更容易出现负变。因此，目前在产量变异工作中，大多倾向于采用较低剂量。例如，在 UV 作诱变剂中，倾向采用相对杀菌率为 70%～75%甚至 30%～70%的剂量。

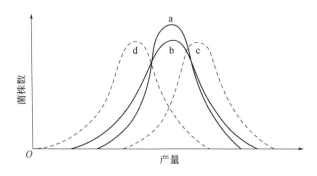

图 8-22　诱变剂的剂量对产量变异的可能影响

（5）充分利用复合处理的协同效应（synergistic effect）。诱变剂的复合处理常常表现出明显的协同效应，因而对育种有利。复合处理的方法包括同一诱变剂的重复使用，两种或多种诱变剂的先后使用，以及两种或多种诱变剂同时使用等。

（6）利用和创造形态、生理与产量间的相关指标。为了确切知道某一突变株产量性状的提高程度，必须进行大量的培养、分离、分析、测定和统计工作，因此工作量十分浩大；某些形态变异虽然有着可直接、快速观察的优点，但常常与产量性状无关。如果能找到两者间的相关性，甚至设法创造两者间的相关性，则对育种效率的提高就有重大的意义。

利用鉴别性培养基的原理或其他途径，就可有效地把原先肉眼无法观察的生理性状或产量性状转化为可见的"形态"性状。例如，在琼脂平板上，通过观察和测定某突变菌落周围蛋白酶水解圈的大小，淀粉酶变色圈（用碘液显色）的大小，氨基酸显色圈（将菌落用打孔机取下后转移至滤纸上，再用茚三酮试剂显色）的大小，柠檬酸变色圈（在厚滤纸片上培养，以溴甲酚绿作指示剂）的大小，抗生素抑菌圈的大小，指示菌生长圈的大小（测定生长因子产生），纤维素酶对纤维素水解圈（用刚果红染色）的大小，以及外毒素的沉淀反应圈的大小等，都是在初筛工作中创造"形态"指标以估计某突变株代谢产物量的成功事例，值得借鉴。

（7）设计高效筛选方案。通过诱变处理，在微生物群体中，会出现各种突变型个体，但从产量变异的角度来讲，其中绝大多数都是负变株。要从中把极个别的、产量提高较显著的正变株筛选到手，可能要比沙里淘金还难。因此，必须设计简便、高效的科学筛选方案。

在实际工作中，常把筛选工作分为初筛与复筛两步进行。前者以量为主（选留较多有生产潜力的菌株），后者以质为主（对少量潜力大的菌株的代谢产物量作精确测定）。假定在工作设备和工作量为 200 个摇瓶的情况下，为了提高工效，以下筛选方案很有参考价值：

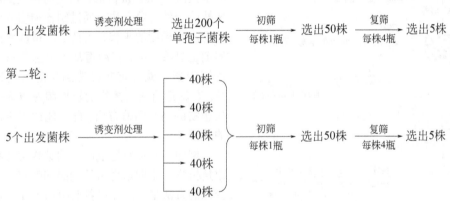

第三轮，第四轮，……（都同第二轮）

以上筛选步骤可连续进行多轮，直至获得较满意的结果为止。采用此方案不仅可提高筛选效率，还可使某些目前产量虽不高，但有发展后劲的潜在优良菌株不致遭淘汰。

（8）创造新型筛选方法。对产量突变株生产性能的测定方法一般也分成初筛和复筛两个阶段。初筛以粗测为主，既可在琼脂平板上测定，也可在摇瓶培养后测定。平板法的优点是快速、简便、直观，缺点是平板上固态培养的结果并不一定能反映摇瓶或发酵罐中液体培养的结果。当然，也有十分吻合的例子，如用厚滤纸片（吸入液体培养基）法筛选柠檬酸生产菌宇佐美曲霉（*Aspergillus usamii*），效果很好。对产量突变株作生产性能较精确的测定常称复筛。一般用摇瓶培养方法进行，若用台式自控发酵罐进行，则效果更为理想，所获数据更有利于放大到生产型发酵罐中使用。有一种称作"琼脂块培养法"的筛选产量突变型的方法，把初、复筛结合在一起，构思较巧，效果较好。但是，要进一步提高筛选效率，主要还应向更高效的遗传工程育种并与电脑化、智能化的高效筛选技术相结合的方向去努力。

3.3 类突变株的筛选方法

（1）产量突变株的筛选。上面介绍的许多内容，主要都是围绕筛选较复杂的产量突变株时所用的一些通用方法。这里介绍一个具体例子。1971 年，国外报道了一种筛选春日霉素（kasugamycin，即"春雷霉素"）生产菌时所采用的琼脂块培养法，一年内曾使该抗生素产量提高了 10 倍，故有一定参考和启发作用。其要点是：把诱变后的春日链霉菌（*Streptomyces kasugaensis*）的分生孢子悬液均匀涂布在营养琼脂平板上，待长出稀疏的小菌落后，用打孔器一一取出长有单菌落的琼脂小块，并分别把它们整齐地移入灭过菌的空培养皿内，在合适的温湿度下继续培养 4～5d，然后把每一长满单菌落的琼脂块再转移到已混有检定菌种（test organism）的大块琼脂平板上，以分别测定各小块的抑菌圈并判断其抗生素效价，然后择优选取之。此法的关键是用打孔器取出含有一个小菌落的琼脂块并对它们作分别培养。在这种条件下，各琼脂块所含养料和接触空气面积基本相同，且产生的抗生素等代谢产物不致扩散出琼脂块外，因此测得的数据与摇瓶试验结果十分相似，而工作效率却大为提高。琼脂块培养法见图 8-23。

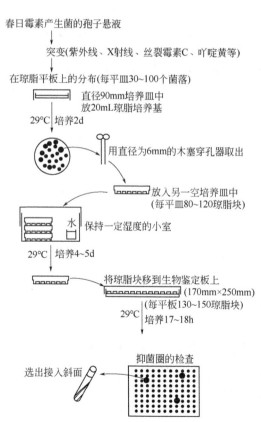

图 8-23　琼脂块培养法的操作程序示意图

（引自：周德庆，2002）

（2）抗药性突变株的筛选。抗药性基因在科学研究和育种实践上是一种十分重要的选择性遗传标记（selective genetic marker)，同时，有些抗药菌株还是重要的生产菌种，因此，熟悉一下筛选抗药性突变株的方法很有必要。梯度平板法（gradient plate）是定向筛选抗药性突变株的一种有效方法，通过制备琼脂表面存在药物浓度梯度的平板、在其上涂布诱变处理后的细胞悬液、经培养后再从其上选取抗药性菌落等步骤，就可定向筛选到相应抗药性突变株。在筛选抗代谢药物的抗性菌株以取得相应代谢物的高产菌株方面，此法能达到定向培育的效果。

例如，异烟肼是吡哆醇的结构类似物或代谢拮抗物。定向培育抗异烟肼的吡哆醇高产突变株的方法是：先在培养皿中加入 10mL 熔化的普通琼脂培养基，皿底斜放，待凝；再将皿放平，倒上第二层含适当浓度的异烟肼的琼脂培养基（10mL），待凝固后，在这一具有药物浓度梯度的平板上涂以大量经诱变后的酵母菌细胞，经培养后，即可出现如图 8-24 所示的结果。根据微生物产生抗药性的原理，可推测其中有可能是产生了能分解异烟肼酶类的突变株，也有可能是产生了能合成更高浓度的吡哆醇，以克服异烟肼的竞争性抑制的突变株。结果发现，多数突变株属于后者。这就说明，通过利用梯度平板法筛选抗代谢类似物突变株的手段，可达到定向培育某代谢产物高产突变株的目的。据报道，用此法曾获得了吡哆醇产量比出发菌株高 7 倍的高产酵母菌。

(3) 营养缺陷型突变株的筛选。营养缺陷型突变株（auxotrophic mutant)不论在生物学基础理论和应用研究上，还是在生产实践上都有极其重要的意义。在科学实验中，它们既可作为研究代谢途径和杂交（包括半知菌的准性杂交、细菌的接合和各种细胞的融合等）、转化、转导、转座等遗传规律所不可缺少的遗传标记菌种，也可作为氨基酸、维生素或碱基等物质生物测定中的试验菌种；在生产实践中，它们既可直接用作发酵生产氨基酸、核苷酸等有益代谢产物的菌种，也可作为对生产菌种进行杂交育种、重组育种和利用基因工程育种时所不可缺少的亲本遗传标志和杂交种的选择性标志。

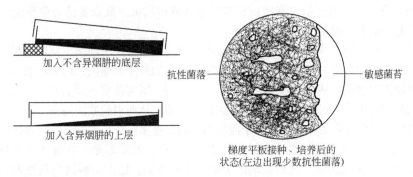

图 8-24　用梯度平板法定向筛选抗性突变株

(引自：周德庆，2002)

① 与筛选营养缺陷型突变株有关的 3 类培养基。

基本培养基（MM，符号为[-]）：仅能满足某微生物的野生型菌株生长所需要的最低成分的组合培养基，称基本培养基。所以，不同微生物的基本培养基是很不相同的，有的成分极为简单，如培养 *E. coli* 的基本培养基中，仅含有葡萄糖、铵盐和磷、镁、钾、钠等几种无机离子；有的却极其复杂，诸如一些培养乳酸菌、酵母菌或梭菌等的基本培养基。因此，不能错误地认为，凡基本培养基的成分均是简单的，尤其是不含生长因子的。

完全培养基（complete medium, CM，符号为[+]）：凡可满足一切营养缺陷型菌株营养需要的天然或半组合培养基，称完全培养基。一般可在基本培养基中加入一些富含氨基酸、维生素、核苷酸和碱基之类的天然物质，如蛋白胨或酵母膏等。

补充培养基（supplemental medium, SM，符号为[A]或[B]等）：凡只能满足相应的营养缺陷型突变株生长需要的组合或半组合培养基，称补充培养基。它是在基本培养基上再添加某一营养缺陷型突变株所不能合成的某相应代谢物，因此可专门选择相应的突变株。

② 与营养缺陷型突变有关的 3 类遗传型个体。

野生型（wild type, wild strain）：指从自然界分离到的任何微生物在其发生人为营养缺陷突变前的原始菌株。野生型菌株应能在其相应的基本培养基上生长。如果以 *A* 和 *B* 两个基因来表示其对这两种营养物合成能力的话，则野生型菌株的遗传型应是[$A^+ B^+$]。

营养缺陷型（auxotroph）：野生型菌株经诱变剂处理后，由于发生了丧失某酶合成能力的突变，因而只能在加有该酶合成产物的培养基中才能生长，这类突变菌株称为营养缺陷型突变株，或简称营养缺陷型。它不能在基本培养基上生长，而只能在完全培养基或相应的补充培养基上生长。*A* 营养缺陷型的遗传型用[$A^- B^+$]来表示，而 *B* 营养缺陷型则可用[$A^+ B^-$]来表示。

原养型（prototroph）：一般指营养缺陷型突变株经回复突变或重组后产生的菌株，其营养要求在表型上与野生型相同，遗传型均用[A^+ B^+]表示。原养型和野生型只是在表型上相同，基因型可以相同也可以不同，因为真正的原位回复突变很少，较多的情况是在发生第二点、第三点以致多点的突变把第一次的突变效果给抑制住，使其在表型上和野生型相同而已。

总之，野生型经诱变后可以生成营养缺陷型，后者经过回复突变或者基因重组后可以重新生成在表型上跟野生型相同的原养型。

③ 营养缺陷型的筛选方法：一般要经过诱变、淘汰野生型、检出和鉴定营养缺陷型 4 个环节。现分述如下：

第一步，诱变剂处理。与上述一般诱变处理相同。

第二步，淘汰野生型。在诱变后的存活个体中，营养缺陷型的比例一般较低，通常只有千分之几至百分之几。通过抗生素法或菌丝过滤法就可淘汰为数众多的野生型菌株，从而达到"浓缩"极少数营养缺陷型的目的。

抗生素法：有青霉素法和制霉菌素法等数种。青霉素法适用于细菌，其原理是青霉素能抑制细菌细胞壁的生物合成，因而可杀死能正常生长繁殖的野生型细菌，但无法杀死正处于休眠状态的营养缺陷型细菌，从而达到"浓缩"后者的目的。制霉菌素法则适合于真菌。制霉菌素属于大环内酯类抗生素，可与真菌细胞膜上的甾醇作用，从而引起膜的损伤。因为它只能杀死生长繁殖着的酵母菌或霉菌，故也可用于淘汰相应的野生型菌株和"浓缩"营养缺陷型菌株。

菌丝过滤法：适用于进行丝状生长的真菌和放线菌。其原理是：在基本培养基中，野生型菌株的孢子能发芽成菌丝，而营养缺陷型的孢子则不能。因此，将诱变剂处理后的大量孢子放在基本培养基上培养一段时间后，再用滤孔较大的擦镜纸过滤。如此重复数遍后，就可去除大部分野生型菌株，从而达到了"浓缩"营养缺陷型的目的。

第三步，检出缺陷型。具体方法很多。用一个培养皿即可检出的，有夹层培养法和限量补充培养法；要用两个培养皿（分别进行对照和检出）才能检出的，有逐个检出法和影印接种法，可根据实验要求和实验室具体条件加以选用。现分别介绍如下：

夹层培养法（layer plating method）：先在培养皿底部倒一薄层不含菌的基本培养基，待凝，添加一层混有经诱变剂处理菌液的基本培养基，其上再浇一薄层不含菌的基本培养基，遂成"三明治"状。经培养后，对首次出现的菌落用记号笔一一标在皿底。然后，再向皿内倒上一薄层第四层培养基——完全培养基。再经培养后，会长出形态较小的新菌落，它们多数都是营养缺陷型突变株（图 8-25）。当然，若用含特定生长因子的基本培养基作第四层，就可直接分离到相应的营养缺陷型突变株。

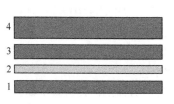
培养皿侧面，1、2、3均是基本培养基，4是完全培养基，2含一层菌液

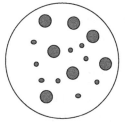
培养皿正面，小菌落为后长起来的，多为营养缺陷型

图 8-25　夹层培养法

限量补充培养法：把诱变处理后的细胞接种在含有微量（<0.01%）蛋白陈的基本培养基上，

野生型细胞就迅速长成较大的菌落，而营养缺陷型则因营养受限制故生长缓慢，只形成微小菌落。若想获得某一特定营养缺陷型突变株，只要在基本培养基上加入微量的相应物质就可达到。

逐个检出法：把经诱变剂处理后的细胞群涂布在完全培养基的琼脂平板上，待长成单个菌落后，用接种针或灭过菌的牙签把这些单个菌落逐个整齐地分别接种到基本培养基和另一完全培养基上，两个平板上的菌落位置严格对应。经培养后，如果在完全培养基平板的某一部位上长出菌落，而在基本培养基的相应位置上却不长，说明此乃营养缺陷型。

影印平板法：将诱变剂处理后的细胞群涂布在一完全培养基上，经培养后，使其长出许多菌落。然后用前面已介绍过的影印接种工具，把此平板上的全部菌落转印到另一基本培养基平板上。经培养后，比较前后两个平板上长出的菌落。如果发现在前一平板上的某一部位长有菌落，而在后一平板上的相应部位却呈空白，说明这就是一个营养缺陷型突变株（图 8-26）。

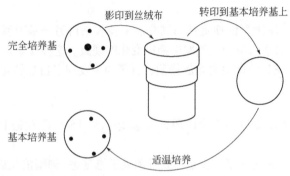

图 8-26　影印平板法检出营养缺陷型突变株

第四步，鉴定缺陷型。可借生长谱法（auxanography）进行。生长谱法是指在混有供试菌的平板表面点加微量营养物，视某营养物的周围有否长菌来确定该供试菌的营养要求的一种快速、直观的方法。用此法鉴定营养缺陷型的操作是：把生长在完全培养液里的营养缺陷型细胞经离心和无菌水清洗后，配成适当浓度的悬液（如 $10^7 \sim 10^8$ 个/mL），取 0.1mL 与基本培养基均匀混合后，倾注在培养皿内，待凝固、表面干燥后，在皿背划几个区，然后在平板上按区加上微量待鉴定缺陷型所需的营养物粉末（用滤纸片法也可），例如氨基酸、维生素、嘌呤或嘧啶碱基等。经培养后，如发现某一营养物的周围有生长圈，就说明此菌就是该营养物的缺陷型突变株。用类似方法还可测定双重或多重营养缺陷型。

第三节

基因重组和杂交育种

两个独立基因组内的遗传基因，通过一定的途径转移到一起，形成新的稳定基因组的过程，称为基因重组（gene recombination）或遗传重组（genetic recombination），简称重组。重组是在核酸分子水平上的一个概念，是遗传物质在分子水平上的杂交。基因重组是杂交育种的理论基础。由于杂交育种是选用已知性状的供体菌和受体菌作亲本，因此，不论在方向性还是自觉性方面，均比诱变育种前进了一大步；另外，利用杂交育种往往还可消除某一菌株在经历长期诱变处理后所出现的产量性状难以继续提高的障碍，因此，杂交育种是一种重要的育种手段。

一、原核生物的基因重组

原核生物缺乏有性生殖系统，在进行基因重组时，它们的两个亲本细胞并不提供等量的遗传信息给其子代。原核生物之间能互相交换小部分的遗传信息。通常，我们称提供交换的 DNA 的生物为供体 (donor)，获得 DNA 的生物为受体 (receptor)。原核生物基因从供体到受体的转移途径主要包括转化作用 (transformation)、接合作用 (conjugation) 和转导作用 (transduction)。一旦供体的基因转入受体，根据遗传材料的性质，它在受体细胞质内以游离的形式存在，或整合到受体 DNA 上成为受体细胞基因组的一部分。

(一) 转化作用

所谓转化是指某一基因型的细胞从周围介质中吸收来自另一基因型细胞的 DNA（DNA 片段或质粒），而使它的基因型和表型发生相应变化的现象。这种现象首先在细菌中发现（见第八章第一节），后来在其他微生物如放线菌、真菌中也发现了自然转化现象。

1. 自然转化作用

转化作用可以人为地划分为 3 个阶段：①感受态的出现；②双链 DNA 的结合和进入；③DNA 的整合。

(1) 感受态的出现。转化的第一步是需要细菌处于感受态。细菌能从周围环境中吸取 DNA 的生理状态称为感受态。并不是自然界中所有的细菌都能进行自然转化，能进行自然转化的细菌也并不是它们生长的任何阶段都具有吸收 DNA 的能力，转化是细菌生长到某一特定阶段的一种生理特性。一般认为，感受态出现在细菌生长的对数后期。只要群体中有少量感受态细胞出现，然后 3～5min，感受态细胞增加一倍，很快地建立了感受态群体。感受态的出现是由于细菌表面出现许多 DNA 结合位点。实验证明这些结合位点只能与双链 DNA 结合，而不能与单链 DNA 结合。一个菌株能否出现感受态，不但由其遗传特性所决定，而且环境条件也起一定的作用。例如，大肠杆菌在含有 $CaCl_2$ 的环境中可诱发感受态的出现。

(2) 双链 DNA 的结合和进入。在转化中，感受态细胞首先可逆地结合 DNA，很快这种结合就变为不可逆。感受态细胞结合的 DNA 数量比非感受态多 1000 倍。

肺炎双球菌属于 G^+ 细菌，其 DNA 的结合和进入的过程如图 8-27 所示。先是细胞在生长后期、细胞密度高时，细胞向外分泌感受态因子，诱导细胞出现感受态。然后双链 DNA 吸附在细菌细胞表面的特异性受体上。核酸外切酶将吸附着的 DNA 片段的一个单链分解掉，被切断的链遭到核酸酶的降解，成为寡核酸释放到培养基中，另一个单链与感受态——特异蛋白

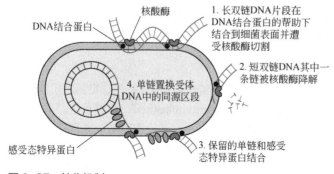

图 8-27　转化机制

质结合，以这种形式进入细胞。枯草芽孢杆菌及其他革兰氏阳性细菌也是以这种方式进行 DNA 的吸附和进入的。在肺炎双球菌中，每个感受态细胞有 30～80 个 DNA 结合和吸收位点；在枯草芽孢杆菌中，每个感受态细胞有约 50 个 DNA 结合和吸收位点。

G⁻菌的转化与 G⁺细菌有一定的差异。在流感嗜血细菌中，每个感受态细胞表面有 4～8 个 DNA 结合位点。另外，流感嗜血细菌只吸收和摄取来自同一物种或亲缘关系相近物种的 DNA。而枯草芽孢杆菌和肺炎双球菌则对外源 DNA 没有特异性要求（对大肠杆菌或 T7 DNA 都能进行吸收）。

（3）DNA 的整合。研究表明，无论枯草芽孢杆菌、肺炎双球菌还是流感嗜血细菌，DNA 在细胞内的整合过程基本相同，即单链 DNA 进入细胞后，不经复制以单链的形式与受体 DNA 的同源部分配对（可以设想受体 DNA 由于转录、复制或其他原因正处于解链状态）。然后供体 DNA 和受体 DNA 形成共价键，被交换下来的受体的一小段单链 DNA 为核酸酶所分解。有时候外源片段被受体菌的限制修饰系统所降解，导致转化失败（图 8-28）。在枯草芽孢杆菌中，约 70%的被吸收到细胞质中的同源 DNA 被整合到染色体 DNA 上，被整合的 DNA 片段大小虽有差异，但一般平均长度为 8.5kb。供体-受体 DNA 复合体的形成可能是 RecA 蛋白催化作用的结果。

当然，除了上述的外源双链 DNA 片段可以转化外，环状双链 DNA 分子也可以实现转化，如质粒 DNA 分子（图 8-29），这在基因工程中应用很广泛。

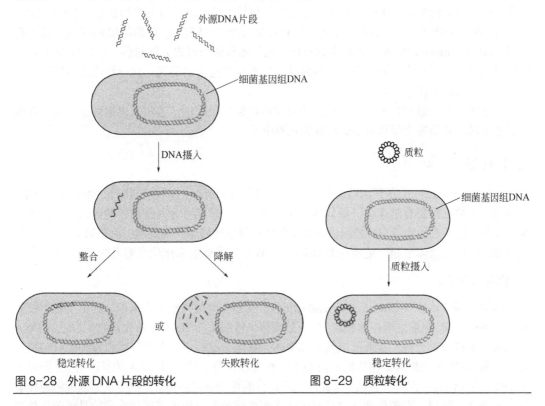

图 8-28　外源 DNA 片段的转化　　　　　图 8-29　质粒转化

2. 人工转化

能高效率自发转化的细菌很少，仅有少数一些细菌种类，如固氮菌、芽孢杆菌、链球菌、流感嗜血菌、奈瑟氏球菌等都很容易进行转化。但大多数原核生物在自然状态下是根本不能转化的，需要通过人工诱导才能产生感受态。对于大肠杆菌和相关的许多 G⁻细菌来说，可通过二价阳离子的诱导；对一些细菌特别是一些 G⁺ 细菌，则可通过原生质体形成技术来进行转化。

（1）大肠杆菌的转化（二价阳离子介导的转化）。Mandel 和 Higa（1970）首先发现 DNA 在含有高浓度的 Ca^{2+} 的条件下能够被受体细胞转化，而且随后的实验证明在大肠杆菌中 Ca^{2+} 诱导的人工转化工作，有关 Ca^{2+} 诱导的转化机制目前还不十分清楚，可能与增加细胞的通透性有关。转化的通常步骤是：先用 50～100mmol/L 的 $CaCl_2$ 处理大肠杆菌细胞使之处于感受态，然后将外源 DNA 与感受态细胞混合，在冰浴中反应 30～40min 以后进行 42℃ 热激可增加 DNA 的吸收。在最佳感受态条件下，每微克质粒 DNA 可获得 10^5～10^7 转化子或更多的转化子。由于异源的质粒 DNA 分子能够进入大肠杆菌细胞，所以大肠杆菌摄取 DNA 是非选择性的。

（2）PEG 介导的转化。不能自然形成感受态的 G⁺ 细菌，可通过 PEG（聚乙二醇）的作用实现转化。这类细菌必须首先用细胞壁降解酶完全除去它们的肽聚糖层，然后使其维持在等渗的培养基中，在 PEG 存在下，质粒或噬菌体 DNA 可高效地被导入原生质体。在已建立的成熟的转化系统中，例如枯草芽孢杆菌，利用 PEG 技术可使 80% 的细胞被转化，每微克质粒 DNA 可获得 10^7 转化子。染色体片段用此技术也不易导入细胞，所以该技术对于质粒转化是十分有用的。除 G⁺ 细菌外，放线菌和真菌也是通过 PEG 介导而进行转化的。

（3）电转化。电场脉冲可使细胞膜形成小孔，此时细胞外如果有 DNA 分子，DNA 分子就可通过这些小孔进入细胞，这一过程就是电转化。该方法最初用于将 DNA 导入真核细胞，后来也逐渐用于转化包括大肠杆菌在内的原核细胞。在大肠杆菌中，通过优化各个参数，每微克 DNA 可以得到 10^9～10^{10} 转化子，这些参数包括电场强度、电脉冲的长度和 DNA 浓度。

（4）农杆菌转化法。根癌农杆菌和发根农杆菌细胞中分别含有 Ti 质粒和 Ri 质粒，其上有一段 T-DNA（transfer DNA），农杆菌通过侵染植物或真菌伤口进入细胞后，可将 T-DNA 插入到植物或真菌基因组中，并且可以通过减数分裂稳定地遗传给后代，这一特性成为农杆菌转化法植物转基因的理论基础。

农杆菌转化法最初在拟南芥及烟草等植物中得到广泛应用，近年来也逐渐应用在了霉菌及糙皮侧耳、香菇等大型真菌中的转基因过程中。

（二）转导

转导（transduction）是利用噬菌体为媒介，将供体菌的部分 DNA 转移到受体菌内的现象。因为绝大多数细菌都有噬菌体，所以转导作用较普遍。转导可分为普遍性转导和局限性转导两种类型。在普遍性转导中，任何供体的染色体都可以转移至受体细胞。而在局限性转导中，仅由部分温和噬菌体引起，被转导的 DNA 片段仅仅是那些溶原化位点附近的宿主基因。

1. 普遍性转导

所谓普遍性转导（generalized transduction），就是在噬菌体感染的末期，细菌染色体被断裂成许多小片段。在形成噬菌体颗粒时，少数噬菌体将细菌的 DNA 误认作是它们自己的 DNA 而包被在蛋白质外壳内，从而形成转导噬菌体。在这一过程中，噬菌体蛋白质外壳只包被一段与噬菌体 DNA 长度大致相等的细菌 DNA，而无法区分这段细菌 DNA 的基因组成，所以细菌 DNA 的任何部分都可被包被，因此形成的是普遍性转导噬菌体。当携带供体基因的转导噬菌体侵染受体菌时，噬菌体便将供体基因注入到受体菌中。如果噬菌体携带的是细菌染色体 DNA，则可能与受体细胞内的染色体 DNA 通过遗传重组，便整合到受体菌的染色体上，形成一个稳定的转导子；如果携带的是质粒 DNA，则可能会在受体细胞中进行自我复制而稳定地保留下来；如果携带的是含有转座子的 DNA 片段，则转座子 DNA 能整合到受体细胞的染色体或质粒上。普遍性转导噬菌体包括许多温和噬菌体和某些烈性噬菌体，但是并不是所有噬菌体都具有普遍性。鼠伤寒沙门氏菌的 P22 和大肠杆菌的 P1 是研究最多的普遍性转导噬菌体，这两种噬菌体既能溶原又能裂解。

如图 8-30 所示，噬菌体感染大肠杆菌后，进行繁殖，同时使宿主的 DNA 降解成小片段，噬菌体包装时有部分错误地将宿主的 DNA 包装到头部，形成转导颗粒，细胞裂解后一并释放出来。当带有供体菌 DNA 片段的转导颗粒再去感染其他大肠杆菌受体菌时，可以将供体菌的 DNA 片段通过基因重组整合到受体菌上，形成稳定的转导；供体菌的 DNA 片段也可以被受体菌所降解，使转导过程失败；供体菌的 DNA 片段有时既不整合也没有被降解，而是以线状 DNA 分子的形式存在于受体菌中，只不过供体菌的 DNA 片段随着受体菌的复制会被无限稀释，这种转导称为流产转导。

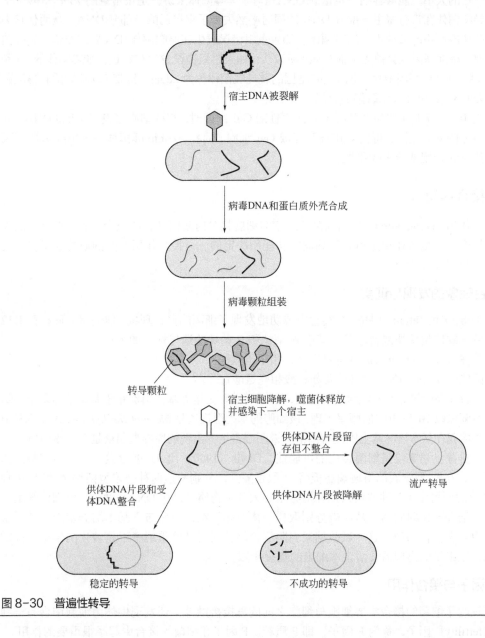

图 8-30　普遍性转导

2. 局限性转导

以噬菌体为媒介，只能使供体的一个或少数几个基因转移到受体的转导作用称为局限性转导（specialized transduction）。能进行局限性转导的噬菌体一般都是温和性噬菌体。λ 噬菌体是局限性转导的典型代表。

λ 噬菌体感染寄主细胞后，通过一次交换而整合到寄主染色体上。这时的 λ 噬菌体称为原噬菌体，正好插在大肠杆菌染色体的 *gal* 和 *bio* 基因之间。经紫外线等诱导后，λ 噬菌体可以脱离寄主染色体而成为游离的噬菌体。但是，如果在这过程中发生交换的位置稍有偏差，那么就形成了带有 *gal* 基因或带有 *bio* 基因的噬菌体，这些就是转导噬菌体（图 8-31）。一种噬菌体的头部有一定的大小，能够容纳一定量的 DNA（对于 λ 噬菌体来讲，是正常量的 75%～109%），所以转导噬菌体在带有寄主一部分 DNA 的同时必然失去了它自己的一部分 DNA，从而使它失去了某些功能而不能形成正常的噬菌体。如果重组错误发生在原噬菌体 DNA 的左边，则噬菌体的头部、尾部基因就会被丢失而被 *gal* 所取代；如果重组错误发生在右边，则噬菌体的 *int* 和 *xis* 基因就会被 *bio* 基因取代。携带 *gal* 基因的转导噬菌体称为 λdgal，携带 *bio* 基因的转导噬菌体称为 λdbio，这里 d 表示缺陷的意思。

如果用含有 λdgal 的裂解液感染非溶原性的 Gal⁻ 细菌时，有些细胞接受了 λdgal DNA，即获得了供体的 *gal⁺* 基因，可使 Gal⁻ 细胞变成 Gal⁺ 细胞。同样，λdbio 噬菌体侵染 Bio⁻ 大肠杆菌时，可使 Bio⁻ 细胞变成 Bio⁺ 细胞。

（三）接合作用

接合作用（conjugation）是指细菌的细胞与细胞接触时基因转移的整个过程。接合后的受体称为接合子。接合作用是由质粒编码的功能所决定的。与接合作用有关的质粒属于自主转移质粒，也叫接合质粒。

1. 接合现象的发现与证实

Lederberg 和 Tatum（1946）在实验中成功地发现了细菌的接合现象。他们用大肠杆菌 K12 的两个营养缺陷型菌株混合培养，其中 A 菌株和 B 菌株的遗传标记如下：

A 菌株：*bio⁻met⁻thr⁺leu⁺*（需要生物素和甲硫氨酸）。

B 菌株：*bio⁺met⁺thr⁻leu⁻*（需要苏氨酸和亮氨酸）。

将二者在完全培养基上混合培养过夜，然后离心除去培养基，再涂布于基本培养基上，结果原养型菌株以 10^{-6}～10^{-5} 的频率出现，该细胞的基因型应该是 *bio⁺met⁺thr⁺leu⁺*，将 A 菌株和 B 菌株单独培养在基本培养基上则没有菌落。说明混合培养出现的原养型菌落是遗传重组体。

为了排除上述实验是细菌转化的可能性，Davis（1950）用 U 型管做了一系列实验。图 8-32 所示，在 U 型管底部用玻璃滤板将 U 型管隔开，分别将这两种缺陷型菌株 A 和 B 接种在 U 型管的两臂中。这种滤板只允许培养基和大分子物质（包括 DNA）通过，但细菌细胞不能透过。培养一定时间后，从两端分别取样、离心和洗涤，再涂布于基本培养基上，结果未发现有原养型菌落出现。这一试验结果表明混合培养时得到的重组子不是转化的结果，同时也证明，重组子的出现需要两亲本细胞的直接接触。

2. F 因子与接合作用

在证明了细菌的接合需要细胞与细胞之间的直接接触外，还发现供体菌细胞中含有一种致育（fertility）因子，称为 F 因子，即 F 质粒。F 因子在细菌的接合中起了很重要的作用。

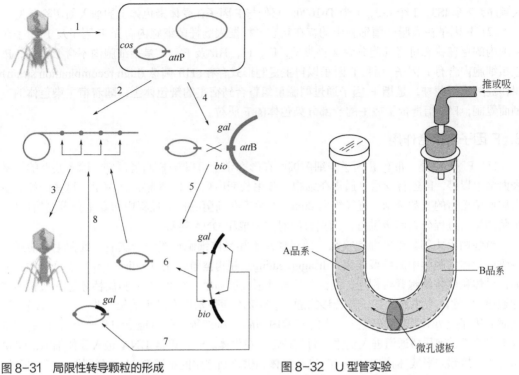

图 8-31　局限性转导颗粒的形成　　　　　图 8-32　U 型管实验

(引自：沈萍，2006)

（1）F 因子的遗传结构。F 质粒在每个大肠杆菌细胞中的拷贝数为一两个。F 因子为双链环状 DNA 分子，DNA 长度为 100kb，约是大肠杆菌基因组的 2%，其中 1/3 的基因与接合转移有关。

F 因子的结构如图 8-33 所示，整个基因组由 3 个主要区段组成：转移区、复制区、插入区。复制区是负责 F 因子的自我复制，含有复制酶基因（*rep*）、决定不相容性的基因（*inc*）和复制起点（*oriV*）。转移区的长度为 33kb，由 23 个基因组成，构成一个操纵子（tra operon）。其中 *A*、*B*、*C*、*E*、*F*、*G*、*H*、*K*、*L*、*Q*、*U*、*V*、*W* 与性菌毛的形成有关。*Y*、*Z*、*M*、*I*、*G*、*D* 等与 F 因子的转移有关。供体 F 因子的转移是从 *oriT* 位点开始的。F 因子插入区包含 4 个插

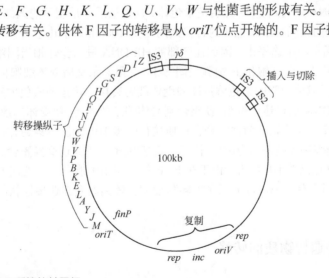

图 8-33　大肠杆菌 F 质粒的基因组

(引自：袁红莉，2009)

入顺序：2 个 IS3，1 个 IS2，1 个 Tn1000。它们与 F 因子在受体染色体上的插入和切除有关。

(2) F 因子在大肠杆菌细胞中的存在状态。根据大肠杆菌细胞内有无 F 因子及 F 因子在细胞内的存在状态可将细胞分为 4 种类型：F^-，F^+，Hfr 及 F'。F^-是指细胞内不含 F 因子；F^+是指细胞内含有 F 因子，而且 F 因子以自主复制形式存在；Hfr 菌株（high recombination strain）叫作高频重组菌株，是指 F 因子通过同源重组整合到宿主的染色体上，随着宿主染色体的复制而复制；F'是指携带了宿主的一部分染色体的 F 质粒。

3. F 因子与接合作用

(1) $F^+×F^-$杂交。带有 F 因子的细菌细胞在形态学上可以与 F^-明显区别。除了共有的大量表面菌毛以外，F^+还有少量（通常在细胞对数生长期中只有 1～3 根）性菌毛。这些纤细的蛋白质性菌毛有的长数毫米，直径约为 8nm。性菌毛在细菌的接合过程中起着十分重要的作用。细菌的接合过程分为两步进行，即接合配对的形成和 DNA 转移。

当性菌毛头部与受体细胞接触，使供体细胞和受体细胞连接到一块后，性菌毛可能通过供体或受体细胞膜中的解聚作用（disaggregating）和再溶解作用（redissolving）进行收缩，从而使供体和受体细胞紧密相连，很快在接触处形成胞质桥（图 8-34）。胞质桥才是 F 质粒转移的通道，而性菌毛并不是 F 质粒转移的通道。紧接着便开始接合过程的第二步——DNA 转移，此时 F 因子上 traYZ 基因表达，产生的核酸内切酶在 oriT 处一条单链上切开一个切口，并以 5'末端为首通过胞质桥通道进入受体，而互补链留在供体。一旦单链 DNA 进入受体细胞，DNA 两端再连接起来形成环状 DNA 分子，这样受体和供体细胞中的单链 DNA 再分别以自己为模板，形成双链质粒 DNA 分子。研究表明，在 37℃时，F 质粒 DNA 转移的速度约为 $3.3×10^4$bp/min，因此整个 F 因子在 1～2min 将全部核酸转移进受体。所以，当接合作用完成后，受体细胞也变成了含有 F 因子的 F^+细胞，即：$F^+×F^-$——$2F^+$（图 8-34）。

(2) $Hfr×F^-$杂交。$Hfr×F^-$杂交与 $F^+×F^-$杂交有相同的过程，细胞间接触、胞质桥形成、链的断裂、单链 DNA 从供体向受体转移。因为 F 因子在 Hfr 细胞中已和染色体结合成一个复制子，所以 F 因子在接合时能带动染色体 DNA 进入受体。但其先后次序决定于 F 质粒和染色体整合的位置，由于 F 质粒可以整合在大肠杆菌的几个不同部位上，转移时首先是 F 因子的 oriT 和小部分 F DNA 先进入受体，然后是染色体 DNA，最后才是剩下的大部分 F 因子的 DNA。Hfr 细胞推动完整的大肠杆菌染色体的转移大约需要 100min。但由于转移过程中常因外界干扰或细菌自身的活动而中途停止，因此让全部的 Hfr DNA 进入受体相当困难。于是在 $Hfr×F^-$杂交中，杂交结果是 Hfr 细胞和 F^-细胞（图 8-35）。虽然杂交后受体细胞仍然是 F^-细胞，但由于 F 因子能介导供体细胞的染色体片段向受体细胞转移，转移的染色体片段则可能与受体细胞内的染色体 DNA 通过遗传重组，便整合到受体的染色体上，使受体的遗传性状发生改变。

(3) $F'×F^-$杂交。与温和噬菌体一样，F 质粒在脱离 Hfr 细胞的染色体时也会发生差错，从而形成带有细菌某些染色体基因的 F'因子。而 F'因子又可通过交换整合到细菌染色体的原来位置上，回复到原来的 Hfr 状态。由于在 $F'×F^-$接合作用中能专一性地向 F^-转移 F'质粒携带的供体基因，因而也有人把通过 F'因子的转移而使受体菌改变其遗传性状的现象称为 F 遗传转导或性因子转导。

(四) 染色体外遗传物质的转移

1. 质粒

质粒（plasmid）一般是指存在于细菌、真菌等微生物，细胞小、独立于染色体外、能进行

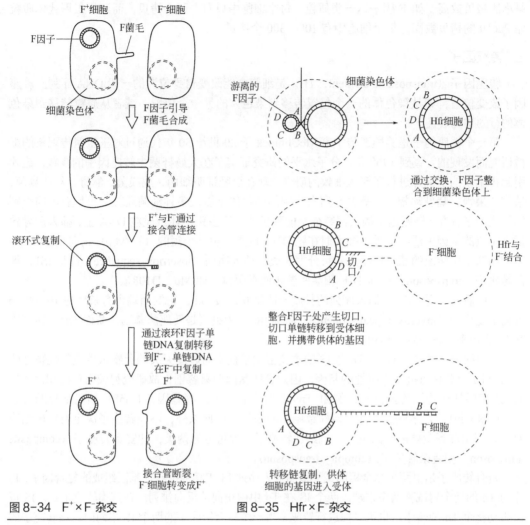

图 8-34　F⁺×F⁻杂交

图 8-35　Hfr×F⁻杂交

（引自：王亚馥，1998）　　　　　　　（引自：王亚馥，1998）

自我复制的遗传因子。它们有些可以整合到染色体上，作为染色体的一部分而进行复制，又可以再游离出来并携带一些寄主的染色体基因，即附加体。质粒（特别是细菌质粒）通常是共价、闭合、环状双链 DNA（covalently closed circular double-stranded DNA，简称 cccDNA），其分子大小从 1kb 左右到 1000kb。但目前在链霉菌、酵母、丝状真菌等微生物中都发现了线状 DNA 质粒。

　　质粒也像染色体一样携带编码许多遗传性状的基因，但质粒对宿主细胞是非必需的，它丢失后不影响细菌的正常生长和繁殖。但在某些条件下，质粒能赋予宿主细胞以特殊的机能，从而使宿主在生长上显出优势，许多与农业、工业和环境密切相关的重要细菌的特殊特征便是由质粒编码的，如植物结瘤、生物固氮、抗药性、产生毒素等。有许多质粒，如天蓝色链霉菌中的 SCP1 和 SCP2 质粒，能像 F 质粒那样从供体细胞向受体细胞转移，甚至能带动供体染色体向受体细胞转移。

　　质粒的数量亦称为质粒在每一细胞中存有的拷贝数（copy number）。不同质粒在细胞中的拷贝数各异。一般而言，质粒的拷贝数与其分子量成反比关系，分子量大的拷贝数低，分子量小的拷贝数高。如 F 因子这一类质粒，每个细胞中只有一两个拷贝；而遗传工程载体质粒如 Puc19 的拷贝数高，每个细胞中有 100～300 个拷贝。

2. 转座因子

转座因子（transposable element，TE）是细胞中能改变自身位置的一段 DNA 序列。转座因子改变位置，如从染色体的一个位置转移到染色体的另一个位置，或者从质粒转移到染色体的行为称为转座。

第一个转座因子是美国遗传学家 McClintock 于 20 世纪 50 年代通过对玉米遗传现象的细微研究而发现的。直到 1968 年，分子水平的研究证实了在大肠杆菌中转座因子的存在，这才引起科学家的重视并进行了深入细致的研究。现在已经证明细菌、放线菌、酵母、丝状真菌、植物、果蝇、哺乳动物、人等几乎所有生物的染色体上以及多种细菌质粒上也都有不同类别的转座因子存在。转座因子的共同特征是能随机插入寄主染色体或质粒 DNA 上，插入后导致插入位点的基因失活，另外，插入时在靶 DNA 位点产生一个短的（3～9bp）正向重复顺序。

细菌中可转座的遗传因子大致可分为 3 类：插入序列（insertion sequence，简称 IS），细菌转座子（transposon，简称 Tn）和某些温和性噬菌体（如 Mu，D108）。

（1）插入序列（IS）。插入序列的长度一般是 0.7～2.5kb，它的两端含有长度为 10～40bp 反向重复序列（inverted repeat sequence，简称 IR），中央区是转座酶基因，简称 Tnp。转座酶在 IS 的转座过程中发挥作用。

（2）细菌转座子（Tn）。Tn 与 IS 的主要区别是携带与转座无关的药物抗性或其他特性的基因。Tn 一般具有抗生素抗性的基因，因为这些基因容易鉴别，故研究得较为广泛和深入。Tn 还编码其他特性的蛋白质，例如 Tn951 就带有乳糖发酵基因；Tn1681 编码胞外肠毒素（enterotoxin），是某些大肠杆菌菌株致肠病的因子。除此以外，不少转座子决定着细菌细胞对汞、铜和砷等金属离子的抗性。抗药性转座子一般可分为两类，即复合转座子（composite transposon）和复杂转座子（complex transposon）。

复合转座子是由两个完全相同或类似的插入序列 IS 和某种抗药性基因组成的复合因子，IS 作为 Tn 的两个臂或称两个末端，两个 IS 在 Tn 中做正向或反向排列。在这类转座子中，IS 可以带动整个 Tn 的转座，也可单独进行转座。当一个复合转座子的两个 IS 不同时，该转座子的转座主要依靠其中一个 IS 的功能（如 Tn10 中的 IS10R 和 Tn5 中的 IS50R）；当两侧 IS 完全相同时，其中任何一个都能行使该复合转座子转座的功能。Tn5 和 Tn10 是这类转座子的典型代表。

复杂转座子的长度约 5000bp，两端是长度为 30～40bp 的末端反向重复序列（IR）或正向重复序列（DR），中央是转座酶基因和抗药性基因。这类转座子总是作为一个单位转座，而不是像复合转座子那样，其 IS 末端本身就能独立转座。由于复杂转座子性质和结构非常相似，其 IR 顺序大小接近，而且大部分具有同源性，因此为了讨论方便，常将这类转座子统称为 TnA 转座子，Tn3 是这一类型的典型代表。

二、真菌的基因重组

真菌遗传学极大地丰富了人们对遗传学的认识。早在 1941 年 Beadle 等人通过研究粗糙脉孢菌的生化突变型，提出了"一个基因一个酶"的理论，从而开拓了微生物遗传学，并为现代分子生物学奠定了基础。

真菌既有无性生殖也具有有性生殖方式，减数分裂产生的所有细胞核都存在于有性孢子中，有利于进行遗传分析。此外，真菌除了同时具有有性生殖和无性生殖外，还有两种独特的遗传系统，即异核现象和准性生殖，这种系统在其他类群生物中是罕见的，但在真菌中却广泛存在。因此，真菌在遗传学上的研究占有重要地位。

（一）有性生殖

许多真菌的营养体是单倍体，真菌的有性生殖是通过单倍体之间的融合而进行的。大多数真菌核融合后进行减数分裂，并发育成新的单倍体细胞。亲本的基因重组主要是通过染色体的独立分离和染色体之间的交换进行的。相当一部分真菌通过有性生殖可产生含有子囊的子囊果，每一个子囊中含有 8 个子囊孢子。如粗糙脉孢菌在有性生殖过程中，接合型 A 或 a 菌株的分生孢子与接合型 a 或 A 菌株的原子囊果上的受精丝结合发生受精过程。两个细胞核融合产生一个二倍体核；二倍体核减数分裂产生的 4 个单倍体核不仅同处于一个子囊内，并且呈直线排列（图 8-36）。根据四分体中间不同类型的组合，可以分析在四分体形成过程中是否发生基因重组现象。将粗糙脉孢菌的一个子囊中的 8 个子囊孢子依次序分离培养，可以得到 8 个单孢子菌株。如果在这 8 个菌株的斜面上都放上属于接合型 a 的分生孢子，经过培养可以看到 4 个斜面上出现成熟的子囊果，4 个斜面上没有子囊果，说明 4 个菌株的接合型属于 A，4 个属于 a，并且其排列顺序为 AAAAaaaa。粗糙脉孢菌的子囊孢子的排列方式除了上述情况外，还有另外 5 种排列方式，也就是说，其子囊孢子的排列共有下面 6 种方式：（Ⅰ）AAAAaaaa，（Ⅱ）aaaaAAAA，（Ⅲ）AAaaAAaa，（Ⅳ）aaAAaaAA，（Ⅴ）aaAAAAaa，（Ⅵ）aaAAAAaa。

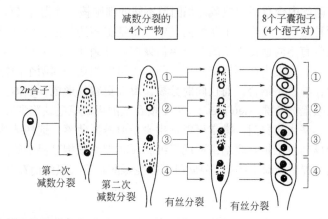

图 8-36 粗糙脉孢菌减数分裂过程

（引自：袁红莉，2008）

这 6 种排列方式和它们进行减数分裂时的染色体行为特点有关。（Ⅰ）和（Ⅱ）型的出现，是在减数分裂过程中接合型基因座位（A 或 a）与着丝粒之间未发生染色体交换的缘故，相反，另外 4 种类型的出现是 A 和 a 基因与着丝粒之间发生染色体交换所致（图 8-37）。

（二）准性生殖

如前所述，真菌在进行有性循环时，通过减数分裂可产生重组体，这是实现基因重组的一条重要途径。但是有很多真菌，特别是半知菌亚门的真菌，没有或很少发生有性生殖过程，却仍然表现出了较高频率的变异，这种变异就是通过另一条独立于有性生殖的基因重组途径——准性生殖（parasexual cycle）。准性生殖是真菌的一种导致基因重组的过程，包括异核体的形成以及体细胞中染色体的交换和单倍体化。

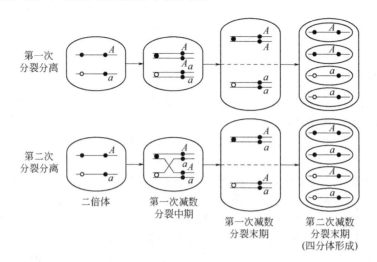

图 8-37　第一次减数分裂和第二次减数分裂

（引自：袁红莉，2009）

1. 异核体的形成

　　一些真菌在其菌丝内含有两种或多种基因型不同的细胞核，称为异核体（heterocaryon）。异核体的产生有两种方式：一是出于菌丝内其中一个细胞核的基因发生突变，自发地形成突变体；另一种是当带有不同遗传性状的两个单倍体细胞或菌丝之间的相互融合而形成的。这种菌丝之间的融合不一定发生在不同交配型之间，也可发生在任何两个菌株之间，如果两个菌株为同一交配型，异核不结合，而且同时分裂，反而更容易形成异核体。如当把构巢曲霉 A 接合型的亮氨酸缺陷突变株（leu$^-$met$^+$）与 A 接合型的甲硫氨酸缺陷型突变株（leu$^+$met$^-$）混合接种在基本培养基上培养时，常常可以产生少量原养型菌落，这些菌株是异核体。这是因为两个亲本的菌丝间发生相互联结，形成了细胞质和细胞核相互混杂的异核体。在异核体中两种细胞核能彼此提供所缺少的酶，因此可不需亮氨酸和甲硫氨酸而在基本培养基上生长。

2. 二倍体化

　　异核体细胞中存在着核融合的可能。核融合是指两个单倍体核融合形成一个二倍体核的现象。基因型相同的核融合形成纯合二倍体，基因型不同的核融合形成杂合二倍体。异核体中两个基因型不同的细胞核可以以极低的频率融合成杂合二倍体。二倍体核一旦形成后，相当稳定，而且可以进行有丝分裂，再形成二倍体核。研究表明异核体发生核融合而产生二倍体的频率为 $10^{-7}\sim10^{-5}$。用某些理化因素（如紫外线、樟脑蒸气或高温）处理，可提高二倍体产生的频率。原因可能是在处理过程中使某些抑制核融合的基因发生突变。

3. 有丝分裂交换

　　在杂合的二倍体核有丝分裂过程中，染色体可以进行部分基因的交换，产生各种重组子。这种现象也很少发生。

4. 单倍体化

　　二倍体细胞在有丝分裂过程中能转变成单倍体细胞，这个转变过程通过非分离性的连续分裂逐渐从二倍体失去染色体。起初，单个二倍体核产生含有 $2n+1$ 和 $2n-1$ 条染色体的核，这些非整倍体核是不稳定的，而且在连续的分裂过程中，反复地失去染色体而回复成整倍体核，即 $2n+1$ 的核回复成正常的二倍体，而 $2n-1$ 的核最终回复成单倍体核。在构巢曲霉（$n=8$）中，已发现其细胞核中分别含有 17（$2n+1$）、16、15、12、11、10、9 和 8 条染色体，这个事实充分反映了单倍体化的现象。它们并不像有性生殖那样形成一个有规律的周期。所以，准性生殖是在没有减数分裂的情况下，二倍体和单倍体阶段之间的交替，而且是在有丝分裂时通过染色体的分离和交换而发生变异的。也可以说，准性生殖是真菌不通过减数分裂而发生低频率的遗传重组现象。通过准性生殖的研究，我们可以开展真菌的育种工作，研究病原真菌的致病力及其遗传规律。

（三）线粒体遗传

真菌线粒体的研究始于酿酒酵母，后来在粗糙脉孢菌、曲霉和裂殖酵母等真菌也发现与线粒体有关的遗传现象。线粒体是真核细胞中广泛存在的一类细胞器，为细胞中重要的代谢中心之一。三羧酸循环、氧化磷酸化等反应都是在线粒体的不同部位上进行的。线粒体 DNA（mitochondrion DNA，mt DNA）编码线粒体行使功能所需的 rRNA、tRNA 以及某些蛋白质如细胞色素和 ATP 酶等的 mRNA。

通过突变株之间的杂交和缺失定位等方法，已经绘制出了酿酒酵母线粒体的基因图谱。酵母线粒体基因组是周长约 26μm 的环状 DNA 分子，大小为 84kb。线粒体 DNA 编码蛋白质（细胞色素 b、细胞色素 c 氧化酶、ATP 酶等）、24 个 tRNA 基因和 2 个 rRNA 基因，还有抗性基因，如氯霉素抗性基因（*ery*）、寡霉素抗性基因（*oli*）（图 8-38）。

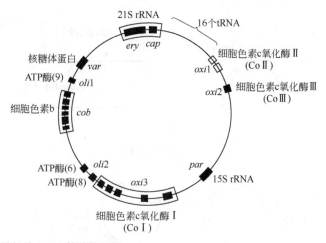

图 8-38　酿酒酵母线粒体 DNA 的遗传图谱

（引自：周俊初，1996）

不同线粒体 DNA 之间也能够进行基因重组。例如，红霉素和氯霉素只是抑制线粒体蛋白质的合成而不抑制细胞质内蛋白质的合成。利用酵母对红霉素有抗性的菌株与对氯霉素有抗性的菌株进行杂交，获得的后代不仅包括原来抗红霉素或抗氯霉素的菌株，而且出现了抗这两种抗生素的菌株，这种现象表明，线粒体基因间发生了重组。另外，在很多丝状真菌中的线粒体内，发现了质粒，这些质粒是环状的或线状的双链 DNA。

第四节
重组 DNA 技术

DNA 克隆就是应用酶学的方法，在体外将各种来源的遗传物质——同源的或异源的、原核的或真核的、天然的或人工合成的 DNA，与载体 DNA 结合成具有自我复制能力的 DNA 分子——复制子，继而通过转化或转染宿主细胞，筛选出含有目的基因的转化子细胞，再进行扩增、提取获得大量同一 DNA 分子。"克隆"（分离）某一基因或 DNA 片段过程中，将外源 DNA 插入载体分子所形成的复制子是杂合分子——嵌合 DNA，所以 DNA 克隆又称重组 DNA（recombinant DNA）。实现 DNA 克隆所采用的方法及相关的工作统称重组 DNA 技术 （recombinant DNA technology），又称基因工程。

一、目的基因的克隆

一个完整的 DNA 克隆过程应包括：①目的基因的分离；②载体的选择与酶切；③目的基因与载体的连接；④通过转化或转染将重组 DNA 分子导入受体细胞；⑤筛选转化子或转染子并鉴定携有特定 DNA 片段的转化子。图 8-39 是以质粒为载体进行 DNA 克隆的模式图。

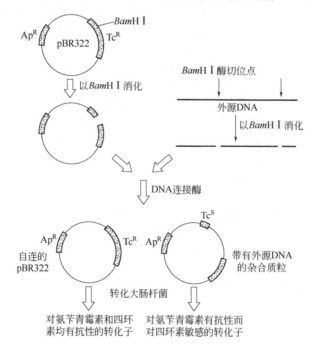

图 8-39　基因工程流程图

（一）目的基因的分离

从组织或细胞中分离染色体 DNA，利用限制性核酸内切酶将染色体 DNA 切割成许多片段，其中就含有我们感兴趣的基因片段。限制性核酸内切酶能识别双链 DNA 上 4～6 个核苷酸序列，并切开两条单链上的磷酸二酯键。如果在识别位点进行不对称切割，则酶切后的 DNA 具有互补的、单链突出末端，即黏性末端；如果对称切割则产生两端平齐的片段，即平末端。

（二）载体的选择

外源 DNA 片段离开染色体是不能复制的。如果将外源 DNA 连接到载体上，外源 DNA 则可作为载体的一部分在受体细胞中复制。遗传工程中所用的载体主要有：质粒和 λ 噬菌体。这两类载体的主要区别是质粒载体的容量比 λ 噬菌体载体小。这些载体的生物学特性各不相同，但作为克隆载体，必须有下列基本要求和特性：

① 是一个复制单位，在受体细胞内具有 DNA 独立复制的能力。

② 分子量尽可能小，容易从细胞中分离纯化，便于离体条件下的操作。

③ 包含有多种限制性内切酶的单一酶切位点，在酶切位点内可以与外源 DNA 重组。

④ 载体分子内有不影响其复制、生长的非必要区域，在此区域内插入外来 DNA 片段，仍可与载体一起复制、扩增。

⑤ 具有多种选择性标记，常用营养缺陷型、抗药性、形成噬菌斑的能力和外源蛋白质的产生等，作为区分转化、重组与非重组的指示。

（三）外源基因与载体的连接

如果载体 DNA 和供体 DNA 都采用同样的产生黏性末端的限制性内切酶切割，则两种线性 DNA 分子就会有相应互补的黏性末端。当这两种线性 DNA 分子在较低温度下混合在一起时，黏性末端上碱基互补的片段可以重新建立氢键连结，称为"退火"。这时，在 DNA 连接酶的作用下，可以"缝合"供体 DNA 和载体 DNA 片段的裂口，形成完整的具有复制能力的"重组载体"。

（四）重组 DNA 导入受体菌

一般以大肠杆菌 K12 改造菌株为受体菌，如大肠杆菌 JMl07、JMl09、HBl01 等。经特殊方法处理，使受体菌处于感受态。利用转化方法可以将连接在载体上的外源基因导入受体菌细胞内。不同细菌细胞所包含的重组 DNA 内可能存在不同的染色体 DNA 片段，这样生长的全部细菌所携带的各种染色体片段就代表了整个基因组。存在于细菌内、由克隆载体所携带的所有基因组 DNA 的集合称基因组 DNA 文库（genomic DNA library）。基因组 DNA 文库就像图书馆库存万卷书一样，涵盖了基因组全部基因信息，也包括我们感兴趣的目的基因。如果载体是噬菌体，则重组 DNA 以感染的方式而进入受体细胞中。

二、重组体的筛选

通过转化或感染，重组体 DNA 分子被导入受体细胞，经培养得到大量转化子菌落或噬菌斑。如何从众多的转化子菌落或噬菌斑中筛选并鉴定出一菌落或噬菌斑所含重组 DNA 分子确实带有目的基因的过程即为筛选（screening）。根据载体体系、宿主细胞特性及外源基因在受体细胞表达情况不同，可采用不同的选择方法。

（一）原位杂交

把含有重组 DNA 的转化子菌落或噬菌斑转移到硝酸纤维素膜上，用碱处理膜上的菌落或噬菌斑，使细胞裂解，DNA 变性成为单链，待变性 DNA 固定在滤膜上以后，洗去细胞碎屑。用 ^{32}P 标记的特异性 DNA 探针杂交，通过放射自显影找出与探针杂交的菌落或噬菌斑。该菌落或噬菌斑的细胞中所含的重组 DNA 上便携带有目的基因。

（二）原位放射免疫法

当克隆的基因编码某种已知的蛋白质时，就能利用放射免疫法进行检测。这种检测法首先必须取得该基因产物的特异性抗体，然后利用特异性抗体与目的基因表达产物相互作用的原理来筛选重组体。

（三）遗传学方法

利用适当的突变型作为转化的受体，可直接筛选出携带目的基因的重组载体。例如，受体菌大肠杆菌是某一氨基酸缺陷型，在缺乏这种氨基酸的培养基上不能生长，如果将携带有来自某低等真核细胞染色体 DNA 片段的重组载体转化进该受体菌后，该受体菌能在缺乏这种氨基酸的培养基上生长，就可初步判断该重组载体是携带有编码此氨基酸的酶基因。

三、DNA 的人工合成和扩增

（一）DNA 的人工合成

在对基因的结构和功能深入研究的基础上，人们已经发明出合成特定序列短片段 DNA 的技术。合成 DNA 可用于基因工程的多种目的，例如作为核酸分子杂交的探针、作为 PCR 扩增反应的引物、作为核苷酸序列分析的引物等。合成 DNA 的过程可以是完全自动的，合成一段 30～50 碱基的寡核苷酸只需几个小时。如果需要的话，可以合成超过 100 个碱基的寡核苷酸。如需要合成较长的多聚核苷酸，可用 DNA 连接酶连接多个寡核苷酸片段。

DNA 的合成是一个固相过程，第一个核苷酸固定于不溶的固体多孔支持物上（如带有 50μm 颗粒的硅胶）。在固相合成中，头一个脱氧核苷酸是通过它的 3′-OH 基团直接附着在惰性的固相载体上。这种载体同样也起到一种 3′末端保护装置的作用。在实际合成过程中，固相载体（如硅胶）是被装填在一种烧结玻璃柱内。试剂只在规定时间内才允许同末端脱氧核苷酸进行连接反应，并且每次只连接一个核苷酸。在进行下一次的连接之前，要用适当的溶剂将载体清洗干净。这样，每连接一次就经历一次循环，合成的寡核苷酸则始终被固定在固相载体上；而过量的未反应试剂分解成的物质，则被过滤或洗涤除去。当整个链增长到所需的长度之后，在特此合成的寡核苷酸链从固相载体上切除下来，并洗脱保护基，经纯化得到所需要的终产物。

（二）DNA 扩增

聚合酶链式反应（polymerase chain reaction），简称 PCR 技术，是 1985 年建立和发展起来的一种体外扩增特异 DNA 片段的技术。此法操作简单，可在短时间内在试管中获得数百万个特异 DNA 序列的拷贝。PCR 技术实际上是在模板 DNA、引物和 4 种脱氧核糖核苷酸存在的条件下，依赖于 DNA 聚合酶的酶促合成反应。PCR 技术的特异性取决于引物和模板 DNA 结合的特异性。每个 PCR 循环包括以下反应（图 8-40）：①双链 DNA 的变性，通过加热使 DNA 双螺旋的氢链断裂，双链解离形成单链 DNA。②退火，当温度突然降低使引物和其互补的模板链在局部形成杂交链。由于模板分子结构较引物复杂得多，而且反应体系中引物 DNA 量大大多于模板 DNA，因此模板 DNA 双链之间互补的机会较少。③延伸，在 DNA 聚合酶和 4 种脱氧核糖核苷三磷酸底物及 Mg^{2+} 存在的条件下，在 DNA 聚合酶 5'-3'催化活性下，进行以引物为起始点的 DNA 链延伸反应。以上 3 步为一个循环，每一循环的产物可以作为下一个循环的模板。每个循环可使目标 DNA 数量加倍。实际操作中，经过 20~30 个循环，可使目标 DNA 增加 10^6~10^9。

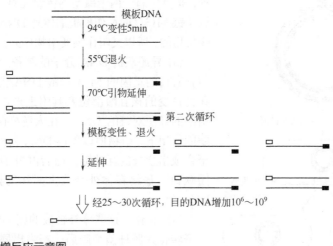

图 8-40　PCR 扩增反应示意图

四、基因的定位诱变

传统的诱变是随机的，而利用合成 DNA 或重组 DNA 技术可以精确地在基因特定位点进行诱变，这被称为定位诱变。携带这些突变基因的菌株产生的蛋白质与野生型蛋白质有不同的性质。目前，已经发展出很多种基因定位诱变的方法，下面主要介绍常用的盒式诱变和寡核苷酸引物诱变。

（一）盒式诱变

我们知道，限制性核酸内切酶的限制位点可以用来克隆外源的 DNA 片段。只要有两个限制位点比较靠近，那么两者之间的 DNA 序列就可以被移去，并由一段新合成的双链 DNA 所取代。所谓盒式诱变（cassette mutagenesis），就是利用人工合成的具有突变序列的寡核苷酸片段（这种合成的片段被称为盒），取代野生型基因中的相应序列。

当以盒取代基因片段时，通常盒的大小与所取代片段的大小相同。将一个盒从基因内部的某一位点插入，同样会导致插入突变，而用于插入突变的盒可以是任意大小，甚至是一个完整的基因。实际上，常使用抗药性基因的盒，以便使宿主产生相应的表型。如带有卡那霉素抗性基因的片段称为 Kan 盒，将 Kan 盒插入基因内部后，会引起基因的突变。

（二）寡核苷酸引物诱变

以寡核苷酸作为诱变引物，使基因的特定位点的碱基发生变化的诱变作用称为寡核苷酸

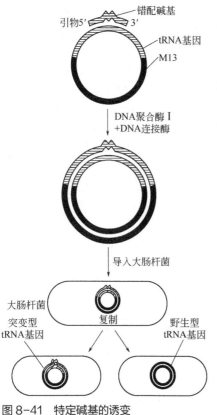

图 8-41　特定碱基的诱变

引物诱变或定位诱变。这种诱变过程主要包括下面几个步骤（图 8-41）：

（1）目的基因。将待突变的目的基因克隆到 M13 噬菌体上。然后制备此种含有目的基因的 M13 单链 DNA，即"正链"DNA。

（2）突变引物的合成。应用化学法合成 18～30 个碱基长的寡聚核苷酸链，它们应与要进行突变的区域互补，但其中有一两个碱基的错误配对。该寡核苷酸链在以单链 M13 DNA 作模板的体外 DNA 合成中是作为引物使用的，所以又叫作突变引物序列，或"负链"DNA。

（3）异源双链 DNA 分子的制备。将突变引物 DNA 与含有目的基因的 M13 单链 DNA 混合退火，结果便在待诱变的核苷酸部位及其附近形成一小段具有碱基错配的异源双链的 DNA。在大肠杆菌 Klenow 大片段酶的作用下，引物便以单链 DNA 为模板继续延长，直至合成出全长的互补链，而后再由 T4 DNA 连接酶封闭缺口，最终在体外合成出闭环的异源双链的 M13 DNA 分子。

（4）转化。这些体外合成的闭环的异源双链 DNA 分子转化大肠杆菌细胞后，产生出同源双链 DNA 分子。其中有的是原来的野生型 DNA 序列，有的是含突变碱基的序列。

（5）突变体的筛选。根据核苷酸序列分析法或分子杂交等方法来筛选突变体。

第五节
菌种的衰退、复壮和保藏

在科学研究和生产实践中，必然会遇到菌种的衰退、复壮和保藏等问题，这都涉及一系列有关遗传、变异等的基本知识和理论，因此，有必要放在本章中加以讨论。

一、菌种的衰退与复壮

在生物进化的历史长河中，遗传性的变异是绝对的，而其稳定性却是相对的；在变异中，退化性的变异是大量的，而进化性的变异却是个别的。在自然条件下，个别的适应性变异通

过自然选择就可保存和发展，最后成为进化的方向；在人为条件下，人们也可通过人工选择法去有意识地筛选出个别的正变体（plus mutant），并用于生产实践中。相反，如不自觉、认真地去进行人工选择，大量的自发突变株就会随之泛滥，最后导致菌种的衰退。在长期接触菌种的实际工作人员中，都有一个深刻的体会，即如果对菌种工作任其自然、放任自流，不搞纯化、复壮和育种，则菌种就会对你进行"惩罚"，反映到生产上就会出现持续的低产、不稳产。这说明菌种的生产性状也是不进则退的。

衰退（degeneration）是指由于自发突变，而使某物种原有一系列生物学性状发生量变或质变的现象。具体表现有：①原有形态性状变得不典型了，例如，苏云金杆菌（*Bacillus thuringiensis*）的芽孢和伴孢晶体变小甚至丧失等；②生长速度变慢，产生的孢子变少，如细黄链霉菌（*Streptomyces microflavus*）"5406"在平板上菌苔变薄、生长缓慢、不再产生典型而丰富的橘红色分生孢子层，有时甚至只长些浅绿色的基内菌丝；③代谢产物生产能力下降，即出现负变（minus mutation），这种情况极其普遍，例如藤仓赤霉（*Gibberella fujikuroi*）产赤霉素能力的明显下降等；④致病菌对宿主侵染力的下降，例如 *B. thuringiensis* 或白僵菌（*Beauveria bassiana*）对其宿主的致病力减弱或消失等；⑤对外界不良条件包括低温、高温或噬菌体侵染等抵抗能力的下降；等等。

菌种的衰退是发生在微生物细胞群中一个由量变到质变的逐步演化过程。开始时，在一个大群体中仅个别细胞发生自发突变（一般均为负变），这时如不及时发现并采取有效措施，而仍一味地移种、传代，则群体中这种负变个体的比例就逐步增大，最后会发展成为优势群体，从而使整个群体表现出严重的衰退。所以，开始时的"纯"菌株，实际上早已包含着一定程度的不纯因素，同样，到了后来，整个群体虽已"衰退"，但也是不纯的，即其中仍有少数尚未衰退的个体存在其中。在了解菌种衰退的实质后，就有可能提出防止衰退和进行菌种复壮的对策了。

狭义的复壮是一种消极的措施，指的是在菌种已发生衰退的情况下，通过纯种分离和测定典型性状、生产性能等指标，从已衰退的群体中筛选出少数尚未退化的个体，以达到恢复原菌株固有性状的相应措施；而广义的复壮则应是一项积极的措施，即在菌种的典型特征或生产性状尚未衰退前，就经常有意识地采取纯种分离和生产性状的测定工作，以期从中选择到自发的正变个体。

（一）衰退的防止

1. 控制传代次数

控制传代次数即尽量避免不必要的移种和传代，并将必要的传代降低到最低限度，以减少细胞分裂过程中所产生的自发突变概率（$10^{-9} \sim 10^{-8}$）。为此，任何较重要的菌种，都应采用一套相应的良好菌种保藏方法。

2. 创造良好的培养条件

在实践中，有人发现如创造一个适合原种的生长条件，就可在一定程度上防止衰退。例如，在赤霉素生产菌 *Gibberella fujikuroi* 的培养基中，加入糖蜜、天冬酰胺、谷氨酰胺、5'-核苷酸或甘露醇等丰富营养物时，有防止衰退效果；在栖土曲霉（*Aspergillus terricola*）3.942培养时，发现温度从 28～30℃提高到 33～34℃时，可防止产孢子能力的衰退。

3. 利用不易衰退的细胞传代

在放线菌和霉菌中，由于其菌丝细胞常含几个细胞核，甚至是由异核体组成的，因此若用菌丝接种就易出现分离变异（dissociation）或衰退，而孢子一般是单核的，用于接种，就不会发生这类现象。在实践上，若用灭过菌的棉团轻巧地对放线菌进行斜面移种，就可避免菌丝接入。另外，有些霉菌（*Aspergillus nidulans* 等）如用其分生孢子传代易于衰退，而改用其子囊孢子接种，则能避免退化。

4. 采用有效的菌种保藏方法

在用于工业生产的菌种中，重要的性状大多属于数量性状，而这类性状恰是最易衰退的。有些如链霉素产生菌灰色链霉菌（*Streptomyces griseus*）的菌种保藏即使是采用干燥或冷冻干燥保藏等较好的方法，还是会出现这类情况。这说明有必要研究和采用更为理想的菌种保藏方法。

（二）菌种的复壮

1. 纯种分离法

在衰退菌种的细胞群中，一般还存在着仍保持原有典型性状的个体。通过纯种分离法（pure culture isolation），设法把这种细胞挑选出来即可达到复壮的效果。纯种分离方法极多，大体可分为两类，一类较粗放，可达到"菌落纯"水平；另一类较精细，可达到"菌株纯"水平。菌落纯也称菌种纯，主要有平板表面涂布法、平板划线分离法和琼脂培养基浇注法，用于分离菌落纯；菌株纯也称细胞纯，可用"分离小室"法、纤维操纵器法和菌丝尖端切割法进行单细胞分离。

2. 通过宿主体复壮

对于因长期在人工培养基上移种传代而衰退的病原菌，可接种到相应的昆虫或动、植物宿主体中，通过这种特殊的活的"选择性培养基"一至多次选择，就可从典型的病灶部位分离到恢复原始毒力的复壮菌株。例如，经长期人工培养的 *Bacillus thuringiensis* 会发生毒力减退和杀虫效率降低等衰退现象。这时，就可将已衰退的菌株去感染菜青虫等的幼虫，然后再从最早、最严重罹病的虫体内重新分离出产毒菌株。

3. 淘汰已衰退的个体

有人发现，若对 *Streptomyces microflavus* "5406" 农用抗生菌的分生孢子采用-30～-10℃的低温处理5～7天，使其死亡率达到80%左右。结果会在抗低温的存活个体中留下未退化的个体，从而达到了复壮的效果。

以上综合了一些在实践中曾收到一定成效的防止菌种衰退和达到复壮的某些经验。但应指出的是，在使用这些措施之前，还得仔细分析和判断一下菌种究竟是发生了衰退，还是属于一般性的饰变或污染。

二、菌种的保藏

菌种（culture, stock culture）是一种极其重要和珍贵的生物资源，菌种保藏（preservation, conservation, maintenance）是一项十分重要的基础性工作。菌种保藏机构的任务是在广泛收集实验室和生产用菌种、菌株、病毒毒株（有时还包括动、植物的细胞株和微生物质粒等）的基础上，将它们妥善保藏，使之不死、不衰、不乱，以达到便于研究人交换和使用等目的。为此，在国际上一些国家都设有若干国家级的菌种保藏机构。例如，中国微生物菌种保藏管理委员会（CCCCM），中国典型培养物保藏中心（CCTCC），美国典型菌种保藏中心（ATCC），美国北部地区研究实验室（NRRL），荷兰的霉菌中心保藏所（CBS），英国的国家典型菌种保藏所（NCTC）以及日本的大阪发酵研究所(IFO) 等都是有关国家的代表性菌种保藏机构。

用于长期保藏的原始菌种称保藏菌种或原种（stock）。菌种保藏的具体方法很多，原理却大同小异。首先应挑选模式菌种或模式培养物（type culture）的优良纯种，最好保藏它们的分生孢子、芽孢等休眠体；其次，还要创造一个有利于它们长期休眠的良好环境条件，诸如干燥、低温、缺氧、避光、缺乏营养以及添加保护剂或酸度中和剂等。干燥和低温是菌种保藏中的最重要因素。据试验，微生物生长温度的低限约为-30℃，而酶促反应低限在-140℃，因此，低温必须与干燥结合，才具有良好保藏效果。细胞体积大小和细胞壁的有无对低温的反应不同，一般体积越大越敏感，无壁者比有壁者敏感。这是因为细胞内的水分在低温下会形成破坏细胞结构的冰晶。速冻可减少冰晶的产生。菌种冷冻保藏前后的降温与升温速度对不同生物影响不同，操作前应予以注意。在实践中，发现在相当大的范围内，较低的温度更有利于保藏，如液氮（-196℃）比干冰（-70℃）好，-70℃比-20℃好，比 0℃或 4℃更好。冷冻时的介质对细胞损伤与否关系极大，例如 0.5mol/L 左右的甘油或二甲基亚砜（dimethyl sulfoxide, DMSO）可透入细胞，并通过降低强烈的脱水作用而保护细胞；海藻糖、脱脂牛奶、血清白蛋白、糊精或聚乙烯吡咯烷酮（polyvinylpyrrolidone，PVP）等均可通过与细胞表面结合的方式防止细胞膜的冻伤。

一种良好的菌种保藏方法，首先应保持原菌优良性状长期稳定，同时还应考虑方法的通用性、操作的简便性和设备的普及性。具体的方法很多，现把 7 种常用菌种保藏方法加以比较（表 8-1）。

表 8-1　七种常用菌种保藏方法的比较

方法	主要措施	适宜菌种	保藏期	评价
冰箱保藏法（斜面）	低温（4℃）	各大类	约 1～6 月	简便
冰箱保藏法（半固体）	低温（4℃），避氧	细菌，酵母菌	约 6～12 月	简便
石蜡油封藏法	低温（4℃），阻氧	各大类	约 1～2 年	简便
甘油悬液保藏法	低温（-70℃），保护剂（15%～50%甘油）	细菌，酵母菌	约 10 年	较简便
沙土保藏法	干燥，无营养	产孢子的微生物	约 1～10 年	简便有效
冷冻干燥保藏法	干燥，低温，无氧，有保护剂	各大类	>5～15 年	繁而高效
液氮保藏法	超低温（-196℃），有保护剂	各大类	>15 年	繁而高效

本章小结

围绕生物的遗传变异有无物质基础以及何种物质可执行遗传变异功能的问题，曾有过种种推测。直到 1944 年后，科学家们利用微生物设计了细菌的转化、噬菌体感染实验和病毒重建这 3 个著名的实验，证明了核酸是一切生物遗传变异的真正物质基础。

遗传物质在微生物细胞内存在的部位和方式分为 7 个层次，DNA 有一级结构和高级结构之分，DNA 在真核生物中可与组蛋白八聚体形成核小体进而压缩，以染色质的形式存在，而在原核生物中多以单个、共价、闭合的双链 DNA 的形式存在。

遗传信息在微生物体的传递过程遵循中心法则，即传代过程中 DNA 的复制，遗传信息表达过程中的转录和翻译。DNA 的复制过程是半保留和半不连续的复制，半不连续过程中又有前导链和后滞链的分别，其中后滞链是由一系列冈崎片段形成的。环状 DNA 分子的复制方式主要有 θ 型、滚环型和 D 型 3 种类型。转录是 DNA 指导的 RNA 合成作用。大肠杆菌 RNA 聚合酶是由 5 个亚基 $\alpha_2\beta\beta'\sigma$ 组成的；真核生物 RNA 聚合酶比原核生物 RNA 聚合酶要复杂，有 RNA 聚合酶 I、II、III 三种类型，分别负责三种 RNA 分子的合成。转录的基本过程可分为起始、延伸及终止 3 个阶段。mRNA 生成后，多个核糖体附着其上，形成核糖体-mRNA 复合物，由 tRNA 把相应的氨基酸带到核糖体-mRNA 复合物上，按 mRNA 上的遗传密码装配成具有一定氨基酸排列顺序的特定多肽，这个过程称为翻译。

基因突变简称突变，是变异的一类，泛指细胞内（或病毒粒内）遗传物质的分子结构或数量突然发生的可遗传的变化，可自发或诱导产生。狭义的突变专指基因突变（点突变），而广义的突变则包括基因突变和染色体畸变。突变的类型很多，按突变后极少数突变株能否在选择性培养基上迅速选出和鉴别的表型来区分，凡能用选择性培养基（或其他选择性培养条件）快速选择出来的突变株称选择性突变株（selectable mutant），包括营养缺陷型、抗性突变型和条件致死突变型；反之则称为非选择性突变株（non-selectable mutant），包括形态突变型、抗原突变型和产量突变型。

基因突变的机制是多样的，可以是自发的或诱发的，诱发的又可以影响一对碱基的点突变（point mutation）和影响染色体的畸变。自发突变（spontaneous mutation）是指生物体在无人工干预下自然发生的低频率突变。

已知的 DNA 损伤类型很多，机体对其修复的方法也各异。发现得较早和研究得较深入的是紫外线（ultraviolet ray, UV）的作用。微生物可以通过光复活作用和切除修复来缓解紫外线对生物体造成的损伤。

利用自发突变和诱发突变均可以进行微生物的育种。诱变育种是指利用物理、化学等诱变剂处理均匀而分散的微生物细胞群，在促进其突变率显著提高的基础上，采用简便、快速和高效的筛选方法，从中挑选出少数符合目的的突变株，以供科学实验或生产实践使用。诱变育种中遵循的几个原则为：选择简便有效的诱变剂和最适的诱变剂量，挑选优良的出发菌株，处理单细胞或单孢子悬液，充分利用复合处理的协同效应，利用和创造形态、生理与产量间的相关指标，设计高效筛选方案并不断创造新型筛选方法。

基因重组是杂交育种的理论基础。两个独立基因组内的遗传基因，通过一定的途径转移到一起，形成新的稳定基因组的过程，称为基因重组。由于杂交育种是选用已知性状的供体菌和受体菌作亲本，因此，不论在方向性还是自觉性方面，均比诱变育种前进了一大步；另外，利用杂交育种往往还可消除某一菌株在经历长期诱变处理后所出现的产量性状难以继续提高的障碍，因此，杂交育种是一种重要的育种手段。

原核生物缺乏有性生殖系统，在进行基因重组时，它们的两个亲本细胞并不提供等量的遗传信息给其子代。原核生物之间能互相交换小部分的遗传信息。通常，我们称提供交换的 DNA 的生物为供体（donor），获得 DNA 的生物为受体（receptor）。原核生物基因从供体到受体的转移途径主要包括转化作用（transformation）、接合作用（conjugation）和转导作用（transduction）。一旦供体的基因转入受体，根据遗传材料的性质，它在受体细胞质内以游离的形式存在，或整合到受体 DNA 上成为受体细胞基因组的一部分。

真菌既有无性生殖也具有有性生殖方式，减数分裂产生的所有细胞核都存在于有性孢子中，有利于进行遗传分析。此外，真菌除了同时具有有性生殖和无性生殖外，还有两种独特的遗传系统，即异核现象和准性生殖，这种系统在其他类群生物中是罕见的，但在真菌中却广泛存在。

"克隆"（分离）某一基因或 DNA 片段过程中，将外源 DNA 插入载体分子所形成的复制子是杂合分子——嵌合 DNA，所以 DNA 克隆又称重组 DNA（recombinant DNA）。实现 DNA 克隆所采用的方法及相关的工作统称重组 DNA 技术（recombinant DNA technology），又称基因工程。

思考题

1．名词解释

核小体，半保留复制，滚环型复制，D 型复制，转录，启动子，终止子，基因突变，诱发突变，碱基置换，移码突变，转化，接合，转导，准性生殖，异核体，基因工程，菌种衰退，菌种复壮

2．利用肺炎链球菌证实 DNA 是遗传物质的过程是怎样的?

3．利用烟草花叶病毒证实 RNA 是遗传物质的过程是怎样的?

4．简述 DNA 复制的基本过程

5．简述转录的基本过程。

6．简述基因突变的特点。

7．论述基因突变自发性和不对应性的证明过程。

8．简述切除修复过程。

9．简述埃姆斯试验的用途和原理。

10．简述诱变育种的原则和过程。

11．论述自然转化的过程。

12．比较普遍性转导和局限性转导的异同。

13．简述 F⁺和 F⁻细胞的杂交过程。

14．简述基因工程的一般流程。

15．简述防止菌种衰退的方法。

16．简述菌种复壮的常见方法。

17．列举几种现实中常见的菌种保藏方法。

参考文献

Daniel L H, Elizabeth W J, 2015. Genetics: Analysis of Genes and Genomes. 5 版(影印版). 北京: 科学出版社.

Prescott H K, 2002. Microbiology. 5th. The McGraw-Hill Companies.

沈萍, 2006. 微生物学. 2 版. 北京: 高等教育出版社.

王亚馥, 1998. 遗传学. 北京: 高等教育出版社.

袁红莉, 2009. 农业微生物学及实验教程. 北京: 中国农业大学出版社.

周德庆, 2002. 微生物学教程. 2 版. 北京: 高等教育出版社.

周俊初, 1996. 微生物遗传学. 北京: 中国农业出版社.

朱玉贤, 2007. 现代分子生物学. 3 版. 北京: 高等教育出版社.

第九章

微生物的分类和鉴定

分类是人类认识微生物，进而利用和改造微生物的一种基本方法。人们只有在掌握了分类学知识的基础上，才能对繁杂的微生物类群有一清晰的轮廓，了解其亲缘关系与演化关系，为人类开发利用微生物资源提供依据。

微生物分类学（microbial taxonomy）是一门按微生物的亲缘关系把它们安排成条理清楚的各种分类单元或分类群（taxon）的科学。分类学内容涉及三个相互依存又有区别的组成部分，即分类、命名和鉴定。

分类（classification）是根据一定的原则（表型特征相似性或系统发育相关性）对微生物进行分群归类，根据相似性或相关性水平排列成系统，并对各个分类群的特征进行描述，以便查考和对未被分类的微生物进行鉴定。

命名（nomenclature）是按照国际命名法规，给每一个分类群一个专有的科学名称。

鉴定（identification）则是指借助于现有的微生物分类系统，通过特征测定，确定未知的或新发现的或未明确分类地位的微生物所应归属分类群的过程。

因此，概括来说，微生物分类学是对各个微生物进行鉴定，按分类学准则排列成分类系统，并对已确定的分类单元进行科学命名的科学。

第一节
微生物的分类单元和命名

一、微生物的分类单元

微生物的主要分类单元 (taxon, 复数 taxa)，依次为界 (kingdom)，门 (phylum 或 division)，纲 (class)，目 (order)，科 (family)，属 (genus)，种 (species)。其中种是最基本的分类单位。

分类单元是指具体的分类群，如肠杆菌科（Enterobacteriaceae）、芽孢杆菌属（*Bacillus*）、枯草芽孢杆菌（*Bacillus subtilis*）等都分别代表一个分类单元。在分类中，若这些分类单元的等级不足以反映某些分类单元之间的差异时也可以增加"亚等级"，即亚界、亚门……亚种，在细菌分类中，还可以在科（或亚科）和属之间增加族和亚族等级。值得强调的是，分类单元的等级（阶元）只是分类单元水平的概括，它并不代表具体的分类单元。

以酿酒酵母为例，它在分类学上的地位是：

界：真菌界（Fungi）

门：真菌门（Eumycophyta）

纲：子囊菌纲（Ascomycetes）

目：内孢霉目（Endomycetales）

科：内孢霉科（Endomycetaceae）

属（Genus）：酵母属（*Saccharomyces*）

种（Species）：酿酒酵母（*Saccharomyces cerevisiae*）

属：是科与种之间的分类单元，也是生物分类中的基本分类单元，通常包含具有某些共同特征或密切相关的种。在系统分类中，任何一个已命名的种都归属于某一个属。Goodfellow和O'Donnell（1993）提出 DNA 的（G+C）摩尔分数差异≤（10%～12%）且 16S rDNA 的序列同源性≥95%的种可归为同一属。

种：关于微生物"种"的概念，各个分类学家的看法不一。大多数微生物学研究工作者认为，微生物的种是指一大群表型特征高度相似、亲缘关系极其接近，与同属内其他种有明显差别的菌株的总称。

1987 年，国际细菌分类委员会颁布，DNA 同源性≥70%，而且其 ΔT_m≤5℃的菌群为一个种，并且其表型特征应与这个定义相一致。1994 年 Embley 和 Stackebrandt 认为当 16S rDNA 的序列同源性≥97%时可认为是一个种。

亚种（subspecies）：在种内，有些菌株如果在遗传特性上关系密切，而且在表型上存在较小的某些差异，一个种可分为两个或两个以上小的分类单位，称为亚种。它们是细菌分类中具有正式分类地位的最低等级。

型（form 或 type）：常指亚种以下的细分。当同种或同亚种内不同菌株之间的性状差异不足以分为新的亚种时，可以细分为不同的型。例如，按抗原特征的差异分为不同的血清型。由于"type"一词既代表"型"又可代表"模式"，为避免混淆，现在对表示型的词作了修改，用"var"代替"type"。现将较常用的型的含义及其表达方式列于表 9-1 中。

菌株（strain）：表示任何由一个独立分离的单细胞繁殖而成的纯遗传型群体及其一切后代。因此，一种微生物的不同来源的纯培养物均可称为该菌种的一个菌株。

表 9-1　常用型的术语及其含义

中文译名	推荐使用的名称	以前使用的同义词	应用于只有下列性状的菌株
生物型	biovar	biotype	特殊的生理生化性状
血清型	serovar	serotype	不同的抗原特征
致病型	pathovar	pathotype	对宿主致病性的差异
噬菌型	phagovar	phagotype, lysotype	对噬菌体溶解反应的差异
形态型	morphovar	morphotype	特殊的形态学特征

二、微生物的命名

微生物的名称有俗名（vernacular name）和学名（scientific name）两种。俗名是一个国家或地区使用的普通名称，具有区域性。俗名的优点是在一定的区域内通俗易懂便于记忆，但俗名有局限性，尤其是不便于国际间的交流。学名是微生物的科学名称，它是按照有关微生物分类国际委员会拟定的法则命名的，以确保微生物名称的统一性、科学性和实用性。例如，*Pseudomonas aeruginosa* 是铜绿假单胞菌的学名，其俗名是绿脓杆菌。

1. 分类单元的命名

所有正式分类单元（包括亚种和亚种以上等级的分类单元）的学名，必须用拉丁词或其他词源经拉丁化的词命名。属、种和亚种等级的分类单元的学名在正式出版物中应用斜体字印刷，以便识别。

（1）属名。属名用一个单数主格名词或当作名词用的形容词来表示，可以是阳性、阴性或中性，首字母要大写。例如：*Bacillus*（芽孢杆菌属）（阳性），拉丁词，原意为"小杆菌"，因该属菌有芽孢而译为"芽孢杆菌属"；*Clostridium*（梭菌属）（中性），源于希腊词，原意为"纺锤状菌"；*Salmonella*（沙门氏菌属）（阴性），以美国细菌学家 D. E. Salmon 的姓氏命名。

（2）种名。和其他生物一样，微生物的种名也采用林奈（Linnaeus）所创立双名法（binomial nomenclature）命名，即种的学名由属名和种名加词两部分组合而成。属名在前，规定用拉丁文名词或用作名词的形容词表示，单数，首字母要大写，表示微生物的主要特征，由微生物构造、形状，或科学家的名字命名。种名在后，用拉丁文形容词表示，所有字母小写，为微生物的色素、形状、来源、病名或科学家的名字等，用以描述微生物的次要特征。在属名和种名加词后面还可以附加首次定名人、现定名人和定名年份等信息。例如，枯草芽孢杆菌（简称"枯草杆菌"）的学名表示为 *Bacillus subtilis*（Ehrenberg）Cohn 1872，其中 *Bacillus* 是属名，*subtilis* 是种名加词，Ehrenberg 是首次定名人，Cohn 是现定名人，1872 是定名年份。

当泛指某一属的微生物，而不特指该属中任何一个种（或未定种名）时，可在属名后加 sp. 或 spp.（分别代表 species 缩写的单数和复数形式）表示该属的某个种或某些种，例如 *Streptomyces* sp. 表示链霉菌属的一个种，*Micrococcus* spp. 表示微球菌属的一些种。

如果发表新种或对原有已知种重新命名时，则在学名之后加 nov. sp.或 sp. nov.（即 species nova 的缩写，意为新种）。例如，*Bacillus aerophilus* sp. nov. 表示好气芽孢杆菌新种。

（3）亚种名。微生物亚种的学名采用三名法（trinominal nomenclature），即由属名、种名加词和亚种名加词构成。例如 *Bacillus thuringiensis* subsp. *galleria* 表示苏云金芽孢杆菌腊螟亚种。

（4）属及属以上分类单元的名称。亚科、科以上分类单元的名称，是用拉丁或其他词源拉丁化的阴性复数名词（或当作名词用的形容词）命名的，首字母都要大写。其中细菌目、亚目、科、亚科、族和亚族等级的分类单元名称都有固定的词尾（后缀），其词尾的构成见表9-2。

表9-2　属及属以上分类单元及其词尾

分类单元	细菌	真菌	病毒	原生动物	藻类
门	—	-mycota	—	-a	-phyta
亚门	—	-mycotina	—	-a	-phytina
超纲	—	—	—	-a	—
纲	—	-mycetes	—	-ea	-phyceae
亚纲	—	-mycetidae	—	-ia	-phycidae
超目	—	—	—	-idea	—
目	-ales	ales	—	-ida	ales

分类单元	细菌	真菌	病毒	原生动物	藻类
亚目	-ineae	-ineae	—	-ina	-ineae
超科	—	—	—	-oidea	—
科	-aceae	-aceae	-viridae	-idea	-aceae
亚科	-oideac	-oideac	-virinae	-inae	-oideac
族	-eae	-eae	—	-ini	-eae
亚族	-inae	-inae	—	—	-inae
属	—	—	-virus	—	—

2. 命名模式

根据命名法规要求，正式命名的分类单元应指定一个命名模式（简称模式）作为该分类单元命名的依据。种和亚种指定模式菌株（type strain），属和亚属指定模式种（type species），属以上至目级分类单元指定模式属（type genus）。因此，当某一菌株被鉴定为一个新种或新的亚种时，该菌株就应指定为该种或该亚种的模式菌株；如果有几个菌株同时被鉴定为一个新种或亚种，则必须指定其中一个较有代表性的菌株作为该种或亚种的模式菌株。模式菌株应送交两个以上国际公认的菌种保藏机构保藏，以便备查考和索取。模式种和模式属的确定也大体如此。

第二节
微生物的分类鉴定方法

一、形态特征

形态学特征始终被用作微生物分类和鉴定的重要依据之一，其中有两个重要原因：一是它易于观察和比较，尤其是在真核微生物和具有特殊形态结构的细菌中；二是许多形态学特征依赖于多基因的表达，具有相对的稳定性。因此，形态学特征不仅是微生物鉴定的重要依据，而且也往往是系统发育相关性的一个标志。常用于原核生物分类鉴定的形态学特征见表9-3。

表9-3　常用于分类和鉴定的形态学特征

特征		不同类群的鉴别
培养特征		最重要的是菌落特征：菌落的形状、大小、颜色、隆起、表面状况、质地、光泽、水溶性色素等
细胞形态	形态	球形、杆状、弧形、螺旋形、丝状、分枝及特殊形状
	大小	其中最重要的是细胞的宽度或直径
	排列	单个、成对、成链或其他特殊排列方式

特征		不同类群的鉴别
特殊的细胞结构	鞭毛	有无鞭毛、着生位置及其数量
	芽孢	有无芽孢、形状、着生位置、孢囊是否膨大
	孢子	孢子形状、着生位置、数量及排列
	其他	荚膜、细胞附属物为柄、丝状物、鞘、蓝细菌的异形胞、静息细胞等
	超微结构	细胞壁、细胞内膜系统、放线菌孢子表面特征等
细胞内含物		异染颗粒、聚 β-羟基丁酸酯等类脂颗粒、硫粒、气泡、伴孢晶体等
染色反应		革兰氏染色、抗酸性染色
运动性		鞭毛泳动、滑行、螺旋体运动方式

由于普通光学显微镜和相差显微镜操作简便，所以它是观察个体形态最常用的工具。而扫描电镜和透射电镜除用于超微结构的观察外，对于许多形态结构特征的观察也常常会获得更好的效果。

二、生理生化反应

生理生化特征与微生物的酶和调节蛋白的本质和活性直接相关。酶及蛋白质都是基因产物，所以，对微生物生理生化特征的比较也是对微生物基因组的间接比较；测定生理生化特征比直接分析基因组要容易得多，因此生理生化特征对于微生物的系统分类仍然是有重要意义的。在以实用为主要目的的表型分类中，大量原核生物的属和种，仅仅根据形态学特征是难以区分和鉴别的，所以生理生化特征往往是这些医学上或其他应用领域中重要细菌分类鉴定的主要特征。肠道菌科细菌属和种的分类鉴定就是如此。但值得强调的是，由于不少生理生化特征是染色体外遗传因子编码的，加上影响生理生化特征表达的因素比较复杂，所以根据生理生化特征来判断亲缘关系进行系统分类时，必须与其他特征特别是基因型特征综合分析，否则就可能导致错误的结论。

常用于微生物分类鉴定的生理生化特征见表9-4。

表9-4 常用于微生物分类鉴定的生理生化特征

特征	不同类群的区别
营养类型	光能自养、光能异养、化能自养、化能异养及兼性营养型
对氮源的利用能力	对蛋白质、蛋白胨、氨基酸、含氮无机盐、N_2 等的利用
对碳源的利用能力	对各种单糖、双糖、多糖以及醇类、有机酸等的利用
对生长因子的需要	对特殊维生素、氨基酸、X 因子、V 因子等的依赖性
需氧性	好氧、微好氧、厌氧及兼性厌氧
对温度的适应性	最适、最低及最高生长温度及热致死温度
对 pH 的适应性	在一定 pH 条件下的生长能力及生长的 pH 范围
对渗透压的适应性	对盐浓度的耐受性或嗜盐性
对抗生素及抑菌剂的敏感性	对抗生素、氰化钾（钠）、胆汁、弧菌抑制剂或某些染料的敏感性
代谢产物	各种特征性代谢产物
与宿主的关系	共生、寄生、致病性等

三、血清学反应

细菌细胞和病毒等都含有蛋白质、脂蛋白、脂多糖等具有抗原性的物质，由于不同微生物抗原物质结构不同，赋予它们不同的抗原特征，一种细菌的抗原除了可与它自身的抗体起特异性反应外，若它与其他种类的细菌具有共同的抗原组分，它们的抗原和抗体之间就会发生交叉反应。因此，我们可以在生物体外进行不同微生物之间抗原与抗体反应试验——血清学试验来进行微生物的分类和鉴定。

血清学试验方法有凝集反应、沉淀反应（凝胶扩散、免疫电泳）、补体结合、直接或间接的免疫荧光抗体技术、酶联免疫以及免疫组织化学等。通常是对全细胞或者细胞壁、鞭毛、荚膜或黏液层的抗原性进行分析比较，此外也可以用纯化的蛋白质（酶）进行分析，以比较不同细菌同源蛋白质之间的结构相似性。

虽然血清学试验被广泛用于微生物分类鉴定的研究，也积累了一些有益的资料，但比较成功的应用是对种内（以及个别属内）不同菌株血清型的划分。例如，根据鞭毛抗原（H 抗原）将苏云金芽孢杆菌分成 40 多个血清型，根据荚膜抗原将肺炎链球菌（*Streptococcus pneumoniae*）分成近百个血清型，根据菌体（O）抗原、H 抗原和表面（Vi）抗原将沙门氏菌属细菌分成约 2000 个血清型，等等。由于血清学反应往往具有特异性强、灵敏度高、简便快速等优点，所以常常被用于病原菌的检测或鉴定、传染病的诊断和流行病学调查等。

由于血清学分析法只是对抗原大分子表面结构进行比较，其结果可能受分子上每一个抗原位点的影响，所以应用有很大的限制。研究表明：血清学试验主要适用于抗原结构同源程度高（蛋白质同源序列 70%以上）的微生物种内血清型的分类鉴定。

四、噬菌体分型

在原核微生物中已普遍发现有相应种类的噬菌体。噬菌体对宿主的感染和裂解作用常具有高度的特异性，即一种噬菌体往往只能感染和裂解某种细菌，甚至只裂解种内的某些菌株。所以，根据噬菌体的宿主范围可将细菌分为不同的噬菌型和利用噬菌体裂解作用的特异性进行细菌鉴定。这对于追溯传染病来源、流行病调查以及病原菌的检测鉴定有重要意义。例如，鼠疫耶尔森氏菌（*Yersinia pestis*）噬菌体已被用于对该菌的快速鉴定。在金黄色葡萄球菌引起的流行病的调查中，噬菌体分型也发挥了作用。此外，在工业生产中，噬菌体分型对防止噬菌体危害也有指导意义。

鉴定噬菌体对细菌的裂解反应的技术并不复杂，只要将烈性噬菌体悬液滴在新鲜的、处在对数生长期的细菌平板培养物上，或者将噬菌体滴入新鲜的细菌液体培养物中，适温培养 16~48h，若平板上出现噬菌斑（透明斑），或者使液体培养物由混浊变澄清，即说明噬菌体对该菌有裂解作用，否则为阴性结果。

噬菌体和细菌之间反应的特异性，一般表现为裂解同一个种内的菌株，但也存在宿主范围较广泛的噬菌体，除了可裂解同种菌株外，还可裂解属内不同种甚至不同属的菌株（如某些肠道菌科细菌的噬菌体）。这种属间的交叉反应，是否反映属种间的系统发育相关性及其相关程度，目前尚没有明确的解析。

五、细胞化学成分组成

微生物分类中，根据微生物细胞的特征性化学组分对微生物进行分类的方法称化学分类法（chemotaxonomy）。在近二十多年中，采用化学和物理技术研究细菌细胞的化学组成，已获得很有价值的分类和鉴定资料，各种化学组分在原核微生物分类中的意义见表9-5。

表9-5　细菌的化学组分分析及其在分类水平上的应用

细胞成分	分析内容	在分类水平上的作用	细胞成分	分析内容	在分类水平上的作用
细胞壁	肽聚糖结构	种和属	蛋白质	氨基酸序列分析	属和属以上单位
	多糖			血清学比较	
	胞壁酸			电泳图	
膜	脂肪酸	种和属	代谢产物	酶谱	
	极性类脂			脂肪酸	种和属
	霉菌酸		全细胞成分分析	热解——气液色谱分析	种和亚种
	类异戊二烯苯醌			热解——质谱分析	

随着分子生物学的发展，细胞化学组分分析用于微生物分类日趋显示出重要性。细胞壁的氨基酸种类和数量现已被接受为细菌属水平的重要分类学标准。在放线菌分类中，细胞壁成分和细胞特征性糖的分析作为分属的依据，已被广泛应用。脂质是区别细菌和古菌的标准之一，细菌具有酰基脂，而古菌具有醚键脂，因此醚键脂的存在可用以区分古菌。霉菌酸的分析测定已成为诺卡氏菌放线菌分类鉴定中的常规方法之一。此外某些细菌原生质膜中的异戊间二烯醌、细胞色素以及红外光谱等分析对于细菌、放线菌中某些科属种的鉴定也都十分有价值。

六、核酸的碱基组成和分子杂交

比较DNA的碱基组成和进行核酸分子杂交，是通过直接比较基因组进行生物分类较为常用的两种方法。

1. DNA的碱基组成 [（G+C）摩尔分数]

DNA分子含有四种碱基：腺嘌呤（A）、鸟嘌呤（G）、胞嘧啶（C）和胸腺嘧啶（T）。DNA的碱基组成和排列顺序决定生物的遗传性状，所以DNA碱基组成是各种生物一个稳定的特征。它不受年（菌）龄以及突变因素以外的外界条件的影响，即使个别基因突变，碱基组成也不会发生明显变化。分类学上，用（G+C）占全部碱基的摩尔分数 [（G+C）摩尔分数]来表示各类生物的DNA碱基组成特征。

每一种生物都有一定的碱基组成，亲缘关系近的生物，它们应该具有相似的G+C摩尔分数，若不同生物之间（G+C）摩尔分数差别大表明它们关系远。原核生物中（G+C）摩尔分数变化幅度宽达 22%～80%，这也足以表明原核生物是一个极为多样性的类群。一般来说细菌种内菌株之间 DNA 的（G+C）摩尔分数差别≤3%，属内差别≤10%。（G+C）摩尔分数已经作为建立新的微生物分类单元的一项基本特征，它对于种、属甚至科的分类鉴定有重要意义。

然而，值得强调的是：（G+C）摩尔分数的分类学意义主要是作为建立新分类单元的一项基本特征和把那些(G+C)摩尔分数差别大的种类排除出某一分类单元。但绝不能认为:(G+C)摩尔分数相似的生物,它们亲缘关系就一定相近,因为 (G+C) 摩尔分数并没有反映出碱基在 DNA 分子中的排列顺序,(G+C)摩尔分数相同只表明它们具有亲缘关系相近的可能性,是否真正同源,还有待碱基排列顺序分析比较或其他特征的进一步证实。

测定 DNA 碱基组成的方法很多,常用的有热变性温度法、浮力密度法和高效液相色谱法。在细菌分类中,由于热变性温度法操作简单、重复性好而最为常用。这种方法的基本原理是:将 DNA 溶于一定离子强度的溶液中,然后加热,当温度升到一定的数值时,两条核苷酸单链之间的氢键开始逐渐被打开 (DNA 开始变性) 分离,从而使 DNA 溶液 260nm 紫外吸收明显增加, 称 DNA 的增色效应,当温度高达一定值时, DNA 完全分离成单链,此后继续升温,DNA 溶液的紫外吸收也不再增加。DNA 的热变性过程 (即增色效应的出现) 是在一个狭窄的温度范围内发生的,紫外吸收增加的中点值所对应的温度称为该 DNA 的热变性温度或解链温度 (T_m: melting temperature)。在 DNA 分子中, GC 碱基对之间有 3 个氢键,而 AT 对只有两个氢键,因此,若细菌的 DNA 分子 (G+C) 摩尔分数高,其双链的结合就比较牢固,使其分离成单链就需较高的温度。在一定离子浓度和一定 pH 值的盐溶液中,DNA 的 T_m 值与 DNA 的 (G+C) 摩尔分数成正比,因此,只要用紫外分光光度计测出一种 DNA 分子的 T_m 值,就可以计算出该 DNA 的 (G+C) 摩尔分数。

2. 核酸的分子杂交

生物的遗传信息以碱基排列顺序 (遗传密码) 线性地排列在 DNA 分子中,不同生物 DNA 碱基排列顺序的异同直接反映这些生物之间亲缘关系的远近,碱基排列顺序差异越小,它们之间的亲缘关系就越近,反之亦然。由于目前尚难以普遍地直接分析比较 DNA 的碱基排列顺序,所以,分类学上目前主要采用较为间接的比较方法——核酸分子杂交 (hybridization) 来比较不同微生物 DNA 碱基排列顺序的相似性,进行微生物的分类。核酸分子杂交在微生物分类鉴定中的应用包括: DNA-DNA 杂交、DNA-rRNA 杂交以及根据核酸杂交特异性原理制备核酸探针。

(1) DNA-DNA 杂交。DNA-DNA 杂交的基本原理 (图 9-1):对双链结构的 DNA 分子进行加热处理时,互补结合的双链可以离解成单链,即 DNA 变性;若将变性了的 DNA 分子进行冷却处理时,已离解的单链又可以重新结合成原来的双链 DNA 分子,这一过程叫 DNA 的复性。不仅同一菌株的 DNA 单链可以复性结合成双链,来自不同菌株的 DNA 单链,只要二者具有同源互补的碱基序列,它们也会在同源序列之间互补结合形成双链, 这就称之为

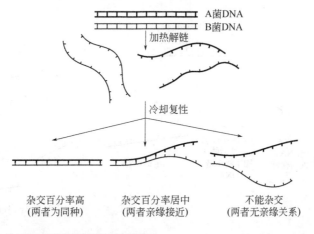

图 9-1　DNA-DNA 分子杂交测定核酸同源性原理

DNA-DNA 分子杂交。不同微生物之间，DNA 同源程度越高，其杂交率就越高，若两个菌株 DNA 分子序列完全相同，则应 100%杂交结合。

核酸杂交的具体测定方法很多，按杂交反应的环境可分为液相杂交和固相杂交两大类，前者杂交反应在溶液中进行，后者杂交在固体支持物上进行。在细菌分类中，液相复性速率法是最常用的 DNA-DNA 杂交法之一。其依据是细菌等原核生物的 DNA 通常不包含重复序列，在盐浓度合适的液相缓冲体系中复性时，同源 DNA 比异源 DNA 的复性速率快，同源程度越高，复性速率越大，杂交率也越高。利用这个特点，通过分光光度计直接测定变性后的 DNA 在一定条件下的复性速率，进而计算出 DNA-DNA 之间的杂交率。

自 20 世纪 60 年代将 DNA-DNA 杂交技术应用于细菌分类以来，已经对大量的微生物菌株进行过研究，它对于许多有争议的种的界定和建立新种起了重要作用。国际系统细菌学委员会规定，DNA 同源性≥70%、热解链温度差 ΔT_m≤5℃为细菌种的界限。

(2) DNA-rRNA 杂交。研究表明：当两个菌株 DNA 的非配对碱基超过 10%～20%时，DNA-DNA 杂交往往不能形成双链，因而限制了 DNA-DNA 杂交主要应用于种水平上的分类。为了进一步比较亲缘关系更远的菌株之间的关系，需要用 rRNA 与 DNA 进行杂交。正如前面介绍过的，rRNA 是 DNA 转录的产物，在生物进化过程中，其碱基序列的变化比基因组要慢得多，保守得多，它甚至保留了古老祖先的一些碱基序列。因此，当两个菌株的 DNA-DNA 杂交率很低或不能杂交时，用 DNA-rRNA 杂交仍可能出现较高的杂交率，因而可以用来进一步比较关系更远的菌株之间的关系，进行属和属以上等级分类单元的分类。DNA-DNA 杂交和 DNA-rRNA 杂交的原理和方法基本相同，只是在技术细节上有些差异，如 DNA-rRNA 杂交中，用同位素标记的是 rRNA 而不是 DNA 等等。

(3) 核酸探针。通过核酸杂交来检测特定核苷酸序列的核酸探针技术，是近几十年才发展起来的，现在已越来越广泛地用于微生物鉴定、传染病诊断、流行病调查、食品卫生微生物检测以及分子生物学许多领域（为克隆的筛选、基因表达检测等）。所谓核酸探针（probe）是指能识别特异核苷酸序列的、带标记的一段单链 DNA 或 RNA 分子。因此，一种核苷酸片段能否作为探针用于微生物鉴定，最根本的条件是它的特异性，即它能与所检测的微生物的核酸杂交而不能与其他微生物的核酸杂交（图 9-2）。因此，根据特异性的不同，在微生物鉴定与检测中的作用也不同，有的探针只用于某一菌型的检测，有的可能用于某一种、属、科甚至更大类群范围的微生物的检测或鉴定。例如，从一株淋病奈瑟氏菌（*Neisseria gonorrhoeae*）隐蔽性质粒制备的 DNA 探针，它具有种的特异性，可用来检测和鉴定这种引起人类性行为传播疾病的细菌。

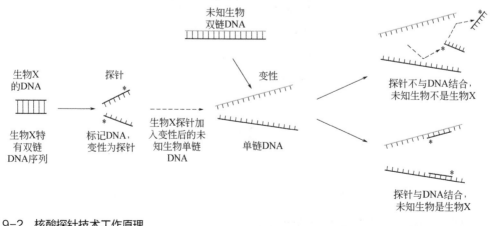

图 9-2　核酸探针技术工作原理

根据核酸探针来源和性质，还可以分为基因组 DNA 探针、RNA 基因（cDNA）探针、RNA 探针和人工合成寡核苷酸探针等几类。使用核酸探针来鉴定或检测微生物的方法，是将探针与所检测的细菌进行杂交。在细菌鉴定或检测临床标本中的细菌时，常用菌落原位杂交法。用核酸探针来鉴定或检测微生物，具有准确、快速等优点，特别是当用常规方法难于鉴定和检测时，往往更显示其优越性。

七、各种分类方法联合应用

由于现代分子生物学技术的迅速发展，正在形成一套比传统的分类鉴定方法更合理有效的分类鉴定技术与方法，侧重从基因水平上分析各微生物种之间的亲缘关系，即系统发育地位。Colwell（1970）首次提出了多相分类（polyphasic taxonomy）的概念，就是将遗传性状和表型性状结合起来，从微生物全基因组尽可能多地获取直接或间接的分类信息，多种方法相互印证，互为补充，从而较全面地反映微生物的生物多样性特征和系统发育地位。

研究者可以通过数值分类（numerical taxonomy）、全细胞可溶性蛋白电泳（SDS-PAGE of whole-cell water-soluble proteins）、多位点酶电泳（multilocus enzyme electrophoresis, MLEE）、细胞脂肪酸组成分析（analysis of whole-cell fatty acids）等技术研究细菌的表型特征（图 9-3）。

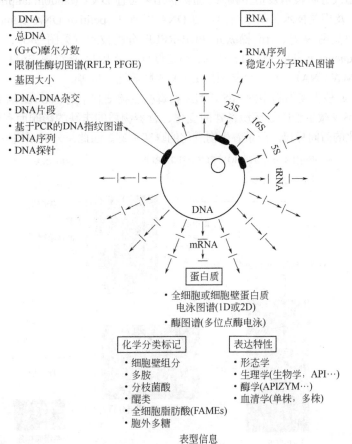

图 9-3　细菌多相分类技术所涉及的表型及遗传型信息

数值分类是在法国植物学家 Adanson 在 1757 年首先提出的"等权原则"基础上，由 Sneath 重新提出、完善和发展起来的分类方法。所谓数值分类，是指各个分类单元的各个性状在地位相等的前提下，用计算机和数理统计方法来分析比较供试性状并依既定程序进行聚类分析，处理细菌的各种特征，求出相似值，以其相似性的大小决定供试菌在分类学中的关系，并把它们分为各个类群。其优点在于借助计算机分析，避免了人为分析的主观性，结果较为公正，故数值分类法是现代细菌分类的基本技术之一，广泛用于细菌的表型多样性研究。

在数值分类中，菌株是分类系统的基本单位或称作操作单元（operational taxonomic unit, OUT）。在收集足够样本数量的基础上测定其分类特征，然后进行特征编码，使数据符号化后输入计算机。根据相似性公式，用计算机运算出 OUT 之间的相似值，再把相似性很密切的 OUT 在不同的相似性水平上聚类分群。数值分类可以揭示同一表观群（phenon）菌株的表型一致性，以及不同表观群之间表型性状的差异。它以分析大量的分类特征为基础，对类群的划分客观稳定，有利于对供试菌类群的全面考察，从而为进一步的分类鉴定积累大量信息。

表型特征是细菌遗传特性的表现形式，通过表型分析比较可以综合地反映细菌的表型多样性，但终究难以全面反映细菌的全部遗传特征，而遗传多样性可以弥补其不足。研究细菌的遗传多样性时，常常从细菌基因组、一些特殊基因片段中应用多种分子生物学方法进行检测。

遗传型的常用研究方法有扩增片段长度多态性（amplified fragment length polymorphism，简称 AFLP）、指纹分析技术及衍生技术、随机扩增多态性 DNA（random amplified polymorphic DNA，RAPD）及相关技术、基因组内重复 DNA 序列（repetitive DNA elements, REP）的多态性分析技术（见图 9-4）、rrn 操纵元 PCR-RFLP 分析技术（见图 9-5）、多序列位点分型（multilocus sequence typing, MLST）技术、稳定低分子量 RNA 指纹图谱分析（low-molecular-weight RNA, LMW RNA）、基于全基因组 DNA 的同源性分析等。

众所周知，原核生物细胞中的 16S rDNA 和真核生物细胞中的 18S rDNA 的碱基序列都是十分保守的，不受微生物所处环境条件的变化、营养物质的丰缺的影响而有所变化，都可以看作为生物进化的时间标尺，记录着生物进化的真实痕迹。因此，分析原核生物细胞中的 16S

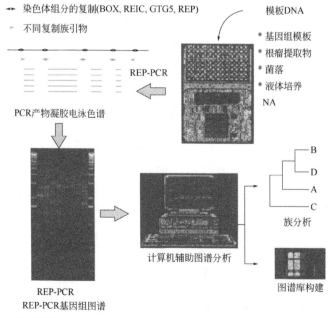

图 9-4 REP-PCR 指纹图谱分析技术

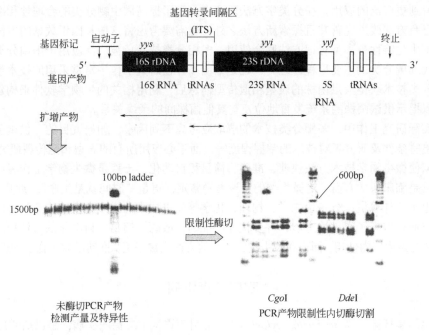

图 9-5　rrn 操纵元 PCR–RFLP 分析技术

rDNA 和真核生物细胞中的 18S rDNA 的碱基序列, 比较所分析的微生物与其他微生物种之间 16S rDNA 或 18S rDNA 序列的同源性, 可以真实地揭示它们的亲缘关系和系统发育地位。在现实研究中, 除了选择 16S rDNA 和 18S rDNA 作序列分析进行系统发育比较外, 还可利用间隔序列 (ITS)、某些发育较为古老而序列又较稳定的特异性酶的基因作序列分析, 进行系统发育分析。

随着各种细菌不同位点保守基因序列信息的积累, 利用 MLST 技术可以更客观地揭示细菌的进化历史和系统发育地位, 目前这些保守的基因序列主要包括: *atp*D、*rec*A、*dna*X、*gly*A、*rec*N、*atp*A、*rpo*A、*gln*Ⅱ 等。由于这些保守基因位于染色体的不同位置, 根据这些基因序列也许可以预测不同细菌的基因组组成的相关性, 进而可以代替细菌分类中重要的、操作复杂的 DNA 同源性分析技术。

基因组时代的到来, 为微生物分类带来了新思路。随着高通量 DNA 测序技术在微生物领域应用的不断成熟, 比表型特征和基因片段序列分析更精确的全基因组数据被应用到了微生物分类学研究中。随之也涌现出一些基于基因组数据的分析方法, 例如其中最具代表性的 5 种包括平均核苷酸同源性 (average nucleotide identity, ANI) 分析、核心基因组 (core genome) 分析、最大唯一匹配指数 (maximal unique matches index, MUMi) 分析、K 串 (K-string) 组分矢量法和基因流动性 (genome fluidity) 分析, 使微生物分类学在精确度、可靠性等方面取得了重要的突破。这几种基于基因组数据的方法的应用领域虽然各有侧重, 但在微生物分类中均有大量成功的实例。ANI 分析因与 DNA-DNA 杂交技术有良好的关联性而有望成为下一代的金标准。MUMi 分析和 ANI 同为计算基因组指数的方法, 与 DNA-DNA 杂交技术也同样有一定的联系, 这一特性增加了其应用优势。核心基因组分析由于其所选基因有较强的保守性, 因而在建树中有着较高的分辨率和准确性。基于基因含量的两种方法——K 串组分矢量法和基因流动性分析, 虽然目前在微生物分类中应用还比较少, 但是由于其算法简便、免对比的特点, 因而有一定的应用前景。在这 5 种方法中 ANI 分析和核心基因组分析的应用最为成熟。总体来说, 以基因组数据为基础的这些分类方法具有快速、准确、节省人力等优点,相信会得到更广泛的应用。在分类学方法研究中，为了提高微生物分类的合理性和准确性，除了对已有方法改进完善并且探索新方法之外，也需要考虑将这些基因组数据的方法同形态学、生理生化特性等表型标记方法联合使用。多相分类技术已被广泛应用于细菌分类，被认为是现代细菌分类的重要里程碑之一，也是细菌多样性研究工作中常常采用的技术手段。利用多相分类技术获得大量菌株的表型和遗传型信息后，利用相关的生物学软件来构建系统发育树，以揭示供试菌株的系统发育地位及与其他菌株间的亲缘关系。

在实际研究工作中，多相分类技术的选取应考虑下列因素，如研究目的、供试菌株的数量、实验室条件及研究者对技术的掌握程度等，而不必应用所有的表型和遗传型研究技术。

如何使微生物学技术方法快速、准确、简易和自动化，一直是微生物学工作者研究的热点，尤其是临床医学方面，对微生物的快速准确鉴定，更是"时间就是生命"。近几十年来，随着微电子、计算机、分子生物学、物理、化学等先进技术向微生物学的渗透和多学科的交叉，这方面已取得了突破性进展，许多快速、准确、敏感、简易、自动化的方法技术，不仅在微生物鉴定中广为使用，而且在微生物学的其他方面也被采用，推动了微生物学的迅速发展。

吹口气查胃病

幽门螺杆菌（*Helicobacter pylori*, HP）会引起胃及十二指肠疾病，是已知的最广泛的慢性细菌性感染，全世界感染率达 50%。世界卫生组织（WHO）将其列为第一类致癌因子，并将其明确认定为胃癌的危险因子。胃癌在我国已成为癌症中的头号杀手，每年约 16 万人被胃癌夺去生命。

所谓"吹口气查胃病"是指 ^{13}C 尿素呼气法能快速鉴定是否感染 HP。其原理是：HP 具有人体不具有的尿素酶，能将尿素分解生成 NH_3 和 CO_2。受检者口服 ^{13}C 标记的尿素，30min 后呼出的气用质谱仪检测是否有 $^{13}CO_2$，如果有，则说明受检者被 HP 感染。该方法采用的是稳定同位素，无放射性损伤，无痛苦，无创伤，准确、特异、快捷，深受临床检验的欢迎。

这也表明，各类仪器、设备用于微生物快速检测，急需进一步开发利用，大有可为。通用仪器也可用于除鉴定之外的微生物学其他方面检测、分析的快速、自动仪技术。

第三节
微生物分类系统介绍

一、细菌分类和伯杰氏手册

细菌、放线菌等原核微生物的分类系统很多，最有代表性和影响力的分类系统是《伯杰氏细菌学鉴定手册》（*Bergey's Manual of Determinative Bacteriology*，以下简称《手册》）。《手册》最初是由美国宾夕法尼亚大学的细菌学教授伯杰（D. Bergey）（1860～1937 年）及其同事为细菌的鉴定而编写的。该书自 1923 年问世以来，已进行过八次修订，现已发行第九版。1957 年第七版后，由于越来越多的国际上细菌分类学家参加编写（如 1974 年第八版，撰稿人多达 130 多位，涉及 15 个国家；现行版本撰稿人多达 300 多人，涉及近 20 个国家），所以它的近代版本反映了出版年代细菌分类学的最新成果，因而逐渐确立了在国际上对细菌进行全面分类的权威地位，20 世纪 70 年代以来该书所提出的分类系统已被各国普遍采用。

1994 年，《伯杰氏细菌学鉴定手册》第九版出版。该手册根据表型特征把细菌分为四个类别，35 群。《手册》第九版与过去的版本相比较，具有以下特点：①该书的目的只是为了鉴别那些已被描述和培养的细菌，并不把系统分类和鉴定信息结合起来；②其内容的编排严格按照表型特征，所选择的排列是实用的，为了有利于细菌的鉴定，并不试图提供一个自然分类系统；③手册抽取了《伯杰氏系统细菌学手册》四卷的表型信息，并包括了尽可能多的新的分类单元，其有效发表的截止日期是 1991 年 1 月。

在 1984～1989 年间，《手册》的出版者出版了《伯杰氏系统细菌学手册》(*Bergey's Manual of Systematic Bacteriology*，简称《系统细菌学手册》)。该手册与《伯杰氏细菌学鉴定手册》有很大不同，首先是在各级分类单元中广泛采用细胞化学分析、数值分类方法和核酸技术，尤其是 16S rRNA 寡核苷酸序列分析技术，以阐明细菌的亲缘关系，并对第八版手册的分类作了必要的调整。例如，《系统细菌学手册》根据细胞化学、比较细胞学和 16S rRNA 寡核苷酸序列分析的研究结果，将原核生物界分为四个门。由于这个手册的内容包括了较多的细菌系统分类资料，定名《伯杰氏系统细菌学手册》，反映了细菌分类从人为的分类体系向自然的分类体系所发生的变化。为使发表的材料及时反映新进展，并考虑使用者的方便，该手册分四卷出版。第一卷（1984 年）内容为一般、医学或工业的革兰氏阴性细菌。第二卷（1986 年）为放线菌以外的革兰氏阳性细菌。第三卷（1989 年）为古细菌和其他的革兰氏阴性细菌。第四卷（1989 年）为放线菌。2000 年，《系统细菌学手册》第二版编辑完成并分成 5 卷陆续出版。在此第二版中，细菌域分为 16 门，26 组，27 纲，62 目，163 科，814 属，收集了 4727 个种。古菌域分为 2 门，5 组，8 纲，11 目，17 科，63 属，收集了 208 个种。共收集进原核微生物 4935 个种。

例如，《伯杰氏系统细菌学手册》第二版中，根瘤菌分布在 2 纲（α-变形杆菌纲 α-Proteobacteria 和 β-变形杆菌纲 β-Proteobacteria），2 目（根瘤菌目 Rhizobiales 和伯克霍尔德菌目 Burkholderiales），7 科中（表 9-6）。

表 9-6　《伯杰氏系统细菌学手册》第二版中提出的根瘤菌分类系统大纲（2004 年）

门 BXⅡ. Proteobacteria	门 BXⅡ. Proteobacteria
纲 Ⅰ. Alphaproteobacteria	属 Ⅰ. *Bradyrhizobium*
目 Ⅵ. Rhizobiales	科 Ⅸ. Hyphomicrobiaceae
科 Ⅰ. Rhizobiaceae	属 Ⅵ. *Azorhizobium*
属 Ⅰ. *Rhizobium*	属 Ⅷ. *Devosia*
属 Ⅲ. *Allorhizobium*	科 Ⅹ. Methylobacteriaceae
属 Ⅵ. *Sinorhizobium*	属 Ⅰ. *Methylobacterium*
科 Ⅳ. Brucellaceae	纲 Ⅱ. Betaproteobacteria
属 Ⅲ. *Ochrobactrum*	目 Ⅰ. Burkholderiales
科 Ⅴ. Phyllobacteriaceae	科 Ⅰ. Burkholderiaceae
属 Ⅰ. *Phyllobacterium*	属 Ⅰ. *Burkholderia*
属 Ⅵ. *Mesorhizobium*	属 Ⅱ. *Cupriavidus*
科 Ⅷ. Bradyrhizobiaceae	

二、安·贝氏真菌学词典

人类认识和利用真菌的历史在西方已有 3500 年以上，我国已有 6000 年之久。真菌分类学的产生和发展却只有 200 多年的历史。自 1729 年 Micheli 首次用显微镜观察研究真菌，提出真菌分类检索表以来，有代表性的真菌分类系统不下 10 多个。如 DeBary（1884）、Martin（1950）、Whittaker（1969）、Margulis（1974）、Alexopoulos（1979）、Kendrick（1992）、Alexopoulos & Mins（1996）、Ainsworth & Bisby（1971，1973，1983，1995，2001，2008）等的分类系统等。

在诸多的真菌分类系统中得到学术界普遍认可和广泛采用的是《安·贝氏真菌学词典》（*Ainsworth & Bisby's Dictionary of the Fungi*）。该系统 1973 年版主要依据营养方式、胞壁成分和形态特点将真菌分为黏菌门和真菌门，后者又分为 5 个亚门，18 纲，66 目，244 科。

随着现代分子生物学技术的迅速发展，研究者对真菌基因组和细胞超微结构的认识越来越多，真菌分类方法和技术也日益多样化，更侧重从基因水平上分析各微生物种之间的亲缘关系。《安·贝氏真菌学词典》第 9 版（2001）中，根据现代真菌分类方法和技术将真菌界分成 4 门和 1 类（见图9-6）。

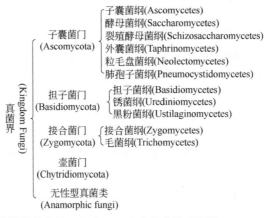

图9-6　《安·贝氏真菌学词典》第9版（2001）真菌分类系统图

由 P.M.Kirk 等编写的《安·贝氏真菌学词典》（*Ainsworth & Bisby's Dictionary of the Fungi*）第 10 版，2008 年 11 月由 CABI 公司出版。第 10 版记载了真菌界 7 门，36 纲，140 目，560 科，8283 属，97861 种。7 个门包括：壶菌门（Chytridiomycota）、芽枝霉门（Blastocladiomycota）、新丽鞭毛菌门（Neocallimastigomycota）、球囊菌门（Glomeromycota）、接合菌门（Zygomycota）、子囊菌门（Ascomycota）、担子菌门（Basidiomycota）。

壶菌门，有 2 纲，4 目，14 科，105 属，706 种。分别是壶菌纲（Chytridiomycetes）、壶菌目（Chytridiales）、根囊壶菌目（Rhizophydiales）、螺旋壶菌目（Spizellomycetales）、单毛壶菌纲（Monoblepharidomycetes）、单毛壶菌目（Monoblepharidales）。

芽枝霉门，有 1 纲，1 目，5 科，14 属，179 种。有：芽枝霉纲（Blastocladiomycetes）、芽枝霉目（Blastocladiales）、芽枝霉科（Blastocladiaceae）、链枝菌科（Catenariaceae）、雕蚀菌科（Coelomomycetaceae）、节壶菌科（Physodermataeceae）、聚壶菌科（Sorochytriaceae）。

新丽鞭毛菌门，有 1 纲，1 目，1 科，6 属，20 种。有：新丽鞭毛菌纲（Neocallimastigomycetes）、新丽鞭毛菌目（Neocallimastigales）、新丽鞭毛菌科（Neocallimastigaceae）。

球囊菌门，有 1 纲，4 目，9 科，12 属，169 种。有：球囊菌纲（Glomeromycetes）、原始孢菌目（Archaeosporales）、叉孢菌目（Diversisporales）、球囊霉目（Glomerales）、类球囊霉目（Paraglomerales）。

　　接合菌门，有 4 亚门，1 纲，10 目，27 科，168 属，1065 种。有：虫霉菌亚门（Entomophthoromycotina）、虫霉菌目（Entomophthorales）、毛霉菌亚门（Mucoromycotina）、接合菌纲（Zygomycetes）、内囊霉菌目（Endogonales）、Mortierellales、毛霉菌目（Mucorales）、捕虫霉菌亚门（Zoopagomycotina）、捕虫霉菌目（Zoopagales）。

　　子囊菌门，有 3 亚门，15 纲，68 目，327 科，6355 属，64163 种。新设立的 3 个亚门：盘菌亚门（Pezizomycotina）[=子囊菌亚门（Ascomycotina）]、酵母菌亚门（Saccharomycotina）、外囊菌亚门（Taphrinomycotina）。

　　担子菌门，有 3 亚门，16 纲，52 目，177 科，1589 属，31515 种；有 6 个地位未确定的目（unassigned classes）。新设立 3 个亚门：伞菌亚门（Agaricomycotina）、柄锈菌亚门（Pucciniomycotina）、黑粉菌亚门（Ustilaginomycotina）。

本章小结

　　微生物分类学的根本任务包括分类、命名和鉴定三部分。至今已记载过的微生物数约有 20 万种，而且其数目还在不断增加。它们的分类也与其他生物一样，采用界、门、纲、目、科、属、种 7 级分类单元排列。微生物的种可用该种内的一个模式菌株作代表。

　　微生物的学名由属名和种名加词两个拉丁词组成，此即双名法；对某些亚种或型，还可用三名法表示。学名是国际学术界的正式名称，故每个学习微生物学的人，都应熟记一批重要微生物的学名。菌株是每一具体微生物纯种的遗传型标志，也很重要。

　　在微生物的分类、鉴定领域中，以一般生物学表型为指标的传统方法有其实用价值，但正在向微量化、简便化、快速化、集成化、智能化和商品化的方向发展；现代化的高新技术在微生物的分类、鉴定中正在得到日益广泛的应用，其中能揭示微生物遗传型本质的各种核酸分析技术尤显重要。

　　由于新的微生物类型的不断发现和新技术的大量应用等，微生物的种数正在急剧扩大之中。与此相适应的各大类微生物分类、鉴定系统也在不断更新。代表着原核生物分类、鉴定最高国际学术水平的《伯杰氏手册》，自第一版（1923 年）至第九版（1994 年），每版几乎都有根本性的变化，进而从"鉴定手册"又改为"系统手册"，由此可见学科发展势头之猛。在真菌界分类系统中，则以《安·贝氏真菌学词典》最有影响，第十版中记载了真菌界 7 门，36 纲，140 目，560 科，8283 属，97861 种。

思考题

　　1．微生物分类学所包括的分类、鉴定和命名三个内容各有何任务？

　　2．种以上的通用分类单元分几级？各级的英文和拉丁名称是什么？试举一具体菌种说明之。

　　3．什么是种？什么是新种？给微生物的种下定义为何比高等生物更难？

4．试比较种、亚种、型和类群的异同，并举例说明之。

5．什么是学名？什么是双名法？什么是三名法？

6．什么叫菌株？为什么说正确理解菌株的含义对开展微生物学工作极为重要？

7．什么叫模式菌株？它与模式种有何联系？

8．用于微生物鉴定中的经典方法主要是哪些？近年来在实用上发生了哪些变化？

9．在现代微生物分类鉴定工作中，出现了哪些新技术和新方法？

10．鉴定微生物遗传型的分子生物学方法有哪些？其基本原理是什么？各方法的应用范围如何？

11．何谓化学分类法？

12．除核酸外，微生物还有哪些化学成分可用于它们的分类鉴定？

13．什么叫数值分类法？它的主要工作原理和工作方法是怎样的？

14．什么是《伯杰氏细菌系统学手册》？其最新版本的分类系统纲要是怎样的？

15．《安·贝氏真菌学词典》最新版把真菌界分成几个门、几个亚门？

16．微生物学工作者或其他生命科学工作者为什么一定要熟悉学名的知识和牢记一批微生物学名？

参考文献

Bergey's Manual Trust, 2001-2008. Bergey's Manual of Systematic Bacteriology. 2nd ed. New York: Springer-Verlag.

Garrity G M, Bell J A, Lilburn T G, 2004. Taxonomic Outline of the Prokayotes. Bergey's Manual of Systematic Bacteriology. 2nd ed. New York: Spinger-Verlag, Rel. 5.0.

Kirk P M, Cannon P F, Minter D W, et al, 2008. Ainsworth & Bisby's Dictionary of the Fungi. 10th ed.

Madigan M T, Martinko J M, Parker J. Brock's Biology of Microorganism, Prentice Hall. 9th ed 2000. 10th ed 2003.

Prescott L M, Harley J P, Klein D A, 2002. Microbiology. 5th ed. McGraw-Hill Companies.

Vandamme P, Pot B, Gillis M, et al, 1996. Polyphasic taxonomy, a consensus approach to bacterial systematics. Microbiol Rev, 60(2): 407-438.

陈文新, 汪恩涛, 2011. 中国根瘤菌. 北京: 科学出版社.

贺运春, 2009. 真菌学. 北京: 中国林业出版社.

黄秀梨, 2002. 微生物学. 北京: 高等教育出版社.

惠文彦, 张和平, 2016. 基因组分析方法在微生物分类学中的应用. 微生物学通报, 43(5): 1136-1142.

拉帕杰, 等, 1989. 陶天申, 等译. 国际细菌命名法规. 北京: 科学出版社.

卢振祖, 1994. 细菌分类学. 武汉: 武汉大学出版社.

邵力平, 1984. 真菌分类学. 北京: 中国林业出版社.

沈萍, 陈向东, 2006. 微生物学. 2 版. 北京: 高等教育出版社.

陶天申, 等, 2007. 原核生物系统学. 北京: 化学工业出版社.

武汉大学、复旦大学生物系微生物教研室, 1987. 微生物学. 2 版. 北京: 高等教育出版社.

张纪忠, 1990. 微生物分类学. 上海: 复旦大学出版社.

周德庆, 2002. 微生物学教程. 2 版. 北京: 高等教育出版社.

第十章
微生物生态

第一节
生态、微生物生态与生态文明建设

一、生态文明建设

人类社会经济发展在面对资源约束趋紧、环境污染严重、生态系统退化的严峻形势下，必须树立尊重自然、顺应自然、保护自然的生态文明理念。

"生态文明建设"其实就是建设文明生态，使人类文明可持续发展。已有研究数据表明，人类对自然环境的影响程度达到了历史峰值。人类作为地球众多物种中唯一具有高等智慧的物种，在一定程度上决定着自然环境的变化趋势。坚持节约优先、保护优先、自然恢复为主，着力推进绿色发展、循环发展、低碳发展（碳中和），形成节约资源和保护环境的空间格局、产业结构、生产方式及生活方式，从源头上扭转生态环境恶化趋势，为人民创造良好生产生活环境，为全球生态安全做出贡献。

二、生态

生态（ecology）是指生物在一定的自然环境下生存和发展的状态。生态系统（ecosystem）是指在自然界的一定的空间内，生物与环境构成的统一整体，在这个统一整体中，生物与环境之间相互影响、相互制约，并在一定时期内处于相对稳定的动态平衡状态。微生物是生态系统的重要组成部分，其直接或间接地参与地球上所有的生态过程。生态环境（ecological environment）是指影响人类生存与发展的水资源、土地资源、生物资源以及气候资源数量与质量的总称，是关系到社会和经济持续发展的复合生态系统。生态环境问题（ecological and environmental problems）是指人类为其自身生存和发展，在利用和改造自然的过程中，自然环境被破坏和污染所产生的危害人类生存的各种负反馈效应。

生态系统是由生物群落及其生存环境共同组成的动态平衡系统。生物群落由存在于自然界一定范围或区域内并互相依存的一定种类的动物、植物、微生物组成。生物群落内不同生物种群的生存环境包括非生物环境和生物环境。非生物环境又称无机环境、物理环境，如各种化学物质、气候因素等；生物环境又称有机环境，如不同种群的生物。生物群落同其生存环境之间以及生物群落内不同种群生物之间不断进行着物质交换和能量流动，并处于互相作用和互相影响的动态平衡之中。这样构成的动态平衡系统就是生态系统。它是生态学研究的基本单位，也是环境生物学研究的核心问题。人类居住的地球上最大的生态系统是生物圈，人类主要生活在以城市和农田为主的人工生态系统中。

三、微生物生态

微生物生态学（microbial ecology）是生态学的一个重要分支，是研究微生物群落与环境相互关系的科学。微生物生态是指微生物间、微生物与其他生物间以及微生物与自然环境间的各种相互关系。由于微生物种类繁多、性能各异，且增殖快、适应力强，故在地球上分布极广，数目庞大。微生物在生物圈中作用重大，其既是生产者，又是分解者或还原者。几乎世界上一切天然存在的有机物质都能被某种相应的微生物分解。对人工合成的一些有机物质，也可能找到相应的微生物分解者，微生物已成为处理污染物质的一个重要手段。

在"微生物生态学"学科的发展过程中，包括我国在内的科学家都起到了重要作用。19世纪 90 年代，荷兰微生物学家马丁努斯·威廉·拜耶林克（Martinus Willem Beijerinck，1851～1931 年）在研究植物固氮作用时发现附着于某些品种植物（荚果）的根部上的细菌能为该植物提供养分（植物与细菌之间的共生的典型例子），同时也对维持泥土肥沃起着关键性作用。我国土壤微生物学家、中国科学院院士、中国农业大学陈文新教授在生物固氮（根瘤菌）研究方面也作出了卓越贡献（详见图 10-1）。陈文新建立了中国第一个现代细菌分子分类实验室，

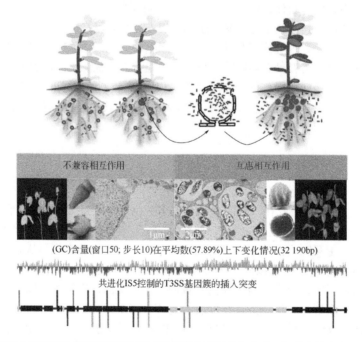

图 10-1　陈文新院士研究团队诱导豆科植物形成根瘤研究成果发表在《国际微生物生态学会会刊》(The ISME Journal) 上

该研究成果显示根瘤菌在条件适宜的情况下可以诱导豆科植物形成根瘤，在侵染根瘤细胞后，分化为"类菌体"并固定空气中的氮气。这些被固定的氮素能够替代化学氮肥促进豆科植物生长。这一共生固氮体系在减施化学氮肥，促进农业可持续发展，降低面源污染方面具有重要的生态学意义

建立了根瘤菌资源数据库；提出了否定根瘤菌"寄主专一性"及与植物"互接种族"传统观念的新见解；建立了国际上最大的根瘤菌资源库和数据库，菌株数量和所属寄主植物种类居世界首位，确立了一套科学的根瘤菌分类、鉴定技术方法及数据处理程序；她证明了根瘤菌-豆科植物的共生关系的多样性，揭示了近源菌株与植物不同品种间的共生有效性差异巨大，对根瘤菌共生机制的进化提出了新观点，发现禾本科植物与豆科植物间混种植可以排除根瘤菌"氮阻遏"的障碍，并且两者互作共高产。

俄罗斯微生物学家维诺格拉斯基（Sergei Winogradsky，1856～1953 年）在研究贝日阿托氏菌（*Beggiatoa*）时，发现它能利用无机物 H_2S 作为能源、以 CO_2 作为碳源，首次提出了自养生物的概念及其与自然循环的关系。1892 年，维诺格拉斯基设立了亚硝酸单胞菌属及亚硝酸杆菌属。在中外诸多微生物学家的共同努力下，他们许多的开创性微生物学领域的研究较早地涉及了微生物生态学的概念。

第二节
微生物与生物环境间的相互关系

一、微生物生态学研究内容

自然界中某一种微生物很少以纯种的方式存在，而是与其他微生物、动植物共同混杂生活在某一生境里，作为生物群落的一个群体。一个生态系统中的生物群落通常包括微生物、植物和动物。生物群落中各个群体之间存在有各种相互作用，有些相互作用对某一群体有利，而对其他群体不利或为中性，正是这种正负作用使得生物群落保持生态平衡。

1. 微生物群落组成、多样性和分布特征

微生物群落组成和多样性一直是微生物生态学和环境科学研究的重点。首先，微生物群落组成决定了生态功能的特征和强弱。其次，微生物群落多样性-稳定性是研究生态系统动态变化和功能关系的重要途径。再次，微生物群落组成变化是标志着环境变化的重要方面。由此可见，通过对微生物群落的组成和多样性进行解析并研究其动态变化，可以了解群落结构、调节群落功能和发现新的重要功能微生物类群，使生态环境变化研究从微观角度得以体现。微生物群落的分布被认为不同于动植物呈明显的地带性和区域分布特征，而是呈全球性的随机分布。事实上，不同的生境类型间，微生物群落组成存在着明显的差异性。了解并掌握微生物的分布特征实非易事。因此有学者提出，如果可以明确微生物的组成和分布规律，这对生态学和生物地理学完善和发展以及对微生物资源保护和利用均有重要意义（图 10-2）。

对于影响微生物群落组成、多样性和分布特征的过程和因素主要可以概括为以下四方面。①微生物扩散定殖：扩散过程是控制微生物时空分布和宏观生态型的关键过程之一。②物种形成和灭绝速率：物种数量是物种形成速率和进化时间共同作用的结果。较高的微生物多样性可以产生高物种分化并降低物种灭绝速率。③环境复杂性对微生物分布的影响：由于生物和非生物因素的影响，多数微生物所处生境存在明显的空间异质性。研究表明，生境异质性

与微生物多样性间存在显著正相关关系，但目前这种关系在自然界中很难明确证实。④个体大小与空间尺度的关系：有学者认为一定环境中微生物较大型生物应具有更高的多样性，因为个体微小的它们可以更精细地分割所处环境。换言之，小个体对环境异质性感知敏感，相对增加了给定环境中不同生境的数量以及潜在对环境的利用方式。

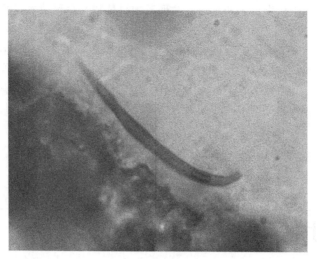

图 10-2   最古老的食肉类蘑菇（carnivorous mushrooms）

上图所示的琥珀（amber）是科学家在法国西南部一处采石场挖掘的，从如图所示半透明的琥珀可以看到里面包含着一条微小的线虫和一块真菌类蘑菇。1.45 亿年前当蘑菇设置的陷阱未将线虫完全消化时，树脂就将它们包裹起来形成现今的琥珀。德国柏林国家历史博物馆的亚历山大·施米特指出：现代食肉菌类蘑菇通常使用收缩环、黏性节或类似的凸起物诱捕猎物，但是科学家们一直不清楚这样的诱捕方法是从什么时候开始进化并形成的。这种食肉蘑菇可追溯至恐龙生活的时代，它可能是世界上最古老的食肉类蘑菇

琥珀是一种树脂化石，当这些树脂从树上落下时偶尔能包裹着远古生物和植物，然后干化变硬，历经数亿年之后琥珀可以将这些史前生物完好地保存下来，极具科学研究价值。这块琥珀标本包含了不同的微生物和其他生物组织，这是在菌类蘑菇还存活时树脂落下将其紧紧包裹起来的

琥珀里的菌类蘑菇带有叫作菌丝的分枝凸起物，这些菌丝布满着许多小小的环状物，环状物上涂有一层黏性微粒子，暗示着这种环状物具有黏性，能够捕捉靠近的线虫等微小生物。这样的环状物也出现在现代食肉蘑菇中，但是远古食肉蘑菇的特征与它们相差甚远。这暗示着作为微生物生态作用形式之一的捕食作用在远古时期就已进化发展得很复杂，具有多样性

2. 微生物多样性与生态系统功能及其稳定性关系

生物多样性与生态系统功能及其稳定性之间的关系是当今生态学领域的研究热点。生物多样性的变化会导致生态系统功能受到影响，有研究表明生态系统应对环境扰动的能力随生物多样性的减少而减弱。关于生物多样性与稳定性维持机制研究较多的有四类假说：冗余种假说（redundancy species hypothesis）、铆钉假说（rivet-popper hypothesis）、多样性-稳定性假说（diversity-stability hypothesis）、不确定假说（idiosyncratic hypothesis）。随着生态学学科的发展和完善，探索微生物多样性与生态系统功能和稳定性的关系被提上日程，现有的理论成果为微生物生态学研究提供了思路和理论支撑。微生物群落是生态系统的基础和核心组成部分，与生态系统功能息息相关。微生物主要驱动了氮元素的生物地球化学循环，除固氮作用、硝化作用、反硝化作用和氨化作用外，近年还发现厌氧氨氧化也是微生物参与氮循环的一个重要过程。微生物群落在生态系统中起着催化生物地球化学反应的作用，借助微生物代谢网络的物质能量流分析可以便捷地预测性解释生态系统各种问题。对于海洋生态系统研究中，

Delille 认为微生物食物网才是南极海水中碳素和能量流动的主要途径。研究微生物群落与生态系统功能关系的基础上，了解并掌握微生物群落稳定性，对预测群落应对干扰和维持生态系统功能非常重要。稳定性取决于抵抗力和恢复力，抵抗力即对干扰的低灵敏度，恢复力即干扰后恢复的速率。抵抗力和恢复力与群落组成（多样性、相对或绝对多度）和功能（如生物地球化学过程速率）相关。基于微生物拥有庞大的生物量和普遍存在的扩散现象，以及具有高生长潜势、低灭绝速率和水平基因转移发生率较高等特征，微生物群落被认为具有高度的功能冗余性，在应对扰动时微生物群落会产生较强的抵抗力和恢复力。功能冗余对微生物群落稳定性起着至关重要的作用，当恢复到干扰前的环境条件，即便在群落结构发生改变的情况下，生态系统过程速率仍无显著改变（图 10-3）。此外，从分子机制的角度，微生物在长期进化过程中，可以通过微生物细胞之间遗传物质水平转移（转化、接合、转导）获得新基因，进而拥有适应新环境和对新选择压力做出快速反应的能力，研究表明当单一的水平基因转移发生后会导致微生物生态位发生改变，甚至以新的生活史策略应对外界干扰。了解生物多样性与生态系统功能及稳定性间的关系，有利于探索微生物在生态系统中地位和作用，当全球气候变化备受关注之时，探明微生物群落对生态系统功能的作用机制便是解决目前问题的途径之一。

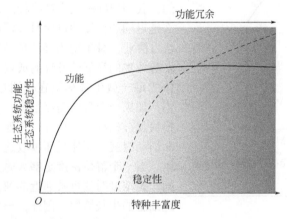

图 10-3　功能冗余与生态系统稳定性的概念模型

二、微生物与微生物间的相互关系

微生物群体之间的相互作用如下所述。

1. 同种微生物群体中不同个体之间的相互作用

在一个只由一种微生物组成的群体中，不同个体之间存在正负作用。如果以生长速率作为计算单位，那么正相互作用会增加生长速率，负相互作用会降低生长速率。理论上讲，在一定的菌体密度范围内，正相互作用会随着群体密度增加而增加，如图 10-4 所示。而负相互作用则导致生长速率随着群体密度增加而减弱，如图 10-5 所示。

理论上讲，当微生物群体密度非常小时，就不存在相互作用，随着微生物群体密度增加，有可能存在正相互作用或负相互作用。通常情况下，微生物群体密度较低时，正相互作用是主要的。而微生物群体密度较大时，负相互作用就成为主要的。所以，生长速率达到最大时，便存在一个最适生长密度，低于最适生长速率时，生长速率受到正相互作用的影响，高于最适生长速率时，生长速率便受到负相互作用的影响，如图 10-6 所示。

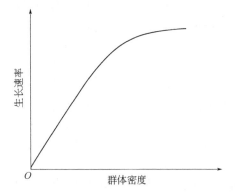

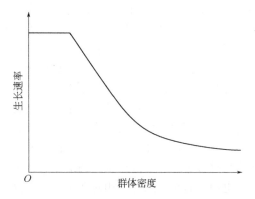

图 10-4　正相互作用中群体密度对生长速率的影响　　图 10-5　负相互作用中群体密度对生长速率的影响

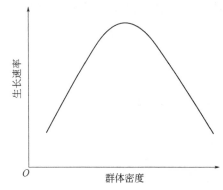

图 10-6　正相互作用和负相互作用中群体密度对生长速率的综合影响

一个群体中正相互作用叫作协同作用（cooperation）。这种协同作用在自然界是经常可见的，我们用纯种微生物接种时，如果接种量小，那么延迟期长；接种量大时，延迟期短。因此，在现代发酵业，微生物的接种量是否适当直接决定着其发酵成本的高低或发酵的成败。原因可能是一个群体的每一微生物细胞在代谢过程中能分泌代谢产物，如果一个群体密度很低，那么分泌的代谢产物很快就被稀释掉，这样，其他微生物细胞在进行生命活动时就不可能重新吸收这些浓度极低的代谢产物。当一个群体密度足够大时，分泌的代谢产物达到一定浓度时便可被邻近的细胞吸收，促进这些邻近细胞的生长繁殖。因此，一个群体的每一微生物细胞个体能相互提供所需的代谢产物和生长因子，相互促进生长。

在一个平板上或自然环境中，如土壤颗粒表面上菌落的形成，微生物对于不溶性底物如几丁质、纤维素、淀粉、蛋白质、土壤和岩石中无机元素等的利用，遗传物质的交换，病原微生物导致疾病和微生物群体抵抗不良环境等过程都存在协同作用。例如，在自然界中，对抗生素和重金属的抗性、对一些异常化合物的降解或利用等，与这些特性有关的基因在一个微生物群体中通常是可以传递的，这些遗传物质的交换需要高群体密度，如细菌通过接合交换遗传物质时，要求群体密度每毫升细胞高于 10^5 个。有时虽然群体密度很低，但细胞可以凝集成块也可以促进遗传物质的交换，粪肠球菌（*Enterococcus faecalis*）的受体细胞产生外激素（pheromone），外激素诱导带有质粒的供体合成凝集素，这样使供体和受体细胞形成接合凝集块，有利于遗传物质的交换。

微生物群体中负相互作用叫作竞争（competition）。竞争包括对食物和空间的竞争和通过产生有毒物质进行竞争。在一个营养物浓度非常低的自然环境中，群体密度的增加就会加剧对营养物的竞争。同样，捕食者可以竞争利用被捕食者作为食物，寄生物可以竞争利用相应的宿主。光能自养微生物需要竞争光，一个群体中某些微生物可以隐蔽其他微生物，使它们无法吸收光能，结果这些微生物生长速率下降，这是一个竞争空间的问题。

在一个高密度群体中，某些代谢产物累积到一定浓度便可以产生抑制效应。代谢产物的累积可以起协同作用，然而，有毒物质的累积，如低分子量脂肪酸的累积却起负反馈效应，结果有效地限制了这一环境中微生物群体进一步生长。例如，在土壤亚表面中，尽管这些微生物群体还具有代谢活力，但是有机酸的累积会使葡萄糖代谢受到抑制。

2. 不同种微生物群体之间的相互作用

不同种的微生物群体之间存在许多种不同的相互作用，但基本上也可以分为负相互作用和正相互作用，或对一个群体是正相互作用，对另一个群体来说却是负相互作用。在一个生态系统中，如果其中的群落比较简单，那么相互关系也就比较简单。如果是一个复杂的自然生物群落，不同微生物群体之间可能存在各种各样的相互关系。正相互作用使得微生物能更有效地利用现有的资源并占据这个生境，否则就不能在这一生境中存在下去。正相互作用使得有关微生物群体的生长速率加快，增加群体密度，负相互作用使群体密度受到限制，这是一种自我调节机制。从长远角度来看，通过抑制过度生长、破坏生境和灭绝作用使有些种得到好处，这些相互作用对于群落结构的进化是一种推动力。根据参与相互作用的两个群体受到影响的程度，可以把这些相互作用分为八种，如表 10-1 所示。

表 10-1　微生物群体之间的相互作用

作用名称	作用结果		作用名称	作用结果	
	群体 A	群体 B		群体 A	群体 B
中立关系	0	0	竞争关系	−	−
偏利共生关系	0	+	拮抗关系	0 或+	−
协同关系	+	+	捕食关系	+	−
互利共生关系	+	+	寄生关系	+	−

注：0，无影响；+，正效应；−，负效应。

（1）中立关系。中立关系（neutralism）是指我们所研究的两个群体不存在任何关系。如果两个群体不处在同一或邻近的环境中，一般情况下，就不存在相互关系。有时两个群体虽然各居一方，但它们却有相互关系，例如，土壤中病原微生物群体侵入某一植物根中，导致植物死亡，结果这一株植物叶面上或树干上的微生物也就无法生存。有时两个群体虽然相隔很近，但它们的代谢能力差别极大，结果互不影响。如果两个群体密度非常小，如海洋和营养贫乏的湖泊中生长的不同微生物群体，那么这两个群体的存在就可能互不影响。如果两个微生物群体原先就不在同一环境中生长，当它们在一起生长时，便可能出现中立关系。

当一个微生物群体处在休眠状态时，与其他微生物群体的关系便是中立关系。但是，有时其他群体可以产生某些酶来破坏休眠状态，使它们重新进入生长状态，从而这两个群体又有了相互作用。不利于微生物进行旺盛生长的环境条件也有利于造成两个群体之间互无关系，例如，在冰块中受到冻结的微生物群体便处于中立关系。

（2）偏利共生关系。偏利共生关系（commensalism）是指两种微生物群体生活在一起时其中一个微生物群体受益，而另一个微生物群体不受影响。

根据定义，未受影响的微生物群体不仅不受益，而且也不受另一群体的不利影响，但对于获利的群体来说，由另一群体提供的好处是它所必需的。这种现象在自然界中是很普遍存在的，例如，一个微生物群体在它正常生长和代谢过程中，能使其生活环境发生改变，从而为另一微生物群体创造更有利的生活环境。如一个微生物群体在岩石表面上生长时，结果使不溶性的无机盐溶解出来，从而给其他微生物群体提供可溶性的无机盐。某些微生物群体可以产生其他微生物群体所必需的生长因子，结果这些微生物群体便建立起偏利共生关系。有时可以看到成链状的偏利共生关系，例如污泥中的某一微生物群体可以厌氧降解多聚物产生有机酸，有机酸可以作为第一个微生物群体的营养物，代谢结果产生甲烷，甲烷有利于甲烷氧化菌的生长，甲烷氧化菌氧化甲烷产生甲醇，甲醇有利于甲醇菌的生长。

在环境中，微生物共代谢（cometabolism）对于建立两个群体之间偏利共生关系起着很重要的作用。所谓微生物共代谢是指只有在初级能源物质存在时，才能进行的有机化合物的生物降解过程。共代谢不仅包括微生物在正常生长代谢过程中对非生长基质的共同氧化（或其他反应），而且也描述了静息细胞（resting cells）对不可利用基质的代谢。

共代谢微生物不能从非生长基质的转化作用中获得能量、碳或其他任何营养。如微生物在利用生长基质 A 时，非生长基质 B 伴随着发生氧化或其他反应，是由于 B 与 A 具有类似的化学结构，而微生物降解生长基质 A 的初始酶 E1 的专一性不高，在将 A 降解为 C 的同时，将 B 转化为 D。但接着攻击降解产物的酶 E2，则具有较高专一性，不会把 D 当作 C 继续转化。所以，在纯培养情况下，共代谢只是一种截止式转化（dead-end transformation），共代谢过程中局部转化的产物会聚集起来。在混合培养和自然环境条件下，这种转化可以为其他微生物所进行的共代谢或其他生物降解铺平道路，共代谢产物可以继续降解。许多微生物都有共代谢能力，因此，如若微生物不能依靠某种有机污染物生长，并不一定意味着这种污染物抗微生物攻击。因为在有合适的底物和环境条件时，该污染物就可通过共代谢作用而降解。一种微生物的共代谢产物，也可以成为另一种微生物的共代谢底物。

微生物共代谢作用对于难降解污染物的彻底分解起着重要的作用。例如，甲烷氧化菌产生的单加氧酶是一种非特异性酶，可以通过共代谢降解多种污染物，包括对人体健康有严重威胁的三氯乙烯（TCE）和多氯联苯（PCBs）等。

给微生物生态系统添加可支持微生物生长的、化学结构与污染物类似的物质，可富集共代谢微生物，这种过程称为"同类物富集（analog enrichment）"。共代谢作用以及利用不同底物的微生物的合作转化，最终导致顽固性化合物再循环。

污染环境中的污染物降解过程不少是共代谢反应，所以，共代谢在环境污染物降解方面起着很大的作用。微生物巨大的降解或转化物质的能力，被微生物学家概括为"微生物的绝对可靠性"或"微生物的必然性"理论。

（3）协同关系。协同关系（synergism）是指两个微生物群体生活在一起时，互相获利，但这两者之间的关系没有专一性，它们分开时，能单独生活在各自自然环境中，但它们形成协同关系时能各自获得一些好处，所以，它们之间的关系不很密切，其中任何一个群体可以被其他群体所代替。协同关系的重要意义在于使有关的微生物群体共同参与某一种物质的代谢过程，如某一种物质的合成，当有关的两个微生物群体单独存在时，便不能完成这种物质的整个合成过程，只有这两个微生物群体生活在一起时才能完成这种物质的整个合成过程。

两个或两个以上的微生物群体相互提供所需的营养，像这样的群体之间的相互作用叫作互营关系（syntrophism），图 10-7 就是微生物互营关系的一个代表性的例子。

化合物A
↓群体Ⅰ
化合物B
↓群体Ⅱ
化合物C
↓群体Ⅰ和群体Ⅱ
能量+末端产物

图 10-7　互营关系的代表性的例子

其中的微生物群体Ⅰ能代谢化合物 A，形成化合物 B，如果此时不存在群体Ⅱ，就不能合成化合物 C，而群体Ⅱ不能利用化合物 A，但能利用化合物 B 合成化合物 C，当这两个群体生活在一起时，就能进行完整的代谢过程，产生所需的能量和末端产物。

在环境中存在有 H$_2$S 和 CO$_2$ 时，绿菌属（*Chlorobium*）能利用太阳光能产生有机物。如果一个环境存在单质硫和甲酸，螺旋菌（*Gastrospirillum*）能产生 H_2S 和 CO_2。如果这两类微生物生活在一起便相互提供营养，螺旋菌代谢单质硫和甲酸产生 H_2S 和 CO_2，而绿硫细菌（*Chlorobiaceae*）在光合作用过程中把 H_2S 转化成单质硫，这是一步解毒步骤，因为 H_2S 对螺旋菌有毒，这就是工厂尾气排放治理的微生物生态学原理。

（4）互利共生关系。互利共生关系（mutualism），简称共生关系，该种关系与上述协同关系所不同的是：两个群体关系比较密切，互相不可分离，并且两者之间的结合具有专一性和选择性，其中任何一个群体不能被其他群体所代替，建立起这种关系的两个群体其代谢和生理功能通常不同于它们各自单独生活的情况，所以必须要求两者互相接触，共同生活，相同之处在于两个群体能同时获利。

互利共生关系是两种生物彼此互利地生存在一起，缺此失彼都不能生存的一类种间关系，是生物之间相互关系的高度发展。互利共生关系的生物在生理上相互分工，互换生命活动产物，在组织上形成了新结构。其特点是两种生物生活在一起，双方相互依存，彼此得益，甚至不能分开独立生活，形态上形成特殊的共生体，生理上形成一定分工。共生关系在自然界相当普遍，其中有许多不仅对参与者，而且对生态系统中其他生物都有重要的生态学意义。

微生物与微生物间最典型的互利共生关系的例子是地衣(lichen)，地衣是真菌与藻类的共生体，紧紧连结在一起的真菌菌丝把藻类细胞包埋其中。

许多种真菌都能参与形成地衣，能形成地衣的藻是真核绿藻或原核蓝绿藻（即蓝细菌）。二者相互为对方提供有利条件，又彼此受益，双方取长补短，共同抵抗不良环境条件。所以地衣能在极其不利的条件下，甚至在裸露的岩石上生长，故而有"拓荒尖兵"的称号。

（5）竞争作用。以上谈到的微生物群体之间的相互关系是正相互作用，而竞争作用（competition）则是一种负相互作用。竞争包括对生存空间和营养源的竞争，竞争的结果是对两个群体均产生不利的影响，使两个群体的密度下降，生长速率下降，使两个关系比较近的群体各自分开，不再占据同一生态环境，这就是竞争排斥原理（principle of competitive exclusion）。如果两个群体试图力争占据同一环境，竞争的结果，一方获胜，而另一方被排斥。

除了一种微生物群体内在的生长速率对竞争作用有影响外，其他因素，如毒物的产生、光、温度、pH、O_2、营养物浓度和组成、某一种微生物对不良环境的抗性等，都会对两个群体的竞争作用产生影响。

参与竞争的两个群体内在生长速率在不同环境条件下可以发生变化，这种情况可以解释为什么在同一生境中两个群体竞争同一食物时还会继续生存下去。例如，在海洋生境中，嗜冷菌和低温细菌能长期生活在一起，尽管在这些环境中它们都在争夺低浓度的有机物。在低温下，嗜冷菌表现出较大内在生长速率，这时可以排挤低温细菌。在较高温度下，低温细菌表现出较大内在生长速率，这时嗜冷菌便被排挤。这样，在一个温度可变的有水环境中，随着温度的变化，这两类微生物会发生周期性的交替变化。

（6）拮抗关系。拮抗关系（antagonism）是指两个微生物群体生长在一起时，其中一个群体产生一些对另一群体有抑制作用或有毒的物质，结果造成另一个群体生长受抑制或被杀死，而产生抑制物或有毒物质的群体不受影响，或者可以获得更有利的生长条件，如图 10-8 所示，其中一种微生物能产生抑菌物质，抑制其他微生物的生长，结果在这种微生物菌落周围出现抑菌圈。

（7）寄生关系。寄生关系（parasitism）是指两种生物在一

图 10-8　微生物之间的拮抗作用

起生活，一方受益，另一方受害，后者给前者提供营养物质和居住场所。通常受益一方是寄生物，而受害的一方被称为宿主。寄生物有外寄生物和内寄生物之分。寄生物包括病毒、细菌、真菌和原生物，它们的宿主包括细菌、真菌、原生动物和藻类。寄生物和宿主之间的关系具有种属特异性，有的甚至有菌株特异性。在某些情况下，这种特异性还取决于宿主细胞表面的物理化学特性，因为宿主细胞表面的特性可以影响寄生物吸附到宿主细胞的表面上。

不同的病毒可以侵染细菌、真菌、藻类和原生动物。例如某些病毒可以侵染担子菌，影响蘑菇的产量。有一属细菌，即蛭弧菌可以定位在其宿主细胞表面上，然后蛭弧菌侵入宿主细胞的周质空间中进行生长繁殖，最终裂解宿主。某些真菌群体能受到其他真菌的寄生，如木霉（*Trichoderma*）能寄生在蘑菇属上，从而减少栽培蘑菇的产量。

（8）捕食作用。捕食作用（predation）是指捕食者吞噬并消化被捕食者的过程，捕食者可以从被捕食者中获取营养物，并降低被捕食者的群体密度。一般情况下，捕食者和被捕食者之间相互作用的时间延续很短，并且捕食者个体大于被捕食者，但是在微生物世界中，这种个体大小的区别并不很明显。在微生物世界中，捕食现象经常可见，如原生动物节毛虫（*Didinium nasutum*）可以吞噬原生动物草履虫（*Paramecium caudatum*），原生动物袋状草履虫（*P. bursaria*）可以吞噬藻类和细菌，食肉蘑菇可以捕食微小的线虫，如图 10-2 所示。

3. 环境中微生物群体之间遗传物质的相互交换

自然界中的细菌在长期进化过程中必须有能力适应新环境和对新选择压力能尽快做出反应。研究发现这些细菌适应新环境和新选择压力的能力与通过微生物细胞之间遗传物质水平转移获得新基因有关，而不是通过点突变累积之后发生的一系列基因修饰作用。

比如抗生素基因和生物难降解物质基因的扩散是由于水平基因传递的结果，同时与环境中这些物质的量不断增加引起选择压力加大有很大的关系。例如毒力岛（pathogenicity island, Pais），对绝大多数病原菌而言，其致病过程是一个非常复杂的综合过程，其中有两类基因参与了该过程：一类是致病菌和非致病菌所共有的参与基本生理过程的管家基因（house-keeping gene）；另一类则是致病菌所特有的毒力基因（virulence gene），包括编码毒素、黏附因子、侵袭因子等一系列基因。后者常位于转座子、质粒和噬菌体等可移动的遗传物质上，除此之外，它们常聚集成簇位于细菌基因组的某些特定区域，成为毒力岛。

毒力岛是病原微生物通过基因水平转移获得的外源 DNA，它是在研究致病性肠道菌的基因组结构和致病性的基础上发展起来的，并在其他革兰氏阴性和阳性致病菌中得到证实。毒力岛是携带有毒力基因的大 DNA 片段，这些基因的获得是通过各种致病菌，包括鼠伤寒沙门氏菌（*Salmonella typhimurium*）、鼠疫杆菌（*Yersinia pestis*）、节瘤偶蹄杆菌（*Dichelobacter nodosus*）、毛螺杆菌（*Helicobacter pylori*）和 *E. coli* 各变种发生基因水平转移的结果，有关基因水平转移研究进展见信息框。

基因水平转移研究进展

水平基因转移（horizontal gene transfer, HGT），又称侧向基因转移（lateral gene transfer, LGT），是指在差异生物个体之间，或单个细胞内部细胞器之间所进行的遗传物质的交流。差异生物个体可以是同种但含有不同的遗传信息的生物个体，也可以是远缘的，甚至没有亲缘关系的生物个体。单个细胞内部细胞器主要指的是叶绿体、线粒体及细胞核。水平基因转移是相对于垂直基因转移（亲代传递给子代）而提出的，它打破了亲缘关系的界限，使基因流动的可能变得更为复杂。

1959 年，一系列的文章报道了大肠杆菌（*Escherichia coli*）的高频转导（Hfr）菌株可以将遗传信息传递给特定的鼠伤寒沙门氏菌（*Salmonella typhimurium*）突变菌株。同年，发现病原菌中的抗性质粒，而这一发现直接导致了携带抗性的质粒可以在不同菌种间转移现象的发现，这实际上就宣告了野生型菌株间存在着水平基因转移。然而，水平基因转移作为一种概念，并不是一开始就伴随着其现象的发现而出现的。直到 20 世纪 90 年代，由于现代基因工程生物，人们才逐步使用水平基因转移概念来解释所遇到的水平基因转移现象，并形成研究热点。

基因工程生物，特别是基因工程微生物（gene engineered organisms，GEOs，或 gene engineered microorganisms，GEMs）的应用，以及被释放到环境中后的安全性问题，如，抗药性病原菌的大量出现，许多药物，特别是抗生素已经不能抑制或杀死原来敏感的病原菌，这已不仅仅是基因突变可解释的，可能与抗药性基因的水平转移有关。已发现基因的转移不仅仅是发生在细菌之间，而且也发生在细菌与高等生物之间，甚至是高等生物之间。

目前研究认为幽门螺杆菌（*Helicobacter pylori*，HP）的致病性主要与其毒力因子有关。而作为毒力相关因子基因群集的特殊染色体区域——cag 毒力岛，已成为 HP 致病机制研究中新的热点之一。cag 毒力岛编码蛋白质的功能经计算机分析，推测为毒素及毒素转运功能相关的分泌系统。

有关环境中微生物群体之间遗传物质的基因转移方式，如转化、接合、转导等可参见本书第八章。

三、微生物与高等动植物间的相互关系

（一）微生物与高等植物间的相互关系

微生物和植物关系密切。在陆地生态系统中，植物是第一生产者，土壤微生物是有机质的分解者。植物体内的各个部位都有微生物存在，与植物发生相互作用，主要可以分为正相互作用和负相互作用，即有益作用和有害作用。植物表面为微生物提供了重要的生活环境，有些微生物仅能生活在植物表面上，如植物的根。一般有害的微生物为寄生菌，这些有害的微生物需要植物体内的组成部分作为其生活养料来源，有关这部分内容一般在植物病理或植物病害书籍中有详细描述。本部分主要介绍对植物生长有益的微生物和植物的相互关系。

1. 微生物和植物根的关系

（1）根际与根际微生物。根际（rhizosphere）是指受植物根系活动的影响，在物理、化学和生物学性质上不同于土体的那部分微域土区。根际的范围很小，一般指离根轴表面 2mm 以内的土壤范围。根际的许多化学条件和生物化学过程不同于土体土壤。其中最明显的就是根际 pH 值、氧化还原电位和微生物的组成及其活性变化等。在根际土壤溶液中养分浓度的分布与土体土壤有明显差异。

根际微生物（rhizospheric microorganisms）是指处于植物根际特殊生态环境中的微生物区

系。植物的生长需要有土壤，而又由于土壤是微生物的大本营，因此微生物与植物的相互作用主要表现在与植物根系的相互作用。

根际微生物数量常比根际以外的微生物数量高几倍至几十倍，个别的细菌群可高达上千倍（平板计数）。这两者的数量比称为根土比（ratio of root to soil, R:S），根土比是指单位植物根际土壤中微生物数量与邻近单位根外土壤中微生物数量之比，其用来表示植物根系对微生物的影响程度，所以又称根圈效应（rhizosphere effects）。

植物根系的分泌物以及根系的脱落细胞，为根际微生物提供了营养。植物根分泌物有各种有机酸、糖类等，它们都是一般腐生性细菌利用的营养物质。植物种类、品系、年龄及生理状况都影响根分泌物的质和量，因而也影响根际微生物的类群和数量。一般在植物初花期，根分泌物多，根际微生物数量最大。在植物生长后期，根际微生物结构也有变化，一般表现为真菌及放线菌的数量增多。

大多数根际微生物在根际的生命活动中，由呼吸作用放出二氧化碳或代谢产酸有助于难溶矿物质的溶解，增加植物对磷及其他矿质元素的吸收。此外，它们分泌的生长刺激素类物质（如吲哚乙酸、赤霉素等）还能促进植物生长。植物也分泌杀害或抑制微生物生长的物质，这是造成不同植物的根际微生物组成和数量不同的原因之一。有些根际微生物分泌抗生素，可抑制植物病原微生物的繁殖。在植物根际也有土著性的病原微生物，它们或是引起植物病害，或是产生有毒物质对植物生长不利。

根际微生物对植物的生长有明显的影响。根际微生物以各种不同的方式有益于植物，包括去除 H_2S 降低对根的毒性，增加矿质营养的溶解性，合成维生素、氨基酸、生长素和能刺激植物生长的赤霉素。另外由于竞争关系，根际微生物对潜在的植物病原体具有拮抗性，产生的抗生素能抑制病原菌的生长。一些根际微生物可能成为植物病原体或与植物竞争可利用的生长因子、水和营养物，而有害于植物。固氮细菌能将大气 N_2 转变成铵态氮，是重要的植物有益细菌。

菌根真菌与大部分陆生植物形成共生关系：植物向菌根菌供应光合产物，而菌根菌则增强植物从土壤吸收难利用性养分的能力。长期施用化肥后，植物根系失去了菌根菌共生，但后经连续施用有机肥后，根系可恢复菌丝体形成。可以看出，根际真菌的生物多样性不但受植物影响，还受外来真菌定植和田间肥料管理等不同因子的影响。

植物的根系分布于土壤中，与土壤内的微生物有着密切的关系。一方面，植物新陈代谢活动产生的根系分泌物，很多都是微生物的营养来源，起着吸引微生物的作用，为微生物营造了良好的生存环境，如吸收水分、释放有机物质、调节植物根系附近的微生物种群的比例与密度等；另一方面，土壤微生物的新陈代谢活动加速土壤养分的释放，产生一些刺激植物生长的物质或合成一些为植物所利用的营养物质，促进植物的发育，这是植物微生态制剂研究与开发的生物学依据。有些微生物入侵根部后，常形成特殊结构，彼此间建立起的互利共存关系，称为共生（symbiosis）。根瘤（root nodule）和菌根（mycorrhiza）就是高等植物的根部所形成的这类共生结构。根瘤是由根瘤细菌、放线菌侵染根部细胞而形成的瘤状结构；菌根是某些真菌与某些高等植物根部所形成的共生体。

（2）菌根。一些真菌和植物根以互利关系建立起来的共生体称为菌根。菌根菌是指能与植物形成共生联合体菌根的真菌。根据菌丝在根中生长分布的部位不同，可将菌根分为外生菌根（ectotrophic mycorrhiza）、内生菌根（endotrophic mycorrhiza）和内外生菌根（ectendotrophic mycorrhiza）三类。

外生菌根指菌根菌菌丝在植物根表面生长并交织成鞘套包在根外。鞘套外层菌丝结构疏松，并向外延伸使表面呈毡状或绒毛状，并代替根毛起吸收作用。内层菌丝可进入根皮层细胞间隙形成哈蒂氏网，但不进入皮层细胞内。

外生菌根的真菌菌丝大部分包被在植物幼根的表面，形成白色丝状物覆盖层，只有少数菌丝伸入根的表皮、皮层细胞的胞间隙中，但不侵入细胞之中（图10-9）。菌丝具有根毛的功能，增加了根的吸收面积，具有外生菌根的根尖通常略变粗。如马尾松、云杉、山毛榉、松树、栎树等木本植物的根上常有外生菌根。有些具有菌根的树种，如松、栎等如果缺乏菌根，就会生长不良。所以，在荒山造林或播种时，常预先在土壤内接种需要的真菌，或事先用真菌拌种，以利这些植物的菌根发育，保证树木生长良好。但真菌生长过旺会使根的营养消耗过多，树木生长不良，所以用菌根菌接种时，接种菌的生理状态选择非常重要。

图10-9　外生菌根

有些真菌与植物根系形成的菌根中真菌菌丝可以穿透根表皮层，进入皮层细胞间隙或细胞内，也有部分真菌菌丝可穿过菌根的表皮生长到根外，有助于扩大根的吸收，但主要是在皮层细胞间纵向延伸，或盘曲于皮层细胞内。这种菌根称为内生菌根。真菌的菌丝通过细胞壁大部分侵入到幼根皮层的活细胞内，呈盘旋状态。在显微镜下，可以看到表皮细胞和皮层细胞内散布着菌丝（图10-10）。

在内生菌根中，VA菌根是比较重要的一类。VA菌根是内生菌根的主要类型，是由于菌根菌丝在根皮层细胞内形成特殊的变态结构泡囊（vesicule）和丛枝（arbuscule），用其英文开头字母得名，即VA菌根。VA菌根是藻菌纲内囊菌科（Endogonaceae）的真菌与农作物、园艺作物、林木和牧草等共生形成的泡囊-丛枝菌根（vesicular-arbuscular mycorrhiza）的简称，是自然界中分布最广的内生菌根，如图10-11所示。

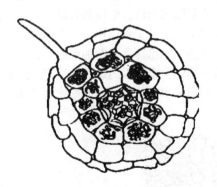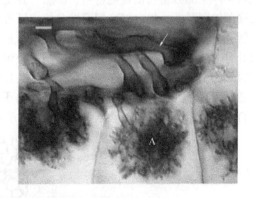

图10-10　内生菌根　　　　　　　　　图10-11　泡囊-丛枝菌根

VA 菌根与共生植物的关系：

① 植物光合作用为真菌的生长发育提供碳源和能源。

② 丛枝菌根增加了根际的范围，增加了根系对水分的吸收，提高植物的抗旱能力，改善植物营养条件。

③ 丛枝菌根在植物吸收养料中的作用：扩大根系吸收范围，提高了从土壤溶液中吸收养料的吸收率。

④ 促进根圈微生物的固氮菌、磷细菌生长，并对共生固氮微生物的结瘤有良好的影响。

⑤ 与植物病害关系：有好有坏，目前的研究成果尚不能清楚地说明这种关系。

内外生菌根，其是外生和内生菌根的混合型。在这种菌根中，真菌的菌丝不仅从外面包围根尖，而且还伸入到皮层细胞间隙和细胞腔内。

（3）根瘤（root nodule）。自然界许多植物可以形成根瘤，其形状、大小因植物种类而异，土壤中的根瘤细菌、放线菌和某些线虫都能入侵根部，形成根瘤。其中与农业生产关系最密切的是豆科植物的根瘤。因此，通常所讲的根瘤，主要是指由根瘤细菌等侵入宿主根部后形成的瘤状共生结构（图 10-12，图 10-13）。

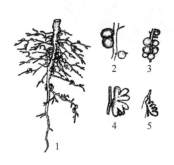

图 10-12　几种豆科植物的根瘤

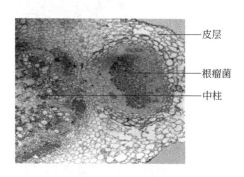

图 10-13　蚕豆根横切示意图

1、2，大豆的根瘤；3，菜豆的根瘤；4，豌豆的根瘤；

5，紫云英的根瘤

在豆科植物的根系上，常具有许多形状各异、大小不等的瘤状突起，其是豆科植物与根瘤细菌的共生体，即根瘤。根瘤的形成开始于豆科植物的苗期，幼苗期间的分泌物吸引分布在根附近的根瘤菌，使其聚集在根毛周围大量繁殖，外面被一层黏液包围，形成感染丝后，根瘤菌产生的分泌物使根毛卷曲、膨胀，并使部分细胞壁溶解，根瘤菌便由此侵入根毛。在根瘤菌的刺激下，根内细胞相应地分泌出纤维素等物质包围感染丝，形成具有纤维素鞘的内生管——侵入线（图 10-14）。根瘤菌沿侵入线进入幼根的皮层薄壁细胞中，一方面利用皮层的养分大量繁殖自身，另一方面根瘤菌的分泌物刺激皮层细胞迅速分裂增加细胞数目，致使皮层局部膨大和凸出，就形成一个个瘤状凸起物。根瘤的维管束与根的维管柱连接，两者可互通营养，一方面豆科植物将水分及营养物质供给根瘤细菌生长，另一方面根瘤细菌也将固定合成的铵态氮，通过输导组织运送给寄主植物。

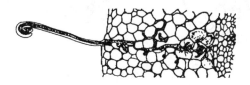

图 10-14　根瘤菌侵入寄主后形成的根线

在皮层薄壁细胞内大量繁殖的根瘤菌，逐渐转变为具有固氮能力的拟菌体（bacterioid）进行固氮作用，即把空气中的游离氮（N_2）转变为氨（NH_3）；同时该区域周围分化出与根中维管组织相连的输导组织、外围薄壁组织鞘和内皮层。

在自然界，除豆科植物外，还有 100 多种植物，如早熟禾属、胡颓子属、木麻黄属等植物的根，都可以结瘤固氮，与非豆科植物共生的固氮菌多为放线菌类。近年来，把固氮菌的固氮基因转移到农作物和某些经济植物中已成为分子生物学和遗传工程的研究热点之一。

2. 植物茎叶、果实上的微生物

植物的茎叶和果实表面是某些微生物的良好生境，异养细菌、蓝细菌、真菌（特别是酵母菌）、地衣和某些藻类能有规律地出现在这些好气的植物表面。这些微生物群体被称为附生微生物（epibiont）。附生微生物是指生活在植物地上部分表面，主要借植物外渗物质或分泌物为营养的微生物，主要为叶面微生物，新鲜叶面一般每克含 10^6 个细菌，还有少量的酵母菌和霉菌，放线菌很少。附生微生物具有促进植物发育（如固氮等）、提高种子品质等有益作用，也可能引起植物腐烂甚至致病等，一些蔬菜、牧草、果实等表面存在丰富的乳酸菌、酵母菌等附生微生物，在泡菜的腌制、饲料的青贮、果酒的酿造时还起到天然接种剂的作用。

植物内生菌除了植物根际（系）微生物以及根瘤、菌根互利共生体系外，还有一些真菌和细菌只生活在植物组织中，或周期性大部分在植物体内，它们不与植物形成特殊的结构，这些微生物被称为植物内生菌。

虽然早在 100 多年前人们就已发现在健康植物组织的内部也有微生物存在，这类微生物在文献中后来被称为植物内生菌（endophyte），但由于内生菌生活在没有外在感染症状的健康植物组织内部，其存在和作用长期以来一直为人们所忽视。自 20 世纪 30 年代发现造成畜牧业重大损失的牲畜中毒是由于食用了感染内生真菌的牧草，内生菌的研究才得以广泛深入地开展起来。

植物内生菌是指那些在其生活史的一定阶段或全部阶段生活于健康植物的各种组织和器官内部的真菌或细菌，被感染的宿主植物（至少是暂时）不表现出外在病症，可通过组织学方法或从严格表面消毒的植物组织中分离或从植物组织内直接扩增出微生物 DNA 的方法来证明其内生。即我们可把植物内生菌理解为植物组织内的正常菌群，它们不仅包括了互惠共利的（mutualistic）和中性的（neutral）内共生微生物，也包括了那些潜伏在宿主体内的病原微生物。所以，在生活史中某一阶段能营表生生活的表生菌、对宿主暂时没有伤害的潜伏性病原菌（latent pathogens）以及菌根菌等均应属于内生菌的范畴。

植物内生菌有两种类型：一类是永久性的（或称为组成型），该类植物内生菌存在于植物的种子中，其从种子萌发到开始结实，周而复始；另一类是周期性的（或称为诱导型），即微生物在植物生长的一定阶段感染寄主。这类微生物很多，情况也比较复杂，有的同植物互利共生，有的可能是偏利共生，有的则可能是寄生微生物。

（二）微生物与高等动物间的相互关系

在自然界中，微生物与动物之间存在着错综复杂的关系，动物为微生物提供了重要的生境，动物的体表、口腔、胃肠道都生长有大量微生物。动物和微生物在营养供应上相互补充。有些动物直接以微生物为食物，如果没有这些微生物给动物提供营养，动物就不能生存。某些微生物和动物间有着共生的关系，对动物的生长起重要作用。也有些微生物是动物的病原菌，会带来一定的危害。学习和研究微生物与动物之间的相互关系对农牧业的生产、建设与发展具有重要的意义。

1. 动物与微生物的捕食关系

捕食关系是指一种生物吞食并消化另一种生物。这是一种自然界中常见的生物间关系。在自然界中，有许多动物是以微生物作为食物的。在水中漂浮着许多固体物，在这些固体表面上浓缩有无机和有机营养物，所以，这些固体表面是微生物生长和繁殖的良好场所。一些异养菌或自养菌可以在这些固体表面上生长成菌膜，水中的蛇、海胆等动物可利用这些菌膜作为食物。

在淡水或海水中，有许多动物是以微生物为食物的。沉积物的表面吸附着大量的无机和有机营养物质，是微生物生长和繁殖的良好场所。一些细菌和藻类在这些固体表面上生长成菌膜，可被水中的软体动物蜗牛和棘皮动物海胆等作为食物。这些动物的捕食方式主要是从沉积物的表面刮取并吞食这层微生物，蜗牛还有适应这种刮食过程的组织器官。大部分的蝌蚪是用口部成列的角质齿刮食藻类为生。由于刮食的是含有数百万个个体的黏着性团块，而不是单个的个体，所以捕食者和被食者之间的个体大小差别并不重要。

无脊椎动物捕食悬浮状态微生物的方式是滤食（filter feeding）。捕食者用纤毛或其他器官使水维持流动状态，这样微生物和碎屑在水流中被过滤吞食。捕食者除了得到食物外还可得到氧的供应。捕食者除吞食浮游藻类、细菌、原生动物和其他较小的浮游动物，也吞食碎屑颗粒，这些颗粒上往往带有附着的微生物。滤食是捕食者捕食体积微小而又均一悬浮的被食者的理想方式。这对固着的和浮游的无脊椎动物都是有利的。固着性滤食的无脊椎动物主要有固着甲壳纲、瓣鳃纲、腕足纲动物等。轮虫、小型的甲壳纲动物枝角类和桡足类、浮游的蜗牛、浮游的被囊动物等是重要的浮游滤食捕食者。

刮食和滤食过程统称为"牧食"（grazing）。

2. 微生物和昆虫的共生

微生物同昆虫的共生有内共生（endosymbiosis）和外共生（ectosymbiosis）两种方式，前者指微生物生活在昆虫体内，后者则指微生物生活在昆虫的生境中。内共生的微生物多存在于昆虫消化道或昆虫细胞的细胞质中，而在其他地方很少见，这主要是因为微生物会被昆虫的防御系统破坏。如从含菌细胞释放到蚜虫的血腔中的细菌，很快就被溶解。但也有例外，如少数昆虫细胞内有"客座"（guest）细菌、一些光蝉的身体细胞间携带有酵母等。

3. 瘤胃共生微生物

草食动物直接食用绿色植物，植物所固定的能量流动到动物，这是陆地生态系统中能量流和食物链的重要环节。实际上，一些微生物特别是反刍动物瘤胃中的共生微生物，对动物消化吸收植物性食料，起着十分重要的作用，因而其与食草动物一样在能量流和食物链中有同等重要的地位。

反刍动物是食草哺乳动物，其特殊的消化器官——瘤胃内含有大量的微生物，包括细菌、原生动物和真菌。反刍动物和其瘤胃中的微生物间存在互利共生关系。很多重要的家畜如牛、绵羊、山羊都是反刍动物。人类在很大程度上依赖这些动物，瘤胃共生微生物学具有重大的经济学意义。

4. 动物与光合微生物之间的关系

某些无脊椎动物可以与光合微生物建立互利共生的关系，其中，光合微生物主要有单细胞藻类和蓝细菌，动物包括海蜇、海绵和珊瑚等。例如蓝细菌可以与海绵建立共生关系，在这种关系中，蓝细菌通过光合作用给动物提供有机营养物，而动物则为这些光合微生物提供合适的生长环境。在某些情况下，光合微生物与动物之间具有形态方面的相适应性，使两者更加接近，以便进行更有效的营养物质交换。

5. 病原微生物与动物之间的相互关系

动物的病原微生物包括某些病毒、细菌、真菌、原生动物和藻类。某些病原微生物能在动物体内或体外生长，感染动物，并进一步引起疾病。还有些病原微生物在动物体外生长，产生毒物，这些毒物被动物食入后，引起食物中毒，或这些毒物改变了动物正常栖息的环境条件，以致动物无法继续在此栖息地中生存下去。

有许多病原微生物能在动物组织内生长，在生长过程中产生毒素，并引起疾病，如 2019 新型冠状病毒（2019-nCoV）（有关 2019 新型冠状病毒详见信息框）；或这些病原微生物在生长过程中产生一些酶，分解动物组织，如兽疫链球菌分泌的透明质酸酶分解透明质酸；有许多寄生病原微生物在动物细胞中增殖，破坏细胞结构或干扰细胞的正常代谢功能；还有些病原微生物能改变动物细胞的通透性，使细胞内含物泄漏。

当然，动物也具有许多防御机构对付病原微生物的侵入和寄生，由于这方面的内容属于医学微生物学和兽医微生物学的内容，所以在此不做详述。

2019 新型冠状病毒

2019 年 12 月，武汉市部分医疗机构陆续出现不明原因肺炎病人。武汉市持续开展流感及相关疾病监测，发现病毒性肺炎病例 27 例，均诊断为病毒性肺炎/肺部感染。2020 年 2 月，世界卫生组织将该病毒命名为 2019 冠状病毒病，英文缩写 COVID-19（Corona Virus Disease 2019），其中 "CO" 代表 "冠状"，"VI" 为 "病毒"，"D" 为 "疾病"，"19" 为 "2019 年"。

2020 年 1 月 24 日，发布了由中国疾病预防控制中心病毒病预防控制所成功分离的我国第一株病毒毒种信息及其电镜照片、新型冠状病毒核酸检测引物和探针序列等中国国内首次发布的重要权威信息，并提供共享服务。2020 年 9 月，清华大学生命学院李赛研究员课题组联合浙大一院传染病诊治国家重点实验室李兰娟院士课题组，在国际上首次解析了真实新型冠状病毒全病毒三维精细结构。

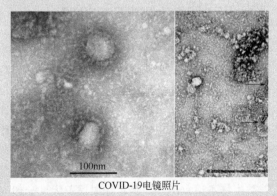

100nm

COVID-19电镜照片

第三节

土壤微生物学与生物地球化学循环

一、土壤微生物

1. 土壤微生物区系

自然界中，土壤是微生物生活最适宜的环境，它具有微生物所需要的一切营养物质和微生物进行生长和繁殖及生命活动的各种条件。大多数微生物不能进行光合作用，需要靠有机物来生活，进入土壤中的有机物为微生物提供了良好的碳源、氮源和能源；土壤中的矿质元素的含量浓度也很适于微生物的生长；土壤中的水分虽然变化较大，但基本上可以满足微生物的需要；土壤的酸碱度接近中性，缓冲性较强，适合大多数微生物生长；土壤的渗透压大都不超过微生物的渗透压；土壤空隙中充满着空气和水分，为好氧和厌氧微生物的生长提供了良好的环境。此外，土壤的保温性能好，与空气相比，昼夜温差和季节温差的变化不大。在表土几毫米以下，微生物便可免于被阳光直射致死。这些都为微生物生长繁殖提供了有利的条件。所以土壤又被称为"微生物天然培养基"，或是微生物生活的"大本营"，这里的微生物数量最大，类型最多，是人类最丰富的"微生物种资源库"。

土壤微生物包括微生物中各种分类和功能类群，涵盖按 16S rRNA 系统发育分类的三界生物。直接抽提的 DNA 研究发现每克土壤有多达 1000～5000 种不同的基因型，主要类群包括病毒、细菌、真菌、藻类和原生动物。病毒存在于土壤细菌、真菌、植物和动物中，通过寄生对这些生物产生调控作用，特别是可作为原核生物遗传物质交换的重要载体。细菌是非常重要的土壤生物类群，大部分土壤都有主要的分类类群，DNA 分析表明种类多达 13000 种。土壤真菌大部分是有机异养菌，它们的形态和生活周期极其多样，在许多生态系统中（如森林）构成土壤生物的最大生物量，种类极为丰富，至今已有 70000 个真菌种被鉴定，真菌易于产生抗性结构（如孢子）而能耐受严峻的环境条件，且其以菌丝状态存在而又不易被捕食。藻类能从大部分土壤中培养出来，在光照强烈、高含水量土壤表面含有大量的藻类群体，见信息框。

土壤微生物学研究进展

传统的土壤生态系统中微生物群落多样性及结构分析大多是将微生物进行分离培养，然后通过一般的生物化学性状，或者特定的表现型来分析，局限于从固体培养基上分离微生物。随着人们对土壤中微生物的原位生存状态研究，发现常规的分离培养方法很难全面地估计微生物群落多样性。从土壤中简单提取和平板培养计数不能得到土壤微生物在土壤生态系统中的生活特征和生态功能的信息。纯培养方法和原理大多是从医药微生物引过来的，有些方法对土壤微生物研究并不很适合，譬如在自然土壤生态环境下许多土壤微生物处于贫营养，而在实验室用营养丰富的牛肉汁蛋白胨来测定土壤活细菌的总数，大量的贫营养微生物不适宜生长，测定结果误差大；一般实验室在分离培养土壤细菌时通常只是在 28℃下培养，尽管土壤中存在高温型细菌，但土壤中的低温型细菌则被忽视了。由于传统的平板培养方法只能反映极少数微生物的信息，这些研究不能充分了解土壤微生物生态功能，也忽视了大量有很大应用价值的微生物资源。微生物分子生态学（molecular microbial ecology）的出现克服了传统微生物学研究方法在研究土壤微生物学的不足。

微生物分子生态学是利用分子生物学技术手段研究自然界微生物与生物及非生物环境之间相互关系及其相互作用规律的科学，主要研究微生物区系组成、结构、功能、适应性发展及其分子机制等微生物生态学基础理论问题。分子生物学技术与微生物生态学理论的结合在微生物多样性及生物系统进化研究方面所取得的成就，标志着分子生物学对微生物生态学研究领域最引人注目的贡献。事实证明，分子微生物生态学的诞生并不仅仅是研究方法上的进步，而且在微生物生态学相关理论的阐述和现象的解释方面也取得了意想不到的突破，是在传统微生物生态学理论基础上的巨大进步，使传统微生物生态学研究领域由自然界中可培养微生物种群扩展到微生物世界的全部生命形式（包括可培养、不可培养、难培养的微生物及其自然界中环境基因组等），由微生物细胞水平上的生态学研究深入到探讨各种生态学现象的分子机制研究水平，提出了微生物分子进化和分子适应等全新理念，使微生物生态学理论更加接近其自然本质。

土壤微生物的活动与人类生活和农业生产密切相关，每克农田土壤含有几亿至几十亿个微生物，聚居于土壤中的大量微生物，不停地生长、繁殖和消亡，不断地与周围环境进行物质交换。其代谢活动不仅影响自然界的物质循环和生态平衡，并且推动了土壤肥力的发展和植物营养元素的转化过程。有些土壤微生物还是人类或动、植物的病原体。

土壤微生物主要分为土壤细菌、土壤放线菌、土壤真菌、土壤藻类和土壤原生动物 5 大类群，一般说来，在每克耕作层的土壤中，各种微生物含量大致存在如下的规律：细菌（$\sim10^8$）>放线菌>（$\sim10^7$，以孢子计）>霉菌（$\sim10^6$，以孢子计）>酵母菌（$\sim10^5$）>藻类（$\sim10^4$）>原生动物（$\sim10^3$）。

土壤的营养状况、温度和 pH 等对微生物的分布影响较大。在有机质含量丰富的黑土、草甸土、磷质石灰土和植被茂盛的暗棕壤中，微生物的数量较多；而在西北干旱地区的棕钙土，华中、华南地区的红壤和砖红壤以及沿海地区的滨海盐土中，微生物的数量最少。

在土壤的不同深度微生物的分布也不相同。其主要原因是由于土壤不同层次中的水分、养分、通气、温度等环境因子的差异及微生物的特性不同。表面土的微生物数量少，因为这里缺水，受紫外线照射微生物易死亡；在 5～20cm 土壤层中微生物数量最多，此处若是植物根系附近，则微生物数量更多。自 20cm 以下，微生物数量随土层深度增加而减少，至 1m 深处减少至 1/20，至 2m 深处，因缺乏营养和氧气每克土中仅有几个。

2. 微生物在土壤中的存在状态

土壤中大部分微生物是附着的。研究证明大约 80%～90%的细胞被吸附在固体表面，其余是游离的。附着的微生物以斑块（patch）或集群（colonies）的方式存在于颗粒表面。附着和生长成集群对微生物（特别是细菌）来说具有许多优点，微生物在土壤中的行为与它们在生境中所起的作用关系密切，并为它们的生态功能表达提供基础。虽然目前有关微生物行为概念界定不够明确，在这里我们把微生物行为界定为迁移、趋化性、吸附及生物膜的形成等方面。微生物的迁移包括主动运动和被动运动。被动运动可以借外力在大气、水、土壤环境中长距离运动迁移及散布。主动运动通过运动器官运动，但运动速度较慢，距离也短。趋化性是微生物对其生长环境中的化学物所做出的运动反应。吸附及生物膜的形成可以看成是微生物占据新的生态环境的一种方式，也是微生物迁移、运动的结果。经过迁移微生物可以在新的生境中发挥生物净化作用，但也会为病原微生物造成新的致病因素，影响人类的身体健康。微生物所处的生态环境复杂多变，其行为受诸多因素制约。微生物在生态环境中的迁移可对生态环境产生重要的影响。微生物通过地下土层进入地下水可以造成对地下水的污染，降解微生物到达污染地可以加速污染物的降解，修复污染环境。

微生物在生境中的移动受多种非生物和生物因素的制约，主要有吸附过程、过滤效应、细胞的生理状态、多孔基质的特性、水流速率、捕食和细胞的内在运动。但概括起来主要是水文和微生物特征，前者是非生物因素，如土壤特征和水流，后者主要是微生物的内在特征。然而最终是水文和微生物因素的相互作用，相互作用决定着微生物的迁移程度。

当特定表面位点的营养物质被消耗时，微生物需要分布到新的位点，并在新的位点得到新的营养并形成菌落。真菌通过从子实体释放出来的孢子传播，或者通过菌丝的延伸而得以散布。细菌通过简单的细胞分裂，释放出新形成的子细胞。

3. 微生物在土壤中的代谢状态

由于土壤中可利用营养易于被代谢而尽，因此总体上说土壤中大部分微生物处于饥饿的条件下，并且受到多种因素的影响。首先是低营养物质含量的影响，在许多生境中极端低量可利用有机碳仅能支持非常低的微生物活性，此外土壤中湿度、温度的巨大变化以及进入土壤的有机或无机污染物也对微生物的代谢状态产生严重影响。

营养缺乏和严峻的物理化学环境使土壤微生物在大部分时间里丧失代谢活性或仅有低的代谢活性，甚至造成微生物的形态圆化（rounding），不平衡生长，亚致死性伤害，直至死亡。土壤环境条件的压迫不利于微生物对有机物的降解，但却可加速进入土壤的病原体的死亡。但当新鲜底物被加到土壤或一种特定微生物能利用先前不能利用的底物时会表现出很高的代谢活性。前一种情况如植物废弃物被掘洞动物或昆虫带入土壤而被发酵性微生物降解，后一种情况的例子是微生物发生遗传突变或基因转移而导入一种新酶系统的表达，使先前不能降解的底物被降解。同样当一种特异降解性物质被导入或加入到土壤环境时，降解特定物质或污染物也可以获得高速的代谢活性，但导入微生物要有一个特殊生态位加以利用，才能与土生微生物竞争，适应土壤环境。

土壤形成是一个漫长的过程，包括物理、化学风化和生物作用。微生物在表土凝聚形成和稳定中特别重要。微生物从两个方面参与土壤结构的形成，生长在土壤颗粒表面上的微生物，特别是丝状微生物通过其网状菌丝体把相邻颗粒联结在一起，带土颗粒被重新排列，颗粒之间被挤压，从而形成凝聚性能良好的土壤颗粒。另外微生物通过其产生的胞外多糖，把许多固体颗粒聚在一起，形成良好凝聚土壤结构。

二、生物地球化学循环

生物地球化学（biogeochemistry）是通过追踪化学元素迁移转化来研究生命与其周围环境的科学。生物地球化学循环（biogeochemical cycle），又称生物地球化学旋回，在地球表层生物圈中，生物有机体经由生命活动从其生存环境的介质中吸取元素及其化合物（常称矿物质），通过生物化学作用转化为生命物质，同时排泄部分物质返回环境，并在其死亡之后又被分解成为元素或化合物（亦称矿物质），从而返回环境介质中。这一个循环往复的过程，称为生物地球化学循环。自然界中的许多元素可以在生物之间、生物和非生物之间，按照一定的途径，进行不断地循环，这种循环对于保持生态平衡起着非常重要的作用。所有生物都参与了物质的生物地球化学循环，但是微生物无处不在、代谢能力多样、酶活力高，所以微生物，尤其是土壤微生物，在生物地球化学循环中起主要的作用。

生物地球化学循环包含两个方面的含义：一是生物所需要的化学元素在生物体与外界环境之间的转运过程；二是"地球"一词在这里指生物体外的自然环境。生物地球化学循环还包括从一种生物体（初级生产者）到另一种生物体（消耗者）的转移或食物链的传递及效应。

生物体内的化学成分总是在不断地新陈代谢，周转速度很快，由摄入到排出，基本形成一个单向物流。在生物体体重稳定不变的条件下，向外排出多少物质，必然要从环境再摄入等量的同类物质。虽然新摄入的物质一般不会是刚排出的，但如果把环境中的同类物质视为一个整体，这样的一个物质流也就可以视为一种循环。物质流可能只是某个生物与环境之间的交换，也可能是由绿色植物开始，通过复杂的食物链再返回自然界。农业施肥和畜牧喂饲等是生物地球化学循环中的人工辅助环节。

整体上，自然界的物质循环主要可归纳为两个方面：一个是无机物的有机质化，即生物合成作用；另一个是有机物的无机质化，即矿化作用或分解作用。这两个过程又对立，又统一，构成了自然界的物质循环，微生物在自然界的物质循环中起着重要的作用。同样，作为自然界物质循环研究领域一个重要内容的生物地球化学循环，土壤微生物担当着十分重要的角色。

所有生物地球化学循环都直接或间接地受太阳辐射能所驱动，能量可以被吸收、转化、暂时被储存，最终在生态系统中被释放，也就是说能量可以通过生态系统进行流动，这种流动对于生态系统发挥正常的功能是必需的。

大多数自然界中的元素在生态系统中都能得到循环，但各种元素循环的速率是有很大差别的，其中生命所必需的、最基本的几种元素，如 C、H、O、N 和 S 在生态系统中进行比较强烈迅速地循环，而次要的元素，如 Mg、K、Na、卤素元素和微量元素，如 Al、B、Co、Cr、Cu、Mo、Ni、Se 和 Zn 在生态系统中循环就不那么强烈，但其中的 Fe、Mn、Ca 和 Si 是例外。Fe 和 Mn 在生态系统中是通过氧化还原的方式进行强烈地循环。Ca 和 Si 是生物细胞内外结构的重要成分，所以，这两种元素也进行着强烈地循环。非必要的，甚至具有毒性的一些元素也会在某种程度上进行循环，例如，放射性银和同位素可以在生物体内得到累积，汞、铅和砷等元素可以受到微生物的甲基化。

由微生物参与的生物地球化学循环对于生态学来说具有重要的意义：①这种循环对于保持生态系统中的物质和能量流动处于平衡状态是非常重要的，如果自然界中不存在异养菌，那么就不能对动物和植物尸体以及它们的分泌物进行矿化作用，地球上所有的碳都累积于这些残体上，造成生态系统中许多重要元素都无法循环，从而失去平衡；②这种循环对于动物和植物群体的生长和生存是必不可少的，因为微生物的某些代谢活动会直接影响动物和植物的生命活动；③这种循环对于消除目前自然界中越来越多的环境污染物起着重要的作用，因为微生物是自然环境自净的主要力量；④这种循环在很大程度上决定了生态系统中的生产力，因为如果没有微生物高活力地矿化有机物，释放出 CO_2，光合生物就无法进行光合作用。

自然界中各种元素的循环不是单独进行的，而是有相互联系的，例如，C、H 和 O 的循环就是如此，如图 10-15 所示。

(一) 微生物在碳素循环中的作用

碳素是构成各种生物体最基本的元素，没有碳就没有生命，碳素循环包括 CO_2 的固定和 CO_2 的再生。绿色植物和微生物通过光合作用固定自然界中的 CO_2 合成有机碳化物，进而转化为各种有机物；植物和微生物进行呼吸作用获得能量，同时释放出 CO_2。动物以植物和微生物为食物，并在呼吸作用中释放出 CO_2。当动、植物和微生物尸体等有机碳化物被微生物分解时，又产生大量 CO_2。另有一小部分有机物由于地质学保留下来，形成了石油、天然气、煤炭等宝贵的化石燃料，贮藏在地层中。当被开发利用后，经过燃烧，又恢复形成 CO_2 而回归到大气中。

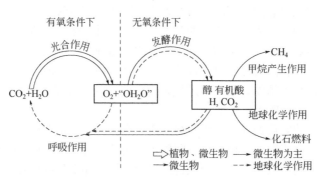

图 10-15　碳、氢、氧元素在自然界中的循环

　　微生物参与了固定 CO_2 合成有机物的过程，但数量和规模远远不及绿色植物。而在分解作用中，则以微生物为首要。据统计地球上有 90% 的 CO_2 是靠微生物的分解作用而形成的。经光合作用固定的 CO_2，大部分以纤维素、半纤维素、淀粉、木质素等形式存在，不能直接被微生物利用。对于这些复杂的有机物，微生物首先分泌胞外酶将其降解成简单的有机物再吸收利用。由于微生物种类及所处条件不一，进入体内的分解转化过程也各不相同。在有氧条件下，通过好氧和兼性厌氧微生物分解，被彻底氧化为 CO_2；在无氧条件下，通过厌氧和兼性厌氧微生物的作用产生有机酸、CH_4、H_2 和 CO_2 等。

（二）微生物在氮素循环中的作用

　　氮素是核酸及蛋白质的主要成分，是构成生物体的必需元素。虽然大气体积中约有 78% 是分子态氮，但所有植物、动物和大多数微生物都不能直接利用。初级生产者植物需要的铵盐、硝酸盐等无机氮化物，在自然界中为数不多，是初级生产者最主要的生长限制因子。只有将分子态氮进行转化和循环，才能满足植物体对氮素营养的需要。因此氮素物质的相互转化和不断地循环，在自然界十分重要。自然界中的氮素循环如图 10-16 所示。

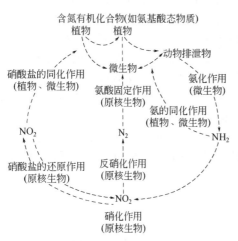

图 10-16　自然界中的氮素循环

1. 自然界中的氮素循环

　　氮素循环包括许多转化作用，包括空气中的氮气被微生物及微生物与植物的共生体固定成铵态氮，并转化成有机氮化物；存在于植物和微生物体内的氮化物被动物食用，并在动物体内被转变为动物蛋白质；当动植物和微生物的尸体及其排泄物等有机氮化物被各种微生物分解时，又以氨的形式释

放出来；氨在有氧的条件下，通过硝化作用氧化成硝酸，生成的铵盐和硝酸盐可被植物和微生物吸收利用；在无氧条件下，硝酸盐可被还原为分子态氮返回大气中，这样氮素循环完成。氮素循环包括微生物的固氮作用、氨化作用、硝化作用、反硝化作用以及植物和微生物的同化作用。

2. 微生物在氮素循环的作用

（1）固氮作用。分子态氮被还原成氨或其他氮化物的过程称为固氮作用。自然界氮的固定有两种方式，一是非生物固氮，即通过雷电、火山爆发和电离辐射等，此外还包括人类发明的以铁作催化剂，在高温（500℃）、高压（30.3975MPa）下的化学固氮，非生物固氮形成的氮化物很少。二是生物固氮，即通过微生物的作用固氮，大气中90%以上的分子态氮，只能由微生物的活性而固定成氮化物。能够固氮的微生物，均为原核生物，主要包括细菌、放线菌和蓝细菌。在固氮生物中，贡献最大的是与豆科植物共生的瘤菌属，其次是与非豆科植物共生的放线菌弗兰克氏菌属，再次是各种蓝细菌，最后是一些自生固氮菌。化学固氮曾为农业生产作出巨大的贡献，但是，它的生产需要高温条件和高压设备，材料和能源消耗过大，因此产品价格高且不断上涨。对自然界氮素循环中的固氮作用具有决定意义的是生物固氮作用，见图10-17。

图10-17　生物固氮作用

（2）氨化作用。微生物分解含氮有机物产生氨的过程称为氨化作用。含氮有机物的种类很多，主要是蛋白质、尿素、尿酸和壳多糖等。

氨化作用在农业生产上十分重要，施入土壤中的各种动植物残体和有机肥料，包括绿肥、堆肥和厩肥等都富含含氮有机物，它们须通过各类微生物的作用，尤其须先通过氨化作用才能成为植物能吸收和利用的氮素养料。

（3）硝化作用。微生物将氨氧化成硝酸盐的过程称为硝化作用。硝化作用在自然界氮素循环中是不可缺少的一环，但对农业生产并无多大利益。

（4）同化作用。铵盐和硝酸盐是植物和微生物良好的无机氮类营养物质，它们可被植物和微生物吸收利用，合成氨基酸、蛋白质、核酸和其他含氮有机物。

（5）反硝化作用。微生物还原硝酸盐，释放出分子态氮和一氧化二氮的过程称为反硝化作用。反硝化作用一般只在厌氧条件下进行。

反硝化作用是造成土壤氮素损失的重要原因之一。在农业上常采用中耕松土的办法，以抑制反硝化作用。但从整个氮素循环来说，反硝化作用还是有利的，否则自然界氮素循环将会中断，硝酸盐将会在水体中大量积累，对人类的健康和水生生物的生存造成很大的威胁。

（三）微生物在硫素循环中的作用

硫是生命物质所必需的元素，它是一些必需氨基酸和某些维生素、辅酶等的成分，其需要量大约是氮素的 1/10。自然界中的硫素循环如图 10-18 所示。

1. 自然界中的硫素循环

自然界中的硫和硫化氢经微生物氧化形成 SO_4^{2-}；SO_4^{2-} 被植物和微生物同化还原成有机硫化物，组成其自身；动物食用植物、微生物，将其转变成动物有机硫化物；当动植物和微生物尸体的有机硫化物，主要是含硫蛋白质，被微生物分解时，以 H_2S 和 S 的形式返回自然界。另外，SO_4^{2-} 在缺氧环境中可被微生物还原成 H_2S。概括地讲，硫素循环可划分为脱硫作用、同化作用、硫化作用和反硫化作用。

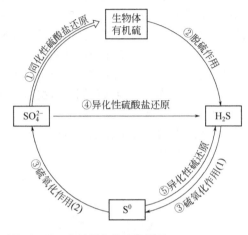

图 10-18　自然界中的硫素循环

双线表示植物与微生物共同参与的反应；单线表示该反应仅有微生物参与

2. 微生物在硫素循环中的作用

微生物参与了硫素循环的各个过程，并在其中起很重要的作用。

（1）脱硫作用。动植物和微生物尸体中的含硫有机物被微生物降解成 H_2S 的过程称为脱硫作用。

（2）硫化作用。即硫的氧化作用，是指硫化氢、单质硫或硫化亚铁等在微生物的作用下被氧化生成硫酸的过程。自然界能氧化无机硫化物的微生物主要是硫细菌。

（3）同化作用。由植物和微生物引起，可把硫酸盐转变成还原态的硫化物，然后再固定到蛋白质等成分中。

（4）反硫化作用。硫酸盐在厌氧条件下被微生物还原成 H_2S 的过程称为反硫化作用。

微生物不仅在自然界的硫素循环中发挥了巨大的作用，而且还与硫矿的形成，地下金属管道、舰船、建筑物基础的腐蚀，铜、铀等金属的细菌沥滤以及农业生产有着密切的关系。在农业生产上，由微生物硫化作用所形成的硫酸，不仅可作为植物的硫素营养源，而且还有助于土壤中矿质元素的溶解，对农业生产有促进作用。在通气不良的土壤中所进行的反硫化作用，会使土壤中 H_2S 含量提高，对植物根部有毒害作用。

（四）微生物在磷素循环中的作用

在生物圈中，磷素不是很丰富的元素。在中性至碱性环境中，磷与 Ca^{2+}、Mg^{2+} 和 Fe^{3+} 能形成不溶性的物质。所以，在海洋和其他水体沉积泥中有大量的磷能参与循环，但循环速度非常慢。在土壤和水中的可溶性磷酸盐可以很活跃地参与循环，但量很少。在活体和无生命有机物中的磷循环情况与此类似。磷矿石，如磷石灰（$3Ca_3[PO_4]_2·Ca[FeCl]_2$）量很大，但惰性也很大。在化学和肥料工业生产过程中，人们正在不断地开采磷矿石，这些磷酸盐的相当一部分最终被排放到海洋沉积泥中。

磷循环主要在土壤、植物和微生物中进行，其过程为植物吸收土壤有效态磷，动植物残体磷返回土壤再循环；湖泊、河流的富营养化与地球磷素循环的失衡有密切的关系。由于磷元素的匮乏和农业生产的需要，磷的循环愈加受人类的关注，如图 10-19 所示。

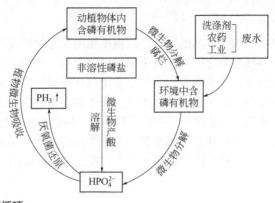

图 10-19 磷在自然界的循环

磷是生物不可缺少的成分。它是细胞遗传信息携带者 DNA 的构成元素，在能量贮存、利用和转化方面起着关键作用。它还制约着生态系统，尤其是水域生态系统的光合生产力。

另外，磷还是动物骨骼和牙齿的主要成分。所以，没有磷就没有生命，也就不会有生态系统中的能量流动。陆地生态系统中的磷除一小部分来自于湿沉降外，大多数来自土壤母质。磷与土壤矿物质紧密结合，因此，微生物在磷素循环中起着十分重要的作用。在生物体中，磷是一种生命物质的基本元素，如作为核酸、ATP、ADP 和磷脂的一种成分。

由微生物参与的磷循环不会改变磷的氧化状态，因为由微生物引起的大多数磷循环是磷酸基因从无机物上转移到有机物上，或磷酸基因从一种不溶性化学物转移到另一种可溶性化学物上。

尽管磷酸盐通常不会被微生物还原，但某些微生物在合适环境条件下，能利用磷酸盐作为最终电子受体，这些条件包括缺少 SO_4^{2-}、NO_3^- 和 O_2，磷酸盐还原的产物为 PH_3，这种化合物具有挥发性，并与 O_2 接触时能自发地发光，光的颜色为绿色。

在许多环境中，磷酸盐与 Ca^{2+} 结合，形成不溶性的化合物，使植物和许多微生物无法利用这些磷酸盐。某些异养微生物能转化不溶性的磷酸盐成可溶性的磷酸盐，并被这些微生物同化。这些微生物也会把大量的不溶性无机磷酸盐转化成为可溶性的磷酸盐，释放出的磷酸盐被其他生物所利用，其原理是这些微生物能产生有机酸；某些化能自养菌，如硝化单胞菌和硫杆菌能分别产生硝酸和硫酸，这些有机酸和无机酸能使不溶性的磷酸盐释放出可溶性的磷酸根。

在土壤中，磷酸根能与铁、锰和铝形成相应的不溶性磷酸盐。在厌氧条件下，微生物能把 Fe^{2+} 氧化成 Fe^{3+}，这时便可以使不溶性的 $Fe_3(PO_4)_2$ 中的 PO_4^{3-} 释放出来。土壤被水淹没之后，可以加快通过这种方式的 PO_4^{3-} 释放。

可溶性的无机磷酸盐很容易被植物和微生物吸收，并被固定化成有机磷酸盐。

相反，有机磷酸盐在矿化过程中，可以释放出 PO_4^{3-}，许多微生物能产生磷酸酶催化这一反应；还有一些微生物能产生植酸酶（phytase）催化磷酸植酸释放可溶性的无机磷酸盐。

微生物也能暂时地把磷酸盐固定在细胞成分上，使它无法参与循环。在自然生态中微生物和植物会竞争利用磷酸盐。

在许多环境中，磷酸盐对光合生物的光合能力起限制作用。磷酸盐浓度过高，会引起水体富营养化。特别在海洋生境中磷的沉淀会严重地限制光合作用。

本章小结

本章结合现代生态学和微生物学的特点，从微生物的生态学角度阐述了微生物的基础生态学理论，自然环境中的微生物之间以及微生物与生物之间的生态关系，微生物种群和微生物与动植物群落的相互作用，土壤微生物学与生物地球化学循环，水体微生物学与污水污物处理。重点阐述了微生物与植物之间的生态关系，微生物在植物营养元素循环中的作用以及对植物的影响，阐明了微生物在植物生产中的重要作用，特别介绍了植物-微生物互作对污染环境的生物修复。最后介绍了微生物生态学原理与能源和清洁生产关系的原理，举例说明了污染环境中的微生物生态学及微生物生态学在生产实践上的具体应用。

思考题

1. 试论述微生物种群内、种群间相互作用的特点及表现方式。
2. 试举例阐述微生物与高等植物间的生态学关系在环境修复中的应用。
3. 试举例说明微生物与高等动物间共生的生态学意义及其经济学意义。
4. 试从微生物生态学角度描述尿素化肥施入农田后可能发生的氮素转化过程。
5. 比较微生物参与氮素循环和磷素循环的异同。
6. 决定土壤微生物的数量的主要生境因子有哪些?
7. 从宏观和微观两个角度分析微生物在生态系统中的分布及其在生态系统中重要作用。
8. 试论述动物病害发生的生态学原理。
9. 试从生物修复角度论述微生物的绝对可靠性原理的普遍性。
10. 根际分泌物是如何影响根际微生物的? 微生物又是如何影响植物的呢?
11. 试举例论述植物内生细菌的生物学作用及其机制。
12. 论述植物的微生物病害发生生态学及生物防治。
13. 论述植物-微生物互作对污染环境的生物修复。
14. 论述昆虫生境中的共生微生物。
15. 试论述微生物在重金属元素的循环的意义及其实践应用。
16. 试查资料分别论述微生物污水处理的好氧处理系统与厌氧处理系统。
17. 试查资料论述固体废弃物的微生物处理。
18. 试查资料论述气态污染物的生物处理。
19. 试论述环境污染的微生物监测的意义及监测目标微生物的种类。

参考文献

Beja O, Aravind L, Koonin E V, et al, 2000. Bacterial rhodopsin: Evidence for a new type of phototrophy in the sea. Science, 289: 902-906.

Beja O, Spudich E N, Spudich J L, et al, 2001. Proteorhodopsin phototrophy in the ocean. Nature, 411: 786-789.

Beja O, Suzuki M T, Heidelberg J F, et al, 2002. Unsuspected diversity among Marine aerobic anoxygenic phototrophs. Nature, 415: 630-633.

Cappuccio J G, Sherman N, 2001. Microbiology A laboratory manual (sixth edition). Benjamin cummings.

Coleman A W, 2002. Microbial eukaryote species. Science, 297:337.

Davison J, 1999. Genetic Exchange between Bacteria in the Environment. Plasmid, 42: 73-91.

DeLong E F, W ickham F S, Pace N R, 1989. Phylogenetic stains: Ribosomal RNA-based probes for the identification of single cells. Science, 243: 1360-1363.

Downie J A, Young J P W, 2001. The ABC of symbiosis. Nature, 412: 597-598.

Elena S F, Lenski R E, 2003. Evolution experiments with microorganisms: The dynamics and genetic bases of adaptation. Nature Rev. Genet. 4: 457-469.

Giovannoni S J, Britschgi T B, Pvtoyer C L, 1990. Genetic diversity in Sargasso Sea bacterioplankton. Nature, 345: 60-63.

Judy W K, et al, 1990-2010. Applied and Environmental Microbiology, A Publication of the American Society for Microbiology.

Karl D M, 2002. Hidden in a sea of microbes. Nature, 415: 591-592.

Lidstrom M E, Meldrum D R, 2003. Life-on-a-chip. Nature Reviews Microbiology, 1: 158-164.

McGrady-Steed J, Harris P M, Morin P J, 1997. Biodiversity regulates ecosystem predictability. Nature, 390: 162-165.

Michael T Madigan, John M Martinko, Jack Parker, 2003. Brock Biology of microorganisms. 10th ed. Prentice Hall International, Inc.

Moon-van der Staav S Y, De Wachter R, Vaulot D, 2001. Oceanic 18S rDNA sequences from picoplankton reveal unsuspected eukarvotic diversity. Nature, 409: 607-610.

Naeem S, Li S, 1997. Biodiversity enhances ecosystem stabilitv. Nature, 390: 507-509.

Prescott L M, et al, 2003. 微生物学. 沈萍, 彭珍荣, 译. 北京: 高等教育出版社.

陈声明, 林海萍, 陈海敏, 等, 2007. 微生物生态学导论. 北京: 高等教育出版社.

池振明, 2005. 现代微生物生态学. 北京: 科学出版社.

金岚, 1992. 环境生态学. 北京: 高等教育出版社.

李博, 2002. 生态学. 北京: 高等教育出版社.

陆承平, 2007. 兽医微生物学. 4版. 北京: 中国农业出版社.

徐汝梅, 1987. 昆虫种群生态学. 北京: 北京师范大学出版社.

杨家新, 2004. 微生物生态学. 北京: 化学工业出版社.

姚槐应, 黄昌勇, 2006. 土壤微生物生态学及其实验技术. 北京: 科学出版社.

张甲耀, 宋碧玉, 陈兰洲, 等, 2008. 环境微生物学(上下册).武汉: 武汉大学出版社.

周德庆, 2002. 微生物学教程. 2版. 北京: 高等教育出版社.

第十一章

传染与免疫

最早的细菌战

位于黑海北岸的乌克兰城市费奥多西亚，古称卡法，是著名的港口城市和疗养胜地。然而，不幸的是，人类历史上最早的一次细菌战就发生在那里。

1346 年，鞑靼人围攻卡法城已达 3 年之久，在城里热那亚人的顽强抵抗面前一筹莫展。这时，恰值亚洲鼠疫（病原是鼠疫杆菌，主要传播途径是老鼠和跳蚤。人感染后皮肤上会出现许多黑斑，所以人们称这种瘟疫为"黑死病"）流行，商贾们纷纷逃离亚洲，但是可怕的鼠疫也无声无息地一路伴随着他们。就这样，鼠疫被商贾带到了克里米亚，并传染给了攻城的鞑靼人。战事不顺，加之又生出鼠疫这个祸端，鞑靼人心无斗志，军心涣散。对此，指挥官们经过较长时间的探讨，终于想出了办法。

有一天，指挥官集合起部队喊道："既然我们鞑靼人能够染病而死，难道热那亚人就不能染病而死吗？"队伍里鸦雀无声。"长官，如果外人进不了热那亚人的城池，那么他们怎样才能染病呢？"少顷，一个胆大的兵丁这样问道。"这正是我今天集合大家的原因。"

于是，这名指挥官就下令在城墙外摆好抛石机，将鼠疫患者的尸体弹射到城里。看到死尸从天而降，守城的热那亚人感到莫名其妙，不知底里。没有及时掩埋的敌人的尸体悄无声息地把鼠疫扩散到卡法城中的角角落落。鼠疫就这样在卡法城如洪水猛兽般地流行开了。大批的热那亚人染病而死。卡法城不攻自破。幸存者们被迫放弃了这座美丽的城池，从水路逃走。在漫长的海上航行中，不断有人发病而亡，到达终点时存活者不到起航时的 1%。

在人类历史中，病原微生物引起的传染病给人类带来了无数次巨大的灾难，至今仍是人类和动植物生命和健康的大敌。

为什么接触了相同病原体后，有的人会发病，而有的人不会发病？为什么接触了病原体后，有的人自己不发病，却能将疾病传给他人？当人和病原体这两种生物接触后，它们之间会展开激烈的斗争。不同种类微生物的毒力也是不尽相同的。存在于自然界中毒力很强的微生物，如鼠疫杆菌，只要有少量细菌就可以让绝大部分健康人很快感染并立即发病，因为对强毒菌有天然抵抗力的人是极少的，如果不及时诊断和治疗，病人很快就会死亡。但若接触鼠疫杆菌的人事先接种了疫苗（医学上称为人工免疫），他就不会发病了。这种疫苗是一种毒力很弱的鼠疫菌，它可以使人获得专门对付鼠疫杆菌的免疫力。

还有一些微生物，如结核菌、伤寒菌或乙肝病毒，它们的毒力没有鼠疫杆菌那么强，如果进入人体内的数量也不多，机体会产生专门对付某一种病原菌的免疫力，使得病原菌不能任意繁殖。这样病原菌和人体间就处于一种平衡状态，我们称之为隐性感染或潜伏感染。在医学上，我们将处于这种状态的人叫作健康带菌者。所以，对饭馆等服务行业的从业人员必须进行定期的专门检查，以防止疾病通过健康带菌者传播。在美国历史上有一个社区连续出现了很多伤寒病人，他们都曾在同一个餐馆就餐，后来在这个饭馆的服务员玛丽体内分离到伤寒沙门氏菌，这就是超级伤寒玛丽（Typhoid Mary）造成伤寒流行的著名的例子。

第一节

传染

寄生于生物机体并引起疾病的微生物，称为病原微生物（pathogenic microorganism）或病原体（pathogen），它包括的范围很广，有细菌、病毒、立克次氏体、支原体、衣原体、螺旋体及真菌等。病原微生物侵入机体，在一定的部位生长、繁殖，并引起一系列病原生理反应的过程，称之为传染（infection）。有些病原微生物如某些细菌，在一般情况下不致病但在某些条件改变的特殊情况下可以致病，称为条件致病菌（opportunistic pathogen）。病原微生物侵入机体后，由于受其本身因素如侵入数量、途径及致病性和机体的抵抗力即免疫力（immunity）的影响，表现为不同的症状：①表现为临床症状称为传染病（infectious disease）；②如果宿主的免疫力很强，而病原菌的毒力相对较弱，数量又较少，传染后只引起宿主的轻微损害，且很快就将病原体彻底消灭，基本上不出现临床症状的，称为隐性传染（inapparent infection）；③如果病原菌与宿主双方都有一定的优势，但病原体仅被限制在某一局部且无法大量繁殖，两者长期处于相持的状态，称为病原携带状态（carrier state）。根据传染性疾病的流行病学，感染的建立取决于感染因子的特性（如毒力和感染性）、宿主相关因素（如敏感性、传染性和免疫反应）及环境因素（如社会、文化和政治）。这些特征也影响疾病的进程（图 11-1）。

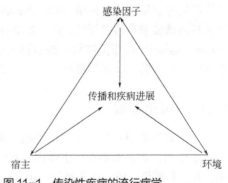

图11-1　传染性疾病的流行病学

不同的宿主和环境因素以及感染性病原体的特点决定了病原体的传播和疾病的发生

一、微生物侵染宿主

大多数病原微生物侵染机体时，首先必须吸附到宿主的体表，一旦吸附成功，它们便可以繁殖，产生毒素或侵入宿主体内，致使宿主发生疾病。有些情况下，一些病原微生物可定居在能与其特异分子结合的上皮细胞表面，引起这些细胞发生特异性改变。

（一）病原微生物的吸附、侵入

病原微生物进入宿主细胞是引起疾病的必要条件。多数情况下，病原微生物常侵入皮肤、黏膜或者肠上皮细胞。

1. 特异性吸附

病原微生物侵入机体时首先要黏附在宿主细胞和组织上，这种黏附具有选择性。细菌、病毒多通过蛋白质间的相互作用而与宿主表皮细胞特异性吸附。如淋病奈瑟球菌（*Neisseria gonorrhoeae*）通过表面 Opa 蛋白与宿主泌尿生殖道上皮细胞表面 CD66 特异性结合，且其吸附能力要比其他组织强得多；人类免疫缺陷型病毒（human immunodeficiency virus, HIV）与 CD4 分子特异性结合。此外细菌的菌毛或性毛也可能参与了菌体的吸附，如带有菌毛的 *E. coli* 株系比没有菌毛的株系更容易引起尿道感染。

2. 侵入

有些微生物吸附到机体表面后，就定居在那里繁殖，如百日咳博德特氏菌（*Bordetella pertussis*）就吸附在儿童鼻黏膜表皮细胞的纤毛上，在那里进行增殖，引起小儿咳嗽。肺炎链球菌（*Streptococcus pneumoniae*）也是黏附在消化管表皮细胞处进行增殖。

另一些病原微生物则要进入宿主细胞内或深部组织进行繁殖，这样一个过程称为侵入（invasion）。黏附在宿主特定组织或器官上的病原细菌主要以两种方式侵入机体：一种方式是通过菌体所黏附的宿主细胞表面受体诱导宿主细胞通过吞噬作用将菌体摄入；另一种方式是菌体细胞释放一种侵入素，诱导通常不进行吞噬作用的寄主细胞变为吞噬细胞将菌体包裹摄入。被宿主细胞以吞噬方式摄入并包裹在吞噬小体内的病原菌，具有某种逃逸机制，以避免被吞噬小体内的水解酶所裂解，并能在细胞内繁殖。如能杀死大多数病原菌的水解酶和化合物不能穿过结核分枝杆菌（*Mycobacterium tuberculosis*）的蜡质细胞壁，这样被吞噬的结核分枝杆菌就能够在体内繁殖，分布到全身，成功实现感染。一种产单核细胞李斯特菌（*Listeria monocytogenes*）病原菌被宿主细胞摄入形成吞噬小体后，能分泌一种酶，溶解包裹着的吞噬小体膜，进入营养丰富的细胞质中生长繁殖。

（二）定居和繁殖

病原微生物侵入后，在宿主细胞中繁殖的过程称为定居。原始侵入的病原微生物很少引起组织损伤，它必须要在宿主体内找到合适的营养和环境条件，在宿主体内合适部位生长繁殖，并引起感染。如流产布鲁氏杆菌（*Brucella abortus*）在感染的牛体内大部分组织中生长很慢，但在胎盘中却能快速生长，这是因为胎盘内存在高浓度的赤藻糖醇。

二、微生物的病原特性

（一）病原细菌

病原菌能否引起宿主疾病主要取决于它们的致病性和毒力。一定种类的病原菌，在一定的条件下能在特殊的宿主体内引起特定疾病的能力称为致病性（pathogenicity）。不同的病原菌对宿主可引起不同的疾病，表现为不同的临床症状和病理变化，也就是说某种病原菌只能引起一定的疾病。因此，致病性是细菌种的特征，是质的概念。

同一细菌不同菌株间的致病能力有所差异。病原菌致病力的强弱程度称为毒力（virulence），据此有强毒、弱毒（减毒）和无毒之分。因此，毒力是菌株个体的特征，是量的概念。毒力常用半数致死量（median lethal dose, LD_{50}）或半数感染量（infectious dose 50%, ID_{50}）表示。即在规定时间内，通过指定的感染途径，能使一定体重或年龄的某种动物半数死亡或感染需要的最小细菌数或毒素量。但由于是实验动物，且接种途径常是非自然感染途径，故这类指标只能作为判断细菌毒力的参考。

致病菌的致病机制，除与其毒力强弱有关外，与侵入宿主机体的菌量，以及侵入部位是否合适等都有着密切的关系。

侵袭力和毒素是构成细菌毒力的基础。

构成细菌毒力的因素是侵袭力和毒素，但有些致病菌的毒力物质目前尚不清楚。

（1）侵袭力。病原菌突破宿主防御机能，并能在宿主体内定居、繁殖、扩散的能力，称为侵袭力（invasiveness）。

① 吸附与侵入。细菌感染的第一步就是在体内定殖（或称定居），实现定殖的前提是细菌要黏附在宿主消化道、呼吸道、生殖道、尿道及眼结膜等处，以免被肠蠕动、黏液分泌、呼吸道纤毛运动等作用所清除。凡具有黏附作用的细菌结构成分统称为黏附素（adhesin），通常是细菌表面的一些大分子结构成分，主要是革兰氏阴性菌的菌毛，其次是非菌毛黏附素，如某些原核细胞外膜蛋白（outer membrane protein, OMP）以及革兰氏阳性菌的脂磷壁酸（lipoteichoic acid, LTA）等。

② 繁殖与扩散。病原菌在生长繁殖过程中产生一些特殊的酶类。酶本身通常不具有毒性作用，但它有利于病原菌在机体组织中的生长与扩散，因而对传染过程起重要作用。

透明质酸酶或称铺展因子（spreading factor），可溶解机体结缔组织中的透明质酸，使结缔组织疏松，通透性增加。如化脓性链球菌具有透明质酸酶，可使病原菌在组织中扩散，易造成全身性感染。

产气荚膜梭菌产生胶原酶（collagenase），能水解肌肉和皮下组织胶原蛋白，使组织崩解，从而使细菌在组织中扩散。

链激酶（streptokinase）也称为纤维蛋白溶解酶（fibrinolysin）。许多溶血性链球菌产生此酶，它是一种酶的激活剂，激活血浆中纤维蛋白酶原纤维蛋白溶解酶，溶解凝固的血浆，使纤维蛋白凝块溶解，便于细菌和毒素扩散。

致病性葡萄球菌产生血浆凝固酶（coagulase），它在某些血清因子的共同作用下，促使血浆中纤维蛋白原变为血纤维蛋白原而使血浆凝固，附着在菌体表面或将细菌包围，使细菌不被吞噬细胞吞噬或在吞噬细胞中不被破坏和免受抗体作用等，导致细菌继续生长繁殖并引起宿主疾病。

许多病原菌产生溶解动物细胞膜的蛋白质，引起细胞的溶解，如A族溶血性链球菌产生的溶血素（hemolysin），除能溶解多种动物的红细胞外，还能杀死小白鼠。

③ 抗吞噬作用。有些病原菌能形成荚膜或微荚膜，具有抵抗吞噬细胞吞噬和体液杀菌物质杀菌的能力，有助于病原菌在体内繁殖与扩散。除荚膜外，有些病原菌具有特殊的表面结构，如A族链球菌表面的M蛋白、伤寒沙门氏菌表面的Vi抗原及某些大肠杆菌的K抗原等也具有抗吞噬作用。

（2）毒素。毒素（toxin）是菌体代谢过程中产生的、能够改变宿主细胞正常新陈代谢、对宿主有害的物质。根据所产生的毒素是否可以分泌出，细菌毒素分为两种主要类型：外毒素和内毒素。

① 外毒素。细菌在生长过程中合成并分泌到胞外的毒素称为外毒素（exotoxin）。外毒素

毒性强，小剂量即能使易感机体致死。如纯化的肉毒杆菌外毒素毒性最强，1mg可杀死2000万只小白鼠。产生外毒素的细菌主要是某些革兰氏阳性菌，也有少数的革兰氏阴性菌，如志贺氏痢疾杆菌的神经毒素、霍乱弧菌的肠毒素等。外毒素是蛋白质，不耐热。白喉毒素经加温58～60℃，1～2h，破伤风毒素60℃，20min即可被破坏。外毒素可被蛋白酶分解，遇酸发生变性。在甲醛作用下可以脱毒形成类毒素（toxoid），仍保持原有的抗原性，能刺激机体产生特异性的抗毒素。

② 内毒素。内毒素（endotoxin）特指革兰氏阴性菌外膜中的脂多糖（LPS）成分，细菌在死亡后破裂或用人工方法裂解菌体后才释放。革兰氏阳性菌细胞壁中的脂磷壁酸具有LPS的绝大多数活性，但无致热功能。内毒素可引起发热、血循环中白细胞剧减、弥散性血管内凝血、休克等，严重时亦可致死。内毒素耐热，加热100℃经1h仍不被破坏，必须加热160℃经2～4h，或用强酸、强碱或强氧化剂煮沸30min才失活，不能被甲醛脱毒成类毒素。内毒素的抗原性较弱，将内毒素注入机体可产生针对其中多糖抗原的相应抗体，但此抗体并无中和内毒素毒性的作用。外毒素和内毒素的主要区别参见表11-1。

表11-1　细菌外毒素和内毒素特性比较

特性	外毒素	内毒素
化学性质	蛋白质	脂多糖
产生	由某些革兰氏阳性菌或阴性菌分泌	由革兰氏阴性菌菌体裂解产生
耐热	通常不耐热	极为耐热
毒性作用	特异性，为细胞毒素、肠毒素或神经毒素，对特定的细胞或组织发挥特定作用	全身性，致发热、腹泻、呕吐
毒性程度	高，往往致死	弱，很少致死
致热性	对宿主不致热	致热性，常致宿主发热
免疫原性	强，刺激机体产生中和抗体（抗毒素）	较弱，免疫应答不足以中和毒性
能否产生类毒素	能，用甲醛处理	不能

（二）病毒

病毒与宿主细胞的相互作用中，病毒在细胞内的复制是关键，据此可确定病毒感染细胞的类型和细胞的最终结局。

1. 杀细胞性感染（cytocitic infection）

病毒在宿主细胞内复制增殖中，阻断了细胞自身的合成代谢，胞浆膜功能衰退，待病毒复制成熟后，在很短的时间内，一次释放出大量病毒，以致细胞裂解；同时，又引起细胞内溶酶体膜的通透性增高，释放出过多的水解酶于胞浆中，而使细胞溶解。释放出的病毒再侵犯其他易感的宿主细胞。一般无囊膜病毒如脊髓灰质炎病毒、鼻病毒、腺病毒等皆属此种类型。

2. 稳定性感染（steady state infection）

有囊膜的病毒在细胞内增殖过程中，不阻碍细胞本身的代谢，也不改变溶酶体膜的通透性，因而不会使细胞溶解死亡。它们是以"出芽"方式从感染的宿主中释放出来的，在一段时间内，逐个释放出，只有机械性损伤和合成产物的毒害，才可使细胞发生混浊肿胀、皱缩、出现轻微的细胞病变，在一段时间内宿主细胞并不立即死亡。有时受染细胞还可增殖，病毒可传给子代细胞，或通过直接接触，感染邻近的细胞。此种类型包括若干有囊膜病毒以及甲肝病毒等无囊膜病毒。

3. 整合感染（integrated infection）

某些 DNA 病毒的全部或部分 DNA 以及逆转录病毒合成的 cDNA 插入宿主细胞基因中，导致细胞遗传性状的改变，称为整合感染。整合的宿主细胞不复制期间为潜伏感染，偶尔复制出完整病毒时为复发感染。在适宜条件下细胞也可转化为癌细胞，细胞膜上出现肿瘤抗原。EB 病毒、人类多瘤病毒（BKV、JCV）和人类逆转录病毒（HTLV-1）均可造成这一类型的感染。

（三）影响病原微生物致病性的因素

病原微生物引起感染，除必须具有一定毒力外，还必须有足够的侵入数量和适当的侵入部位。

1. 侵入数量

不同的病原菌有不同的致病剂量，所需的数量与病原菌毒力强弱有关。如鼠疫耶尔森菌（*Yersinia pestis*）只要几个细菌就可引起易感宿主患鼠疫，而伤寒沙门氏菌（*Salmonella typhi*）引起伤寒症需几亿至十几亿个细菌。一般来讲，病原菌侵入机体的数量愈大，引起传染的可能性也愈大。

2. 侵入途径

每一种病原菌都有其特定的侵入途径，若侵入途径不适宜也不能引起传染。如破伤风梭菌必须侵入深部创伤才有可能引起破伤风；痢疾志贺氏菌（*Shigella dysenteriae*）、伤寒沙门氏菌等须经消化道侵入才能引起传染；肺炎链球菌（*Streptococcus pneumoniae*）、百日咳博德特氏菌（*Bordetella pertussis*）、脑膜炎奈瑟氏球菌（*Neisseria meningitidis*）等对呼吸道有特异亲和力；淋病奈瑟氏球菌（*Neisseria gonorrhoeae*）和梅毒密螺旋体（*Treponema pallidum*）通常是通过泌尿生殖道侵害人体的。有一些病原菌则有多种侵入途径，如结核分枝杆菌（*Mycobacterium tuberculosis*）和炭疽芽孢杆菌（*Bacillus anthracis*）等可通过呼吸道、消化道和皮肤等多种途径侵害宿主。

第二节

非特异性免疫

非特异性免疫又称天然免疫，是机体在种系发育和进化过程中逐渐建立起来的一系列天然防御功能，是个体生下来就有的，具有遗传性，对异物无特异性的区别作用，起着第一道防线的作用，它主要由屏障结构、吞噬细胞及组织和体液中的抗微生物物质组成。

一、表皮和屏障结构

（一）皮肤和黏膜

皮肤和黏膜具有以下几方面的作用：

1. 机械阻挡与排除作用

健康完整的皮肤和黏膜有阻挡和排除微生物等异物的作用，体表上皮细胞的脱落和更新，可清除大量黏附于其上的细菌。呼吸道黏膜的纤毛不停地由下而上有节律地摆动，能把吸入的细菌或异物排至喉头，咳出体外。眼、口腔、支气管、泌尿生殖道等部位的黏膜，经常有泪液、唾液、支气管分泌物或尿的冲洗，可排除外来的微生物。

2. 局部分泌液的作用

皮肤和黏膜的分泌物有一定的杀菌作用。皮肤皮脂腺分泌的饱和脂肪酸、汗腺分泌的乳酸都有杀菌作用。大多数细菌和许多病毒、霉菌对低浓度的有机酸敏感。

3. 正常菌群的拮抗作用

新生个体皮肤和黏膜基本无菌，出生后很快从母体和周围环境中获得微生物，它们在个体体内某一特定的栖居所（主要是消化道）定居繁殖，种类与数量基本稳定，与宿主保持着相对平衡而成为正常菌群。正常菌群一方面可阻止或限制外来微生物或毒力较强微生物的定居和繁殖，另一方面可刺激机体产生抗体。

（二）血脑屏障

血脑屏障（blood-brain barrier）是防止中枢神经系统发生感染的重要防卫结构。它主要由软脑膜、脑毛细血管壁和包在血管壁外的由星状胶质细胞形成的胶质膜所构成。这些组织结构致密，能阻止病原体及其他大分子物质由血液进入脑脊液。

（三）血胎屏障

血胎屏障（blood placental barrier）是保护胎儿免受感染的一种防卫结构。它不妨碍母胎之间的物质交换，但能防止母体内病原微生物的通过。

二、嗜菌作用

机体内的吞噬细胞主要分为两大类：一类是小吞噬细胞，主要是血液中的中性粒细胞；另一类为大吞噬细胞即单核吞噬细胞系统，包括血液中的单核细胞，淋巴结、脾、肝、肺中的巨噬细胞以及神经系统内的小胶质细胞等。巨噬细胞不仅吞噬病原微生物，而且能消除炎症部位的中性粒细胞残骸，有助于细胞的修复。

病原菌进入机体后，吞噬细胞在趋化因子的作用下，就会向病原体存在部位移动。吞噬细胞接触颗粒性物质，通过辨别其表面的某种特征，而选择性地进行吞噬。病原菌经新鲜血清或含特异性抗体的血清处理后，则易被细胞吞噬，称为调理作用。经调理的病原与吞噬细胞接触后，吞噬细胞伸出伪足，接触部位的细胞膜内陷，将病原菌包围并摄入细胞质内形成吞噬体，细胞内的溶酶体颗粒向吞噬体移动靠拢，与之融合形成吞噬溶酶体，并将含溶菌酶等内容物倾于吞噬体内而起杀灭和消化细菌的作用。

三、炎症反应

炎症（inflammation）是机体受到有害刺激时所表现的一系列局部和全身性防御应答，可以看作是非特异免疫应答综合作用的结果，其作用是清除有害异物、修复受害组织、保持自身稳定性。有害刺激包括各种生物、物理、化学因素，其中以病原体感染为主。

病原体感染造成组织和微血管损伤，诱导组织中的组织胺及 5-羟色胺释放，使炎症部位的毛细血管迅速扩张，血流量增加，毛细血管壁通透性增强，可溶性蛋白质不断从血管中渗出，使炎症部位大量积聚体液。在趋化因子和黏附因子作用下，各种白细胞包括粒细胞和单核巨噬细胞迁移到炎症部位，发挥其吞噬杀灭病原体的功能。随着炎症的发展，吞噬细胞释放的溶菌酶不断杀伤病原体，还会损伤邻近的组织细胞，死亡的白细胞与破坏裂解的靶细胞共同形成脓液。此外，在发炎时，还有大量淋巴细胞从毛细血管进入炎症区。因此，伴随炎症过程有红、肿、痛、发热和机能障碍现象。在炎症后期，成纤维细胞、上皮细胞、巨噬细胞等多种细胞和因子参与修复过程。

发热不要急于降温

发热是许多疾病的初起症状。发热时机体内的各种免疫功能都被"激活"，比体温正常时反应更加敏捷，表现为新陈代谢增快、抗体合成增加和吞噬细胞活性增强等。这些免疫功能可以抑制病原体的增殖，有利于病人恢复，因此是我们体内的一道"防护墙"。同时，受不同病原微生物"攻击"，人体表现出的发热的热度、热程、热型各有不同，可反映病情变化。因此，发热表现是用来作为诊断疾病、评价疗效和估计预后的重要参考。

所以，在没有搞清楚发热的原因时，如果急于用药物强行降温，不但存在退热药本身的副作用，而且挫伤了机体的自然防御能力，支持了病原体的致病作用，使病程延长，并且可能因退热而掩盖了症状，造成原发病的诊断困难，延误治疗。

正确的做法是及时到医院进行血液化验，查出可能是何种原因引起的发热，在医生的指导下进行针对性地治疗。

四、抗菌物质

在正常体液和组织中含有多种抗菌物质，这些物质对某些微生物分别有抑菌、杀菌或溶菌作用，若它们配合抗体、细胞及其他免疫因子则可表现出较强的免疫作用，如补体、溶菌酶、干扰素等。

（一）补体

补体（complement）是存在于人和脊椎动物血清及组织液中的一组具有酶样活性的球蛋

白，加上其调节因子和相关膜蛋白共同组成一个反应系统。补体系统包括 30 余种活性成分，按其性质和功能可以分为三大类：①在体液中参与补体活化级联反应的各种固有成分；②以可溶性形式或膜结合形式存在的各种补体调节蛋白；③结合补体片段或调节补体生物效应的各种受体。当补体激活后，可产生多种免疫生物学效应，发挥杀菌、溶菌、灭活病毒和溶解靶细胞等防御功能。在抗体或吞噬细胞参与下，补体能发挥更强大的抗感染作用，若补体成分的缺陷，机体则容易发生细菌感染。补体性质不稳定，易受各种理化因素影响，例如加热 65℃，30min 即被灭活。另外紫外线照射、机械振荡或某些添加剂等理化因素均可能破坏补体。

(二) 溶菌酶

溶菌酶 (lysozyme)，又称胞壁质酶，是一种广谱的抗菌酶类，可水解细菌细胞壁肽聚糖成分中连接 N-乙酰葡糖胺和 N-乙酰胞壁酸的 β-1,4 糖苷键。溶菌酶主要源于吞噬细胞，广泛分布于血清及泪液、唾液、乳汁、肠液和鼻涕等分泌物中。肽聚糖是革兰氏阳性菌细胞壁的主要成分，因此在溶菌酶的作用下，革兰氏阳性菌的细胞壁丧失坚韧性，发生低渗性裂解。革兰氏阴性菌因肽聚糖外面有脂蛋白、脂多糖等包围，一般不受溶菌酶影响；但经抗体和补体作用后，溶菌酶对其具有杀菌、溶菌作用。

(三) 干扰素

干扰素 (interferon, IFN) 是由多种细胞产生的具有广泛的抗病毒、抗肿瘤和免疫调节作用的可溶性糖蛋白。根据产生细胞，干扰素可分为 3 种类型：白细胞产生的为 α 型，成纤维细胞产生的为 β 型，T 细胞产生的为 γ 型。根据干扰素的产生细胞、受体和活性等综合因素将其分为 2 种类型：Ⅰ型和Ⅱ型。Ⅰ型干扰素又称为抗病毒干扰素，其生物活性以抗病毒为主。Ⅰ型干扰素包括 IFN-α 和 IFN-β。Ⅱ型干扰素是 IFN-γ，主要活性是参与免疫调节，是体内重要的免疫调节因子。干扰素本身对病毒无灭活作用，它主要作用于正常细胞，使之产生抗病毒蛋白，从而抑制病毒的生物合成，使这些细胞获得抗病毒能力。干扰素的生物活性有较严格的种属特异性，即某一种属细胞产生的干扰素，只能作用于相同种属的细胞。

(四) 防御素

防御素是一类含有 3 对分子内二硫键的小分子抗微生物多肽，广泛分布于人和动物体内，亦称之为抗菌肽或肽抗生素。与其他微生物肽相比，防御素具有特殊的抗性机理，它主要作用于病原微生物的细胞膜，使病原微生物不易对其产生抗性。防御素还具有十分广泛的抗菌谱，研究表明，哺乳动物防御素除了对细菌、真菌、被膜病毒有杀伤作用外，还对支原体、衣原体以及一些恶性细胞 (如肿瘤细胞) 有杀伤作用。

第三节

特异性免疫

特异性免疫，又称为获得性免疫，其在抗微生物感染中起关键作用，其效应比非特异性免疫强，分为体液免疫和细胞免疫。在具体的感染中，以何者为主，因不同的病原体而异，由于抗体难于进入细胞之内对细胞内寄生的微生物发挥作用，故体液免疫主要对细胞外生长的细菌起作用，而对细胞内寄生的病原微生物则靠细胞免疫发挥作用。

一、抗原和抗体

（一）抗原

1. 抗原的概念

抗原（antigen，Ag）是指能刺激机体产生抗体和效应性淋巴细胞并能与之结合引起特异性免疫反应的物质。抗原一般同时具有两方面的免疫性能：①免疫原性（immunogenicity）指能刺激机体产生抗体和致敏淋巴细胞的特性；②反应原性（reactogenicity）指抗原与相应的抗体或效应性淋巴细胞发生特异性结合的特性，又称为免疫反应性（immunoreactivity）。凡同时具有免疫原性和免疫反应的抗原，称为完全抗原（complete antigen），而仅具有反应原性而无免疫原性的抗原，称为半抗原（hapten）或不完全抗原（incomplete antigen）。

抗原是免疫应答的始动因子，机体免疫应答的类型和效果都与抗原的性质有密切的关系。

2. 抗原的免疫原性

免疫原性是抗原最重要的性质，一种抗原能否成功地诱导宿主产生免疫应答取决于三方面的因素：抗原分子的特性、宿主的反应性和免疫方式。

（1）抗原分子的特性

① 异物性。某种物质，若其化学结构与宿主的自身成分相异或机体的免疫细胞从未与它接触过，这种物质就称为异物。异物性是抗原物质的主要性质。免疫应答就其本质来说就是识别异物和排斥异物的应答，故激发免疫应答的抗原一般需要是异物。对人而言，病原微生物及其部分产物、动物血清蛋白及异体组织细胞等都是良好的抗原。这种免疫学识别不以物质的空间位置来判断，而以淋巴细胞是否识别为标准；所以有时自身的物质也可以成为抗原。

② 分子大小。抗原物质的免疫原性与其分子大小有直接关系。蛋白质分子大多是良好的抗原，如细菌、病毒、外毒素都是抗原性很强的物质。免疫原性良好的物质分子质量一般都在 10kDa 以上，在一定范围内，分子质量越大，免疫原性越强；分子质量小于 5kDa 的物质其免疫原性较弱；分子质量在 1kDa 以下的物质为半抗原，没有免疫原性，但与大分子蛋白质载体结合后可获得免疫原性。

③ 化学结构。大分子物质并不一定都具有免疫原性。例如，明胶是蛋白质，分子质量达到 100kDa 以上，但其免疫原性很弱，因明胶所含成分为直链氨基酸，不稳定，易在体内水解成低分子化合物。若在明胶分子中加入少量酪氨酸，则能增强其免疫原性。因此，抗原物质除了要求具有一定的分子质量外，其表面必须有一定的化学组成和结构。相同大小的分子如果化学组成、分子结构和空间构象不同，其免疫原性也有一定的差异。一般而言，分子结构和空间构象越复杂的物质免疫原性越强，如含芳香族氨基酸的蛋白质比含非芳香族氨基酸的蛋白质免疫原性强。

（2）宿主的反应性。不同种类的宿主对同一种免疫原的应答有很大差别，同一种属不同品系，甚至不同个体对一种免疫原应答也有很大差别，这与免疫应答基因（immune response gene）及其表达有密切关系，还与宿主本身的发育及生理状况有关。因宿主个体遗传特性不同，故对同一抗原可有高、中、低不同程度的应答。如多糖抗原对人和小鼠具有免疫原性，而对豚鼠则无免疫原性。另外，一般而言，青壮年个体比幼年个体和老年个体产生免疫应答的能力强；雌性比雄性产生抗体的能力强。

（3）免疫方式。免疫抗原的剂量、接种途径、接种次数及免疫佐剂的选择等都明显影响机体对抗原的应答。免疫动物所用抗原剂量要视不同动物和免疫原的种类而定。免疫原用量过大会引起动物死亡，也可以引起免疫耐受而不发生免疫应答；用量过少也不能刺激应有的免疫应答。一般来说颗粒性抗原，如细菌、细胞等用量较少，免疫原性较强；可溶性蛋白质或多糖抗原，用量适当增大，并要多次免疫或加佐剂辅助，但免疫注射间隔要适当，次数不要太频繁。免疫途径以皮内免疫最佳，皮下免疫次之，肌内注射、腹腔注射和静脉注射效果差，口服易诱导免疫耐受。

总之，只有在用良好的抗原免疫机体，并且宿主处于较好的生理状态，免疫方式又较合适的情况下，才能引起免疫应答。此时抗原才真正具有了免疫原性。

3. 抗原的特异性

抗原的特异性是指抗原刺激机体产生免疫应答及其与应答产物发生反应所显示的专一性，即某一特定抗原只能刺激机体产生特异性的抗体或致敏淋巴细胞，且仅能与该抗体或对该抗原应答的淋巴细胞有特异性结合。决定抗原特异性的结构基础是存在于抗原分子中的抗原表位。

（1）抗原表位的概念。抗原分子中决定抗原特异性的特殊化学基团，称为抗原表位（epitope），又称抗原决定簇（antigenic determinant）。它是与T细胞受体（T cell receptor, TCR）/B细胞受体（B cell receptor, BCR）及抗体特异性结合的基本结构单位，通常由5～15个氨基酸残基或5～7个多糖残基或核苷酸组成。

（2）抗原表位的类型。根据抗原表位的结构特点，可将其分为连续表位（continuous epitope）和构象表位（conformation epitope）。前者是由连续性线性排列的短肽构成的，又称为线性表位（linear epitope）；后者指短肽或多糖残基在序列上不连续性排列，在空间上形成特定的构象。T细胞仅识别由抗原提呈细胞加工提呈的线性表位，而B细胞则可识别线性或构象表位。因此，也可根据T、B细胞所识别的抗原表位的不同，将其分为T细胞表位和B细胞表位。B细胞表位多位于抗原表面，可直接刺激B细胞；T细胞表位可存在于抗原物质的任何部位（图11-2）。

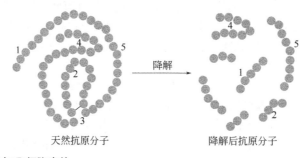

图11-2　T细胞表位与B细胞表位

1,2,3为B细胞表位，其中2为隐蔽的抗原表位，3为构象表位，抗原降解后失活；4,5为T细胞表位，是线性结构，可位于抗原分子的任意部位，抗原降解后不易失活

4. 半抗原与载体

（1）概念。某些不具有免疫原性的小分子物质可以与抗体结合，如果将其结合到具有免

疫原性的大分子蛋白质上就可诱导针对小分子物质的抗体应答。这种小分子物质称为半抗原，而半抗原赖以附着的蛋白质分子称为载体（carrier）。

（2）半抗原-载体效应。在半抗原-载体复合物中，载体分子虽有它本身的特异性，却不干扰半抗原的特异性。但是载体特异性对半抗原诱导抗体应答的效果有明显的影响。将半抗原2,4-二硝基酚（DNP）共价交联于牛血清白蛋白（BSA）和卵清白蛋白（OVA）等大分子载体上，对不同组的动物用不同的抗原进行首次和再次免疫，然后测定各组动物的抗 DNP 抗体，所得结果见表 11-2。

表 11-2　半抗原 - 载体反应

首次免疫	再次免疫	抗 DNP 抗体	首次免疫	再次免疫	抗 DNP 抗体
DNP		−	OVA-DNP	BSA-DNP	+
OVA		−	OVA	OVA-DNP	++++
OVA-DNP		+	OVA	BSA-DNP	+
OVA-DNP	OVA-DNP	++++			

注：−表示无抗 DNP 抗体，+表示存在抗 DNP 抗体，其数量表示抗体浓度的高低。

从以上实验可以看出：载体不仅赋予半抗原以免疫原性，还与半抗原免疫应答的记忆性密切相关。进一步的研究证明，半抗原的特异性被 B 细胞识别，而载体特异性被 T 细胞识别；只有 T-B 细胞协作，才能启动对半抗原的抗体应答，才能产生再次应答效应。

5. 共同表位与交叉反应

一般地说，不同的抗原物质具有不同的表位，故各具特异性；但有时某一表位也会出现在不同的抗原上，称为共同表位（common epitope），带有共同表位的抗原互称共同抗原。拥有共同抗原在自然界，尤其在微生物中是很常见的一种现象。例如沙门氏菌可根据其 O 抗原分为 40 多个血清群，含 2500 多个血清型，同一组成员都有共同的 O 表位，是由特定的单糖决定的。由某一抗原诱导产生的抗体，也可以与其共同抗原结合，这种现象称为交叉反应（cross reaction）。这种交叉反应可用来解释某些免疫病理现象，也可以用来诊断某些传染病。

6. 抗原的种类

（1）根据参与抗原加工和提呈的关系分类

① 外源性抗原。存在于细胞间，自细胞外被单核巨噬细胞等抗原提呈细胞吞噬、捕获或与 B 细胞特异性结合后而进入细胞内的抗原均称为外源性抗原（exogenous antigen），包括所有自体外进入的微生物、疫苗、异种蛋白质等，以及自身合成而又释放于细胞外的非自身物质。

② 内源性抗原。自身细胞内合成的抗原称为内源性抗原（endogenous antigen）。如胞内菌和病毒感染细胞所合成的细菌抗原、病毒抗原以及肿瘤细胞合成的肿瘤抗原等。

（2）根据抗原来源分类

① 异种抗原。来自与免疫机体不同种属的抗原性物质称为异种抗原（heteroantigen）。如各种微生物及其代谢产物对人或动物来说都是异种抗原。

② 同种异型抗原。与免疫动物同种而基因型不同的个体的抗原性物质称为同种异型抗原（alloantigen），如血型抗原、同种异体移植物抗原。

③ 嗜异性抗原。与种属特异性无关，存在于人、动物、植物及微生物之间的共同抗原称为嗜异性抗原（heterophil antigen），又称为福斯曼（Forssman）抗原。嗜异性抗原在疾病的发

生和传染病诊断上具有一定的意义，如溶血性链球菌的细胞壁脂多糖成分与肾小球基底膜及心肌组织有共同的抗原，因此反复感染链球菌后，可刺激机体产生抗肾抗体和抗心肌抗体，这是肾小球肾炎和心肌炎等自身免疫病的病因之一。

（3）根据对胸腺依赖性分类。在免疫应答过程中依据是否有 T 细胞参加，将抗原分为胸腺依赖性抗原和非胸腺依赖性抗原。①胸腺依赖性抗原。胸腺依赖性抗原（thymus dependent antigen）简称 TD 抗原，这类抗原在刺激 B 细胞分化和产生抗体的过程中，需要巨噬细胞等抗原提呈细胞和辅助性 T 细胞（TH）的协助。②非胸腺依赖性抗原。非胸腺依赖性抗原（thymus independent antigen）简称 TI 抗原，此类抗原直接刺激 B 细胞产生抗体，不需要 T 细胞的协助。仅少数抗原物质属 TI 抗原，如大肠杆菌脂多糖（LPS）、肺炎球菌荚膜多糖（SSS）等。

7. 重要的微生物抗原

（1）细菌抗原

① 鞭毛抗原（flagllar antigen）：又称 H 抗原，指细菌鞭毛蛋白抗原。鞭毛抗原不耐热，56～80℃即可破坏；鞭毛抗原的特异性较强。

② 菌体抗原（somatic antigen），又称 O 抗原，主要指革兰氏阴性细菌细胞壁抗原，主要成分为多糖、类脂和蛋白质。

③ 荚膜抗原（capsular antigen），又称 K 抗原，是具有荚膜的细菌的主要表面抗原。绝大多数荚膜物质是由两种以上的单糖组成的多聚糖。

④ 菌毛抗原（pili antigen），组成菌毛的菌毛蛋白具有很强的抗原性。菌毛经 60℃加热处理不影响其抗原性，对盐酸和乙醇的抵抗力强，但 100℃加热 1h 即失去其抗原性。菌毛抗原与相应抗体发生凝集时很迅速，外观呈云雾状。

（2）病毒抗原

① 包膜抗原（envelope antigen）。具有囊膜的病毒，其抗原特异性主要由囊膜上的纤突（spike）决定。流感病毒外膜上的血凝素（hemagglutinin, HA）和神经氨酸酶（neuranminidase, NA），属于此类抗原，具有很高的特异性，是流感病毒亚型分类的基础。

② 衣壳抗原（capsid antigen）。无囊膜的病毒，其抗原特异性常决定于颗粒表面的衣壳结构蛋白。如口蹄疫病毒的结构蛋白 Vp1、Vp2、Vp3 和 Vp4 等，即属此类抗原。

③ 可溶性抗原（soluble antigen）。在病毒感染的早期出现，不具有感染性。病毒在不敏感的宿主体内仅引起对病毒表面抗原的免疫应答，而且在易感宿主体内，病毒增殖，释放全部病毒抗原，包括表面抗原、内部抗原即可溶性抗原及非结构蛋白抗原，均能引起免疫应答。

（3）毒素抗原（toxin antigen）。破伤风梭菌、白喉杆菌和肉毒梭菌等都能产生外毒素，并释放到环境中。细菌外毒素具有很强的抗原性，能刺激机体产生抗体，称为抗毒素（antitoxin）。

（4）寄生虫抗原（parasitic antigen）。寄生虫抗原成分复杂，由多种物质组合而成。在这些抗原成分中，有的是弱抗原，有的是强抗原，后者可以激发宿主的免疫应答，引起体液免疫和细胞免疫。

（二）抗体

1. 概念

机体受到抗原物质刺激后，由 B 淋巴细胞转化为浆细胞产生的，能与相应抗原发生特异性结合反应的免疫球蛋白，称为抗体（antibody，Ab）。抗体的本质是免疫球蛋白，它是机体对抗原物质产生免疫应答的重要产物，主要存在于血液（血清）、淋巴液、组织液及其他外分泌液中，因此将抗体介导的免疫称为体液免疫（humoral immunity）。

就其本质而言，抗体与免疫球蛋白是一致的，但两者在概念上还是有区别的。抗体的化学本质是免疫球蛋白，它是免疫学和功能上的名词，是抗原的对立面，也就是说抗体是有针对性的，如某种细菌或病毒的抗体；而免疫球蛋白并不都具有抗体的活性，如存在于多发性骨髓瘤患者血清中的骨髓瘤蛋白通常无抗体活性，但仍属于免疫球蛋白。免疫球蛋白是结构和化学本质上的概念。从分子的多样性方面来看，抗体分子的多样性极大，机体可产生针对各种各样抗原的抗体，其特异性均不相同；而免疫球蛋白分子的多样性则小。

2. 免疫球蛋白的结构

（1）基本结构。X 射线晶体衍射结构分析发现，免疫球蛋白由四肽链分子组成，各肽链间有数量不等的链间二硫键。结构上免疫球蛋白（Ig）可分为三个长度大致相同的片段，其中两个长度完全一致的片段位于分子的上方，通过一易弯曲的区域与主干连接，形成一 "Y"字型结构（图 11-3），称为 Ig 单体，是构成免疫球蛋白分子的基本单位。

① 重链和轻链。任何一类天然免疫球蛋白分子均含有四条异源性多肽链，其中，分子量较大的称为重链（heavy chain, H），而分子量较小的为轻链（light chain, L）。同一天然 Ig 分子中的两条 H 链和两条 L 链的氨基酸组成完全相同。重链的分子质量约为 $50\sim75\text{kDa}$，由 $450\sim550$ 个氨基酸残基组成。各类免疫球蛋白重链恒定区的氨基酸组成和排列顺序不尽相同，因而其抗原性也不同。据此，可将免疫球蛋白分为 5 类（class）或 5 个同种型（isotype），即 IgM、IgD、IgG、IgA 和 IgE，其相应的重链分别为 μ 链、δ 链、γ 链、α 链和 ε 链。轻链的分子量约为 25kDa，由 214 个氨基酸残基构成。轻链有两种，分别为 κ 链和 λ 链，据此可将 Ig 分为两型（type）。

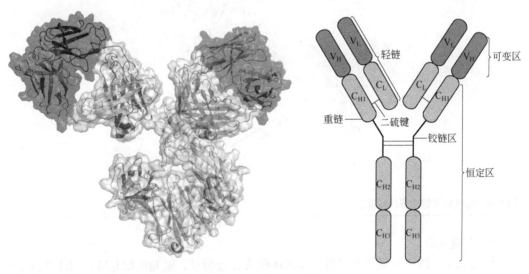

图 11-3　免疫球蛋白（IgG）的晶体结构图（左）和结构示意图（右）

② 可变区和恒定区。通过分析不同免疫球蛋白重链和轻链的氨基酸序列，发现重链和轻链靠近 N 端的约 110 个氨基酸的序列变化很大，其他部分氨基酸序列则相对恒定。免疫球蛋白轻链和重链中靠近 N 端氨基酸序列变化较大的区域称为可变区（variable region, V 区），分别占重链和轻链的 1/4 和 1/2；而靠近 C 端氨基酸序列相对稳定的区域，称为恒定区（constant region, C 区），分别占重链和轻链的 3/4 和 1/2。重链和轻链的 V 区分别称为 V_H 和 V_L。V_H 和 V_L 各有 3 个区域的氨基酸组成和排列顺序高度可变，称为高变区（hypervariable region,

HVR）或互补决定区（complementarity determining region，CDR）。在 V 区中，CDR 之外区域的氨基酸组成和排列顺序相对不易变化，称为骨架区（framework region，FR）。重链和轻链的 C 区分别称为 C_H 和 C_L。同一种属的个体，所产生针对不同抗原的同一类别 Ig，其 C 区氨基酸组成和排列顺序比较恒定，其免疫原性相同，但 V 区各异。

③ 铰链区。铰链区（hinge region）位于 C_{H1} 与 C_{H2} 之间，含有丰富的脯氨酸，因此易伸展弯曲，能改变两个结合抗原的 Y 形臂之间的距离，有利于两臂同时结合两个不同的抗原表位。铰链区易被木瓜蛋白酶、胃蛋白酶等水解，产生不同的水解片段。

（2）水解片段。Ig 分子可被许多蛋白酶水解，产生不同的片段；免疫学研究中常用的酶是木瓜蛋白酶（papain）和胃蛋白酶（pepsin）。木瓜蛋白酶在生理 pH 下将 IgG 分子从 H 链二硫键 N 端 219 位置上断裂，生成两个相同的 Fab 片段和一个 Fc 片段（图 11-4）。Fab 片段即抗原结合片段（fragment of antigen binding），含 1 条完整的 L 链和 H 链的一部分（Fd 片段），分子质量为 45kDa；Fab 片段仍具有抗原结合活性，但结合能力较弱，只有一价。Fc 片段即可结晶片段（crystallizable fragment），为 2 条 H 链 C 端剩余的部分，分子质量 55kDa，在一定条件下可形成结晶。Fc 片段不能与抗原结合，但具有许多其他生物学活性，如固定补体、亲和细胞（巨噬细胞和 NK 细胞）等。胃蛋白酶于低 pH 下可将 IgG 分子从 H 链间二硫键 C 端 232 位置切断，形成含 2 个 Fab 片段的 F(ab′)₂ 片段和 1 个较小的 pFc′ 片段。F(ab′)₂ 段即双价抗体活性片段，经还原后可得 2 个 Fab′。Fab′ 的分子量略大于 Fab，而生物活性与 Fab 相同。pFc′ 比 Fc 分子量小，虽然仍保持亲和巨噬细胞及与某些类风湿因子结合的能力，但失去 Fc 片段原有的固定补体等活性。

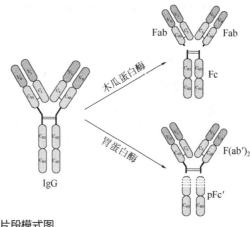

图 11-4　IgG 分子的水解片段模式图

（3）其他成分

① 连接链。除了 H 链和 L 链外，多聚体形式的 Ig 分子，如 IgA 和 IgM 尚含 1 个分子的连接链（joining chain，J 链）；但单体 IgA 或 IgM 单体均无 J 链。J 链仅产生于合成 IgA 和 IgM 的浆细胞。

② 分泌片。在分泌型 IgA（secretory IgA，SIgA）分子中还含有 1 个分泌成分（secretory component，SC），或称分泌片（secretory piece，SP）。分泌片的功能是保护 SIgA 分子不被分泌液内的蛋白酶降解，从而使 IgA 在黏膜表面保持稳定和有利于其发挥生物活性。

3. 各类免疫球蛋白的特性

（1）IgG。IgG 是人和动物血清中含量最高的免疫球蛋白，占血清免疫球蛋白总量的 75%～

80%。IgG 是介导体液免疫的主要抗体，多以单体形式存在。IgG 主要由脾脏和淋巴结中的浆细胞产生，大部分（45%～50%）存在于血浆中，其余存在于组织液和淋巴液中。IgG 是唯一可通过人胎盘的抗体，因此在新生儿的抗感染中起着十分重要的作用。IgG 在人和动物中均有亚类，如人的有 4 个亚类，即 IgG1、IgG2、IgG3、IgG4。IgG 是动物自然感染和人工主动免疫后，机体所产生的主要抗体。因此 IgG 是动物机体抗感染免疫的主力，同时也是血清学诊断和疫苗免疫后监测的主要抗体。IgG 在动物体内不仅含量高，而且持续时间长，可发挥抗菌、抗病毒、抗毒素等免疫学活性。

（2）IgM。IgM 占血清免疫球蛋白总量的 5%～10%。单体 IgM 以膜结合型（mIgM）表达于 B 细胞表面，构成 B 细胞抗原受体；分泌型 IgM 为五聚体，是分子量最大的 Ig，一般不能通过血管壁，主要存在于血液中。五聚体 IgM 含 10 个 Fab 片段，具有很强的抗原结合能力；含 5 个 Fc 片段，比 IgG 更易激活补体。IgM 是个体发育过程中最早合成和分泌的抗体，胚胎发育晚期的胎儿即能产生 IgM，IgM 也是初次体液免疫应答中最早出现的抗体，是机体抗感染的"先锋部队"。

（3）IgA。IgA 分为两型：血清型为单体，主要存在于血清中，仅占血清免疫球蛋白总量的 10%～15%；SIgA 为二聚体，其合成和分泌的部位在肠道、呼吸道、乳腺、唾液腺和泪腺，因此主要存在于胃肠道和支气管分泌液、初乳、唾液和泪液中。SIgA 是外分泌液中的主要抗体类别，参与黏膜局部免疫，通过与相应病原微生物（细菌、病毒等）结合，阻止病原体黏附到细胞表面，从而在局部抗感染中发挥重要作用。

（4）IgD。正常人血清 IgD 浓度很低（约 30μg/mL），仅占血清免疫球蛋白总量的 0.2%。IgD 可在个体发育的任何时间产生。5 类 Ig 中，IgD 的铰链区较长，易被蛋白酶水解，故其半衰期很短（仅 3 天）。

（5）IgE。IgE 是正常人血清中含量最少的 Ig，血清浓度极低，主要由黏膜下淋巴组织中的浆细胞分泌。其重要特征为糖含量高达 12%。IgE 为亲细胞抗体，可与肥大细胞、嗜碱性粒细胞结合，引起超敏反应。此外，IgE 可能与机体抗寄生虫免疫有关。

4. 免疫球蛋白的功能

免疫球蛋白的重要生物学活性为特异性结合抗原，并通过重链 C 区介导一系列生物学效应，包括激活补体、免疫调理作用等，最终达到排除外来抗原的目的。

（1）抗原结合作用。抗体分子在结合抗原时，其 Fab 片段的 V 区与抗原决定簇的立体结构必须吻合，特别与高变区的氨基酸残基直接有关，所以抗原-抗体的结合具有高度特异性。

（2）补体活化作用。补体 C1q 与游离 Ig 分子结合非常微弱，而与免疫复合物中的 IgG 或 IgM（经典途径）或凝集 Ig（替代途径）结合则很强。IgM 激活补体能力最强。IgG 至少需两个紧密并列的分子才能有效地激活 C1q，而 IgM 单个分子在结合抗原后即可激活补体。

（3）免疫调理作用。细胞通过表面 Fc 受体与相应 Ig 结合后，可诱发一系列的生物效应，不同细胞的效应不同。例如单核巨噬细胞和中性粒细胞可促进其吞噬功能，称为调理作用（opsonization）；在 NK 细胞中诱导抗体依赖性细胞介导的细胞毒作用（ADCC）。

二、细胞介导的免疫

（一）概念

由活化 T 细胞产生的特异杀伤或免疫炎症称为细胞免疫（cell mediated immunity）。由 T

细胞介导的细胞免疫有二种基本形式，它们分别由二类不同的 T 细胞亚类参与。一种是迟发型超敏性的 T 细胞（delayed type hypersensitivity, TDTH, CD4$^+$），该细胞和抗原起反应后可分泌细胞因子。这些细胞因子再吸引和活化巨噬细胞和其他类型的细胞在反应部位聚集，成为组织慢性炎症的非特异效应细胞。另一种是细胞毒性 T 细胞（cytotoxic T lymphocyte, CTL, CD8$^+$），对靶细胞有特异杀伤作用。

（二）T 细胞对抗原的识别

1. 抗原提呈细胞及其对抗原的加工提呈

具有摄取、加工、提呈抗原给 T 细胞能力的细胞称为抗原提呈细胞（antigen presenting cell, APC），主要包括树突状细胞、单核巨噬细胞和 B 细胞。APC 通过吞噬、吞饮或受体摄入抗原，不需加工为肽段，分别与胞内的 MHC I 类或 MHC II 类分子结合表达于细胞表面供 T 细胞识别。

2. T 细胞受体对抗原的识别

T 细胞受体是由两条大小相近的跨膜糖肽组成的异源二聚体分子，每条肽链由与 Ig 功能区类似的两个功能区组成，一个可变区（V 区），一个稳定区（C 区）。TCR 识别 APC 表面与 MHC 分子结合的抗原肽段，是对自身 MHC 与外来抗原的双重识别。T 细胞通过 TCR 在识别抗原的同时也识别与其结合的 MHC 分子，称为免疫应答的 MHC 限制性（MHC restriction）。CD4$^+$ T 细胞识别 MHC II 类分子，CD8$^+$ T 细胞识别 MHC I 类分子。TCR 与 CD3 分子共同组成 T 细胞的抗原受体复合体，其中 TCR 是特异性抗原识别受体，CD3 是向胞内传递激活信号的信号传递单位。T 细胞通过抗原受体复合体接受 MHC-抗原肽的刺激后，其表面分子 CD28 与辅助细胞表面的 CD80/CD86 分子结合提供给 T 细胞第二活化信号。T 细胞活化后进一步发育为具有功能的效应细胞及长寿的 T 记忆细胞。

（三）CD8$^+$ T 细胞介导的杀伤细胞效应

具有杀伤功能的 T 细胞称为细胞毒性 T 细胞（CTL），是 MHC I 类限制的 CD8$^+$ T 细胞。活化的 CTL 分泌一种穿孔蛋白（perforin），与补体系统的组分 C9 同工同源，可在 Ca^{2+} 存在下于带抗原的靶细胞膜上插上并聚合成孔，随后 CTL 分泌的颗粒酶通过此孔注入靶细胞内，引起靶细胞的蛋白质与核酸降解，细胞死亡。此外，还可通过表达 Fas 分子引起靶细胞凋亡。CTL 的杀伤作用对清除胞内微生物如病毒或胞内菌感染特别重要。

（四）CD4$^+$ T 细胞介导的免疫炎症

T 细胞经 APC 提呈的 MHC II-抗原肽活化后，大量分泌多种细胞因子。其中一些具有趋化因子和活化因子的功能，能吸引、活化更多的免疫细胞（如单核巨噬细胞、中性粒细胞等）到感染局部发挥各自的功能；另一些因子如肿瘤坏死因子有直接效应作用。由这些因子与聚集的白细胞一起，在吞噬杀伤靶细胞、抵抗感染的同时造成了感染局部的炎症。由于此类免疫炎症发生得较慢，所以称为迟发型超敏反应。对某些胞内菌如结核分枝杆菌、布鲁氏杆菌等感染的免疫即以此型为主。此外，CD4$^+$ T 细胞能分泌多种细胞因子，具有重要的调节功能，在 B 细胞对 TD 抗原应答中起重要作用。

艾滋病是以 CD4⁺ 细胞减少引起的免疫缺陷的临床综合征

HIV 病毒粒子的外膜上有许多突起，是由病毒的结构基因 *env* 编码的前体蛋白修饰剪切后的产物包膜糖蛋白 gp120（gp125）和跨膜蛋白 gp41（gp36）构成的。gp120 由 C1～C4 及 V1～V5 组成。gp120 的受体是宿主细胞表面的 CD4 分子。所以，HIV 进入人体后选择性地侵染细胞表面带有 CD4 分子的细胞，主要有 T4 淋巴细胞、单核巨噬细胞、树突状细胞等。CD4 分子为单链跨膜蛋白，由 V1～V4 区组成。gp120 与 CD4 分子的 V1 区结合后，gp120 的构象发生改变，暴露出 gp120 上与辅助受体——趋化因子受体结合的部位，与趋化因子受体（CXCR4 或 CCR5）相结合。辅助受体的结合使 gp41 发生构型改变，暴露出称之为融合肽的疏水性氨基酸，后者可插入细胞膜从而使病毒包膜与靶细胞膜融合，病毒核心则脱去包膜（脱壳）进入靶细胞内。gp120 同时还存在游离态的形式，通过一种类似于超抗原作用的途径，在体内非特异性地激活一些主要的免疫细胞，从而大大增强了 HIV 对人体的危害作用。

HIV 在感染的细胞中增殖导致细胞发生病变和死亡，并通过感染的细胞与未感染的细胞相融合而传播。未感染细胞可能因感染 HIV 以及机体的免疫应答而产生的细胞因子而被慢性活化，最终发生凋亡。结果出现 CD4 分化细胞群进行性耗竭，导致 CD4⁺ 细胞减少，从而引起以免疫缺陷为主的一系列病变。

临床上检测血液中 CD4⁺ 细胞数作为艾滋病诊断的重要指标。正常人的 CD4⁺ 细胞计数为 500～1300/μL。HIV 感染者的 CD4⁺ 细胞计数则随病程进展而递减，通常以 200/μL 作为艾滋病阶段的 CD4 计数阈值。当 CD4 < 200/μL 发生各种机会性感染概率明显增加。当 CD4 细胞计数下降到 < 50/μL 时，预示疾病进入晚期。血中病毒载量与 CD4⁺ T 细胞数之间呈明显负相关。

三、免疫学的实际应用

（一）免疫预防

免疫预防（immunoprophylaxis）是根据特异性免疫原理，采用人工方法将抗原（疫苗、类毒素等）或抗体（免疫血清、丙种球蛋白等）制成各种制剂，接种于人或动物机体，使其获得特异性免疫能力，达到预防某些疾病的目的。前者称人工自动免疫（artifical active immunity），主要用于预防；后者称人工被动免疫（artifical passive immunity），主要用于治疗和紧急预防。有关人工自动和被动免疫特点见表 11-3。

表 11-3　人工自动免疫和人工被动免疫特点

项目	人工自动免疫	人工被动免疫	项目	人工自动免疫	人工被动免疫
接种物质	抗原	抗体	维持时间	数月～数年	2～3 周
接种次数	1～3 次	1 次	主要用途	预防	治疗和紧急预防
生效时间	2～3 周	立即			

1. 人工自动免疫

人工自动免疫就是机体被动输入抗原物质后，机体的免疫系统因抗原的刺激就发生类似感染时所发生的应答过程，从而产生特异性免疫力，以预防或治疗疾病。用于人工自动免疫的抗原制品称为疫苗（vaccine），其可以是完整的病原微生物，如细菌、病毒、立克次氏体、螺旋体等，也可以是其中的某些成分或与之相似的其他抗原。

(1) 减毒疫苗。减毒疫苗（attenuated vaccine）又称活疫苗（live vaccine），是用微生物的自然强毒株通过物理的、化学的或生物学的方法，连续传代，使其对原宿主动物丧失致病力，或只引起亚临床感染，但仍保持良好的免疫原性和遗传特性的菌株或毒株来制备的疫苗。如卡介苗、麻疹疫苗、骨髓灰质炎疫苗、猪瘟兔化弱毒疫苗。

(2) 灭活疫苗。灭活疫苗（inactivated vaccine）是以含有细菌或病毒的材料利用物理或化学的方法处理，使其丧失感染性和毒性而保持免疫原性，并结合相应的佐剂，接种动物后能产生自动免疫，预防疫病的一类生物制品。如禽霍乱组织灭活苗、新城疫油乳剂灭活苗等。

(3) 联合疫苗。联合疫苗（combined vaccine）是指由两种或两种以上的病原微生物或同一病原微生物的不同血清型的培养物灭活后，按一定比例混合在一起的疫苗。如白喉-百日咳-破伤风三联疫苗（DPT）。

(4) 亚单位疫苗。去除病原体中不能激发机体保护性免疫，甚至对机体有害的成分，而保留其有效免疫原成分的疫苗称为亚单位疫苗。如用乙型肝炎病毒表面抗原制成的"乙肝"亚单位疫苗。

(5) 基因工程疫苗。基因工程疫苗是一类通过 DNA 重组技术获得的新型疫苗。

① 基因缺失疫苗。基因缺失疫苗（gene-deleted vaccine）是指应用基因操作技术，将病原微生物中与致病性有关的毒力基因序列除去或失活，使之成为有良好免疫原性的无毒株或弱毒株。这种基因缺失株稳定性好，不会因传代复制而恢复毒力，如传染性喉气管炎基因缺失疫苗、猪伪狂犬病基因缺失疫苗等。

② 重组载体疫苗。重组载体疫苗（recombinant-vector vaccine）是将编码病原体的保护性抗原基因插入已知病毒、细菌基因组或细菌质粒的某些部位使其高效表达，但不影响该病毒、细菌的生存与增殖。将新冠病毒的刺突糖蛋白基因重组到腺病毒生成的重组新冠病毒已应用于新冠肺炎的预防。

(6) 核酸疫苗。核酸疫苗（nucleic acid vaccine），又称基因疫苗（gene vaccine），指将编码病原体抗原的基因直接接种于宿主，并在宿主细胞内经转录翻译合成抗原物质，刺激宿主产生保护性免疫应答的疫苗。1990 年 J. Wolff 等偶然发现给小鼠肌内注射外源性重组质粒后，质粒被摄取并能在体内至少两个月稳定地表达所编码蛋白质，随后实验表明在合适的条件下，DNA 接种后既能产生细胞免疫又能引起体液免疫，自此开启了核酸疫苗高速发展的新纪元。核酸疫苗分为 DNA 疫苗和 RNA 疫苗。流感、丙型肝炎、艾滋病等的 DNA 疫苗和 mRNA 疫苗已进入临床试验阶段；为预防新冠肺炎而研发的新冠病毒 mRNA 疫苗已进行大规模接种，我国自行研发的新冠病毒 mRNA 疫苗已进入临床试验阶段。

(7) 合成肽疫苗。将具有免疫保护作用的人工合成抗原肽结合到载体上，再加入佐剂制成的制剂，称为合成肽疫苗（synthetic peptide vaccine）。研制合成肽疫苗，首先需要获得病原生物中具有免疫保护作用有效组分的氨基酸序列，然后以此序列进行人工合成多肽组分。如乙型肝炎病毒多肽疫苗。

(8) 转基因植物口服疫苗。将编码病原生物有效蛋白抗原基因和高表达力质粒一同植入植物（如番茄、黄瓜、马铃薯、烟草、香蕉等）的基因组中，由此产生一种经过基因改造的转基因植物。该植物根、茎、叶和果实中出现大量特异性免疫原，经食用即完成一次预防接种。将这种供人食用的转基因植物，称为转基因植物口服疫苗（oral vaccine in transgenic plants）。

2. 人工被动免疫

将免疫血清或自然发病后康复个体的血清人工输入未免疫的个体，使其获得对某种病原的抵抗力，这种免疫接种方法称为人工被动免疫。例如，抗犬瘟热病毒血清可防治犬瘟热等。采用人工被动免疫注射免疫血清可使抗体立即发挥作用，无诱导期，免疫力出现快。因半衰期的长短不同，抗体水平下降的程度不同，但抗体在体内逐渐减少，免疫力维持时间短，一般维持1～4周。

（二）免疫学技术

抗原抗体反应是指抗原与相应抗体之间所发生的特异性结合反应。可发生于体内（*in vivo*），也可发生于体外（*in vitro*）。体内反应可介导体内溶菌、杀菌和中和毒素等作用；体外反应则根据抗原的物理性状、抗体的类型及参与反应的介质的不同，有凝集反应、沉淀反应、补体参与的反应及中和反应等各种不同的反应类型，是免疫学检测技术的基础。因抗体主要存在于血清中，在免疫学检测中常采用血清作为实验材料，所以体外抗原抗体反应亦称为血清学反应（serologic response）。

1. 沉淀反应

沉淀反应（precipitation reaction）是可溶性抗原与相应抗体特异性结合所出现的反应。

（1）环状沉淀试验。先将含抗体的未稀释的免疫血清加到直径小于0.5cm的小试管底部。将稀释的含有可溶性抗原的材料重叠于上，让抗原与抗体在两液体的界面相遇，形成白色免疫复合物沉淀环，故名为环状沉淀试验（ring precipitation test）。

（2）单向免疫扩散试验。单向免疫扩散试验（single immunodiffusion）是在凝胶中进行的沉淀反应。将抗体混入加热熔化的琼脂中，倾注于玻片上，制成含有抗体的琼脂板，在适当位置打孔，将抗原材料加入琼脂板的小孔内，让抗原从小孔向四周的琼脂中扩散，与琼脂中的抗体相遇形成免疫复合物。当复合物体积增加到一定程度时停止扩散，出现以小孔为中心的圆形沉淀圈，沉淀圈的直径与加入的抗原浓度成正相关。

（3）双向免疫扩散试验。双向免疫扩散试验（double immunodiffusion）是在琼脂板上按一定距离打数个小孔，在相邻的两孔内分别放入抗原和抗体材料。当抗原和抗体向四周凝胶中扩散，在两孔间可出现2～3条沉淀线，本法常用于抗原或抗体的定性或定量检测，或用于两种抗原材料的抗原相关性分析。

（4）免疫电泳。将电泳与琼脂扩散结合起来的方法叫免疫电泳（immunoelectrophoresis）。先将待检抗原在琼脂凝胶板上电泳，使抗原的各个组分初步分开，然后加入抗血清于电泳槽中，让其扩散，形成不同的沉淀线。免疫电泳敏感性高，特异性强，可用于测定血清成分的含量、鉴定提取物的纯度等。

2. 凝集反应

凝集反应（agglutination reaction）是指颗粒性抗原与抗体结合出现的可见现象，颗粒抗原如完整的细菌、细胞等与相应抗体相混合，一定条件下出现凝集。

（1）直接凝集。直接凝集（direct agglutination）是将细菌或红细胞与相应抗体结合产生的细菌凝集或红细胞凝集现象。可用于传染病诊断，如肥达氏反应（Widal reaction）诊断伤寒病，或利用血细胞凝集现象检查血型。

（2）间接凝集。间接凝集（indirect agglutination）是用可溶性抗原包被在乳胶颗粒或红细胞表面，与相应抗体混合出现的凝集现象，如用甲状腺球蛋白包被乳胶颗粒用于检测甲状腺球蛋白的抗体。也可以将抗体吸附到乳胶颗粒上检查临床标本中的抗原，如细菌或真菌性脑膜炎抗体包被的乳颗粒，一旦与含有相应抗原的脑脊液混合，便可发生凝集，可进行快速诊断。故凝集反应既可测定抗原，也可测抗体，方法简便、敏感。

3. 免疫标记技术

用荧光素、同位素或酶标记抗体或抗原，用于抗原或抗体检测是目前广泛应用的敏感、可靠的方法。上述三种常用的标记物与抗原或抗体化学连接之后不改变后者的免疫特性。本方法可用于定性、定量或定位检测。

（1）免疫荧光技术。免疫荧光技术（immunofluorescence technique）是用化学方法使荧光素标记的抗体（或抗原）与组织或细胞中的相应抗原（或抗体）结合，进行定性定位检查抗原或抗体的方法。常用的荧光素为异硫氰荧光素和异硫氰四甲基罗丹明等。

（2）放射免疫测定技术。放射免疫测定技术（radioimmunoassay，RIA）应用竞争性结合的原理，将放射性同素标记的抗原（或抗体）与相应抗体（或抗原）结合，通过测定抗原抗体结合物的放射活性判断结果，本方法可进行超微量分析，敏感性高，可用于测定抗原、抗体、抗原抗体复合物。本法常用的同位素有 ^{125}I 和 ^{131}I。

（3）免疫酶技术。免疫酶技术又称酶联免疫分析法（enzyme immunoassay, EIA），是当前应用最广泛的免疫检测方法。本法将抗原抗体反应的特异性与酶对底物高效催化作用结合起来，根据酶作用底物后显色，以颜色变化判断试验结果，可经酶标测定仪作定量分析，敏感度可达 ng 水平。常用于标记的酶有辣根过氧化物酶（horseradish peroxidase）、碱性磷酸酶（alkaline phosphatase）等。它们与抗体结合不影响抗体活性。这些酶具有一定的稳定性，制成酶标抗体可保存较长时间。酶联免疫吸附测定（enzyme linked immunosorbent assay，简写为 ELISA）是应用最广泛的免疫酶技术之一。ELISA 法是将可溶性抗体或抗原吸附到聚苯乙烯等固相载体上，再进行免疫酶反应，用分光光度计比色以定性或定量。

本章小结

大多数病原微生物侵染机体时，首先必须吸附到宿主的体表，吸附成功后，它们便可以繁殖，产生毒素或侵入宿主体内，致使宿主发生疾病。病原细菌能否引起宿主疾病取决于它们的致病性和毒力。病原菌毒力的大小取决于两个方面：① 侵袭力（包括吸附与侵入、繁殖与扩散以及抗吞噬作用）；② 细菌产生的毒素（外毒素和内毒素）。此外病原菌感染力还与侵染数量和途径有关。病毒对宿主细胞的感染可分为杀细胞性感染、稳定性感染、整合感染等三种类型。病原微生物引起感染，除必须有一定毒力外，还与侵入数量、侵入途径等因素有关。

机体具有完整的屏障系统和免疫系统以抵抗外来微生物的侵袭。表皮、黏膜、血脑屏障、血胎屏障等都是天然的抗微生物侵袭的屏障。机体内的吞噬细胞具有吞噬外来微生物的功能，另外，在正常体液和组织中含有多种抗菌物质，这些物质对某些微生物有抑菌、杀菌或溶菌作用，如补体、溶菌酶、干扰素等。所有这些都属于非特异性免疫应答的范畴。

机体受外来微生物侵染后会产生特异性的抗体和免疫细胞来杀灭侵染菌，这属于特异性免疫应答的范畴。特异性免疫在抗微生物感染中起关键作用，其效应比非特异性免疫强，分为体液免疫和细胞免疫。抗原是免疫应答的始动因子，抗原是指能刺激机体产生抗体和效应性淋巴细胞并能与之结合引起特异性免疫反应的物质。一个完整的抗原应包括免疫原性和反应原性两个基本特性，而只具有反应原性而无免疫原性的物质则为半抗原。具有良好免疫原性的物质取决于抗原分子的特性、宿主的反应性和免疫方式等三方面的因素。抗原的特异性是指某一特定抗原只能刺激机体产生特异性的抗体或致敏淋巴细胞，且仅能与该抗体或对该抗原应答的淋巴细胞有特异性结合。决定抗原特异性的结构基础是存在于抗原分子中的抗原表位。抗原可有以下不同形式的分类：外源性抗原、内源性抗原、异种抗原、同种异型抗原、异嗜性抗原，胸腺依赖性抗原、非胸腺依赖性抗原。

抗体是重要的免疫分子，是机体受到抗原物质刺激后，由 B 淋巴细胞转化为浆细胞产生，能与相应抗原发生特异性结合反应的免疫球蛋白。抗体的化学本质是免疫球蛋白，它是免疫学和功能上的名词；而免疫球蛋白并不都具有抗体的活性，是结构和化学本质上的概念。免疫球蛋白由四肽链分子组成，基本结构分为重链和轻链、可变区和恒定区、铰链区等，经木瓜蛋白酶处理后生成两个相同的 Fab 片段和一个 Fc 片段，胃蛋白酶处理后形成含 2 个 Fab 片段的 $F(ab')_2$ 片段和 1 个较小的 pFc′ 片段。免疫球蛋白有 IgG、IgA、IgM、IgD 和 IgE 五类。IgG 是机体中主要的免疫球蛋白。免疫球蛋白参与特异性的体液免疫，它有和抗原发生凝集反应，中和外毒素，增强吞噬作用，激活补体和阻止病原菌对宿主黏膜的黏附等方面的功能。细胞免疫应答分为两种类型，一种是迟发型超敏性的 T 细胞应答，一种是细胞毒性 T 细胞应答。

人工自动免疫就是机体被动输入抗原物质后，机体的免疫系统因抗原的刺激就发生类似感染时所发生的应答过程，从而产生特异性免疫力，以预防或治疗疾病。用于人工自动免疫的抗原制品称为疫苗，有活疫苗、死疫苗、联合疫苗、亚单位疫苗、基因工程疫苗、核酸疫苗、转基因植物口服疫苗等。人工被动免疫就是输入免疫血清或致敏淋巴细胞，使机体立即获得针对某种病原的免疫力，以达到治疗和紧急预防的目的，如抗毒素、血清球蛋白等。

抗原抗体的体外反应称为血清学技术。常用的免疫学技术有凝集反应、沉淀反应、免疫荧光技术、放射免疫测定技术、酶联免疫吸附测定技术等。

思考题

1. 解释下列名词

传染与免疫，毒力与侵袭力，外毒素与内毒素，非特异性免疫与特异性免疫，抗原与抗体，完全抗原与半抗原，免疫球蛋白，细胞免疫与体液免疫，凝集反应与沉淀反应

2. 有哪些因素影响病原微生物的致病性？

3. 病原微生物感染人或动物机体后会出现哪些可能的结果？

4. 外毒素与内毒素的主要特点是什么，有何区别？

5. 病原菌的侵袭力包括哪些？

6. 为什么说炎症反应是非特异性的细胞免疫反应过程？

7. 干扰素有哪些类型？其作用机制是什么？

8. 简述抗原的基本特性。

9. 抗原、抗原表位和半抗原之间有什么不同？

10. 什么是半抗原-载体现象？怎样使半抗原具有免疫原性？

11. 试述免疫球蛋白（Ig）的基本结构。

12. 通过什么手段获得免疫球蛋白 Fab 片段和 Fc 片段？Fab 片段和 Fc 片段各有何生物

学活性?

13. 试述非特异性免疫与特异性免疫两者之间存在怎样的联系，又有哪些区别。

14. 比较各类免疫球蛋白的主要特性和免疫学功能。

15. 试述目前常用的几种免疫学技术。

16. 人体可通过哪些途径抵抗病毒感染？又是如何抵抗细菌感染的？有何异同？

参考文献

Kizzmekia S C, Darin K E, Sarah R L, et al, 2020. SARS-CoV-2 mRNA vaccine design enabled by prototype pathogen preparedness. Nature, 586: 567-571.

陈慰峰, 2004. 医学免疫学. 4 版. 北京: 人民卫生出版社.

黄秀梨, 2003. 微生物学. 2 版. 北京: 高等教育出版社.

李根亮, 穆淑梅, 李彦芹, 等, 2006. TLR-天然免疫中的特异性受体. 生命的化学, 26(6): 495-497.

陆德源, 2002. 医学微生物学. 5 版. 北京: 人民卫生出版社.

闵航, 2009. 微生物学. 北京: 科学出版社.

沈萍, 2016. 微生物学. 8 版. 北京: 高等教育出版社.

孙军德, 杨幼慧, 赵春燕, 2009. 微生物学. 南京: 东南大学出版社.

陶义训, 2002. 免疫学和免疫学检验. 2 版. 北京: 人民卫生出版社.

吴柏春, 熊元林, 2007. 微生物学. 2 版. 湖北: 华中师范大学出版社.

韦革宏, 王卫卫, 2008. 微生物学. 北京: 科学出版社.

杨汉春, 2007. 动物免疫学. 2 版. 北京: 中国农业大学出版社.

于高水, 杨玉荣, 梁宏德, 2009. Toll 样受体研究进展. 细胞生物学杂志, 31(3): 339-343.

袁生, 2009. 微生物学. 北京: 高等教育出版社.

周德庆, 2020. 微生物学教程. 4 版. 北京: 高等教育出版社.

第十二章
应用微生物

让人类"爱恨交加"的微生物

一提到微生物，有些人就会皱起眉头，感到憎恶。因为他们想到的是微生物带来了人类的疾病，带来了植物的病害和食物的变质。其实，这种感情是不太公正的。对人类而言，大多数微生物有益无害，会造成损害的微生物只是少数。就总体来说，微生物肯定是功大于过，而且是功远远大于过。近年来迅速崛起的发酵工程，更是为许多微生物彻底改变了形象。因为在发酵工程里，正是这些微生物在忙忙碌碌，工作不息，甚至不惜粉身碎骨，才使得五光十色的产品能一一面世。从乳酸菌饮料，到抗病毒的干扰素等药品，都是微生物对人类的无私奉献。

3000 多年以前，人类就开始在生活中自发地利用微生物来酿造酱、醋和酒类。随着微生物的形态学、生理生化和遗传学的深入研究，人类开始自觉地利用微生物的菌体或者代谢产物来生产食品、微生物肥料、微生物农药等产品，但是由于培养方式的限制，产品的产量一直在低水平徘徊，产品的质量也不稳定。随着 20 世纪 40 年代深层通风发酵技术的出现，微生物细胞吸收多、繁殖快的特点才得以充分展现，产品的产量和质量得到大幅提高，微生物在工业、医药和农业等领域的应用有了突破性进展，为人类的健康和环境的改善作出了巨大贡献。

第一节
食品微生物

微生物是自然界分布最广、种类最多的一种生物，与人类赖以生存的食品有着密切的关系。微生物是导致食品腐败变质的元凶，严重时会导致人类食物中毒。根据世界卫生组织的估计，全球每年发生食源性疾病有数十亿人，其中 42 万人死亡，其中 5 岁以下儿童处于特高风险，每年有超过 12 万名儿童死于食源性疾病；而中国平均每年有 2 亿多人次罹患食源性疾病。我国每年因微生物污染、腐败而损失的粮食、水果、水产品、蔬菜、禽蛋、粮食制品及其他副食品，数量十分惊人。据报道，世界每年平均有 2%～3% 的粮食由于霉变而不能食用。

因此，做好食品贮藏，减少损失，有利于增加生产。

另一方面，人们利用微生物制造了种类繁多、营养丰富、风味独特的食品。有许多微生物本身就是人类的食品，如各种食用菌、单细胞蛋白、某些微生态保健品；有许多食品在其生产制作过程中需要某些微生物的参与，如面包、酸奶、各种酒类等；另外，很多食品添加剂通过微生物进行工业化生产，如味精、乳酸、柠檬酸等。随着科学技术的进步，微生物在食品工业中的应用前景更加广泛。

一、微生物与食品腐败及食品保藏

食品含有人体所需的热量和各种营养物质，易于消化吸收。但食品往往由于受物理、化学和生物（主要是微生物）各种因素的作用，在原有的色、香、味和营养等方面发生量变，甚至质变，从而使食品质量降低甚至不能作为食品用，这就是食品的腐败变质。

（一）微生物引起食品腐败变质的条件

食品在原料采购、运输、加工和保藏等过程中不可避免地受到环境中微生物的污染。食品发生腐败变质与三个重要因素相关：食品基质、食品所处的环境条件及污染微生物的种类和数量。三者之间又是相互作用、相互影响的。

1. 食品基质

不同种类食品的腐败变质，与其营养成分的种类、氢离子浓度、水分含量及渗透压有关。

（1）食品的营养成分。食品营养成分一般比较丰富，含有不同比例的蛋白质、脂肪、糖类、维生素和无机盐等。但有些食品是以某些成分为主的，如油脂则以脂肪为主，蛋品类则以蛋白质为主。微生物分解各种营养物质的能力也不同。因此在一定的水分和温度下，当微生物所具有的酶所需的底物与食品营养成分相一致时，微生物才可以引起食品的迅速腐败变质。

（2）食品的氢离子浓度。各种食品都具有一定的氢离子浓度，一般 pH 值均小于 7.0，有的可低到 2～3。根据食品 pH 值不同，通常将食品分为酸性食品和非酸性食品，pH 值在 4.5 以上者称为非酸性食品。pH 值在 4.5 以下者称为酸性食品。pH 值的不同引起食品腐败变质的微生物类群也呈现一定的特殊性。

食品 pH 值的不同，引起食品变质的微生物类群也不同。同时，微生物在食品中生长时可导致食品 pH 值的变化。多数微生物最适生长 pH 值在 7.0 附近，食品 pH 值越低，适宜生长的微生物种类越少。当 pH 低于 5.5 时，腐败细菌基本上被抑制，只有大肠杆菌、乳酸菌等少数细菌能继续生长，酵母菌和霉菌也可生长。

（3）食品中的水分。食品中含有一定的水分，包括结合态水和游离态水两种。决定微生物是否能在食品上生长繁殖的水分因素是食品中所含的游离态水，也即所含水的活性或称水活度（water activity, a_w）。由于食品中所含物质的不同，即使含有同样的水分，但水活度可能不一样。因此防止各种食品微生物生长的含水量标准就很不相同。

食品本身所具的水分含量影响微生物的生长繁殖，降低食品水分含量可抑制微生物生长。一般新鲜的食品原料含水较多，a_w 值降低至 0.70 以下，就可较长时间保存食品。据研究，a_w 值在 0.80～0.85 之间，只能保存几天，a_w 值在 0.72 左右，可保存 2～3 个月，如果在 0.65 以下，则可保存 1～3 年。

（4）食品的渗透压。一般来说，微生物在低渗透压食品中易生长，而在高渗透压食品中，微生物则因脱水而死亡。多数霉菌和少数酵母菌可耐受较高的渗透压，所以在高渗透压情况下引起食品变质的微生物主要是霉菌、酵母菌和少数细菌，这部分细菌多为嗜盐细菌或耐糖细菌。

2. 食品所处的环境条件

（1）温度

① 高温。一般 45℃以上温度对微生物的生长是不利的。在高温条件下，微生物体内的酶、蛋白质、脂质很容易发生变性失活，细胞膜也易受到破坏，这样会加速细胞的死亡。

在高温条件下，有少数嗜热微生物（thermophiles）仍然能够生长，而且新陈代谢活动也比其他微生物快，因而使食品发生变质的时间缩短，它所造成的食品变质主要是由于酸败、分解糖类产酸而引起的。

在食品中生长的嗜热微生物主要有芽孢杆菌属（Bacillus）、梭状芽孢杆菌属（Clostridium）、乳杆菌属（Lactobacillus）、链球菌属（Streptococcus），主要种有嗜热脂肪芽孢杆菌（Bacillus stearothermophilus）、凝结芽孢杆菌（Bacillus coagulans）、肉毒梭状芽孢杆菌（Clostridium botulinum）、热解糖梭菌（Clostridium thermosaccharolyticum）、嗜热乳杆菌（Lactobacillus thermophilus）等。霉菌中纯黄丝衣霉（Byssochlamys fulva）耐热能力也很强。

② 低温。一般来讲，低温对微生物生长是不利的，尤其是在冰点温度以下。当食品中的微生物处于冷冻时，细胞内游离水形成冰晶体，失去可利用的水分，即 a_w 值下降，成为干燥状态，这样细胞内细胞质因浓度增大而黏性增大，引起 pH 值和胶体状态的改变，同时，冰晶体对细胞也具有损伤作用。

虽然低温对微生物生长不利，但是由于微生物具有一定的适应性，因而对低温也有一定的抵抗力，在食品中仍有少数嗜冷微生物能在低温下繁殖，使食品发生腐败变质。因为微生物在低温下的代谢活动极其缓慢，所以引起食品腐败变质的过程就比较长。

低温下生长在食品中的主要细菌有产碱杆菌属、假单胞菌属、黄杆菌属、变形菌属、无色杆菌属等 G^- 菌；小球菌属、链球菌属、芽孢杆菌属和梭状芽孢杆菌属等 G^+ 菌。主要的酵母菌有：假丝酵母属、毕赤氏酵母属、酵母属、丝孢酵母属等。主要的霉菌有：毛霉属、青霉属、葡萄孢属和芽枝霉属等。

（2）气体。食品在不同的加工、运输、贮存环境中，接触气体种类也不同，因而引起食品变质的微生物类群和食品变质的过程也不一样。食品在缺氧情况下只有厌氧生长的细菌和酵母菌才能引起食品变质。有氧情况下需氧菌以及一些兼性厌氧菌（大多数霉菌、酵母菌和细菌）都可生长，并且引起的食品腐败变质过程比缺氧时快得多。

未经加工的新鲜动植物组织中所含还原物质较多，所以这些食品原料内部一直保持缺氧的状态，只有一些厌氧菌能够生长，而在食品表面主要是需氧微生物生长。食品经热加工后，所含还原物质被破坏，同时食品组织状态也会发生改变，氧和需氧微生物可进入到组织内部，食品更容易发生腐败。

（3）湿度。空气湿度对于微生物生长和食品变质来讲起着重要的作用。如把含水量少的食品放在湿度大的地方，可增加食品的含水量，提高水活度，有利于微生物的生长与繁殖，引起食品变质。

3. 微生物

受微生物污染是引起食品腐败变质的重要原因之一。食品在加工前、加工过程中以及加工后，都可以受到外源性和内源性微生物的污染。污染食品的因素有细菌、酵母菌和霉菌以及由它们产生的毒素。污染途径也比较多，可以通过原料生长地土壤、运输设备、加工用水、加工用具、包装、环境空气、工作人员，以及动物等，直接或间接地污染食品加工的原料、半成品或成品。因此很可能许多食品的腐败变质在加工过程中或在刚包装完毕就已发生，它们已经成为不符合食品卫生质量标准的食品。

不论是动物性食品原料还是植物性食品原料，在加工前都会受到一定程度的微生物污染。运输和贮藏都会进一步增加微生物污染的机会。冷链流通可以有效抑制食品中微生物的繁殖，然而我国果蔬的冷链流通率仅有 10%左右，肉类产品冷链流通率和冷藏运输率分别为 15%和30%；即便如此，因冷链粗放管理导致的果蔬损失率达到了 25%，肉类的损失率达到 8%。如果无抑制或杀灭微生物的措施，甚至有可能导致微生物的迅速繁殖，在加工前即发生原料的腐败变质。

一般性的食品加工前后微生物消长规律（microbial change rules），由于食品种类、贮藏运输以及加工工艺的差异可能有所不同。食品原料加工过程中的清洗、消毒和灭菌以及煮沸、烘烤、油炸等过程都可以使食品中的微生物种类和数量迅速下降，甚至完全杀灭。但食品原料的理化状态、食品加工的工艺方式、原料受微生物污染的程度等的差异，都会影响加工后食品中的微生物残存率，而且加工运输和贮藏过程中也有可能受到微生物的再次污染。加工后食品中残存的微生物和再次污染的微生物，在条件适宜时可能快速繁殖，引起加工食品的腐败变质。如果加工后的食品没有受到再次污染，或者加工后残存的微生物和再次污染的微生物，在食品贮藏过程中没有适宜的条件，随着贮藏时间的延长，数量会不断下降。

（二）食品腐败的微生物指标

我国现行的食品卫生标准已在很多食品中将菌落总数和大肠菌群作为微生物的常规指标。除此之外，还有致病菌，特别是直接入口的食品不得检出致病菌。

1. 菌落总数

菌落总数（total number of bacterial colonies）就是指在一定条件下（如需氧情况、营养条件、pH、培养温度和时间等）每克（每毫升，每平方厘米）检样所生长出来的微生物菌落总数。适合这些条件的每个活菌细胞必须而且只能生成一个肉眼可见的菌落，其结果称为该食品的细菌菌落总数。以菌落形成单位（colony forming unit, CFU）表示。按国家标准（GB 4789.2—2016）方法规定，即在需氧情况下，37℃培养 48h（水产品 30℃下培养 72h），能在普通营养琼脂平板上生长的细菌菌落总数，所以厌氧、微需氧菌、有特殊营养要求的以及非嗜中温的细菌，由于现有条件不能满足其生理需求，故难以繁殖生长。因此菌落总数并不表示实际中的所有细菌总数，菌落总数并不能区分其中细菌的种类，所以有时被称为杂菌数、需氧菌数等。

食品中菌落总数的食品卫生学意义在于：

① 可作为食品被污染程度（标志）指标。食品中细菌数量越多，说明食品被污染的程度越重，对人体健康的威胁越大。相反，食品中细菌数量越少，说明食品被污染的程度越轻，食品卫生质量越好。

② 用来预测食品耐存放程度或期限，即可作为评定食品腐败变质程度和新鲜度的指标，以提出食品腐败变质的界限值。

2. 大肠菌群

大肠菌群（coliform）是指一群在 35～37℃下 24h 能发酵乳糖，产酸、产气，需氧和兼性厌氧的革兰氏阴性、无芽孢杆菌。食品中大肠菌群以每 g（mL）检样内大肠菌群最大概率数表示（most probable number，MPN）。

一般认为大肠菌群可包括大肠埃希氏菌、柠檬酸杆菌、产气克雷伯氏菌和阴沟肠杆菌等，以大肠埃希氏菌（*Escherichia coli*）为主，因其有独特的生化反应，可与本属其他菌相区别，故称典型大肠杆菌。

大肠菌群的食品卫生学意义在于：

① 表示食品被粪便污染的指标。大肠菌群仅来源于人和温血动物的肠道，其组成恒定，并存在于粪便中，如典型大肠杆菌每克粪便中含有 10^6 个。如果食品中能检出大肠菌群，说明该食品曾经受到粪便污染。若是典型大肠菌群，则说明被粪便近期污染；若是其他属，则说明可能为粪便的陈旧污染。

大肠菌群之所以作为食品被粪便污染的指标，是由于大肠菌群来源的特异性，其数量较致病菌多，易检出，具有足够的抵抗力，在外环境中能存活一定时间，对化学消毒剂、热均较耐受，容易培养、分离和鉴定，符合指示菌要求。

② 作为肠道致病菌污染食品的指示菌。大肠菌群与肠道致病菌（如沙门氏菌、志贺氏菌等）来源相同，而且一般在外环境中生存时间也一致。当然，食品中检出大肠菌群，只能说明有粪便污染，以及有肠道致病菌存在的可能性，但大肠菌群与肠道致病菌并非一定平行存在。

（三）微生物引起食品腐败变质的机理

食品腐败变质的机理，实质上是食品中的蛋白质、糖类、脂肪等营养成分在污染微生物的酶或自身组织酶催化下进行的生化过程。不同食品的腐败变质，所涉及的微生物、腐败过程和产物不一样，因而习惯上的称谓也不一样。以蛋白质为主的食物在分解蛋白质的微生物作用下产生氨基酸、胺、氨、硫化氢等物质和特殊臭味，这种变质通常称为腐败。以糖类为主的食品在分解糖类的微生物作用下，产生有机酸、乙醇和 CO_2 等气体，其特征是食品酸度升高，这种由微生物引起的糖类物质的变质，习惯上称为发酵或酸败。以脂肪为主的食物在解脂微生物的作用下，产生脂肪酸、甘油以及令人厌恶的气味和臭味，这种脂肪变质称为酸败。

1. 食品中蛋白质的分解

富含蛋白质的食品，如鱼禽畜肉、蛋和豆制品等，其腐败变质是腐败微生物引起的蛋白质分解过程。在食品原料的内源酶（动植物组织酶）以及微生物分泌的蛋白酶和肽链内切酶等的作用下，蛋白质首先分解成多肽，进而降解成氨基酸。氨基酸再通过脱氨基、脱羧基、脱硫等作用，分解形成氨、胺类、有机酸类和各种糖类。不同的氨基酸分解产生的腐败胺类和其他物质各不相同。如甘氨酸产生甲胺，鸟氨酸产生腐胺，精氨酸产生色胺进而又分解为吲哚，含硫氨基酸分解产生硫化氢和氨、乙硫醇等。这些物质都是蛋白质腐败产生的主要臭味物质。

2. 食品中糖类的分解

食品中的糖类包括纤维素、半纤维素、淀粉、糖原等多糖以及双糖和单糖等，可被微生物所分泌的相应的酶类分解成单糖、醇、醛、酮、羧酸、二氧化碳和水等简单产物。糖类含量高的食品变质后表现为酸度升高、产气和稍带有甜味、醇类气味等。水果被曲霉和多酶梭菌污染后，所含果胶可被污染微生物分泌的果胶酶分解而软化。

3. 食品中脂肪的分解

食品中的脂肪酸败主要是由自由基引起的油脂自身氧化和脂肪酶分解引起的水解反应引起的，产生酸和刺激的"哈喇"气味。所以脂肪发生变质主要是由化学变化引起的，但它与微生物也有密切的关系。尤其是合适的水分、温度以及磷脂、黏蛋白、黏液素、饼末、种皮等杂质的存在，会促进微生物的繁殖，从而加速油脂酸败变质。

（四）微生物引起的食物中毒

人类食用已腐败变质的食品后极易发生食物中毒。由微生物引起的食物中毒可以分为细菌性食物中毒和霉菌性食物中毒。

1. 细菌性食物中毒

细菌性食物中毒指因摄入含病原菌或其毒素污染的食品而引起的食物中毒。根据发病机制可分为感染型、毒素型和混合型细菌性食物中毒。感染型细菌性食物中毒是指随食物摄入大量活细菌，肠道黏膜受感染而引起的中毒性疾病，如肠道致病性大肠杆菌等。毒素型细菌性食物中毒是指随食物摄入细菌所产生的毒素而引起的中毒性疾病，如肉毒中毒、葡萄球菌肠毒素中毒。混合型细菌性食物中毒是指随食物摄入活细菌及其所产生的毒素共同作用而引起的中毒性疾病，如沙门氏菌、蜡状芽孢杆菌、副溶血性弧菌等。

另外，致病性细菌还可引发消化道传染病，如志贺氏菌引发细菌性痢疾，伤寒沙门氏菌和副伤寒沙门氏菌引发伤寒和副伤寒疾病，霍乱弧菌和副霍乱弧菌引发霍乱和副霍乱。

误食了人畜共患病原菌，如吃了患炭疽病死亡的动物肉类后，炭疽病原菌进入体内，便可引起炭疽病，表现为腹痛、呕吐、血便。如病原菌进入血液，则易形成全身败血症。人误食了含有布鲁氏杆菌的牛或猪内脏器官、乳汁，表现为全身关节疼痛无力，呈现波浪热；人感染布鲁氏菌病的主要途径为经皮肤黏膜直接接触感染，但经呼吸道吸入被污染的飞沫、尘埃感染也时有发生。病牛乳中往往常有结核杆菌，消毒不彻底时，人极易感染。

2. 霉菌性食物中毒

霉菌性食物中毒是指摄入含有霉菌毒素的霉变食品而引起的中毒现象。主要是花生、玉米、大米等在储存过程中生霉，未经适当处理即作食料，或是已做好的食物放久发霉变质误食引起的，也有的是在制作发酵食品时被有毒霉菌污染或误用有毒霉菌。常见的霉菌毒素有黄曲霉毒素、赤霉病麦毒素、玉米赤霉烯酮等，主要损伤肝脏，有明显的致癌作用。霉菌毒素主要由少数产毒霉菌产生，如黄曲霉（*Aspergillus flavus*）、棒曲霉（*Aspergillus clavatus*）、橘青霉（*Penicillium citrinum*）、岛青霉（*Penicillium islandicum*）、半裸镰刀霉（*Fusarium semitectum*）等。

3. 病毒性食物中毒

食品是不会感染病毒的，但是有可能被病毒污染，食品被病毒污染的可能途径主要有两个：一是受到含有病毒的水、食品包装材料的污染；二是受到携带病毒的食品加工者或销售者的污染。2020年在我国所有的进口冷链食品和货物，检测出来的新冠病毒阳性的样品大多属于污染比较轻的；而因污染造成感染，一般来说必须是污染量比较大，同时还需要长期反复接触才有可能造成感染，所以物流装卸工感染发现的就相对比较多一些。

（五）食品腐败的预防及食品保藏的原理和方法

食品保藏就是采用各种物理学、化学以及生物学方法，使食品在尽可能长的时间内保持其营养价值、色香味以及良好的感官性状。因为微生物是引起食品腐败变质最主要的因素，所以食品保藏主要是围绕微生物而开展的。

1. 食品微生物污染的预防

预防微生物的污染是防止食品腐败的首要条件。

在食品收获、储藏时要避免损伤保护层。一般情况下认为动植物组织内部是无菌的，当外部组织损伤时，外界微生物将大量侵入组织内部，污染食品。

食品加工过程中的很多环节都可能成为微生物污染食品的途径。清洗是食品加工的重要工序，其目的是去除原料表面的污物及大量的微生物。但如用不洁水清洗，反而会加重食品的污染。加工用水、辅料、加工设备，以及加工环境、操作人员等均可能成为污染源，所以要加强卫生管理，严格灭菌。

包装阶段，采用无菌包装，使食品与外界隔绝，就能有效地阻止外界微生物侵入。

2. 食品中微生物的消除

食品中的微生物必须完全消除或减少到安全程度，才能保证食品的安全。在食品生产和销售过程中完全避免微生物污染几乎是无法做到的。

清洗是生鲜食品除去表面细菌的好方法。过滤可完全除去液体食品中的微生物。加热、干燥、辐照以及添加防腐剂，是杀死或抑制微生物的有效方法，但各种方法因自身的特点而有各自的缺点。

3. 食品保藏的原理和方法

许多食品经过清洗、加热等加工后，微生物被完全消除，或仅存极少量微生物，为防止这些残留微生物的生长繁殖，可采用低温、干燥、厌氧等措施来保藏食品，使食品中残留的微生物停止生长或减缓其生长速度，延长食品的保存期。

（1）热杀菌后保藏食品。将食品经过热加工杀灭大部分微生物后，再进行贮藏。这类方法可能不一定能杀死全部微生物，但可以杀死绝大部分不产芽孢的微生物，尤其是不产芽孢的致病菌。生活中常用的热杀菌方法如煮沸、烘烤、油炸等，食品生产过程中的热杀菌方法如牛乳、饮料的巴氏杀菌法（pasteurization），罐头生产中的高温高压蒸汽灭菌法（high-temperature high-pressure steam sterilization）、超高温瞬时灭菌法（ultra high temperature short time sterilization，UHT）等。

（2）利用低温保藏食品。在低温下，食品中的微生物的生长繁殖速度大大降低，或完全抑制，处于休眠状态，使食品在一定时间内保持其原有的质量。根据贮藏食品的种类、性质和具体条件，可分为普通贮藏（低于15℃）、冷藏（4～8℃）、冻藏（-10℃以下）等方法。

（3）利用干燥保藏食品。通过干燥可大大降低食品中的水活度，同时食品营养成分被浓缩，渗透压升高，食品中微生物生长繁殖速度降低甚至停止，内源酶（indigenous enzymes）的活性也受到抑制。

（4）利用气调或厌氧保藏食品。在果蔬的气调保藏（gas storage）中，通过增加环境气体

中 CO_2、N_2 的比例，降低 O_2 比例，能降低果蔬的呼吸强度并推迟其呼吸高峰的出现；高浓度二氧化碳还能抑制乙烯的形成，延缓了乙烯对果蔬成熟的促进作用，可延长食品的保藏期。不过氧气浓度过低或二氧化碳浓度过高都会导致鲜活食品的厌氧呼吸，造成生理病害，使食品腐烂。

好气性微生物在低氧环境下，其生长繁殖就受到抑制，如苹果的虎皮病随着氧气浓度的下降而减轻。

(5) 利用高渗透压（腌渍）保藏食品。通常使用盐、糖、蜜等方法腌渍食品，提高食品的渗透压，使微生物或病原菌生长繁殖受到抑制或死亡。

(6) 利用防腐剂保存食品。食品中添加食品防腐剂可抑制或杀死食品中的微生物，从而达到保存食品的目的。常用的防腐剂有苯甲酸及钠盐、山梨酸及钾盐、丙酸及其钙钠盐、脱氢醋酸及其钠盐。苯甲酸和山梨酸是我国允许使用的两种国家标准的有机防腐剂。

乳酸链球菌素（nisin），亦称乳链菌肽，是乳酸链球菌产生的一种多肽物质，能有效抑制引起食品腐败的许多革兰氏阳性细菌，如乳杆菌、明串珠菌、小球菌、葡萄球菌、李斯特菌等，特别是对产芽孢的细菌如梭状芽孢杆菌有很强的抑制作用。乳酸链球菌素可被消化道蛋白酶降解为氨基酸，不影响人体益生菌，不产生抗药性，不与其他抗生素产生交叉抗性，具有高效、无毒、安全、无副作用的特点，是目前联合国粮农组织（FAO）和世界卫生组织（WHO）唯一允许作为防腐剂在食品中使用的细菌素。

(7) 利用辐照保藏食品。利用 X 射线、γ 射线等射线辐照食品，使食品中的昆虫和微生物生长繁殖过程受到抑制或破坏，导致昆虫或微生物死亡，从而食品的保藏时间得以延长。

利用辐照保藏食品，几乎不产生热，有利于保护食品的新鲜状态，还可以处理包装和冷冻食品；射线穿透力强，杀灭深藏于食品内部的害虫和微生物；辐照是物理过程，不留下任何残留物，还可以连续处理。

(六) 预测微生物学

预测微生物学（predictive microbiology），又称预报微生物学，是一门在微生物学、数学、统计学和计算机知识基础上建立起来的新学科，它将食品微生物学与工程学、统计学等结合在一起，建立温度、pH 值、水活度、防腐剂等环境因素与食品微生物之间关系的数学模型，通过计算机及其配套软件，在不进行微生物检测分析的前提下，判断食品内主要病原菌和腐败微生物的全过程死亡、残存和增殖的动态变化，从而对食品安全作出快速评估方法。它主要用于预测微生物行业对环境条件（包括食品生产和加工的各个环节在内）的反应。

互联网上进行的食品微生物"检测"

第四届国际预测性食品模型会议上，美英两国科学家宣布，将在因特网上共同建立世界上最大的预测微生物学信息数据库 ComBase 数据库。ComBase 数据库目前已拥有了超过 5 万条有关微生物生长和存活的数据档案。世界上已经开发了十几种微生物预测软件，其中最著名的是 FM（Food Micromodel）、PMP（Pathogen Modeling Program）、ComBase（Combined Database）。科学家利用相关软件，可以通过输入相关数据（例如温度、酸度和湿度）模拟一种食品环境，搜索到所有符合这些条件的数据档案。这种方法可以大大减少无谓的重复试验，改进模型，并且实现数据来源标准化。

目前食品中微生物主要集中在贮藏阶段致病细菌、腐败细菌和有害霉菌的生长预测模型研究，而对食品加工过程中毒素消减模型研究还较少。另外，大多数微生物模型的拟合都集中在实验室基础上进行仿真模拟，普遍存在可信度低的问题，只有在食品供应链各环节中大量获取真实有效的数据才能建立起较准确的微生物预测模型，这对建立适合我国国情的微生物预报体系具有极其重要的意义。

二、利用微生物生产食品

人类利用微生物生产食品已有数千年的历史。食品生产中涉及的微生物种类较多，主要有细菌、酵母和霉菌，另外微生物产生的酶在食品加工过程中的应用也非常广泛。

(一) 细菌在食品生产中的应用

细菌的表面积/体积比很大，新陈代谢十分活跃，在发酵食品中创造多种有用产品，如利用乳酸细菌进行乳制品发酵（酸奶、干酪、酸奶酒等）及制作泡菜和酱腌菜等，利用醋酸菌进行醋酸发酵，利用纳豆菌进行纳豆发酵。

1. 酸奶

酸奶（yogurt）是以新鲜的牛奶为原料，经巴氏杀菌后向牛奶中添加发酵剂，发酵后再冷却灌装的一种牛奶制品。酸奶具有较高的营养价值和特殊风味，极易被身体吸收，而且含有大量的活乳酸菌（一般 $10^6 \sim 10^7$ 个/g），有利于肠道健康。

牛奶中一般含 4.7%~4.9%的乳糖，只有那些具有乳糖酶的微生物才能在乳液中正常生长。能够用于酸奶制造的乳酸细菌主要有嗜热链球菌（*Streptococcus thermophilus*）、保加利亚乳杆菌（*Lactobacillus bulgaricus*）、嗜酸乳杆菌（*Lactobacillus acidophilus*）、双歧杆菌（*Bifidobacterium*）等。嗜热链球菌与保加利亚乳杆菌同为同型乳酸发酵菌，前者代谢过程中产生 L-乳酸，有风味物质双乙酰产生，后者产生 D-乳酸，生产中常将两者按照 1:1 的比例混合培养，两者的生长情况都比各自单独培养时好，可以缩短酸奶的凝固时间。双歧杆菌属异型乳酸发酵，除产生 L-乳酸外，还有乙酸、乙醇和二氧化碳等生成。

进行乳酸发酵是使用乳酸细菌的主要目的之一。由于乳酸菌的作用，原料乳中的乳糖被分解而转变成乳酸，使牛乳 pH 降低，促使酪蛋白凝固，并产生酸味。乳酸发酵能使产品形成均匀、细腻的凝块和良好的风味。

酸奶制造的基本生产工艺为：

原料乳收购→质检及标准化→灭菌、配料→均质、接种→发酵冷藏→质检→出厂

酸奶生产的操作要点为：将质量合格的原料脱脂乳（或脱脂粉乳、炼乳等均可）、砂糖、洋菜及辅料按照一定比例混合均匀，经过滤、巴氏杀菌、冷却后加入发酵剂密闭进行恒温培养，即可生成硬块的凝固物，随后送冷藏室保存 5~6d，即可出厂。

神奇的保健食品——纳豆

纳豆是日本的传统食品，在我国是新兴的发酵食品。纳豆是以小粒大豆为原料，由纯纳豆芽孢杆菌（*Bacillus natto*）发酵而成。纳豆菌是从日本的传统发酵食品纳豆中发现并分离得到的，属细菌科，芽孢杆菌属，是美国食品药品管理局（FDA）公布的 40

种益生菌之一。纳豆生产主要菌种有 *Bacillus subtilis* IFO 3007、*Bacillus natto* Sawamura 06、*Bacillus natto* Sawamura IFO 3339 等。

纳豆除具有大豆的丰富营养成分外，还含有很多生物活性的物质，如优质多肽、纳豆激酶（NK）、超氧化物歧化酶（SOD）、活性异黄酮、吡啶二羧酸、维生素 K_2 等。这些物质具有溶解血栓、预防心脑血管疾病、预防阿尔茨海默症、预防便秘、抗氧化、杀菌、美容、减肥、降血压、预防骨质疏松等功能，吡啶二羧酸还可以有效杀灭、抑制肠道内多种病原菌，尤其是 O-157 致病菌。

2. 酿造醋

酿造醋是用粮食等淀粉质为原料，经微生物制曲、糖化、酒精发酵、醋酸发酵等阶段酿制而成的。其主要成分除醋酸（3%～5%）外，还含有各种氨基酸、有机酸、糖类、维生素、醇和酯等营养成分及风味成分，具有独特的色、香、味，不仅是调味佳品，经常食用对人体健康也很有帮助。

酿醋过程中发生着复杂的生物作用和化学反应，主要有四个生物化学过程：

（1）淀粉和蛋白质的分解作用。麸曲中的 α-淀粉酶将预先蒸煮糊化的淀粉质原料转化为糊精和单糖，供酵母菌发酵利用；蛋白酶能够把原料中的蛋白质分解为各种氨基酸，成为食醋鲜味的来源。

（2）酒精发酵。在厌氧条件下，酵母菌胞内酶把可发酵性的糖转化成酒精和二氧化碳，还生成少量的有机酸、杂醇油、酯类等物质。这些物质对形成醋的风味有一定作用。

（3）醋酸发酵。在醋酸菌氧化酶的作用下酒精被氧化生成醋酸。

（4）陈酿过程。微生物产生多种醇类物质和醛类物质，酯类的含量明显提高，与醋酸一起赋予食醋特有的风味品质。

我国食醋生产的传统工艺大都为固态发酵法，是利用自然界中的野生菌制曲、发酵，涉及的微生物种类繁多，产品在体态和风味上也具有独特风格。

新法制醋均采用人工选育的纯培养菌株进行制曲、酒精发酵和醋酸发酵，因而发酵周期短、原料利用率高。新法酿醋制曲中淀粉液化、糖化的微生物主要是曲霉菌，如甘薯曲霉 AS 3.324、黑曲霉 AS 3.4309（UV-11）。酒精发酵微生物一般采用酵母，如 K 字酵母适用于以高粱、大米、甘薯等为原料，而 AS 2.1189、AS 2.1190 适用于糖蜜原料。醋酸发酵微生物常用奥尔兰醋杆菌（*Acetobacter orleanense*）、许氏醋杆菌（*A. schutzenbachii*）、恶臭醋杆菌（*A. rancens*）、沪酿 1.01 醋酸菌等。

固态发酵法生产用的主要原料有薯类（甘薯、马铃薯等）、粮谷类（玉米、大米等）、粮食加工下脚料（碎米、麸皮、谷糠等）；生产时还需要疏松材料如谷壳、玉米芯等，使发酵料通透性好，好氧微生物能良好生长。固态发酵法的一般工艺流程为：

麸曲、酵母

薯干(或碎米、高粱等)→粉碎→加麸皮、谷糠混合→润水→蒸料→冷却→接种→入缸糖化、酒精发酵→拌糠接种→醋酸发酵→翻醋→加盐后熟→淋醋→贮存陈醋→配兑→灭菌→包装→成品

醋酸菌

（二）酵母菌在食品生产中的应用

酵母菌在食品工业中占有极其重要的地位。利用酵母菌可以生产面包、馒头、啤酒、葡

萄酒、黄酒、白酒等多种食品。

1. 面包

面包是以面粉为主要原料,以酵母菌、糖、油脂和鸡蛋为辅料生产的发酵食品,其营养丰富,组织蓬松,易于消化吸收,食用方便,深受消费者喜爱。

面包酵母,学名为啤酒酵母(*Saccharomyces cerevisiae*),在面包制作中的作用为:①疏松面包的结构。酵母在发酵时利用原料中的葡萄糖、果糖、麦芽糖等糖类及 α-淀粉酶、木聚糖酶对面粉中淀粉进行转化后的糖类进行发酵作用,产生 CO_2,使面团体积膨大,结构疏松,呈海绵状结构。②改善面包的风味。酵母发酵过程中产生极其复杂的香气成分,构成面包特异的香味。③增加面包的营养价值。在酵母各种酶的作用下,面团中的一部分淀粉变成麦芽糖和葡萄糖,蛋白质水解成胨、肽和氨基酸等生成物,对人体消化吸收非常有利,提高了谷物的营养价值。

生产面包的主要原料有面粉、蔗糖、油脂;其他辅料有蛋品、乳品,以及氧化剂、还原剂、酶制剂、乳化剂、营养强化剂、酵母营养剂等添加剂。面包生产有传统的一次发酵法、二次发酵法及新工艺快速发酵法等。

(1) 一次发酵法工艺流程。

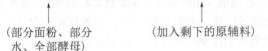

一次发酵法的特点是生产周期短,所需设备和劳动力少,产品有良好的咀嚼感,有较粗糙的蜂窝状结构,但风味较差。该工艺对时间相当敏感,大批量生产时较难操作,生产灵活性差。

(2) 二次发酵法工艺流程。

原辅料处理→第一次和面→第一次发酵→第二次和面→第二次发酵→整形→醒发→烘烤→冷却→成品

　　　　　　　(部分面粉、部分　　　　(加入剩下的原辅料)
　　　　　　　水、全部酵母)

二次发酵法即采取两次搅拌、两次发酵的方法。第一次搅拌时先将部分面粉(占配方用量的 1/3)、部分水和全部酵母混合至刚形成的疏松的面团中。然后将剩下的原料加入,进行二次混合调制成成熟面团。成熟面团再经发酵、整形、醒发、烘烤制成成品。

二次发酵法应用较多,其特点是生产出的面包体积大、柔软,且具有细微的海绵状结构,风味良好,生产容易调整,但周期长操作工序多。

2. 啤酒

啤酒是世界上产量最大的酒种之一。啤酒是以优质大麦芽为主要原料,大米、酒花(包括酒花制品)等为辅料,经过制麦、糖化、啤酒酵母发酵等工序酿制而成的一种含有 CO_2、起泡的、低酒精浓度和多种营养成分的饮料酒。

大麦是生产啤酒的主要原料,因为大麦种植面积极广,而且发芽能力强,价格又较便宜;大麦经发芽、干燥后制成的干大麦芽内含各种水解酶酶源和丰富的可浸出物,因此能较容易制备到符合啤酒发酵用的麦芽汁;大麦的谷皮是很好的麦芽汁过滤介质。大米和玉米是啤酒酿造的辅助原料,主要是为啤酒酿造提供淀粉来源。作为辅助原料的酒花在啤酒生产中的主要作用是赋予啤酒香气和爽口的苦味、提高啤酒泡沫的持久性、沉淀蛋白质以澄清啤酒以及增强麦芽汁和啤酒的防腐能力。应用耐高温 α-淀粉酶、糖化酶、蛋白酶、β-葡聚糖酶、木聚糖酶、α-乙酰乳酸脱羧酶等酶制剂能改善麦芽汁组分，提高糖化得率，有利于发酵，缩短发酵时间，加快双乙酰还原，提高啤酒的非生物稳定性。

根据酵母在啤酒发酵液中的性状，可将它们分成两大类：上面啤酒酵母（*Saccharomyces cerevisiae*）和下面啤酒酵母（*Saccharomyces carlsbergensis*）。上面啤酒酵母在发酵时，酵母细胞随 CO_2 浮在发酵液面上，发酵终了形成酵母泡盖，即使长时间放置，酵母也很少下沉。下面啤酒酵母在发酵时，酵母悬浮在发酵液内，在发酵终了时酵母细胞很快凝聚成块并沉积在发酵罐底。国内啤酒厂一般都使用下面啤酒酵母生产啤酒。

啤酒一般的生产流程为：

原料大麦→粗选→精选→分级→洗麦→浸渍→发芽→绿麦芽→干燥→除根→贮藏→成品麦芽→粉碎→麦芽粉

麦糟　酒花　　　　　啤酒酵母扩大培养

大米→加水粉碎→大米粉→糊化→糖化→过滤→煮沸→澄清→冷却→定型麦芽汁→发酵→过滤→包装

在整个啤酒发酵过程中，酵母在厌氧环境中利用葡萄糖经过糖酵解途径产生乙醇和 CO_2，另外还生成乳酸、醋酸、柠檬酸、苹果酸和琥珀酸等有机酸，同时有机酸和低级醇进一步聚合成酯类物质；经过麦芽中所含的蛋白质降解酶将蛋白质降解成胨、肽后，酵母菌自身含有的氧化还原酶继续将低含氮化合物进一步转化成氨基酸和其他低分子物质。这些复杂的发酵产物决定了啤酒的风味、持泡性、色泽及稳定性等各项指标，使啤酒具有独特的风格。

3. 葡萄酒

葡萄酒是由新鲜葡萄或葡萄汁，通过酵母全部或部分发酵酿制而成的，酒精度不低于7.0%（体积分数）的酒精饮料。为了消除酒精对人体的负面影响，无（低）醇葡萄酒越来越受到消费者的青睐。葡萄酒除了含有葡萄果实的营养和发酵过程产生的乙醇，还含有200多种对人体有益的营养成分，其中包括糖、有机酸（如酒石酸、苹果酸和柠檬酸）、氨基酸、维生素、多酚等。葡萄酒中香气物质主要受葡萄品种、生态条件、果实成熟质量及酿造工艺技术等因素影响，香气物质的种类和含量对葡萄酒的风格和典型性起决定作用。

酿造葡萄酒所用的酵母主要是酿酒酵母。世界上葡萄酒厂、研究所和有关院校优选和培育出各具特色的葡萄酒酵母的亚种和变种，如我国张裕7318酵母、法国香槟酵母、匈牙利多加意（Tokey）酵母等。

优良葡萄酒酵母具有以下特性：除葡萄（其他酿酒水果）本身的果香外，酵母也产生良好的果香与酒香；能将糖分全部发酵完，残糖在4g/L以下，酒精含量达到16%以上；具有较高的对二氧化硫的抵抗力；有较好的凝集力和较快沉降速度；能在低温（15℃）或果酒适宜温度下发酵，以保持果香和新鲜清爽的口味。

我国各葡萄产地的葡萄酒，大都以红葡萄酒为主。酿制红葡萄酒一般采用红葡萄品种，主要以干红葡萄酒为原酒，然后按标准调配成半干、半甜、甜型葡萄酒。其一般生产过程如下：

　　　　　　　　　　　酒母罐扩
　　梗　　　SO_2　大培养物　皮渣　　　　　　　　　　　　　　　酒脚→蒸馏→白兰地

红葡萄分选→除梗破碎→葡萄浆→前发酵→压榨→调整成分→后发酵→添桶→第一次换桶→干红葡萄

酒原料→陈酿→第二次换桶→均衡调配→澄清处理→包装灭菌→干红葡萄酒

　　　　　　　酒脚→蒸馏→白兰地

在葡萄酒酿造中，添加 SO_2 的主要作用是：①杀菌作用，酿酒用的葡萄汁在发酵前不进行灭菌处理，有的发酵是开放式的，因此，发酵时添加一定量的 SO_2，可消除细菌和野生酵母对发酵的干扰；②溶解色素作用，SO_2 在水中生成亚硫酸，能将葡萄皮中不溶于葡萄汁和发酵液的色素溶解出来；③澄清作用，SO_2 能使不溶性的物质沉淀下来。

葡萄酒前发酵主要目的是进行酒精发酵、浸提色素物质和芳香物质。前发酵进行的好坏是决定葡萄酒质量的关键。

前发酵结束后，原酒中还残留 3～5g/L 的糖分，进入后发酵阶段后，这些糖分在酵母作用下继续发酵，转化成酒精与 CO_2；缓慢进行的氧化还原作用，可促使醇酸酯化，以及乙醇和水的缔合排列，使酒的口味变得柔和，风味上更趋完善；在低温缓慢的发酵中，原酒中的酵母及其他果肉纤维成分逐渐沉降，使酒逐步澄清；有些红葡萄酒在压榨分离后诱发苹果酸-乳酸发酵，对降酸及改善口味有很大好处。

（三）霉菌在食品生产中的应用

霉菌在食品加工中用途十分广泛。食品工业中常用的霉菌有毛霉属（*Mucor*）、根霉属（*Rhizopus*）、曲霉属（*Aspergillus*）和地霉属（*Geotrichum*）4 个属。毛霉能产生蛋白酶，分解大豆蛋白质产生鲜味，用于制作豆腐乳、豆豉。根霉具有很强的糖化酶活力，能使淀粉分解为糖，是酿酒工业常用的糖化菌。曲霉具有多种强活性的酶系，例如应用于酿酒的糖化菌具有液化、糖化淀粉的淀粉酶，同时还有蔗糖转化酶、麦芽糖酶、乳糖酶等；有些菌能产生较强的酸性蛋白酶，可用来分解蛋白质或用作食品消化剂；黑曲霉所产生的果胶酶，常用于果汁澄清，柚苷酶和陈皮苷酶用于柑橘类罐头去苦味或防止产生白色沉淀，葡萄糖氧化酶则用于食品的脱糖和除氧。

在许多食品制造中，除了利用霉菌以外，还要在细菌、酵母的共同作用下来完成。

1. 酱类

酱类发酵制品包括大豆酱、蚕豆酱、面酱、豆瓣酱、豆豉及其加工制品，营养丰富，易于消化吸收，它们是由一些粮食和油料作物为主要原料，利用以米曲霉为主的微生物经发酵酿制的。用于酱类生产的霉菌主要是米曲霉（*Aspergillus oryzae*），生产上常用的有沪酿 3.042。

市场上的豆酱种类繁多，其生产酿造工艺也不尽相同，生产用原辅料差异很大。大豆酱的一般生产工艺流程为：

```
            水     水              面粉   种曲
            ↓     ↓               ↓     ↓
大豆→洗净→浸泡→蒸煮→冷却→混合→接种→厚层通风培养→大豆曲→发酵容器→自然升温→加第
一次热盐水→酱醅保温发酵→加第二次热盐水及盐→翻酱→成品
```

2. 酱油

酱油是我国传统发酵食品之一，它是用蛋白质原料（如豆饼、豆粕等）和淀粉质原料（如麸皮、面粉、小麦等），利用曲霉及其他微生物的共同发酵作用酿制而成的一种食品调味料。酱油营养丰富，含有糖分、多肽、氨基酸、维生素等物质，而且还赋予鲜味、香味、颜色，增进人们的食欲，是人们生活中不可缺少的调味品。

酱油生产中常用的霉菌有米曲霉有 AS 3.863、沪酿 3.042、UE328、UE336、酱油曲霉，还有酵母菌、乳酸菌参与发酵，多菌种制曲能够提高酱油中总氮、铵态氮和风味物质的含量，提升酱油品质。

酱油酿造过程中的生物化学变化有以下几方面：

① 蛋白质的分解。由于曲中米曲霉所分泌的蛋白酶作用，将原料中的蛋白质逐渐分解成胨、多肽、氨基酸类。有些氨基酸是呈味的，成为酱油的调味成分，如谷氨酸和天冬氨酸具有鲜味，甘氨酸、丙氨酸、色氨酸具有甜味。

② 淀粉糖化。原料中的淀粉经淀粉酶水解，产生葡萄糖、糊精、麦芽糖、果糖、五碳糖。这些糖的生成对酱油成分中色、香、味有重要作用。

③ 酒精发酵。在制曲和发酵过程中，从空气中落入的酵母生长繁殖，将酱醪中的可发酵性糖生成酒精，一部分被氧化为醋酸，一部分挥发散失，一部分与氨基酸及有机酸等化合成为酯，这对酱油香气的形成关系很大。

④ 酸类发酵。制曲时自空气中落下的一部分细菌，在发酵过程中能使部分糖类变成乳酸、醋酸、琥珀酸、葡萄糖酸等，这可以给酱油的风味增加有效成分，但含量要适宜，否则会使酱油呈酸。

以酿制酱油的全部蛋白质原料和淀粉质原料制曲后，再经发酵生产酱油。其一般生产流程为：

一级种→二级种→三级种

麸皮、面粉→加水混合→蒸料→过筛→冷却→接种→装匾→曲室培养→种曲

原料（豆粕和麸皮）→粉碎→润水→蒸料→冷却→接种→通风培养→成曲→打碎→加盐水拌和→保温发酵→成熟酱醅→浸出提油及成品配制→成品

3. 白酒

固态发酵法生产白酒是我国传统的白酒生产工艺，指以高粱等粮谷为原料，使用大曲或麸曲，入窖固态糖化发酵，成熟后固态蒸馏取酒。白酒酒精浓度较高，工艺独特，品种繁多，质量优美，按白酒的香型可分为酱香型、浓香型、清香型、米香型和其他香型等五种类型。白酒酿造过程中微生物的种类、数量、分布及其消长变化等能直接影响酒的风味质量，是影响典型香型形成的重要因素。这些微生物主要来自于曲饼和制曲车间、酿造车间等自然环境中的微生物，还包括技术人员培育的纯种且高产的产香菌、产酒菌、糖化菌等微生物。

有学者对酱香型武陵酒的酒醅和大曲研究表明，成品大曲中残留的微生物主要是耐热的细菌、放线菌和少量霉菌，以芽孢菌为主；酒醅入池发酵中期和后期，放线菌的数量均多于霉菌；产酯酵母、白地霉和霉菌是形成堆积酒醅"白斑"的主要微生物类群；堆积和入池发酵过程中，酵母和细菌占绝对优势。

以汾酒为代表的清香型白酒生产，以大曲为糖化发酵剂，大曲中含有酵母、霉菌和细菌等多种微生物。李增胜等（2005）研究发现酒醅中酵母菌类中主要有酵母菌属、拟内孢霉、汉逊酵母和假丝酵母，霉菌类中主要有梨头霉、黄米曲霉、根霉、毛霉和红曲霉，细菌类中主要有乳酸菌、醋酸菌和芽孢杆菌。

对浓香型白酒研究发现，泸州老窖国窖曲层次间微生物数量、种类和优势种群差异较大，以霉菌、酵母为主，其次是细菌，尤其是高温曲细菌种类更多，细菌分属于 *Delftia*、*Dysgonomonas*、*Bacteroidetes*、*Proteobacterium*、*Nocardiopsis*、*Pseudomonas* 和 *Arthrobacter* 几大类群。发酵前期糟醅中，蓝状菌属和伊萨酵母为优势菌属，可能分别在前期的淀粉质糖

化及酒精发酵过程中起着重要作用；还发现糟醅中有曲霉属（*Aspergillus*）、串珠霉属（*Neuroapora*）、毛霉属（*Mucor*）等7个分类属的霉菌和酵母菌属（*Saccharomyces*）、卵孢酵母属（*Oosporidium*）、酒香酵母属（*Breiianomyes*）等12个分类属的酵母。窖池可培养兼性厌氧细菌大部分属于芽孢杆菌属（*Bacillus*)和芽孢乳杆菌属（*Sporolactobacillus*），也存在假单胞菌属（*Pseudomonas*）、梭菌属（*Clostridium*）等；细菌类微生物在前期大量增殖，积累乙酸、丁酸、乳酸、己酸等有机酸，为后期的酯化增香提供前体。发酵中后期，细菌类微生物以乳酸杆菌属（*Lactobacillus*）细菌为优势菌，除与乳酸乙酯的形成密切相关外，可能在浓香型白酒独特风格的形成过程中起重要作用；蓝状菌属（*Talaromyces*）和曲霉属（*Aspergillus*）霉菌可能对发酵中后期的淀粉质的糖化有重要作用，散囊菌属（*Eurotium*）霉菌则可能与中后期的酯化增香息息相关。另外还发现生丝微菌可降低白酒中甲醇含量，还可利用其去除再利用水中的硝酸盐；产己酸的细菌用于推广人工老窖发酵浓香型白酒。其中乳杆菌属、酿酒酵母属和假丝酵母属对风味贡献作用最为突出：乳杆菌属和酿酒酵母属主要促进酯类、酸类、醇类和芳香族化合物的形成，假丝酵母属主要促进醇类和酯类的形成。

第二节

工业发酵微生物

20世纪40年代初抗生素工业的兴起，标志着发酵工业进入了一个新阶段。人们可以利用微生物大规模生产代谢产物，如有机酸、酒精、氨基酸、抗生素、维生素等，这些代谢产物在食品工业、医药工业、化工等领域的应用，给人类的健康和社会的发展起到了巨大的推动作用。

一、发酵技术

发酵技术是指人们利用微生物的发酵作用，运用一些技术手段控制发酵过程，大规模生产发酵产品的技术。

（一）微生物工业发酵的一般性规律

1. 菌种制备

菌种是衡量发酵产品生产水平的最重要因素，菌种质量的好坏直接影响发酵产品的产量、质量和成本。直接从自然界中得到的野生型菌株往往产量不高，达不到生产的要求。通过微生物菌种的改良，尤其基因工程菌等高产菌株的选育，能够利用原有设备较大幅度地提高生产水平。

现代工业发酵一般都采用纯种发酵，纯种发酵是在成分单一的发酵基质中，仅接入一种微生物，通过对该微生物的培养，得到纯度较高的单一性产物。为使发酵顺利进行，必须保持发酵的始终单菌纯种，因而对发酵设备和环境要求较高，要有严格的灭菌措施和空气净化系统。

工业发酵生产的生物反应器体积较大，需要对菌种扩大培养后再进行接种供发酵生产使用。种子制备是将固体培养基上培养出的孢子或菌体转入到液体培养基中培养使其繁殖成大量菌丝或菌体的过程。种子制备的关键是提供发酵产量高、生产性能稳定、数量足而且不被其他杂菌污染的生产菌种。一般来说，种子罐级数越多，所制备的产量就越高，但由于微生物是裸露在环境中生长的，种子罐级数越多，变异的概率就越大，所以种子罐级数并不是越多越好。一般选择1~2级比较合适，当然这还要依据生产规模和菌种的遗传稳定性来决定。

2. 无菌培养基制备

工业发酵培养基的灭菌广泛应用的灭菌方法是高压蒸汽灭菌（121℃，30min）或超高温瞬时灭菌（126~132℃，5~7min），前者常采用分批灭菌，后者常采用连续灭菌。分批灭菌也称实消、实罐灭菌、间歇灭菌，将配制好的培养基输入发酵罐内直接通入蒸汽进行灭菌。连续灭菌也称连消，是指培养基在发酵罐外经过一套灭菌设备连续的加热灭菌，冷却后送入空消后的发酵罐的灭菌法。所谓空消，即空罐灭菌，指通入蒸汽对未加培养基的空罐内部进行湿热灭菌，是配合培养基连续灭菌后使用的。

3. 发酵系统组成

发酵罐的作用就是为菌体代谢提供一个优化稳定的物理与化学环境，使细胞能更快更好地生长，得到更多需要的生物量或者目标代谢产物。按照发酵设备的供氧能力，可将发酵罐分为通风发酵设备和厌氧发酵设备两种。

微生物发酵生产采用的通风发酵设备通常是机械搅拌通风式发酵罐，它借助机械搅拌器的作用，使空气与发酵液得以充分混合，促使氧在发酵液中溶解，以保证微生物生长繁殖。大型发酵罐还需要配备与之相适应的设备或系统，如种子扩大培养系统、补料罐、酸碱罐、消泡剂罐、空气除菌过滤系统、蒸汽灭菌系统、温度控制系统、pH测量系统、溶解氧测量系统、微机控制系统等部分。

与通风发酵罐相比，厌氧发酵罐设备制造和操作都简单得多，因为发酵过程不需要通入无菌空气，省去了无菌空气制备系统。厌氧发酵罐常用于酒精、啤酒、丙酮、丁醇、乳酸等的发酵。啤酒发酵设备是圆筒体锥底发酵罐（常称锥形罐）；酒精发酵多为圆柱形，底部和顶部均为蝶形或锥形的立式金属容器。

4. 发酵参数的控制

菌种是决定发酵生产水平最基本的要素，但有了优良的菌种还需要有最佳的工艺条件加以配合，才能使菌种的生产能力得到充分发挥，因此就涉及发酵工艺参数的设计和过程控制。

通常将发酵的各种工艺参数分为物理参数、化学参数和生物学参数，其中物理参数包括温度、压力、流量、转速和泡沫等，它们可以在线测量和控制；化学参数包括pH、溶解氧、氧化还原电势、二氧化碳溶解量、排气组分（二氧化碳、氧气）和溶液成分（总糖、总氮、各种无机离子等），其中pH、溶解氧和排气组分可以直接在线检测；主要生物学参数包括生物量、细胞数、细胞形态和大小、酶活性、辅酶、能荷、蛋白质、核酸、细胞活力等，它们一般不能在线检测。

发酵时，人们用上述各种参数来反映发酵条件和代谢变化，并根据代谢变化控制发酵条件，采用通入无菌空气、机械搅拌、pH调节、温度调节、补料等方式，使产生菌在合适的培养基、pH、温度和溶解氧等条件下进行生长与代谢，以达到人们预期的生产水平。

5. 发酵过程中的染菌

发酵所用菌种一般是微生物的纯培养，所以发酵过程中需要防止杂菌污染，一旦发生污染，一般都会造成较大损失。染菌一般易出现在种子罐进行纯培养以及扩大发酵时，染菌的主要原因在于设备渗漏，或空气带菌，或操作不当，或管路配置不良，进而造成死角，无法进行完全灭菌。防止染菌是一项重要的措施，可以通过消灭渗漏、尽量减少管路、消灭死角等几个途径进行。

6. 发酵产物的提取

发酵产物的提取指的是大规模发酵后直到产品形成的整个工艺过程，包括发酵液的预处理、初步分离（如过滤、离心、膜分离等）、产品纯化（如色谱、电泳等）、干燥和结晶等操作，它决定着产品的质量和安全性，也决定着产品的收率和成本。据统计，就整个发酵产品的提取阶段费用已占产品成本的60%左右，虽然有的产品较低，有的则更高，但其重要性已引起越来越多的科学技术工作者的重视，产物提取的研究开发已逐步形成一个新的科技领域和产业。

(二) 微生物工业发酵的方式

微生物发酵是一个错综复杂的过程，尤其是大规模工业发酵，要达到预定目标，更是需要采用和研究开发各式各样的发酵技术，发酵的方式就是最重要的发酵技术之一。根据发酵状态、对氧的需求、投料方式不同，可将工业微生物发酵分为不同的类型。

1. 依据发酵状态不同

根据发酵状态的不同，微生物发酵生产可分为固体发酵、液体深层发酵和固定化细胞发酵等。

固体发酵，又称固态发酵，是指微生物在没有或几乎没有游离水的固态的湿培养基上的发酵过程。固态的湿培养基一般含水量在50%左右，而无游离水流出，此培养基通常是"手握成团，落地能散"，制成固体或半固体状态，经灭菌、冷却后，接入菌种，控制温度、湿度进行发酵培养。目前固体发酵法生产常见于食用菌栽培，以及我国农村的堆肥、青饲料发酵和做酒曲，在现代微生物工业中应用较少。

液体深层发酵是采用液体培养基，置于发酵容器中，经灭菌、冷却后接入微生物细胞，在一定条件下进行发酵。对于好气性微生物的发酵，该法通常在搅拌、通气条件下进行，也称为液体深层通气发酵。该法是我国目前发酵产品生产中应用最广泛的方法，所用主要设备发酵罐是一个具有搅拌桨叶和通气系统的密闭容器。发酵罐的容量，国内多采用 10~200t，国外普遍用100t以上。

固定化细胞又称为固定化活细胞或固定化增殖细胞，是指采用各种方法固定在载体上，在一定的空间范围进行生长、繁殖和新陈代谢的细胞。利用固定化细胞发酵生产 α-淀粉酶、糖化酶、蛋白酶等胞外酶的研究均取得了成功。

2. 依据对氧的需求不同

依据发酵与氧的关系不同，微生物发酵可以分为需氧发酵和厌氧发酵。

厌氧发酵是由厌氧菌或兼性厌氧菌在无分子氧的条件下进行的发酵过程。其产品包括工业上的乙醇、丙酮、丁醇、乳酸、丁酸等（图12-1）。

需氧发酵是由需氧菌在有分子氧存在的条件下进行的发酵过程。氧在微生物的需氧呼吸中作为最终的电子受体。这类发酵包括绝大多数的抗生素、氨基酸以及其他代谢产物的发酵，都是在好气发酵罐中进行的，它们发酵过程需要强烈的通风搅拌，并不断地向发酵液中通入无菌空气，提高氧在发酵液中的传质系数，以满足微生物对氧的需求。在需氧发酵产生各种代谢产物的过程中，随着生产能力的不断提高，微生物的需氧量亦不断增加，对发酵设备供氧能力的要求愈来愈高。溶解氧浓度已成为工业发酵中提高生产能力的限制因素。所以，处理好发酵过程中的供氧和需氧之间的关系，是研究最佳化发酵工艺条件的关键因素之一。

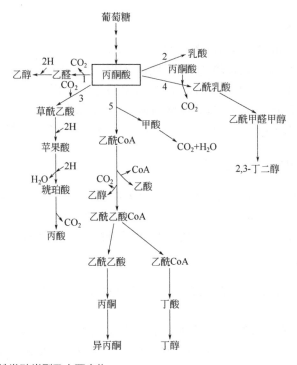

图 12-1　微生物厌氧性发酵类型及主要产物

1，乙醇发酵；2，乳酸发酵（乳酸杆菌、链球菌）；3，丙酸发酵（丙酸菌）；4，混合酸发酵（大肠杆菌）；5，丁酸发酵（梭状芽孢杆菌）

3. 依据投料方式不同

依据投料方式的不同，微生物发酵可以分为分批发酵、补料分批发酵和连续发酵。

分批发酵（batch fermentation），又称间歇发酵，指的是一次性投入料液，进行培养基灭菌，接种后在发酵过程中不再补入新鲜培养基，一直到放罐。有些分批发酵的产生菌需要经过不同级数的种子扩大培养，达到一定菌体量后，移种到发酵罐进行纯种培养。分批发酵过程中，物理、化学和生物学参数都随时间而变化，微生物所处的营养条件和环境条件也在不断地变化，因而是不稳定的过程；另一方面，可以通过代谢参数的变化与菌体生长或产物形成之间的相关性，为发酵控制提供依据。迄今为止，分批发酵仍是常用的方法，广泛应用于多种发酵过程。典型的分批发酵工艺流程如图 12-2。

连续发酵（continuous fermentation）是在特定的发酵设备中进行的，连续不断地输入新鲜无菌培养基的同时，也连续不断地放出发酵液，从而使发酵罐内的料液量维持恒定，微生物在稳定状态下生长。连续发酵目前在实际生产中应用得还较少，只适用于菌种的遗传性质比较稳定的发酵，如酒精、丙酮、丁醇、乳酸、食用酵母、饲料酵母、单细胞蛋白等。

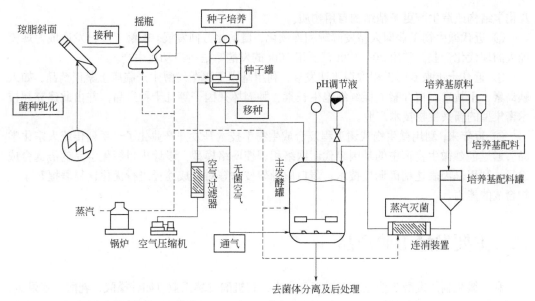

图 12-2　典型的分批发酵工艺流程图

　　补料分批发酵（fed-batch fermentation），又称流加发酵，有时又称半连续培养或半连续发酵，是指在分批发酵过程中间歇或连续地补加新鲜培养基的发酵方法。流加发酵的应用范围已相当广泛，包括单细胞蛋白、氨基酸、生长激素、抗生素、维生素、酶制剂、有机酸、高聚物、核苷酸等的生产，几乎遍及整个发酵行业。高密度培养技术（high-cell-density cultivation，HCDC）可以有效提高菌体的发酵密度或产物的比生产率（单位体积单位时间内产物的产量），培养液中菌体干菌量（dry cell weight，DCW）可达 50g/L 以上，其关键技术是采取连续培养或补料分批培养，其中利用补料分批技术在搅拌式发酵罐上重组 *E. coli* 最高浓度为 183g/L（DCW）。目前高密度培养已在大肠杆菌、芽孢杆菌、嗜酸乳杆菌、毕赤酵母和蓝细菌等多种细胞上取得了成功。

　　流加发酵介于分批发酵和连续发酵之间，兼有两者的优点，同时又克服了两者的缺点。与传统的分批发酵相比，流加发酵可以解除底物抑制、葡萄糖效应和代谢阻遏等；与连续发酵相比，流加发酵则具有染菌可能性小、菌种不易老化变异等优点。

　　实际上微生物工业生产中，都是各种发酵方式结合进行的，选择哪些方式结合起来进行发酵，取决于菌种特性、原料特点、产物特色、设备状况、技术可行性、成本核算等。现代发酵工业大多数是好氧、液体、深层、分批、游离、单一纯种发酵方式结合进行的。

（三）微生物工业发展趋势

　　改革开放以来，我国微生物工业已经迅速发展成为一门新兴工业，但由于起步晚、基础薄弱、条件较差，与世界先进国家相比还存在一定差距。

　　从微生物工业发展趋势可以看出，近代微生物工业有以下几个特点：

　　① 近代微生物工业已由糖分解生产简单化合物阶段转入复杂化合物的生物合成阶段，从自然发酵转为人工控制的突变型发酵、代谢控制发酵、遗传因子的人工支配发酵。

　　② 近代微生物工业的发展，使越来越多的化学合成产品全部或部分转为微生物发酵生产，特别是微生物酶反应合成和化学合成相结合工程技术的创立，使发酵产物通过化学修饰

及化学结构改造生产更多精细的有用物质。

③ 近代微生物工业向大型发酵罐和连续化、自动化方向发展。发酵工厂已发展成为规模庞大的现代化企业，常用 20～120t 甚至用 500t 的发酵罐进行自动化生产。

④ 近几十年来基因工程取得飞速发展，利用基因工程菌发酵生产临床上紧俏药品，如人胰岛素、干扰素、白介素、促红细胞生长素、肿瘤坏死因子等几十种产品，并由此建立起技术密集型的新兴生物技术产业。

⑤ 近年来，利用微生物代谢工程及合成生物学技术开发并产业化了一系列传统大宗化学品。通过创建微生物宿主的基因组代谢网络和调控网络模型，设计出目标化学品的最优合成途径，利用基因表达精确调控技术、蛋白质骨架技术等对合成途径进行优化，显著提升了生物合成的能力。

二、主要发酵工业产品

利用微生物的发酵工业主要有以下几大类：有机酸发酵工业（如柠檬酸、乳酸、苹果酸、延胡索酸）、有机溶剂发酵工业（如酒精、丙酮、甘油、丁醇等）、氨基酸发酵工业（如谷氨酸、赖氨酸、苏氨酸、苯丙氨酸、色氨酸）、抗生素发酵工业（如青霉素、头孢菌素、链霉素、红霉素）、维生素发酵工业（如维生素 B_2、维生素 B_6、维生素 C）、医药工业（重组蛋白药物，如干扰素、白介素、人生长激素）、微生物酶制剂工业（如 α-淀粉酶、糖化酶、蛋白酶）、生物能源工业（如纤维素、沼气等，天然原料发酵生产酒精等）及微生物冶金工业（利用微生物探矿、冶金等）等。这些产物中有些是某种微生物在一定的环境条件下生成的，如酒精、乳酸等；也有许多产物是生理正常的微生物不能过量积累的，必须是具有特异生理特征的微生物才能积累的。2015～2019 年期间，我国生物发酵产品产量年均增幅达到 5.9%，氨基酸、有机酸、淀粉糖及多元醇等产量多年稳居世界第一位，尤其是青霉素工业盐和维生素 C 的产量占全世界的 70%以上。

现将已工业化生产的主要发酵产物简要介绍如下。

(一) 乳酸

乳酸（lactic acid），学名为 2-羟基丙酸，分子中有一个不对称碳原子，具有旋光性，因此有 L-乳酸、D-乳酸及 DL-乳酸三种旋光异构体。乳酸是一种重要的生物化工产品，广泛应用于食品、酿造、医药、化妆品、油漆、烟草、皮革及纺织印染业，其中食品工业约占 60%，用作酸味剂、防腐剂和食品强化剂等，近年来尤其表现在聚乳酸可降解材料及医用生物材料上的应用。由于人体内只有代谢 L-乳酸的酶，如果摄入过量 D-乳酸，会引起代谢紊乱，尿液出现高酸度，因此在食品工业和医药行业需要 L-乳酸为原料。高光学纯度 D-乳酸被广泛应用于农药如除草剂等领域。中国科学院天津工业生物技术研究所利用合成生物学技术构建了高效生产高光学纯度 D-乳酸的大肠杆菌细胞工厂，并成功进行了产业化。河南金丹乳酸科技有限公司成功实现了 L-乳酸的米根霉工业化生产，技术指标达到世界先进水平。

L-乳酸主要采用发酵法生产。工业上除生产发酵食品（干酪、泡菜等）需要一些异型发酵菌外，单纯生产乳酸都采用同型乳酸发酵菌。同型乳酸发酵是乳酸菌利用葡萄糖经酵解途径生成丙酮酸，发酵产物只有乳酸。由于大多数乳酸细菌不具有脱羧酶，因此，丙酮酸不能脱羧生成乙醛，而在乳酸脱氢酶的催化下（需要还原型辅酶Ⅰ），丙酮酸作为受氢体被还原为乳酸。根据这一途径，由葡萄糖合成乳酸的总反应式为：

$$C_6H_{12}O_6 + 2ADP + 2H_3PO_4 \longrightarrow 2CH_3CHOHCOOH + 2ATP + 135.56kJ$$

L-乳酸主要采用淀粉为原料发酵而得来，国外采用细菌发酵法，如乳酸链球菌（*Streptococcus lactis*）、干酪乳杆菌（*Lactobacillus casei*）、德氏乳杆菌（*Lactobacillus delbrueckii*）、凝结芽孢杆菌（*Bacillus coagulans*）等。而国内大都采用米根霉发酵法。

糖质原料（葡萄糖、麦芽糖、蔗糖）和短链糊精可由不同的乳酸细菌直接发酵生产乳酸；工业生产中，淀粉质原料（玉米、大米、小麦、薯类等）必须经过耐高温的 α-淀粉酶和糖化酶联合作用的"双酶法"糖化过程，转变为糖质原料才能被乳酸细菌发酵。乳酸细菌发酵温度高，产酸率相对较高，对糖利用率高，且发酵时不需通氧气，动力消耗小，不产生 CO_2，但其营养要求复杂，且无菌操作严格，给实际生产操作带来不便。

米根霉在好氧或厌氧发酵条件下由葡萄糖生成 L-乳酸。由于米根霉能产生淀粉酶和糖化酶，所以可以利用淀粉、淀粉质原料或糖质原料直接发酵生产，能将大部分糖转化为乳酸，同时也产生乙醇、富马酸、琥珀酸、苹果酸和乙酸等其他产物。产物之间的比例因菌种和工艺不同而异。米根霉营养要求简单，菌丝体比细菌大，易于分离，有利于制得高质量的乳酸产品。尤其是根霉属发酵可得到光学纯度很高的 L(+)-乳酸，这对进一步生产乳酸聚合物极为重要。研究人员在气升式发酵罐内利用米根霉发酵玉米淀粉直接生产 L-乳酸，得到乳酸质量浓度为 102 g/L，得率为 85%。鉴于上述优点，因而米根霉成为乳酸生产中广泛采用的菌种。

米根霉发酵 L-乳酸的一般生产流程为：

米根霉孢子→种子扩大培养

配制培养基（玉米淀粉、硫酸铵、CaCO₃）→灭菌→接种→发酵→预处理→提取→粗乳酸→精制→成品乳酸

乳酸发酵过程中由于不断生成乳酸而使发酵液 pH 逐渐降低，导致对乳酸菌生长和乳酸合成产生抑制作用，为此必须采取添加碳酸钙的办法中和乳酸，生成 5 个结晶水的水合型乳酸钙。将上述乳酸钙盐粗滤液进行过滤、活性炭吸附脱色处理、蒸发浓缩，然后加入 H_2SO_4 酸化，产生硫酸钙石膏沉淀和粗乳酸，去除沉淀，粗乳酸再经活性炭脱色、阴离子树脂和阳离子树脂去除杂质离子，浓缩蒸发制成工业级和食品级乳酸。

（二）酒精

酒精，学名乙醇（ethanol），是重要的有机工业原料，主要用于食品、化工、军工、医药等领域。近年来在原油价格持续高位运行的刺激下，燃料乙醇的旺盛需求推动全球酒精产量强劲增长，美国、巴西、欧盟及中国是当前全球酒精行业的主要经济体。然而，受原料供应和生产成本制约，以粮食为原料的乙醇生产无法满足燃料乙醇消费的需求，新型非粮乙醇技术将有较大发展空间。

现在的酒精生产主要采用酵母发酵的方法。在无氧条件下，葡萄糖在酵母体内经酵解途径生成丙酮酸，由丙酮酸脱羧酶催化使丙酮酸脱羧生成乙醛，所生成的乙醛在乙醇脱氢酶的作用下成为受氢体，被还原成乙醇。由葡萄糖生成乙醇的总反应式为：

$$C_6H_{12}O_6 + 2ADP + 2H_3PO_4 \longrightarrow 2CH_3CH_2OH + 2CO_2 + 2ATP + 104.600kJ$$

在酒精发酵中，乙醇对糖的转化率约为 48.5%，主要产物是乙醇和 CO_2，伴随着生成 40 多种副产物，主要是杂醇油、醛、琥珀酸和酯等。副产物的生成耗用糖分，并影响产品的质量。国内酒精发酵生产以玉米等粮食原料为主，一般生产流程为：

$$\begin{array}{ccc} \alpha\text{-淀粉酶} & \text{糖化酶} & \text{酵母扩大培养} \\ \downarrow & \downarrow & \downarrow \end{array}$$

淀粉质原料→液化→糖化→灭菌→接种→发酵→蒸馏→酒精

目前使用超级高酒酵母浓醪发酵,发酵液酒精度从过去9%～11%提高到13%(体积分数),国内某公司可达15%,世界先进水平为16%～17%（体积分数）。

（三）谷氨酸

L-谷氨酸（L-glutamic acid），又名"麸酸"，用途广泛，为世界上产量最大的氨基酸品种。L-谷氨酸作为药品能解除组织代谢过程中所产生的氨的毒害作用，预防和治疗肝昏迷症；作为营养药物可预防脱发并使头发新生，对治疗皱纹有疗效；我国谷氨酸行业的供给和需求以味精生产为主，其他行业的需求量相对味精消耗量还比较小。

我国生产L-谷氨酸使用的菌株是北京棒杆菌（*Corynebacterium pekineense*）AS1.299、北京棒杆菌 D110、钝齿棒杆菌（*Corynebacterium crenatum*）AS1.542、棒杆菌 S-914 和黄色短杆菌（*Brevibacterium flavum*）T6～13 等。谷氨酸产生菌代谢过程中，糖经过酵解途径（EMP）和单磷酸己糖途径（HMP）生成丙酮酸；再经由三羧酸循环的中间产物 α-酮戊二酸在谷氨酸脱氢酶的催化下，还原氨基化合成谷氨酸。由葡萄糖生成谷氨酸的总反应式为：

$$C_6H_{12}O_6 + NH_3 + \frac{3}{2}O_2 \longrightarrow C_5H_9O_4N + CO_2 + 3H_2O$$

发酵生产谷氨酸的原料为玉米、小麦、甘薯、大米等淀粉质原料或甘蔗糖蜜、甜菜糖蜜等糖蜜原料，尿素或氨水作为氮源。葡萄糖代谢生成 α-酮戊二酸与培养基中的铵离子结合生成谷氨酸。谷氨酸与碳酸钠进行中和，制成谷氨酸单钠（味精）。

味精生产全过程可分五个部分：淀粉水解糖的制取；谷氨酸生产菌种子的扩大培养；谷氨酸发酵；谷氨酸的提取与分离；由谷氨酸制成味精。其一般工艺流程为：

$$\begin{array}{cccc} \alpha\text{-淀粉酶} & \text{糖化酶} & & \text{菌种扩大培养} \\ \downarrow & \downarrow & & \downarrow \end{array}$$

淀粉质原料→液化→糖化→中和、脱色、过滤→培养基调配→接种→发酵→提取（等电点法、离子交换法等）→谷氨酸→谷氨酸-钠→脱色→过滤→干燥→成品

（四）青霉素

1928 年英国伦敦大学圣玛莉医学院细菌学教授 Fleming 发现青霉菌产生的青霉素能够杀死葡萄球菌，1938 年由麻省理工学院 Chain、Florey 及 Heatley 领导的团队提炼出来，前三人因此共同获得了 1945 年诺贝尔生理学或医学奖。

青霉素（penicillin）是指从青霉菌培养液中提取的分子中含有青霉烷（包括 β-内酰胺环和四氢噻唑环），通过抑制繁殖期细菌的细胞壁合成而起杀菌作用的一类抗生素。青霉素由两部分组成，青霉素的母核 6-氨基青霉烷酸（6-APA）和带酰基的侧链（图 12-3）。目前直接发酵生产的青霉素 G、青霉素 V 等天然青霉素属于第一代青霉素。

青霉素是点青霉和产黄青霉在生长后期合成的一种次级代谢产物，由菌体内的 α-氨基己二酸、半胱氨酸和缬氨酸在 ACV 合成酶（ACVS）的催化下生成 α-氨基己二酸-半胱氨酸-缬氨酸，然后在异青霉素 N 合成酶（IPNS，又称环化酶，cyclase）的作用下形成 β-内酰胺环和噻唑环，得到异青霉素 N，最后利用酰基转移酶将苯乙酰基转移到侧链上，移去 α-氨基己二酸，最终合成青霉素 G。

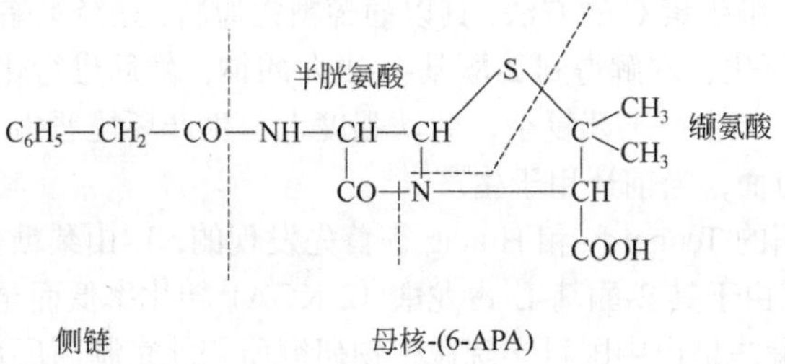

半胱氨酸

$C_6H_5-CH_2-CO-NH-CH-CH$ ... C ... CH_3 缬氨酸

$CO-N$ ... CH_3

$COOH$

侧链　　　　　　　母核-(6-APA)

图 12-3　青霉素的分子结构

生产中青霉素的产生菌主要是产黄青霉。一般生产流程为：

产黄青霉孢子→菌种扩大培养（空气、流加糖）

配制培养基（水解糖、苯乙酸等）→灭菌→接种→发酵→预处理→萃取→浓缩→结晶→青霉素钾盐或钠盐

青霉素生产培养基除了供给菌体生长和繁殖用的营养物质外，还必须有利于缬氨酸、半胱氨酸和 α-氨基己二酸等前体物的合成，用于生物合成青霉素的母核结构；培养基中还需要加入一定浓度的苯乙酸、苯乙胺或者苯乙酰胺等前体物，参与青霉素侧链的生物合成，在一定条件下还控制菌体合成青霉素的方向。不同种类的前体物，合成青霉素的种类也不同。

青霉素等大部分抗生素都采用流加水解糖的方法来提高产量。产黄青霉发酵青霉素对溶氧需求较高，可通过控制搅拌转速、空气流量及基质浓度等方法来提高溶氧浓度。青霉素发酵对 pH 值要求较为严格，一般控制在 6.5～6.8。青霉素形成速率对温度最为敏感，偏离最适温度所引起的生产率下降比溶氧和 pH 这两个参数的变化更为严重。青霉素发酵最适温度为：起初 5h 维持在 30℃，随后降到 25℃培养 35h，再降到 20℃培养 85h，最后回升到 25℃培养 40h 放罐。

将青霉素发酵液冷却，过滤，采用醋酸丁酯/缓冲液低温、短时萃取，加入成盐剂，经共沸蒸馏即可得青霉素 G 钾盐。青霉素 G 钠盐是将青霉素 G 钾盐通过离子交换树脂（钠型）而制得的。

青霉素 G 或青霉素 V 产品大多通过微生物产生的青霉素酰化酶催化得到 6-APA，然后改变侧链而得到甲氧苯青霉素、羧苄青霉素、氨苄青霉素第二代青霉素。目前提取过程中将青霉素反萃取到水溶液中后，去除了残留的溶剂，就可以直接用适当的酶系统进行青霉素的水解，制备 6-APA，这种方法可以减少母液的损失。将顶头孢菌的扩环酶、DAC 羟化酶、DAC 乙酰转移酶、己二酰胺酶基因在产黄青霉菌中表达，可以直接生产中间体 7-ACA。另外，DSM 公司将顶头孢菌的扩环酶、酰化酶基因在产黄青霉菌中表达，可以直接生产中间体 7-ADCA。6-APA、7-ACA 和 7-ADCA 这些中间体是合成新一代头孢类药物的重要原料。

（五）维生素 C

维生素 C（vitamin C），又叫 L-抗坏血酸（ascorbic acid），是一种水溶性维生素。维生素 C 通过将 Fe^{3+} 还原为 Fe^{2+}，具有促进造血作用；作为羟化酶的辅酶，参与羟化反应，促进胶原蛋白的合成、胆固醇的转化和神经递质的合成；参与体内的氧化还原反应，促进还原型谷胱甘肽（GSH）生成，保护巯基酶活性；作为辅助药物，具有抗病毒和抗肿瘤作用。维生素 C 主要应用于医药、动物饲料、化妆品及食品添加剂行业，其中食品添加剂行业最为主要，

占比近 70%。

莱氏法是最早生产维生素 C 的方法，其以葡萄糖为原料，先经黑醋菌发酵生成 L-山梨糖，再经丙酮化及 NaClO 氧化、水解得到 2-酮基-L-古龙酸钠，然后进行化学合成得到维生素 C。此法存在着很多缺陷，如生产工艺复杂、劳动强度大、生产环境恶劣。国外在此基础上以作改进，尤其是在设备方面，当前还用于生产。

二步发酵法是美国的 Tengerdy 和 Huang 等首先发现的，L-山梨糖代谢途径和代谢机制研究得也比较深入，但是由于其 2-酮基-L-古龙酸（2-KGA）转化率低而至今未被用于生产实践。我国维生素 C 二步发酵法是由中国科学院微生物研究所和北京制药厂合作，于 1976 年 6 月通过中试鉴定并逐渐在全国范围内推广使用的，它是目前唯一成功应用于维生素 C 工业生产的微生物转化法。二步发酵法的生产工艺流程为：

葡萄糖 $\xrightarrow{\text{化学加氢}}$ D-山梨醇 $\xrightarrow{\text{黑醋酸菌}}$ L-山梨糖 $\xrightarrow{\text{混合菌}}$ 2-酮基-L-古龙酸 $\longrightarrow$ 分离提纯 $\xrightarrow{\text{化学转化}}$ 维生素C

该法遵循 L-山梨糖途径：①葡萄糖化学催化加氢制成 D-山梨醇；②D-山梨醇在黑醋酸菌（Acetobacter suboxydans）的作用下氧化为 L-山梨糖；③L-山梨糖再经细菌发酵产生维生素 C 前体 2-酮基-L-古龙酸，由氧化葡萄糖酸杆菌（Gluconobacter oxydans，小菌）和巨大芽孢杆菌（Bacillus megaterium，大菌）等伴生菌混合发酵完成，其中小菌为产酸菌，但单独培养传代困难，且产酸能力很低，大菌不产酸，但大菌胞内液和胞外液均可促进小菌生长，缩短小菌生长的延迟期；④2-酮基-L-古龙酸的分离提纯；⑤利用化学方法将 2-酮基-L-古龙酸转化为维生素 C。同传统的"莱氏法"一样，二步发酵法也需要高压加氢使葡萄糖还原为 D-山梨醇。

日本园山高康等最先发明了葡萄糖串联发酵法，在欧文氏菌 S12900 和棒杆菌 SH75200 两种微生物作用下，葡萄糖氧化为 2,5-二酮基-D-葡萄糖酸，再还原生成 2-酮基-L-古龙酸，即"新二步发酵法"，该法省掉了从 D-葡萄糖化学催化加氢生成 D-山梨醇的步骤，大大简化了工艺程序，收率也很高，很有应用前途。

Genencor、Eastman、Electrosynthesis、MicroGenomics 等公司，以及国内多个研究单位正积极尝试用基因工程手段将欧文氏菌和棒杆菌相关酶整合到一种微生物中，只需要单菌一步发酵便可实现由葡萄糖到 2-KGA 的转化。目前，一步发酵法距实际应用尚有距离，但这是一个很有前景的方法。

中国是全球维生素 C 生产基地，但内销需求不高，78%以上的产量用于出口。

（六）α-淀粉酶

α-淀粉酶（α-amylase）可从淀粉分子内部切开 α-1,4 糖苷键而生成糊精和还原糖，由于产物的末端葡萄糖残基 C-1 碳原子为 α 构型。α-淀粉酶通常在 pH5.5～8.0 稳定，大多数 α-淀粉酶最适温度是 50～60℃。目前，α-淀粉酶已经广泛应用于食品、发酵、谷物加工、纺织、造纸、医药、轻化工业、石油开采等各个领域，其中最大的用途是酶法生产葡萄糖和饴糖、棉布褪浆、淀粉水解糖制备等。

目前，工业生产上都以微生物发酵法进行大规模生产 α-淀粉酶，以枯草芽孢杆菌（Bacillus subtilis）应用较为普遍，其他如地衣芽孢杆菌（Bacillus licheniformis）、嗜热脂肪芽孢杆菌（Bacillus stearothermophilus）、解淀粉芽孢杆菌（Bacillus amyloliquefaciens）、米曲霉（Aspergillus oryzae）、黑曲霉（Aspergillus niger）等。不同菌株所产 α-淀粉酶在耐热、耐酸碱、耐盐等方面各有差别。其中，最适反应温度在 60℃以上的命名为中温型 α-淀粉酶；最适反应温度在 90℃以上的命名为高温 α-淀粉酶；最适反应 pH≤5 的为酸性 α-淀粉酶；最适反应 pH≥9 的为碱性 α-淀粉酶。不同来源的 α-淀粉酶的性质不同，用途也不同。

微生物 α-淀粉酶可以用固体曲法培养，也可用液体深层培养法生产。前者适合于霉菌，后者则适合于细菌，高温 α-淀粉酶通常采用地衣芽孢杆菌经液体深层发酵提取制得。枯草杆菌 BF7658 是我国目前产量最大、用途最广的一种中温型液化型 α-淀粉酶的产生菌。液体深层培养枯草杆菌生产 α-淀粉酶的一般工艺流程为：

枯草芽孢杆菌→（斜面培养、摇瓶培养、种子扩大培养）（空气、补料）　　　　滤饼

　　配制培养基（水解糖、豆粕水解液等）→灭菌→接种→发酵→发酵液预处理→板框压滤→超滤

　　浓缩→标准化→α-淀粉酶成品

α-淀粉酶属于诱导酶，只有微生物发酵培养基中含有淀粉、糊精、寡糖或双糖时才能诱导合成；同时，生产菌株的 α-淀粉酶还属于胞外酶。本工艺可采用低浓度发酵、高浓度补料的方法进行生产，以有利于细胞生长和产酶。低浓度发酵的优点是有利于菌体生长和产酶，可避免原料中的淀粉降解生成糖过量堆积而引起分解代谢阻遏，有利于 pH 的控制和延长产酶期，从而达到提高产量的目的。

工业提取 α-淀粉酶一般采用盐析、有机溶剂沉淀和超滤法等多种方法，其中硫酸铵盐析法在工业生产中应用较为普遍，可达到浓缩和纯化目的，制备固体 α-淀粉酶制剂；超滤方法利用超滤膜浓缩酶发酵液，用于制备液体酶，具有低能耗、酶活低损失、高浓缩倍数、无污染的特点。

洗涤剂中的酶制剂

目前在加酶洗衣粉中使用的工业酶共有 4 种，如蛋白酶、脂肪酶、淀粉酶、纤维素酶，其有特殊去污能力，并且在洗衣粉配方中所占成本较少。

碱性蛋白酶的主要产生菌是某些芽孢杆菌，可以使奶渍、血渍等多种蛋白质污垢降解成易溶于水的小分子肽。

碱性脂肪酶的主要产生菌是某些青霉，能将衣物上脂质污垢的主要成分甘油三酯水解成容易被水冲洗掉的甘油二酯、甘油单酯和脂肪酸，从而达到清除衣物上脂质污垢的目的。

淀粉酶可将衣物上土豆泥、面条、粥等淀粉类污垢水解，同时，淀粉酶和脂肪酶之间具有很好的协同作用。

纤维素酶在洗涤剂中的应用可以说是一项重要的发明。它的作用对象不是衣物上的污垢，而是织物表面因多次洗涤而在主纤维上出现的微毛和小绒球。用纤维素酶处理后，织物表面的微毛和绒球就被除去，可以平整织物表面，使纤维变得柔软，同时有增白效果，使有色衣物的色泽变得更加鲜艳，使白色衣物恢复其本色。

第三节

农业微生物

我国是一个传统的农业大国，在农业生产中对微生物的利用已经有数千年的历史，如沤

肥等。在农业现代化进程中，对农业微生物资源的开发利用尤为重要。近年来，随着现代生物技术的不断进步，微生物作为一种重要的资源，已经被运用于农业生产的方方面面，以微生物饲料、微生物肥料和微生物农药等为代表的新型农业生产技术的研究和开发利用取得了长足进步，随之出现了被称为"白色农业"（white agriculture）的微生物资源产业化的工业型新农业。

一、微生物肥料

微生物肥料，又称菌肥、菌剂、接种剂，是将某些有益微生物经人工大量培养制成的、含有活微生物的特定制剂，将其应用于农业生产中，能够获得特定的肥料效应。微生物肥料的功效是通过大量活的微生物在土壤中的积极活动来提供作物需要的营养物质或产生激素来刺激作物生长的。有些肥料可以直接增进土壤肥力，减少化肥的使用量；有些肥料协助农作物吸收营养、增强植物抗病和抗旱能力。

（一）微生物肥料的种类

根据微生物肥料的作用机理，可将微生物肥料分为两类，一类是狭义的微生物肥料，是指通过其中所含微生物的生命活动，增加了植物营养元素的供应量，进而产量增加，代表品种是菌肥；另一类是广义的微生物肥料，不仅仅限于提高植物营养元素的供应水平，还包括了它们所产生的次级代谢物质，能够促进植物对营养元素的吸收利用，或者具有抗病、抗虫作用。

根据微生物肥料中微生物的种类，可把微生物肥料分为根瘤菌肥料、固氮菌肥料、硅酸盐细菌肥料、光合细菌肥料、微生物生长调节剂、复合微生物肥料类、与促生根际菌类联合使用的制剂以及丛枝状菌根肥料、抗生菌 5406 肥料等。另外，按其制品成分可分为单菌株制剂、多菌株制剂，以及微生物加增效物（如化肥、微量元素和有机物等）。

根据微生物肥料的剂型，可把微生物肥料分为液体和固体两种。液体微生物肥料是由发酵液直接装瓶，固体微生物肥料主要以草炭为载体，还有用发酵液浓缩后冷冻干燥的制品。固体微生物肥料的一般生产流程为：

斜面培养→摇瓶、茄子瓶培养　空气

配制培养基→灭菌→接种→发酵→发酵液

草炭→干燥粉碎→灭菌→混合吸附→成品保存

（二）微生物肥料的主要产品

微生物肥料的种类很多，现在推广应用的主要有根瘤菌类肥料、固氮菌类肥料、解磷解钾菌类肥料、抗生菌类肥料和真菌类肥料等等。这些生物肥料有的是含单一有效菌的制品，也有的是将固氮菌、解磷解钾菌复混制成的复合型制品，市场上除了根瘤菌类等少数肥料制品是含单一的有效菌外，大多数制品都是两种或两种以上的微生物复合型的生物肥料。复合微生物肥料的行业标准 NY/T 798—2015 规定，固体复合产品中有效活菌数≥0.2 亿个/g，其中每一种有效菌的数量不得少于 0.01 亿个/g。NY/T 1109—2017《微生物肥料生物安全通用技术准则》中指出，未列入标准中的菌种，除根瘤菌和乳杆菌（*Lactobacillus*）外，其余均需做毒理学试验；所有生产用菌种均需要做溶血试验，植物病原菌不可用作生产菌种；采用生物工程菌，应具有允许大面积释放的生物安全性有关批文。

1. 根瘤菌肥料

根瘤菌（rhizobium）与豆科植物的共生固氮（symbiotic nitrogen fixation）是已知固氮效率最高的生物固氮体系。用人工选育出来的高效根瘤菌株经大量繁殖后，将活菌和草炭等吸附剂混合后制成根瘤菌肥料，具有肥效高、生产成本低并且不污染环境等优点。根瘤菌肥是我国最先施用的一种细菌肥料，其中以花生和大豆根瘤菌肥的施用最为普遍，在农业生产中发挥了巨大的作用。

根瘤菌有三个特性，即专一性、侵染性和有效性。专一性是指一种根瘤菌只能使一定种类的豆科作物形成根瘤；侵染性是指根瘤菌侵入豆科作物根内形成根瘤的能力；有效性是指根瘤菌的固氮能力。

提高根瘤菌接种剂增产效率的主要方法是选用固氮效率与竞争能力较高的优良菌株和改进施用方法。豆类作物在播种前用根瘤菌肥料拌种，使种子表面沾着大量根瘤菌，当种子萌发生根后，形成根瘤。在瘤内根瘤菌成为能固氮的类菌体形态，并以其表达的固氮酶固氮，将大气中的氮转化为氨，进而转化成谷氨酰胺和酰脲类化合物，所固定的氮素化合物约 1/4 用于自身形成细菌体细胞，其他 3/4 供给豆科植物作为氮素营养。豆科作物从根瘤得到的氮素营养占其总氮素需要量的 30%～80%。经根瘤菌固定的氮素能提高土壤肥力，并供下季作物利用。

根瘤菌产品有液体和固体两种剂型。根瘤菌生产时所使用的标准培养基是以甘露醇为碳源的标准 YMB 培养基，其中也可以加入其他碳源，蔗糖是最常用的碳源。很多工农业副产物含有碳源或氮源，能够很好地充当根瘤菌的培养基，如干酪工业的副产物干酪乳清、麦芽工业的副产物麦芽、工业酵母提取物等。目前世界上的主要国家都采用发酵罐通气培养根瘤菌，培养温度 25～28℃，发酵周期因菌种不同而不同，一般来说，生长速率较快的根瘤菌种，如苜蓿、豌豆、三叶草、菜豆、紫云英根瘤菌，发酵周期为 48～72h，生长速率较慢的根瘤菌如花生、大豆根瘤菌，发酵周期为 72～120h，再被转入到固体粉末载体中，经过成熟期的增殖和细胞适应之后，就形成了固体菌剂，我国农业行业标准 NY 410—2000 规定固体制剂中根瘤菌含量不低于 $2×10^8$ 个/g。迄今国内外商业根瘤菌固体菌剂生产仍多以价廉质轻的草炭、蛭石和珍珠岩三种材料为载体，由于具有使用方便、保藏期较长、生产工艺简单和成本低廉等优点而被广泛推广应用。

2. 固氮菌肥料

固氮菌肥料是特指由能够自由生活的固氮细菌或与一些禾本科植物进行联合固氮的细菌为菌种生产出来的固氮菌类肥料。固氮菌肥料对多种作物都有一定的增产效果，它特别适合于禾本科作物和叶菜类蔬菜施用。

能够进行自生固氮（free nitrogen fixation）和联合固氮（associative nitrogen fixation）的微生物资源很多，进行联合固氮的微生物也能进行自生固氮。自生固氮菌不与植物共生，没有寄主的选择，独立生存于土壤中固定空气中的游离分子态氮，将其转化为植物可利用的化合态氮素，一般固定的氮素能够满足自身的需求后，细胞内氨的浓度反过来会抑制固氮酶系统，固氮过程也就停止。生活在植物根内、根表、根际的联合固氮的微生物，利用一些禾本植物（玉米、高粱）根分泌的一些糖类繁殖、固氮，能分泌到体外的氮素是极少的，所以它们固定的氮素量仍然是很少的。

固氮菌肥料对作物的作用除了固氮外，更重要的是产生能促进植物生长的物质，如圆褐固氮菌、雀稗固氮菌的细胞液中存在植物生长刺激物质，能促进根毛的密度和长度、侧根出现的频率及根的表面积。土壤的有机质含量、土壤温度、酸碱度等因素均影响它的增产效果，与有机肥、磷钾肥及微量元素肥料配合施用，对固氮菌活性有明显的促进作用。

已经使用的或可能被作为菌种生产固氮菌肥料的微生物有：生脂固氮螺菌（*Azospirillum lipoferum*）、巴西固氮螺菌（*Azospirillum brasilense*）、拜氏固氮菌（*Azotobacter beijgerinckii*）、褐球（圆褐）固氮菌（*Azotobacter chroococcum*）、棕色固氮菌（*Azotobacter vinelandii*）、雀稗固氮菌（*Azotobacter paspali*）、印度贝氏固氮菌（*Beijerinckia indica*）等。另外，氮单胞菌属、茎瘤根瘤菌、固氮芽孢杆菌，以及经鉴定为非致病菌的阴沟肠杆菌、粪产碱菌、肺炎克氏杆菌也可用作生产固氮菌肥料的菌种。

目前国内生产的联合固氮菌肥料有液体瓶装的剂型和用草炭等载体吸附而成的固体剂型。液体瓶装的菌剂多是从发酵罐发酵结束后分装而成的，生产和使用方便，在距离生产工厂较近的地区可在播种前购买；由于发酵结束后培养液内的营养基本消耗殆尽，同时分装后条件改变，因此液体菌剂保存时间较短。固体剂型多用载体吸附，所用的载体多是由有机质含量丰富、易透气的物质组成的，发酵结束时的液体菌吸附在载体里虽然也死亡一部分，但在合适的温度条件下细菌还能再繁殖，其数量还能继续增加，所以运输和贮存方便，对于距离工厂远的地方固体菌剂较液体菌剂更优越。我国农业行业标准 NY 411—2000 规定固氮菌固体制剂中有效活菌数不低于 1×10^8 个/g。

3. 解磷细菌肥料

解磷细菌最直接的作用就是使土壤中难溶性或不溶性的磷素转化成土壤溶液中的磷素，又能分泌激素刺激作物生长。我国土壤缺磷的面积较大，约占总耕地面积的 2/3，除了人工施用化学磷肥以外，施用以能够分解土壤中难溶态磷的微生物肥料，使其在作物根际形成一个磷素供应较充分的微区，成为改善作物磷供应的一个重要途径，因此利用解磷细菌制成的菌肥具有重大开发应用价值。

有机磷酸盐的分解主要依靠有机磷细菌在代谢过程中产生各种酶类进行分解，如核酸酶、植酸酶、磷酸酶，通过这些酶的作用可使有机磷化合物分解成植物可以吸收利用的可溶性磷；有机磷酸盐还能被细菌产生的有机酸溶解，经水解作用可释放出游离磷酸盐。无机磷酸盐的溶解主要依靠磷细菌在代谢过程中分泌有机酸，如乳酸、羟基乙酸、柠檬酸和草酸等，使 pH 值降低，同时结合铁、铝、钙、镁等离子，从而使难溶性磷酸盐溶解。

磷细菌肥料中的微生物多属好气性微生物，目前研究报道较多的主要是解磷细菌，如巨大芽孢杆菌（*Bacillus megaterium*）、蜡样芽孢杆菌（*Bacillus cereus*）、短小芽孢杆菌（*Bacillus pumilus*）、氧化硫硫杆菌（*Thiobacillus thiooxidans*）、荧光假单胞菌（*Pseudomonas fluorescens*）、恶臭假单胞菌（*Pseudomonas putida*）等，解磷细菌在土壤通气良好、水分适宜、pH 6～8 环境条件下生长最旺盛，有利于提高土壤中磷的有效性。在富含有机质的土壤中施用增产效果显著，在酸性贫瘠土壤中施用效果差，磷细菌肥料一般用作种肥施用。

用人工繁殖的方法将在实验室分离、筛选出的分解难溶性磷能力强的微生物在工业发酵条件下生产，制成微生物肥料。生产中应用最早、目前应用最广的解磷微生物是巨大芽孢杆菌和蜡状芽孢杆菌，假单胞菌中有一些种是动、植物病原菌，所以对此类微生物作为生产菌种应有明确的鉴定，至少须鉴定到种，确定是非病原菌后才能应用。解磷真菌由于工业化生产问题未能很好解决，使用受到一定的限制。

解磷微生物肥料的生产与一般微生物肥料的生产和质量要求相同，主要是固体吸附剂类型。由于一些菌种是产芽孢的，所以也有生产芽孢粉剂的。芽孢粉剂有容易使用、保存期长的优点。磷细菌肥料农业行业标准 NY 412—2000 规定，磷细菌肥料有液体、固体（粉状）和固体（颗粒）三种产品剂型，其中固体（粉状）有机磷细菌肥料中有效活菌数≥1.5 亿个/g，无机磷细菌肥料中有效活菌数≥1.0 亿个/g。

4. 硅酸盐细菌肥料

硅酸盐细菌肥料是指用胶质芽孢杆菌（又称胶冻样芽孢杆菌，*Bacillus mucilaginosus*）生产的硅酸盐菌剂或硅酸盐细菌肥料，许多企业将其称为生物钾肥。硅酸盐菌农业行业标准 NY 413—2000 规定，固体肥料中有效活菌数≥1.2 亿个/g。

硅酸盐细菌（silicate bacteria）又称钾细菌，它能强烈分解土壤硅酸盐中的钾，使其转化为植物可吸收利用的有效钾。此外，还兼有分解土壤中难溶性磷的能力。有人认为菌体和发酵液中存在刺激作物生长的激素类物质，在根际形成优势种群，可抑制其他病原菌的生长，因而达到增产效果。但是对它们分解释放可溶性钾元素对作物是否有实际意义还有不同看法，需要进一步研究、验证。

钾细菌肥料可作基肥施用，与有机肥混合施用效果更好，也可通过拌种或蘸根施用。农田施用钾细菌肥料不仅能改善作物的营养条件，同时还可降低小麦叶锈病、大麦锈病及玉米锈病的发病率，提高作物的抗逆性。

5. 其他微生物肥料

（1）促生根际菌。能够促进植物生长、防治病害、增加作物产量的微生物被称为植物促生根际菌（PGPR，plant growth-promoting rhizobacteria）。PGPR 对土壤中有害病原微生物与非寄生性根际有害微生物都有生防作用，能促进植物吸收利用矿物质营养，并可以产生有益植物生长的代谢产物，从而促进植物的生长发育。目前商业化生产的 PGPR 生物制剂有荧光假单胞菌、枯草芽孢杆菌、放射性土壤杆菌等（*Agrobacterium Radiobacter*）20 多个种属。

目前 PGPR 生物制剂种主要有两种，活体制剂和 PGPR 代谢产物制剂。前者应用 PGPR 活菌体，定殖于植物根系，直接进行植物病害的防治；后者应用 PGPR 菌在深层发酵过程中的代谢产物，直接针对植物病原菌或针对病原菌的代谢产物如抗生素、细菌素、溶菌酶等等，其主要作用为抑菌或杀菌，或针对寄主植物的代谢产物，主要称作激发子（elicitor），其主要作用是激发寄主植物产生防卫反应。

（2）光合细菌肥料。光合细菌（photosynthetic bacteria，简称 PSB）是一大类在地球上生存最早的能进行光合作用的原核生物的总称。目前在农业上应用的光合细菌主要有：荚膜红细菌（*Rhodobacter capsulatus*）、类球红细菌（球形红杆菌，*Rhodobacter sphaeroides*）、深红红螺菌（*Rhodospirillum rubrum*）等。通过喷施、蘸秧、灌根处理小麦等粮食作物及蔬菜瓜果等，发现光合细菌肥料对根、叶的生长具有明显的促进和增产效果，另外光合细菌还用于污水净化处理、生产鱼虾饵料等方面。

（3）丛枝状菌根肥料。丛枝状菌根（*Arbuscular mycorrhiza*，AM 菌根）的菌丝具有协助植物吸收磷素营养的功能，另外还可以促进硫、钙、锌等元素及水分的吸收。在纯培养未能突破的情况下，国内外的研究者利用各种方法人为培养大量接种 AM 菌根的植物根，然后以这些侵染了 AM 菌根的植物根段和有大量活孢子的根际土为接种剂去接种作物，可以获得较好的增产效果。目前已经进行了小规模的田间应用，并用于接种名贵花卉、苗木、药材和经济作物。

(4) 抗生菌肥料。5406 抗生菌肥料是用细黄链霉菌（*Streptomyces microflavus*）为菌种生产的放线菌肥料，从 20 世纪 50 年代开始研究，后来发展到大规模应用，由于产品质量控制问题后来又逐渐销声匿迹。近几年一些企业在使用菌种、生产工艺等方面做了改进，应用效果得到了稳定提高。

(三) 微生物肥料的存在的问题及发展趋势

目前，在我国微生物肥料生产中还存在着产品质量不稳定、品种少、抗逆性差、产品使用技术不完善、社会认知和农民接受度低、生产工艺较差、成本和价格较高等问题。因此在以后的研究和开发利用中，应加强基础理论研究，如菌株的筛选、多功能工程菌的构建等，高密度发酵技术获得的有效活菌数从 1.0 亿个/g 上升至 6000 亿个/g，极大地提高了微生物肥料产品品质。目前，我国微生物肥料产品菌种的使用正逐渐由单一菌种向复合菌种转化，由单一功能向多功能复合转化，由功能模糊型向功能明确型转化，深入探究微生物肥料的作用机制，增加产品质量及稳定性，不断拓宽其应用范围。

二、微生物农药

微生物农药是指由微生物及其代谢产物加工而成的具有杀虫、杀菌、除草、杀鼠或调节植物生长等农药活性的物质。微生物农药防治病虫害效果好且难以产生抗药性，对人畜安全无毒，不污染环境，无残留，能保持农产品的优良品质；对病虫的杀伤特异性强，不杀伤害虫的天敌和有益生物，能保持生态平衡。

根据有效成分，微生物农药可分为活体微生物农药和微生物次级代谢物两大类。根据用途或防治对象不同，微生物农药则可分为微生物杀虫剂、微生物杀菌剂、微生物除草剂、微生物杀鼠剂、微生物植物生长调节剂等。

(一) 微生物杀虫剂

微生物杀虫剂主要包括细菌杀虫剂、病毒杀虫剂、真菌杀虫剂、杀虫素、原生动物杀虫剂和昆虫病原线虫制剂等。

细菌杀虫剂是利用对某些昆虫有致病或致死作用的杀虫细菌所含有的活性成分或菌体本身制成的，用于防治和杀死目标昆虫的生物杀虫制剂。苏云金芽孢杆菌（*Bacillus thuringiensis*, BT）是目前世界上用途最广、开发时间最长、产量最大、应用最成功的微生物杀虫剂，依靠其所含有的伴孢晶体、外毒素及卵磷脂等致病物质引起鳞翅目昆虫肠道等病症而使昆虫致死。苏云金芽孢杆菌制剂通常是通过人工生产培养后获取芽孢、伴孢晶体等有效杀虫毒素，然后制作成杀虫菌剂的，生产方法有液体深层通气发酵法和固体发酵法两种，制剂类型有粉剂和悬浮剂等多种，其中国家标准 GB/T 19567.3—2004 规定可湿性粉剂中毒素蛋白质含量不低于 4%。此外，美国的 Mycogen 公司生产的荧光假单胞菌（*Pseudomonas fluorescens*）、孟山都公司的黏质赛氏杆菌（*Serratia marcescens*），以及 Fairfax 公司生产的日本金龟子芽孢杆菌（*Bacillus popilliae*）等也是已产业化的细菌杀虫剂。

真菌杀虫剂是一类寄生谱较广的昆虫病原真菌，是一种触杀性微生物杀虫剂。真菌杀虫剂穿过害虫体壁进入虫体繁殖，消耗虫体营养，使代谢失调，或在虫体内产生毒素杀死害虫。目前，研究利用的主要种类有白僵菌（*Beauveria*）、绿僵菌（*Metarhizium*）、拟青霉

（*Paecilomyces*）、座壳孢菌（*Aschersonia*）和轮枝菌（*Verticillium*）。最有生产价值的是白僵菌属和绿僵菌属。白僵菌寄主很多，特别是对玉米螟和松毛虫，已作为常规手段连年使用，是我国研究时间最长和应用面积最大的真菌杀虫剂。球孢白僵菌培养较为容易，通过麦麸、玉米粉等制成半固体培养基培养，干燥即可得到白僵菌粉剂。国标规定高孢粉制剂的孢子量要大于 1000 亿个/g，萌发率大于 90%。绿僵菌是一种广谱的昆虫病原菌，在国外应用其防治害虫的面积超过了白僵菌，防治效果可与白僵菌媲美。

大多数病毒杀虫剂属于杆状病毒的核多角体病毒（nuclear polyhedrosis virus，NPV），少数是颗粒体病毒（granulosis virus，GV）。昆虫病毒有高度的专一寄生性，通常一种病毒只侵染一种昆虫。但由于病毒只能用害虫活体培养增殖，大规模工业生产受到限制。已经小规模商品化的病毒杀虫剂多数用于防治鳞翅目害虫，例如棉铃虫、舞毒蛾、斜纹夜蛾、天幕毛虫、菜粉蝶等。在德国、美国等国家均已开发了不少产品，如苹果蠹蛾颗粒体病毒（*Cydia pomonella* granulovirus，CpGV）、舞毒蛾核多角体病毒（*Lymantria dispar* nuclear polyhedrosis virus，LdNPV）等。在中国，也开发了用于防治松毛虫和棉铃虫的核多角体病毒，并有少量生产。

杀虫素主要包括阿维菌素、浏阳霉素、杀蚜素等，其中灰色链霉菌产生的阿维菌素是一种超高效的杀虫生物农药，对昆虫和螨类具有触杀和胃毒作用并有微弱的熏蒸作用。

微生物杀虫剂有离体和活体培养两种生产方法。离体法是将菌种在发酵罐中用液体深层通空气发酵，易于大规模工业生产，对细菌、真菌都适用。活体法要用活体害虫寄主来繁殖微生物，实现大规模生产困难较大，利用生物工程的细胞培养技术繁殖病毒的研究工作已在进行，并取得一定的进展。

（二）微生物杀菌剂

微生物杀菌剂是指微生物及其代谢产物和由它们加工而成的具有抑制植物病害的生物活性物质。微生物杀菌剂主要抑制病原菌能量产生、干扰生物合成和破坏细胞结构，内吸性强、毒性低，有的兼有刺激植物生长的作用。微生物杀菌剂主要有农用抗生素、细菌杀菌剂、真菌杀菌剂等类型。

农用抗生素以日本发展最快，居世界领先地位，在植物病害防治领域先后开发了春日霉素（kasugamycin）、杀稻瘟素（blasticidin）、多氧霉素（polyoxin）、井冈霉素（validamycin）等。井冈霉素、农用链霉素、农抗 120（又称抗霉素，antimycin）、多氧霉素和中生菌素（zhongshengmycin）等产业化品种，它们已成为我国农用微生物农药产业的中坚力量。农用抗生素因其高效、安全、环境友好的特性成为了化学农药的绿色替代品，是植物病虫害防治和绿色可持续发展农业领域的研究热点。利用基因组学、代谢工程、合成生物学等技术，新的农用抗生素得到持续研发；利用现代发酵工程技术、生化工程技术以及工程化系统集成加快发酵工艺优化改进，大幅度提高农用抗生素发酵技术水平。

另外，微生物杀菌剂可以产生多种抗菌物质，包括脂肽类、肽类、磷脂类、类噬菌体颗粒、细菌素等，可抑制病原菌对现有的抗生素的抗性问题。如非核糖体途径合成的脂肽类抗生素表面活性素（surfactin）、伊枯草菌素（iturins）和丰原素（fengyctin）；核糖体途径合成的肽类抗生素枯草菌素（subtilin）、几丁质酶（chitinase）等。

真菌杀菌剂研究和应用最广泛的是木霉菌，其次是黏帚霉类。我国开发研制的灭菌灵，主要用于防治各种作物的霜霉病。在国外用放射性土壤杆菌 k84 菌系防治果树的根癌病是最成功的例子，并且已商品化。细菌微生物杀菌剂以芽孢杆菌为主，脂肽类物质和抗菌蛋白是主要抗菌物质，主要抑制小麦纹枯病病原菌菌丝生长、菌核形成和菌核萌发，主要防治水稻纹枯病、三七根腐病、烟草黑胫病。

（三）微生物除草剂

杂草的微生物防治是指利用寄主范围较为专一的植物病原微生物或其代谢产物，将影响人类经济活动的杂草种群控制在为害阈限以下。自 20 世纪 80 年代以来，利用微生物资源开发除草剂一直是杂草微生物防治研究的热点。目前主要有两条途径：一是以病原微生物活的繁殖体直接作为除草剂，即微生物除草剂，目前投入市场的也大多为真菌除草剂；二是利用微生物产生的对植物具有毒性作用的次级代谢产物直接或作为新型除草剂的先导化合物，开发微生物源除草剂，目前已商品化的微生物源除草剂主要为放线菌的代谢产物。已登记的微生物除草剂品种有棕榈疫霉（*Phytophthora palmivora*）、胶孢炭疽菌合萌专化型（*Colletotrichum gloeosporioides* f. sp. *aeschynomene*，Cga）等。

（四）微生物植物生长调节剂

微生物植物生长调节剂在我国农业生产中发挥了重要的作用。特别是赤霉素（gibberellin），它具有促进双季杂交水稻分蘖、齐穗、早熟的作用，使其需求量急增，成为植物生长调节剂中的当家品种。目前开发成功的由微生物产生的植物生长调节剂品种还有细胞分裂素（cytokinin）、脱落酸（abscisic acid，ABA）等。

三、微生物饲料

微生物饲料是利用微生物或复合酶将饲料原料转化为微生物菌体蛋白、生物活性小肽类氨基酸、微生物活性益生菌、复合酶制剂为一体的生物发酵饲料。该产品不但可以弥补常规饲料中容易缺乏的氨基酸，而且能使其他粗饲料原料营养成分迅速转化，达到增强消化吸收利用效果。

能够用于微生物饲料的生产及调制的微生物，主要有细菌、酵母菌、担子菌及部分单细胞藻类微生物等。其主要产品有青贮饲料（silage）、单细胞蛋白（single cell protein，SCP）、微生物添加剂、酶制剂等。

（一）青贮饲料

秸秆青贮是指把新鲜的农作物秸秆切碎后填入和压紧在青贮窖或青贮塔中密封，厌氧条件下经过青贮原料表面上附着或在外来添加的乳酸菌发酵作用而调制成多汁、耐贮藏青绿饲料的方法。调制青贮饲料不受气候等环境条件的影响。青贮饲料能贮存 20～30 年，并可保存青绿饲料的原有浆汁和养分，气味芳香，质地柔软，适口性好，家畜采食率高。

常规青贮原料有禾谷类作物（玉米、高粱、大麦、黑麦、水稻、小麦等）、禾本科牧草（黑麦草、鸭茅、猫尾草、象草和羊茅属等）、豆科牧草（苜蓿、三叶草、红豆草等）。非常规原料如玉米秸、高粱秸、向日葵茎叶和花盘等农作物秸秆都是很好的饲料来源，但是它们质地粗硬，利用率低，如果能适时抢收并进行青贮，则可成为柔软多汁的青贮饲料。青贮操作过程主要包括青贮设备和适当成熟期原料的准备、原料切碎、原料在容器中的装填与压实、密封和贮后管理等环节。国家标准和农业行业标准对青贮玉米品质分级、玉米或苜蓿饲草青贮技术规程以及全株玉米青贮霉菌毒素控制技术规范等方面有详细要求。

青贮发酵分为植物呼吸期、好气性微生物繁殖期、乳酸发酵期、丁酸发酵期等四个阶段。在植物呼吸期，植物细胞利用青贮容器内残留的氧气，进行呼吸代谢作用，适量的热有利于乳酸发酵。在好气性微生物繁殖期，假单胞菌属、大肠埃希菌属和芽孢杆菌属的细菌及酵母菌能利用残存的氧气生长繁殖，分解蛋白质和糖类而产生氨基酸和醋酸等物质。经过 3d 左右的植物细胞呼吸作用和好气性微生物活动，O_2 耗尽，窖内形成厌氧状态，开始植物分子间的呼吸（厌氧呼吸）和乳酸发酵，植物分子间呼吸主要是在细胞内酶作用下消耗体内 O_2 而产生 CO_2、H_2O 和有机酸，同时放热；在厌氧条件下，植物体上附着的乳酸菌将原料中的糖分分解为乳酸，在乳酸的作用下，抑制有害微生物的繁殖，使其达到安全贮藏的目的。正常青贮时，青贮原料中的可溶性糖类大部分转化为乳酸、乙酸、琥珀酸以及醇类等，其中主要为乳酸，同时放出少量热量。

若饲料未经切碎、水分含量较高、被微生物污染或原料压实不良，乳酸发酵过程中所产生的乳酸容易被梭状芽孢杆菌转化为丁酸，并且蛋白质和氨基酸也分解成氨类物质，导致 pH 值升高，青贮品质下降。青贮窖开封后，青贮饲料与空气接触，酵母菌与霉菌又可繁殖起来，导致青贮饲料第二次发酵。二次发酵，在青贮窖覆盖物损坏、透气的情况下也可发生。其后果是温度升高，消耗营养物质，导致青贮饲料变质腐败。

青贮微生物制剂由单一种类或多个种类乳酸菌、酶和某些养分构成，调节青贮饲料的微生物群系，其主要作用是促进发酵、抑制好氧降解和促进养分消化。由于牧草和饲料作物上附着的乳酸菌较少，因此，青贮早期乳酸菌繁殖非常缓慢，导致有害微生物增殖，而接种青贮微生物制剂可以使乳酸菌数量增多并快速繁殖，从而产生大量的乳酸菌降解植物细胞壁中的纤维素，为乳酸菌提供充足的可溶性糖，从而缩短青贮时间和提高青贮饲料品质。

（二）单细胞蛋白

单细胞蛋白又称微生物蛋白、菌体蛋白，主要是指通过发酵方法生产的酵母菌、细菌、霉菌及藻类细胞生物体等。单细胞蛋白饲料营养丰富、蛋白质含量较高，而且具有生产速度快、效率高、占地面积小、不受气候影响等优点，所以利用非食用资源和废弃资源（如农副产品下脚料和工业废液等）开发和推广微生物生产单细胞蛋白成为补充饲料蛋白质来源不足的重要途径，意义十分重大。

酵母细胞中含有蛋白质、糖类、脂肪、维生素、酶和无机盐等，是良好的蛋白质资源，菌体中蛋白质含量高达 40%～80%，组成此蛋白质的氨基酸有 13 种以上，营养价值高且易于消化吸收，可作优质蛋白源部分或全部替代饲料中的鱼粉。此外，酵母菌本身含有丰富酶系，可加强对营养物质的消化利用，促进生长，增加食欲，从而增强抵抗各种疾病的能力，且提高动物的繁殖性能。

目前，可用于单细胞蛋白生产的微生物的种类很多，在选择时从安全性、实用性、生产效率和培养条件等方面考虑，目前用于生产单细胞蛋白的微生物主要包括非致病和非产毒的酵母菌、细菌、真菌和微藻。发酵原料多以工农业生产的废弃物为主，如发酵和食品行业的有机废水及废渣、纤维素类物质、菜籽饼粕和棉籽饼粕等蛋白质的下脚料，以及石油化工产品原料和副产品。生产单细胞蛋白的一般工艺为：

菌种→菌种扩大培养→发酵罐培养→培养液→分离→菌体→洗涤或水解→干燥→动物饲料

单细胞蛋白虽然营养丰富，但是也存在许多问题。由于核酸含量较高，过量的核酸在畜体内消化后形成尿酸，而家畜无尿酸酶，尿酸不能分解，随血液循环尿酸在家畜的关节处沉淀或结晶，引起痛风症或风湿性关节炎。为此应发展脱核酸技术，生产脱核酸 SCP，未脱核酸 SCP 在使用时应控制添加量。另外，某些单细胞蛋白含有对动物身体有害的物质，尤其是细菌蛋白；有些多肽能与饲料蛋白质结合，阻碍蛋白质的消化；单细胞蛋白中还含有一些不能被消化的物质如甘露聚糖，对饲料干物质的消化起副作用。

（三）微生物酶制剂

酶制剂作为一种新型高效饲料添加剂，可以提高动物生产性能和减少排泄物的污染，同时也为开辟新的饲料资源、降低饲料生产成本提供了行之有效的途径，并为饲料工业高效环保、节粮和可持续发展提供了保障和可能性。饲用酶制剂的研究开发和推广使用，已成为生物技术在饲料工业中应用的重要领域。国家标准《饲料用酶制剂通则》规定，生产饲料用酶制剂所用微生物，该菌株应为非致病菌、不产生毒素和其他有害生理活性物质、菌株具有遗传稳定性且不易遭受噬菌体感染；所有生产原辅料均要求为食品级或饲料级，严禁采用硫酸铵沉淀工艺制备酶；符合食品添加剂生产要求的菌株及其生产工艺可判定为安全的。

饲用酶制剂主要用于分解动物自身不能消化的物质或降解抗营养因子或有毒有害物质等，主要包括植酸酶、纤维素酶、半纤维素酶、果胶酶等。饲用酶制剂有精制酶和粗制酶两类。粗制单酶制剂是指具有特定分解能力的单一菌种（或菌株）培养物经浓缩等处理制得，或直接将安全发酵培养物与其中的酶一起制成的酶制剂。由于粗制酶含有多种相关酶系和一定量的维生素，常有较好的促生长作用，且生产成本低，所以饲用酶制剂多为粗制酶产品。精制酶是经过液态发酵并提纯精制处理的酶制剂，用于复配酶制剂。精制酶作为饲料添加剂应用不多，如蛋白酶、淀粉酶、植酸酶、β-葡聚糖酶等产品。

（四）微生物在饲料中的其他用途

除了青贮饲料，黄贮和微贮饲料也是养殖业中常用的微生物饲料。黄贮原料选用水分较低的玉米秸秆，添加适量水和生物菌剂后压实密封储存进行厌氧发酵，避免饲料营养价值丢失。微贮是指在玉米秸秆中加入有益微生物进行厌氧发酵，纤维物质经过糖化和有机酸发酵转化为乳酸和挥发性脂肪酸，形成酸性环境抑制其他微生物生长。

微生物饲料添加剂主要有芽孢杆菌属、乳杆菌属、链球菌属，水产养殖中常用的沼泽红假单胞菌和丁酸梭菌，另外还包括酵母、双歧杆菌属及部分霉菌等菌种，其在动物体内的作用主要有改善微生态环境、提高饲料转化率、抑制其他致病性微生物和腐败微生物。

饲用抗生素是指在健康动物饲料中添加、以改善动物营养状况和促生长为目的、具有抗菌活性的微生物代谢产物，主要用于猪、鸡等单胃畜禽。自 2020 年 7 月 1 日起，我国饲料生产企业已停止生产含有抗生素等促生长类药物饲料添加剂（中药类除外）的商品饲料，畜禽饲料的"替抗"产品，包括中草药、酶制剂、益生菌等。

利用微生物生产饲用维生素，由于可以用粗制品，在工艺和成本方面都比较理想，特别是对用量较多的维生素 B_2 等更是这样。

四、食用菌

食用菌是蘑菇、香菇、平菇、木耳等可食用大型真菌的统称，通常广义的食用菌还包括灵芝、虫草、云芝等可以药用或食药兼用的真菌，是高蛋白质、低脂肪的优质食品，具有很好的医疗保健功效，因此国内外的消费市场越来越大。食用菌已经成为我国第六大种植产业，我国目前已成为世界上最大的食用菌生产国和出口国，2019年全国食用菌总产量3933.87万吨，总产值达到3126.67亿元。

（一）栽培菌种和品种

我国是菌物种类最丰富的国家之一，能商业化的种类已经增加到60多种，其中较大量栽培的有香菇（*Lentinula edode*）、平菇（*Pleurotus ostreatus*）、黑木耳（*Auricularia auricula*）、毛木耳（*Auricularia polytricha*）、双孢蘑菇（*Agaricus bisporus*）、金针菇（*Flammulina velutipes*）、杏鲍菇（*Pleurotus eryngii*）等，产量占总产量的86.49%。近年发展较快的有白灵菇（*Pleurotus nebrodensis*）、茶薪菇（*Agrocybe chaxingu* Huang）、洛巴伊口蘑（又称金福菇，*Tricholoma lobayense*）和鸡腿菇（*Coprinus comatus*）等。在人工栽培食用菌时，通常用孢子或子实体组织萌发而成的纯菌丝体作为播种材料。

每个栽培的种中又有农艺性状和商品性状不同的若干品种。农艺性状主要按出菇温度、出菇早晚、适合的基质等划分品种，商品性状主要按子实体大小和色泽划分品种。如香菇、平菇和滑菇等按出菇温度可划分为高温品种、中温品种、低温品种；香菇和滑菇按出菇早晚可划分为迟生品种和早生品种；香菇和黑木耳按栽培适宜的基质可划分为段木品种和代料品种；金针菇按子实体色泽可划分为黄色品种、浅黄色品种和白色品种；双孢蘑菇按商品性状分为鲜销品种和罐藏品种。我国幅员辽阔，气候多样，不同地域、不同气候条件、不同栽培设施条件、不同栽培季节，栽培的品种不同；产品用途不同、销售对象不同，栽培的品种也不同。

（二）栽培原料

食用菌栽培配方众多，原料复杂，大多农作物副产品均可利用。常用的培养料有木屑、棉籽壳、玉米芯、麦秸、稻草、豆秸、麦麸、米糠、各种饼肥等。根据不同季节来调整配方含水量，高温季节，污染率高，除在配方中添加0.1%～0.2%多菌灵药剂防治外，还可适当降低培养料含水量；低温季节适当增加培养料含水量，可有效地控制杂菌侵染，而不会影响食用菌菌丝正常生长。材料混配后，其质地坚硬，颗粒粗细不同，为防治菌袋薄膜填料后不被刺破，微小孔眼构成污染通道，必须将栽培料过细筛，同时起到均匀拌料的作用。

草菇（*Volvariella volvacea*）、双孢蘑菇等食用菌培养料的堆制与发酵是提高产量的关键，发酵的目的是利用嗜热微生物对纤维素、半纤维素等大分子物质进行分解转化，而且能够生成维生素、多糖等物质供食用菌吸收利用。

（三）制种

制种是食用菌生产最重要的环节。在食用菌生产过程中，菌种好坏，直接影响食用菌的产量和质量。人工培养的菌种，根据菌种培养的不同阶段，可分为母种、原种和栽培种三类。一般把从自然界中，首次通过孢子分离或组织分离而得到的纯菌丝体称为母种，或称一级种，它是菌种类型的原始种。把母种菌丝体移接到木屑、谷粒、棉籽壳、粪草等培养基上培养而成的菌种称为原种，或称二级种，它是母种和栽培种之间的过渡种。把原种接种到相同或类似的材料上，进行培养直接用于生产的菌种称栽培种，或称三级种。食用菌的菌种生产，基本上是按菌种分离→母种扩大培养→原种培养→栽培种培养的程序进行的。菌种通过三级扩大，增加菌种数量以满足食用菌生产的需要，同时菌丝也从初生菌丝发育到次生菌丝，使菌丝更加粗壮，分解基质的能力也增强。只有采用这样质量的菌种，才能获得优质高产的子实体。原种和栽培种，均能直接用于生产。栽培种不能再扩大繁殖栽培种（银耳菌种例外），否则会导致生活能力下降。

与固体菌种相比，液体菌种具有培养时间短、发菌快、菌龄整齐、接种方便等优点，而且它还有利于食用菌生产的规模化、工厂化。现在能用液体菌种作种的食用菌有香菇、草菇、金针菇、平菇、蘑菇、猴头菇、凤尾菇、毛木耳、紫丁香菇、金顶菇、美味侧耳、灵芝、安络小皮伞、黑木耳、灰树花、滑菇等50余种。通过实验室水平或小试试验结果来看，绝大多数的食用菌菌丝能在培养条件适宜的液体培养基中生长，生产出合格的液体菌种，用于制成固体栽培种或直接作栽培种使用。金针菇液体菌种是液体菌种应用量最大、技术最成熟的品种之一，50%的杏鲍菇工厂也使用液体菌种。在全面使用液体菌种的金针菇工厂中，菌种成本仅占总成本的2%，因此采用液体培养技术制备液体菌种代替传统的固体菌种，将是食用菌工厂化生产发展的重要方向之一，但液体菌种对设备、操作技术、环境、栽培料等均有较高要求。

（四）栽培模式和栽培技术

我国的代料栽培香菇、木耳（黑木耳、毛木耳）和银耳技术近二十年一直保持世界领先地位，其他农业式生产（非工厂化）的食用菌栽培技术也均居于世界先进水平，如平菇、茶薪菇、杏鲍菇、草菇等。常用的代料栽培园艺设施有日光温室以及各类塑料大棚、中棚、小棚、荫棚，为了利于控温控湿，较干燥的北方常建造半地下菇棚；栽培工艺上，除双孢蘑菇和姬松茸外，几乎都采用塑料袋栽。香菇和平菇的栽培基本模式经过10多年的推广和改进，已演变为多种新模式，木耳、金针菇、蘑菇、草菇、灵芝等种类，也都出现了各具特色的栽培模式。这些不同模式，因地制宜，都创造了巨大的经济效益和社会效益。

在多种生产模式中，工厂化生产由于优势比较明显，是食用菌行业发展的主导方向。2019年，全国食用菌工厂化生产量达到343.68万吨，主要品种为金针菇、杏鲍菇、双孢蘑菇、蟹味（白玉）菇和海鲜菇，其中金针菇和杏鲍菇两个品种产量占比80.40%，但我国食用菌生产工厂化率在10%以下，整体仍处于较低水平，仍具有较大发展空间。

双孢蘑菇生产大致步骤为：培养料选用优质无霉变的稻草，配以少量玉米芯或玉米秸秆，也可以加花生壳，按比例加入牛粪或鸡粪；培养料与发酵剂混合堆制发酵，总计需3周时间；将发酵好的料铺在料床内，待料温降至28℃以下时，即可播种；发菌时要控制温度、避光；菌丝完全长满培养料后即可覆土，并调整土层含水量，保持良好的通风和空气湿度；待菌蕾长至直径5cm左右时，即可采收。

栽培双孢蘑菇覆土才能出菇机理的探索

栽培双孢蘑菇不覆土很少或不出菇，其机理还不清楚。研究人员应用离子色谱法和稀释平板计数法（采用1-氨基环丙烷-1-羧酸，即ACC，为唯一氮源的培养基）分别测定了双孢蘑菇培养料、覆土和鲜土中的ACC含量和ACC脱氨酶产生菌的数量。结果表明，双孢蘑菇培养料和覆土中的ACC含量显著高于鲜土，双孢蘑菇培养料和覆土中ACC脱氨酶产生菌的数量及其占细菌总数的比例同样明显高于鲜土。双孢蘑菇可能具有乙烯合成的 ACC 途径，覆土中 ACC 脱氨酶产生菌利用 ACC，消除了双孢蘑菇菌丝合成高浓度乙烯对子实体形成和发育的抑制作用可能是双孢蘑菇覆土出菇的原因。

第四节
微生物在其他领域的应用

最近几十年，微生物在一些新兴领域的研究逐渐成为热点，如筛选生理活性物质、微生物能源开发、环境保护等。

一、生理活性物质

20 世纪 70 年代以来，人们从微生物代谢产物中筛选到具有不同生理作用的次级代谢产物，不仅有抗菌、抗肿瘤、抗寄生虫、抗病毒等的抗生素，还有酶调节剂、免疫调节剂、受体拮抗剂、抗氧化剂、神经营养因子等活性物质。

(一) 酶抑制剂

酶抑制剂 (enzyme inhibitor) 是一种能抑制酶活性的化学物质。现在已从微生物的次级代谢产物中发现了几十种小分子的酶抑制剂，如具有降血脂、降血糖、抗血栓、抗病毒和抗肿瘤作用的酶抑制剂。

1. 微生物来源的具有降血脂作用的酶抑制剂

胆固醇含量过高是引起心脑血管疾病的重要病因。血脂中有 2/3 的胆固醇来自肝脏合成，合成的限速步骤是在羟甲基戊二酰辅酶 A (HMG-CoA) 还原酶催化下，使 HMG-CoA 还原为甲羟戊酸。目前通过直接发酵、生物转化及半合成得到的 HMG-CoA 还原酶抑制药物包括洛伐他汀 (lovastatin)、普伐他汀 (pravastatin)、辛伐他汀 (simvastatin)、阿托伐他汀 (atorvastatin) 等药物 (表 12-1)。美国辉瑞公司的降血脂药物阿托伐他汀 (Lipitor，立普妥) 1998 年上市，2006 年达销售峰值为 138.3 亿美元，截至目前，立普妥已经为辉瑞累积创下 1514 亿美元的营收，是医药史上第一个突破千亿美元大关的重磅药之王。

表 12-1 微生物产生或半合成的 HMG-CoA 还原酶抑制剂

酶抑制剂	产生菌	发现者与发现时间
洛伐他汀	土曲霉 (*Aspergillus terreus*) 红色红曲菌 (*Monascus ruber*)	Monaghan，1980 年 Endo，1979 年
普伐他汀	橘青霉 (*Penicillium citrinum*) *Streptomyces carbophilus*	Terahara 和 Tanaka，1981 年 Willard，1981 年

2. 微生物来源的具有降血糖作用的酶抑制剂

具有降血糖作用的酶抑制剂可竞争性抑制小肠上皮绒毛膜刷状缘上的淀粉和双糖的水解

酶（麦芽糖酶、异麦芽糖酶、蔗糖酶），减少葡萄糖产生并延缓其吸收，达到降低或延迟餐后血糖升高的目的。目前微生物来源的具有降血糖作用的酶抑制剂主要有阿卡波糖（acarbose）和伏格列波糖（voglibose）两种。阿卡波糖由德国拜耳公司（Bayer）利用游动放线菌（*Actinoplanes* sp.）生产，商品名为拜糖平，对 α-淀粉酶和双糖水解酶都有效；伏格列波糖（倍欣）为新一代 α-糖苷酶抑制剂，该药对小肠黏膜的 α-葡萄糖苷酶的抑制作用比阿卡波糖强，对来源于胰腺的 α-淀粉酶的抑制作用弱。

（二）免疫调节剂

1. 免疫抑制剂

免疫抑制剂（immunosuppressant）能抑制淋巴细胞增殖、分化和影响淋巴细胞的功能。免疫抑制剂应用于器官移植中的抗排斥作用，以及治疗风湿性关节炎、全身性红斑狼疮等自身免疫性疾病。目前发现的微生物来源的免疫抑制剂已有近 30 个（表 12-2，图 12-4）。在各类临床用免疫抑制剂中，生物合成基因簇的研究基本集中于大环内酯类免疫抑制剂，内酯环都是由 I 型聚酮合酶（PKS）和非核糖体肽合成酶（NRPS）复合酶催化而成的。

表 12-2　微生物产生的部分免疫抑制剂

免疫抑制剂	产生菌	结构类型	发现时间
环孢菌素 A（cyclosporin A）	雪白白僵菌（*Beauveria bassiana*）	环肽类	1970 年
藤泽霉素（fujimycin）（他克莫司）	筑波链霉菌（*Streptomyces tsukubaensis*）	大环内酯类	1987 年
霉酚酸（mycophenolic acid, MPA）	短密青霉（*Penicillium brevicompactum*）	杂环类	1972 年
脱氧精胍菌素（deoxyspergualin）	侧孢芽孢杆菌（*Bacillus laterosporus*）	直链类	1981 年

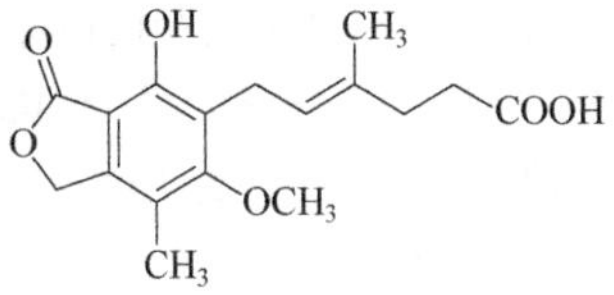

霉酚酸 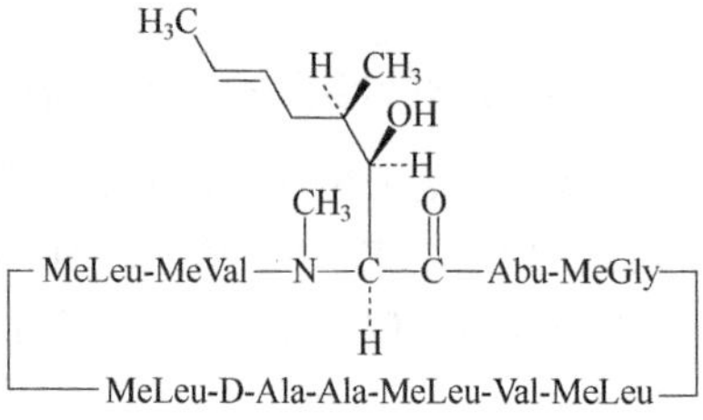　　　　　　　　　　　环孢菌素A

图 12-4　微生物来源的部分免疫抑制剂的化学结构

值得注意的是，在 20 世纪 60 年代初发现的抗真菌抗生素子囊菌素，20 世纪 80 年代作为免疫抑制剂重新筛出；20 世纪 70 年代发现的抗真菌抗生素雷帕霉素（rapamycin，RPM），现在是非常有临床应用潜力的强效、抗增殖、抗肿瘤新型免疫抑制剂。筑波链霉菌中发现的他克莫司，由于其有效且毒性较低，已经被广泛用于防治肾、心脏、胰腺、肺和肠等其他器官移植的免疫排斥反应。2019 年国内免疫抑制剂市场中他克莫司与环孢菌素的销售额约有 13.5 亿元。

环孢菌素 A 极大地提高了人器官移植成功率

在器官移植中第一个真正有选择性的免疫抑制剂是 1983 年广泛应用于临床的环孢

菌素 A（CsA）。自从这种微生物代谢产物引入临床后，器官移植发生了一场革命，极大地提高了肾、心、肝、胰和骨髓在常规基础上移植的成功率，与此同时也拉开了人们从微生物中寻找强效、低毒的新型免疫抑制剂的帐幕。目前临床使用的还有链霉菌产生的他克莫司（tacrolimus），与常用的环孢菌素 A 比作用可高 10～100 倍。

2. 免疫增强剂

免疫增强剂是指用于增强机体的抗肿瘤、抗感染能力和纠正免疫缺陷的药物。近年来从微生物产物中也发现了一些免疫增强剂（immunoenhancer）（表 12-3）。

表 12-3　微生物产生的部分免疫增强剂

免疫增强剂	产生菌	适应证	发现时间
裂褶菌多糖（schizophyllan）	裂褶菌（*Schizophyllum commune*）	抗癌、抗乙肝	1967 年
乌苯美司（ubenimex）	橄榄网状链霉菌（*Streptomyces olivoreticuli*）	抗非淋巴细胞白血病	1976 年
云芝多糖（*Coriolus versicolor* mushroom polysaccharide，CVP）	杂色云芝（*Coriolus versicolor*）	抗癌	1973 年
香菇多糖（lentinan）	香菇（*Lentinus edodes*）	抗癌	1969 年

（三）微生物产生的抗氧化剂

抗氧化剂能够避免由于 DNA 的损伤、脂质过氧化等氧化损伤引起的很多疾病，如衰老、肿瘤、免疫性损伤等，用于化妆品起到保湿、除皱、抗衰老等功效。微生物产生的天然抗氧化剂中研究较多的是超氧化物歧化酶、辅酶 Q_{10} 以及维生素 E、维生素 C、β-胡萝卜素、番茄红素等。

超氧化物歧化酶（superoxide dismutase，SOD）是广泛存在于生物体的一种十分重要的金属酶，它可以催化超氧阴离子的歧化反应产生分子氧和过氧化氢。20 世纪 80 年代后，美国和日本已先后开发了用发酵法生产 SOD，大大降低了生产成本，而目前国内 SOD 的生化制品主要是从动物血液的红细胞中提取的。酵母 SOD 为胞内酶，含量明显高于丝状真菌，需进行破壁制备 SOD 粗提液。由于纯化 SOD 的工艺十分复杂，成本较高，所以用有益微生物发酵生产的 SOD 有可能不经过传统的纯化工艺直接用于食品及化妆品。

辅酶 Q_{10} 又称泛醌，能保护脂蛋白、DNA 分子等免受自由基诱导的氧化作用的侵害，在食品、化妆品、制药等行业上常被作为抗氧化剂。辅酶 Q_{10} 的微生物合成途径主要分为芳香环合成及异戊二烯基侧链的生物合成路线。菌体中辅酶 Q_{10} 含量较高的微生物较多，涉及除革兰氏阳性细菌和蓝细菌以外 30 多个种属的微生物，包括假单胞菌属（*Pseudomonas*）、土壤杆菌属（*Agrobacterium*）、荚膜红细菌（*Rhodobacter capsulatus*）、浑球红细菌（*R. sphaeroides*）和脱氮副球菌（*Paracoccus denitrificans*）等。但是由于受菌种、发酵工艺以及下游提取的工艺的限制，微生物法生产得到的辅酶 Q_{10} 的产量不高，目前还无法满足工业化生产的要求。

二、微生物与能源开发

作为可再生能源开发的主角，微生物在能源可持续开发中发挥了重要作用。

（一）燃料乙醇

燃料乙醇是在微生物（主要为酵母菌）作用下，将糖类、谷物淀粉和纤维素等物质通过乙醇发酵生产出来的，具有燃烧完全、无污染、成本低等优点。很多国家都开发了这一工艺，美国利用玉米生产燃料乙醇，巴西以甘蔗作发酵原料生产的燃料乙醇添加到汽油中直接用于轿车发动机，我国主要以粮食作物中的玉米为原料进行生产。2017 年美国产量近 158 亿加仑（1 加仑 ≈ 3.79dm^3），占到全球产量的 58%，巴西全年产量约 70.1 亿加仑，占全球产量的 26%，其余国家贡献的总量仅 16%，我国燃料乙醇产量占比 3%，为第三大生产和消费国家。现有菌种大多乙醇耐受力差，副产物多，对发酵条件要求苛刻，今后研究应致力于继续筛选优良性状的菌株，或利用基因工程手段选育高产纤维素酶、木质素酶菌种，优化发酵条件，辅以工艺措施的改进，提高燃料乙醇生产效率并降低成本，争取实现纤维素乙醇的商业化生产。

（二）微生物油脂

微生物油脂（microbial oils）又称单细胞油脂（single cell oil，SCO），是酵母、霉菌、细菌和藻类等微生物在一定的条件下，以糖类、碳氢化合物和普通油脂作为碳源，在菌体内产生的大量油脂。将之规模化生产，便可获得生物柴油。研究较多的油脂微生物主要有斯达氏油脂酵母（*Lipomyces starkeyi*）、黏红酵母（*Rhodotorula glutinis*）、丝孢酵母（*Trichosporon cutaneum*）、曲霉属（*Aspergillus*）、深黄色被孢霉（*Mortierella isabellina*）等。

（三）沼气

沼气（biogas）又名甲烷，世界各国普遍用于燃烧和照明。沼气发酵是一个复杂的微生物学过程，需要发酵性细菌、产氢产乙酸菌、耗氢产乙酸菌、食氢产甲烷菌、食乙酸产甲烷菌五大类微生物共同作用。在农村普及沼气技术，发展生态农业经济；在城市利用沼气发酵处理有机废水、固体有机废物，处理后的残渣还可用作无臭有机肥料。工业废水如食品生产废水、造纸废水、啤酒废水等原料，主要采用上流式污泥床（UASB）、膨胀颗粒床（EGSB）和内循环厌氧反应器（IC）等高效反应器，广东三和酒精厂利用 UASB-TLP 技术建成两套容积为 1500m^3 的厌氧发酵系统，日产沼气 4300m^3；以污泥为原料的沼气工程主要采用完全混合式厌氧反应器（CSTR）；农场主要采用完全混合式厌氧反应器、推流式反应器或组合工艺。近年来农民生活方式和生产方式的变化，导致原有农村户用沼气池（工程）废弃，闲置率较高。

（四）微生物强化采油

微生物强化采油（microbial enhanced oil recovery，MEOR）是指将地面分离培养的微生物菌液和营养液注入油层，或单纯注入营养液激活油层内微生物，使其在油层内生长繁殖，产生有利于提高采收率的代谢产物以提高油田采收率的采油方法。采油菌主要有假单胞菌、芽孢杆菌、微球菌、棒杆菌、分枝杆菌、节杆菌、梭菌、甲烷杆菌、拟杆菌、热厌氧菌等厌氧菌或兼性菌，代谢产物有生物气体、有机酸、表面活性剂、生物聚合物、醇、酮等。微生物强化采油的主要机理是乳化降黏及产气增能，前者是通过表面活性物质实现原油乳化，启动不能流动的残余油，同时改变润湿性，降低原油流动阻力；后者是通过气体产生时对流体的扰动作用可大幅度提高乳化效率。微生物采油可解决边远井、枯竭井的生产问题，提高孤立井产量和边远油田采收率，成本较低，具有良好的生态特性。

（五）微生物制氢

微生物制氢（hydrogen bio-production）是一项利用微生物代谢过程生产氢气的生物工程技术，所用原料有阳光、水，或是有机废水、秸秆等，克服了工业制氢能耗大、污染重等缺点，同时由于氢气的可再生、零排放优点，其是一种真正的清洁能源。根据微生物种类、产氢底物及产氢机理，生物制氢可以分为蓝细菌和绿藻制氢、光合细菌制氢和细菌发酵制氢等3种类型。光合细菌制氢是光合细菌在光照、厌氧条件下分解有机物生产氢气的过程，是目前较有发展前景的生物产氢方法，不仅光转化效率高（理论转化效率100%），产氢过程不生成氧，还可利用较宽频谱的太阳光，并处理废水废弃物，净化环境。现有微生物制氢研究大多为实验室内进行的小型试验，反应机理研究不透彻，距离工业化生产差距较大。2019年中国氢能联盟发布的白皮书也指出，在未来的几十年内生物制氢技术仅处于示范阶段，可作为电解制氢技术的有效补充。

三、微生物冶金

微生物冶金（microbial metallurgy）又称生物冶金，是利用某些微生物或其新陈代谢产物对某些矿物元素所具有的氧化、还原、溶解、吸附等作用，从矿石中溶浸金属或从水中回收（脱除）有价（有害）金属的技术。用微生物处理的矿石多为用传统方法无法利用的低品位矿、废石、多金属共生矿等。按微生物在冶金过程中的作用原理，微生物湿法冶金又可分为微生物浸出、微生物氧化、微生物吸附与微生物积累。目前主要以微生物浸出为主，微生物氧化近几年也开始逐渐得到应用。细菌浸出用于工业化生产的金属有铜、金、铀、锰几种，具有生产成本低、投资少、流程简单、回收率高以及环境友好等特点。2005年底，紫金山铜矿投产，成为我国首座万吨级生物提铜矿山，细菌浸出6个月，铜浸出率超过75%。

目前常用的浸出用微生物主要是氧化亚铁硫杆菌（*Thiobacillus ferrooxidans*）、氧化硫硫杆菌（*Thiobacillus thiooxidans*）、硫化芽孢杆菌（*Sulfobacillus*）、高温嗜酸古菌以及真菌等。

（一）微生物浸出

硫化矿的细菌浸出的实质是使难溶的金属硫化物氧化，使其金属阳离子溶入浸出液，浸出过程是硫化物中S的氧化过程。细菌浸出主要分为直接作用和间接作用两种。

1. 直接作用

细菌吸附于矿物表面，通过细菌细胞内特有的铁氧化酶和硫氧化酶对硫化矿直接氧化分解把金属溶解出来。反应方程式为：

$$2MS + O_2 + 4H^+ \longrightarrow 2M^{2+} + 2S^0 + 2H_2O \quad （式中M为Zn、Pb、Co、Ni等金属）$$

2. 间接作用

通过细菌作用产生硫酸和硫酸铁，然后通过硫酸或硫酸铁作为溶剂浸出矿石中的有用金属。例如氧化硫硫杆菌和聚硫杆菌把矿石中的硫氧化成硫酸，氧化亚铁硫杆菌能把硫酸亚铁氧化成硫酸铁。其反应式如下：

$$2S + 3O_2 + 2H_2O \longrightarrow 2H_2SO_4$$
$$4FeSO_4 + 2H_2SO_4 + 3O_2 \longrightarrow 2Fe_2(SO_4)_3 + 2H_2O$$

而硫酸铁可将矿石中的铁或铜等转变为可溶性化合物而从矿石中溶解出来，其反应式如下：

$$FeS_2(黄铁矿) + 7Fe_2(SO_4)_3 + 8H_2O \longrightarrow 15FeSO_4 + 8H_2SO_4$$

$$Cu_2S(辉铜矿) + 2Fe_2(SO_4)_3 \longrightarrow 4FeSO_4 + 2CuSO_4 + S$$

金属硫化矿经细菌溶浸后，收集含酸溶液，通过置换、萃取、电解或离子交换等方法将各种金属加以浓缩和沉淀。

（二）微生物氧化

对于难处理金矿，金常以固-液体或次显微形态被包裹于砷黄铁矿、黄铁矿等载体硫化矿物中，应用传统的方法难以提取，很不经济。应用微生物可预氧化载体矿物，使包裹在载金矿体中的金解离出来，为下一步的氰化浸出创造条件，从而使金易于提取。

（三）微生物吸附和微生物积累

微生物吸附是指溶液中的金属离子，依靠物理化学作用被结合在细胞壁的胺基、酰基、羟基、羧基、磷酸基等基团上。微生物积累是依靠生物体的代谢作用在体内积累金属离子。

四、微生物与环境保护

微生物在地球生态系统物质循环过程中起着"天然环境卫士"的作用，在污染物的降解转化、资源的再生利用、无公害产品的生产开发、生态保护等方面微生物都能发挥重要作用。

（一）在水污染治理中的应用

废水生物处理是利用特定微生物的新陈代谢活动，在专门设计的生化反应器中，将废水中的有机污染物转化为微生物细胞以及简单形式的无机物，或将有毒污染物转化为毒性较小或易被其他微生物所降解的化合物的过程。生物处理方法处理费用低廉，效果良好，不仅去除了有机物、病原体、有毒物质，还能去除臭味、提高透明度、降低色度等。这些优点使生物处理法成为废水处理方法的首要选择。

目前我国已经从含三硝基甲苯（TNT）、水胺硫磷、对硫磷（1605）、对硝基酚、甲胺磷等工业生产废水中分离得到了相应的降解菌，应用于生化处理系统中，对一定浓度的污染物具有明显的降解作用。另外，微生物絮凝剂在废水脱色、高浓度有机物去除等方面有独特效果。近几年来，国外有人利用废弃菌丝体吸附废水中重金属离子，这样既解决了工业废水污染问题，又处置了发酵废渣，而且回收大量贵重金属，成本低廉，是环保领域以废治废、变废为宝的新措施。

（二）在大气污染治理中的应用

微生物脱除煤炭中硫的技术，是在常压、低于 100℃ 的温和条件下利用生物氧化还原反应脱硫，目前在少数欧美地区已经建成中试规模的连续生化脱硫装置。另外，用生物法处理含 H_2S 废气主要在生物膜过滤器中进行，目前在德国和荷兰已有用生物膜过滤器大规模工业处理含 H_2S 废气，H_2S 的控制效率达 90% 以上。

（三）生物在环境保护中的其他应用

1. 环境监测

通过进行细菌发光检测、抑制代谢检测、遗传毒性试验等微生物检测方法对化学品的毒性进行快速、简便、灵敏的检测。对水环境监测的微生物指标有 BOD_5（在 20℃下培养 5d 测定的溶解氧的消耗量）、NOD（样品中含氮化合物在被微生物氧化过程中所消耗的氧气量）和细菌卫生学指标（如大肠菌群）。

2. 城市垃圾生物处理

垃圾先过筛，回收可再生资源后，引入高效降解有机物质的微生物进行好氧处理或厌氧发酵，加速发酵过程，同时还可以收集所产生的沼气。经过充分发酵后的垃圾是一种很好的农业肥料。

3. 污染土壤的微生物修复

微生物修复（microbial remediation）是指利用天然存在的或所培养的功能微生物群，在适宜环境条件下，促进或强化微生物代谢功能，从而达到降低有毒污染物活性或降解成无毒物质的生物修复技术。农药的微生物降解是利用微生物体内水解酶和氧化还原酶、矿化、共代谢作用等过程，将农药降解为分子量较小的无毒或者低毒化合物。重金属污染物的修复可通过生物富集和生物转化（如生物氧化还原、甲基化与去甲基化以及重金属的溶解和有机络合配位降解）等方式，有机污染物可以被微生物降解、转化，并降低其毒性或使其完全无害化。从修复场地来分，土壤微生物修复技术主要分为两类，即原位微生物修复（*in-situ* bioremediation）和异位微生物修复（*ex-situ* bioremediation）。环境中污染的 Cr（Ⅵ）可通过微生物生物吸附、细胞内迁移，在胞内多因素共同作用还原为 Cr（Ⅲ），该技术已经在成本效益关系方面显示出优势。与植物根系共生的丛枝菌根真菌能够直接吸收、固持 Cd，以及改变植物根际的土壤微环境，从而影响 Cd 的形态和生物活性，增强植物对 Cd 胁迫的抗性。

4. 食品和饲料中真菌毒素的生物降解

食品和饲料中真菌毒素来源于病原真菌的小分子代谢产物，全世界每年约有 25%的谷物和油料农作物被真菌污染，产生黄曲霉毒素、玉米赤霉烯酮、呕吐毒素、伏马毒素等霉菌毒素，给农业带来严重的经济损失，还引发区域性癌症，破坏畜禽和水产品的生长性能、免疫功能，阻碍养殖业正常发展。我国《食品安全国家标准 食品中真菌毒素限量》（GB 2761—2017）对粮油食品中主要真菌毒素的限量有相应的控制标准，《饲料卫生标准》（GB 13078—2017）也明确规定粮油加工副产物用作饲料时其中主要六种真菌毒素的限量标准。生物脱毒主要分为两类：微生物脱毒和生物酶解脱毒。微生物脱毒是利用微生物对毒素的吸附能力或代谢为其他衍生物的方式，实现毒素的脱除；生物酶解脱毒是指生物代谢产生的酶与毒素作用，使毒素的结构发生改变生成低毒或无毒衍生物。饲料中脱霉剂的种类包括吸附剂和降解菌/酶，只需通过在饲料中添加脱霉剂，就可实现同时降解多种毒素，不仅处理条件温和，而且更安全有效，因此这是最有可能在畜禽饲料中实现真菌毒素脱除的方法。

本章小结

在人类的生产和生活中，微生物发挥了巨大作用，广泛应用于食品、工业、农业、医药及环保等各个领域，并且在很多领域形成了产业，潜在用途也很大。

食品发生腐败变质与三个重要因素相关：食品基质、食品所处的环境条件及污染微生物的种类和数量。食品卫生标准将菌落总数、大肠菌群和致病菌作为食品腐败的微生物指标。食品的腐败变质实质上是污染微生物对食品中的蛋白质、糖类、脂肪等营养成分的分解过程，分别称为腐败、发酵或酸败。人类食用由微生物引起的腐败变质食品后，极易发生细菌性食物中毒和霉菌性食物中毒。为防止食品中微生物的生长繁殖，可采用清洗、热杀菌、低温、干燥、厌氧、高渗、添加防腐剂等措施来保藏食品。

另一方面，人们利用微生物制造了种类繁多、营养丰富、风味独特的食品。利用细菌可进行酸奶等乳制品发酵、醋酸发酵及纳豆发酵等。利用酵母菌可以生产面包、啤酒、葡萄酒等多种食品。利用霉菌用于制作豆腐乳、豆豉、酱油、白酒的制曲以及果汁澄清等。

现代微生物工业发酵技术包括纯种菌种的扩大培养、无菌培养基制备、无菌空气制备、通风发酵等，通过控制各种发酵参数使产生菌在合适的条件下进行生长与代谢，从而大规模的生产代谢产物，如有机酸、酒精、氨基酸、抗生素、维生素等。根据发酵状态、对氧的需求、投料方式不同，可将工业微生物发酵分为不同的类型。现代发酵工业大多数是好氧、液体、深层、分批、游离、单一纯种发酵方式结合进行的。发酵过程中需要防止杂菌污染，避免造成较大损失。

以微生物饲料、微生物肥料和微生物农药等为代表的新型技术的研究和开发利用取得了长足进步。现在推广应用的微生物肥料主要有根瘤菌类肥料、固氮菌类肥料、解磷解钾菌类肥料、抗生菌类肥料和真菌类肥料等等。微生物农药是无公害农副产品生产的必要生产资料之一，已产业化的产品有微生物杀虫剂、微生物杀菌剂、微生物除草剂、微生物杀鼠剂、微生物植物生长调节剂等。微生物饲料主要产品有青贮饲料、单细胞蛋白、微生物添加剂、酶制剂等。食用菌已经成为我国第六大种植产业，大量栽培的有香菇、平菇、黑木耳、毛木耳、双孢蘑菇、金针菇等。

近年来，微生物在筛选生理活性物质、微生物能源开发、生物冶金和环境保护等新兴领域的研究逐渐成为热点。

思考题

1. 以某一具体发酵产品为例，讨论其所用生产菌种、代谢途径、生产的工艺流程、产品特点。
2. 列举一下你常见的污染源，说一说可能对食品产生的污染途径。
3. 现代工业发酵具有什么特点？相比传统发酵具有哪些优势？
4. 在无公害农产品生产中，应用微生物农药、微生物肥料和微生物饲料具有什么优势和不足？
5. 试设计一种用微生物处理废水或废渣，变废为可用资源的方案。
6. 为什么说在治理污水中，最根本、最有效的手段是采用微生物处理方法？
7. 讨论生物制氢的应用前景以及产业化过程中存在的问题。

参考文献

白秀峰, 2003. 发酵工艺学. 北京: 中国医药科技出版社.
陈冬梅, 关俊杰, 张桂柯, 等, 2020. 农药的微生物降解研究现状. 河南科技学院学报(自然科学版), 178(05):42-49.

陈怡倩, 胡海峰, 2009. 微生物来源的免疫抑制剂生物合成基因簇的研究. 世界临床药物, 30(012):746-752.

崔佳佳, 张雪洪, 2021. 微生物源农用抗生素的研发与高产策略. 生物工程学报, 37(3):1032-1041.

冯月红, 姚拓, 龙瑞军, 2003. 土壤解磷菌研究进展. 草原与草坪年(1): 3-7.

郜晓峰, 罗应冈, 官家发, 2006. 微生物发酵法生产辅酶 Q_{10} 研究进展. 天然产物研究与开发, 18: 858-862, 872.

何国庆, 贾英民, 丁立孝, 2009. 食品微生物学. 2 版. 北京: 中国农业大学出版社.

胡江春, 薛德林, 马成新, 2004. 植物根际促生菌(PGPR)的研究与应用前景. 应用生态学报, 15(10): 1963-1966.

胡霞, 苑艳辉, 姚卫容, 2005. 微生物农药发展概况. 农药, 44(2): 49-54.

黄方一, 叶斌, 2006. 发酵工程. 武汉: 华中师范大学出版社.

姜成林, 徐丽华, 2001. 微生物资源开发利用. 北京: 中国轻工业出版社.

雷光伦, 2001. 微生物采油技术的研究与应用. 石油学报, 22(2): 56-67.

黎名元, 郭新民, 乔传令, 2006. 重组大肠杆菌高密度培养研究进展. 微生物学杂志, 26(006):55-58.

李爱科, 王薇薇, 王永伟, 等, 2020. 生物饲料及其替代和减少抗生素使用技术研究进展. 动物营养学报, 32(10):328-341.

李浩然, 冯雅丽, 1999. 微生物冶金的新进展. 冶金信息导刊(3): 29-35.

李涛, 张朝辉, 郭雅雯, 等, 2019. 国内外微生物肥料研究进展及展望. 江苏农业科学, 47(10):37-41.

李笑樱, 印铁, 仉磊, 等, 2021. 粮油加工副产物中真菌毒素消减技术研究进展. 中国粮油学报: 1-10.

李学亚, 叶茜, 2006. 微生物冶金技术及其应用, 矿业工程, 4(2): 49-54.

李增胜, 任润斌, 2005. 清香型白酒发酵过程中酒醅中的主要微生物. 酿酒, 32(5): 33-37.

梁栩煜, 钱敏, 白卫东, 等, 2020. 白酒酿造过程中的微生物研究进展. 中国酿造(7):11-15.

林鑫, 胡筱敏, 李洪林, 2006. 微生物技术在环境保护中的应用. 有色矿冶, 22(1): 39-46.

刘启燕, 戚俊, 周洪英, 等, 2018. 食用菌液体菌种工厂化生产应用现状及发展浅析. 食用菌, 40(06):12-14+26.

刘石泉, 单世平, 夏立秋, 2008. 苏云金芽孢杆菌高效价杀虫剂的研究进展. 微生物学通报, 35(7): 1091-1095.

刘石泉, 单世平, 夏立秋, 2009. 我国食用菌产业技术路线图研究初报. 微生物学杂志, 29(6): 49-54.

刘文, 2020. 不同贮藏环境下冷鲜猪肉微生物及品质预测模型构建. 武汉: 武汉轻工大学.

马春浩, 2007. 解磷微生物及其应用研究综述. 安徽农学通报, 13(4): 34-36.

裴鹏钢, 熊科, 叶宏, 等, 2020. 粮油食品中微生物和真菌毒素污染预测模型研究进展. 中国粮油学报, 35(02):187-195.

钱志良, 劳含章, 王健, 2003. 工业乳酸发酵的近期进展. 生物加工过程, 1(1): 23-27.

邱立友, 戚元成, 高玉千, 等, 2010. 双孢蘑菇覆土出菇机理初步探讨. 食用菌(1): 9-11,16.

宋佳、范寰、闫雪、等, 2020. T-2 毒素的危害及脱毒研究进展. 粮油食品科技, 28 (05): 202-207.

孙玉凤, 金诺, 刘佳萌, 等, 2020. 生物毒素的脱毒技术及药物研究进展. 食品安全质量检测学报(12): 3958-3964.

滕应, 骆永明, 李振高, 2007. 污染土壤的微生物修复原理与技术进展. 土壤, 39(4): 497-502.

汪卫东, 2017. 微生物采油与油藏生物反应器的应用. 生物加工过程, 15(003):74-78.

王成章, 王恬, 2003. 饲料学. 北京: 中国农业出版社.

王飞, 蔡亚庆, 仇焕广, 2012. 中国沼气发展的现状、驱动及制约因素分析. 农业工程学报(01):184-189.

王宏伟, 郭绍华, 冯靓, 2004. L-乳酸发酵的研究进展. 辽宁农业科学(4): 28-30.

王磊, 吴子龙, 张浩, 等, 2021. 丛枝菌根真菌促进植物抗重金属镉的研究进展. 北方园艺, 6 (1): 137-142.

王鹏, 吴群, 徐岩, 2018. 中国白酒发酵过程中的核心微生物群及其与环境因子的关系. 微生物学报, 333(01):142-153.

王启林, 2010. 酶制剂在啤酒工业中的应用. 啤酒科技, 000(009):53-55.

王宪斌, 冯霞, 刘义, 等, 2016. 多菌种制曲在酱油发酵中的研究进展. 食品与发酵科技, 052(003):60-64

王旭亮, 王德良, 韩兴林, 等, 2009. 白酒微生物研究与应用现状. 酿酒科技(6): 88-95.

巫銮东, 赵永鑫, 邹来昌, 2005. 紫金山铜矿微生物浸出工艺研究. 采矿技术, 5(004):28-30.

吴衍庸, 2004. 酒曲微生物分析与白酒香型初探. 酿酒科技(5): 38-41.

谢建林, 高俊国, 王蒙, 等, 2020. 微生物发酵粗饲料在反刍动物生产中的应用研究进展. 饲料研究(3): 124-128.

徐东斌, 2008. 豆科根瘤菌剂的生产及应用. 牡丹江师范学院学报(自然科学版)(4): 21-22.

闫潇, 刘兴宇, 张明江, 等, 2021. 铬污染的微生物吸附技术研究进展. 稀有金属,45(2): 240-250.

杨明琰, 张晓琦, 沈俭, 等, 2004. 微生物产超氧化物歧化酶的研究进展. 微生物学杂志, 24(1): 49-54.

杨楠, 邹苏燕, 戚如鑫, 等, 2020. 青贮微生物制剂及优良青贮菌种筛选的研究进展. 动物营养学报, 32(2): 578-585.

杨苏声, 周俊初, 2004. 微生物生物学. 北京: 科学出版社.

姚汝华, 2005. 微生物工程工艺原理. 2 版. 广州: 华南理工大学出版社.

于勇, 朱欣娜, 刘萍萍, 等, 2019. 微生物细胞工厂生产大宗化学品及其产业化进展. 生物产业技术, 69(01):14-19.

张明霞, 吴玉文, 段长青, 2008. 葡萄与葡萄酒香气物质研究进展. 中国农业科学, 41(007):2098-2104.

张千, 武标, 2007. 提高微生物发酵辅酶产量的研究进展. 生物学杂志, 24(1): 67-71.

张薇, 李鱼, 黄国和, 2008. 微生物与能源的可持续开发. 微生物学通报, 35(9): 1472-1478.

赵宏宇, 赵靖, 郑春丽, 等, 2007. 米根霉乳酸发酵的研究进展. 天津化工, 21(001):7-9.

赵华, 张承, 伍丹, 2009. 无醇葡萄酒研究进展. 中国酿造, 28(007):7-9.

中华人民共和国国家卫生和计划生育委员会, 国家食品药品监督管理总局, 2016. 食品安全国家标准 食品微生物学检验 菌落总数测定: GB 4789.2—2016.

中华人民共和国国家卫生和计划生育委员会, 国家食品药品监督管理总局, 2016. 食品安全国家标准 食品卫生学检验 大肠菌群计数. GB 4789.3—2016.

中华人民共和国国家质量监督检验检疫总局, 中国国家标准化管理委员会, 2004. 苏云金芽孢杆菌可湿性粉剂: GB/T 19567.3—2004.

中华人民共和国国家质量监督检验检疫总局, 中国国家标准化管理委员会, 2006. 葡萄酒: GB 15037—2006.

中华人民共和国国家质量监督检验检疫总局, 中国国家标准化管理委员会, 2008. 啤酒: GB 4927—2008.

中华人民共和国国家质量监督检验检疫总局, 中国国家标准化管理委员会, 2010. 球孢白僵菌粉剂: GB/T 25864—2010.

中华人民共和国农业部, 2003. 饲料用酶制剂通则: NY/T 722—2003.

中华人民共和国农业部, 2015. 复合微生物肥料: NY/T 789—2015.

中华人民共和国农业部, 2020. 根瘤菌肥料: NY 410—2000.

中华人民共和国农业部, 2020.固氮菌肥料: NY 411—2000.

中华人民共和国农业部, 2020.硅酸盐细菌肥料: NY 413—2000.

中华人民共和国农业部, 2020.磷细菌肥料: NY 412—2000.

周康, 刘寿春, 李平兰, 等, 2008. 食品微生物生长预测模型研究新进展. 微生物学通报, 35(4): 589-594.

周璇, 沈欣, 辛景树, 2020. 我国微生物肥料行业发展状况. 中国土壤与肥料(6):293-298.

第十三章
微生物学基本实验

实验 1
环境中微生物的检测

微生物的个体微小，种类繁多，在自然界中分布广泛。在土壤、水、空气、各种物体的表面、人和动物的口腔等，都有大量的微生物存在，可以说微生物"无处不有"。通过本次实验可以了解环境中微生物的分布情况，并使我们牢牢树立无菌观念。实验时应认真掌握好各种操作技术，特别是无菌操作技术。在操作前应认真观察示范操作，然后进行模拟操作训练，经反复练习再开始倒平板等。

一、器材和用品

(1) 培养基：牛肉膏蛋白胨琼脂培养基、马铃薯葡萄糖琼脂培养基（简称 PDA）。
(2) 器材：酒精灯、无菌培养皿、恒温培养箱、无菌室等。
(3) 其他：灭菌牙签、花园土壤、标签纸等。

二、方法和步骤

1. 平板的制备

(1) 熔化培养基。取装在三角瓶内的无菌培养基置灭菌锅 115℃下熔化 10min 后取出，待冷却至 50℃左右（以不烫手为宜），供倒平板用。
(2) 倒平板。有持皿法和叠皿法两种。
① 持皿法。点燃酒精灯，将无菌培养皿叠放在酒精灯左侧，便于拿取。倒平板时常是先用左手握住三角瓶底部，倾斜三角瓶，用右手旋松塞子，然后用右手的小指和手掌边缘夹住塞子并将其拔出（切勿将塞子放在桌面上），随之将瓶口周缘在火焰上过一下后，将三角瓶从

左手传至右手中（用右手的拇指、食指和中指拿住三角瓶的底部），瓶口始终向着火焰，离火焰 2～3cm。左手拿着一套培养皿，用中指、无名指和小指托住培养皿的底部，用食指和大拇指夹住皿盖并开启成缝，恰好能使三角瓶口伸入，随之倒出培养基。一般倒入 15mL 左右即可，转动平皿，使培养基铺满皿底，盖上皿盖，置水平位置冷凝。然后再将三角瓶移至左手，瓶口过火并塞紧塞子。

② 叠皿法。将培养皿叠放在酒精灯的左侧，并靠近火焰，用右手拿住三角瓶的底部，用左手小指与无名指夹住瓶塞将其拔出，随即使瓶口过火，同时用左手开启最上面的皿盖，倒入培养基，盖上皿盖后即移至水平位置待凝。再依次倒下面的培养皿。在操作过程中，瓶口向着火焰并保持倾斜状，以防空气中微生物的污染。

（3）贴标签。待培养基完全凝固后在皿底上贴上标签，并注明组别及日期等。

2. 检测方法

环境中存在的微生物多种多样，其检测方法也各不相同，每组可选择下列处理方法进行处理。

（1）空气。在室内或室外将无菌平板的皿盖打开，让其在空气中暴露 5～8min，盖上皿盖即成检验平板（用此方法也可检测接种箱或室内的微生物的数量，来说明箱或室内的无菌程度）。

（2）手指。打开培养皿盖，用手指触摸无菌平板一侧（约一半面积），并在皿底做好标记。然后用肥皂洗手，冲洗干净后用手指再触摸平板的另一侧，盖好皿盖。待培养后比较两边杂菌的生长情况。

（3）口腔。打开培养皿盖，用无菌牙签取自己的牙垢在平板表面划线，然后盖上皿盖。

（4）土粒。打开皿盖将采集的细土粒，摆在无菌平板表面 10～20 粒，盖上皿盖，待培养后可辨认相应的菌落。

（5）其它。还可用头发或抖动衣服等处理，以观察到多种多样的微生物。

3. 培养与观察

将以上各种检测的平板倒置于 28℃温箱中培养，并观察菌落大小、颜色和形状等。

三、作业

1. 观察并记录菌落种类、数量及随着培养时间的变化情况。
2. 通过本次实验后，谈谈你对微生物的分布及其数量的认识。
3. 微生物实验为什么要无菌操作？简述无菌操作倒平板的方法和步骤。

实验 2
显微镜的使用

显微镜是微生物学实验中最常用且必不可少的仪器，无论是观察微生物的个体形态结构还是测定微生物细胞大小都必须使用它。因此，只有正确了解显微镜的构造和原理，才能达到正确使用和保养的目的。本次实验通过对细菌染色涂片标本的观察，达到正确掌握显微镜的使用方法，并了解细菌球状、杆状和螺旋状三种基本形态的目的。

一、普通光学显微镜的使用

（一）器材和用品

（1）标本片：四联球菌（*Micrococcus tetragenus*）、苏云金芽孢杆菌（*Bacillus thuringiensis*）、螺旋菌（示范）。

（2）仪器：显微镜。

（3）其他：香柏油、二甲苯、擦镜纸等。

（二）方法和步骤

显微镜属光学精密仪器，在使用时要特别小心，首先要熟悉显微镜的结构和性能，做好观察前的各部件归位、清洁等准备工作，将显微镜放在自己身体的前方，离桌子边缘 10cm 左右，按下述操作步骤进行。

1. 接通电源，调节光照

① 接通电源，打开显微镜电源开关。

② 将低倍物镜转到镜筒正下方，旋转粗调螺旋上升载物台，使镜头和载物台距离 0.5cm 左右。上升聚光器，打开可变光阑，使之距载物台表面 1mm 左右。调节光亮旋钮，直至视野均匀明亮为止。

一般染色标本用油镜检查时，光度宜强，可将光圈开大，聚光镜上升到最高。未染色标本，在低倍镜或高倍镜下观察时，应适当地缩小光圈，使光亮减弱，否则光线过强不宜观察。

2. 低倍镜的观察

低倍物镜（4×或 10×），视野面广，焦点深度较深，易于发现目标确定检查位置，故应先用低倍镜观察为宜。操作步骤为：

① 旋转标本片。先将制好的染色标本片置于载物台上（注意标本面朝上），并将标本部位处于物镜的正下方，转动粗调旋钮，上升载物台至距物镜约为 0.5cm 处。

② 调焦。用粗调旋钮缓缓下降载物台，至视野内出现模糊物像后，改用细调旋钮，上下微转动仔细调节焦距和照明，直到视野内获得清晰的物像。

③ 观察。移动标本移动器，找到合适的目的物，并移至视野的中心进行观察或转换高倍镜观察。

3. 高倍镜的观察

将高倍物镜（40×）转至镜筒下方（在转换物镜时要从侧面观察，以防低倍镜未对好焦距而造成镜头与载玻片相撞），调节光圈，使光线亮度适中，再仔细反复转动细调旋钮，调节焦距，获得清晰的物像，仔细观察细菌的染色标本片，再移动标本移动器，选择满意的检查部位，将染色标本移至视野中央，进行观察或转换油镜观察。

4. 油浸镜的观察

细菌或其他标本的细微结构，都需要用油镜（100×）观察。由于物镜放大倍数与其焦点距离长度相反，即物镜放大倍数越高，其工作距离越短，一般油镜的工作距离在 0.19mm 左右，故使用油镜时必须特别小心，具体操作步骤如下：

① 转换油镜。用粗调旋钮将载物台下降约 2cm，再转换油镜镜头。

② 加香柏油。从双层瓶中取出香柏油，在标本的镜检部位滴上 1～2 滴。然后从侧面注视，用粗调旋钮缓慢地上升载物台，使油镜浸入香柏油中，其镜头几乎与标本相接触。

③ 调焦。上升聚光器，放大视场光阑，从接目镜内观察，使光线充分照明。用微调旋钮将载物台缓缓下降（此时绝不能将镜筒下降），直至物像出现至最清晰为止。若油镜已离开油面仍未见到物像，必须再从侧面观察，重复上述操作，直到看清物像为止。

④ 观察。观察时要多调几个视野，视野内的菌体呈均匀分布时，再仔细观察细菌的形态及排列方式。

5. 镜检后显微镜的保养

① 油镜使用完毕后，下降载物台，转动物镜转换器，使油浸物镜偏位，先用擦镜纸擦去镜头上的油，再用擦镜纸蘸少许乙醚酒精混合液（乙醚 2 份+纯酒精 3 份）或二甲苯，擦去镜头上残留油迹，最后再用擦镜纸擦拭一下即可。

② 下降聚光镜，打开光圈，以免积聚灰尘。

③ 用绸布将镜头擦干净（切不可用手擦），除去灰尘、油污、水汽等，以免生锈长霉。

④ 显微镜各部件归位，下降载物台至最低，使物镜镜头呈"八"字，套上防尘罩，然后放回镜箱中。

⑤ 去除标本片上的香柏油，用纸轻轻擦掉香柏油，或加 2～3 滴二甲苯于标本片上，使香柏油溶解，再用擦镜纸擦掉香柏油。

（三）注意事项

① 拿取显微镜必须一只手拿住镜臂，一只手托着镜座，并保持镜身上下垂直，切不可一只手提起，因为这样做不仅容易坠落，而且还容易甩出目镜。在拿取过程中应避免震动，轻放台上。

② 使用前，要先将镜身擦一遍，同时用擦镜纸擦镜头，切不可用手抹擦，若发现镜台有已干香柏油时，要用擦镜纸蘸少量二甲苯将其擦去。

③ 使用时如发现显微镜的操作不够灵活，则必有故障，不要擅自拆卸修理，应立即报告指导教师处理。

④ 注意保护镜头，防止压碎标本载玻片，损坏镜头。

（四）作业

1. 画出苏云金芽孢杆菌和四联球菌的形态图。

2. 列表比较油镜、高倍镜和低倍镜在数值孔径、工作距离及物镜头的大小标志等方面的差别。

3. 要使视野明亮，还可采取哪些措施？

[附]显微镜的构造与性能

一、显微镜的构造

一般光学显微镜的构造包括机械和光学两部分，其各部分构件名称如图13-1。

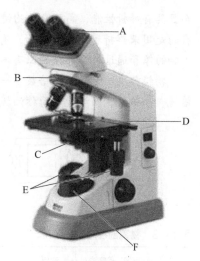

（一）机械部分

它包括镜座、镜臂、载物台、镜筒、物镜转换器、粗调旋钮、细调旋钮、推动器等部件。

（1）镜座是显微镜的底座，用以支撑整个显微镜。

（2）镜臂是携带或移动的把手，上连镜筒，下连镜座，用以支撑镜筒。

（3）镜筒是由金属制成的中空圆筒，上端放置目镜，下端连接转换器，形成目镜与物镜间的暗室。

（4）物镜转换器是由两个金属碟所合成的一个转换装置。它有3~4个安装物镜的螺旋口，旋转转换器时，可以转换不同放大倍数的物镜。

（5）载物台是一方形或圆形的盘，用以放置被检物体标本，台面中央有一圆孔，为光线通路。

图13-1 显微镜各部构件图

A，接目镜；B，转换器和接物镜；C，聚光器；D，载物台和标本夹；E，粗调、细调旋钮和推动器；F，电光源或反光镜

（6）推动器（或称十字推动器）附加在载物台上，是由一横一纵两个推进齿轮的金属架构成的，用以移动标本的位置，以便将镜检对象移于视野中心。

（7）在镜臂下侧的两旁（有些镜在载物台下）有粗调和细调旋钮，用以移动载物台上下升降（即调节物镜的焦点距离），粗调旋钮调节距离较大，细调旋钮为精确调节用，有的在细调旋钮上附有刻度，每小格刻度相当2μm左右。

（二）光学部分

光学部分又可分为放大和照明两个方面，前者包括物镜和目镜，后者包括聚光镜和虹彩光圈。

（1）目镜装于镜筒的上端。因为各种目镜的口径尺寸都是统一的，可以根据需要互换使用。一般显微镜备有10×、16×等几种不同放大倍数的目镜。目镜能把物镜形成的像再次放大，与显微镜的分辨力无关。

（2）物镜是显微镜的重要部件，各种物镜上都刻有放大倍数、数值孔径（numerical aperture，简写为N·A）及所要求盖玻片厚度等主要参数（图13-2）。物镜不仅可以放大标本

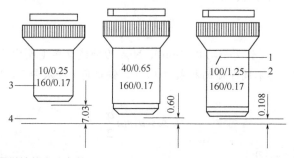

图13-2 XSP-16型显微镜的主要参数

1，放大倍数；2，数值孔径，mm；3，筒长及指定盖玻片厚度，mm；4，工作距离，mm

而且具有辨析性能，高效能的物镜由一组以上（有的 10 个以上）特殊的透镜组成。这些透镜有的是用来辨析和放大目的物，有的是用来校正透镜所造成的像差（光线经过透镜时，通过中轴的像和通过边缘部分的像有不重合的现象，使造成的像不清楚而与真像有差别）。

物镜各有一定的放大倍数。一般微生物用显微镜装有 4 个物镜（图 13-3），即低倍镜、中倍镜、高倍镜、油浸镜（简称油镜）。一般油镜的放大倍数为 90～100 倍。

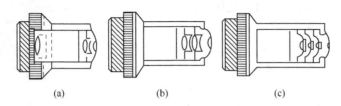

图 13-3　物镜剖视图

(a) 低倍镜；(b) 高倍镜；(c) 油镜

高倍镜的放大倍数是 40～60 倍，低倍镜的放大倍数是 10 倍。使用低倍镜和高倍镜时，标本与接物镜之间的介质是空气。使用油镜时，接物镜与标本之间的介质是香柏油（图 13-4）。

（3）聚光器位于载物台的下方，是由一组透镜组成的，可以把平行的入射光汇集成一束强光锥，聚光器可以上下移动，集聚并调节反射来的光线，使其集中于载玻片标本上。

（4）虹彩光圈位于聚光器下方，由十几张金属薄片组成，中心部分形成圆孔。推动光圈把手，可开大或关小，用以调节射入聚光器光线的多少。

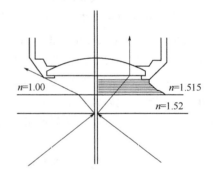

图 13-4　油浸物镜的作用

左侧为干燥系透镜；右侧为油浸系透镜；n 为折射率

二、显微镜的性能

显微镜的总放大倍数等于物镜放大率和目镜放大率的乘积。但显微镜的优劣，不只是视其放大倍数的高低，而更主要的是视其辨析细微结构的能力。即性能良好的显微镜必须使观察的物体放大倍数高，而且清晰。

显微镜辨析细微结构的能力可用分辨率表示。其能够辨析的细微结构愈小，则分辨率愈高。分辨率的高低，首先取决于物镜的性能，其次为目镜和聚光镜的性能。若设物镜分辨出的物体两点间的最短距离为 D，则

$$D = \frac{\lambda}{2N \cdot A}$$

式中，λ 为可见光的波长（平均 0.55μm），N·A 为物镜口率（或称开口率、数值孔径）。

N·A 是物镜和被检标本间介质的折射率（n）与镜口角（即入射角 α）的半数正弦的乘积，常以下式表示：

物镜口率

$$N \cdot A = n \cdot sin\frac{\alpha}{2}$$

所以 D 也可用下式表示：

$$D = \frac{\lambda}{2n \cdot \sin\frac{\alpha}{2}}$$

由上式可见，显微镜的分辨率与波长、介质折射率和镜口角（入射角）有关。λ 愈大，D 值愈大，分辨率越低；n 和 α 愈大，D 值愈小，分辨率愈高，因此，可以通过减小光线波长、增大介质折射率和加大镜口角（入射角）来提高分辨率。紫外线显微镜和电子显微镜就是利用短波光和电子波来提高分辨率的。但普通光学显微镜用的是可见光，波长一定，平均约为 0.5μm，而镜口角是指物镜光轴上的物点发出的光线与物镜前透镜有效直径的边缘所张的角度（图 13-5），理论上最大为 180°，故 sin α/2 理论最大值为 1（实际上镜口角最大只能达 140°），因此，试图通过缩短波长或提高镜口角来提高光学显微镜物镜的分辨率是有限的。所以，只有通过提高介质的折射率来提高物镜率，从而提高其分辨率。

例如，用低倍镜和高倍镜时，镜头与玻片标本间的介质是空气，其折射率是 1，sinα/2=0.94，故其物镜口率 N·A=1×0.94；使用油镜时，镜头与玻片标本间的介质是香柏油，香柏油的折射率为 1.515，故油镜物镜口率总是大于低倍镜或高倍镜的物镜口率，其物镜口率最大可达 1.4，所以油镜

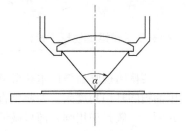

图 13-5　物镜的光线入射角

的分辨率比低倍镜或高倍镜要高得多。例如，在可见光照明下，用物镜口率 1.25 的油镜（一般油镜的镜口角半数的正弦为 0.82）能分辨出的物体两点间的最短距离 D = 0.22μm。而用物镜口率为 0.65 的高倍镜，能分辨出的物体两点间的最短距离为 D=0.42μm，即两点间的最小距离如果小于 0.4μm，在高倍镜下即混为一点不可辨析，而在油镜下则清晰可见。

使用某一物镜时，应配合一定物镜口率的聚光镜。一般以聚光镜的物镜口率大于或等于物镜的物镜口率为宜，否则影响物镜的性能。

由此可见，显微镜的效能不是决定在总放大率。一般来说，显微镜的总放大率应以物镜口率的 500～1000 倍为宜，这个范围内的放大率叫有效放大率。例如，用 N·A 1.25（100×）的物镜，其有效放大率为 1250，超过此数叫无效放大率，虽用 15× 的目镜可放大 1500 倍，但对分辨是没有任何帮助的。一些物质的折射率为：香柏油 1.515，玻璃 1.52，空气 1，甘油 1.487，冬青油 1.536，亚麻油 1.47，石蜡油 1.487，丁香油 1.535，浓松节油 1.542，水 1.33。

二、暗视野显微镜的使用

暗视野（或称暗场）显微镜使用一种特殊的暗视野聚光镜或暗视野聚光器，在此聚光镜中央有一光挡，使光线只能从周缘进入并会聚在被检物体的表面，光线被超显微的质点散射进入物镜，这些微小质点，就像黑色天空中的一颗颗闪亮的小星。我们在黑暗的背景中看到的只是物体受光的侧面，是它边缘发亮的轮廓。暗视野显微技术适于观察在明视野中由于反差过小而不易观察的折射率很强的物体，以及一些小于光学显微镜分辨极限的微小颗粒。在微生物学研究工作中，常用暗视野显微技术来观察活菌的运动或鞭毛等。

暗视野聚光镜有两种主要类型：一类是折射型，只要在普通聚光镜放置滤光片的地方，放上一个中间有光挡的小铁环（图 13-6）就成为一个暗视野聚光镜，甚至在一圆形玻璃片中

央贴上一块圆形的黑纸也可获得暗视野的效果；另一类暗视野聚光镜是反射型，为各厂家所特制，有不同型式（图 13-7）。

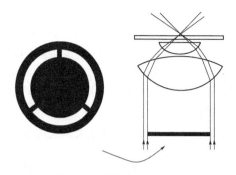

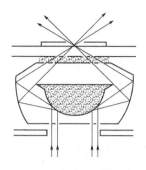

图 13-6　折射型暗视野聚光镜　　　　　　　　图 13-7　反射型暗视野聚光镜的光路

要使暗视野显微技术获得良好的效果，首先，不能有直射光线进入物镜，当用油镜时，因油镜的开口角度大，为避免直射光线进入，应选用有开口光圈的油镜；其次，要用强烈的光源，一般是使用强光源显微镜灯；第三，要求倾斜光线的焦点正好落在被检物上，这要对暗视野聚光镜进行中心调节和调焦，要求使用的载玻片要薄，通常为 1.0～1.2mm，盖玻片厚度不要超过 0.16mm。载玻片应非常清洁，无油污，无划痕，以免反射光线；使用高倍物镜时，聚光镜和载玻片间要加香柏油。

（一）器材和用品

（1）菌种：枯草芽孢杆菌或大肠杆菌，经多次转接传代的 16～18h 培养物。

（2）仪器和其他物品：普通光学显微镜、暗视野聚光镜、盖玻片、载玻片、镜油、擦镜纸、二甲苯等。

（二）方法和步骤

1. 安装暗视野聚光镜

将普通聚光镜取下，换上暗视野聚光镜。转动螺旋上升聚光镜。

2. 调节光源

将显微镜光源开至接近于最强。把集光镜上的光阑开到最大，聚光镜上的光阑调至 1.4。

3. 制标本片

取一块厚度为 1.0～1.2mm 的洁净载玻片，加一滴枯草芽孢杆菌或大肠杆菌的幼龄菌液，盖上厚度不超过 0.17mm 的洁净盖玻片，注意不要有气泡。

4. 置片

加镜油于暗视野聚光镜的顶部，下降聚光镜，然后把标本片放置在载物台上，并把观察的标本移至物镜下，转动旋钮升高聚光镜，使镜油与载玻片背面相接触，这样可避免产生气泡，增加光亮度。

5. 调焦和调中

使用低倍物镜，转动聚光镜升降螺旋，调节聚光镜的高低，可出现一个光环，最后出现一个光点，光点愈小愈好。然后用聚光镜的调中螺丝进行调节，使光点位于视野的中央（图13-8）。

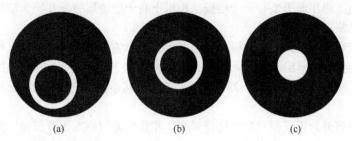

(a)　　　　　　　　(b)　　　　　　　　(c)

图 13-8　暗视野聚光器的中心调节及调焦

(a) 聚光器光轴与显微镜光轴不一致时的情况；(b) 光轴一致，但聚光器焦点与被检物不一致时的情况；(c) 聚光器焦点与被检物一致时的情况

6. 用油镜进行观察

油镜的使用及注意事项同前。适当地进行聚光镜的调焦和调中使暗视野照明处于最佳状态。转动粗、细调节螺旋，使菌体更清晰。

（三）作业

1. 描述枯草芽孢杆菌或大肠杆菌的运动情况。
2. 使用暗视野显微镜应注意哪些事项？
3. 如何区分菌体是在进行布朗氏运动、随水流动或是菌体在进行自主运动？

三、相差显微镜的使用

由于活细胞多是无色透明的，光通过活细胞时，波长和振幅都不发生变化，在普通光学显微镜下，整个视野的亮度是均匀的，所以我们不能分辨活细胞内的细微结构，而相差显微镜能克服这方面的缺点。利用相差显微技术观察活细胞是较好的方法。

相差显微镜（或称相衬显微镜）的形状和成像原理和普通显微镜相似。不同的是相差显微镜有专用的相关聚光镜（内有环状光阑）和相差物镜（内装相板）及调节环状光阑和相板合轴的合轴调整望远镜（图13-9）。

相差聚光镜和普通聚光镜不同的是装有一个转盘，内有大小不同的环状光阑，在边上刻有0、10、20、40、100等字样，"0"表示没有环

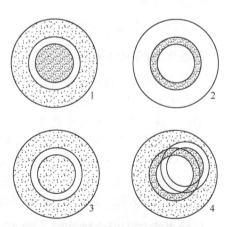

图 13-9　环状光阑和相板的合轴调整

1，相差聚光镜中的环状光阑；2，相差物镜中的相板；3，环状光阑和相板调节合轴；4，环状光阑和相板不合轴

状光阑，相当于普通聚光镜，其他数字表示环状光阑的不同大小，要和 10×、20×、40×、100× 相应的相差物镜配合使用。环状光阑是一透明的亮环，光线通过环状光阑形成一个圆筒状的光柱。

相差物镜上刻有"ph"或一个线圈，或两者兼有作为标志。相差物镜和普通物镜相似，不同的是在物镜的焦平面上装有一个相板，相板上有一层金属物质及一个暗环，不同放大倍数的相差物镜其暗环的大小不同。

相差显微镜利用环状光阑的相板，使通过反差很小的活细胞的光形成直射光和衍射光，直射光波相对地提前或延后 $\pi/2$（即 1/4 波长），并发生干涉，使通过活细胞的光波由相位差变为振幅差（亮度差），活细胞的不同构造就表现出明暗差异，使人们能观察到活细胞的细微结构。

相差显微镜可分为正反差（标本比背景暗）和负反差（标本比背景亮）两类。正反差特别适用于活细胞内部细微结构的观察。

（一）器材和用品

（1）菌种：酿酒酵母的斜面或液体培养物。
（2）仪器和其他物品：相差显微镜、载玻片、盖玻片、擦镜纸、镜油等。

（二）方法和步骤

1. 安装相差装置

取下普通光学显微镜的聚光镜和物镜，分别装上相差聚光镜和相差物镜。

2. 制片

取洁净的载玻片，在玻片中央加一滴蒸馏水，从斜面上取一环酿酒酵母置水滴中并轻轻涂开，盖上盖玻片，勿产生气泡。若是液体培养物时，则把此菌液摇匀，用滴管加一滴菌液于载玻片中央，小心盖上盖玻片，勿有气泡产生。把标本片置载物台上。

3. 放置滤色片

在光源前放置蓝色或黄绿色滤色片。

4. 视场光阑的中心调整

（1）将相差聚光镜转盘转至"0"位；
（2）用 10×物镜进行观察；
（3）将视场光阑关至最小孔径；
（4）转动旋钮上下移动聚光镜，使观察到清晰的视场光阑的多边影像；
（5）转动调中旋钮使视场光阑影像调中；
（6）将视场光阑开大并进一步调中使视场光阑多角形恰好与视场圆内接；
（7）再稍开大视场光阑至各边与视场圆外切。

5. 环状光阑与相板合轴调整（图13-9）

（1）取下一只目镜，换入合轴调整望远镜；
（2）将相差聚光镜转盘转至"10×"等位（与物镜倍数相配）；

（3）调整合轴，调整望远镜的焦距至能清晰地观察到聚光镜的环状光阑（亮环）和相差物镜的相板（暗环）的像；

（4）由于相板（暗环）是固定在物镜内的，而聚光镜的环状光阑（亮环）是可以水平移动的，在进行合轴调整时，调节环状光阑的合轴调整旋钮，使光环完全进入暗环并与暗环同轴；

（5）取下合轴调整望远镜，装入目镜即可进行观察；

（6）若更换其他倍数的相差物镜时应重新进行合轴调整。若用100×相差物镜时，标本和物镜间加入镜油，并进行合轴调整。

6. 观察

用40×或100×相差物镜对酿酒酵母细胞结构进行观察。

（三）作业

1. 绘制酿酒酵母细胞结构图。
2. 相差显微镜的工作原理是什么？使用相差显微镜应注意哪些事项？

实验 3

常用细菌染色法与形态观察

一、细菌的简单染色

细菌的染色是微生物学实验中的一项基本技术。细菌的细胞小而透明，在普通光学显微镜下不易识别，必须借助于染色，使菌体着色以增加菌体的显示力，从而更清楚地观察到其形态和结构。

在细菌形态观察中，根据不同的目的，需采用不同的染液和染色方法。一般分单染色法和复染色法，单染色法是用一种染料使微生物染色，方法简便，但只能显示其形态，不能辨别其构造；复染色法是用两种或两种以上染料染色，有协助鉴别微生物的作用，如革兰氏染色法，芽孢、鞭毛、细胞核等特殊染色。

染色前必须固定细菌，其目的有二：一是杀死细菌并使菌体黏附于载玻片上；二是增加其对染料的亲和力。常用的有加热和化学固定两种方法，固定时应尽量维持细胞的原有形态，防止细胞膨胀或收缩。

（一）器材和用品

（1）菌种：苏云金芽孢杆菌（*Bacillus thuringiensis*）；巨大芽孢杆菌（*Bacillus megatherium*）。

（2）染料：石炭酸-品红染色液、结晶紫染色液。

（3）仪器和用品：显微镜、接种环、镊子、酒精灯、载玻片、二甲苯、香柏油、吸水纸、擦镜纸。

（二）方法和步骤

染色操作程序为：涂片→干燥→固定→染色→水洗→干燥→油镜观察。

（1）涂片。取干净载玻片，于中央加蒸馏水一小滴，将接种环在火焰上灼烧灭菌，冷却后，取试管斜面一支，按无菌操作法用接种环从菌种斜面表面挑取细菌少许（注意不要挑破培养基），涂在载玻片水滴中，涂面约为 $1cm^2$ 的均匀薄膜。如果是液体培养物则不必加水，直接取菌液 1～2 环涂片，接种环经灭菌后放回原处。

（2）干燥。将涂片自然风干或将载玻片置于酒精灯火焰高处微热烘干，但不能直接在火焰上烘烤，以免菌体变形。

（3）固定。手执涂片一端，有菌膜的一面向上，迅速通过火焰 2～3 次，使菌体固定于载玻片上（用手指触涂片反面，以不烫手为宜），待载玻片冷却后，再加染料。

（4）染色。将涂片置于玻片搁架上，加适量（以盖满菌膜为度）石炭酸-品红染色液或结晶紫染色液于菌膜部位，染色 1～2min。

（5）水洗。倾去染色液，用洗瓶中的蒸馏水自载玻片一端轻轻冲洗，至流下的水中无染色液的颜色时为止。

（6）干燥和镜检。让其自然干燥或用吸水纸吸去载玻片上多余的水分（注意不要将菌体擦去）后，自然晾干或在离火焰较远处微热烘干。先用低倍镜找到物像后再用油镜观察。

二、细菌的革兰氏染色法

革兰氏染色法是 1884 年由丹麦病理学家（C.Gram）所创立的。革兰氏染色法是一种鉴别细菌的染色方法，根据各种细菌对这种染色反应的不同，可将细菌分为革兰氏阳性（Gram positive）和革兰氏阴性（Gram negative）两大类，这两类细菌染色反应是由它们细胞壁组成物质及细胞壁的结构的不同所造成的，对于细菌的分类、鉴定及生产应用上都有重要意义。

革兰氏染色法的主要步骤是先用结晶紫进行初染，再加媒染剂（碘液），以增加染料与细胞间的亲和力，使结晶紫和碘在细胞膜上形成分子量较大的复合物，然后用脱色剂（乙醇或丙酮）脱色，最后用番红复染。凡细菌不被脱色而仍保留初染剂的颜色（紫色）者称革兰氏阳性菌或称为正反应（用 G^+ 表示）；如被脱色后又染上复染剂的颜色（红色），称革兰氏阴性菌或负反应（用 G^- 表示）。一般来说，芽孢杆菌和多数球菌呈阳性反应，大多数无芽孢杆菌和某些球菌呈阴性反应，放线菌和酵母菌都呈阳性反应，弧菌和螺旋菌呈阴性反应。

细菌的革兰氏反应并非固定不变，菌龄的大小、温度的高低、培养基 pH 值和染色技术等都会影响革兰氏染色反应的效果。

（一）器材和用品

（1）菌种：牛肉膏蛋白胨培养基上培养 24h 的大肠杆菌（*Escherichia coli*）斜面菌种、牛肉膏蛋白胨培养基上培养 16h 的枯草芽孢杆菌（*Bacillus subtilis*）斜面菌种。

（2）试剂：结晶紫染色液，鲁氏（Lugol）碘液，95%酒精、番红、蒸馏水。

（3）仪器和用品：显微镜、酒精灯、接种环、载玻片、镊子、玻片架。

（4）其他：香柏油、二甲苯、吸水纸、擦镜纸、洗瓶及废液缸等。

（二）方法和步骤

1. 涂片、固定

（1）常规涂片法。单独涂片法（同简单染色涂片法），也可用混合涂片法。取一张洁净的载玻片，加一滴蒸馏水，用无菌操作的方法挑取少量的大肠杆菌和枯草芽孢杆菌与载玻片上的水滴混合均匀，涂成薄的菌膜（注意不要带培养基，枯草芽孢杆菌的量要少于大肠杆菌）。即成为两种菌的混合涂片。

（2）"三区"涂片法。在载玻片的左右端各加一滴蒸馏水，用无菌接种环挑取少量枯草芽孢杆菌与左边水滴充分混合成仅有枯草芽孢杆菌的区域，将载玻片倾斜使少量菌液延伸至载玻片的中央，再用无菌接种环挑少量大肠杆菌与右边水滴充分混合成仅有大肠杆菌的区域，倾斜载玻片使少量大肠杆菌液延伸至载玻片中央，与枯草芽孢杆菌相混合成为含有两种菌的混合区。干燥、固定同简单染色法。

2. 染色

（1）初染。将载玻片置于玻片架上，加结晶紫染色液（加量以覆盖菌膜为度）染 1~2min，倾去染色液，用洗瓶小水冲洗。

（2）媒染。加鲁氏碘液一滴，染 1min，水洗。

（3）脱色。滴加 95%酒精脱色 20~30s，立即水洗，以终止脱色。

（4）复染。滴加番红，复染 2~3min，水洗。

3. 干燥

用吸水纸轻轻吸干多余水分，再用微火烘烤至完全干燥。

4. 镜检

先用低倍镜找到物像后，再用油镜观察，被染成紫色者即为革兰氏阳性（G$^+$），被染成红色者为革兰氏阴性（G$^-$）。

（三）注意事项

（1）严格掌握脱色程度，是革兰氏染色成败的关键。若脱色时间过长，阳性菌初染的紫色也可被脱去，复染成红色误认为阴性菌；若脱色时间过短，阴性菌初染时的紫色未能脱去，复染时不能染成红色误认为阳性菌。

（2）对枯草芽孢杆菌染色时，选用 12~20h 菌龄的细菌为宜，菌龄太长，因菌体死亡或自溶常使革兰氏阳性菌呈阴性反应。

（四）作业

1. 绘出显微镜下所观察到的细菌形态图，并说明其染色反应。
2. 涂片为什么要固定，固定时应注意什么问题？
3. 革兰氏染色法中哪一步是关键？其对结果会有什么样的影响？
4. 分析革兰氏染色的原理。

实验 4

细菌的特殊染色法

细菌除了具有细胞壁、细胞膜、原生质和拟核等基本构造外，某些细菌还有芽孢、荚膜等特殊构造，这些构造不能被一般染色方法着色，必须用特殊方法才能着色，进行显微镜观察。利用特殊的染色法可用于细菌的菌种鉴定。

一、细菌芽孢的染色

细菌的芽孢具有厚而致密的壁，通透性差，不易着色，一旦染上色又难以脱色。根据这一特点，在染色时，采用着色力强的染色剂，如石炭酸-品红、孔雀绿等并加热染色。先是菌体和芽孢都着色，再用脱色剂脱去菌体颜色而保留芽孢的颜色。然后再用另一种染色液复染菌体，使菌体和芽孢染成不同的颜色。

（一）器材和用品

（1）菌种：巨大芽孢杆菌（*Bacillus megatherium*）、蕈状芽孢杆菌（*Bacillus mycoides*）。

（2）试剂：5%孔雀绿染色液、石炭酸-品红染色液、蒸馏水、丙酮酒精、番红。

（3）仪器和用品：显微镜、酒精灯、接种环、镊子、水浴锅、载玻片、小试管（75mm×10mm）、烧杯（30mL）。

（4）其他：二甲苯、香柏油、擦镜纸、吸水纸、洗瓶滤纸。

（二）方法和步骤

1. 方法 I

（1）取菌制片。取载玻片一张，加蒸馏水一滴，用接种环无菌操作取芽孢杆菌一环，涂布均匀。

（2）干燥。同简单染色法干燥（风干或微加热干燥），固定。

（3）染色。滴加孔雀绿染液一滴浸没菌膜，在加有染液的菌膜上放一块滤纸，以免染液很快蒸发，然后放在沸水蒸汽上加热 5min，中间可补加染色液，以免蒸干。

（4）冷却载玻片。移去滤纸，用水冲去多余染色液。

（5）复染。加 0.5%番红染色液一滴，染色 30s，快速冲去染液，用滤纸吸干水分。

（6）镜检。用油镜观察芽孢大小、位置和形态。

结果：芽孢呈绿色，菌体呈红色。

2. 方法 II

（1）取空试管一支，加无菌水数滴。

（2）按无菌操作的方法挑取芽孢杆菌 1～2 环混入试管无菌水中，并充分摇荡制成均匀菌悬液，然后滴加等量石炭酸-品红染色液。

(3) 将试管置于水浴锅内加热 5min，或用试管夹夹住试管，在酒精灯上加热近沸腾 1～2min（注意：试管口不要对着人，若菌液近沸腾试管要离开火焰）。

(4) 用接种环取加热后的染色菌液制成涂片，干燥并固定。

(5) 用丙酮酒精脱色 30～60s，水洗。

(6) 用 5%孔雀绿复染 5～10min，水洗，用吸水纸吸干多余的水分。

(7) 镜检先用低倍镜找到物像后，再用油镜观察。

结果：菌体呈绿色，芽孢呈红色。

（三）注意事项

(1) 供芽孢染色用的菌种应控制菌龄，巨大芽孢杆菌在 35℃左右时培养 14～16h 的效果最佳。

(2) 用方法 I 欲得到好的涂片，首先要制备浓稠的菌液。其次是从小试管中取染色的菌液时，应先用接种环充分搅匀（方法 II 也如此）然后再挑取菌液，否则菌体沉于底部，染片时菌体太少。

（四）作业

1. 绘图并注明芽孢的形状及其在菌体内着生的位置。
2. 芽孢染色与普通染色有何不同？

二、细菌荚膜的染色

由于荚膜与染料的亲和力弱，不易着色，但荚膜的通透性较好，一些染料可透过荚膜而使菌体着色，因此，染色以后在菌体周围的浅色或无色透明圈，即是荚膜。由于荚膜的含水量在 90%以上，故染色时一般不加热固定，以免荚膜皱缩变形。

荚膜染色常用背景衬托染色法，即用有色的背景来衬托出无色（没有染上颜色）的荚膜。有时也可以用简单染色法进行细菌荚膜观察（染料用石炭酸-品红）。

（一）器材和用品

(1) 菌种：硅酸盐细菌（*Bacillus mucilaginosus*）、圆褐固氮菌（*Azotobacter chroococcum*）。

(2) 试剂：石炭酸-品红、用滤纸过滤后的绘图墨水、6%葡萄糖水溶液、1%甲基紫、甲醇、95%酒精、蒸馏水。

(3) 仪器和用品：显微镜、酒精灯、接种环、镊子、载玻片、盖玻片。

(4) 其他：二甲苯、香柏油、擦镜纸、玻片架、滤纸等。

（二）方法和步骤

1. 简单染色法（实验 3 中一部分）

2. 荚膜衬托染色法

(1) 制菌液。加一滴 6%葡萄糖水溶液于洁净载玻片一端，挑取硅酸盐细菌少许（带黏液）与其充分混合，再加一环墨水，充分混匀。

（2）制片。左手持载玻片，右手另拿一光滑的载玻片（作推片用），将推片一端的边缘置于菌液前方，然后稍向后拉。当与菌液接触后，轻轻地向左右移动，使菌液沿推片接触后缘散开，然后以30°角，迅速而均匀地将菌液推向载玻片另一端，使菌液铺成一薄膜。

（3）干燥固定。在空气中自然干燥，用甲醇浸没涂片，固定1min，立即倾去甲醇。

（4）干燥。在酒精灯上方，用文火固定。

（5）染色。用甲基紫染色1~2min。

（6）水洗。用蒸馏水轻洗，自然干燥。

（7）镜检。先用低倍镜观察，再用高倍镜观察。

结果：背景灰色，菌体紫色，荚膜呈一清晰透明圈。

（三）注意事项

（1）取菌时要取黏稠状的菌苔。

（2）干墨水法和简单染色法制片时，涂片要放在火焰较高处用文火干燥，不可使载玻片过热。

（四）作业

1. 将荚膜染色结果绘图，说明荚膜和菌体的形态和颜色。

2. 荚膜的成分是什么？荚膜为什么不易着色？

三、细菌鞭毛的染色

细菌的鞭毛极细，直径10~20nm，只有用电子显微镜才能观察到。但是，如果采用特殊的染色方法，则在普通光学显微镜下也能看到它。鞭毛染色的基本方法是：在染色前先用媒染液处理，让它沉积在鞭毛上，使鞭毛直径加粗，再用染液复染。常用的媒染剂由丹宁酸和氯化高铁或钾明矾等配制而成。

（一）器材和用品

（1）菌种：在牛肉膏蛋白胨培养基上连续活化4~5代（每代18h）后，最后一代在斜面上培养15~20h的大肠杆菌（*Escherichia coli*）或普通变形杆菌（*Proteus ruigaris*）斜面菌种。

（2）染色液：银盐染色液（A、B）（24h之内使用效果好）、利夫森氏（Leifson）染色液。

（3）仪器和用品：显微镜、酒精灯、恒温箱、接种环、载玻片、镊子。

（4）其他：香柏油、二甲苯、擦镜纸、吸水纸、玻片架、洗瓶（内装蒸馏水）、废液缸等。

（二）方法和步骤

1. 银盐染色法

（1）清洗。载玻片最好选用新的。为了避免载玻片相互重叠，应将载玻片插在专用金属架上，然后将载玻片置于洗衣粉过滤液中（洗衣粉煮沸后用过滤纸过滤，以除去粗颗粒），煮沸 20min。取出稍冷后用自来水冲洗、晾干，再放入浓洗液中浸泡过夜（24h）。使用前取出载玻片，用自来水冲去残酸，再用蒸馏水洗。将水沥干后，放入 95%乙醇中脱水，晾干后，立即使用。

（2）染料配制

① 鞭毛染液 A 液：单宁酸 5g，FeCl₃ 1.5g，15%甲醛 2.0mL，1% NaOH 1.0mL，蒸馏水 100mL。

② 鞭毛染液 B 液：AgNO₃ 2g，蒸馏水 100mL。

配制 B 液时先取出 10mL，向其余 90mL B 液中滴加浓氨水，当出现沉淀时继续滴加至沉淀刚好溶解，溶液变清。此时用备用 B 液回滴，出现薄雾时，轻轻摇动，若液体变清，则需再次滴加 B 液，继续轻摇，直至液体微现薄雾，轻摇不消失即可。若薄雾状变为浓雾状，则不宜使用。B 液需使用时现配，隔夜则不能使用。

（3）细菌运动性观察。以无菌操作的方法挑取培养 15～20h 的大肠杆菌或变形杆菌少许，用悬滴法检查细菌的运动性，如果细菌的运动性很强，即可做鞭毛染色。

（4）涂片。在载玻片的一端滴一滴蒸馏水，用接种环（无菌操作）挑取斜面上的菌苔少许（注意不要挑到培养基），在载玻片上的水滴中轻蘸几下，倾斜载玻片使菌液随水滴缓慢流到另一端，然后将菌片放在载玻片搁架上，放入 25～28℃左右温箱中干燥。

（5）染色

① 滴加 A 液，染色 4～6min，放温箱中保温。

② 用蒸馏水充分洗净 A 液。

③ 用 B 液冲去残水，再加 B 液于载玻片上，在微火上加热至冒气，约维持 30～60s（加热时应随时补充蒸发掉的染料，不可使玻片出现干涸区）。用蒸馏水冲洗，自然干燥。

（6）镜检。镜检时应多找几个视野，有时只在部分涂片上染上鞭毛。菌体为深褐色，鞭毛为褐色。

2. 改良利夫森氏染色法

（1）清洗载玻片法同银盐染色法。

（2）染料配制：同银盐染色法。

（3）菌液的制备。以无菌操作的方法用接种环挑取经活化 4～5 代的斜面与冷凝水交界处的菌液数环。移至盛有 1～2mL 无菌水的试管中，使菌液轻度混浊，将该试管放于 28～35℃ 的温箱中静置 10～15min（放置时间不宜太长，否则鞭毛会脱落），让幼龄菌的鞭毛松展开，取出进行分区涂片。

（4）涂片。用削尖的玻璃铅笔在洁净的载玻片上划分 3～4 个相等的区域。取一滴菌液放每个小区的一端，将载玻片倾斜，让菌液流向另一端，并用滤纸吸去多余的菌液，在空气中自然干燥。

（5）染色。加染色液于第一区，使染料覆盖涂片，隔数分钟后再将染料加入第二区，以后以此类推（相隔时间可自行决定），其目的是确定最适的染色时间，而且节约材料。在染色过程中要仔细观察，当整个玻片出现铁锈色沉淀和染料表面出现金色膜时，即用水轻轻地冲洗。一般约染色 10min，水洗。在没有倾去染料的情况下，就用蒸馏水轻轻地冲洗，否则会增加背景的沉淀。在空气中自然干燥。

（6）镜检。用油镜观察，应多找几个视野。

结果：细菌和鞭毛均染成红色。

(三) 注意事项

(1) 制备牛肉膏蛋白胨培养基时琼脂用量控制在 1.5%~1.8% 之间。

(2) 必须选择活泼运动的菌株，这是鞭毛染色的关键。一般经多次连续移植活化，菌龄在 12~20h 易于染色。

(3) 鞭毛染色受室温的影响极为明显，在低于 15℃ 或高于 35℃ 的情况下染色效果均不理想。

(4) 载玻片要求干净无油污（最好用新的硬质载玻片）。

(5) 染液最好当日配制，当日使用，陈旧的效果不好。银盐染色时一定要充分洗净 A 液后再加 B 液，否则背景太脏。

(四) 作业

1. 绘出显微镜下细菌鞭毛图。
2. 鞭毛染色前为什么要进行细菌运动性检查？
3. 鞭毛染色应注意哪些环节，染色成功的关键是什么？

四、微生物的细胞核染色

细胞核的主要成分是脱氧核糖核酸 (DNA)。在细菌细胞中 DNA 呈环状，为核质体，无核膜；在真核细胞内由核膜包围着染色体，呈圆形或椭圆形的核。细菌和酵母菌的细胞核染色时，可采用乙酸和 KOH 在一定的条件下对细胞进行水解，再用甲苯胺蓝染色。食用真菌的细胞核染色时，采用石炭酸品红 (carbolfuchsin) 对担孢子和分生孢子进行整体染色，可获得满意的染色效果。本次实验主要掌握不同菌类细胞核的染色技术。

(一) 器材和用品

(1) 菌种：培养 8~12h 的芽孢杆菌；酒精酵母，28℃ 的米曲汁斜面；香菇 (*Lentinus edodes*)、金针菇 (*Flammulina velutipes*)、平菇 (*Pleurotus ostreatus*)、木耳 (*Auricularia auricula*) 菌丝体。

(2) 培养基：培养单核体和双核体菌丝所使用的培养基为 CYM 培养基。

(3) 供试孢子的收集：香菇、平菇、金针菇、木耳等 4 种食用菌的担孢子均采用孢子弹射法收集。木耳、金针菇的分生孢子可用无菌水漂洗覆盖平板上的渗透性玻璃纸培养的菌丝体，然后用无菌的脱脂棉过滤，4000r/min 离心 15min 获得。

(4) 香菇子实体选择：处于如下三种不同发育程度的子实体，供吉姆萨染色。

① 菌盖菌柄分化明显，菌盖直径大于菌柄直径 4mm 左右，内菌幕 (inner veil) 模糊。

② 菌盖明显增大，内菌幕明显。

③ 菌盖进一步增大，内菌幕基本破裂。

(5) 卡诺液 (carmys fluid) 配制：70% 酒精 3 份加 1 份冰醋酸，配好后冷藏于 4℃ 冰箱中备用。

(6) 吉姆萨 (Giemsa) 染液的配制：称吉姆萨 0.7g 于研钵内研细，随后缓缓加入甲醇 50mL，边研边滴加，至完全溶解，置 55~60℃ 水浴中加温 1h，其间不断搅动。取出后加 50mL 纯甘油充分混合，过滤后装入滴瓶中，贮存于冰箱中备用。

(7) 石炭酸品红染色液配制：

① A 液：70%乙醇 100mL+碱性品红 3g。

② B 液：A 液 100mL+5%山梨醇蒸馏水溶液 90mL（两周内使用）。

③ C 液：取 B 液 45mL+冰醋酸 6mL。

④ 取 C 液 2～10mL+45%冰醋酸 90～98mL+山梨醇 1.8g。立即使用，染色较淡，放置 2 周后染色效果较好。

(8) 菌丝体染色样品的制备：将供试的菌丝体连同培养基挑取约绿豆大小移入平板中央，离菌块 1～1.5cm 处，斜插一无菌的盖玻片，置 25℃下培养，让生长的菌丝爬上，以爬片 2/5 为最佳单双核菌丝体染色期。

（二）方法和步骤

1. 细菌、酵母菌细胞核染色

(1) 涂片。按无菌操作的方法，取一环幼嫩的菌苔制成涂片，自然风干（最好在 30℃ 左右的温箱中风干）。

(2) 水解。先用 40%乙醇覆盖涂片 2min，蒸馏水冲洗。再用 0.1mol/L KOH 覆盖涂片（30℃ 左右的温箱中保温 1h)，用蒸馏水冲洗。

(3) 染色风干。用 0.1%甲苯胺蓝染色 2min，倾去甲苯胺蓝，再用 10%乙醇冲去甲苯胺蓝，置室温下风干。

(4) 镜检。先用低倍镜找到图像后，再用油镜观察。细胞核为深蓝色，细胞为浅蓝色。

2. 食用真菌细胞核的染色

(1) 盐酸吉姆萨染色法

① 试验材料的制备（香菇子实体）。

② 固定。将制备好的试验材料放入卡诺液中固定，5℃下 1h 以上。以阻止微管蛋白的形成，促使细胞核处于分裂中期，便于染色压片后观察细胞核的分裂过程。

③ 材料转入 35%酒精中浸 10min。

④ 水解。1mol/L HCl 室温（25℃左右）条件下，处理 2min，然后放进 1mol/L HCl，60℃ 温水中水解 6min，以清洁细胞质。

⑤ 材料置 pH7.0 的磷酸盐缓冲液中处理 10min 左右。

⑥ 用稀释过滤后的吉姆萨液将材料染 1h 以上。

⑦ 取经染色的一小片材料，用吉姆萨液压片，随后镜检。

(2) 石炭酸品红染色法。先滴一滴石炭酸品红染色液滴于载玻片中央，用接种环刮起收集的金针菇、木耳等担孢子或分生孢子在液滴中涂抹，以使其打散后均匀分布。染色 3min 后盖上盖玻片置普通显微镜下观察其核数目和核相。

（三）作业

1. 绘出细菌、酵母和食用真菌细胞核的形态图。

2. 简述细胞核染色的原理。

五、微生物细胞壁的染色

细胞壁是细菌细胞的外壁，较坚韧而略有弹性，有保护与成形的作用。细菌细胞壁的共性是以肽聚糖为骨架结构的基本成分构成的网袋。且细菌细胞壁很薄，只有数十纳米厚，用光学显微镜很难观察清楚，用电子显微镜通过细胞切片方可观察清楚。一般染料不能使其着色。染色时一般先采用冰醋酸等将其固定，然后经单宁酸媒染，再经复染可得。

（一）器材和用品

（1）菌种：枯草芽孢杆菌（*Bacillus subtilis*）；酿酒酵母（*Saccharomyces cerevisiae*）。
（2）用品：5%单宁酸、0.2%结晶紫染色液、显微镜、载玻片等。

（二）方法和步骤

（1）制片。取一张干净的载玻片，在其上加一滴蒸馏水，无菌操作取培养 15～24h 的枯草芽孢杆菌或培养 36～48h 的酿酒酵母菌一环，涂布均匀。
（2）干燥与固定。同细菌的简单染色法。
（3）媒染。用 5%的单宁酸覆盖菌面 5min，水洗。
（4）复染。用 0.2%的结晶紫复染 1min，水洗后干燥。
（5）镜检。用油镜观察细胞壁。

（三）作业

绘出显微镜下细菌和酵母菌的形态图，标出细胞壁。

实验 5

蓝细菌形态的观察

蓝细菌亦称蓝绿藻，属于原核微生物。其形态为杆状的单细胞或团状聚合体，多数蓝细菌则是不分枝的丝状聚合体。蓝细菌细胞有几种特化形式，如异形胞、静息孢子（厚垣孢子）、藻殖段（链丝段）。异形胞壁厚、色浅，位于细胞链的中间或末端，数目少而不定。厚垣孢子壁厚，色深，具有抵御不良环境作用。藻殖段是细胞链形成的短片段，具有繁殖的功能。蓝细菌广泛分布在各种河流、海洋、湖泊和土壤中，并在极端环境中也能生长。蓝细菌是细胞中含有叶绿素 a、胡萝卜素、藻胆素的光合细菌。它们具有对不良环境的高度抵抗力和普遍的固氮能力，对于土壤肥力有重要作用。

一、器材和用品

（1）菌种：曲鱼腥藻（*Anabaena contorta*）、固氮鱼腥藻（*Anabaena azotica*）。

（2）仪器用品：显微镜、酒精灯、接种环、镊子、载玻片、盖玻片、解剖针。

（3）试剂：5%甘油或蒸馏水。

二、方法和步骤

（1）制片。在干净载片中央滴加 5%的甘油或蒸馏水 1 滴，按无菌操作的方法用接种环取液体培养的曲鱼腥藻少许，使其混于 5%的甘油中轻轻涂布，再用解剖针将材料展开，盖上盖玻片（注意勿产生气泡），制成 5%的甘油浸片标本。同法制备固氮鱼腥藻 5%的甘油浸片标本或蒸馏水浸片标本。

（2）观察。分别在低倍镜和高倍镜下观察，绘图表示其菌丝外形、细胞排列及细胞形状、异形胞部位及结构以及介于两个异形胞之间一串营养细胞组成的藻殖段等。

实验 6
放线菌形态及菌落特征的观察

放线菌为单细胞的丝状体，分枝频繁。菌丝分为基内菌丝、气生菌丝。气生菌丝的顶端分化为孢子丝。孢子丝形成成串的或单个的分生孢子。孢子丝及分生孢子的形状、大小是放线菌分类的重要依据之一。

放线菌菌落早期如同细菌菌落，至晚期表面出现粉状（即形成了分生孢子），呈同心圆，辐射状，干燥。菌丝与培养基结合紧密，不易挑取，常产生各种色素及特殊气味，是识别放线菌菌落也是鉴别不同放线菌的依据之一。

一、器材和用品

（1）菌种：细黄链霉菌（*Streptomyceses microflavus* 5406）、灰色链霉菌（*Streptomyces griseus*）培养 72h 的平板培养物或液体培养物。用玻璃纸琼脂平板透析法培养 3～5d 的细黄链霉菌菌落。

（2）试剂：石炭酸-品红染色液、稀释结晶紫染色液。

（3）仪器及用品：显微镜、酒精灯、接种环、镊子、载玻片。

（4）其他：香柏油、二甲苯、擦镜纸等。

二、方法和步骤

（一）放线菌菌丝形态的观察

接无菌操作的要求，用接种环自链霉菌培养液中挑取培养物 1～2 环，于干净的载玻片中央，干燥固定制涂片，加稀释结晶紫染色液染 1min 左右，水洗，干燥后用油镜观察，观察时注意基内菌丝（较细）和气生菌丝（较粗）的区别。

（二）印片标本的制作与菌丝形态的观察

（1）印片。取 2 片干净的载玻片，以无菌操作的方法用解剖刀挖一块放线菌的完整菌落（带培养基切下）放在一载玻片的中央（注意菌落表面向上），然后用另一载玻片盖在这一菌落上面轻轻按压，再小心拿下上面这块载玻片（注意，不要使菌落移动）。

（2）干燥固定。让其自然干燥或在酒精灯火焰高处微烘一下，然后通过火焰加热固定。

（3）染色。用石炭酸-品红染色液染 1min，水洗，晾干（不能用吸水纸吸干）。

（4）镜检。先用低倍镜，后用高倍镜和油镜观察。油镜观察时，注意区别气生菌丝、孢子丝和孢子的形态及排列方式。

三、注意事项

（1）放线菌在高氏 1 号培养基上生长良好，但制作培养基时三氯化铁的量要掌握好，否则不长粉状的孢子。

（2）印片法取菌时一定要带培养基，压片时要掌握适度。观察时多找几个视野。

四、作业

1. 绘出"5406"放线菌菌丝体和孢子形态图。
2. 制作印片标本时应注意些什么？
3. 描述放线菌的菌落，注意其大小、形状、颜色、气味、干燥或湿润、边缘状况等特征。

实验 7

真菌形态的观察

一、霉菌的制片与观察

霉菌的营养体是分枝的丝状体，称菌丝体。其个体一般比细菌和放线菌大得多，菌丝平均宽度 3～10μm，分为基内菌丝和气生菌丝，气生菌丝中又可分化出繁殖菌丝。不同的霉菌其繁殖菌丝可以形成不同的孢子。

霉菌的菌丝较粗大，细胞易收缩变形，而且孢子易分散，所以制标本片时常用乳酸石炭酸棉蓝染色液。此染色液制成的霉菌标本片的特点是：①细胞不变形；②具有杀菌防腐作用，且不易干燥；③溶液本身是蓝色，有一定的染色效果。也可用乳酚油来制片观察，用乳酚油制片具有能使菌丝和孢子保持原有的颜色等优点。

利用培养在玻璃纸上的霉菌作为观察材料，可以得到清晰、完整、保持自然状态的霉菌形态，也可以直接挑取生长在平板中的霉菌菌丝体制片观察。

（一）器材和用品

（1）菌种：在 PDA 平板上或用玻璃纸透析培养法培养 2～5d 的根霉 *(Rhizopus* sp.)、青霉 *(Penicillum* sp.)、曲霉 *(Aspergillus* sp.)。

（2）仪器和用品：显微镜、剪刀、酒精灯、镊子、载玻片、盖玻片、解剖针、擦镜纸、二甲苯、吸水纸。

（3）试剂：50%酒精（体积分数）、乳酸石炭酸棉蓝染色液、乳酚油。

（二）方法和步骤

1. 直接制片观察法

取一干净的载玻片，滴一滴乳酸石炭酸棉蓝染色液。按无菌操作的方法用解剖针从生长有霉菌的平板上挑取少量带有孢子的霉菌菌丝（挑取菌丝和带有颜色的部分），放入载玻片上的液滴中。仔细地用解剖针将菌丝分散开来，然后盖上盖玻片（盖片时先让盖玻片的一侧接触液滴，然后慢慢放下，避免有气泡产生）。用低倍镜观察，必要时转高倍镜观察并记录结果。

2. 玻璃纸透析培养观察法

（1）玻璃纸的选择与处理。要选择能够允许营养物质透过的玻璃纸，可收集商品包装用的玻璃纸，加水煮沸，然后用冷水冲洗，若变硬的不能用，只有软的才可以用。将选择出来可用的玻璃纸剪成适当大小，用水浸湿后，夹于圆形滤纸中，然后一起放入平板内 0.1MPa，30min 灭菌备用。

（2）菌种的培养。按无菌操作法倒平板，冷凝后用无菌的镊子夹取无菌玻璃纸贴附于平板上，再用接种针挑取少许霉菌孢子，在玻璃纸上方轻轻抖动，使孢子抖落于纸上，然后将平板置 28℃左右的温箱中培养 3～5d，曲霉菌和青霉菌即可在玻璃纸上长出单个菌落（根霉的气生菌丝强，不能形成单个菌落）。

（3）制片与观察。剪取玻璃纸透析法培养 2～5d 的长有根霉菌丝和孢子的玻璃纸一小块，先放在 50%的酒精中浸一下，洗掉脱落下来的孢子，并赶走菌体上的气泡，然后正面向上贴附于干净载玻片上，滴加 1～2 滴乳酸石炭酸棉蓝染色液，小心地盖上盖玻片（注意不要产生气泡），且不要移动盖玻片，以免搅乱菌丝。

对于曲霉菌和青霉菌，应选用发育完全（长有孢子）的菌落，从其边缘剪取一小块长有孢子（一定要带有孢子）和菌丝的玻璃纸，用上述同样的方法制片。

标本片制好后，先用低倍镜观察，必要时再换高倍镜。注意观察菌丝有无隔膜，有无假根、足细胞等特殊形态的菌丝，并注意观察无性繁殖器官的形态、大小等，按比例绘出根霉、曲霉和青霉的形态图，并加以比较说明其差异。

如需制成封闭标本，可选择理想的标本片置温室中存放数日，使水分蒸发一部分，然后用擦镜纸将盖玻片周围擦净（但不能触动盖玻片），再在玻盖片周围涂一圈合成树胶，风干后即可保存。

（三）霉菌菌落特征的观察

认真观察青霉、根霉、曲霉的菌落，注意菌落的形态、边缘、菌丝长度和颜色（正面、背面，孢子颜色）等。

（四）作业

1. 绘出显微镜下所观察到的根霉、曲霉、青霉形态图。
2. 制备霉菌水浸片时为什么要用棉蓝。

二、霉菌接合孢子的培养与观察

接合孢子是霉菌的一种有性孢子，由两条不同性别的菌丝特化的配子囊接合而成，有的为同宗配合，有的为异宗配合。根霉和犁头霉的接合孢子都属于异宗配合，将它们的两种不同性别的菌株（分别记为"+"和"−"），接种在同一琼脂平板中，经一定时间培养后，即可产生出接合孢子。

（一）器材和用品

(1) 菌种：黑根霉（*Rhizopus nigricans*）的"+"和"−"菌株。
(2) 仪器同霉菌的制片与观察。

（二）方法和步骤

(1) 倒平板。按无菌操作的方法将已熔化的琼脂培养基倒入无菌培养皿中，凝固后接种。
(2) 接种。用接种针挑取黑根霉"+"菌株少许，在平板左半侧划一直线，烧环后，再挑取"−"菌株在平板右半侧划一直线，使两线呈"八"字形摆开。
(3) 培养。将接种好的平板置28～30℃下培养5d后观察。
(4) 制片与观察。取一干净载玻片，滴加一滴乳酸石炭酸棉蓝染色液，用解剖针挑取结合处菌丝少许放于其中，小心分散菌丝，盖上盖玻片后先置低倍镜下观察，必要时再转换高倍镜，注意接合孢子形成的不同时期，以及接合孢子和配子囊的形状等。

三、酵母菌的制片与观察

酵母菌是不运动的单细胞真核微生物，其大小比常见细菌大几倍到几十倍，大多数酵母菌以出芽方式无性繁殖，也有的进行分裂繁殖或进行产生子囊孢子的有性繁殖。

亚甲蓝是一种无毒性的染料，它的氧化型呈蓝色，还原型呈无色。用亚甲蓝对酵母菌进行染色时，由于活细菌的新陈代谢作用，细胞内有较强的还原能力，能使亚甲蓝由氧化型的蓝色还原为还原型的无色，所以活细胞是无色的，但对于死细胞或代谢作用微弱的老细胞来说，则被染上蓝色，借此即可对酵母菌死活细胞进行鉴定。

（一）器材和用品

(1) 菌种：酿酒酵母
(2) 用品：0.05%的亚甲蓝、革兰氏染色用碘液、显微镜、载玻片、盖玻片等。

（二）方法和步骤

1. 死活细胞的鉴定

（1）制片。取一张洁净的载玻片，在其中央滴加一滴亚甲蓝染色液，用接种环无菌操作，取培养 36~48h 的酵母培养物一环（少许），在亚甲蓝试剂中将其涂散，若太多则会发生重叠，不易观察计算，盖上盖玻片。

（2）观察。先用低倍镜找到物像后，再转换高倍镜，即可看清其形态及有色细胞和无色细胞。无色细胞为活细胞，有色细胞为死细胞。

（3）计算。观察 4~5 个视野，计算出死活细胞的比率。

2. 酵母菌发芽率的测定

（1）制片

① 直接取菌，制片同上，试剂用碘液。

② 稀释制片。将培养 18~36h 的酿酒酵母做 10 倍或 20 倍（稀释液用蒸馏水）稀释后，用吸管取菌液 0.2~0.4mL 滴于载玻片上，盖上盖玻片。

（2）观察。先用低倍镜再用高倍镜，观察酵母菌出芽繁殖的情况，芽体超过母细胞一半以上时可计为两个细胞。

（3）计算。观察 4~5 个视野，求出细胞出芽率。

3. 子囊孢子的观察

将酿酒酵母接种于麦芽汁或豆芽汁液体培养基中，28~30℃培养 24h，如此连续传代 3~4 次，使其生长良好，然后转到醋酸钠斜面培养基上，25~28℃培养 4~5d。用水浸片法制片或涂片，再用芽孢染色法染色，观察子囊孢子形状，注意每个子囊内的子囊孢子数目。

（三）作业

1. 绘制在高倍镜下所观察到的酵母菌的死活细胞情况。
2. 绘制酵母菌出芽情况。
3. 描述酵母菌的菌落特征。
4. 简述死活细胞的染色原理。

实验 8

病毒形态的观察

一、昆虫病毒多角体的染色观察

昆虫病毒多角体有核型多角体和质型多角体。核型多角体是一种蛋白质晶体，主要为在昆虫组织中的脂肪体、真皮和气管基质的细胞核中形成的多角体。质型多角体则存在于昆虫的中肠上皮组织的细胞内，主要由一种多肽所组成。在昆虫细胞组织中形成的多角体，用苦味酸氨基黑染色，在普通显微镜下可观察到清晰的深黑色多角体颗粒。

（一）器材和用品

（1）已感染多角体病毒的昆虫幼虫。

（2）解剖剪刀、镊子、载玻片、显微镜。

（3）苦味酸氨基黑染液：饱和苦味酸20mL与蒸馏水80mL混合得A液；氨基黑0.1g、98%甲醇50mL、冰醋酸10mL、蒸馏水40mL混合后得B液。

（二）方法和步骤

1. 水浸片观察

在干净的载玻片上滴上一滴无菌水，用接种环挑取一小块病毒组织在载玻片的水滴中涂开，加上盖玻片，即成水浸标本。静置数分钟后，先用低倍镜观察，再用高倍镜观察。多角体折光性很强，呈光亮微绿色。

2. 苦味酸氨基黑染色与观察

（1）制片。取干净的载玻片一张，滴上一滴蒸馏水。用镊子取少许患病昆虫组织块于载玻片的蒸馏水中，轻压数次后去除组织块，让其自然干燥。

（2）染色。在上述涂布的载玻片上加上1滴A液和2滴B液。在酒精灯火焰上缓缓加热，直至有少量蒸汽冒出时即可。

（3）观察。冷却后用水冲洗，干燥后即可用油镜观察。多角体呈深蓝色，非多角体的蛋白质颗粒呈浅蓝色。

（三）注意事项

水浸片镜检时，要注意对病毒多角体与昆虫体内的脂肪、油滴和尿酸盐、草酸钙结晶加以区别。多角体内无内部结构，光亮均匀，微绿色，而盐类结晶有不同的结晶结构。病毒多角体密度较水大，故沉到底部，而油滴、脂肪较水轻浮在表面。另外，在水中油滴的边缘总是圆形的，而病毒多角体一般不呈球形。

涂片干燥后，若在标本上加1～2滴酒精与乙醚的等量混合液，然后加盖盖玻片，经过一段时间，混合液蒸发后，再加一滴蒸馏水，镜检，观察到的几乎都是多角体病毒，因脂肪和油滴可随乙醚、酒精挥发。

（四）作业

1. 绘出所观察到的昆虫多角体病毒。
2. 包涵体是怎样形成的？

二、噬菌斑的培养和观察

噬菌体是寄生于细菌和放线菌细胞内的病毒。其专一性很强，一种噬菌体只能裂解一种微生物。例如苏云金芽孢杆菌类的噬菌体只能裂解苏云金芽孢杆菌，链霉菌的噬菌体只能裂解链霉菌。它的个体很小，在普通显微镜下无法观察其形态。但通过噬菌体裂解特异对象这个特点，如液体由浊变清，或在含菌的固定培养基上出现空斑（噬菌斑）等，则可说明有噬菌体的存在。

(一) 器材和用品

灭菌培养皿、灭菌吸管、牛肉膏蛋白胨培养液、牛肉膏蛋白胨琼脂斜面、1%琼脂牛肉膏培养基。苏云金芽孢杆菌（*Bacillus thuringiensis*）、感染噬菌体的苏云金芽孢杆菌菌液。

(二) 方法和步骤

1. 双层培养法

(1) 取牛肉膏蛋白胨培养液及牛肉膏蛋白胨琼脂斜面各1支，接种苏云金芽孢杆菌于28～30℃保温振荡培养8h，注意菌液的混浊程度。

(2) 将含噬菌体的菌液接入上述培养8h的苏云金芽孢杆菌培养液中，29～30℃保温振荡培养，由于苏云金芽孢杆菌被噬菌体裂解，菌液的混浊度逐渐下降，这时噬菌体的数目不断增多，用此作为噬菌体悬浮液。

(3) 将牛肉膏琼脂斜面上培养8h的苏云金芽孢杆菌加入4～5mL的生理盐水，制成细菌悬浮液。

(4) 将已熔化并冷却至45～50℃的牛肉膏蛋白胨琼脂培养基10mL倒入灭菌的培养皿中，静置待凝固。取含1%琼脂的牛肉膏蛋白胨培养基3～4mL，熔化后放45℃水浴中保温，另外取细菌悬浮液0.5mL及0.2mL含有噬菌体的悬浮液与保温未凝固的培养基充分混合后，立即倒入已凝固的琼脂平板上摇匀作为上层（这种方法称为双层培养），待上层凝固后，放28～30℃培养24h取出观察。注意观察平板有无噬菌斑及其形态。

2. 单层培养法

如上法将0.5mL指示菌和检样0.2mL与保温未凝固约45℃的牛肉膏蛋白胨琼脂培养基倒入培养皿充分混合，凝固，30℃恒温培养6～16h后观察结果。

3. 平板交叉划线法

(1) 取牛肉膏蛋白胨琼脂培养基，熔化后倒平板，待凝固。

(2) 取指示菌苏云金芽孢杆菌在平板上划线，再取苏云金芽孢杆菌噬菌体液与其交叉划线。

(3) 30℃恒温培养6～16h。

(4) 观察结果时可看到，当噬菌体量较少时可出现噬菌斑，如果噬菌体量多时，则在交叉处出现透明的由检样液线向指示菌线延展的一条亮线——噬菌带。

(三) 作业

1. 描述噬菌斑的形状大小并绘图。
2. 用双层培养法检查噬菌斑有何优点？

实验 9

微生物细胞的大小测定

　　微生物细胞的大小，是微生物重要的形态特征之一。由于菌体很小，只能在显微镜下来测量。用于测量微生物细胞大小的工具有目镜测微尺和镜台测微尺。

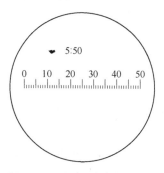

图 13-10　目镜测微尺

　　目镜测微尺是一块圆形的玻片，在载玻片中央有一条把 5mm 长度刻成 50 等份或把 10mm 长度刻成 100 等份的线（图 13-10）。测量时，将其放在接目镜隔板上来测量经显微镜放大后的细胞物像。由于不同的显微镜放大倍数不同，同一显微镜在不同的目镜、物镜组合下，其放大倍数也不相同，故目镜测微尺每格实际表示的长度随显微镜放大倍数的不同而异。即目镜测微尺上的刻度只是代表相对长度，所以在使用前须用镜台测微尺校正，以求得在一定放大倍数下实际测量时的长度。镜台测微尺是一个中央部分刻有一条长为 1mm 刻度的载玻片（比一般载玻片厚），其上镶有一圆形玻片，其中 1mm 的刻度被精确等分为 100 小格，每格长 10μm，即 0.01 mm（图 13-11），因此长度固定不变，所以用镜台测微尺的已知长度，在一定放大倍数下，即可求出目镜测微尺每格所代表的长度（图 13-12）。

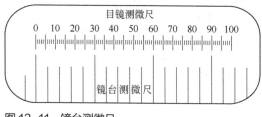

图 13-11　镜台测微尺

图 13-12　镜台测微尺校准目镜测微尺时的情况

一、器材和用品

　　（1）酿酒酵母（*Saccharomyces cerevisiae*）、枯草杆菌（*Bacillus subtilis*）染色标本片。
　　（2）仪器和用品：显微镜、目镜测微尺、镜台测微尺、香柏油、二甲苯、擦镜纸等。

二、方法和步骤

1. 目镜测微尺的校正

　　把目镜的上透镜旋下，将目镜测微尺的刻度朝下，轻轻地装入目镜的隔板上，把镜台测微尺置于载物台上，使刻度朝上。先用低倍镜观察，对准焦距，视野中看清镜台测微尺的刻度后转换高倍镜，再次调焦看清镜台测微尺的刻度后，转动目镜，使目镜测微尺与镜台测微尺的刻度平行，移动推动器，使两尺刻度相平行，并使两者间某一段的起、止线完全重合，然后数出两条重合线之间的格数，即可求出目镜测微尺每小格的实际代表长度。因为镜台测微尺的刻度每格 10μm，所以由下列公式可以计算出目镜测微尺每格所代表的实际长度。

$$目镜测微尺每格长度(μm) = \frac{两重合线间镜台测微尺格数 \times 10}{两重合线间目镜测微尺格数}$$

例：目镜测微尺 5 小格等于镜台测微尺 2 小格，则目镜测微尺上每小格长度为 2×10/5=4μm。

用同法校正在油镜下目镜测微尺每小格所代表的长度。

由于不同显微镜及附件的放大倍数不同，因此校正目镜测微尺必须针对特定的显微镜和附件（特定的物镜、目镜、镜筒长度）进行，而且只能在特定的情况下重复使用。当更换不同放大倍数的目镜或物镜时，必须重新校正目镜测微尺每一格所代表的长度。

2. 测量菌体细胞大小

（1）取一张干净的载玻片，滴上一滴棉蓝染色液或鲁氏碘液。

（2）用接种环无菌操作取酵母菌少许制成水浸标本片。

（3）取下镜台测微尺，换上酵母菌水浸片，先在低倍镜下找到目的物，然后在高倍镜下用目镜测微尺来测量酵母菌菌体的长、宽各占几格（不足 1 格的部分估计到小数点后 1 位数）。测出的格数乘上目镜测微尺每格代表的长度即等于该菌的大小。

一般测量菌体的大小要在同一涂片上测定 10～15 个菌体，求出平均值，才能代表该菌的大小，而且要用对数生长期的菌体进行测定。

用同法在油镜下测定枯草杆菌染色标本的长和宽。

用毕后，取出目镜测微尺，将目镜放回镜筒，用擦镜纸擦去目镜测尺的油质和手印，擦好油镜头。

三、作业

1. 将实验结果填入下列空格：

目镜____倍，低倍镜____倍，高倍镜____倍，油镜____倍。

高倍镜下，目镜测微尺格=____镜台测微尺格。目镜测微尺每格=____μm。

油镜下，目镜测微尺格=____镜台测微尺格。目镜测微尺每格=____μm。

2. 将测得的菌体大小记录于下表中：

菌号	1	2	3	4	5	6	7	8	9	10	平均值/μm
长（格）											
宽（格）											

3. 为什么目镜测微尺用镜台测微尺校正？

4. 测量细菌和酵母菌大小，在显微镜使用方法上有何不同？

实验 10

培养基制备

一、牛肉膏蛋白胨培养基的制备

牛肉膏蛋白胨培养基是一种天然培养基，能为腐生性细菌提供丰富的营养，是微生物学实验中常用的培养基之一。

（一）器材和用品

（1）1000mL 刻度分装搪瓷缸、200mL 烧杯、角匙、天平、称量纸或小烧杯、pH 试纸、500mL 三角瓶，15mm×150mm 及 18mm×180mm 试管、纱布、棉花、10mL 移液管等。

（2）牛肉膏、蛋白胨、NaCl、10%NaOH 溶液、10%盐酸溶液、琼脂。

（二）方法和步骤

1. 培养基配方

牛肉膏 3g、蛋白胨 5g、NaCl 5g、水 1000mL，调节 pH 7.2～7.4。

2. 操作步骤

（1）用称量纸分别称取牛肉膏 5.0g、蛋白胨 10.0g，把牛肉膏连同称量纸与蛋白胨一起放入 200mL 的烧杯中，然后加入 100mL 水，置电炉上加热搅拌至其完全溶解。用玻璃棒把称量纸挑出冲净（用洗瓶洗，冲洗液流入烧杯）。

（2）将溶解的混合液倒入 1000mL 搪瓷缸中，称取 5.0g NaCl 加入，洗涤烧杯 2～3 次，洗液倒入缸中，补足自来水到 1000mL（液体培养基制成，即可分装），搅拌加热煮沸。

（3）称取 20g 琼脂，放入煮沸的溶解液中，继续加热至琼脂完全溶解，加热过程中要不断搅拌以防琼脂沉淀糊底或溢出杯外。

（4）待琼脂完全熔化后，再补足自来水，趁热用玻璃棒蘸少许液体点在 pH 试纸上测定酸碱度并用 NaOH 或 HCl 溶液调整 pH 值至 7.2～7.4。

（5）趁热分装入 15mm×150mm 试管中，每管 5mL（斜面用）。18mm×180mm 试管，每管分装 15mL（平板用）。

（6）将余下的分装在 500mL 三角瓶中（每瓶约 300mL）。

（7）将上述分装在各种容器中的培养基，塞好棉塞，捆扎好。

（8）0.1MPa 高压蒸汽灭菌 30min。

二、马铃薯蔗糖琼脂培养基的制备

马铃薯蔗糖琼脂培养基是一种半合成培养基，含有丰富的糖类，可用来培养各种真菌。

（一）器材与用品

（1）1000mL 分装搪瓷缸、小铝锅、小刀、角匙、天平、15mm×150mm 及 18mm×180mm 试管、150mL 三角瓶、纱布等。

（2）市售新鲜马铃薯、蔗糖、琼脂。

（二）方法和步骤

1. 培养基配方

去皮马铃薯 200g、蔗糖（葡萄糖）20g、自来水 1000mL、琼脂 18～20g。

2. 操作步骤

（1）将洗净去皮马铃薯 200g 切成 1cm³ 见方的小块，放入已加入 1000mL 自来水的小铝锅内，置电炉上加热，煮沸 10～20min。

（2）用 4 层纱布过滤，滤液中加入少量热水至 1000mL，再于电炉上加热煮沸。

（3）加入蔗糖 20.0g，琼脂 200.0g，不断加以搅拌至琼脂完全熔化，停止加热。

（4）补足水量至 1000mL，自然 pH 值 6.5 左右，无须调整。

（5）趁热分装在 15mm×150mm 试管，每管 5mL，共装 20 管；再分装 18mm×180mm 试管，每管 15mL，共装 10 管，其余装入三角瓶中。

（6）塞上棉塞，捆扎好。

（7）0.1MPa 高压蒸汽灭菌 30min。

三、高氏 1 号培养基的制备

高氏 1 号培养基是一种合成培养基，其成分为化学纯物质，是培养放线菌的良好培养基。

（一）器材和用品

（1）1000mL 分装刻度搪瓷缸、100mL 烧杯、18mm×180mm 试管、天平、角匙、玻璃棒、棉花、电炉、标签纸。

（2）可溶性淀粉、KNO_3、K_2HPO_4、$MgSO_4 \cdot 7H_2O$、$FeSO_4 \cdot 7H_2O$、NaCl、琼脂、pH 试纸、10%的 NaOH、10%HCl。

（二）方法步骤

1. 培养基配方

可溶性淀粉 20.0g、KNO_3 1.0g、K_2HPO_4 0.5g、$MgSO_4 \cdot 7H_2O$ 0.5g、NaCl 0.5g、$FeSO_4 \cdot 7H_2O$ 0.01g、蒸馏水 1000mL、琼脂 20.0g。

2. 操作步骤

（1）搪瓷缸中加入 600mL 自来水，各种药品及琼脂称好备用。

（2）将可溶性淀粉放入 100mL 烧杯中，加入 50mL 蒸馏水调至糊状，稍加热呈透明状，倒入搪瓷缸内，再用少量水冲入缸内。依次将其他药品放入缸中补水至 1000mL，边加热边搅拌至沸腾。

(3) 加入琼脂，不断搅拌，使其完全熔化，并加自来水补足至 1000mL。

(4) 调整 pH 至 7.1~7.2。

(5) 趁热分装至 18mm×180mm 试管中，每管 15mL，共 10 管。将其余的装入 500mL 三角瓶中，每瓶约 250~300mL。

(6) 分别塞好棉塞，并加牛皮纸、贴标签。

(7) 0.1MPa 下高压蒸汽灭菌 30min。

(三) 作业

1. 什么是培养基？培养基的种类有哪些？举例说明。

2. 配制培养基要经过哪些步骤？要注意的问题是什么？

[附] 配制培养基的基本过程

配制培养基的过程如下：原料称量、溶解→调节 pH 值→过滤澄清→分装→塞棉塞和捆扎→灭菌。

（一）原料称重、溶解

先在搪瓷缸、烧杯、小铝锅等容器中加入少量的水，按培养基配方依次称取各种原料，加入容器中，用玻璃棒不断加以搅拌直至完全溶解，不易溶解的物质可边加热边搅拌，直到完全溶解。有些液体原料可按其密度算出所需要的体积，然后量取，膏状原料（牛肉膏等）可先用小烧杯或称量纸称取所需的量，然后往小烧杯中加入一定的水让其先溶解，然后倒进大容器中，或连同称量纸一起放入大容器中加水让其溶解，待完全溶解后再取出称量纸。用量很少的原料不易称量，可先配成高浓度溶液，再按配方换算后取一定体积的溶液加入到容器中。待原料全部放入容器后，加足所需水量，加热使其充分溶解，即配成液体培养基。

若配制固体培养基，应先将琼脂条（或琼脂粉）称好或称好洗净（商品出售的琼脂条，用前可剪成小块，以便熔化），然后将液体培养基加热煮沸，再把琼脂加入，继续加热，直至完全熔化。在加热过程中应不断搅拌，控制火力，以免琼脂沉淀糊底和暴沸溢出容器。琼脂完全熔化后，可用热水补足因蒸发而损失的水分。

（二）调节 pH 值

液体培养基配制好后，要进行酸碱度的调节，常用 10% 的 NaOH 溶液和 10% 的 HCl 溶液进行调节。一般方法是用 pH 试纸，先撕一小片试纸（为节约，尽量少些，但不影响观察对比），然后用玻璃棒蘸一下液体培养基滴在 pH 试纸上，显色后与标准色板对照，判断溶液 pH 值，然后再加酸或碱进行调节，直到达到 pH 要求为止。此法简单易行，但较粗放。较精确的培养基配制，要用酸度计进行调节。

（三）过滤与澄清

有时为了观察培养后微生物的特征和生长情况，需用透明的培养基，因此要过滤掉培养基中的颗粒沉渣等。

1. 液体培养基的过滤与澄清

（1）纱布过滤。通常用 4~5 层纱布，把它扎在一个容器上且使中间凹陷，然后倒入培养基使其自然地过滤除掉滤渣，或是把纱布铺进漏斗后倒入培养基进行过滤。

（2）棉花过滤。用一块脱脂棉铺进漏斗，用少许清水浸湿使其紧贴漏斗，然后倾倒入培养基进行过滤。开始时，滤渣没有积累起来，过滤速度快，但透明度差，慢慢地滤渣积聚成滤饼，此时过滤较慢，但滤液透明度越来越好。如果要做透明度较高的培养基，可用此滤层再过滤一次。

（3）高温澄清。培养基混浊的原因，是由于其中有许多胶体混合物，在高温加热煮沸后这些混合物即可沉淀，如用麦芽等保温糖化、过滤后，滤液再加热煮沸，大部分蛋白质沉淀，可得到澄清的麦芽汁。琼脂培养基经加热沉淀后可虹吸上部清液到另一容器里进行分装。

2. 凝固培养基的过滤

加琼脂的培养基，过滤时须保温才能进行，否则易凝固使过滤不能进行，过滤时的保持温度一般应在 60℃以上。为达到此目的可用夹层装置（图 13-13）制成保温漏斗，它是用白铁皮或铜板制成的夹套，由上面的注水孔装入热水，用酒精灯在加热筒的下面加热保温。

（四）分装

培养基配好之后，要根据不同的使用目的，分装到各种不同的容器中去，根据使用目的不同可采用不同的分装方法。

1. 液体培养基的分装

（1）往三角瓶里分装。若精确分装，量大时可用量筒量取一定体积的培养基，小心倒入三角瓶；量小时可用移液管、滴定管等量取一定量的培养基加入到三角瓶里。无论量大量小，加入时一定注意不要让液体溅在瓶口内壁或瓶口上，以免引起污染。若是不精确分装，可用如图 13-14 的装置进行分装。此装置中漏斗下口接一橡胶管，橡胶管上夹上一铁夹子用以控制分装量。

（2）往试管中分装。若是精确分装可用量筒、滴定管或移液管等在每支试管中分装等量的培养基；若是不精确分装，可用如图 13-14 所示装置进行分装。

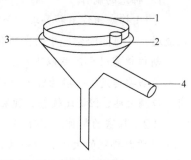

图13-13　夹层分装漏斗

1，玻璃漏斗；2，注水孔；3，保温夹层；4，加热支架

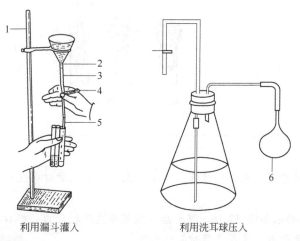

利用漏斗灌入　　　　　　利用洗耳球压入

图13-14　培养基分装装置

1，铁架；2，过滤漏斗；3，乳胶管夹；4，弹簧夹；5，玻璃管；6，洗耳球

2. 凝固培养基的分装

（1）往三角瓶中分装。若精确分装，则要趁热（60℃以上）用量筒、移液管等量取一定体积的培养基迅速倒入到三角瓶内；若不精确分装，也可用图 13-14 装置进行。

（2）往试管中分装。用如图 13-14 装置可进行不精确分装，若要精确分装，则可用量筒、移液管等量取所需的量加入到试管中。

以上均应注意不要使培养基溅在管口或管口内壁上。

（五）塞棉塞和捆扎

1. 棉塞的制作

（1）棉塞的作用和要求。分装好的三角瓶和试管一般情况要加棉塞，目的是既保持空气的流通，又可滤除空气中的杂菌和尘埃，避免培养物污染。

制作棉塞时要注意以下几点：①松紧适度，太紧影响通气，太松则影响过滤。②插入部分的长短要适度，一般为容器口径的 1.5 倍，过短则容易脱落，过长则易溅上培养液。③外露部分应稍大些，但要比较整齐硬实，便于握取。④塞棉塞时不要扭旋着塞入，以免撑破试管口。

（2）棉塞的制作。制作棉塞用普通弹好的棉花。通常方法如图 13-15。步骤大致如下：①根据所做棉塞的大小，取一块方形的棉花。②先折起一角，边缘可回折一下，其作用是加厚并折齐。③从相邻的任何一角对卷，注意要卷得稍紧。④最后将所余的一角折起来，塞入管口或瓶口。经高压蒸汽灭菌后，形状即固定而不再松开。

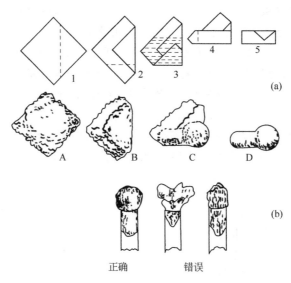

图 13-15　棉塞的制作

(a) 正确的制作过程；(b) 正误棉塞

有时可在棉塞外包上一层医用纱布，将上端系上，塞入管口或瓶口，高温定形后可长期使用。

（3）塞棉塞。要求如图 13-16。塞好后一般用牛皮纸把管口、瓶口包起来，然后用橡皮圈或线绳扎紧，以免附着尘埃或灭菌时凝结水汽。

（六）灭菌

一般情况下，培养基经分装、塞棉塞、包扎后应立即进行灭菌（灭菌方法见实验 11）。如延误时间，则杂菌很容易滋生繁殖，致使培养基变质而不能使用，尤其夏秋两季，如不及时处理，数小时内培养基就可能变质。若不能及时灭菌，可将培养基放入 4℃冰箱保存，但时间不宜过久。

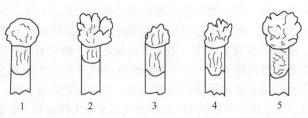

图13-16　棉塞的正确和不正确式样

1，正确的式样；2，管内部分太短，外部太松；3，外部过小；4，整个棉塞过松；5，管内部分过紧

（七）摆斜面

（1）摆斜面。灭菌后，需做斜面的试管，应待培养基冷却至 50~60℃（温度不能过高，以防斜面上冷凝水太多）后，摆成斜面（图 13-17）。斜面的斜度要适当，斜面的长度不超过试管长度的二分之一。摆放时注意不要使培养基污染棉塞，冷凝过程中不要移动试管，待斜面完全凝固后，再收起使用或贮藏。

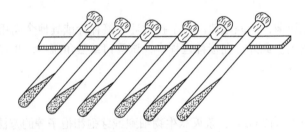

图13-17　斜面摆放

（2）倒平板。刚灭菌的琼脂培养基是液态的，这时要趁热倒平板。如果培养基灭菌前已分装进了试管，则可按无菌操作把试管中的培养基倒入无菌培养皿中，若培养基分装在三角瓶内，则应按无菌操作连续倒平板。注意倒平板时瓶口不要支在培养皿底的沿上，以免倒完后往外取三角瓶时，瓶口培养基沥在底皿沿上，增加污染机会。另外倒好的平板应放在水平的桌面上冷凝，最好 7~8 个摆成一竖排，以减少培养皿盖内的凝结水。

（八）贮存

经无菌试验，证实培养基已灭菌彻底后，贮藏于冰箱或清洁橱内，备用。

实验 11

灭菌与消毒

灭菌（sterilization）是采用物理或化学因素杀死或除去物体内外部的所有微生物的措施和方法，它包括杀菌（菌体保持原形）和溶菌。消毒的英文原意是 disinfection，它是采用较温和的理化因素，仅杀死物体表面或内部对人体有害的病原菌或病毒，而对被消毒的物体基本无害的措施。如对器皿、水果、饮用水等进行药剂消毒，对啤酒、牛奶、果汁和酱油等进行的巴氏消毒等。微生物实验中消毒的概念一般除上述含义外还包括各种物体表面、环境（空气）中各种对操作对象（微生物）有污染危险的微生物的杀死的含义。因此物品经消毒后，虽然仍有少数生物未被杀死，但已不致引起有害作用，故消毒在实际上是局部灭菌。

在微生物实验、生产和研究工作中，需要进行纯培养，要求不能有任何杂菌。因此，对所用器材、培养基都要进行严格灭菌，工作场所也应进行消毒，才能保证工作顺利进行。

常用的灭菌和消毒措施有物理因素和化学因素。物理因素中有加热、射线、过滤等，它们或是使蛋白质变性，或是使微生物的 DNA 损伤或完全除去微生物。化学因素主要是一些能抑制和杀死微生物的化学药剂如高锰酸钾、甲醛、75%酒精、新洁尔灭、来苏尔、重金属、抗代谢药物等。

一、加热灭菌

（一）火焰灭菌和干热灭菌

1. 火焰灭菌

直接用火焰灼烧灭菌，彻底迅速。对于接种环、接种针或其他金属用具，可直接在酒精灯上灼烧至红进行灭菌。此外，在接种过程中，试管口或三角瓶口，也可采用火焰灼烧达到灭菌的效果。

2. 干热灭菌

通过使用干热空气（170℃）去杀灭微生物细胞或芽孢和孢子等的方法称为干热灭菌。玻璃器皿（如吸管及培养皿等）、金属用具等凡不能适用其他方法灭菌而又能耐高温的物品都用此法灭菌，而培养基、橡胶制品等不能用干热灭菌。

常用干热灭菌的电烘箱如图 13-18。

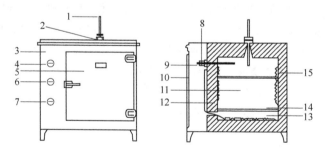

图 13-18　常用于热灭菌电烘箱

1，温度计；2，排气阀；3，箱体；4，控温器旋钮；5，箱门；6，指示灯；7，加热开关；8，温度控制阀；9，控制室；10，侧门；11，工作室；12，保温层；13，电热器；14，散热板；15，搁板

干热灭菌的一般方法是：

（1）为使灭菌后仍能保持无菌状态，各种玻璃器皿均需包扎。

① 培养皿。洗净烘干后每 10 套摞在一起，用牢固的纸卷成一筒，两头折叠密封，然后进行灭菌，使用时在无菌室打开取出培养皿。

② 吸管。洗净烘干后的吸管，在吸管口的一端用尖头镊子或接种针塞入少许棉花（其作用是防止菌液、酸液、碱液等吸入吸管口中和防止污染），塞入棉花的量要适宜，棉花不宜露在吸管口的外面，多余的棉花可用酒精灯的火焰烧掉。

包扎单支吸管时可用一条宽约 4～5cm 的纸条，以 45℃左右的角度从尖端慢慢卷起来，另外在尖端要留出一段纸头，卷一两圈后把尖端纸头折回，用纸条卷压住纸头继续卷起来直至吸口端，剩余纸条折叠打结，不致散开，标上容量。

包扎好后，可若干支吸管扎成一捆。灭菌后，同样要在使用时才从吸口端拧断纸条抽取吸管。

也可以把 7～8 支吸管包在一包中，方法是取一张报纸（4K）大小的纸，对折，把吸管斜放在一角，从这角向对角卷起，卷几卷后把这端纸头折向中间，再卷几卷后把另一纸头也折向中间，卷完后，用浆糊粘着对角，即包扎完成，可放入烘箱灭菌。

③ 试管和三角瓶。试管和三角瓶都要做合适的棉花塞塞住管（瓶）口。若干支试管用绳扎在一起，在棉花塞部分外包裹牛皮纸或二层报纸，再在纸外用线绳扎紧。三角瓶每个单独用牛皮纸包住瓶口，用线绳或橡皮圈扎紧。

也可用铁皮或铜板做成铁盒或铁筒再把吸管、培养皿和试管放入其中，盖盖后灭菌。

(2) 把包扎好的物品放在烘箱内，堆置时要留空隙，勿使其与四壁接触，关闭箱门。

(3) 接通电源，把箱顶的通气口适当打开，使箱内冷空气逸出，至箱内温度达到 100℃时关闭通气口。

(4) 调节温度控制器旋钮，直至箱内温度达到所需温度为止，观察温度是否恒定，若温度不够，继续调节，调节完毕后不可再拨动调节旋钮和通气口，保持 160～170℃，1.5～2h。

(5) 关掉电源，待温度降至 60℃时才能打开箱门，取出灭菌物品。

(6) 将温度调节控制旋钮返回原处，并将箱顶通气口打开。

使用电烘箱干热灭菌时应注意以下问题：

① 灭菌物在箱内不能堆置太满，一般不要超过总容量的 2/3，灭菌物之间应留有一定空隙。

② 灭菌物不能直接放在烘箱的底板上，要用铁箅子架起。灭菌物的包装，如纸、棉花或纱布等，不要接触烘箱内壁的铁皮，因为铁板温度一般高于箱内空气温度（温度计所指示的温度），容易烘焦着火。

③ 升温时或灭菌时物质有水分需要迅速蒸发时，可打开进气孔和排气孔，温度达到所需温度（如 165℃）后，就要将进气孔和排气孔关闭，使箱内温度一致。

④ 灭菌温度以控制在 165℃保持 2h 为宜。超过 170℃，包装纸就要变黄，超过 180℃，纸或棉花等会烧焦或燃烧。如不慎，箱内发生燃烧，应立即关闭电源和进、排气孔，待自行降温到 60℃以下时，才可打开箱门进行处理。切勿在未切断电源前打开箱门或排气孔，以免促进燃烧，酿成火灾。

⑤ 正常情况下灭菌完毕，让其自然降温到 100℃以后，打开排气孔促使降温至 60℃以下时，再打开箱门取出灭菌物，以免骤然降温使玻璃器具爆裂。

(二) 湿热灭菌

利用高温水蒸气杀死微生物，多数细菌和真菌的营养体细胞在 60℃左右处理 5～10min 后即可杀死，但细菌芽孢一般在 0.1MPa 处理 15～20min 才能杀死。可见湿热灭菌比干热灭菌效率要高。

1. 常压蒸汽灭菌

指在不能密闭的容器中，将水烧开产生蒸汽，使蒸汽源源不断地透过灭菌物品以杀死物品内外微生物的灭菌方法。这种方法的水蒸气压力不超过大气压力，温度不超过 100℃。主要在不具备高压灭菌设备或不宜用高压蒸汽灭菌时——如糖液、明胶的灭菌时采用。

这种灭菌方法所用的灭菌器具有阿诺氏（Aroka）灭菌器或特制的蒸锅，也可用普通的蒸笼。

（1）常压蒸汽间歇灭菌。这种灭菌方法是将培养基或其他灭菌物放在蒸笼内，每天蒸一次，每次从"元气"起持续 30～60min，连续 3 天每天一次。在每两次蒸煮之间，将培养基或灭菌物放在室温下（28～30℃）培养 24h。这样，在第一次蒸煮时，可将培养基中一切微生物的营养体细胞杀死。经培养后，芽孢发芽成为的营养体，在第二次蒸煮时又可被杀死。极少数在第一次培养中形成的芽孢在第二次培养时又萌发为营养体，经第三次蒸煮时也被杀死。这样经过三次蒸煮，两次培养，基本上可达到灭菌的目的。

（2）常压蒸汽持续灭菌。这种灭菌方法实际上是在常压灭菌器或在蒸笼中延长蒸煮时间的方法，即从蒸汽大量冒出（或称"元气"）开始，继续加大火力保持充足蒸汽，持续加热 8～12h 可达到灭菌的目的。

应用常压蒸汽灭菌时应该注意下列问题：

① 使用这两种灭菌法时，都必须在灭菌物全部热透、里外都达到 100℃后，方能开始计保温时间。为此，灭菌物体积不宜过大，在蒸锅内堆放不能太拥挤，应留有间隙。麸皮等固体曲料大批灭菌时，每袋最多不要超过 3～5kg，袋子在蒸锅里要用箆子隔开，不能堆压在一起。

② 蒸锅里事先要加足水量。一次持续灭菌时，如锅内盛水量不能维持到底时，应在蒸锅侧面安装加水口，以便在加热过程中添水，防止骤然降温。另外应火大火急，保证有充足的蒸汽。

③ 如用间歇法，在每次加热后，将蒸笼抬起架空，迅速降温。如用固定蒸锅，应立即熄火，迅速降温。然后在室温下（20～30℃）静置 24h，再进行第三次加热。如果降温慢，往往会使未被杀死的杂菌大量滋长，反而会使灭菌物变质，特别是固体曲料包装过大时，靠近中心的更易发生这种情况。

④ 考虑到灭菌效果，分装试管、三角瓶或其他玻璃瓶的培养基，容积小，散热快，以间歇法为好；固体曲料，包装较大，散热慢，用间歇法容易滋生杂菌或者水分蒸发过多，以持续灭菌法为宜。

总之要因材选法，以达到最佳灭菌效果。

2. 高压蒸汽灭菌

（1）灭菌原理。一般微生物的营养细胞在水中煮沸后即被杀死，但细菌的芽孢有较强的抗性，开水煮沸 10min，甚至 1～2h，也不能完全杀死。因此，有效的彻底的灭菌则需要更高的温度，并要求能在较短的时间内达到灭菌的目的而不破坏营养。根据蒸汽的温度随压力的增加而提高，即压力越大，温度越高的原理，我们可以采用加压蒸汽短时间灭菌的方法。蒸汽压力与温度的关系如表 13-1 所示。

使用高压蒸汽灭菌器进行灭菌时，灭菌器内冷空气的排除完全与否极为重要，因为空气的膨胀压力大于水蒸气的膨胀压，所以当水蒸气中含有空气时，压力表所表示的压力是水蒸气压力和部分空气压力的总和，不是水蒸气的实际压力，它所相当的温度与完全灭菌水蒸气的温度是不一致的，这是因为在同一压力下的实际温度，含空气的蒸汽低于饱和蒸汽（见表 13-2）。

表 13-1　蒸汽压力与温度的关系

蒸气压		相当温度/℃	蒸气压		相当温度/℃
磅/平方英寸	kgf/cm^2		磅/平方英寸	kgf/cm^2	
0	0	100	20	1.406	126.6
5	0.325	107.7	25	1.758	130.5
10	0.703	115.5	30	20109	134.4
15	1.055	121.6			

注：现在法定压力单位已不用磅/平方英寸和 kgf/cm^2 表示，而是用 Pa（或 bar），1kgf/cm^2=98.0665kPa。

表 13-2　高压蒸汽灭菌中空气排除程度与灭菌器温度的关系

空气排除的程度	器内温度/℃	空气排除的程度	器内温度/℃
完全排除	121	排除 1/3	109
排除 2/3	115	完全未排除	100
排除 1/2	112		

（2）常用高压蒸汽灭菌器。常用高压灭菌器主要有手提式、立式、卧式三种（图 13-9），其主要构造及其使用要点介绍如下：

① 手提式灭菌器基本构造有内桶、外桶、安全阀、压力表、放气阀、软管、底架、紧固螺栓等。使用要点如下：

加水。往灭菌锅中加入清水，以不淹没住底架为限。连续使用时，必须于每次灭菌前，补足水量，以免干热而发生重大事故。

装锅。将待灭菌的物品，预以妥善包扎，顺序地、相互之间留有间隙地放置在灭菌桶内的筛孔板上。这样，有利于蒸汽的穿透，提高灭菌效果。

加盖。将灭菌桶放入主体内，然后加盖，加盖时将盖上的软管插入灭菌桶内侧凸管内，对正盖与主体的螺栓。顺序地用力均匀地将相对方位的翼形螺母旋紧，使盖与主体密合。

放冷空气。将灭菌器放在热源上，开始时必须将放气阀摘子推至垂直（开放）方位以便使容器内空气逸出。待见放气阀有较急蒸汽喷出时，应随即将摘子扳至水平（关闭）方位。随着容器内热量的不断上升而产生的压力，可在压力表上显示出来。

灭菌。当容器内压力达到所需范围时，应随即适当调低热源热量，使其维持恒压。同时，开始按不同物品和包装来计灭菌时间。

干燥。对医疗器械、敷料、器皿等消毒后需要迅速干燥者，可于消毒完毕后，立即将放气阀打开，继续对其加热 10~15min 即可。

冷却。对瓶装培养基等灭菌终了时，应首先将热源熄灭或移开，使灭菌器自然冷却至压力表指针回复零位，再等数分钟，然后打开放气阀，将盖开启。否则瓶内溶液因压力骤降，导致培养基剧烈沸腾、溢出，甚至瓶子爆破。

使用应注意事项：

每次使用前，都应检查容器内水量是否充足，不足时一定要加足水量。

每次灭菌开始时，必须将放气阀打开，使容器内空气逸出，否则达不到预期灭菌效果。

对凝固、溶液型培养基等进行灭菌时，应灌注于硬质耐热玻璃瓶中，以不超过 3/4 为妥，用棉塞塞口，并用牛皮纸等包扎。切勿使用未打孔的橡胶或软木瓶塞。

压力表使用日久，若遇指针不能回复零位或读数不正确时，应及时予以检修或重换，以确保安全。

② 立式高压灭菌器主要结构如图 13-19（b）。使用操作要点：

加水。在灭菌器主体内加水至水位表上端线，水在消毒过程中会逐渐蒸发，水面会随之相应降低，若需要再次使用，应将水重新加至上端线。若水位表中的水位低于下端线时，本机将自动切断加热电源。如需重新使用，应先加水至水位上端线，并按上"息位"按钮即可。

装锅。同手提式。

密封灭菌。筒放入主体后，将盖子盖好，按顺序将相对方位的紧固螺栓予以均匀地旋紧，使盖与口密合，不宜旋得太紧以免损坏橡胶密封垫圈。

加热排气。将"电源"按至"开"位置，"电源"指示灯亮，容器电源接通，"加热"灯亮。开始加热时将"排气"旋钮旋至"开"位置，待排气管内有大量蒸汽逸出，持续排气 1～10min，再关闭"排气"旋钮，此时灭菌器内部的残余冷空气已被基本排出，使之提高了消毒的效果。

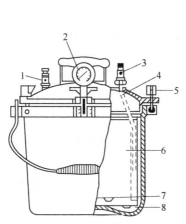

(a) 手提式灭菌锅
1, 安全阀；2, 压力表；3, 放气阀；
4, 软管；5, 紧固螺栓；6. 灭菌桶；
7, 筛架；8, 水

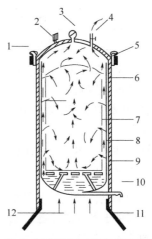

(b) 立式高压蒸汽灭菌器构造示意图
1, 盖；2, 保险阀；3, 压力表；4, 排气口；5, 橡胶
垫圈；6, 烟通孔；7, 装料桶；8, 保护壳；9, 蒸
汽锅壁；10, 排水口；11, 底脚；12, 蒸汽

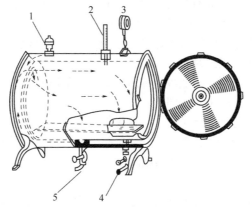

(c) 卧式高压蒸汽灭菌器构造示意图
1, 安全活塞；2, 温度计；3, 压力表；
4, 排气口；5, 蒸汽入口

图 13-19 不同灭菌锅构造示意图

升压、保压。当灭菌器内压力指示到额定工作压力时，压力控制器将自动控制压力，使之维持恒压，此时才开始计算各种物品所需的灭菌时间。

降压、冷却。灭菌完毕后，首先关闭电源，让其自然冷却，待压力降至接近零时，再将安全阀和放气阀打开，然后方能打开盖子，取出灭菌物品。切忌灭菌后立即放气，以免因溶液暴沸而溢出。有时为了加速冷却可小心地缓慢放气。

使用时应注意事项：

灭菌器内应确保有额定水量，过多水量会使敷料等不易干燥，若连续消毒，必须补充水量。

在灭菌开始加热时，必须将"排气"旋钮打开，使灭菌器内的空气逸出，否则达不到良好的灭菌效果。

不要用软木塞或封闭的橡胶塞塞试管和三角瓶等瓶口。

灭菌终了时，最好趁热将灭菌器内的水排除干净，使其干燥并擦洗水垢，以利提高灭菌质量及延长使用寿命。

灭菌器使用日久，会产生水垢，此时可采用下列方法清洗水垢：10L 清水加入 750g 烧碱和 250g 煤油注入灭菌器内浸泡 10～12h，然后进行洗刷，最后换清水洗净。

③ 卧式一般结构如图 13-19（c）。结构多有变化，使用方法可详细参阅有关使用说明书。

二、紫外线杀菌

紫外线（ultraviolet），尤其是波长在 260～280nm 之间的紫外线，具有很强的杀菌能力。它主要是通过间接作用和直接作用破坏微生物的蛋白质活性和 DNA 结构而达到灭菌效果的。阳光中紫外线并不太强，因为大部分紫外线为空气中云雾尘埃所吸收，阳光照射需要几个小时才能达到灭菌效果，这也是我们要经常晾晒物品的原因。而紫外线灯近距离（20～30cm）照射 30min 即可将细菌营养体杀死，再过十几分钟后芽孢也会死亡，但穿透力不大，一般只能消毒物体表面。接种室、手术室、菌种包装室等可安装 30W 灯管，约可照射 9m³，灯管以距地面约 2m 最好，照射前可喷洒石炭酸、煤酚皂溶液等化学消毒剂以加强灭菌效果。普通的小型接种室，按空间容积为 2×2×2.5=10m³ 计算，在工作台上方距离地面 2m 处悬挂 30W 紫外灯 1～3 个，每次开灯照射 30min，就能使室内空气灭菌。紫外线对视网膜及视神经有损伤作用，对皮肤有刺激作用，所以不能在紫外线灯下工作，必要时需穿防护衣帽，并戴有色眼镜进行工作。

三、化学药剂杀菌或抑菌

这里主要指的是表面消毒剂。表面消毒剂种类很多，但这类物质有一个共性，即它们对一切活细胞都有毒性，不能用作活细胞内的化学治疗；当其在极低浓度时，常会对微生物的生命活动起刺激作用，随着浓度逐渐增高，就相继出现抑菌和杀菌作用，形成一个连续的作用谱。常用的化学杀菌剂种类的用量范围及作用机制如表 13-3。

表 13-3　常用的化学杀菌剂种类的用量范围及作用机制

类型	名称及使用浓度	作用机制	应用范围
重金属 盐类	0.05%～0.1%升汞	与蛋白质的巯基结合使失活	非金属物品，器皿
	2%红汞	与蛋白质的巯基结合使失活	皮肤，黏膜，小伤口
	0.01%～0.1%硫柳汞	与蛋白质的巯基结合使失活	皮肤，手术部位，生物制品防腐
	0.01%～0.1%AgNO₃	沉淀蛋白，使其失活	皮肤，滴新生儿眼睛
	0.1%～0.5%CuSO₄	与蛋白质的巯基结合使失活	杀植物真菌和藻类
酚类	3%～5%石炭酸	蛋白质变性，损伤质膜	空气，地面，家具，器皿
	2%煤酚皂	蛋白质变性，损伤质膜	皮肤
醇类	70%～75%乙醇	蛋白质变性，损伤细胞膜，脱水，溶解类脂	皮肤，器械
酸类	5～10mL 醋酸/m³ 2%戊二醛（pH8 左右）	破坏细胞膜和蛋白质	房间消毒（防呼吸道传染）
醛类	40% 甲醛溶液　5～10mL/m³	破坏蛋白质氢键或氨基	物品消毒，接种箱，接种室的熏蒸
	2%戊二醛（pH8 左右）	破坏蛋白质氢键或氨基	精密仪器等的消毒
气体	600mg/L 环氧乙烷	有机物烷化，酶失活	手术器械，毛皮，食品，药物
氧化剂	0.1%KMnO₄	氧化蛋白质的活性基团	皮肤，尿道，水果，蔬菜
	3%H₂O₂	氧化蛋白质的活性基团	污染物件的表面
	0.2%～0.5%过氧乙酸	氧化蛋白质的活性基团	皮肤，塑料，玻璃人造纤维
	1mg/L 臭氧	氧化蛋白质的活性基团	食品
卤素及 化合物	0.2～0.5mg/L 氯气	破坏细胞膜、酶、蛋白质	饮水，游泳池水
	10%～20%漂白粉	破坏细胞膜、酶、蛋白质	地面，厕所
	0.5%～1%漂白粉	破坏细胞膜、酶、蛋白质	饮水，空气（喷雾），体表
	0.2%～1%氯胺	破坏细胞膜、酶、蛋白质	室内空气（喷雾），表面消毒
	4mg/L 二氯异氰尿酸钠	破坏细胞膜、酶、蛋白质	饮水
	3%二氯异氰尿酸钠	破坏细胞膜、酶、蛋白质	空气（喷雾），排泄物，分泌物
	2.5%碘酒	酪氨酸卤化，酶失活	皮肤
表面 活性剂	0.05%～0.1%新洁而灭	蛋白质变性，破坏膜	皮肤，黏膜，手术器械
	0.05%～0.1%杜灭芬	蛋白质变性，破坏膜	皮肤，金属，棉织品，塑料
染料	2%～4%龙胆紫	与蛋白质的羧基结合	皮肤，伤口

四、过滤除菌

　　过滤除菌可将细菌与病毒分开，因此广泛应用于病毒和噬菌体的研究工作中，此外微生物工业上所用的空气过滤器以及微生物接种所用的超净工作台都是根据过滤除菌的原理而设计的。这种除菌方法只是除去培养基质或其他需要灭菌但又不能用高温或其他方法灭菌的基质或空气中的微生物，它不杀死微生物。如有些液体物质不耐热，如果加热的话就会破坏它的有效成分（如血液、疫苗、抗生素、毒素、糖液等），这时就不能用加热来灭菌，要用细菌过滤器滤除细菌。细菌过滤器（图 13-20）是一种机械除菌器，不会破坏液体的成分，它是由孔径极小，能阻挡细菌通过的陶瓷、硅藻土、石棉或玻璃粉制成的。细菌滤器的型式多种多样，但原理是一样的，主要有以下几种。

1. 硅藻土过滤器

常用的柏克氏（Berkefeld）滤器属此种制品，它是由硅藻土制成的空心圆柱体，中央装有金属，导出于圆柱体外。硅藻土过滤器有许多型，它们的区别在于滤器的孔径和滤器的体积。孔径分粗型（V，8~12μm）、中型（N，5~7μm）和细型（W，2~4μm）。这种过滤器的底部接于金属托板上，托板中央有一金属导管，圆柱外装有玻璃套筒，滤菌时将欲过滤的液体装于筒内，托板下的导管上装有橡皮塞，将橡皮塞连同滤器插入滤瓶上，即可抽滤。

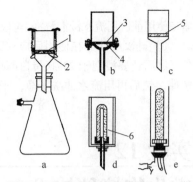

图13-20　常用细菌滤器

a，滤膜过滤器；b，蔡氏过滤器；c，玻璃过滤器；d，磁土过滤器；e，硅藻土过滤器；1，纤维素滤膜；2，机械支持；3，滤板；4，玻璃滤板；5，素磁滤板

2. 陶瓷滤器

卡姆伯伦（Chamberland）属此种制品。此种滤器是用未上釉的陶瓷制成的，状如蜡烛、中空、一端开口的空心圆柱体，漏斗管可用橡皮塞固定在开口处。过滤时让欲过滤的液体通过漏斗流入滤器的空心内，借抽气造成负压，使液体渗过柱壁流至柱外。孔径编号自 L_1 至 L_{18}。

3. 石棉板滤器

赛氏（Seitz）滤器属此种。它是由金属制成漏斗状的、中间嵌以石棉制滤板的过滤器。此漏斗两节由三个活动螺旋固定，便于装卸。使用时拆开两节，将滤板放在漏斗上的金属板上，再加上上节，然后将螺旋扭紧，将欲滤溶液置于滤器中抽滤。每次过滤必须用一张无菌新滤板。石棉板滤器因窑大小不同而有各种不同型号，石棉板也有不同规格的型号，使用时必须根据需要搭配妥当。滤板编号：K，最大，作澄清用；EK，滤孔较小，常用来去除一般细菌；EK~S，滤孔最小，可阻止大病毒通过。

4. 玻璃滤器

外形如玻璃漏斗，其滤板是用玻璃粉热压而成的。滤板与玻璃漏斗黏合在一起，适用于过滤细菌的型号为 IG_5，在使用过程中，反复加热灭菌和冷却，易使滤板与漏斗之间出现空隙，如出现这种情况，这个滤器就报废了。

滤孔编号：①80~120μm；②40~80μm；③15~40μm；④5~15μm；⑤2~5μm，能阻挡细菌通过，⑥<2μm，能阻挡细菌通过。

玻璃滤器使用时应注意以下事项：

① 在使用一个新的玻璃滤器前，应以热盐酸或硫酸先行抽滤，并立即用蒸馏水洗净。经过这样的预处理，滤器中灰尘和外来杂质等可以除去。

② 玻璃滤器不能用来过滤氢氟酸、热浓磷酸、热或冷的浓碱液。这些试剂能溶解滤片的微粒，使滤孔增大，并造成滤片脱裂。

③ 滤片的厚度应兼顾到过滤的速度和必要的机械强度。因此在减压或加压的情况下使用时，滤片两面的压力差不能超过 0.1MPa。

④ 滤器灭菌前应先用水浸湿，然后用 2~3 层纱布包装后放在流通蒸汽灭菌器中加热到100℃维持 1h，冷却后取出，再浸泡于硫酸中（其中加硝酸钠及过氯酸钠）经 24h 后再用流水洗涤。注意不要用洗液浸泡，因可能影响玻璃孔的电荷。滤器的升温和降温必须十分缓慢。

细菌滤器的清洁方法：

① 供过滤除菌的各种滤器在使用前应从反方向压入流水，冲去滤孔中的大部分物质。新滤

器在使用前应用流水浸泡洗涤,再放在0.1%的盐酸中浸泡数小时,再用流水冲洗洁净后方可使用。

　　② 硅藻土滤器在使用后应立即洗涤,除从反方向压入水流,使冲去滤孔中大部分物质以外,然后还要浸泡于2%胰蛋白酶溶液中,并置于37℃恒温箱内24h,使残余的有机物完全分解掉,然后再用流水冲洗干净,干燥后包装,用高压蒸汽灭菌,以备下次使用。

实验 12
微生物接种技术

　　微生物接种技术是微生物学实验室中最基本的操作技术。由于实验目的、培养基种类及容器等的不同,所用的接种方法不同。常用的接种方法有斜面接种、液体接种、平板接种、固体接种和穿刺接种等,以获得生长良好的纯种微生物。为此,接种通常都应在空气经过消毒的"无菌室"或者接种箱内进行,要严格的无菌操作。同时因接种方法的不同,常采用不同的接种工具,如接种环、接种针、接种钩、移液管和玻璃刮铲等。

一、接种前的准备工作

(一) 无菌室的灭菌

1. 无菌室的设置

　　无菌室的具体设置可因地制宜,但应具备下列基本条件:①无菌室要求严密避光,但为了在使用后排湿通风,应在顶部设百叶窗,窗口加密封盖板,可以启闭。无菌室侧面底部应设进气孔,也应加密封盖板,随时启闭。一般小规模的接种操作用接种箱(图13-21)或超净工作台。②无菌室一般应有里外两间,外间较小,作为缓冲间以提高隔离效果。③无菌室应安装拉门,以减少空气波动,必要时,在向外一侧的玻璃扇上,安装一个双层的小型玻璃橱窗,便于内外传递物品,减少进出无菌室的次数。④无菌室内应设有照明、电热和动力用的电源。⑤工作台面应抗热、抗腐蚀,便于洗刷,可采用橡胶板或塑料板铺覆台面。

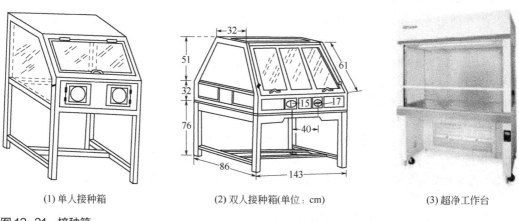

(1) 单人接种箱　　　　　　(2) 双人接种箱(单位:cm)　　　　　　(3) 超净工作台

图13-21　接种箱

2. 无菌室（箱）的灭菌

（1）熏蒸。在无菌室全面彻底灭菌时，先将室内清理干净，打开通气孔和排气窗通风干燥后，重新关闭，再行熏蒸灭菌。常用的灭菌剂为福尔马林（37%～40%甲醛），每立方米空间 6～10mL。按消毒总需用量盛于铁制容器中，利用电炉或酒精灯直接加热（应可随时终止热源）或每立方米加 3～5g 高锰酸钾，通过氧化作用加热，使福尔马林蒸发。熏蒸后要保持密闭 12h。甲醛熏蒸后，产生大量的甲醛气体，具有较强的刺激作用，可在使用无菌室前至少 2h，按所用甲醛容量的 2 倍取氨水倒入搪瓷盘内，放入无菌室，使其挥发中和以减轻刺激作用。此法与硫黄熏蒸交替使用，可收到更好的灭菌效果，硫黄用量为每立方米空间 10～15g，利用产生的二氧化硫进行熏蒸，熏蒸前将地面和墙壁喷水少许，以增加灭菌效果。

（2）紫外线灯照射。在每次工作前后，均应打开紫外线灯，分别照射 15～20min，进行灭菌。在无菌室内工作时，切记要关闭紫外灯，以防紫外线对人体的危害。

（3）喷雾灭菌。每次临操作前，用手持喷雾器喷 5%的石炭酸或 2%～5%的来苏尔溶液，主要喷于台面和地面；兼有杀菌和防止微尘飞扬的作用。

（4）无菌室空气污染情况的检验。为了检验无菌室灭菌的效果以及操作过程中空气污染的情况，需要定期地在无菌室内进行空气中杂菌的检验。一般可在两个时间进行：一是在灭菌后使用前；二是在使用后。检查的方法参照实验 1 环境中微生物的检测。

3. 无菌室操作规则

① 将所用材料用品全部放入无菌室（如同时放入培养基则需用牛皮纸遮盖）。应当尽量避免在操作过程中进出无菌室或传递物品。在使用前用紫外灯照射灭菌，工作时关闭。

② 进入缓冲间，换好隔离工作服、鞋、帽，戴上口罩，用 2%煤酚皂液将手浸洗（1～2min）后，再进入工作间。

③ 操作前再用酒精棉球擦手，然后严格按无菌操作法进行，废物应丢入废物桶内。

④ 工作后应将台面及室内整理干净，取出培养物及废物，用 5%的石炭酸喷雾，再打开紫外灯照射 15～20min。

（二）接种工具的准备

接种针、接种环、接种钩等由金属丝与接种棒组成。接种棒市面有售，也可用直径约 0.6cm 的玻璃棒自制。金属丝常用铂丝、镍铬丝或 0.5mm 的电炉丝，其突出在接种棒外的金属丝总长应在 7.5cm 左右。接种针要求硬而垂直；接种环其前端为内径 2～3mm 的圆环，圆而封口；接种钩前端为钩状或扁平状。常用的接种工具如图 13-22 所示。

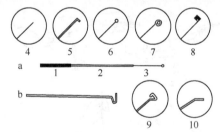

图13-22　常用接种工具

a, 接种环；b, 玻璃刮铲；1, 塑料套；2, 铝柄；3, 镍铬丝；4, 接种针；5, 接种钩；6, 接种环；7, 接种圈；8, 接种锄；9, 三角形刮铲；10, 平刮铲

二、接种方法

接种可分为斜面接种、液体接种、固体接种和穿刺接种等方法，无论哪一种方法都需要在无菌的或不被杂菌污染的条件下进行。

（一）斜面接种技术

斜面接种是用灭菌的接种环从已生长好的斜面上挑取少量的菌种移植于另一支新鲜培养基斜面上的一种接种方法，其操作如下：

1. 贴标签

接种前在试管斜面上贴上标签，注明菌名、接种日期、接种人姓名等，标签应贴在试管培养基斜面的正上方，离管口约 3～4cm 处。

2. 点燃酒精灯

3. 接种

用接种环将菌种移接到贴好标签的试管斜面上，无菌操作程序如图 13-23 所示。

（1）手持试管。将菌种和待接种斜面的两支试管用大拇指和其他四指握在左手中（菌种管在前），使中指位于两试管之间部位。斜面向上，并使它们位于水平位置。

（2）旋松棉塞。先用右手将棉塞旋松，便于接种时拔出。然后右手如握铅笔状拿着接种环，在火焰上将环端烧红灭菌，再将进入试管的其余部分均匀用火烧灭菌。

（3）拔棉塞。用右手的无名指、小指和手掌边先后拔出菌种管和待接试管的棉塞，然后让试管口缓缓过火灭菌。将烧过的接种环深入菌种管，先使环接触没有长菌的培养基部分使其冷却。

（4）取菌。接种待环冷却后轻轻蘸取少量菌或孢子，然后将接种环小心地移出菌种管并迅速地进入到另一支待接试管斜面上。从斜面培养基的底部向上部作"Z"形来回密集划线，勿划破培养基，也可以在斜面培养基的中央划一条直线作斜面接种，以便观察菌的生长特点。

（5）塞棉塞。取出接种环，灼烧试管口，并在火焰旁将棉塞塞上（塞棉塞时将新接菌种管口稍高于酒精灯火焰，棉塞在火焰上稍烧一下灭菌）。为了节约时间和减少污染，也可连续移接，即菌种管口始终不离酒精灯火焰，每移完一支后把接种环重新放回菌种管内，连续移接 8～10 支时再烧一次（接种环接种数量多时多采用此法）。接种完毕后，将接种针烧红灭

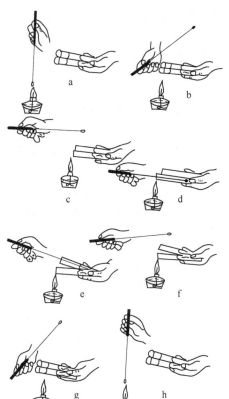

图 13-23 斜面接种程序

菌，把接好的菌种扎好捆，放在适当温度下培养。

（二）液体接种

1. 由斜面菌种接到液体培养基

有下面两种情况：一是接种量小，可用接种环挑取少量菌体移入培养基容器（试管或三

角瓶）中，将环放在液体内并在其壁上把菌苔研开；拔出接种环，塞好棉塞，再将液体摇动，菌体可均匀分布在液体中；二是接种量大时，可先在试管斜面菌种管中倒入定量无菌水，用接种环从试管斜面的前端到后端轻轻地将菌苔刮下研开，再把制好的菌液倒入液体培养基中，摇匀即可。

2. 由液体培养物接种液体培养基

可根据具体情况采用以下不同方法：用无菌吸管吸取菌液接种（图 13-24）；直接把液体培养物无菌操作倒入液体培养基中；利用高压无菌空气通过特殊的注液装置把液体培养物注入液体培养基中；利用负压将液体培养物抽到液体培养基中（如发酵罐接入种子菌液）。

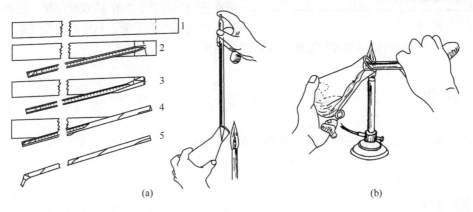

图 13-24　用液体培养物接种液体培养基时的接种方法

（a）移液管灭菌前的纸带包裹法（左）和接种（右）；（b）液体倒种法

（三）固体接种技术

1. 用菌液接种固体料

可按无菌操作将制好的菌液或培养好的发酵液直接倒入固体料中搅拌均匀。注意接种所用菌液的水容量要计算在固体料总加水量之内，否则往往在用液体接种菌接种后曲料含水量加大，影响培养效果。

2. 用固体种子接种固体料

包括用孢子粉、菌丝体或二者混合种子菌或其他固体培养的种子菌。把固体种子直接倒入灭菌的固体料，要充分地搅拌，使之混合均匀。一般是先把种子菌和少部分固体料混匀后再扩大堆料。固体接种还应注意"抢温接种"，即在曲料灭菌后不要使料温降得过低才接种，料温高于培养温度 5~10℃时抓紧接种（如培养温度为 30℃，料温降至 35~40℃时即可接种）。抢温接种可使培养菌接种后得到适宜的温度条件，从而能迅速生长繁殖，长势好，杂菌不易滋生。

（四）穿刺接种技术

这是一种用接种针从菌种斜面上挑取少量菌体并把它穿刺到固体或半固体的深层培养基中的接种方法（图 13-25）。这种方法可作为保藏菌种的一种形式，同时也是检查细菌运动能

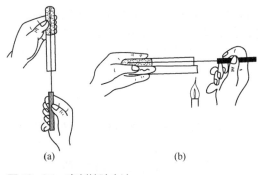

图 13-25 穿刺接种方法

(a) 垂直法；(b) 水平法

力的一种方法。它仅适于细菌和酵母菌的接种培养。具体方法如下：

（1）接种。用接种针（接种针必须挺直）取出少许菌种，接种针自培养基中心垂直地刺入培养基中。穿刺时要做到手稳，动作轻巧快速，并且要将接种针穿刺到接近试管底部，然后沿着接种线将针拔出。最后塞上棉塞，再将接种针烧红灭菌。

（2）培养。将接种的试管直立于试管架上，放在适温下培养，24h 后观察结果。注意，若具有运动能力的细菌，它能沿着接种线向外运动而弥散，故形成的穿刺线较粗而散，反之则细而密。

三、作业

简述细菌、放线菌和霉菌在接种方法上有何异同。

实验 13
环境条件对微生物生长的影响

微生物生长发育受多方面因素的影响，只有在适宜的环境条件下微生物才能生长良好。不同的微生物生长需要不同的环境条件。影响微生物生长的环境因素主要有：营养元素、温度、氢离子浓度、氧、紫外线、化学药剂等。

一、营养元素对微生物生长的影响

微生物生长发育都各自要求一定的营养条件，特别是碳、氮、磷、钾、硫等主要元素对微生物生长发育的影响更为明显，个别微生物种类还需要某些微量元素及生长刺激物质等。因此在培养微生物时，应满足它们对各种营养元素的要求。本实验通过几种含有不同成分的合成培养基测试碳、氮、磷、钾及微量元素锌对黑曲霉生长发育的影响。

（一）器材和用品

（1）菌种：黑曲霉（*Aspergillus niger*）斜面培养。
（2）器具：酒精灯、接种环、接种箱。
（3）培养基：完全培养液，缺碳、缺氮、缺磷、缺钾、缺锌培养液。其成分见下表：

1升蒸馏水内各物质的含量

组成成分	完全培养基	缺碳培养基	缺氮培养基	缺磷培养基	缺钾培养基	缺锌培养基
蔗糖/g	50	—	50	50	50	50
NH₄NO₃/g	3.0	3.0	—	3.0	3.0	3.0
KH₂PO₄/g	1.0	1.0	1.0	—	—	1.0
MgSO₄·7H₂O/g	1.0	1.0	2.0	1.0	1.0	1.0
FeSO₄·7H₂O/g	0.1	0.1	0.1	0.1	0.1	0.1
1%ZnSO₄/mL	5	—	—	—	—	—
NaCl/g	—	2.0	1.0	—	—	—
KCl/g	—	—	—	1.0	—	—
NaH₂PO₄/g	—	—	—	—	1.0	—

注：1. 将各药品按比例称好后加热熔化。

2. 培养液熔化后将 pH 值调至 5.07。

3. 各自装入试管（5mL）或三角瓶中（每瓶装 30mL）。做好标记，加棉塞，灭菌备用。

（二）方法和步骤

（1）接种。按无菌操作的方法，用接种环分别接入黑曲霉孢子各二环塞上棉塞振摇一下。

（2）培养。接种后，放入 28℃ 温箱中培养一周后观察结果。

（三）作业

1. 记载各管（瓶）生长情况，将实验结果填入下表：

	菌丝生长情况			孢子生长情况	
	生长外观	菌膜厚薄	菌丝疏密	有无生长	生长疏密
完全培养基					
缺碳培养基					
缺氮培养基					
缺磷培养基					
缺钾培养基					
缺锌培养基					

注：1. 生长外观有皮膜、绒毛、薄膜、絮状。

2. 生长情况用菌膜厚度、疏密程度等表示。

2. 本实验配制各种培养基时，为什么要用蒸馏水？

3. 本实验配制各种培养液的 pH 值为什么都要调整至 5.07？

二、温度对微生物生长的影响

微生物生长繁殖要有一定的温度条件，不同的微生物要求不同的生长温度范围。在生长范围内又可分为最高、最适和最低三种生长温度。如温度超过最高或最低温度时，微生物均不能生长，或处于休眠状态，甚至死亡。

按照微生物要求的生长温度范围，可将其分为高温性、中温性和低温性三个类型，大多数微生物是中温性的，它们的适宜生长温度在 25～37℃之间，故实验室中培养微生物常用此温度范围。通过本次实验了解各类微生物生长的温度范围，并掌握测定温度对微生物生长的影响的方法。

（一）器材和用品

(1)菌种：牛肉膏蛋白胨斜面上培养 48h 的枯草芽孢杆菌(*B. subtilis*)或大肠杆菌(*E. coli*)；PDA 培养基上培养72h 的黑曲霉（*Aspergillus niger*）或青霉（*Penicillium* sp.）。

(2) 培养基：牛肉膏蛋白胨琼脂斜面、PDA 斜面。

(3) 器具：酒精灯、接种针、冰箱、恒温箱。

（二）方法和步骤

1. 接菌

按无菌操作方法进行。

(1) 在 5 支牛肉膏蛋白胨琼脂斜面培养基上都接种上枯草杆菌，接种时划曲线或直线。

(2) 在另 5 支牛肉膏蛋白胨琼脂斜面上都接种上大肠杆菌，接种时划直线或曲线。

(3) 在 5 支 PDA 斜面培养基上接种曲霉或青霉，接种时用弹孢法或点接法。

2. 培养与观察

(1) 培养。将上述接好的菌种，分别放入 0℃、15℃、30℃、37℃、50℃五种温度下培养。

(2) 观察。48h 后观察，记录实验结果。

（三）作业

1. 将观察结果填入下表：

菌种	0℃	15℃	30℃	37℃	50℃
枯草芽孢杆菌					
大肠杆菌					
黑曲霉					
青霉					

注：生长情况记载可采用不生长（－）、生长一般（＋）、生长良好（＋＋）。

2. 高温和低温对微生物生长各有何影响？为什么？

三、氢离子浓度(pH 值)对微生物生长的影响

微生物的生长繁殖，需要一定的 pH 值范围，即环境中的氢离子浓度对微生物的生长繁殖有直接的影响，大多数细菌和放线菌适于中性或微碱性环境，酵母菌和霉菌则适于在弱酸性或酸性环境中生长，当环境的 pH 值超过其适于生长的范围时，微生物的生长则受到明显的阻

抑或不能生长。

（一）器材和用品

(1) 菌种：在牛肉膏蛋白胨培养液中培养 24h 的大肠杆菌。
(2) 培养液：准确分装为 8mL 的牛肉膏蛋白胨培养液 9 支，高压蒸汽灭菌。
(3) 试剂：无菌水、0.2mol/L K_2HPO_4、0.1mol/L 柠檬酸、0.2mol/L 硼酸、0.2mol/L NaOH。
(4) 器具：酒精灯、1mL 无菌吸管、接种环。

（二）方法步骤

(1) 调 pH 值，取足量分装为 8mL 的牛肉膏蛋白胨培养液 7 支，分别按下表所列容量加入各种溶液，调成不同 pH 值的培养液（mL）

试管序号	0.2mol/L K_2HPO_4	0.1mol/L 柠檬酸	0.2mol/L 硼酸	0.2mol/L NaOH	牛肉膏液体培养基	总量	调整后 pH 值
1	0.3	1.7	—	—	8	10	2.6
2	0.9	1.1	—	—	8	10	4.4
3	1.3	0.7	—	—	8	10	6.0
4	1.5	0.5	—	—	8	10	6.8
5	1.9	0.1	—	—	8	10	7.6
6	—	—	1.3	0.7	8	10	9.2
7	—	—	1.0	1.0	8	10	10.0

(2) 按无菌操作方法，分别于各管中各接种大肠杆菌 0.2mL，分别标明试管序号。
(3) 另取 8mL 的牛肉膏蛋白胨培养液二支，按无菌操作的方法用无菌吸管移入无菌水 2.2mL，使其体积也为 10.2mL，作为对照。
(4) 将上述接种好的培养物置于 37℃下培养。48h 后观察记载实验结果。

（三）作业

1. 记载结果，填入下表：

pH 值	2.6	4.4	6.0	6.8	7.6	9.2	10.0	对照
大肠杆菌								

注：根据混浊程度，确定生长情况，不生长（-）、稍生长（+）、生长一般（++）、生长良好（+++）。

2. 氢离子浓度对微生物生长有何影响？

四、紫外线对微生物的作用

紫外线对微生物有明显的致死作用，使细菌致死的紫外线波长是 200～310nm，而以波长为 260nm 左右的紫外线具有最高的杀菌作用，紫外线对细胞的有害作用是由于细胞中的很多物质（如核酸、嘌呤、嘧啶等）对紫外线的吸收能力特强，而所吸收的能量能破坏 DNA 的结构，最明显的是诱导胸腺嘧啶二聚体的生成，从而抑制了 DNA 的复制，轻则使细胞发生变异，重则导致死亡。经紫外线照射受损害的细菌细胞，如立即暴露在可见光下，则有一部分可恢复正常活动，称为光复活现象（photoreactivation）。

紫外线虽有较强的杀菌力，但穿透力弱，即使一薄层玻璃就能将大部分紫外线滤出除去，因此，紫外线适用于表面灭菌和空气灭菌。

（一）器材和用品

（1）材料：在牛肉膏蛋白胨斜面培养基上培养 24h 的神灵色杆菌（*Chromobacterium prodigiosum*）或液体培养物、牛肉膏蛋白胨培养基、无菌水。

（2）器具：酒精灯、无菌培养皿、无菌吸管、用于掩盖平板的灭菌黑纸图案或锡箔、镊子、接种箱（内装 40W 紫外灯管）。

（二）方法和步骤

（1）熔化培养基。将牛肉膏蛋白胨培养基加热熔化，然后使之冷却并保持 50℃左右，备用。

（2）制菌液。按无菌操作技术将斜面培养物制成菌悬液（将无菌水倒入斜面，用接种环把菌苔刮掉后再倒入无菌试管中）。

（3）取菌。用无菌吸管按无菌操作的方法吸取制好的菌悬液或液体培养物 0.2mL 注入无菌培养皿中。

（4）倒平板。取已熔化并保温 50℃左右的培养基，按无菌操作要求注入培养皿中，每皿倒入 15mL 左右，微微转动培养皿使其混合均匀（注意勿用力过猛以防培养基溅至皿盖），使之充分冷凝成平板。

（5）照射。将培养皿移入接种箱（室）内，打开皿盖，在平板上掩盖黑纸图案或用锡箔掩盖平板的一半后，于距紫外灯约 30cm 处照射 10～12min。

（6）培养。取出黑纸图案或锡箔，加盖，外加旧报纸以防光复活。放入 28～30℃温箱中培养，48h 后检查结果。

（三）作业

1. 绘图表示平板生长的状况。
2. 进行紫外线照射时，为什么要除掉皿盖？

五、化学药剂对微生物的作用

一些化学药剂对微生物生长有抑制或杀菌作用，因此在实验室内或生产上常利用某些有效的药剂进行杀菌或消毒。不同的化学药剂对不同细菌的杀菌能力各不相同，而一种化学药剂对不同细菌的杀菌效果也不一致，因此使用化学药剂进行消毒或灭菌时，应注意药品的浓度及使用时其他因素的干扰和影响。

（一）器材和用品

（1）材料：在牛肉膏蛋白胨培养基上培养 24～48h 的枯草芽孢杆菌（*B. subtilis*）、大肠杆菌（*E. coli*）、牛肉膏蛋白胨培养基、直径 0.6cm 无菌圆形滤纸片。

（2）供试药剂：0.1%HgCl$_2$、0.5%AgNO$_3$、0.5%CuSO$_4$ 和 5%石炭酸（苯酚）。

（3）器具：酒精灯、尖头镊子、无菌吸管、无菌培养皿、培养箱。

（二）方法和步骤

（1）制平板。取熔化的培养基按无菌操作的方法倒入无菌培养皿中（每皿 15mL 左右），微微转动，静置使其冷凝成平板。

（2）制菌悬液。取 9mL 无菌水试管，按无菌操作手续倒入菌种斜面，以接种环在斜面上轻轻刮下菌苔，搓动试管，制菌悬液，备用。

（3）涂平板。取无菌吸管，吸取 0.2mL 菌悬液，按无菌操作注入冷凝好的平板上，再用无菌玻璃刮铲将菌液均匀地涂在平板表面（见图 13-26）。然后在皿盖上注明菌名（也可采用混菌法）。

（4）放药片。用尖头镊子将分别沾有 0.1%HgCl$_2$、0.5%AgNO$_3$、0.5%CuSO$_4$ 和 5%苯酚的圆形小滤纸片（最好事前浸于药品后再低温烘干）放在每一平板上（见图 13-27）。在皿底部标药剂名称。

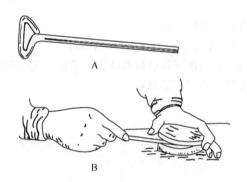

图 13-26　无菌铲（A）及工作情况（B）

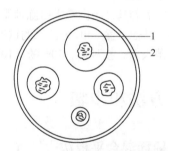

图 13-27　浸药纸片在培养皿中的分布

1，抑制圈；2，浸药滤纸片

（5）培养。将制好的平板放入 28～30℃温箱中培养，48～72h 后检查结果，如有抑菌作用，则滤纸片四周出现无菌生长的抑菌圈，圈的大小可表示消毒剂抑菌的强弱。

（三）作业

1. 将实验结果填入下表

试剂	0.1%HgCl$_2$	0.5%AgNO$_3$	0.5%CuSO$_4$	5%苯酚
枯草芽孢杆菌				
大肠杆菌				

注：实验结果可填写有抑制或抑菌圈直径。

2. 简述以上化学药剂的抑菌机制。

实验 14

微生物的分离纯化与培养

在自然界中，不同种类的微生物绝大多数都是混杂生活在一起的，为了生产和科学研究的需要，当我们希望获得某一种微生物时，就必须从混杂的微生物类群中分离出它，以得到只含有这一种微生物的纯培养物，这种获得纯培养物的方法称为微生物的分离与纯化。为了获得纯种的微生物，一般根据该微生物营养或培养特点，或对某种抑制剂的耐受性不同，或对某种环境条件要求不同，从而制作或设置一些选择性培养基，或选择性培养条件，再用稀释涂布平板法或稀释混合平板法或划线法分离，纯化该微生物，直至得到该纯种菌株。

土壤是微生物生活的大本营，在这里生活的微生物数量和种类都极其丰富，因此，土壤是我们开发利用微生物资源的重要来源，可以从其中分离纯化到许多有用的菌株。

一、器材和用品

（1）样品：土样、污水、食品、成熟葡萄或苹果等果皮。

（2）培养基：牛肉膏蛋白胨琼脂培养基、马丁培养基、高氏 1 号培养基。

（3）其他：盛 9mL 无菌水的试管、盛 90mL 无菌水并带有玻璃珠的三角瓶、无菌玻璃涂棒、无菌吸管、接种环、10%酚（100g/L）、无菌培养皿、链霉素。

二、方法和步骤

（一）稀释混合平板法

1. 细菌的分离

（1）土壤稀释液的制备

① 称取土样 10g，放入盛 90mL 无菌水三角瓶中，振荡 15～20min，使微生物细胞分散，静置约 20～30s，即成 10^{-1} 的土壤悬液。

② 另取装有 9mL 无菌水的试管，编号为 10^{-2}、10^{-3}、10^{-4}、10^{-5}、10^{-6} 及 10^{-7}，用无菌吸管吸取 10^{-1} 土壤悬液 1mL，加入编号 10^{-2} 的无菌试管中，吹吸三次，使之混合均匀，即成 10^{-2} 的土壤稀释液。再用另一支吸管吸取 10^{-2} 试管中的土壤稀释液 1mL，加入编号 10^{-3} 的无菌试管中，轻轻摇动，使之混合均匀，即成 10^{-3} 的土壤稀释液，一定要每次更换一支无菌吸管（连续稀释）。同法依次分别稀释成 10^{-4}、10^{-5} 和 10^{-6} 等一系列稀释度菌悬液（见图 13-28）。

（2）平板制作。将无菌培养皿编上 10^{-4}、10^{-5}、10^{-6} 号码，每一号码设三个重复，用 1mL 无菌吸管按无菌操作要求吸 10^{-6} 稀释液各 1mL，分别放入编号 10^{-6} 的三个培养皿中。同法吸取 10^{-5} 稀释液各 1mL，分别放入编号 10^{-5} 的三个培养皿中。再吸取 10^{-4} 稀释液各 1mL，分别放入编号 10^{-4} 的三个培养皿中。然后在 9 个培养皿中分别倒入 15mL 已熔化并且冷却至 45℃左右的牛肉膏蛋白胨琼脂培养基，加盖后轻轻摇动培养皿，使培养基均匀分布，平置于桌面上，待凝固后即成平板，整个操作过程应严格按照无菌操作（见实验 1）。

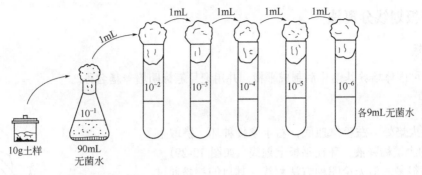

各9mL无菌水

10g土样　　90mL
　　　　　无菌水

图 13-28　从土壤中分离微生物操作过程

（3）培养与移植。待平板完全冷凝后，将平板倒置 37℃恒温箱中培养 24～48h，检查分离结果。将培养后长出的单个菌落分别挑取接种到牛肉膏蛋白胨培养基的斜面上，然后置于 37℃恒温箱中培养，待菌苔长出后，检查菌苔是否单一，也可用显微镜涂片染色检查是否是单一的微生物，若有其他杂菌混杂，就可再一次进行分离、纯化，直至获得纯培养。

2. 放线菌的分离

由于放线菌在培养基上蔓延生长不如真菌快，其繁殖速度又比细菌慢，故分离这类微生物时要特别注意防止细菌和霉菌的蔓延，以免妨碍放线菌的生长。为了保证放线菌的优势生长，可对样品做如下处理：①为了除去部分细菌，可先将土壤进行风干。因为细菌营养体遇干燥环境容易死亡，而放线菌比细菌的抗干燥能力强。风干的土壤与少量 $CaCO_3$ 混合，于 28℃培养数天，更能进一步减少细菌和增加放线菌的数量。②选用的土壤稀释度要根据放线菌的多少来决定，可用 10^{-3}、10^{-4} 或其他稀释度。在所选用的稀释液中加入 100g/L 酚 10 滴，充分混匀，可进一步减少细菌和霉菌的生长。

一般放线菌生长的适宜温度为 25～28℃，培养 5～7d，培养基为高氏 1 号培养基。具体操作过程见"细菌的分离"部分。

3. 霉菌的分离

大多数霉菌为好氧微生物，必须有充足的氧气才能很好地生长。霉菌能耐受较酸性环境，所以一般分离霉菌时取偏酸性、含有机质较丰富的接近表层的土壤，特别是森林土壤中含有较多霉菌。如果用特定的材料为培养基分离霉菌，经培养后，长出的菌种可能较为单一。比如用新鲜的橘皮保温培养，容易长出青霉。

分离方法具体操作过程见"细菌分离"部分，只是将稀释度向前移 2 位数。采用马丁（Martin）琼脂培养基，在培养基中加 1/3000 的孟加拉红水溶液，使用时每 10mL 培养基再加 0.03%链霉素溶液 1mL（含链霉素 30μg/mL），28～30℃下培养 3～5d，待菌落长出后，检查结果。

（二）稀释涂布平板法

此法与稀释混合平板法基本相同，无菌操作也一样，所不同的是先将牛肉膏蛋白胨培养基、高氏 1 号培养基、马丁培养基熔化，在火焰旁注入培养皿，摇匀后制成平板，然后用三支 1mL 无菌吸管分别由 10^{-4}、10^{-5}、10^{-6} 三管土壤稀释液中各吸取 0.2mL 对号放入已写好稀释度的平板中，用无菌玻璃涂棒在培养基表面轻轻地涂布均匀，然后分别倒置于相应培养温度的温箱中培养后，再挑取单个菌落，直至获得纯培养。

（三）平板划线分离法

1. 制平板

将各种固体培养基熔化后制成平板，并用记号笔标明培养基名称。

2. 划线

在近火焰处，左手拿皿底，右手拿接种环，挑取上述 10^{-1} 的土壤稀释液一环在平板上划线（如图 13-29），划线方法很多，但无论哪种方法划线，其目的都是通过划线将样品在平板上进行稀释，使形成单个菌落。常用划线方法有下列三种：

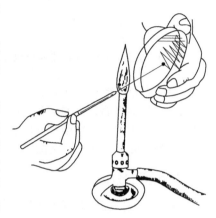

图 13-29　平板划线操作图

（1）交叉划线法。用接种环以无菌操作挑取土壤悬液一环，先在平板的一边作第一次平行划线 3~4 条，再转动培养皿约 70°角，并将接种环上的残菌烧掉，待冷却后通过第一次划线部分作第二次平行划线，再用同法通过第二次平行划线部分作第三次平行划线和通过第三次平行划线部分作第四次平行划线 ［如图 13-30（a）］，划线完毕后，盖上皿盖，倒置于温箱培养。

（2）连续划线法。用接种环挑取样品在平板上作连续划线 ［如图 13-30（b）］，划线完毕后，盖上皿盖，倒置温箱培养。

（3）挑菌。同稀释平板法，一直到菌纯化为止。

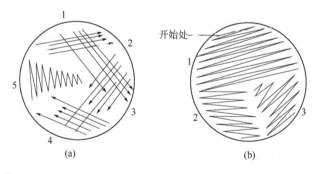

图 13-30　划线分离图

（a）为交叉划线法；（b）为连续划线法

三、作业

1. 在你所实验的三种平板上长出的菌落属于哪个类群？简述它们的菌落形态特征。

2. 稀释分离时，为什么要将已熔化的琼脂培养基冷却到 45~50℃左右才能倾入到装有菌液的培养皿内？

3. 划线分离时，为什么每次都要将接种环上多余的菌体烧掉？划线为何不能重叠？

4. 培养时为什么要将培养皿倒置培养？

实验 15

微生物的计数

单细胞微生物个体生长时间很短，很快进入繁殖阶段，生长和繁殖难以分开，个体生长很难测定，而且实际应用意义不大。因此，它们的生长不是依据细胞大小，而是以群体的生长作为单细胞微生物生长的指标。测定微生物生长的方法很多，但不外乎是总菌计数和活菌计数两大类。常用计数板作微生物的镜检直接计数，其计得的是死菌和活菌的总和，故称总菌计数法。而平板菌落计数法因能计得样品中的活菌数，故称活菌计数法。

一、微生物细胞数量的显微镜直接计数法

显微镜直接计数法适合于含单细胞菌体的纯培养悬浮液，如果有杂菌或杂质常不易分辨，菌体较大的酵母菌或霉菌孢子可采用血细胞计数板计数，一般细菌则采用细菌计数板。二者的原理和部件均相同，只是细菌计数板较薄，可以使用油镜观察，而血细胞计数板较厚，不能使用油镜，故细菌不易看清。

血细胞计数板是一块特制的厚载玻片，载玻片上有由 4 条槽构成的 3 个平台。中间的平台较宽，其中间又被一短横槽分隔成两半，每个半边上面各有一个方格网（图 13-31），每个方格网共分 9 个大格，每格的边长为 1mm，其中间的一大格（又称为计数室）常被用作微生物的计数。计数室的刻度有两种：一种是大方格分为 16 个中方格，而每个中方格又分成 25 个小方格；另一种是一个大方格分成 25 个中方格，而每个中方格又分成 16 个小方格。但两种计数室都有一个共同的特点，每个大方格都由 400 个小格组成，即 16×25 = 400 小方格（图 13-32）

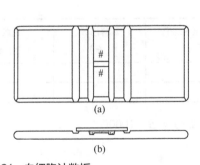

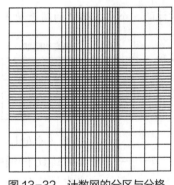

图 13-31　血细胞计数板　　　　　　　　　　图 13-32　计数网的分区与分格

(a) 平面图（中间平台分为两半，各刻有一个方格网）；
(b) 侧面图（中间平台与盖玻片之间有高度为 0.1mm 的间隙）

在计数时，通常数五个中方格的总菌数，然后求得每个中方格的平均值，再乘上 16 或 25，就得出一个大方格中的总菌数，然后再换算成 1mL 菌液中的总菌数。如果设五个中方格的总菌数为 A，菌液稀释倍数为 B，那么，一个大方格中的总菌数即（$0.1mm^3$ 中的总菌数）为 $A/5×16$（或 25）$×B$。所以 1mL 菌液中的总菌数 $= A/5×16$（或 25）$×10000×B$。

（一）器材和用品

（1）菌种：酿酒酵母（*Saccharomyces cerevisiae*）菌悬液。

（2）器具：显微镜、血细胞计数板、酒精灯、接种环、无菌水、吸管、盖玻片、计数器。

（二）方法和步骤

（1）稀释。将酿酒酵母菌悬液进行适当稀释，菌液如不浓，可不必稀释。

（2）镜检。计数室在加样前，先对计数板的计数室进行镜检。若有污物，则需清洗后才能进行计数。

（3）加样品。将清洁干燥的血细胞计数板盖上盖玻片，再用无菌的细口滴管将稀释的酿酒酵母菌液由盖玻片边缘滴一小滴（不宜过多）让菌液沿缝隙靠毛细渗透作用自行进入计数室，一般计数室均能充满菌液。注意不可有气泡产生。

（4）显微镜计数。静置 5min 后，将血细胞计数板置于显微镜载物台上，先用低倍镜找到计数室所在位置，然后换成高倍镜进行计数，在计数前若发现菌液太浓或太稀，需重新调节稀释度后再计数。一般样品稀释度要求每小格内约有 5～10 个菌体为宜。每个计数室选 5 个中格（可选 4 个角和中央的中格）中的菌体进行计数。位于格线上的菌体一般只数上方和右边线上的。如遇酵母出芽，芽体大小达到母细胞的一半时，即可作为两个菌体计数。计数一个样品要从两个计数室中计得的值来计算样品的平均含菌量。

（5）清洗。血细胞计数板使用完毕后，将血细胞计数板在水龙头上用水柱冲洗，切勿用硬物洗刷，洗完后自行晾干或用吹风机吹干。镜检，观察每小格内是否有残留菌体或其他沉淀物。若不干净，则必须重新洗涤至干净为止。

（三）作业

将所计的 5 个中方格中的菌数填入下表：

计数次数	各中方格菌数					中方格平均值（*a*）	稀释倍数（*B*）	菌数/（个/mL）
	1	2	3	4	5			
1								
2								

$$菌数（个/mL）= A \times 16（或 25）\times B \times 10000$$

式中　　　*a*——一个中格的菌数平均值；

16（或 25）——计数室内中格的个数；

　　　　B——菌液的稀释倍数；

10000——0.1mm³ 换算为 1mL 的换算系数。

二、微生物细胞数量的涂片染色计数（4cm² 计数法）

细菌涂片染色法计数是将样品稀释成一定浓度的菌悬液进行涂片染色，用镜台测微尺求出镜视野面积而进行计数的一种测量方法，一般多用于细菌计数。

（一）器材和用品

（1）材料：待测样品、99mL 无菌水、三角瓶（内有玻璃珠）、0.1mL 吸管、解剖针、4cm^2 方格纸。

（2）器具：显微镜、镜台测微尺、天平、酒精灯、载玻片等。

（二）方法和步骤

（1）稀释液的制备。准确称取待测样品 1g，立即倒入 99mL 无菌水中，振摇 10～15min。

（2）制涂片。用 0.1mL 吸管吸取 0.01mL 菌悬液，滴于洁净的载玻片上，玻片下衬一张 4cm^2 的方格纸，用解剖针小心地涂成 20mm×20mm 的菌膜，菌膜厚度要尽量一致，涂抹面积一定要准确。

（3）干燥。在酒精灯火焰上微加热干燥或自然干燥，火焰固定。

（4）染色。干燥后用石炭酸-品红染色 1min。

（5）冲洗。用流量小的自来水，小心冲洗，晾干或用吸水纸吸干后镜检。

（6）求镜视野面积。用镜台测微尺求出油镜视野面积。镜台测微尺是块特制的载玻片，其中央有一全长为 1mm 的刻度标尺，等分为 100 小格，每小格长度为 0.01mm，即 10μm。将镜台测微尺放置在显微镜的载物台上，先用低倍镜观察对准焦距，待看清镜台测微尺的刻度后，再转换高倍镜或油镜，再次调焦并微动移动器，使镜台测微尺的刻度线再次显现出来，从镜视野的左端到右端准确查记视野内镜台测微尺的格数，求出镜视野面积（πr^2）。如镜视野内共有 16 格，即 $3.14×(8×10)^2=3.14×6400\mu m^2$

（7）镜检。取下镜台测微尺，将事先制好的标本片放在显微镜下，滴上一滴香柏油，用油镜观察镜视野中的孢子数，每个样品查 5～10 个视野，求出平均值。

（8）计算。按下列公式计算：

$$每克样品的含菌数 = 每视野的细胞数 × \frac{4×10^8}{镜视野面积} × \frac{稀释倍数}{涂片所用菌液数}$$

例如：每视野的平均孢子数为 40，镜视野面积由上式代入得 3.14×6400=20096μm^2，则每克样品的含菌数 $= 40×\frac{4×10^8}{20096}×\frac{100}{0.01} = 79.618亿$。

三、稀释平板计数法

稀释平板计数法是将待测样品作一系列稀释，从适当的稀释液中取一定量的稀释菌液接种到培养皿中，使其均匀分布于平皿中的培养基内，经培养后，由单个细胞生长繁殖成菌落，统计菌落数目，即可换算出样品中的含菌数。

此法所计算的菌数是培养基上长出来的菌落数，故称活菌计数，一般用于某些产品鉴定（如杀虫制剂等），生物制品鉴定，土壤含菌量测定及食品、水源的污染程度的检测等。

（一）器材和用品

（1）材料：苏云金芽孢杆菌菌剂或其他产品、牛肉膏蛋白胨培养基（牛肉膏 3g、蛋白胨 5g、NaCl 5g、水 1000mL，调节 pH 7.2～7.4）。

（2）器具：90 或 100mL 的无菌水（三角瓶内带玻璃珠）、9mL 无菌水、无菌培养皿、无菌吸管、天平、酒精灯、称样瓶、记号笔、玻璃刮铲等。

(二) 方法和步骤

1. 样品稀释液的制备

样品的稀释方法参见实验 14。用稀释平板计数时，选择待测菌液的稀释度应根据样品确定。样品含待测菌的数量愈多，稀释度应愈高。若测细菌菌剂含菌数时，多采用 10^{-7}、10^{-8}、10^{-9} 的稀释度；测土壤细菌数量时，多采用 10^{-4}、10^{-5}、10^{-6} 的稀释度；测土壤放线菌和真菌数量时，多采用 10^{-3}、10^{-4}、10^{-5} 的稀释度。

2. 平板接种培养

根据所选择的三个稀释度（如为 10^{-4}、10^{-5}、10^{-6}），将无菌平皿编号，每一号码设三个重复。平板接种培养方法有混合平板培养法和涂抹平板培养法两种。

（1）混合平板培养法。按无菌操作要求，用 1mL 无菌吸管吸取 10^{-6} 的稀释液各 1mL 接入三个编号为 10^{-6} 的平皿中，同法，将 10^{-5} 和 10^{-4} 两个稀释度的菌液接种在相应的平皿中（由低浓度向高浓度时，吸管可不必更换）。然后向 9 个皿中分别倒入已熔化并冷却至 45～50℃的细菌培养基，轻轻转动培养皿，使菌液与培养基混合均匀，待凝固后，倒置于 37℃温箱中培养，待长出菌落即可计数。

（2）涂抹平板培养法。该法与混合法的不同之处是先将培养基熔化后趁热倒入培养皿中制成平板，待冷凝后编号，然后用无菌吸管吸取 0.1mL 稀释菌液接种到相应编号的平板上，再用无菌刮铲将菌液在平板上涂抹均匀，平放于桌上 20～30min，使菌液渗透于培养基内部以后再倒置培养。

(三) 注意事项

（1）由于不同样品的含水量不同，为了便于比较，常要计算出每克干样品的含菌数。

$$每克干样品含菌数 = 1g 湿样品含菌数 × 水分系数$$

$$水分系数 = \frac{1}{1 - 样品水分百分数}$$

（2）样品在稀释与接种培养的过程中，应切实注意无菌操作，才能得到准确的结果。

(四) 作业

将每一个稀释度的三个平板上的菌落数填入下表，并计算结果。

稀释度	10^{-4}				10^{-5}				10^{-6}			
菌落数/（个/g）	1	2	3	平均数	1	2	3	平均数	1	2	3	平均数

1. 按下列原则从三个稀释度中选择一个合适的稀释度，求出每克（或 mL）样品中的菌数。

（1）同一稀释度各个重复的菌落数相差不太悬殊。

（2）细菌、放线菌、酵母菌以每皿 30~300 个菌落为宜；霉菌以每皿 10~100 个菌落为宜。选择好稀释度后，即可按下列公式计算。

菌数（个/g 或个/mL）= 同一稀释度几次重复的平均数×稀释倍数

实验 16
细菌生长曲线的测定

　　微生物个体太小，不便对其个体进行研究，但由于它繁殖快，数量巨大，所以可对它的生长繁殖情况进行研究。微生物的生长繁殖是其在内外各种环境因素相互作用下的综合反映，因此，生长繁殖情况可作为研究各种生理、生化和遗传等问题的重要指标。微生物在一定条件下，群体生长表现为一定的规律性，即将一定数量的单细胞微生物接种到恒容积合适的新鲜液体培养基中，在适宜的温度下进行培养，定时取样测定细菌数量，然后以菌数的对数值为纵坐标，以时间为横坐标作出曲线，这种曲线就叫作微生物生长曲线。生长曲线是反映微生物生长繁殖情况的直观表现形式，对科研和生产都具有重要指导意义。生长曲线一般分为延滞期、指数期（对数生长期）、稳定期（平衡期）和衰亡期四个期，四个时期的生理特点不同，持续时间有长有短，这除与菌种自身的特性有关外，还与营养状况和培养条件有关。测定微生物数量的方法很多，大致可分为两类。第一类为测生长量法，分直接法和间接法，直接法有测体积、干重等法，间接法有比浊法（原生质含量的增加，会引起培养物混浊的增加）、生理指标法等。第二类为计繁殖数，也分直接法和间接法，直接法有细菌计数板法、血细胞计数板法等，间接法有平板计数法、液体稀释法等。本实验采用间接法（比浊法和平板计数法）对大肠杆菌（*E. coli*）在肉汤培养液中培养时的生长量和繁殖数进行测定，以此作出生长曲线。

一、器材和用品

　　（1）菌种：大肠杆菌 HNND22-8。
　　（2）培养基：牛肉膏蛋白胨培养液（牛肉膏 3g、蛋白胨 5g、NaCl 5g、水 1000mL，调节 pH 7.2~7.4）。
　　（3）仪器：分光光度计、水浴摇床、冰箱、无菌吸管、无菌平板、4.5mL 无菌水、平板、三角瓶。

二、方法和步骤

（一）比浊法

　　（1）将活化的大肠杆菌斜面菌种接种于 5mL 盛在 50mL 三角瓶的无菌肉汤培养液中，水浴 37℃振荡培养 18h。
　　（2）取 9 支各盛有 5mL 无菌肉汤培养液的试管，贴上标签，注明培养时间，分别准确加入 0.2mL 上述培养液。

(3) 将上述接种好的试管置于37℃水浴中振荡培养。

(4) 分别在培养0h、1.5h、3h、4h、6h、8h、10h、12h、14h时各取出一支，在721分光光度计上于450nm处分别进行比色，也可取出后放入冰箱最后一起比色测定。记录各个时间细菌悬液光密度值（或消光系数）。

(5) 绘制生长曲线，以细菌悬液光密度值（OD值）为纵坐标，培养时间为横坐标，绘出曲线图。

（二）平板计数法

(1) 活化、接种、振荡培养同比浊法（1）～（3）。

(2) 分别在培养0h、1.5h、3h、4h、6h、8h、10h、12h、14h各取出一支培养物，用生理盐水进行梯度稀释，涂平板（同平板计数法），37℃恒温箱中培养24h计菌落数，同时测定各培养时间菌液的光密度值（或消光系数）。

(3) 绘制繁殖数曲线，以菌悬液比浊的光密度值为横坐标，以菌数的对数为纵坐标绘成一曲线。这是一个标准曲线，因此在任何培养时间测得菌悬液光密度后，就可在此标准曲线上查出含菌数。这种方法应用在工业生产上，简单快捷，可及时了解微生物数量消长情况。

三、作业

1. 绘出大肠杆菌在肉汤培养液培养时的生长曲线，它是否可明显区分为四个时期？
2. 这两种测定方法有何优缺点？
3. 在操作过程中应注意些什么？

实验 17

细菌鉴定中常用的生化反应试验

各种微生物由于代谢类型不同，对基质分解利用及代谢产物不同。实验室中可利用各种生理生化反应，以鉴定不同类型微生物。

一、器材和用品

(1) 菌种：大肠杆菌、沙门氏菌、枯草杆菌。

(2) 培养基：糖发酵管、H_2S试验、甲基红试验（MR试验）、伏-波试验（V-P试验）等生化反应培养基。

(3) 生化试剂：MR试剂、V-P试剂、吲哚试剂、乙醚、硝酸盐还原试剂、生理盐水。

二、方法和步骤

1. 糖发酵试验

糖发酵试验是最常用的生化反应，特别是在肠道菌鉴定中尤为重要，绝大多数细菌都能利用糖类作为能源和碳源，但是不同细菌对糖类的分解能力有所不同，某些菌能分解单糖或双糖产酸和产气，或只产酸不产气，产酸产气的情况可在培养基中加入酸碱指示剂（溴麝香草酚蓝 pH7.6～6，蓝色～黄色）及有无气泡来判断，其实验方法为：

（1）接种。取葡萄糖和乳糖发酵管各 6 支，取大肠杆菌分别接种葡萄糖和乳糖发酵管各 3 支，剩余 3 支留用对照，标明菌种和培养基名称，置 37℃培养 24h 和 72h 观察结果。

（2）结果观察。与空白对照管比较，若培养基保持原有颜色，则表示该菌不能利用某种糖，用"－"表示。若培养基褪色或呈微黄色者为产酸，杜氏小管内有气泡者为产气，用"+"表示，否则为阴性。

2. 淀粉水解试验

有些细菌能产生淀粉酶，分解培养基中的淀粉，淀粉分解后遇碘不再变蓝色。其测定方法为：

（1）接种。取淀粉牛肉膏蛋白胨琼脂培养基制平板，取枯草杆菌少许在平板中央十字划线，于 37℃培养 24h。

（2）结果观察。打开皿盖，滴加少量碘液于培养基上，轻轻旋转培养皿，使碘液均匀铺满整个平板。如果在菌落或菌苔周围出现无色透明圈，说明淀粉被水解，透明圈大小说明该菌水解淀粉能力强弱。

3. 硫化氢试验

凡能分解含硫氨基酸产生 H_2S 的细菌，所产生的 H_2S 可与培养基中的醋酸铅或三氯化铁反应形成黑色硫化铅或硫化铁沉淀。

取醋酸铅琼脂高层培养基二支，分别穿刺接种大肠杆菌和沙门氏菌，37℃培养 24～72h，观察有无黑色沉淀产生。有黑色沉淀者为 H_2S 试验阳性，否则为阴性。

4. MR 试验和 V-P 试验

某些细菌能分解培养基中的糖产生丙酮酸继而分解产生甲酸、乙酸和乳酸，可使培养基 pH 值降至 4～5。因此，可将甲基红指示剂加入培养液中测定颜色变化（pH4.2→6.3，由红→黄）。V-P 和 MR 试验都用葡萄糖蛋白胨水溶液，接菌培养后同时进行两种测定。

V-P 试验是双乙酰与蛋白胨的胍基结合，形成红色化合物，其方法为：

取葡萄糖蛋白胨水培养基两支，分别接种大肠杆菌和沙门氏菌，置 37℃培养 48h，吸取 2mL 培养液用于测定 V-P 试验，即加入等量的 V-P 试剂液，37℃反应 30min 呈红色者为阳性，否则为阴性。在剩余的培养基中加入甲基红试剂 3～4 滴，培养基呈红色者为阳性，黄色为阴性。

5. 吲哚试验

某些细菌能分解蛋白胨中色氨酸生产吲哚。吲哚与对二甲基氨基甲醛结合，形成玫瑰的红色。

测定方法为：取蛋白胨水培养基两支，一支接种大肠杆菌，一支接种沙门氏菌。37℃培养 24～36h；取出后向培养液中加入吲哚试剂 5 滴，出现红色环者为阳性，黄色者为阴性。

6. 明胶液化试验

明胶是一种动物蛋白质，在温水中溶解时呈凝胶状。有的细菌可分泌明胶酶，分解明胶使其失去胶体状而成为无凝固性的液态。

测定方法为：取明胶高层培养基三支，一支接种大肠杆菌，一支接种枯草杆菌，另一支作对照；置 20℃培养 2～5d，观察液化情况及液化形状。

7. 尿素酶试验

有些细菌可产生尿素酶，分解尿素产生氨，使培养基变碱性，进而使酚红指示剂呈红色。

测定方法为：取尿素培养基三支，一支接种大肠杆菌，一支接种枯草杆菌，另一支作对照，37℃培养 24h，若培养液由黄变红为阳性，否则为阴性。

8. 柠檬酸盐利用试验

有些细菌能利用柠檬酸盐作为专门碳源和能源。将细菌接种于柠檬酸盐培养基上，37℃培养 2～4d，能利用柠檬酸盐的细菌表现为有细菌生长，培养基变蓝色（溴麝香草酚蓝指示剂：pH < 6 时呈黄色，6 < pH < 7.6 为绿色，pH > 7.6 为蓝色），不能利用柠檬酸盐的细菌不生长，培养基也不变色。

测定方法为：取柠檬酸培养基二支，一支接种大肠杆菌，另一支接种枯草杆菌，置 37℃培养 2～4d，有细菌生长，培养基变蓝色者为阳性，否则为阴性。

实验 18
微生物诱变育种

微生物在自然生长繁殖时可发生基因突变，尽管突变率很低（10^{-8}～10^{-6}），但这些变异也是自然和人工选种的基础。一些理化因子可提高基因结构发生改变的频率，为人工创造变异提供了一种可能，因此，采用物理或化学因素处理微生物，促使其遗传物质发生某些结构改变（碱基置换、移码突变等）就可以提高突变率，扩大变异幅度，人们就可以从这些变异中选择到符合生产和科研需要的菌株，这就是诱变育种。

一、杀菌曲线的制作

尽管一种诱变剂对不同微生物的遗传物质 DNA 的作用是相同的，但各种微生物由于自身及环境条件的不同，对同一种诱变剂的反应却可以是不一样的，因此，我们在进行微生物诱变育种前一般都要做一个杀菌曲线，以确定最佳诱变剂量。本实验以微生物诱变育种中常用的物理诱变剂——紫外线（UV）为例来说明怎样制作杀菌曲线。

（一）器材和用品

（1）菌种：野生型大肠杆菌（*E. coli*）。

（2）培养基：肉汤液体培养基（蛋白胨 20.0g，牛肉粉 5.0g，氯化钠 5.0g，pH7.5，蒸馏水 1000mL）、肉汤固体培养基（在液体肉汤中加入 2%的琼脂）。

（3）用品：15W 紫外线灯管（安装在暗室或黑色的无菌箱内）、离心机、磁力搅拌器、离心管、50mL 三角瓶、5mL 吸管、1mL 吸管、培养皿（70mm，90mm）若干套。

（二）方法和步骤

（1）头天晚上将已活化好的斜面野生型大肠杆菌菌种接于 5mL LB 培养液中（盛于 50mL 小三角瓶中），37℃水浴振荡培养过夜。

（2）第二天早上按 1∶4 的比例，将培养过夜的菌液接种于新鲜肉汤中，37℃水浴振荡培养 4～5h。

（3）将上述菌液转入若干无菌离心管中，3500r/min 离心 10min，弃上清液，各管再加与菌液等量的生理盐水，制成菌悬液，最后将全部菌悬液置于一个无菌三角瓶中。

（4）将上述三角瓶中的菌液分别吸取 3mL 放在若干直径为 70mm 加有大头针（作磁芯搅拌子用）的灭菌培养皿中，皿盖上分别标上 30″、50″、70″、90″、110″等，同时作一个对照（0″）。

（5）照射前，先开紫外线灯照射 20min 以上，使灯的功率稳定（15W 紫外灯距离 28.5cm 或 30cm，30W 时为 50cm）。把加有菌液的培养皿整个放在紫外灯下的磁力搅拌器上先照射 1min，然后打开皿盖启动磁力搅拌器按规定时间照射，精确计时，然后立即转移到红光下作梯度稀释至 10^{-7}。

（6）每个处理的每个稀释度涂两个事先倒好的平板，每皿加入 0.1mL，涂布后用黑纸或黑布包好，置 37℃恒温培养 24～48h。计菌落数。

（三）注意事项

（1）紫外线对人体有害，是一种诱变剂，操作时不要让皮肤和眼睛较长时间暴露在紫外线下，要戴防护眼镜和穿工作服。

（2）装卸灯管时，避免手指直接触及灯管表面，以免造成灯管失透现象，影响杀菌能力。灯管开启前，用脱脂棉沾酒精擦拭灯管，可防止失透。

（四）作业

1. 将紫外线照射处理后的细菌存活数计入表 13-4：

表 13-4　不同光照时间下的细菌存活数

稀释度	0″（对照）	30″	50″	70″	90″	110″
0						
10^{-1}						
10^{-2}						
10^{-3}						

稀释度	0″（对照）	30″	50″	70″	90″	110″
10^{-4}						
10^{-5}						
10^{-6}						
10^{-7}						

2. 根据上表的数据作杀菌曲线。

二、化学诱变大肠杆菌筛选营养缺陷型

NTG（N-甲基-N'硝基-N-亚硝基胍）是一种诱变作用特别强的烷化剂，能够烷化鸟嘌呤的 N-7 位和其他位置，其他碱基的许多位置也能被烷化，而烷化后的碱基像天然碱基结构类似物一样能引起碱基配对错误（碱基置换），进而引起碱基置换位点所在的基因发生突变，引起表型发生改变，产生突变型。另外它能引起复制叉附近的几个基因同时发生突变（并发突变）。本实验的目的是利用这种烷化剂诱变野生型大肠杆菌（E. coli），筛选营养缺陷型，并介绍化学诱变的一般方法。

$$O{=}N{-}\overset{CH_3}{\underset{}{N}}{-}\overset{}{\underset{\|}{C}}{-}\overset{H}{\underset{}{N}}{-}NO_2$$
$$\underset{NH}{}$$

NTG

（一）器材和用品

（1）菌种：大肠杆菌 HNND22-8。

（2）培养基

① 营养肉汤培养基：蛋白胨 10g、酵母膏 5g、氯化钠 10g、1000mL 蒸馏水、pH 值 7.2。固体营养培养基在上述液体培养基中加入 2%的琼脂即可。

② 基本培养液：$K_2HPO_4 \cdot 7H_2O$ 8.2g、KH_2PO_4 2.8g、$(NH_4)_2SO_4$ 1.0g、$MgSO_4 \cdot 7H_2O$ 0.1g、$Ca(NO_3)_2$ 5mg、$FeSO_4 \cdot 7H_2O$ 0.25mg、蒸馏水 1000mL、pH 值 7.0。

基本营养培养液：在上述溶液中加 2%的葡萄糖液（0.03MPa，15min 单独灭菌）使终浓度为 0.2%。

基本营养琼脂培养基：在基本培养液中加入 2%的葡萄糖液（同上）使终浓度为 0.2%，另外再加入 2%的琼脂。

③ Tris-马来酸缓冲液（TM）：用 Tris 和马来酸代替基本培养液中的磷酸盐，使它们终浓度分别为 0.05mol/L。

④ NTG 溶液：用无菌水新鲜配制 1000μg/mL NTG 溶液。营养琼脂平板划线检查其无菌情况。

⑤ 半固体水琼脂培养基：琼脂 10g、蒸馏水 1000mL。

（3）仪器：离心机、具塞玻璃离心管、无菌吸管、培养皿、超净工作台、125mL 三角瓶、水浴摇床、生理盐水等。

(4) 各种氨基酸和维生素等按下列组成分成 8 组。

Ⅰ: 赖氨酸、精氨酸、甲硫氨酸、半胱氨酸、胱氨酸、嘌呤

Ⅱ: 组氨酸、精氨酸、苏氨酸、谷氨酸、天冬氨酸、嘧啶

Ⅲ: 丙氨酸、甲硫氨酸、苏氨酸、羟脯氨酸、甘氨酸、丝氨酸

Ⅳ: 亮氨酸、半胱氨酸、谷氨酸、羟脯氨酸、异亮氨酸、缬氨酸

Ⅴ: 苯丙氨酸、胱氨酸、天冬氨酸、甘氨酸、异亮氨酸、酪氨酸

Ⅵ: 色氨酸、嘌呤、嘧啶、丝氨酸、缬氨酸、酪氨酸

Ⅶ: 脯氨酸

Ⅷ: 维生素 B_1、维生素 B_6、泛酸、对氨基苯甲酸、烟酸、生物素

(二) 方法和步骤

(1) 取已活化的大肠杆菌斜面菌种二环接种于 5mL 新鲜肉汤培养液（盛于 50mL 三角瓶）中, 37℃水浴振荡过夜培养。

(2) 第二天早上再加入 5mL 新鲜无菌肉汤培养液。水浴振荡培养 4～5h。

(3) NTG 诱变处理

① 离心洗涤。将上述培养液转入灭菌具塞离心管中, 3500r/min 离心 10min, 弃上清液, 加 5mL TM 缓冲液悬浮打匀, 再离心, 弃上清液, 再加入 5mL TM 缓冲液悬浮打匀, 再离心, 弃上清液, 共两次。

② NTG 处理。往上述沉淀中加入 TM 缓冲液制成菌悬液, 并加入 NTG 溶液, 使终浓度为 100μg/mL, 温育 30min。

(4) 到时后立即将上述菌液 3500r/min 离心 10min, 弃上清液, 加冷的基本培养液, 悬浮洗涤两次, 最后加 5mL 基本培养液于菌体沉淀中使其悬浮, 37℃水浴振荡培养 1～2h。

(5) 将上述菌液再用冷的基本培养液离心洗涤两次, 最后制成 10mL 基本培养液菌悬液。

(6) 用上述菌悬液作梯度稀释至 10^{-5}。用吸管分别吸取稀释菌液 0.5mL, 放入盛有 3mL 已熔化的保持 45℃左右的无菌半固体水琼脂试管中, 搓匀, 倒入事先浇好的基本和完全固体琼脂平板表面, 展平铺匀, 做成双层平板, 置于 37℃恒温箱中培养 24～48h, 每个稀释度做两个重复, 共四个平板（两个基本培养基与两个完全培养基）, 5 个稀释度共 20 个平板。

(7) 选择完全培养基上菌落数与基本培养基上菌落数相差最大的完全培养基, 挑选 200 个单菌落, 用灭菌牙签把完全培养基双层平板上的菌落逐个分别点种于基本固体培养基和完全固体培养基上（先基本后完全）, 置 37℃恒温箱中培养 24～48h。

(8) 挑选在基本培养基上不生长、完全培养基上生长的菌落在基本培养基上划线, 37℃培养 24～48h 以上仍不生长者即为营养缺陷型菌株, 把原菌落接入新鲜斜面, 37℃培养保存。

(9) 生长谱鉴定

① 上述得到的营养缺陷型菌落接种于 5mL 营养肉汤培养液中（盛于无菌离心管中）, 置 37℃培养 14～16h。

② 将培养 16h 的菌液离心（3500r/min）10min, 弃上清液, 打匀沉淀, 共离心洗涤 2 次, 最后加 5mL 基本培养液制成菌悬液, 取菌液 1mL 于培养皿中, 加入熔化后冷却至 40～50℃ 的基本琼脂培养基中混匀, 待凝, 共二皿, 将皿底分成 8 个格, 用接种环依次放入混合氨基酸和维生素少许, 置 37℃恒温培养 24h。

③ 观察生长情况，据此确定是哪种营养缺陷型。

（三）注意事项

NTG 是强致癌物质，操作时一定要注意安全，如有不慎溅到皮肤上，应立即用大量水冲洗。用过的废液不要随意倒入下水道，要统一加热处理后才能倒掉。

（四）作业

1. 用 NTG 诱变处理时，为什么要用 Tris-马来酸缓冲液而不用肉汤培养液？
2. 用 NTG 诱变处理后，为什么还要在肉汤培养液中培养 1~2h？
3. 生长谱法鉴定营养缺陷型有何优缺点？

三、紫外线诱变大肠杆菌筛选营养缺陷型

紫外线（UV）可引起生物的遗传物质（DNA）发生诸如断裂、氧化脱氨、产生胸腺嘧啶二聚体等结构改变，进而引起基因突变，产生突变型。本实验用紫外线作为诱变剂，用青霉素浓缩缺陷型，最后采用生长谱法鉴定。

（一）器材和用品

（1）菌种：大肠杆菌 HNND22-8。

（2）培养基

① 营养肉汤培养液（蛋白胨 20.0g，牛肉粉 5.0g，氯化钠 5.0g，pH 值 7.5，蒸馏水 1000mL）、营养肉汤琼脂固体培养基（营养肉汤培养液中加入 2%的琼脂）。

② 2 倍营养肉汤培养液（营养肉汤加倍）。

③ 无氮液体培养基：甘露醇（或蔗糖、葡萄糖）10g、KH_2PO_4 0.2g、$MgSO_4 \cdot 7H_2O$ 0.2g、NaCl 0.2g、$CaSO_4 \cdot 2H_2O$ 0.1g、$CaCO_3$ 5g，蒸馏水 1000mL。

④ 二氮（2N）液体培养基（KH_2PO_4 0.2g、K_2HPO_4 0.8g、$MgSO_4 \cdot 7H_2O$ 0.2g、$CaSO_4 \cdot 2H_2O$ 0.1g、$FeCl_3$ 微量、$Na_2MoO_4 \cdot 2H_2O$ 微量、酵母膏 0.5g、甘露醇 20g、蒸馏水 1000mL、pH7.2）。

⑤ 基本液体培养基、基本固体琼脂培养基（见本实验中二部分）。

（3）仪器：离心机、具塞无菌玻璃离心管、磁力搅拌器、15W 紫外灯（安装在暗室或黑色无菌箱内）、无菌吸管（1mL、5mL）、超净工作台、无菌水（可事先分装在试管中）、接种针、酒精灯等。

（4）青霉素钠盐：用前用无菌水配制，并用营养琼脂平板划线培养检查此溶液的无菌情况。

（5）混合氨基酸和混合维生素（见本实验中二部分）。

（二）方法和步骤

1. 菌液制备

（1）将已活化的大肠杆菌斜面菌种二环接种于 5mL 新鲜肉汤培养液（盛于 50mL 三角瓶中）中，37℃水浴振荡过夜培养。

（2）第二天早上再加入 5mL 新鲜无菌肉汤培养液。水浴振荡培养 4～5h。

（3）将菌液转入具塞无菌离心管中，3500r/min 离心 10min，弃上清液，加无菌水，悬浮制成菌悬液。

2. 诱变处理

（1）开紫外灯稳定 20min。

（2）吸取上述菌液 3mL 注于 70mm 放有一个大头针（作磁芯搅拌子）的无菌培养皿中，将培养皿置于磁力搅拌器上（距离 28.5～30cm），盖着皿盖先照射 1min，再打开皿盖同时开启搅拌器照射 90″，然后立即在红光下加入 3mL 2 倍肉汤培养液并用黑纸包裹或避光置于 37℃恒温箱内培养 12h 以上。

3. 浓缩缺陷型

（1）吸 5mL 上述菌液注入一支无菌的离心管中，3500r/min 离心 10min，弃上清液，加入 5mL 无菌水悬浮，再离心，共三次，最后收集菌体，加无菌水制成与菌液等体积的菌悬液。

（2）吸取上述菌液 0.1mL 于 5mL 无氮培养液中，置 37℃培养 12h，再加入二氮（2N）基本培养液 5mL，同时加入青霉素钠盐使其终浓度达 500U/mL，置 37℃水浴摇床振荡培养。

（3）从培养 12h、16h、24h 的菌液中各取 0.1mL 分别注入事先浇好的贴上标签的基本琼脂培养基和完全琼脂培养基中，用玻璃刮铲均匀涂布后倒置于 37℃培养。

4. 检出

缺陷型菌株的检出（逐个检出法）方法同化学诱变。

5. 鉴定

缺陷型的鉴定方法同化学诱变。

（三）作业

1. 记录实验结果并说明所筛选的营养缺陷型类型。
2. 淘汰野生型时，加青霉素之前为什么要先用无氮培养基进行培养？
3. 在诱变以后，为什么还要在肉汤培养液里培养一段时间？

四、酵母菌的原生质体融合

本实验的目的主要是为了了解原生质体融合技术作为一种生化和遗传学的研究工具在生物学基础理论研究及改良菌种遗传性状方面的重要性，学习原生质体融合的操作方法。内容涉及原生质体的形成和再生、原生质体融合和融合子的挑选和鉴定几个方面。

（一）器材和用品

（1）菌种：酿酒酵母（*Saccharomyces cerevisiae*）的两种营养缺陷型菌株 Y-1 a trp⁻、Y-4 a ura⁻（可购买或通过筛选得到）。

（2）培养基

① 完全培养基（液体 CM）。

② 完全培养基（固体 CM），液体培养基中加入 2.0%的琼脂。

③ 基本培养基（MM）分两种：葡萄糖柠檬酸钠培养基或 YNB 培养基。

④ 再生完全培养基。

(3) 其他：0.1mol/L pH6.0 磷酸缓冲液、高渗缓冲液（在上述缓冲液中加入 0.8mol/L 甘露醇）、原生质体稳定液（0.5mol/L 蔗糖、20mol/L MgCl$_2$、0.02mol/L 顺丁烯二酸、调 pH 值 6.5）、促融剂（40%聚乙二醇的 SMM 液）、试管、培养皿、摇床、恒温培养箱、恒温水浴锅、离心机、接种环、移液管、酒精灯、分光光度计。

（二）方法和步骤

1. 原生质体的制备

(1) 活化菌体。将单倍体酿酒酵母的 Y-1 a trp$^-$和 Y-4 a ura$^-$活化分别转接斜面。自新鲜斜面分别挑取一环接入装有 25mL 完全培养基的锥形瓶中，30℃培养 16h 至对数期。

(2) 离心洗涤、收集菌体。分别取 5mL 上述培养至对数生长期的酵母细胞培养液，3000r/min，离心 10min。弃上清液，向沉淀中加入 5mL 缓冲液，用无菌接种环搅动菌体，振荡均匀后离心洗涤一次，再用 5mL 高渗缓冲液离心洗涤一次。将两株菌体分别悬浮于 5mL 高渗缓冲液中，振荡均匀，分别取样 0.5mL，用生理盐水稀释至 10^{-6}；分别各取 0.1mL 10^{-4}、10^{-5}、10^{-6} 稀释液，于相应编号的完全培养基上（每个稀释度做两个平板），用涂布棒涂布，30℃培养 48h 后进行两亲株的总菌数测定。

(3) 酶解脱壁。各取 3mL 菌液于无菌小试管中，3000r/min，离心 10min，弃上清液，加入 3mL 含 2.0mg 蜗牛酶的高渗缓冲液（此高渗缓冲液含有 0.1%EDTA 和 0.3%巯基乙醇）于 30℃振荡保温，定时取镜检观察至细胞变成球状原生质体为止，此时原生质体形成。

2. 原生质体的再生

(1) 再生。分别吸取 0.5mL 原生质体（经酶处理），加入装有 4.5mL 高渗缓冲液及 4.5mL 无菌水试管中，经高渗缓冲液稀释至 10^{-5}；分别各取 0.1mL 10^{-3}、10^{-4}、10^{-5}稀释液于相应编号的再生培养基上，用涂布棒涂布，30℃培养 48h 后，进行再生菌数测定（用双层再生培养基）。

(2) 未脱壁菌数测定。分别取 0.5mL 原生质体至装有无菌水的试管中，稀释至 10^{-4}；分别各取 0.1mL 10^{-2}、10^{-3}、10^{-4}稀释液于相应编号的完全培养基上，用涂布棒涂布，30℃培养 48h 后，进行未脱壁菌数测定。

3. 原生质体的融合

(1) 除酶。取两亲本原生质体各 1mL，混合于灭菌小试管中，2500r/min，离心 10min，弃上清液，用高渗缓冲液离心洗涤两次，除酶。

(2) 促融。向上述沉淀中加入 0.2mL SMM 溶液，混合后再加入 1.8mL 40%PEG，轻轻摇匀，32℃水浴保温 2min，立即用 SMM 溶液适当稀释（一般为 10^0、10^{-1}、10^{-2}）。

(3) 再生。取融合后的稀释液各 0.1mL，放于冷却至 45℃左右的 6mL 固体再生基本培养基试管中，迅速混匀，倒入带有底层再生培养基的平板上，每个稀释度做两个重复，30℃培养 96h 后，检出融合子。

(4) 融合子的检验。用牙签挑取原生质体融合后长出的大菌落点种在基本培养基上，生长者为原养型即重组子。传代稳定后转接于固体完全培养基斜面上，而亲本类型在基本培养基上是不生长的。

4. 融合子的鉴定

（1）核染色。将融合子接种至完全培养基中，30℃培养 5～6h 后，用吉姆萨染液进行核染色。融合子的核为单核细胞。

（2）亲本及融合子 DNA 含量的测定

① 抽提 DNA。

② 检测 DNA 的纯度。把抽提获得的 DNA 进行紫外分光光度计测定 A_{260}、A_{280}，通过其比值了解提取的质粒 DNA 的纯度，A_{260}/A_{280} 的比值在 1.8 左右定为 DNA 纯度合格或者说其中的蛋白质含量符合要求。

③ DNA 含量的计算。可从 A_{260} 值换算出 DNA 的含量（μg/mL），再根据检测出的活菌数（个/mL），便可推算出每个菌体细胞中平均含有的 DNA 量（μg/个）。

④ 融合子的 DNA。融合子菌株的 DNA 含量等于供试亲本菌株 DNA 含量之和。

（3）其他方法（可由学生选择其中的一项作为课外作业）

① 亲本及融合子菌体蛋白的聚丙烯酰胺凝胶电泳。

② 亲本及融合子 DNA 的限制性内切酶酶解片段的比较。

（三）注意事项

（1）融合实验中双亲原生质体的量（每毫升所含原生质体的量）要基本一致。

（2）不同菌种，同一菌种的不同株系以及一个菌株培养的不同时期，对酶液的敏感性不同，故要通过预备实验，才能对采用哪个时期的菌体制备原生质体，对所用破壁酶的种类和用量，得出较正确的选择。

（3）原生质体对渗透压十分敏感，因此所有培养、洗涤原生质体的培养基和试剂都要含有渗透压稳定剂。

（四）作业

1. 绘出菌体、原生质体及加入促融剂后原生质体的形态图。

2. 列表说明原生质体融合的实验过程。

3. 原生质体操作时为什么要选用高渗培养基？

4. 如何挑选出融合子？

实验 19

菌种的鉴定

菌种的鉴定是微生物学一项基础性工作，为微生物资源的开发利用、控制和改造提供理论根据。菌种鉴定涉及微生物的各学科，实验操作手续繁杂，但工作步骤都离不开以下三步：①获得微生物的纯种培养；②测定一系列必要的鉴定指标；③查找权威性的鉴定手册。通常把鉴定微生物的技术方法分为四个不同水平：①细菌的形态和习性水平，如形态和培养特征；②细胞组分水平，包括细胞组成成分，如细胞壁成分、细胞氨基酸库、脂类、醌类、光合色素等；③蛋白质水平，如氨基酸序列分析、凝胶电泳和血清学反应等；④基因或 DNA 水平。后三个水平加上数值分类法称为现代的分类鉴定方法，本实验仅选择细菌和真菌代表种作实例，所用常规鉴定中采用的形态、生理、生化等指标，即经典分类鉴定方法，学习微生物的鉴定方法和技术。

一、细菌鉴定实例——芽孢杆菌属的鉴定

（一）器材和用品

　　(1) 菌种
　　① 已知菌种枯草芽孢杆菌、苏云金芽孢杆菌、巨大芽孢杆菌。
　　② 未知菌种芽孢杆菌（*Bacillus* sp.）1 株。
　　(2) 培养基：肉汤液体培养基和琼脂培养基（蛋白胨 20.0，牛肉粉 5.0，氯化钠 5.0，pH7.5）。

（二）方法和步骤

1. 菌种的分离和纯化

　　包括土样的采集、平板制备、稀释分离法、挑菌及纯化（见实验 14）。经划线纯化、菌落特征观察和镜检，确认为芽孢杆菌属的纯种后，移植到肉汤琼脂斜面培养，待鉴定。

2. 菌种的鉴定

　　本属菌种的鉴定，应以形态和生理生化特征为主，结合生态条件及 DNA 中 G+C 含量等指标。
　　(1) 形态特征
　　① 个体形态特征包括革兰氏染色反应、芽孢观察、伴孢晶体观察、菌体大小测定、鞭毛观察。
　　② 群体形态的观察。肉汤琼脂平板上，30℃培养 24h，观察菌落形状、菌落表面特征、菌落边缘、菌落的光学特性、菌落的颜色和是否分泌可溶性色素等。
　　(2) 生理生化试验。包括过氧化氢酶测定、需氧性试验、V-P 试验、糖发酵试验、淀粉水解、明胶液化、酪素水解、柠檬酸盐利用、丙酸盐利用、酪氨酸分解、苯丙氨酸的脱氨作用、卵磷脂酶的测定、硝酸盐还原试验、吲哚的形成、二羟基丙酮的形成、耐盐性试验、最低和最高生长温度的测定和对溶菌酶的抗性试验等。

（三）注意事项

　　对未知菌种的鉴定，一般首先依据形态特征初步鉴别为哪一大类（科或属），然后再依据其生理生化特性，并借助检索表等，来确定是哪个种。在实际工作中，并不是完全按照检索表的顺序进行的，而是根据几个突出的特性，较快地加以初步鉴定。例如，在肉汤琼脂上形成假根状菌落即为伞状芽孢杆菌；芽孢侧生在孢囊中，则为侧孢芽孢杆菌；苏云金芽孢杆菌的大多数菌株和日本甲虫芽孢杆菌的菌体内均能形成伴孢晶体，两者又根据菌体宽度、孢囊膨大与否、过氧过氢酶及 pH6.8 的肉汤液中生长等特点加以区别。又如菌体大小在芽孢杆菌鉴定中占据重要位置，菌体宽度在 0.9μm 以下的属一大类，包括地衣芽孢杆菌、枯草芽孢杆

菌、坚强芽孢杆菌、凝结芽孢杆菌等；菌体宽度在 0.9μm 以上的为另一大类，包括巨大芽孢杆菌、蜡样芽孢杆菌、蕈状芽孢杆菌、苏云金芽孢杆菌、炭疽芽孢杆菌等。

对于生长在特殊的生态条件下的细菌如昆虫致病菌、高温菌、低温菌、酸性菌、碱性菌等，需要在这些特殊营养条件或生态条件下进行分离及鉴定。

（四）作业

1. 将上述各项试验结果分别填入表 13-5、表 13-6。

表 13-5　芽孢杆菌常见菌种鉴别记录表（1）——形态特征

① 个体形态

特征					
菌体	宽/μm				
	长/μm				
	革兰氏反应				
芽孢	形状				
	在孢囊中位置				
	孢囊膨大与否				
伴孢晶体有无					
鞭毛					

② 群体特征（肉汤琼脂平板上的菌落特征）

特征				
形状				
表面特征				
边缘				
光学特性				
颜色				

2. 根据各菌种的特征，分别查阅芽孢杆菌属的检索表（表 13-7），将未知菌种鉴定到种，并描述其特征。

3. 芽孢杆菌属的主要特征是什么？将芽孢杆菌属常见菌鉴定到种，应依据哪些特征指标？

表 13-6　芽孢杆菌属鉴定记录表（2）——生理生化特征

特征				
过氧化氢酶				
厌氧生长				
V-P 反应				

V-P 培养液生长后 pH 值					
生长温度	最高				
	最低				
生长在	溶菌酶（0.001%）				
	叠氮化钠（0.02%）				
	培养基 pH5.7				
	NaCl 2%				
	NaCl 5%				
	NaCl 7%				
淀粉水解					
酪素水解					
酪氨酸水解					
马尿酸水解（四周）					
柠檬酸盐利用					
丙酸盐利用					
卵磷脂酶					
还原 $NO_3^- \rightarrow NO_2^-$					
形成二羟丙酮					
形成吲哚					
苯丙氨酸脱氨					
石蕊牛奶					
DNA 中（G+C）摩尔分数					
鉴定结果					

表 13-7　芽孢杆菌属（*Bacillus*）常见种的检索表

1.过氧化氢酶：阳性···2

　　　　　　阴性···16

2.V-P：阳性···3

　　　阴性···9

3.厌氧琼脂内生长：阳性···4

　　　　　　　阴性···8

4.50℃生长：阳性···5

　　　　　阴性···6

5.7%氯化钠中生长：阳性·································地衣芽孢杆菌（*B. licheniformis*）

阴性·································凝结芽孢杆菌（*B. coagulans*）

6.从葡萄糖产酸产气（无机氮）：阳性·················多黏芽孢杆菌（*B. polymyxa*）

　　　　　　　　　　　阴性···7

7.硝酸盐还原：阳性···蜡状芽孢杆菌（*B. cereus*）

　（1）对鳞翅目昆虫致病································苏云金芽孢杆菌（*B. thuringiensis*）

　（2）菌落呈假根状····································覃状芽孢杆菌（*B. mycoides*）

二、真菌鉴定实例——毛霉科常见种的鉴定

毛霉科（Mucoraceae）主要特征是：大多为腐生，少数兼性寄生，有些是世界性种；菌丝体生长繁密，大多无隔多核，且可分为基内菌丝和气生菌丝，有的菌丝特化为假根和匍匐菌丝；无性繁殖于孢子囊内产生不动的孢囊孢子；有性生殖以同型或异型配子囊接合形成接合孢子囊（内含 1 个接合孢子）。目前毛霉科共包括 20 属约 130 个种，属接合菌亚门，接合菌纲。

（一）器材和用品

（1）菌种：已知菌种有总状毛霉（*Mucor racemosus*）、匍枝根霉（*Rhizopus stolonifer*）、蓝色犁头霉（*Absidia coerulea*）"＋"、"－"菌株。未知菌种有毛霉（*Mucor* sp.）、根霉（*Rhizopus* sp.）。

（2）培养基

① PDA 培养基。

② Pfeffer 培养液：NH_4NO_3 10g、KH_2PO_4 5g、$MgSO_4 \cdot 7H_2O$ 0.25g、$FeCl_3$ 微量、蒸馏水 1000mL。

（3）器皿：试管、培养皿、载玻片、显微镜、目镜测微尺、镜台测微尺等。

（二）方法和步骤

1. PDA 平板制备

共制 10 皿。

2. 接种

（1）用无菌接种针挑取上述各菌种（除蓝色犁头霉外）的少量孢子或菌丝以三点接种法点种在 PDA 平板，每个菌种重复 2 皿，倒置，25～28℃培养 4～7d。

（2）用无菌接种环挑取匍枝根霉和另一根霉属未知菌种的少量孢子或菌丝，接入含有 Pfeffer 培养液的试管中（每个菌种接 6 支），每个菌种各取 2 支分别置 28℃、37℃、45℃培养 2～3d。

（3）用无菌接种环挑取蓝色犁头霉"＋"、"－"菌株的少量孢子或菌丝，分别以"八"字形划线接种在同一 PDA 平板的两侧（重复 2 皿），倒置于 25℃（温度高于 25℃，培养结果不理想）培养 4～5d。

3. 观察

（1）肉眼观察

① 观察上述各菌种的菌落特征（包括颜色、质地、高度等）。

② 观察匍枝根霉和根霉属另一未知种在不同温度的 Pfeffer 培养液中生长情况。

（2）显微镜观察

① 培养物直接观察

a. 无性阶段特征观察。将长有上述菌种的平板置于低倍显微镜下，分别观察它们的孢囊梗形状、排列、着生位置及分枝的情况，孢子囊形状，并注意有无假根等特征。

b. 有性阶段特征观察。用低倍显微镜观察毛霉属和根霉属未知菌种是否能形成接合孢子囊，并观察蓝色犁头霉"＋"、"－"菌株形成接合孢子囊的过程。即注意"＋"、"－"菌株是否向中间蔓延，并在相互邻近的两根菌丝各向对方生出极短的侧枝，经接触进一步发育成配子囊，而后两个配子囊接触后，中间的隔膜消失，两者的细胞质和细胞核融合并在外部逐渐形成厚壁，最终在平板中间形成许多黑色小点状的接合孢子囊（这些接合孢子囊表面由许多指状附属物包围，并在平板中央排列成带状）。

② 培养物制片观察

a. 制片。在一洁净的载玻片中央加二滴乳酸苯酚液，用一无菌的解剖针挑取少量平板中的培养物并浸入载玻片上的乳酸苯酚液内，而后用 2 根无菌的解剖针将培养物撕开，使其全部打湿，盖上盖玻片，即成临时性载片标本。

b. 无性阶段特征观察。用装有已标定过目镜测微尺的低倍或高倍显微镜观察孢囊梗的形状、长度、直径、颜色、排列、着生位置和分枝情况；孢子囊和孢囊孢子的形状、大小、纹饰和颜色；囊轴的形状、大小、纹饰和颜色；囊托的形状；厚垣孢子的形状、大小、颜色和着生位置；假根的形状、发达程度和颜色等特征。

c. 有性阶段特征观察。用低倍或高倍显微镜观察是否形成接合孢子囊，若有则注意观察接合孢子囊的形状、大小和附属丝等特征［本实验可挑取蓝色犁头霉所形成接合孢子囊的不同部位材料来制片（制 2～3 片），一般都能观察到其形成的全过程］。

（三）作业

1. 将结果填入表 13-8 中。

表 13-8　毛霉科常见种鉴定记录

菌号	菌落特征（颜色、质地、高度）	孢囊梗（形状、长度、直径、颜色、排列、着生位置和分枝情况）	孢子囊（形状、大小、纹饰和颜色）	囊轴（形状、大小、纹饰和颜色）	囊托（形状）	厚垣孢子（形状、大小、纹饰和颜色）	假根（形状、颜色、发达程度）	接合孢子囊（形状、大小、附属丝、同宗或异宗配合）	Pfeffer 液中生长温度/℃			菌种定名（种名）
									28	37	45	

2. 绘制各菌种的形态特征示意图。
3. 根据观察，分别查根霉属和毛霉属检索表（表 13-9、表 13-10），将未知菌株鉴定到种。
4. 毛霉属和根霉属的主要区别是什么？若将这两属菌鉴别到种，应依据那些特征指标？

表 13-9　根霉属（*Rhizopus* sp.）常见种的检索表

1.菌体各部分较小，孢囊梗长度不超过 1000μm，在 Pfeffer 液中 45℃时可以生长……………………华根霉（*R. chinensis*）

1.菌体各部分较大，孢囊梗长度一般超过 1000μm，在 Pfeffer 液中 45℃时不生长…………………………………………2

2.假根非常发达；孢囊孢子形状不规则，长 7～20μm 并可达 35μm；在 Pfeffer 液中 37℃时不生长
………匍枝根霉（*R. stolonifer*）

2.假根较发达或不发达；孢囊孢子形状较规则，一般长 4～8μm 而从不超过 15μm，在 Pfeffer 液中 37℃时生长良好………3

3.匍匐菌丝爬行；假根较发达；孢囊梗 2～4 成束有少单生；菌丝上有厚垣孢子……………米根霉（*R. oryzae*）

3.匍匐菌丝分化不明显；假根不发达；孢囊梗单生，较少 2～3 成束，菌丝上无厚垣孢子…………少根霉（*R. arrhizus*）

表 13-10　毛霉属（*Mucor*）常见种的检索表

1.孢囊梗通常不分枝，长达 3～10μm……………………………………………………………高大毛霉（*M. mucedo*）

1.孢囊梗通常分枝………2

2.孢囊梗呈总状分枝……………………………………………………………………………………总状毛霉（*M. racemosus*）

2.孢囊梗呈假轴状分枝………3

3.囊轴顶部有刺状突起……………………………………………………………………………………刺状毛霉（*M. spinosus*）

3.囊轴顶部无刺状突起………4

4.菌落黄红色………………………………………………………………………………………………鲁氏毛霉（*M. rouxianus*）

4.菌落灰黄色至灰褐色………5

5.孢囊孢子近球形、卵形或椭圆形，（4～5）μm×（5～8）μm……………………………………爪哇毛霉（*M. javanicus*）

5.孢囊孢子球形或异形，直径 2.5～5μm…………………………………………………………微小毛霉（*M. pusillus*）

实验 20

菌种的保藏

　　菌种保藏是在挑选优良纯种并使其处于休眠状态（如分生孢子、芽孢等）的基础上，人

为地创造一个有利于休眠的环境，使其长期保存后仍能保持菌种原有的优良特性。菌种保藏的优劣直接关系到生产和科研的成败。

一、器材和用品

（一）器材

冰箱、干燥箱、真空泵、酒精喷灯、干燥器、培养箱、分支管、安瓿管（7.5mm×105mm球形部分，其他为 11mm）、无菌的 1mL 注射器（带有 10cm 长针头）、接种环、酒精灯、高频电火花真空检测仪、砂、试管、油纸、60～80 目筛子。

（二）用品

(1) 菌种：大肠杆菌、枯草杆菌。
(2) 试剂：液体石蜡、10%盐酸。

二、方法和步骤

（一）斜面低温保藏法

将待保藏的菌种接种到适宜的斜面培养基上，恒温培养，待菌株充分生长后，棉塞部分用油纸包好，移至 4℃冰箱中保藏。保藏时间依微生物种类不同而有所不同，霉菌、放线菌及有芽孢的细菌保存 2～4 个月后应移种一次，酵母 2 个月移种一次，无芽孢细菌最好每周移种一次。

这是一般实验室常用的一种菌种保藏法，它具有操作简单、使用方便、不需特殊设备等优点，但容易变异。

（二）液体石蜡封存法

将液体石蜡（中性、密度 0.8～0.9kg/cm³）装入三角瓶，用纱布及油纸或牛皮纸包扎瓶口后，于 0.1MPa 压力下灭菌 60～120min，再于 110～120℃干燥箱中蒸发掉由蒸汽灭菌带入的水分。经无菌试验确认后方可使用。

将待保藏的菌接入适宜的斜面培养基中培养，取生长良好的菌或孢子作为保藏菌种。

用无菌滴管吸取无菌的液体石蜡，注入已长好的斜面上，以石蜡高出斜面顶端 1.0～1.5cm 为宜，使菌体与空气隔绝。

棉塞外包牛皮纸，将试管直立置于冰箱中或在室温下保存。

这种方法适用于酵母、霉菌、放线菌及细菌的保藏，保藏期可达一年以上，此法制作简单，不需特殊设备，也不需经常移种，但必须直立放置，不便携带。

（三）麸皮保藏法

根据制作的数量称取麸皮，加水后拌匀，加水量为麸皮：H_2O = 1 ：（0.8～1.5）（不同的菌对水分要求不同）。

把拌匀的麸皮分装入安瓿管或小试管中，装量为高约 1.5cm，要疏松，不要紧压。塞好棉塞，用纸包好，0.1MPa 灭菌 30min，或间歇灭菌三次，每天每次 1h。

冷却后，把要保存的菌种接入麸皮内，放在适宜的温度下培养。待孢子长好后，取出小管放入装有氯化钙（CaCl$_2$）的干燥器中，在室温下干燥数天。然后，将干燥器放在低温（20℃以下）的地方保存，或者将小管取出，用火在棉塞的下边烧熔玻璃，并拉长，把管口封住，然后放在小盒里，低温下保藏。

这种方法是根据我国传统制曲法改进后的菌种保藏法，适用于生产大量孢子的霉菌，如米曲霉、黄曲霉、黑曲霉、青霉、红曲霉、链孢霉、根霉、毛霉等。保存期在二年以上。

（四）砂土保藏法

取河砂若干，经 60～80 目筛子过筛，用磁铁吸去铁质后，用 10% HCl 浸泡 2～4h，水洗至中性，烘干备用。

安瓿管装砂至球部的一半，加棉塞用油纸包扎后在 0.1MPa 压力下蒸汽灭菌 1h，于 120℃烘干。

将无菌水 5mL 倒入斜面试管，用接种环将孢子刮下，制成菌悬液，注意不要刮破培养基。

使用无菌注射器将上述菌液 0.1～0.2mL 注入安瓿管，与砂混匀，将打印上菌号、日期的无菌滤纸条放入管中，塞好棉塞。

将安瓿管装在分支管的橡皮管上，用蜡封好，开动真空泵抽真空约 5～10min。若安瓿管球形部分出现露滴，温度较低，则说明没有漏气现象，否则要检查密封情况。

继续抽气 30～40min，砂粒干后，再抽 20～30min，直至砂粒完全干燥。

用酒精喷灯真空封固安瓿管。用高频电火花测定器测定已封固的安瓿管的真空度。若管内呈天蓝色，则封固合格；若呈红色，则表明封固不合格，不予保藏。

封固合格的安瓿管置于低温或室温下保藏。

这种方法适用于产生孢子的放线菌、霉菌和产生芽孢的细菌，保存期一至数年。

其他还有冷冻干燥法、液氮超低温保藏法及无菌蒸馏水保存法，这些是目前最有效的菌种保存法，但要求设备复杂、昂贵。

三、作业

比较各种保藏方法的优缺点。

第十四章

微生物学应用实验

实验 21

食品中细菌总数测定

细菌总数指食品检样经过处理，在一定条件下培养后，所得 1g 或 1mL 检样中所含细菌菌落的总数。本方法规定的培养条件下所得的结果，只包括一群在营养琼脂上生长发育的嗜中温性需氧的菌落总数。菌落总数主要作为判定食品被污染程度的标志，也可以应用这一方法观察细菌在食品中繁殖的动态，以便对被检样品进行卫生学评价时提供依据。

一、器材和用品

（1）器材：恒温培养箱、冰箱、天平、电炉、恒温水浴锅、培养皿、1mL 和 10mL 吸管、500mL 三角瓶、玻璃珠、试管、酒精灯、均质器或乳钵、试管架、灭菌刀或剪刀、灭菌镊子、酒精棉球。

（2）用品：营养琼脂培养基 [$K_2HPO_4 \cdot 7H_2O$ 8.2g、KH_2PO_4 2.8g、$(NH_4)_2SO_4$ 1.0g、$MgSO_4 \cdot 7H_2O$ 0.1g、$Ca(NO_3)_2$ 5mg、$FeSO_4 \cdot 7H_2O$ 0.25mg、蒸馏水 1000mL、琼脂 2%、pH 7.0]、75%乙醇、生理盐水或其他稀释液定量分装于三角瓶和试管内灭菌。

二、方法和步骤

（一）检样稀释及培养

以无菌操作，将检样 25g（或 25mL）剪碎放于含有 225mL 灭菌生理盐水或其他稀释液的灭菌玻璃瓶内（瓶内预置适当数量的玻璃珠）或灭菌乳钵内，经充分振摇或研磨作成 1∶10 的均匀稀释液。

固体检样在加入稀释液后，最好置灭菌均质器中以 8000～10000r/min 的速度处理 1min，作成 1∶10 的均匀稀释液。

用 1mL 灭菌吸管吸取 1∶10 稀释液 1mL，沿管壁徐徐注入含有 9mL 灭菌生理盐水或其他稀释液的试管内，振摇试管混合均匀，作成 1∶100 的稀释液。

另取 1mL 灭菌吸管，按上项操作顺序，作 10 倍递增稀释，如此每递增稀释一次，即换用 1 支 1mL 灭菌吸管，直至稀释到所需浓度。

根据食品卫生标准要求或对标本污染情况的估计，选择 2～3 个适宜稀释度，分别用吸取该稀释度的吸管移 1mL 稀释液于灭菌皿内，每个稀释度作两个平皿。

稀释液移入平皿后，应及时将凉至 46℃营养琼脂培养基（可放置 46℃水浴保温）注入平皿约 15mL，并转动平皿混合均匀，同时将营养琼脂培养基倾入加有 1mL 灭菌水（不含样品）的灭菌平皿内作空白对照。

待琼脂凝固后，翻转平板，置（36±1）℃温箱内培养（48±2）h。

（二）菌落计数方法

作平板菌落计数时，可用肉眼观察，必要时用放大镜检查，以防遗漏。在记下各平板的菌落数后，求出同稀释度的各平板平均菌落数。

（三）菌落计数的报告

1. 平板菌落数的选择

选取菌落数在 30～300 之间的平板作为菌落总数测定标准。一个稀释度使用两个平板，应采用两个平板的平均数。其中一个平板有较大片状菌落生长时，则不宜采用，而应以无片状菌落生长的平板作为该稀释度的菌落数；若片状菌落不到平板的一半，而其余一半中菌落分布又很均匀，即可计算半个平板后乘以 2 代表全皿菌落数。

2. 稀释度的选择

（1）应选择平均菌落数在 30～300 之间的稀释度，乘以稀释倍数报告之（见表 14-1 例 1）。

（2）若有两个稀释度，其生长的菌落数均在 30～300 之间，则视二者之比如何来决定，若比值小于 2，应报告其平均数；若大于 2，则报告其中较小的数字（见表 14-1 例 2 及例 3）。

（3）若所有稀释度的平均菌落均大于 300，则应按稀释度最高的平均菌落数乘以稀释倍数报告之（见表 14-1 例 4）。

（4）若所有稀释度的平均菌落数均小于 30，则应按稀释度最低的平均菌落数乘以稀释倍数报告之（见表 14-1 例 5）。

表 14-1　稀释度选择及菌落数报告方式

例次	稀释液及菌落数			两稀释液之比	菌落总数（个/g 或个/mL）	报告方式（个/g 或个/mL）
	10^{-1}	10^{-2}	10^{-3}			
1	多不可计	164	20	—	16400	16000 或 $1.6×10^4$
2	多不可计	295	46	1.6	37750	38000 或 $3.8×10^4$
3	多不可计	271	60	2.2	27100	27000 或 $2.7×10^4$
4	多不可计	多不可计	313	—	313000	310000 或 $3.1×10^5$
5	27	11	5	—	270	270 或 $2.7×10^2$
6	0	0	0	—	<1×10	<10
7	多不可计	305	12	—	30500	31000 或 $3.1×10^4$

（5）若所有稀释度均无菌落生长，则以小于 1 乘以最低稀释倍数报告之（见表 14-1 例 6）。

（6）若所有稀释度的平均菌落数均不在 30～300 之间，其中一部分大于 300 或小于 30 时，则以最接近 30 或 300 的平均菌落数乘以稀释倍数报告之（见表 14-1 例 7）。

3. 菌落数的报告

菌落数在 100 以内时，按其实际数报告；大于 100 时，采用二位有效数字，在二位有效数字后面的数值，以四舍五入方法计算。为了缩短数字后面的零数，也可用 10 的指数来表示（见表 14-1"报告方式"栏）。

三、作业

用图解的形式列出食品中菌落总数检验程序图。

实验 22

食品中大肠菌群测定

大肠菌群系指一群在 37℃、24h 能发酵乳糖产酸、产气，需氧和兼性厌氧的革兰氏阴性无芽孢杆菌。大肠菌群主要来自人或温血动物粪便，食品中检出大肠菌群则说明食品受到了人或动物粪便的污染，大肠菌群数量越多则表明粪便污染越严重，由此推测该食品存在着肠道致病菌污染的可能性，潜伏着食物中毒和流行病的威胁。故以此作为粪便污染指标来评价食品的卫生质量，具有广泛的卫生学意义，食品中大肠菌群数系以每 100mL（g）检样内大肠菌群最大可能数（MPN）表示。

一、器材和用品

（1）器材：温箱、天平、显微镜、均质器或乳钵、平皿、试管、吸管、载玻片、接种环。

（2）培养基和试剂

① 乳糖胆盐发酵管：蛋白胨 20g、猪胆盐（或牛、羊胆盐）5g、乳糖 10g、0.04%溴甲酚紫水溶液 25mL、蒸馏水 1000mL、pH7.4。

将蛋白胨、胆盐及乳糖溶于水中，校正 pH，加入指示剂，分装每管 10mL，并放入一个小倒管，0.07MPa 高压灭菌 15min。

② 伊红亚甲蓝琼脂：蛋白胨 10g、乳糖 10g、磷酸氢二钾 2g、琼脂 17g、2%伊红溶液 20mL、0.65%亚甲蓝溶液 10mL、蒸馏水 1000mL、pH7.1。

将蛋白胨、磷酸盐和琼脂溶解于蒸馏水中，校正 pH，分装于烧瓶内，0.1MPa 高压灭菌 15min 备用。临用时加入乳糖并加热熔化琼脂，冷至 50～55℃，加入伊红和亚甲蓝溶液，摇匀，倾注平皿。

③ 乳糖发酵管：蛋白胨 20g、乳糖 10g、0.04%溴甲酚紫水溶液 25mL、蒸馏水 1000mL、pH 7.4。

将蛋白胨及乳糖溶于水中，校正 pH，加入指示剂，按检验要求分装 30mL、10mL 或 3mL，并放入一个小倒管，0.07MPa 高压灭菌 15min。

注：a. 双料乳糖发酵管除蒸馏水外，其他成分加倍；

b. 30mL 和 10mL 乳糖发酵管专供酱油及酱类检验用，3mL 乳糖发酵管专供大肠菌群实验用。

④ 革兰氏染色法各种染液的配制

a. 结晶紫染液：结晶紫 2.0g、草酸铵 0.8g、95%酒精 20mL、蒸馏水 80mL。

先将结晶紫溶于 95%酒精，草酸铵溶于蒸馏水中，然后将两液混合，静置 48h 使用。此染液稳定，置密闭的棕色瓶中可储存数月。

b. 革兰氏碘液：碘 1.0g、碘化钾 2.0g、蒸馏水 300mL。先将碘与碘化钾混合，加水少许，略加摇动，待碘完全溶解后再加蒸馏水至定量。

c. 脱色剂：95%酒精。

d. 复染剂：沙黄 0.25g、95%乙醇 10mL、蒸馏水适量。

将沙黄溶解于 95%乙醇中，待完全溶解再加蒸馏水至 100mL。

⑤ TTC 培养基：蛋白胨 20g、NaCl 10g、十二烷基硫酸钠 4g、$Na_2HPO_4 \cdot 12H_2O$ 10g、TTC 0.01g/L 蒸馏水 1000mL，pH 7.4。

⑥ DC 半固体培养基：蛋白胨 1.5g、氯化钠 0.5g、乳糖 1g、$K_2HPO_4 \cdot 3H_2O$ 0.3g、柠檬酸铁铵 0.2g、10%去氧胆酸钠水溶液 1mL、0.4%BTB 1.6mL、安氏指示剂 2mL、琼脂粉 0.07g、蒸馏水 100mL。

将以上固体成分加热溶解于水，调 pH7.2，随后加入安氏指示剂与 10%去氧胆酸钠水溶液，最后煮沸 3min 备用。

注：a. 制备 DC 培养基不需高压灭菌，做好后培养基为绿色，未用完的 DC 琼脂可加热煮沸，待凉后保存冰箱中继续使用，有效期为一周。

b. 三倍 DC 半固体培养基，除蒸馏水不变外，其他成分均按三倍量加入，制法同上。

c. 10%去氧胆酸钠要求在校正 pH 后加入，以免发生胆酸沉淀。

⑦ 纸片专用培养基：蛋白胨 1g、NaCl 0.5g、3 号胆盐 0.1g、$K_2HPO_4 \cdot 3H_2O$ 0.4g、蒸馏水 100mL、乳糖 1.5g、琼脂糖 0.1g、1.6%溴甲酚紫溶液 0.5mL、4%TTC 溶液 2.5mL。

以上成分除溴甲酚紫和 TTC 外，将其他成分加热溶解，冷却后调整至 pH7.0～7.2，再按量加入溴甲酚紫液，混匀，0.1MPa 灭菌 15min，冷至 60℃左右，按量加入 TTC 液，混匀后即可浸渍纸片。

二、方法和步骤

食品中大肠菌群的测定方法分常规法和快速法。

（一）常规法

1. 检样稀释

（1）以无菌操作将检样 25mL（g）放于含有 225mL 无菌生理盐水或其他稀释液的三角瓶内

（瓶内预置适当数量的玻璃珠）或灭菌乳钵内，经充分振摇或研磨制成1:10的均匀稀释液。固体检样最好用均质器，以8000~10000r/min的速度处理1min，作成1:10的均匀稀释液。

（2）用1mL灭菌吸管吸取1:10稀释液1mL注入含有9mL灭菌生理盐水或其他稀释液的试管内，振摇试管混匀，制成1:100的稀释液。

（3）另取1mL灭菌吸管，按上项操作，依次作10倍递增稀释，每递增一次，换1支1mL灭菌吸管。

（4）根据食品卫生标准要求或对检样污染情况的估计，选择三个稀释度，每个稀释度接种3管。

2. 乳糖发酵试验

将待检样品接种于乳糖胆盐发酵管内，接种量在1mL以上者，用双料乳糖胆盐发酵管；1mL及1mL以下者，用单料乳糖胆盐发酵管。每一稀释度接种3管，置（36±1）℃温箱内培养（24±2）h，如所有乳糖胆盐发酵管都不产气，则报告为大肠菌群阴性，如有产气者则按下列程序进行。

3. 分离培养

将产气的发酵管分别转接在伊红亚甲蓝琼脂平板上，置（36±1）℃温箱内培养（18~24）h，然后取出，观察菌落形态，并作革兰氏染色和证实试验。

4. 证实试验

在上述平板上挑取可疑大肠菌群菌落1~2个进行革兰氏染色，同时接种乳糖发酵管，置（36±1）℃温箱内培养（24±2）h，观察产气情况。凡乳糖管产气，革兰氏染色为阴性的无芽孢杆菌，即可报告为大肠菌群阳性。

5. 报告

根据证实为大肠菌群阳性的管数，查MPN检索表，报告每100mL（g）大肠菌群的最大概率数。

（二）快速法

现在已筛选出来与常规法符合率较高的快速法有三种，即TTC显色法、DC试管法和纸片法。

1. TTC（氯化三苯四氮唑）显色快速法

（1）检样稀释。同常规法。

（2）接种。每份样品以无菌操作接种1mL、0.1mL、0.01mL各三管于TTC培养基中，如接种量为10mL，则用三倍TTC培养基。

（3）培养。接种后，置（36±1）℃温箱中培养（18~24）h。

（4）结果判定。观察TTC培养基显色和产气情况，按表14-2标准进行判定。

（5）报告。根据阳性管数查MPN检索表，得出结果并报告。

2. DC（去氧胆酸钠）半固体试管快速法

（1）检样稀释。同常规法。

表14-2　显色法的大肠菌群结果判定

显色	产气	大肠菌群判定
紫红、深红、红色、浅红色、局部红色	+	阳性
紫红、深红、红色、浅红色、局部红色	−	阴性
小红点或局部浅红色	+	阳性
无色透明或有小红点，局部浅红色	−	阴性
不变红色	+	阴性

（2）接种。液体样品选择原液、1∶10、1∶100 三个稀释度，每个稀释度取三个 1mL 分别注入灭菌试管中；固体样品取 1∶10 稀释液三个 10mL（或 1g）样品分别注入三个灭菌试管内，再取 1∶100 稀释液三个 1mL 分别注入灭菌试管内。

（3）培养。接种 1mL 样品的试管，注入熔化并冷至 50℃左右的 DC 半固体培养基 3mL；接种 10mL 样品的试管，注入三倍 DC 培养基 5mL，立即将样品与培养基充分混合，待凝固后，置 37℃温箱内培养 18～24h，取出观察结果。

（4）结果判定。结果判定和记录分别按下述标准来进行。

① 培养基为橘红色，有气泡产生或琼脂崩裂，记录为"+"。

② 培养基为橘红色，或有橘红色菌落，无气泡或琼脂崩裂现象，记录为"+"。

③ 培养基为绿色，有黄色菌落，无气泡和琼脂崩裂现象，记录为"±"。

④ 培养基为绿色，记录为"−"。

⑤ 报告判定为①和②反应结果，记录阳性管数，查 MPN 检索表并报告之；如遇③、④项反应结果，可挑 2～3 个大肠菌群可疑菌落接种乳糖复发酵管，置 37℃温箱中培养 18～24h，根据产酸产气管数查 MPN 检索表并报告之。

3. 纸片快速法

（1）将中性定性滤纸裁成 10cm×12cm，然后折成 5cm×6cm 大小双层，灭菌后用纸片专用培养基浸渍，然后放 37～40℃温箱烘干，以无菌操作放入灭菌塑料袋内备用。

（2）检样稀释

① 液体检样。同常规法。

② 固体检样。取 25g 样品，研碎加入 25mL 且灭菌生理盐水混匀作成 1∶1 稀释液，10倍递增稀释同常规法。

（3）接种

① 液体样品取原液、1∶10、1∶100 三个稀释度各三个 1mL，分别涂布于 9 张纸片上。

② 固体样品取 1∶1、1∶10、1∶100 三个稀释度各三个 1mL，分别涂布于 9 张纸片上。

（4）培养。将上述纸片置（37±1）℃温箱中培养 15h 观察结果。

（5）结果判定。根据以下情况进行判定：

① 纸片上出现紫红色菌落，其周围有黄圈者为阳性。

② 纸片为一种颜色，无菌落生长者为阴性。

③ 纸片为紫色，有紫红色菌落，其周围无黄圈者为阴性。

④ 酸性食品接种后，纸片变黄，经培养后无紫红色菌落为阴性。

⑤ 纸片变色，菌落不典型者可作复发酵进行验证。

（6）报告。根据阳性纸片数查 MPN 表并报告之。

（7）注意事项

① 用培养基浸渍过的纸片，应避光保存并注意防潮，可放冰箱中保存备用。
② 如发现纸片变为粉红色即为失效。

三、作业

先将各步实验结果填入下表：

管号	接种量/mL	乳糖胆盐发酵管发酵情况	伊红亚甲蓝平板上生长情况	革兰氏染色及镜检情况	复发酵管发酵情况	结论

然后根据上述结果查下表，得出被检样品每 100mL（或 g 或 cm^2）中大肠菌群最近似数是多少。

大肠菌群最大可能数（MPN）检索表

阳性管数			MPN	95%可信度	
1mL（g）×3	0.1mL（g）×3	0.01mL（g）×3	100mL（g）	下限	上限
0	0	0	<30		
0	0	1	30		
0	0	2	60	<5	90
0	0	3	90		
0	1	0	30		
0	1	1	60		
0	1	2	90	<5	130
0	1	3	120		
0	2	0	60		
0	2	1	90		
0	2	2	120		
0	2	3	160		
0	3	0	90		
0	3	1	130		
0	3	2	160		
0	3	3	190		
1	0	0	40		
1	0	1	70	<5	200
1	0	2	110	10	210
1	0	3	150		
1	1	0	70		
1	1	1	110	10	230
1	1	2	150	30	360
1	1	3	190		

阳性管数			MPN	95%可信度	
1mL（g）×3	0.1mL（g）×3	0.01mL（g）×3	100mL（g）	下限	上限
1	2	0	110		
1	2	1	150	30	360
1	2	2	200		
1	2	3	240		
1	3	0	160		
1	3	1	200		
1	3	2	240		
1	3	3	290		
2	0	0	90		
2	0	1	140	10	360
2	0	2	200	30	370
2	0	3	260		
2	1	0	150		
2	1	1	200	30	440
2	1	2	270	70	890
2	1	3	340		
2	2	0	210		
2	2	1	280	40	470
2	2	2	350	100	1500
2	2	3	420		
2	3	0	290		
2	3	1	360		
2	3	2	440		
2	3	3	530		
3	0	0	230	40	1200
3	0	1	390	70	1300
3	0	2	640	150	3800
3	0	3	950		
3	1	0	430	70	2100
3	1	1	750	140	2300
3	1	2	1200	300	3800
3	1	3	1600		
3	2	0	930	150	3800
3	2	1	1500	300	4400
3	2	2	2100	350	4700
3	2	3	2900		
3	3	0	2400	360	13000
3	3	1	4600	710	24000
3	3	2	11000	1500	48000
3	3	3	≥24000		

注：1. 本表采用 3 个稀释度 [1mL（g）、0.1mL（g）和 0.01mL（g）]，每稀释度 3 管。

2. 表内所列检样量如改用 10mL（g）、1mL（g）和 0.1mL（g）时，表内数字应相应降低至 1/10，如改用 0.1mL（g）、0.01mL（g）和 0.001mL（g）时，则表内数字应相应扩大 10 倍。其余可类推。

实验 23

动物食品中蛋白质分解菌的检查与计数

用肉、蛋、鱼及乳类为原料生产的食品，营养丰富，富含蛋白质，极易受到各种细菌和真菌的污染。具有蛋白酶和肽链内切酶的微生物，能分解蛋白质并在相应酶类的作用下，产生腐败胺类，使蛋白质食品腐败变质，失去食用价值。因此食品中蛋白质分解菌可作为食品被污染程度的标志，为食品检查进行卫生学评价提供依据。

蛋白质分解菌具有水解酪蛋白的能力，使酪蛋白成为可溶性物质，在菌落周围出现清晰的透明圈，以此作为检验的标志。

一、器材和用品

(1) 灭菌培养皿及吸管、灭菌研钵或均质器、定量试管和三角瓶（带玻璃珠）、灭菌生理盐水，灭过菌的剪刀、勺子、镊子、刮铲、开罐器及称量纸。

(2) 待检样品肉、蛋、鱼及乳类。

(3) 酪蛋白琼脂培养基：酪素 4g、$ZnCl_2$ 0.014g、$NaCl_2$ 0.16g、$CaCl_2$ 0.002g、$MgSO_4 \cdot 7H_2O$ 0.5g、$FeSO_4 \cdot 7H_2O$ 0.002g、$Na_2HPO_4 \cdot 7H_2O$ 1.07g、酪素水解液 0.05g、琼脂 20g、KH_2PO_4 0.36g、蒸馏水 1000mL、pH6.5～7.0，0.1MPa 灭菌 30min。

二、方法和步骤

1. 样品的采集

按食品的类别，有代表性地采样。若为无包装的食品，则用灭菌工具采集约 25g 装入灭菌容器内送检。

2. 样品的处理及培养

(1) 以无菌操作称取检样 25g，剪碎放于灭菌的研钵内，加入适量生理盐水研磨，作成 1：10 的均匀稀释液。或将检样加入生理盐水置于均质器中以 8000～10000r/min 处理 1min，作成 1：10 稀释液。根据检样的污染情况估计，可再作几个 10 倍的梯度稀释液。

(2) 平板制备。将加热熔化后冷却至 50℃左右的酪蛋白琼脂摇匀，注入灭菌的培养皿，每皿注入约 15mL，冷却后备用。

(3) 选用 2～3 个适宜的稀释度，分别用灭菌的 1mL 吸管吸取 0.1mL 稀释液于上述平板内涂布，每个稀释度作 2～3 个重复。

(4) 将涂布的平板于 37℃的温箱内倒置培养 48h。

3. 检查与计数

(1) 取出平板，肉眼观察菌落生长情况，若菌落周围出现透明圈，则酪蛋白已被水解，为蛋白质分解菌菌落，否则就不是。透明圈的大小说明该菌蛋白质分解能力的强弱。

(2) 记录各平板中蛋白质分解菌的菌落数，求出同稀释度平板的平均菌落数，乘以稀释倍数即为每克检样的蛋白质分解菌菌落总数。

三、作业

本实验的设计原理是什么？

实验 24

食品中淀粉分解菌的检查

许多淀粉质食品在生产、加工、贮运和销售过程中常受到某些微生物的污染，这些微生物不仅能产生淀粉酶水解淀粉质原料，而且还产生毒素，造成食品变形、变质。因此，加强食品中淀粉分解菌的检查，在食品卫生学上具有重要意义。

根据生长在淀粉琼脂平板上的微生物，其是否能水解利用淀粉，使菌落周围出现遇碘液不呈蓝色的透明圈，从而判断有无淀粉分解菌。

一、器材和用品

(1) 灭过菌的培养皿、吸管、研钵、定量装于试管和三角瓶（带玻璃珠）的灭菌生理盐水、灭菌勺子、镊子、刮铲、称量纸、被检样品。

(2) 淀粉琼脂培养基：可溶性淀粉 20g、蛋白胨 5g、NaCl 5g、琼脂 20g、水 1000mL、pH7.0，0.1MPa 灭菌 30min。

(3) 碘液：碘 1g、碘化钾 2g、蒸馏水 300mL，先将碘化钾溶于少量水中，再将碘溶于碘化钾溶液中，可稍加热溶解后，加蒸馏水至 300mL。

二、方法和步骤

将有代表性的待检样品，用无菌工具采集约 250g 装于灭菌的容器内送检。

以无菌操作称取检样 25g，剪碎后放入有 225mL 无菌生理盐水的三角瓶内，充分振荡，作成 1∶10 的稀释液。根据需要可再做几个适当的 10 倍稀释液。

制备平板。将加热熔化后冷却至 50℃左右的淀粉琼脂摇匀，注入 4 套灭菌培养皿内，每皿约注入 15mL，冷却凝固后备用。

用 1mL 灭菌吸管吸取稀释检样上层液 0.2mL 且分别加入上述平板内，用灭菌刮铲在平板上涂布均匀。室温培养 30min 后于 30℃下倒置培养 2～3d。

取出平板，观察菌落生长情况。滴加碘液数滴旋转平板，使碘液铺满平板，若有能分解淀粉的菌落，其周围就会出现无色透明圈。

三、作业

计算并报告淀粉分解菌的数量。

实验 25

酸乳的制作及乳酸菌的分离

　　酸乳是以牛乳等为原料,经乳酸菌发酵生产的一种具有较高营养价值和特殊风味的饮料,并可作为具有一定疗效的食品。其制作原理是通过乳酸菌发酵产酸,使牛乳中酪蛋白凝固,同时形成酸奶独特的香味(与乙醛生成有关)。

　　能进行乳酸发酵的微生物主要是细菌,常见的乳酸细菌有乳酸链球菌和乳酸杆菌。分离乳酸菌常用的培养基有碳酸钙麦芽汁琼脂、乳清白垩琼脂和 BCP 培养基等多种,在选用培养基时不能局限于一种,以免乳酸菌某些菌株在个别培养基上不长而造成分离失败。本实验通过酸乳制作掌握乳酸发酵的特点,并进行乳酸细菌的分离。

一、器材和用品

　　(1) 菌种:保加利亚乳杆菌 (*Lactobaillus bulgaricus*)、嗜热链球菌 (*Streptococcus thermophilus*)。

　　(2) 培养基

　　① 全脂牛奶或半脱脂牛奶或全脱脂牛奶。

　　② BCP 培养基:蛋白胨 5g、酵母膏 3g、乳糖 5g、琼脂 20g、pH6.8~7.0、0.5%溴甲酚紫 10mL、水 1000mL。

　　③ 碳酸钙麦芽汁琼脂培养基:麦芽汁 (5°Bx)、碳酸钙 0.5% (须先进行干热灭菌)、琼脂 2%~2.5%。

　　④ 西红柿碳酸钙琼脂培养基:酵母膏 7.5g、葡萄糖 10g、碳酸钙 10g/L,蛋白胨 7.5g、磷酸二氢钾 2g、西红柿汁 100mL、吐温 (Tween-80) 0.5mL、琼脂 20g、水 900mL、pH7.0。

二、方法和步骤

(一) 制备酸乳的工艺流程

　　酸乳制备流程图如图 14-1 所示。

1. 发酵菌株培养

　　(1) 将全脂牛乳、半脱脂牛乳或全脱脂牛乳分装试管 (18mm×180mm),10mL/管,三角瓶 (500mL),300mL/瓶。于 0.07MPa 灭菌 15min。另用不锈钢桶装入牛乳后常压灭菌 (85℃,15min,连续两次)。冷却后放在 3~5℃环境下。

　　(2) 将保藏菌种接入牛乳试管中活化 2~3 次,至牛乳凝固时,转接于三角瓶中 (母发酵剂),接种量 1%左右,培养好后再进行一次一级扩大培养 (生产发酵剂),接种量 2%~3%。

　　(3) 培养。嗜热链球菌,40℃,至牛乳凝固即可,约 12h。保加利亚乳杆菌,42℃,至牛乳凝固即可,一般 12h。

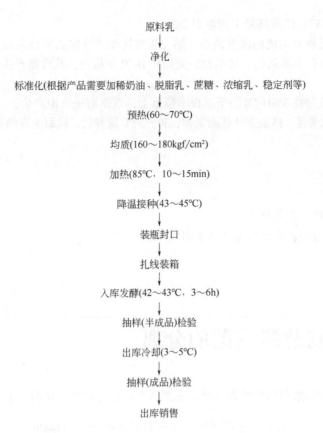

原料乳

↓

净化

↓

标准化(根据产品需要加稀奶油、脱脂乳、蔗糖、浓缩乳、稳定剂等)

↓

预热(60~70℃)

↓

均质(160~180kgf/cm²)

↓

加热(85℃, 10~15min)

↓

降温接种(43~45℃)

↓

装瓶封口

↓

扎线装箱

↓

入库发酵(42~43℃, 3~6h)

↓

抽样(半成品)检验

↓

出库冷却(3~5℃)

↓

抽样(成品)检验

↓

出库销售

图 14-1 酸乳的制备工艺流程图

2. 原料乳质量要求及灭菌

原料乳可根据产品要求加糖或不加糖，一般加量 5%~8%。脱脂加糖酸奶是以脱脂乳为原料；高脂加糖酸奶是以稀奶油标准化的牛乳为原料，其含脂量不低于 6.0%；果味酸奶是在发酵前加上水果与可可浆等。

原料采用常压的方法灭菌，一般在不锈钢容器中 85℃保温 10~15min。

3. 接种

将保温后的牛乳迅速降温到 38~42℃（一般为 40℃，夏季 38℃，冬季 42℃），接入发酵剂的量为原料乳量的 2%~3%。采用混合菌株发酵时，总接种量不变，两菌株按等量接种。

4. 装瓶、封口及发酵

接种后，装于灭菌牛奶瓶或其他容器中，加盖后送培养箱或发酵室（39±1）℃发酵。

5. 酸奶冷却

经检查，酸奶已达到凝固阶段，取出自然冷却 1~2h 后，置于 2~5℃下冷藏。

（二）乳酸菌的分离

用稀释法或划线法，将酸奶同时接种于 3 种分离培养基中，置于 20~25℃温度环境下培养

24h, 之后置 30～37℃ 温度环境下再培养 24h。

培养后，平板表面生成的菌落微小。如在碳酸钙麦芽汁琼脂平板表面，乳酸菌产生的乳酸使碳酸钙溶解而在菌落周围呈透明圈；又如在 BCP 平板上，乳酸菌产生的乳酸，使培养基由紫色变为黄色。

过氧化氢试验为将 3%H$_2$O$_2$ 注于平板小菌落上，观察有无气泡产生。

将上述特征的菌落，移至麦汁琼脂斜面，30～37℃ 培养后，挑取少许菌苔观察其菌体形态。

三、作业

1. 酸奶的制作原理是什么？
2. 分离乳酸菌与其他细菌有什么不同之处？

实验 26

食醋的酿制及醋酸菌的分离

醋酸发酵是由醋酸菌以酒精为基质，主要按下式进行酒精氧化而产生醋酸的。

$$CH_3CH_2OH+O_2 \longrightarrow CH_3COOH+H_2+118kcal$$

食醋的酿造方法有固态发酵和液态发酵两大类。在酿造时，若以淀粉为原料，要经过淀粉的糖化、酒精发酵和醋酸发酵三个生化过程；若以糖类为原料，需经酒精发酵和醋酸发酵两个过程；若以酒为原料，只需进行醋酸发酵的生化过程。

本实验采用残次水果酿制食醋，并从醋醪中分离醋酸菌。采用含有碳酸钙的曲汁琼脂培养基进行平板分离。醋酸菌在生长过程中能产生醋酸将碳酸钙溶解，使菌落周围出现透明圈，可借此加以辨认。

一、器材和用品

（1）器材：粉碎机、铝锅、100mL 和 250mL 三角瓶、灭菌培养皿和烧杯。

（2）菌种：醋酸菌（*Acetobacter aceti*）、酵母菌（*Saccharomyces cereisiae*）、麦曲。

（3）碳酸钙曲汁琼脂：曲汁（10～12°Bx）100mL、CaCO$_3$1g、95%乙醇 3～4mL（灭菌后再加）、琼脂 2g、pH 自然。

（4）豆芽汁培养基（黄豆芽 200g、蔗糖 25～30g、水 1000mL。先将豆芽洗净，放入水中煮沸 30min 用纱布过滤，取豆芽汁加蔗糖，并加水补足 1000mL。调节 pH 为 7.0。如酸性豆芽汁培养基，调 pH 为 4.5）。

（5）残次水果、麦麸、谷糠、食盐。

二、方法和步骤

(一) 食醋的酿制

(1) 残次水果处理。将残次水果先摘去果柄，去掉腐烂部分，清洗干净，用筛孔 1.5cm 粉碎机破碎，然后将渣汁煮熟成糊状，倒入烧杯中。

(2) 酒精发酵。待渣汁冷却至 30℃时，接入麦曲（1.6%）和酒母液（6%），置 30℃培养 5～6h，这时逐渐有大量气泡冒出；12～15h 后气泡逐渐减少，此时水果中各种成分发酵分解，并有少量酒精产生。

(3) 醋酸发酵。往烧杯中加入麦麸（50%）、谷糠（5%）及培养的醋母液 10%～20%，使醅液含水 54%～58%，保温发酵。温度不超过 40℃，发酵 4～6d。

(4) 加盐后熟。按醋酸量的 1.5%～2%加入食盐，放置 2～3d 使其后熟，增加色泽和香气。

(5) 淋醋。将后熟的醋醅放在滤布上，徐徐淋入约与醋酸量相等的冷开水，要求醋的总酸为 5%左右。

(6) 灭菌及装瓶。灭菌（煎醋）温度控制在 60～70℃以上，时间 10～15min，煎后即可装瓶。

(二) 醋醅中醋酸菌的分离

将 30mL 曲汁加入 100mL 三角瓶中灭菌。冷却后用无菌吸管加入 1mL 酒精，然后接入新鲜醋醅少许，25～30℃培养一周。

用碳酸钙曲汁琼脂培养基，将培养一周的醋酸菌，采用稀释法或划线法进行平板分离。醋酸菌为小菌落，因生酸使碳酸钙溶解，菌落周围呈现透明圈。因此在倒平板时一定要将碳酸钙混匀，否则碳酸钙沉于底部，就可能无透明圈出现。

将有透明圈的单菌落移至曲汁琼脂斜面。

将 30mL 豆芽汁装入三角瓶，灭菌后用无菌吸管加入 1.5mL 酒精，将上述分离的单菌落移接于瓶内，25～30℃培养，观察菌体形态和生长情况，以验证其是否为醋酸菌。

三、作业

1. 食醋酿制可采用哪些原料？
2. 食醋酿制原理是什么？

实验 27

微生物的酒精发酵

在无氧条件下，酵母菌分解己糖产生酒精的过程叫酒精发酵。这种作用主要是在酵母菌推动下完成的。酒精发酵在自然界是普遍存在的，它是不含氮有机物转化的一种重要形式。

在酿造工业上酒精发酵是生产酒精和各种饮料酒的基础。

一、器材和用品

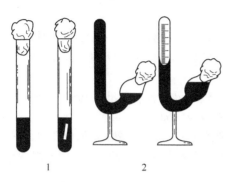

图 14-2　发酵管

1，杜氏发酵管，左为不发酵，右为发酵
2，艾氏发酵管，左为不发酵，右为发酵

（1）菌种：啤酒酵母（*Saccharomyces cerevisiae* Hansen）

（2）酒精发酵培养液（红糖 100g、KH_2PO_4 1.0g、$(NH_4)_2SO_4$ 2.0g、水 1000mL，自然 pH，0.1MPa 灭菌 30min）分装于杜氏管（Durnan tube）或艾氏管（Einhorn tube）（见图 14-2）或培养液分装于 18mm×180mm 试管中，每管装 12~15mL，并放入一端密闭的小玻管 [约（0.4~2.0）cm×（2.0~2.5）cm] 一支，倒置试管中，0.1MPa 灭菌 30min。

（3）100mL 三角瓶装酒精发酵液 50~60mL，0.1MPa 灭菌 30min。

（4）牛皮纸、橡皮圈、10%H_2SO_4 溶液、水浴锅、10%NaOH 溶液、1%$K_2Cr_2O_7$、吸管等。

二、方法和步骤

1. 糖液的酒精发酵

（1）以无菌操作接种酵母菌于发酵管和三角瓶酒精发酵液中，置 28~30℃培养 24~36h，另一支不接种作对照。

（2）放入 28~30℃温箱中，保温 24~36h 后观察结果。

2. 酒精生成的检验

（1）打开试管棉塞，嗅闻是否有酒精气味。

（2）取出发酵液 5mL，注入空试管中，再加 10%H_2SO_4 2mL。

（3）向试管中滴加 1%$K_2Cr_2O_7$ 溶液 10~20 滴，如试管内由橙黄色变为黄绿色，则证明有酒精生成，此反应变化如下：

$$2K_2Cr_2O_7+8H_2SO_4+3CH_3CH_2OH \longrightarrow 3CH_3COOH+2K_2SO_4+2Cr_2(SO_4)_3+11H_2O$$
（绿色）

（4）记录实验结果。

3. 二氧化碳生成的检验

（1）先观察三角瓶中的发酵液有无泡沫或气泡逸出，再看发酵管中小管有无气体集聚。

（2）弃去发酵管棉塞，用吸管吸出管内发酵液至管内留有 3~4mL 发酵液。

（3）取 10%NaOH 溶液 1mL，注入发酵管内，轻轻搓动试管，观察小玻管内液面是否上升，如气体逐渐消失，则证明气体为发酵过程中生成的 CO_2，此反应变化如下：

$$CO_2+NaOH \longrightarrow NaHCO_3$$

(4) 记录实验结果。

4. 啤酒酵母的观察

(1) 观察三角瓶底部，有较多的沉渣，这是酵母菌细胞累积物。

(2) 用接种环挑取沉渣少许，加碘液制成水浸片，高倍镜观察啤酒酵母的细胞形态。

三、作业

1. 记录酒精发酵检验结果。
2. 酒精发酵需要什么样的环境条件?

实验 28

甜米酒的制作

　　甜米酒是一种传统而又古老的发酵食品，它是各种酒类制作的雏形。甜米酒是江米经蒸煮使淀粉糊化，然后接种酒酿种曲（甜酒药）经发酵制成的。甜酒药是糖化菌及酵母制剂。其所含的微生物主要有根霉、毛霉及少量酵母。在发酵过程中糖化菌首先将江米的淀粉分解成葡萄糖，蛋白质分解成氨基酸，接着少量的酵母又将部分葡萄糖经糖酵解途径转化成酒精。这样就赋予了甜米酒甜味、酒香气和丰富的营养。但随着发酵时间的延长，酵母数目增多，发酵力增强会使甜酒酿糖度下降，酒精含量提高，故适时结束发酵是保持甜酒酿口味的关键。

一、器材和用品

(1) 甜酒药（市售）。
(2) 江米、蒸笼、瓦罐、纱布、恒温箱。

二、方法和步骤

　　(1) 浸米。将江米置于盆中用自来水浸泡 12～24h，浸米的目的是使淀粉颗粒巨大分子链由于水化作用而展开，便于常压短时间蒸煮后能糊化透彻，不至于饭粒中心出现白心现象。

　　(2) 洗米。将浸泡好的米用水冲洗几次，漂洗干净。

　　(3) 蒸饭。将浸渍漂洗过的米沥干后，倒入铺有两层湿纱布的蒸笼里，摊开，加盖旺火沸腾下蒸煮约 1h。水化后的淀粉颗粒，蒸汽热度开始膨化，并随温度的逐渐上升，使淀粉颗粒各巨大分子间联系解体达到糊化的目的。蒸饭要求"熟而不糊"。

　　(4) 淋饭。饭蒸透后，立即冲淋。其目的：一则使饭粒迅速降温，二则使饭粒间能分离，以利通气，适于糖化菌类及发酵菌类繁殖。经冲淋后的饭降温至 28～30℃左右。

　　(5) 落缸搭窝。将淋冷后的江米饭，沥去余水置于瓦罐中（容器使用前需沸水灭菌清洗)，将酒药用量的 2/3 拌入饭中，然后将其搭成 "V" 字形窝以便增加米饭和空气的接触面积，使好气性糖化菌生长繁殖，然后将剩余的 1/3 酒药撒在江米饭的表面。市售 "甜酒药" 每克能酿制 2～3kg 江米。

（6）保温发酵。将罐置于 28℃左右恒温培养 1～3d 即可食用。一般培养 24h 以后即可观察到饭表面出现白色菌丝，经过 36～48h 就可看到窝内出现甜液，再延长培养时间便可出现甜味减少、酒味增加的现象。即可达到酒香浓郁、甜醇爽口、清澈半透明。

三、作业

1. 分析一下甜米酒制作过程的微生物发酵过程。
2. 酒药拌好后为什么要在饭的表面再撒一层酒药？

实验 29

泡菜的制作

泡菜是四川人民一种传统的蔬菜加工技术。它是利用低浓度盐水与蔬菜原料在泡菜坛内经乳酸发酵制成的咸酸适度、香脆可口的蔬菜加工产品。此法具有原料来源广泛、制作方法简便、适于在城乡家庭推广的特点。本实验的目的是了解和掌握泡菜的发酵原理和制作方法。

一、器材和用品

1. 蔬菜

（1）叶菜类。大白菜、油菜、芹菜、雪里蕻、甘蓝等。要求鲜嫩、不枯萎、无腐烂叶、无干缩黄叶、无病虫害。

（2）茎菜类。春莴苣（茎粗壮）、大蒜等。要求质地嫩脆、不萎缩、表皮光亮、无病虫害，过嫩过老均不宜使用。

（3）根菜类。萝卜、胡萝卜、根用芥菜等。要求个体肥大、色泽鲜艳、不皱皮、无腐烂、无病虫害。成熟度适中，过嫩过老均不易使用。

（4）果菜类。嫩茄子、青辣椒、嫩黄瓜、嫩冬瓜、嫩南瓜、四季豆、嫩扁豆等。要求果实成熟度适中、色泽鲜艳、无腐烂、无病虫害。

2. 器材

泡菜坛、切菜刀、台秤、瓷盆、水桶、铝锅等。

3. 卤水配比

用冷开水配成 6%～8% 的食盐水，配料配方（与盐水质量比）：白酒 1%、料酒 2.5%、红糖 3%、干红辣椒 3%、草果 0.05%、八角茴香 0.1%、花椒 0.2%、胡椒 0.08%、干姜 0.2%，陈皮、芫荽籽、芹菜籽等适量。泡制白色蔬菜时，不宜加入红糖或其他有色香料。

二、方法和步骤

1. 蔬菜的处理

用来制作泡菜的蔬菜要去掉枯黄烂叶，剥去厚皮，除去根须及不可食用部分，用清水洗涤干净，一般不作切分处理。但对一些个体较大的蔬菜种类，如白萝卜、胡萝卜、莴苣及一些果菜类等，可根据食用习惯，切成一定规格的块或条。冬瓜等瓜类原料可剖开去瓤，再切成长条状，洗涤后的蔬菜应沥去水分，并在阳光下稍加晾晒，使其略显萎蔫，但不宜晾过度。

2. 卤水的配制

食盐与其他配料按一定比例混合制成的泡菜液，生产上称为卤水。配制卤水所用的水要符合国家饮用水标准，而且要求硬度稍大，以增加制品的脆性；如水的硬度过小，可在水中加少量氯化钙或碳酸钙加以调节。

卤水的配制方法是先将食盐按 6%～8% 的比例（盐与水之比）溶于水中，加热充分溶解，冷却备用；将液体或溶于水的配料与盐水混合均匀；将固体或不溶于水的配料研为粉末，装入棉布袋备用。

3. 装坛

泡菜坛在使用前要洗刷干净并晾干。装坛的方法一般有两种：

（1）把处理好的蔬菜装坛至一半时，放入香料袋，再装菜至八成满，用干净竹片和石块卡压，注入卤水，淹没蔬菜，封盖，在坛盖外水槽中加注适量清水密封。这种方法用于自身密度较小，泡制时间较长的蔬菜。

（2）先将卤水注入坛内（占坛子容积的 3/5 左右），然后将处理好的蔬菜放入坛内，至一半时放入香料袋，再装至九成满，使卤水充分淹没蔬菜，同样用干净竹片和石块将菜卡压住，封盖，并在盖外水槽中加水密封。这种方法适于自身密度较大，随泡随吃的蔬菜。

4. 泡制与管理

泡制过程是乳酸的发酵过程；泡菜坛的管理，是根据不同发酵阶段来进行的。

（1）发酵与成熟。乳酸发酵过程极为复杂，大致分为三个阶段。

初期发酵阶段：指装坛后至大量产生气体阶段。装坛后盐分不断渗入原料内部，菜水慢慢渍出，卤水含盐量降至 2.0%～4.0%，乳酸发酵缓慢，含酸量较低（0.3%～0.4%，以乳酸计），因此，抗盐性较弱、耐酸性较低的菌类都能存在，以大肠杆菌群占优势。大肠杆菌分解糖类，产生乳酸、乙醇、二氧化碳和氢气，表现为大量气体外逸，此时泡制尚未成熟，而含杂菌较高，不宜取出食用。

中期发酵阶段：乳酸含量可提高至 0.4%～0.8%，大肠杆菌、腐败菌、丁酸菌等杂菌因对酸敏感而不能生存；霉菌虽较耐酸，但因坛内缺氧而抑制其活动。乳酸菌群占优势，其属正型乳酸发酵过程，产生乳酸而不产气，表现为气体逸出极少，泡制已经成熟。制品保持原料固有色泽，香气浓郁，组织细嫩，质地清脆，咸酸适度，并稍有甜味和鲜味。泡菜制品此时品质最佳，乳酸含量 0.6% 左右时风味最好。

末期发酵阶段：若继续发酵，乳酸积累量超过 1.0%～1.2% 以上，对所有乳酸菌群起到反馈抑制作用，发酵过程停止。这时制品已失去应有泡菜特点，色泽变暗，组织软化，香气不足，酸味过重，有时已变成酸菜。

（2）泡菜坛的管理。初期发酵阶段因大量产气，要注意外水槽加水，保持其一定水位，保证封口严密，逸气自如。只有这样才能保证中期发酵阶段坛内无氧环境。中期发酵阶段坛内可形成一定的真空度，这本来有利于坛口密封，但因外界气压突然改变而使外水槽的清水被吸入坛内，造成制品污染。开盖检查时也可能造成外水内滴现象。因此，可通过换水或加护罩等方法，保持外水槽内水清洁卫生，勿染尘埃杂质，而且在水槽内投入 15～20g 的精盐，可更安全。

发酵过程要经常检查，家庭泡菜要随泡随吃；一时吃不完而准备继续存放的，要在坛内加菜，加盐，外槽加水密封。经常揭盖取食而不注意及时投料密封时，坛内空气较多，适于杂菌活动，常在液面上长出一层白膜（多属好气性酒花酵母菌）能使制品败坏。预防此种杂菌的方法，是随吃随投料，减少坛内空隙；密封水口防止外气进入，及早形成坛内无氧状态；多种蔬菜共泡时，最好投入适量大蒜、洋葱、红皮萝卜之类的有杀菌作用的蔬菜。已经产生白膜的，可将其捞出，并加入少许酒精或 60°白酒杀菌。

另外泡菜坛内忌油脂类物质，家庭取食泡菜时，不要用带油脂的筷子或其他用具，以免油类浮在液面，滋生杂菌。

泡菜的成熟期，因蔬菜的种类和当时的气温而不同，一般夏季 5～7d，冬季 7～15d 即可食用。

泡过菜的卤水可连续使用，一般可用 3～4 年。由于原卤水中含有大量的乳酸菌，再用时，可大大缩短泡制时间。每次再用前都要检查，变质者废弃；如咸度不够，可再加入些溶解的食盐水；如过酸，可加适量黄酒。

三、作业

1. 绘出泡菜坛内乳酸细菌形态图。
2. 简述泡菜时的微生物学过程。

实验 30

酱油酿造

实验室酿造酱油，规模小，费用低，条件易控制，可有效地实施菌种筛选和工艺条件优化等实验。本实验采用浅层培养制曲，固态低盐发酵法酿造酱油。

一、器材与用品

豆饼粉、麸皮、食盐、沪酿 3.042 米曲霉菌株、试管、三角瓶、陶瓷盘、铝饭盒、塑料袋、分装器、量筒、温度计、天平、水浴锅、波美计等。

二、方法与步骤

（一）试管菌种、三角瓶种曲制备

（1）试管菌种培养基：5°Bé 豆汁 1000mL、可溶性淀粉 20g、磷酸二氢钾 1g、硫酸铵 0.5g、硫酸镁 0.5g、琼脂 25g、pH6.0。

（2）三角瓶种曲培养基：麸皮 30g、豆饼粉 70g、水 100mL。先把水加入豆饼粉，湿润 30min，再混入麸皮，湿润后打散，塞上棉塞，灭菌 20min，冷却接种，28～30℃培养 60h。

（二）浅层培养制曲

（1）原料配比。豆饼粉 70%、麸皮 30%、水分 90%～95%。

（2）原料处理。原料按配比称量后，在陶瓷盘中拌和均匀，静置润水约 30min，分装入铝饭盒中，料厚约 2.5cm，加盖灭菌。高压灭菌（0.11～0.15 MPa）30min。出锅后，趁热摇散。

（3）冷却接种。先将三角瓶曲用已灭菌的麸皮混匀后，待曲料冷却至 38℃左右接种，接种量 0.3%。

（4）培养。把曲料在饭盒内摊平，不加盖，置于 28℃恒温箱中培养。曲温升至 37℃左右，翻曲一次。继续培养，维持曲温 28～37℃，不得超过 37℃。共培养 2～3d，曲料表面着生淡黄绿色孢子时，停止培养，即得成曲。

（三）制醅发酵

（1）配制 12～13°Bé 盐水。称取食盐 13～15g，溶于 100mL 水中，即可制得约 12～13°Bé 盐水 100mL。加热至 55℃左右备用。

（2）制醅。将成曲在陶瓷盘中搓碎，加入 12～13°Bé 热盐水，用量是成曲原料总量的 65%（盐水量与成曲体积比约为 1∶2），拌匀后，装入 500mL 三角瓶或两层塑料袋内。

（3）发酵。将三角瓶用二层塑料布扎口或塑料袋扎口后，置于水浴中保温发酵，前 7 天保温 45℃，后 5～7 天保温 48～50℃。

（四）淋油

将成熟酱醅从三角瓶或塑料袋移入分装器中，加入原料总质量 200% 的沸水，置于 70～80℃水浴中，浸出 20h 左右，放出得头油。再加入 200% 的沸水置于 70～80℃水浴中浸出约 4h，放出得二油。

（五）成品

感官检验并测定头油的体积、密度（°Bé）和固形物含量等。

三、作业

1. 酱油酿制原理是什么？
2. 酱油酿制过程中制曲的作用是什么？

实验 31

微生物对果胶质的分解

果胶质是植物细胞间质的主要成分，它是由半乳糖醛酸组成的高分子化合物，存在于所有植物组织的细胞壁及细胞间层中，在植物残体的干物质中占 15%～30%，它还存在于浆果、果实、植物的块茎和块根内。自然界中存在有许多好气性和厌气性微生物，它们都有分解原果胶的酶体系，能分解果胶类物质，产生半乳糖醛酸、半乳糖、甲醇、乙醇、丁酸等物质的碳素循环，对纤维素植物的脱胶有实用价值。例如在厌气条件下，可从麻秆上分离出分解果胶质的梭菌。

一、器材和用品

(1) 麻秆（亚麻或黄麻均可）数根、20mm×200mm 试管。
(2) 试管夹、小刀、牛皮纸、线绳等。

二、方法和步骤

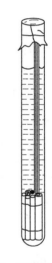

取麻秆数根，切成 5～7cm 长，留下两段，余下的用线绳扎成捆，插入一长玻璃棒放入试管中，加水淹没（见图 14-3）。将试管放入沸水杯中煮 5min 或用酒精灯加热煮沸 5min 后，将试管中水倒出，以便除去沸水浸出物，再加水淹没麻秆，煮沸 5min，冷却。

把留下的一小段麻秆接入试管，然后塞好棉塞，用牛皮纸包住试管口，置 35℃温箱中培养 10～14d。

取发酵过的麻秆与未发酵过的新鲜麻秆比较撕下麻皮的难易程度；用发酵过的麻皮的内层，在干净载玻片上轻压，制成涂片，用石炭酸复红染色液染色，用油镜观察厌气性果胶质分解菌的形态。一般可看到芽孢端生膨大，呈鼓槌状，细胞内有明显颗粒体

图14-3　果胶分解装置

的果胶质分解菌，如费地浸麻梭菌（*Clostridlium felsineum*）和蚀果胶梭菌（*Clostridlium pectinovorum*）等。

三、作业

1. 绘出分解果胶质的细菌形态图。
2. 为什么要除去沸水浸出物？
3. 微生物对果胶质的分解在生活生产中有哪些应用？

实验 32

糖化酶活力的测定

糖化酶有催化淀粉水解的作用，能从淀粉分子非还原性末端开始，分解 α-1,4 葡萄糖苷键生成葡萄糖，葡萄糖分子中含有醛基，能被次碘酸钠氧化，过量的次碘酸钠氧化后析出碘，可用硫代硫酸钠标准溶液滴定，计算出酶活力。

一、器材和用品

1. 试剂和溶液

（1）pH4.6 乙酸-乙酸钠缓冲液。称取乙酸钠（$CH_3COONa \cdot 3H_2O$）6.7g，溶于水中，加冰乙酸（CH_3COOH）2.6mL，用水定容至 1000mL，配好后用 pH 计校正。

（2）0.05mol/L 硫代硫酸钠标准溶液。称取 13g 硫代硫酸钠（$Na_2S_2O_3 \cdot 5H_2O$）溶于 1000mL 水中，缓缓煮沸 10min 冷却，放置两周后备用。

标定。称取 0.15g 于 120℃烘干至恒重的基准重铬酸钾，精确至 0.0001g，置于碘量瓶中，溶于 25mL 水中，加 2g 碘化钾及 20%硫酸溶液 20mL 摇匀，于暗处放置 10min，加 150mL 水。用配制好的硫代硫酸钠溶液滴定，近终点时加 3mL 淀粉指示液（5g/L）。继续滴定至溶液由蓝色变为亮绿色，同时作空白试验。

计算
$$C = \frac{6m}{(V - V_0) \times 0.2942}$$

式中　C——硫代硫酸钠标准溶液的物质的量浓度，mol/L；

　　　m——重铬酸钾的质量，g；

　　　V——硫代硫酸钠溶液的用量，mL；

　　　V_0——空白试验硫代硫酸钠溶液的用量，mL；

　0.2942——重铬酸钾的物质的量，g/mmol；

　　　6——物质的量比例系数，即 6mol 硫代硫酸钠与 1mol 重铬酸钾定量反应。

（3）0.05mol/L 碘标准溶液。称取 13g 碘及 35g 碘化钾，溶于 100mL 水中，稀释至 1000mL，摇匀，保存于棕色磨口瓶中。

标定。称取 0.15g 预先在硫酸干燥器中干燥至恒重的基准三氧化二砷，精确至 0.0001g，置于碘量瓶中，加 4mL 的 1mol/L NaOH 溶液，再加 5mL 水，加 2 滴酚酞指示液（10g/L），用 1mol/L 的硫酸溶液中和，加 3g 碳酸氢钠及 3mL 淀粉指示液（5g/L），用配制好的碘溶液滴定至溶液呈浅蓝色，同时作空白试验。

计算
$$C = \frac{2m}{(V - V_0) \times 0.1978}$$

式中　C——碘标准液的物质的量浓度，mol/L；

　　　m——三氧化二砷的质量，g；

　　　V——碘溶液用量，mL；

　　　V_0——空白试验碘溶液的用量，mL；

0.1978——三氧化二砷的物质的量, g/mmol;

  2——物质的量比例系数, 即 2mol 碘与 1mol 三氧化二砷定量反应。

（4）0.1mol/L NaOH 溶液。称取 NaOH 4g 溶解后定容至 1000mL。

（5）5mol/L NaOH 溶液。称取 NaOH 20g, 用水溶解定容至 100mL。

（6）1mol/L 硫酸溶液。量取浓硫酸（相对密度 1.84）5.6mL, 缓缓加入 80mL 水中, 冷却后定容至 100mL。

（7）20g/L 可溶性淀粉溶液。称取可溶性淀粉 2.000g, 精确至 0.001g, 用水调成浆状物, 在搅动下缓缓倾入 70mL 沸水中, 然后以 30mL 水分几次冲洗, 冲洗液并入其中, 加热至完全透明, 冷却, 定容至 100mL, 此溶液要当天配制。

（8）10g/L 可溶性淀粉溶液。将上述 20g/L 淀粉溶液稀释 1 倍即可。

2. 仪器和设备

恒温水浴锅（40±0.2）℃、秒表、比色管（50mL）、滴定管。

二、方法和步骤

（一）待测酶液的制备

称取酶粉 1~2g, 精确至 0.0002g（或吸取酶液 1mL）, 先用少量的乙酸缓冲液溶解, 并用玻璃棒研捣, 将上清液小心倾入容量瓶中, 沉渣部分再用少量缓冲液溶解。如此重复 3~4 次, 最后全部移入容量瓶中, 用缓冲液定容至刻度（将估计酶活力按表 14-3 对应倍数稀释, 使酶活力在 100~250U/mL 范围内）, 摇匀, 用四层纱布过滤备用。

表14-3　酶活力与稀释倍数对应表

估计酶活力/(U/g, U/mL)	稀释倍数	估计酶活力/(U/g, U/mL)	稀释倍数
200~1000	2~5	10000~30000	50~200
1000~3000	5~20	30000~60000	200~300
3000~6000	20~30	60000~90000	300~500
6000~10000	30~50		

（二）测定

于甲、乙两支 50mL 比色管中, 分别加入 25.0mL 20g/L 可溶性淀粉溶液及 5.00mL 缓冲液, 摇匀后, 于（40±0.2）℃恒温水浴中预热 5min, 在甲管（样品管）中加入待测酶液 2.00mL, 立刻摇匀, 在此温度下准确反应 30min, 立即各加入 20%的氢氧化钠溶液 0.20mL, 摇匀。将两管取出迅速冷却, 并于乙管（空白）中补加待测酶液 2.00mL。

吸取上述反应液与空白液 5.00mL, 分别置于碘量瓶中, 准确加入 10.0mL 的碘液, 再加入 0.1mol/L 氢氧化钠溶液 15.0mL, 摇匀、密塞, 暗处反应 15min, 取出, 加硫酸溶液 2.0mL, 立即用硫代硫酸钠标准溶液滴定, 直至蓝色刚好消失为其终点。

三、作业

1g 固体酶粉（或 1mL 液体酶）于 40℃，pH4.6 的条件下，1h 分解可溶性淀粉产生 1mg 葡萄糖，即为一个酶活力单位。以 U/g（或 U/mL）表示。

酶活力计算公式

$$X = (A - B) \times C \times 90.05 \times 32.2 / (5 \times 1/2 \times n \times 2)$$

式中　X——样品的酶活力，U/g（或 U/mL）；

　　　A——空白消耗硫代硫酸钠标准溶液的体积，mL；

　　　B——样品消耗硫代硫酸钠标准溶液的体积，mL；

　　　C——硫代硫酸钠标准溶液的浓度，mol/L；

　　90.05——与 1mmol 硫代硫酸钠相当的以 mg 表示的葡萄糖质量；

　　32.2——反应液的总体积，mL；

　　　5——吸取反应液的总体积，mL；

　　1/2——吸取酶液 2.00mL，按 1.00mL 计算；

　　　n——稀释倍数；

　　　2——反应 30min，换算成 1h 的酶活力系数。

根据以上信息，计算出所测定的酶制剂的糖化酶活力，并比较不同稀释倍数的测定结果是否一致。

实验 33

蛋白酶活力的测定

蛋白酶在一定的温度和 pH 条件下，水解酪素底物，产生含有酚基的氨基酸（如酪氨酸、色氨酸等），在碱性条件下，能将福林试剂还原，生成钼蓝和钨蓝，用分光光度法测定吸光度，计算其酶活力。

一、器材和用品

1. 试剂和溶液

（1）福林试剂。于 200mL 磨口回流装置中加入钨酸钠（$NaWO_4 \cdot 2H_2O$）100g、钼酸钠（$Na_2MoO_4 \cdot 2H_2O$）25g、水 700mL、80%磷酸 50mL、浓盐酸 100mL、小火沸腾回流 10h，取下回流冷却器在通风橱中加入硫酸锂（Li_2SO_4）50g、水 50mL 和数滴浓溴水（99%），再微沸 15min，以除去多余的溴，冷却（冷却后仍有绿色需再加溴水，再除去过量的溴），加水定容 1000mL，混匀、过滤。制得的试剂应呈金黄色，贮存于棕色瓶内。

（2）0.4mol/L 碳酸钠溶液。称取无水碳酸钠（Na_2CO_3）42.4g，用水溶解定容至 1000mL。

（3）0.4mol/L 三氯乙酸溶液。称取 65.4g 三氯乙酸，用水溶解定容至 1000mL。

（4）0.5mol/L 氢氧化钠溶液。称取 20g 氢氧化钠，溶解定容至 1000mL。

（5）0.1mol/L 及 1mol/L 盐酸溶液。量取浓盐酸 9mL 和 90mL，分别注入 1000mL 水中，摇匀。

（6）pH7.5 磷酸钠缓冲液（适于中性蛋白酶）。称取磷酸氢二钠（$Na_2HPO_4 \cdot 12H_2O$）6.2g 和磷酸二氢钠（$NaH_2PO_4 \cdot 2H_2O$）0.5g，加水溶解并定容到 1000mL。

（7）pH3.0 乳酸缓冲液（适于酸性蛋白酶）。

① 甲液。称取乳酸（80%～90%）10.6g，加水溶解并定容至 1000mL。

② 乙液。称取乳酸钠（70%）16g，加水溶解并定容至 1000mL。

③ 工作液。取甲液 8mL、乙液 2mL，摇匀，稀释一倍，即成 0.05mol/L 的乳酸缓冲液。

（8）pH10.5 硼酸钠缓冲液（适于碱性蛋白酶）。

① 甲液。称取硼酸钠（硼砂）19.08g，加水溶解并定容至 1000mL。

② 乙液。称取氢氧化钠 4.0g，加水溶解并定容至 1000mL。

③ 工作液。取甲液 500mL，乙液 400mL，混匀，用水稀释至 1000mL。

上述各缓冲液，须用 pH 计校正。

（9）10%酪素溶液。称取酪素 1.000g，精确至 0.0001g，用少量 0.5mol/L 氢氧化钠（酸性蛋白酶则用 2～3 滴乳酸）湿润后，加入少量的各种适宜 pH 缓冲液约 80mL，在沸水浴中边加热边搅拌，直至完全溶解。冷却后转入 100mL 容量瓶中，用适宜 pH 缓冲液定容至刻度。此溶液在冰箱内贮存，有效期为 3d。

（10）100μg/mL 的 L-酪氨酸标准溶液。称取预先于 105℃干燥至恒重的 L-酪氨酸 0.1000g，精确至 0.0002g，用 1mol/L 盐酸 60mL 溶解定容至 100mL，即为 1mg/mL 酪氨酸标准溶液。

吸取 1mg/mL 酪氨酸标准溶液 10.00mL，用 0.1mol/L 盐酸定容至 100mL，即得 100μg/mL 的 L-酪氨酸标准溶液。

2. 仪器和设备

恒温水浴（40±0.2）℃、分光光度计。

二、方法和步骤

（一）标准曲线的绘制

L-酪氨酸系列标准溶液按表 14-4 配制。

表 14-4　L-酪氨酸标准溶液稀释表

管号	酪氨酸标准溶液的浓度/（μg/mL）	量取 100μg/mL 酪氨酸标准溶液体积/mL	蒸馏水体积/mL
0	0	0	10
1	10	1	9
2	20	2	8
3	30	3	7
4	40	4	6
5	50	5	5

分别取上述溶液各 1.00mL（须做平行试验）各加 0.4mol/L 碳酸钠溶液 5.00mL，福林试剂 1.00mL，置于（40±0.2）℃水浴中显色 20min，取出，用分光光度计于波长 680nm 下，10mm 比色皿分别测定其吸光度，以不含酪氨酸的 0 管为空白，然后以吸光度 A 值为纵坐标，酪氨酸的浓度 C 为横坐标，绘制标准曲线（通过零点）。根据坐标图或用回归方程，计算出当吸光度为 1 时酪氨酸的量（μg），即为吸光常数 K 值。其 K 值应在 95～100 范围内。

（二）测定

（1）待测酶液的制备。称取 1～2g 酶粉（精确至 0.002g），或吸取 1mL 液体酶，用少量该酶的缓冲液溶解，并用玻璃棒捣研，然后将上清液倒入容量瓶中，沉渣中再添加少量上述缓冲液，如此 3～4 次，最后全部移入容量瓶中，用缓冲液定容至刻度，摇匀，用四层纱布过滤。滤液可根据酶活力再一次用缓冲液稀释至适当浓度，使其吸光度 A 值在 0.25～0.40 范围内。

根据酶活力大小，参照表 14-5 进行稀释，可得到较满意的吸光度值。

表14-5　酶活力与稀释倍数对应表

酶活力/（万 GU/mL）	总倍数	第一次稀释	第二次稀释
2	2000	2g→200mL（100 倍）	5mL→100mL（20 倍）
3	2500	2g→500mL（250 倍）	5mL→50mL（10 倍）
4	4000	2g→200mL（100 倍）	5mL→200mL（40 倍）
5	5000	2g→500mL（250 倍）	5mL→100mL（20 倍）
8～10	10000	2g→500mL（250 倍）	5mL→200mL（40 倍）

（2）测定操作。先将酪素溶液放入（40±0.2）℃恒温水浴中预热 2～5min，再按下列程序操作。然后于 680nm 波长下，用 10mm 比色皿，以 A 管为空白，测定 B 管的吸光值（图14-4）。

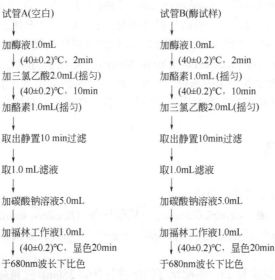

图 14-4　蛋白酶活力测定程序示意图

三、作业

酶活力单位定义 1g 固体酶粉（或 1mL 液体酶），在一定温度和 pH 条件下，1min 水解酪素产生 1μg 酪氨酸，即为一个酶活力单位，以 U/mL 表示。

酶活力计算公式

$$X = \frac{A \times K \times 4 \times n}{10}$$

式中　X——样品的酶活力，U/g（或 U/mL）；

　　　A——样品的平均吸光度；

　　　K——吸光常数；

　　　4——反应试剂的总体积，mL；

　　　10——反应时间，10min；

　　　n——稀释倍数。

根据上式，计算出不同稀释倍数的蛋白酶活力，并比较不同稀释倍数的测定结果是否一致。

实验 34
微生物的耐盐性试验

各种微生物的耐盐能力不同。对一般的非海洋、非盐湖微生物细胞而言，0.85%～0.90% 的 NaCl 溶液是等渗的；多数杆菌在超过 10% 的盐浓度时已不能生长，例如大肠杆菌（*Echerichia coli*）、肉毒梭菌（*Clostridium botulinum*）、沙门氏菌属（*Salmonella*）以及和食品安全密切相关的杆菌，其耐盐性差，一般在 6%～8% 的盐浓度时已完全处于抑制状态；而和食品安全密切相关的球菌，例如葡萄球菌（*Staphylococcus*）的耐盐性较强，在 5% 的盐浓度时才受到抑制，20% 的盐浓度时才会被杀死；霉菌一般较耐盐，在 20%～25% 的盐浓度时才受到抑制；还有些微生物需要有 NaCl 才能生长，这些微生物称为专性嗜盐微生物，它们所能耐受的盐浓度更高，如盐杆菌细菌（*Halobacterium* Elazari-Volcani）能在 5.2mol/L 或 30% 盐溶液中生长，盐浓度小于 15% 则不能生长。总的来说，一般 18%～25% 的盐浓度才能完全阻止各类微生物的生长。因此，这种较高的盐浓度对微生物的抑制作用常用于食品的防腐。

一、器材和用品

（1）器材：三角瓶、试管、吸管等。

（2）菌种：大肠杆菌（*Echerichia coli*）、枯草杆菌（*Bacillus subtilis*）、金黄色葡萄球菌（*Staphylococcus aureus*）及黑曲霉（*Aspergillus niger*）的新鲜斜面菌种。

（3）培养基

① 豆芽汁培养液见实验 26，将配制好的培养基分装 250mL 三角瓶，每瓶 50mL。

② 加盐豆芽汁培养基。取豆芽汁培养基 1000mL，分成五等份，各加一定量的 NaCl，使

其浓度分别为 0.01g/mL、0.05g/mL、0.15g/mL、0.2g/mL，分装于 18mm×180mm 的试管中，每支装 10mL，每个盐浓度装 12 支，贴好标签，0.1MPa 灭菌 30min 备用。

二、方法和步骤

将大肠杆菌、枯草杆菌、金黄色葡萄球菌及黑曲霉分别接种于豆芽汁培养基中，28℃、150r/min 摇瓶培养 48h，备用。

将上述 48h 培养液分别接种于各加盐豆芽汁培养液试管内，每支试管接种 1mL，每种菌做三个重复。

经 28℃培养 72h 后，观察比较各种菌在不同盐浓度培养液中的生长情况。

三、作业

观察每种菌的生长情况，若有生长，测其生长量。

实验 35
微生物的耐糖性试验

各种微生物对不同浓度的糖显示出不同的适应性。10%的糖溶液能影响某些微生物生长，50%的糖溶液可抑制绝大多数酵母和细菌的生长，65%～70%的糖溶液可抑制许多霉菌的生长，70%～80%的糖液能抑制几乎所有微生物的生长。通过本试验可掌握某种微生物对糖浓度耐受性的测定方法。

一、器材和用品

（1）菌种：大肠杆菌（*Echerichia coli*）、枯草杆菌（*Bacillus subtilis*）、金黄色葡萄球菌（*Staphylococcus aureus*）及黑曲霉（*Aspergillus niger*）的新鲜斜面菌种。

（2）培养基

① 豆芽汁培养液见实验 26。将配制好的培养液分装入 250mL 三角瓶，每瓶装 50mL，0.1MPa 灭菌 30min，备用。

② 加糖豆芽汁培养液。取豆芽汁培养液 1000mL，分为五等份，各加一定量的蔗糖，使糖浓度分别为 0.1g/mL、0.2g/mL、0.4g/mL、0.6g/mL、0.7g/mL，分别装于 18mm×180mm 的试管中，每支装 10mL，每个糖浓度装 12 支试管，贴好标签，间歇灭菌后待用。

（3）器材：三角瓶、试管、吸管等。

二、方法和步骤

将大肠杆菌、枯草杆菌、金黄色葡萄球菌及黑曲霉分别接种于豆芽汁培养基中，28℃、

150r/min 摇瓶培养 48h，备用。

将上述 48h 培养液分别接种于各加糖豆芽汁培养液试管内，每支试管接种 1mL，每种菌做三个重复。

将上述试管于 28℃培养 72h 后，观察比较各菌种在不同糖浓度培养液中的生长情况。

三、作业

记录各种菌在不同糖浓度中的生长情况，并测其生长量。

实验 36
微生物 D 值的测定

D 值是指在一定条件下，杀死 90% 的活菌（活菌数减少一个数量级）所需要的时间。

例如：某菌悬液活菌数为 10^4 个/mL，在 60℃的水浴中保温，活菌数降低到 10^3 个/mL 时，所需的时间为 10min，则该菌在 60℃时的 D 值为 10min，记作 D_{60}=10min。

一、器材和用品

(1) 菌种：大肠杆菌、枯草杆菌、金黄色葡萄球菌、啤酒酵母的新鲜培养液（含活菌数大于 10^7 个/mL）。

(2) 培养基：葡萄糖、牛肉膏蛋白胨固体培养基、葡萄糖牛肉膏蛋白胨液体培养基，每 250mL 三角瓶装 100mL。

(3) 其他：水浴锅、培养皿、吸管、无菌水等。

二、方法和步骤

1. 倒平板

将已灭菌的培养基熔化，倒平板，冷却备用。

2. 菌液的制备

将水浴锅调至 60℃。

将已灭菌的培养基 4 瓶置于水浴锅中预热 20min。

将大肠杆菌、枯草杆菌、金黄色葡萄球菌、啤酒酵母的培养液各 10mL，分别接种于预热后的培养基中，摇匀、标记、计时。

3. 计算活菌数

在 0min、5min、10min、15min、20min、30min、40min、50min、60min、70min 时分别

取各菌液 1mL，稀释、涂平板。

把平板置于 30℃恒温培养 48h，计算活菌数。

4. 求 D_{60} 值

以保温时间为横坐标，残存活菌数为纵坐标，作出各菌在 60℃时的残存活菌数曲线。求各菌的 D_{60} 值。

三、作业

画出各菌在 60℃时的残存活菌数曲线。

实验 37

水分活性试验

食品中的水分以结合水和游离水两种状态存在。微生物在食品上生长繁殖，除需要一定的培养物质外，还必须有足够的游离水。用水分活性值（a_w），即食品在密闭容器中的水蒸气压与在相同温度下的纯水蒸气压之比值来表示食品中含游离水多少的程度，a_w 值越大，微生物越容易生长，a_w 值越小，越不利于微生物生长。

$$a_w = \frac{P}{P_0} = \frac{ERH}{100}$$

式中　P——食品的水蒸气压；

　　　P_0——纯水的水蒸气压；

　　ERH——平衡相对湿度。

一、器材和用品

（1）材料：米饭、肉类、点心等食品；$K_2CO_3 \cdot 2H_2O$、NH_4NO_3、$NaCl$、$(NH_4)_2SO_4$、KCl、$ZnSO_4 \cdot 7H_2O$、$CuSO_4 \cdot 5H_2O$ 的饱和溶液，蒸馏水。

（2）器材：干燥器、平皿等。

二、方法和步骤

1. 测得 a_w 值

在室温下将配好的 $K_2CO_3 \cdot 2H_2O$、NH_4NO_3、$NaCl$、$(NH_4)_2SO_4$、KCl、$ZnSO_4 \cdot 7H_2O$、$CuSO_4 \cdot 5H_2O$ 的饱和溶液和蒸馏水分别放入各干燥器内，作好标记，盖好干燥器盖，使各干燥器达到不同的 ERH。

查表 14-6 取得以上盐溶液及蒸馏水所对应的 a_w 值依次为 0.47、0.65、0.75、0.81、0.85、0.98、1.00。

表 14-6　饱和盐溶液相对湿度对照表

饱和盐溶液	相对湿度	饱和盐溶液	相对湿度
水溶液	1.00	氯化钠	0.75
硫酸钾	0.98	醋酸钠（$CH_3COONa \cdot 3H_2O$）	0.76
硫酸铜（$CuSO_4 \cdot 2H_2O$）	0.98	尿素	0.73
磷酸氢二钠（$Na_2HPO_4 \cdot 12H_2O$）	0.98	氯化亚铜	0.68
磷酸二氢钙	0.94	硝酸铵	0.65
硫酸钠	0.93	溴化钠（$NaBr \cdot 2H_2O$）	0.58
硝酸钾	0.93	氯化镍	0.54
硫酸亚铁	0.92	重铬酸钠（$Na_2Cr_2O_7 \cdot 2H_2O$）	0.52
碳酸钠	0.92	硝酸钙	0.50
磷酸二氢铵	0.92	碳酸钾（$K_2CO_3 \cdot 2H_2O$）	0.47
硫酸锆	0.89	硝酸锌	0.42
氯化钾	0.86	氯化镁	0.34
硫酸氢钾（$KHSO_4$）	0.86	氯化钙（$CaCl_2 \cdot 6H_2O$）	0.31
硫酸锌（$ZnSO_4 \cdot 7H_2O$）	0.85	醋酸钾（CH_3COOK）	0.20
磷酸氢二铵	0.83	氯化锂（$LiCl \cdot H_2O$）	0.15
硫酸铵 $[(NH_4)_2SO_4]$	0.81	氯化锌	0.10
氯化铵（NH_4Cl）	0.79	溴化锂	0.78
硝酸钠	0.77		

2. 测定微生物种类和生长速度

将米饭、肉类、点心等食品弄碎并风干。

将风干的食品分别装入平皿中（不盖平皿盖），成为一组试验材料。

在各干燥器内分别装入一组试验材料，盖好干燥器盖，置 30℃恒温培养。

每天观察一次各干燥器内不同食品上微生物的种类和长势，必要时镜检，测得微生物种类及生长势。

三、作业

1. 记录不同食品上微生物种类及生长势。
2. 根据记录结果估计微生物类群的最低 a_w 值范围。

实验 38

微生物致死温度的测定

致死温度是指在一定时间内杀死某种微生物的最低温度。在致死温度界限以上，温度越高，致死时间越短，因此，一般致死温度是指 10min 内杀死某种微生物的最低温度。某种微生物的致死温度是一个恒定值，可作为该菌的生理特征，同时也可为食品消毒所需温度和时间提供理论依据。

一、器材和用品

(1) 器材：恒温水浴锅、18mm×180mm 试管、吸管、培养皿、无菌水等。
(2) 菌种：大肠杆菌、枯草杆菌。
(3) 培养基：肉汤培养基及肉汤琼脂培养基。

二、方法和步骤

分别接种大肠杆菌、枯草杆菌于肉汤培养基，37℃培养 24h。

分别取大肠杆菌培养液及枯草杆菌培养液各 1mL，分别注入 5 组无菌空试管。

将上述 5 组试管分别在 60℃、70℃、80℃、90℃、100℃水浴锅中加热 10min。

将处理过的每支试管内的培养液移入无菌培养皿内，与熔化后已冷却至 45℃左右的肉汤琼脂培养基混合，然后于 37℃培养 24h。

三、作业

1. 大肠杆菌和枯草杆菌的死亡温度分别为多少？
2. 为什么枯草杆菌比大肠杆菌能忍受较高的温度？

实验 39

废水中溶解氧的测定

基于溶解氧（DO）的氧化性能，于水样中加入 $MnSO_4$ 和 $NaOH$ 溶液，先生成三价锰 $[Mn(OH)_3]$ 的棕色沉淀，当水中 DO 充足时，生成四价锰 $[MnO(OH)_2]$ 的棕色沉淀。$MnO(OH)_2$ 沉淀，在有碘离子存在下，加酸溶解，即释放出与 DO 量相当的游离碘，然后用 $Na_2S_2O_3$ 标准溶液滴定游离碘，从而测得 DO 含量。当水中有有机物存在时，采用滴加叠氮化钠去除硝酸盐干扰，滴加氟化钾排除高铁离子后进行测定。

一、器材和用品

（1）仪器：250mL 或 300mL 溶氧瓶、250mL 三角瓶、25mL 酸式滴定管、5mL 和 10mL 直形吸管、100mL 移液管、容量瓶、分析天平。

（2）试剂：硫酸锰、碘化钾、1∶5 硫酸溶液、淀粉、重铬酸钾、硫代硫酸钠、氢氧化钠、叠氮化钠、氟化钾、水杨酸、碳酸钠。

二、方法和步骤

1. 溶液的配制

（1）碱性碘化钾-叠氮化钠溶液。500g 氢氧化钠溶于 300～400mL 水中，150g 碘化钾溶于 200mL 水中，10g 叠氮化钠溶于 40mL 水中，将以上三种溶液合并，加水至 1L 混合均匀，放入塑料瓶中，避光保存。

（2）40%氟化钾溶液。40g 氟化钾溶于水中，稀释至 100mL。

（3）硫酸锰溶液。称取 480g 硫酸锰溶于水中，稀释至 1L。

（4）碱性碘化钾溶液。称取 500g 氢氧化钠溶于 300～400mL 水中，同时称取 150g 碘化钾溶于 200mL 水中，两液混合并稀释至 1L，若有沉淀物，则放置过夜后倾去上清液，贮于棕色试剂瓶中，用橡皮塞塞紧。

（5）0.5%淀粉溶液。将 0.5g 可溶性淀粉用少量水调成糊状，再用刚煮沸的水冲至 100mL，冷却后加入 0.1g 水杨酸。

（6）0.004167mol/L 重铬酸钾标准溶液。精确称取在 105℃干燥 2h 的重铬酸钾 1.2259g 溶于水中，在 1L 容量瓶中定容，混合均匀后移至清洁干燥的棕色细口瓶中。

（7）硫代硫酸钠标准溶液。6.2g 硫代硫酸钠溶于已煮沸并放冷的水中，定容至 1L。加入 0.2g 碳酸钠，贮于棕色瓶中。使用前用重铬酸钾标准液标定。

（8）$Na_2S_2O_3$ 标准溶液物质的量浓度计算。于 250mL 的三角瓶中加入约 1g KI 及 50mL 水，再加入 10mL 0.004167mol/L 的重铬酸钾标准溶液和 5mL 1∶5 浓硫酸，静置 5min 后用硫代硫酸钠溶液滴定，待溶液变成淡黄色后加入 1mL 淀粉溶液，继续滴定至蓝色刚好消去。用下列公式计算硫代硫酸钠标准溶液的物质的量浓度：

$$C_{Na_2S_2O_3} = \frac{6 \times C_{K_2Cr_2O_7} \times V_{K_2Cr_2O_7}}{V_{Na_2S_2O_3}}$$

2. 水样处理

将采集的水样用虹吸法转移到溶氧瓶内，并使水样从瓶口溢流出 10s 左右。

将移液管插入液面下，依次加入 1mL 40%氟化钾溶液，1mL 硫酸锰溶液，2mL 碱性碘化钾-叠氮化钠溶液，盖好瓶盖，勿使瓶内有气泡，颠倒混合 15 次，静置，待棕色沉淀沉到瓶的一半时，再颠倒几次。

轻轻打开溶氧瓶塞，立即用直形吸管插入液面下，加入 1.5～2mL 浓硫酸，盖好瓶塞颠倒混合摇匀至沉淀物全部溶解为止。若沉淀物不溶解，可继续加入少量浓硫酸使其溶解，然后放置暗处 5min。

3. 滴定

用移液管吸取 100mL 上述溶液注入 250mL 三角瓶中。

用 0.025mol/L 硫代硫酸钠标准溶液滴定至溶液呈淡黄色，记录用量。

加入 1mL 0.5%淀粉溶液，继续滴定至使蓝色褪去为止，记录用量。

三、作业

1. 采用以下公式计算溶解氧

$$溶解氧(mg / L) = \frac{C \times V \times 32 \times 1000}{4 \times 100}$$

式中 C、V——标定后硫代硫酸钠标准溶液的物质的量浓度及滴定用体积；

32——氧的摩尔质量，g/mol；

100——水样的体积，mL；

4——物质的量比例系数，即 1mol O_2 需消耗 4mol $Na_2S_2O_3$。

2. 当水样中有藻类和悬浮物时，该如何除去以确保不影响滴定结果？

3. 为什么每次用吸管加入试剂时要将吸管插入液面下？

4. 当水样中含有较多（0.1mol/L 以上）的游离氯时该如何除去？

实验 40

废水中化学需氧量的测定

化学需氧量（COD）是指一升水中的还原物质用强氧化剂使之氧化所消耗的氧化剂的量。常用的氧化剂为重铬酸钾或高锰酸钾，本实验用重铬酸钾法。由于水体受到污染，含有大量有机物，利用重铬酸钾在强酸性溶液里将还原性物质（主要是有机物）氧化，用亚铁灵作指示剂，用硫酸亚铁铵回滴过量的重铬酸钾，根据实际消耗的重铬酸钾量计算出水样的化学需氧量，以 mg/L 表示，从而说明水体受污染程度。

一、器材和用品

1. 器材

（1）回流装置：24mm 或 29mm 标准磨口 500mL 全玻璃回流装置；球形冷凝器，长度为 30cm。

（2）加热装置：功率大于 $1.4W/cm^2$ 的电炉。

（3）25mL 酸式滴定管、分析天平。

2. 试剂

（1）重铬酸钾标准溶液。先将重铬酸钾在 105℃烘 2h 至恒重，精确称取 12.2588g 溶于 1L 蒸馏水中，制得 0.04167mol/L 的重铬酸钾标准液。

（2）0.25mol/L 硫酸亚铁铵标准液。称取 98g 分析纯硫酸亚铁铵[Fe(NH$_4$)$_2$(SO$_4$)$_2$·6H$_2$O]溶于蒸馏水中，加浓硫酸 20mL，冷却后稀释至 1000mL，使用时用重铬酸钾标准液标定，计算其物质的量浓度。

（3）硫酸-硫酸银溶液。将 11g 硫酸银加入 1000mL 浓 H$_2$SO$_4$ 中，摇匀放置使其溶解。

（4）亚铁灵指示剂。称取 1.485g 邻菲罗啉（1,10-phenanthroline hydrate，C$_{12}$H$_8$N$_2$·H$_2$O）和 0.695g 硫酸亚铁（FeSO$_4$·7H$_2$O）溶于 100mL 水中。

二、方法和步骤

1. 重铬酸钾氧化

取 20mL 水样于三角瓶中，加入 0.4g 硫酸汞粉末，摇匀。

加入 10mL 重铬酸钾标准液，然后缓慢加入 30mL 硫酸-硫酸银溶液，摇匀。

为防暴沸加入几颗浮石或玻璃珠。

2. 滴定

把上述氧化后的水样放入回流装置，加热回流 2h。

用蒸馏水冷却冷凝管，并稀释至 150mL。

完全冷却后，加入 2～3 滴亚铁灵指示剂，用硫酸亚铁铵标准液滴定至由黄到蓝绿到红褐色为止。记录所消耗标准液体积（V）。

3. 做空白试验

取 20mL 蒸馏水按上述步骤作对照试验，记录消耗的硫酸亚铁铵标准液体积（V_0）。

4. 计算

$$COD(mg/L) \frac{(V_0 - V_1) \times C \times 32 \times 1000}{4V}$$

式中　V_0——对照所消耗的硫酸亚铁铵标准溶液体积，mL；

　　　V_1——水样所消耗的硫酸亚铁铵标准溶液体积，mL；

　　　C——硫酸亚铁铵标准液的物质的量浓度，mol/L；

　　　32——氧的摩尔质量；

　　　4——比例系数，即还原 1mol 氧需 4mol 硫酸亚铁铵；

　　　V——水样体积，mL。

吸取 25mL（0.04167mol/L）的重铬酸钾标准液，稀释至 250mL，加 20mL 浓硫酸，冷却后加入 2～3 滴亚铁灵指示剂。用硫酸亚铁铵溶液滴定至溶液呈红褐色为止。

硫酸亚铁铵标准液物质的量浓度的计算：

$$硫酸亚铁铵物质的量浓度(mol/L) = \frac{6 \times 0.04167 \times 25}{滴定时消耗硫酸亚铁铵溶液体积(mL)}$$

三、作业

试述 COD 测定的原理及意义。

实验 41

废水中生化需氧量的测定

生化需氧量（BOD）是指在特定的条件下，微生物尤其是好氧微生物分解水中有机物生物化学过程中消耗的溶解氧。通常规定 1L 含有机物质的水样在完全密闭的容器内，在（20±1）℃时，5d 中所需要的氧量，以氧的质量表示，mg/L，缩写为 BOD_5。测定水样在培养前溶解氧的质量浓度和（20±1）℃培养 5d 后溶解氧的质量浓度，两者之差即为 BOD_5。分为稀释法和非稀释法，接种法和非接种法。

如果样品中的有机物含量较多，BOD_5 的质量浓度大于 6g/L，样品需要进行适当稀释后才能测定，稀释倍数的大小以使培养后减少的溶解氧为培养前的 40%～70%为宜，稀释法测定的上限为 6000mg/L。本实验主要以稀释非接种法为例进行阐述。

一、试剂和用品

1. 试剂

（1）实验用水为符合 GB/T 6682 规定的 3 级蒸馏水，要求水中铜离子的质量浓度不大于 0.01mg/L，不含有氯或氯胺等物质。

（2）氯化钙溶液 $\rho(CaCl_2)$= 27.5g/L：称取 27.5g 无水氯化钙，加蒸馏水溶解定容至 1000mL。

（3）三氯化铁溶液 $\rho(FeCl_3)$= 0.15g/L：称取 0.25g 三氯化铁（$FeCl_3·6H_2O$），加蒸馏水溶解定容于 1000 mL。

（4）硫酸镁溶液 $\rho(MgSO_4)$= 11.0g/L：称取 22.5g 硫酸镁（$MgSO_4·7H_2O$），加蒸馏水溶解定容于 1000mL。

（5）磷酸盐缓冲液（pH7.2）：称取 8.5g 磷酸二氢钾、21.75g 磷酸氢二钾、33.4g 磷酸氢二钠（$Na_2HPO_4·7H_2O$）和 1.7g 氯化铵，溶解于 500mL 水中，加蒸馏水溶解定容至 1000mL，0～4℃时可稳定保存 6 个月。

（6）稀释水：在 20L 大玻璃瓶内装入一定量的蒸馏水（含铜量小于 0.01mg/L），控制水温在（20±1）℃，其中每升蒸馏水加入上述试剂各 1mL，用水泵均匀连续通入经活性炭过滤的空气 1～2d，使水中溶解氧接近饱和，不能过饱和，然后用清洁的棉塞塞好，静置稳定 1d，在通气过程中要防止带入有机物、金属、氧化物等污染物，稀释水本身的 BOD_5 必须小于 0.2mg/L 方可使用。使用前需开口放置 1h，且在 24h 内使用，剩余的稀释水丢弃。

2. 用品

培养箱、台式溶氧仪、溶解氧瓶、1000mL 量筒、电子天平、移液枪、搅拌器。

注：玻璃器皿要清洗干净，不能含有有毒或生物可降解的化合物。

二、实验步骤

（1）水样的稀释。首先要根据水样中有机物含量选择 3 个以上适当的稀释比，样品稀释的程度应使消耗的溶解氧质量浓度不小于 2mg/L，培养后样品中剩余的溶解氧质量浓度不小于 2mg/L，且试样中剩余的溶解氧质量浓度为开始浓度的 1/3~2/3 为最佳。若样品中有硝化细菌，有可能发生硝化反应，应在每升样品中加入 2mL 丙烯基硫脲硝化抑制剂。稀释方法是先用高锰酸钾法测定水样中 COD 值，把所得值除以 3，即得最低稀释比，再选用两个邻近较高数值作为另 2 个稀释比。污染严重的水样稀释后，在培养液中所占的比例为 0.1%～1.0%；普通或沉淀过的污水为 1%～5%；受污染的河水为 25%～100%。然后按选定的稀释比，用虹吸法把一定量的污水加入 1000mL 量筒中，再加入所需的稀释水，用特制的搅拌器（一根粗玻璃棒底端套上一个比量筒口径略小的约 2mm 厚的橡皮板）小心搅匀。再用虹吸管将此溶液引入 2 个同一编号的溶解氧瓶中，直到充满后溢出少许为止，盖严，注意瓶内不应有气泡，加上封口水。同法配制另 2 个稀释比的水样。

（2）另取两个同一编号的溶解氧瓶加入稀释水，作为空白。

（3）每个稀释比各取一瓶测定当时的溶解氧，另一瓶放入培养箱中，在（20±1）℃下培养 5d，在培养过程中需每天添加封口水。

（4）5d 后取出水样，测定剩余的溶解氧量。其测定方法见实验 40 废水中化学需氧量的测定。

三、结果计算

（1）经过稀释而直接培养的水样：

$$BOD_5(mg/L)=D_1-D_2$$

式中　D_1——培养液在培养前的溶解氧，mg/L；

　　　D_2——培养液在培养 5d 后的溶解氧，mg/L。

（2）稀释后培养的水样　根据上述 3 个稀释比，分别按下式算出培养水样的耗氧率。

$$耗氧率 = \frac{D_1 - D_2}{D_1} \times 100\%$$

选取耗氧率为 40%～70%的培养水样按下式计算出 BOD_5：

$$BOD_5(mg/L) = \frac{(D_1 - D_2) - (B_1 - B_2)f_1}{f_2}$$

式中　B_1——稀释水在培养前的溶解氧，mg/L；

　　　B_2——稀释水在培养后的溶解氧，mg/L；

　　　f_1——稀释水在培养液中所占的比例；

　　　f_2——水样在培养液中所占的比例。

f_1、f_2 的计算，如培养液的稀释比为 3%，即 3 份水样，97 份稀释水，则 f_1=97%=0.97，f_2=3%=0.03。

若有 3 个或 3 个稀释比培养水样的耗氧率均在 40%～70%范围内，则取其测定计算结果的平均值为 BOD_5 的数值。若 3 个稀释比培养的水样，其耗氧率均不在 40%～70%的范围，则应调整稀释比后重做。

四、作业

1. 简述 BOD 的含义。
2. BOD 检测过程中的注意事项。

实验 42

食品中黄曲霉毒素 B_1 的测定

黄曲霉毒素（AFT）是一类由黄曲霉和寄生曲霉菌产生的剧毒代谢产物，主要有黄曲霉毒素 B_1、黄曲霉毒素 B_2、黄曲霉毒素 G_1、黄曲霉毒素 G_2，以及另外两种代谢产物黄曲霉毒素 M_1、黄曲霉毒素 M_2。天然被污染的食品中一般以黄曲霉毒素 B_1 最多，而其他如黄曲霉毒素 B_2、黄曲霉毒素 G_1、黄曲霉毒素 G_2 只有一小部分，在某些情况下甚至检测不出来。黄曲霉毒素 B_1 污染的食物主要是花生、稻谷、小麦、玉米、花生油等粮油食品，黄曲霉毒素耐高温，280℃才能裂解，一般烹调加工温度下难以破坏。黄曲霉毒素 B_1 在紫外线（365nm）下产生蓝紫色荧光，根据其在薄层板上显示荧光的最低检出量来测定其含量。

国际上大多数国家均对食品中的黄曲霉毒素 B_1 含量制定了限量标准，在我国，原国家质检总局（现国家市场监督管理总局）规定黄曲霉毒素 B_1 是大部分食品的必检项目之一。根据检测原理大致可以分为质谱法、色谱法和免疫学法。本实验以色谱法为例，通过本实验了解黄曲霉毒素 B_1 的物理和化学性质，掌握食品中黄曲霉毒素 B_1 的测定方法及毒素测定中的安全防护措施。

按食品中所含的脂肪量及色素多少的不同分别用三种不同的提取净化方法提取。

（1）去油提取法。此方法可应用于含油量高的食品，如花生、花生酱，首先将样品中油去掉，此法是先用石油醚在提取器中将样品内的油脂或能被石油醚溶解的杂质溶出，因黄曲霉毒素不溶于石油醚，故仍存留于残渣内，残渣中的黄曲霉毒素 B_1 可用氯仿提取。

（2）己烷（或石油醚）、甲醇-水（55∶45，体积分数）提取法。此法应用于含油量或色素较高的样品如豆类、油类、腐乳等样品，因黄曲霉毒素 B_1 不溶于己烷（或石油醚），而油脂溶于己烷，经振荡摇晃后油脂与黄曲霉毒素 B_1 分开，然后用分液漏斗将甲醇水层（黄曲霉毒素 B_1 溶于其中）分出，再用氯仿将甲醇水层中的黄曲霉毒素 B_1 提出。

（3）氯仿直接提取法。适用于含油量较少的样品，如大米、酱油等。

本实验以含油量较高的花生油样品为例详述检测步骤。

一、试剂和用品

1. 试剂

石油醚（60～90℃，AR）、三氟乙酸（TFA）（AR）、氯化钠（AR）、无水乙醚（AR）、丙酮（AR）、正己烷（30～60℃，AR）、乙醇（AR）、苯（AR）、三氯甲烷（AR）、甲醇（AR）、

乙腈（AR）、无水硫酸钠（AR）、乙烷（AR）、硅胶 G（色谱用球磨磨细过 200 目筛）、黄曲霉毒素 B_1 标准储备液（10μg/mL）。

黄曲霉毒素 B_1 标准稀释液（0.5μg/mL）Ⅰ：取黄曲霉毒素 B_1 储备液 0.5mL 放置于有盖试管中，用苯：乙腈（98：2，体积分数）稀释到 10mL，避光放置于 4℃冰箱中保存。

黄曲霉毒素 B_1 标准稀释液（0.2μg/mL）Ⅱ：取上述稀释液Ⅰ2mL，用苯：乙腈（98：2，体积分数）稀释到 5mL，避光放置于 4℃冰箱中保存。

黄曲霉毒素 B_1 标准稀释液（0.04μg/mL）Ⅲ：取黄曲霉毒素 B_1 标准稀释液Ⅱ1mL，用苯：乙腈（98：2，体积分数）稀释到 5mL，避光放置于 4℃冰箱中保存。

5%次氯酸钠溶液：称取 100g 次氯酸钠，加蒸馏水定容至 500mL，混匀。

2. 用品

水浴锅、紫外灯（100～125W 滤光板 365nm）、球磨机、振荡器、涂布器、脱脂棉、分液漏斗、1mL 定容瓶、微量注射（10μL，20μL）、滴管（管端需要尖而且细）、色谱展开槽（内径长 25cm×宽 6cm×高 4cm）、玻璃板 20cm×5cm、洗耳球、磨粉机。

二、实验步骤

1. 样品预处理

称取 4g 混匀的花生油样品于小烧杯内，加入 20mL 石油醚混匀，将混合物转入分液漏斗中，再加 20mL 甲醇-水（55：45，体积分数）溶液反复润洗烧杯将花生油-石油醚混合物清洗干净，洗液全部转入分液漏斗中，摇晃 2min，静置，待分层后将下层甲醇-水（55：45，体积分数）溶液分离转入第二个分液漏斗中，第一个分液漏斗中加入 5mL 甲醇-水（55：45，体积分数）溶液重复提取一次，提取液一并转入第二分液漏斗中。在第二分液漏斗中加入 20mL 三氯甲烷，摇晃 2min，静置，待分层后收集三氯甲烷层，经盛有 10g 先用三氯甲烷湿润的无水硫酸钠慢速滤纸过滤于蒸发皿中，最后用少量三氯甲烷洗过滤器，洗液加入蒸发皿中，将蒸发皿放入通风柜中，在 65℃水浴上蒸发干，然后放入冰盒上冷却 2～3min，加入 1mL 苯-乙腈混合液，将残渣充分混合，若有结晶析出则继续溶解混匀，晶体消失后用滴管吸取上清液转移到 2mL 具塞试管中。

2. 样品测定

（1）薄层板的制备：称取约 3g 硅胶 G，加相当于硅胶量的 2～3 倍左右的水，用力研磨 1～2min，至成糊状后立即倒入涂布器内，推铺成 5cm×20cm、厚度为 0.25mm 的薄层板三块。于空气中干燥约 15min 后，在 100℃下活化 2h，取出放入干燥器中保存。

（2）点样：将薄层板边缘附着的吸附剂刮净，在距薄层板底端 3cm 的基线上用微量注射器滴加样液和标准液。

第一点：10μL 0.04μg/mL AFB_1 标液；

第二点：20μL 样液；

第三点：20μL 样液+10μL 0.04μg/mL AFB_1 标液；

第四点：20μL 样液+10μL 0.2μg/mL AFB_1 标液。

要求点距边缘和点间距约为 1cm，样点直径约 3cm，大小相同，点样时可用电吹风冷风边吹边点。

（3）展开：在展开槽内加 10mL 无水乙醚，将点好样的薄层板预展 12cm，取出挥干。再于另一展开槽内加 10mL 丙酮-三氯甲烷（8∶92，体积分数）混合溶剂，展开 10～12cm，取出挥干。

（4）结果观察：将展开好的薄板放在 365nm 的紫外灯光下观察。a.若第一点无荧光或都无荧光，说明薄板或展开剂未制备好，需重新制备；b.第一点有荧光，而其余三点无荧光，说明样液中有荧光猝灭剂，样液需重新制备；c.第一点有荧光，第二点无荧光，三、四点有荧光，说明样液不含 AFB_1 或含量小于最低检出量；d.四个点都有荧光，需做确证实验后再进行定量。

（5）确证实验：于另一薄板上左边依次点二个样

第一点：10μL 0.04μg/mL AFB_1 标液；

第二点：20μL 样液；

［在以上两点各加一小滴三氟乙酸（TFA），待反应 5min 后用电吹风热风吹 2min，温度不高于 40℃，再在薄层板的右边点以下两点。］

第三点：10μL 0.04μg/mL AFB_1 标液；

第四点：20μL 样液。

将薄层板展开后在紫外线下观察样液是否产生与 AFB_1 标准点相同的衍生物 AFB_{2a}，未加 TFA 的第三、四点作空白对照。

（6）稀释定量：若第二点的荧光强度比第一点强，则根据其强度估计减少点样体积，于另一薄板上点四个点。

第一点：10μL 0.04μg/mL AFB_1 标液；

第二点：10μL 样液；

第三点：15μL 样液；

第四点：20μL 样液；

展开后取荧光强度与第一点相同的样点进行计算。

三、结果计算

样品中黄曲霉毒素 B_1 的含量按下式计算：

$$X=0.0004 \times (V_1 \times D)/(V_2 \times m)$$

式中　X——样品中 AFB_1 的含量，μg/kg（ppb）；

　　　V_1——稀释前样液的总体积，mL；

　　　V_2——出现同等荧光强度的稀释后样液点样量，μL；

　　　D——样液的稀释倍数；

　　　m——样品质量。

四、注意事项

（1）样品采集与处理：粮油食品中的 AFT 分布不均匀，尤其是玉米、稻谷等颗粒样品，为了得到可靠的分析结果，必须在样品称取、制备过程中充分保证样品的代表性。

（2）提取与净化：根据相似相溶原理，用石油醚-甲醇水系统振荡提取，AFB_1 及醇溶性色素溶解在甲醇水相中，而绝大部分油脂和色素则进入石油醚相中被分离开来。

（3）反萃取：将三氯甲烷加到甲醇水中，通过液液萃取法使 AFT 进入三氯甲烷层，而试样中的醇溶性杂质、色素等干扰物质则留在甲醇溶液中。这样做的目的有两个：一是进一步净化提取；二是甲醇水沸点高，不易浓缩，也不能点板，故要萃取到三氯甲烷中。

（4）脱水过滤：三氯甲烷萃取液中会有少量水分，如不处理，在下一步 65℃ 水浴浓缩过程中水分还会留在蒸发皿上，所以标准中用盛装有污水 Na_2SO_4 的慢速定量滤纸脱水过滤，注意过滤速度一定要慢。

（5）定容：定容操作一定要小心迅速，以免苯-乙腈溶液挥发致使体积减少从而导致浓度发生变化而影响结果的准确性。

（6）薄层板准备：薄层板使用前需在 105～110℃ 下活化 1h，然后保存在干燥环境下。

五、作业

1. 黄曲霉毒素 B_1 检测过程中的注意事项。
2. 日常生活中如何防止黄曲霉毒素的产生？

实验 43

纤维素酶活性的测定

纤维素是高等植物细胞壁的主要成分，占植物总干重的 30%～50%，是地球上分布最广、含量最丰富的可再生性碳源化合物，占地球总生物量的 40%。纤维素酶是分解纤维素的一类酶，它能将纤维素分解为葡萄糖，充分利用纤维素。纤维素酶是由许多具有协同作用的水解酶组成的，纤维素酶各组分的底物专一性不同，致使检测方法也不统一。其中主要的检测方法有滤纸崩溃法、3,5-二硝基水杨酸法测定酶活（简称 DNS 法）、CMC 糖化力法、巴鲁阿-斯温测定法等，本文主要介绍 CMC 糖化力法测定纤维素酶活性。

一、试剂和用品

1. 试剂

（1）0.1mol/L pH 4.6 醋酸-醋酸钠缓冲溶液：将 49mL 0.2mol/L 醋酸钠溶液和 51.0mL 0.2mol/L 醋酸溶液混合后加 100mL 蒸馏水。

0.2mol/L 醋酸钠溶液：称取 27.22g 结晶醋酸钠（AR）定容至 1000mL。

0.2mol/L 醋酸溶液：称取冰醋酸（AR）11.5mL 定容至 1000mL。

（2）3,5-二硝基水杨酸（DNS）试剂：称取 6.3g 3,5-二硝基水杨酸用水溶解，加入 21.0g NaOH，182g 酒石酸钾钠，加 500mL 水，加热溶解后再加入 5.0g 重蒸酚和 5.0g 亚硫酸钠，搅拌溶解，冷却，定容至 1000mL，存于棕色瓶中，放置 7d 后使用。

（3）葡萄糖标准溶液（1.0mg/mL）：称取 1.000g 葡萄糖（AR）（105℃ 干燥至恒重）用蒸馏水溶解后定容至 1000mL，冰箱保存备用。

（4）羧甲基纤维素钠（CMC-Na）溶液：称 2.0g CMC-Na 溶于 200mL 蒸馏水中，加醋酸-醋酸钠缓冲溶液 100mL，混匀后存于冰箱内备用，配后第二天使用。

2. 用品

电子天平、pH 计、分光光度计、水浴锅、移液枪、研钵、量筒、容量瓶、冰箱。

二、实验原理与步骤

1. 定义

1mL 液体酶（或 1g 固体酶粉），在 40℃ pH 4.6 条件下，每分钟水解羧甲基纤维素钠（CMC-Na）产生 1.0μg 的葡萄糖，即为 1 个酶活单位，以 U/g（U/mL）表示。

2、原理

CMC-Na 在纤维素酶的作用下，水解产生纤维寡糖、纤维二糖、葡萄糖等还原糖，还原糖能将 3,5-二硝基水杨酸中的硝基还原成橙黄色的氨基化合物，在 540nm 波长下测定吸光度值 A，吸光度与酶活成正比。CMC-Na 糖化力主要代表内切 β-1,4-葡萄糖苷酶的活力。

3. 实验步骤

（1）葡萄糖标准曲线绘制：取 25mL 具塞刻度试管 6 支，加入 1.0mg/mL 葡萄糖标准溶液 0.0mL、0.4mL、0.8mL、1.2mL、1.6mL、2.0mL，分别加入蒸馏水 2.0mL、1.6mL、1.2mL、0.8mL、0.4mL、0.0mL，加 DNS 试剂 1.5mL，混匀后在沸水浴中加热 5min，取出立即用冷水冷却，用蒸馏水定容至 25mL，摇匀，测吸光度 A，以吸光度为纵坐标，葡萄糖的含量为横坐标，绘制标准曲线。

（2）待测酶液制备：准确称取酶粉 1.0g 置研钵中，加入 pH 4.6 的醋酸-醋酸钠缓冲溶液少量溶解，研细，将上清液小心倾入 25mL 刻度试管中，沉渣再加入少量缓冲液，如此捣碎研磨 3~4 次，最后全部移入试管中并定容至 25mL，摇匀，过滤，滤液待测。

（3）测定：取 1.5mL CMC-Na 溶液与 0.5mL 适当稀释的酶液于 25mL 试管中，40℃水浴保温 30min 后立即加 1.5mL DNS 显色剂，沸水浴煮沸 5min，取出立即冷却，用水定容 25mL，在 540nm 测吸光度 A_s。

空白样：先加 1.5mL DNS 试剂，后加 0.5mL 待测酶液，与 1.5mL CMC-Na 溶液，于 25mL 试管中，沸水浴煮沸 5min，冷却后用水定容 25mL，在 540nm 测吸光度 A_{ck}。$\Delta A = A_s - A_{ck}$ 根据 ΔA 从标准曲线上查得葡萄糖含量 P。

三、结果计算

酶活力（U/g）$= P \times K \times 1000/(0.5 \times 30)$
式中，K 为稀释倍数。

四、作业

1. 土壤纤维素酶活性测定的注意事项。

2. 土壤中纤维素酶活性代表的生物学意义是什么？

3. 简述几种常用的纤维素酶活性测定方法。

实验 44

土壤中蛋白酶活性的测定

蛋白酶参与土壤中的氨基酸、蛋白质及其他含氮有机化合物的转化。蛋白酶可水解蛋白质为短肽，短肽进一步水解为氨基酸。这些水解产物是高等植物的氮源之一。因此，土壤蛋白酶活性的高低在一定程度上反映了土壤的氮素营养状况。

测定土壤蛋白酶常用的方法是比色法，根据蛋白酶酶促蛋白质产物——氨基酸与某些物质（如铜盐蓝色络合物或茚三酮等）生成带颜色络合物，依溶液颜色深浅程度与氨基酸含量的关系，求出氨基酸量，以表示蛋白酶活性。

一、试剂和用品

1. 试剂

（1）pH 7.4 磷酸盐缓冲液：称取 NaCl 8.0g，KH$_2$PO$_4$ 0.2g，Na$_2$HPO$_4$·12H$_2$O 2.9g，KCl 0.2g，加蒸馏水溶解定容至 1000mL，调 pH 至 7.4。

（2）1%白明胶溶液（用 pH 7.4 的磷酸盐缓冲液配制）：称取 1g 白明胶，加 pH 7.4 磷酸盐缓冲液溶解定容至 100mL。

（3）甲苯。

（4）0.05mol/L H$_2$SO$_4$ 溶液：用移液管移取 98%浓硫酸（密度 1.84g/mL）2.72mL，加入适量去离子水中，然后将其转移至 1L 容量瓶中，加水定容至 1L，即可得到 0.05mol/L 硫酸溶液。

（5）20% Na$_2$SO$_4$ 溶液：称取 20g Na$_2$SO$_4$ 加蒸馏水溶解，定容至 100mL。

（6）2%茚三酮溶液：将 2g 茚三酮溶于 100mL 丙酮，然后将 95mL 该溶液与 1mL CH$_3$COOH 和 4mL 蒸馏水混合制成工作液（该工作液不稳定，只能在使用前配制）。

（7）甘氨酸标准液（100μg/mL）：0.1g 甘氨酸溶解于 1L 蒸馏水中，再将该标准液稀释 10 倍得 100μg/mL 的甘氨酸工作液。

（8）风干土或新鲜土壤。

2. 用品

分光光度计（560nm）、恒温培养箱、50mL 容量瓶、试管、移液枪、电子天平、pH 计、高压灭菌锅、电磁炉、蒸锅。

二、实验步骤

1. 标准曲线的制作

（1）标准曲线绘制：分别吸取 0mL、1mL、3mL、5mL、7mL、9mL、11mL 该工作液于

50mL 容量瓶中即获得甘氨酸浓度分别为 0μg/mL、0.2μg/mL、0.6μg/mL、1.0μg/mL、1.4μg/mL、1.8μg/mL、2.2μg/mL 的标准溶液梯度，然后加入 1mL 2%茚三酮溶液。冲洗瓶颈后将混合物仔细摇荡，并在煮沸的水浴中加热 10min。将获得的着色溶液用蒸馏水稀释至刻度，在 560nm 处进行比色，最后绘制标准曲线。

(2) 在光电比色计上，560nm 波长下用 1cm 比色杯测光密度值。

(3) 以甘氨酸浓度为横坐标，光密度值为纵坐标绘制甘氨酸标准曲线。

2. 土壤蛋白酶活性的测定

(1) 称取 4g 风干土两份，放入两个 50mL 三角瓶中，各加入 1mL 甲苯，摇晃处理 15min，另取一 50mL 三角瓶不加土样和甲苯作为无土对照。

(2) 取 2g 过 1mm 筛的风干土置于 50mL 容量瓶中，加入 10mL 1% 用 pH 7.4 磷酸盐缓冲溶液配制的白明胶溶液和 0.5mL 甲苯（作为抑菌剂抑制微生物活动）在 30℃恒温箱中培养 24h；培养结束后，将瓶中内容物过滤；取 5mL 滤液置于试管中，加入 0.5mL 0.05mol/L 硫酸和 3mL 20%硫酸钠以沉淀蛋白质，然后滤入 50mL 容量瓶，并加入 1mL 2%茚三酮溶液；将混合物仔细摇荡，并在煮沸的水浴中加热 10min；将获得的着色溶液用蒸馏水稀释定容至刻度线；最后在 560nm 处进行比色。

(3) 用干热灭菌的土壤和不含土壤的基质（如石英砂）作对照，方法如前所述，以除掉土壤原有的氨基酸引起的误差。换算成甘氨酸的量，根据用甘氨酸标液制得的标准曲线查知。

三、结果计算

土壤蛋白酶的活性以 24h 后 1g 土壤中甘氨酸的质量（μg）表示。

甘氨酸（μg/g）：24h 后 1g 土壤中甘氨酸的质量（μg）。

$$甘氨酸（μg/g）=(C \times 50 \times t_s)/m$$

式中 C——标准曲线上查得的甘氨酸浓度，μg/mL；

　　50——显色液体积，mL；

　　t_s——分取倍数（这里是 2= 10/5）；

　　m——土壤质量，g。

四、作业

1. 土壤蛋白酶活性测定的注意事项。
2. 土壤蛋白酶活性测定的实验原理。

实验 45

土壤中脲酶活性的测定

脲酶广泛存在于土壤中，大多数细菌、真菌和高等植物等都具有脲酶。该酶是一种酰胺酶，专一性比较强，可专性水解尿素为氨和二氧化碳，其反应式如下：

$$CO\diagup\!\!\!\!\!\!\diagdown\begin{matrix}NH_2\\NH_2\end{matrix} + H_2O \xrightarrow{\text{脲酶}} 2NH_3 + CO_2$$

　　土壤脲酶活性与土壤微生物数量、有机物质含量、全氮和速效磷含量呈正相关。根际土壤脲酶活性较高，中性土壤脲酶活性大于碱性土壤，实际生活中常用土壤脲酶活性来表征土壤的氮素状况。土壤脲酶活性的测定以尿素为基质经酶促反应后测定生成的氨量，也可以通过测定未水解的尿素量来计算。本实验以尿素为基质，根据酶促产物氨与苯酚-次氯酸钠作用生成蓝色的靛酚来计算脲酶活性。

一、试剂和用品

1. 试剂

　　（1）甲苯。

　　（2）10%尿素溶液：称取 10g 尿素，加蒸馏水定容至 100mL。

　　（3）pH 6.7 柠檬酸盐缓冲液：称取 184g 柠檬酸和 147.5g KOH，加蒸馏水溶解，用 1mol/L NaOH 调节 pH 至 6.7，最后用蒸馏水定容至 1000mL。

　　（4）次氯酸钠溶液：用水稀释制剂使活性氯的浓度为 0.9%，溶液稳定。

　　（5）1.35mol/L 苯酚钠溶液：称取 62.5g 苯酚溶于少量乙醇中，加 2mL 甲醇和 18.5mL 丙酮，然后用乙醇稀释至 100mL（A 液）；称取 27g NaOH 溶于 100mL 蒸馏水中（B 液），将二者保存于冰箱中；使用前取 A、B 两液各 20mL 混合，并用蒸馏水稀释至 100mL 备用。

　　（6）氮标准溶液：精确称取 0.4714g 硫酸铵溶于蒸馏水中，定容至 1L（每毫升含 0.1mg 氮）。

　　（7）0.01mg/mL 氮标准工作液：将氮标准溶液稀释 10 倍（吸取 10mL 标准液定容至 100mL）制成氮标准工作液。

2. 用品

　　鲜土或风干土、电子天平、量筒、容量瓶、pH 计、冰箱、移液枪、三角瓶、培养箱、滤纸、分光光度计。

二、方法和步骤

1. 标准曲线的绘制

　　分别吸取氮标准工作液 0.0mL、1.0mL、3.0mL、5.0mL、7.0mL、9.0mL、11.0mL、13.0mL 于 50mL 容量瓶中，加蒸馏水至 20mL，然后加入 4mL 苯酚钠溶液，再加入 3mL 次氯酸钠溶液，一边加一边摇匀，定容，20min 后显色。1h 内（靛酚的蓝色在 1h 内显色稳定）在分光光度计 578nm 波长比色，以氮标准工作液浓度为横坐标，吸光值为纵坐标，绘制标准曲线。

2. 脲酶活性的测定

　　（1）称 5g 土样加到 50mL 三角瓶中，加入 1mL 甲苯振荡摇匀，处理 15min。

　　（2）三角瓶中加入 10mL10%尿素溶液和 20mL pH 6.7 柠檬酸盐缓冲液，混匀后塞紧塞子置 37℃恒温箱中培养 24h。

（3）培养结束后过滤，取 1mL 滤液加入 50mL 容量瓶中，加蒸馏水至 20mL，然后加入 4mL 苯酚钠溶液，再加入 3mL 次氯酸钠溶液，一边加一边摇匀，定容，20min 后显色。1h 内（靛酚的蓝色在 1h 内显色稳定）在分光光度计 578nm 波长比色，通过标准曲线查得对应的氨的浓度。

三、注意事项

每一个样品做一个无基质对照，以等体积的蒸馏水代替样品，其他实验操作与样品实验相同，以排除土样中原有的氨对实验结果的影响。

整个实验设置一个无土对照，不加土样，其他实验操作与样品实验相同，检测试剂纯度和基质自身分解情况。

四、结果计算

以 24h 后 1g 土样中 $NH_3\text{-}N$ 的质量（mg）表示土样脲酶活性（U_{re}）

$$U_{re} = (a_{样品} - a_{无土} - a_{无基质}) \times V \times n / m$$

式中　$a_{样品}$——根据样品吸光值由标准曲线求得的 $NH_3\text{-}N$ 的质量，mg；

　　　$a_{无土}$——根据无土对照吸光值由标准曲线求得的 $NH_3\text{-}N$ 的质量，mg；

　　$a_{无基质}$——根据无基质对照吸光值由标准曲线求得的 $NH_3\text{-}N$ 的质量，mg；

　　　　V——显色液体积；

　　　　n——分取倍数，浸出液体积/吸取滤液体积；

　　　　m——烘干土重。

五、作业

1. 土壤脲酶活性测定的注意事项。
2. 土壤中脲酶活性代表的生物学意义是什么？

实验 46

土壤中磷酸酶活性的测定

在植物的土壤磷素营养中，有机磷化合物占有一定的比例，而有机磷需要在土壤磷酸酶的酶促作用下，才能转化成为植物可利用的形态，所以土壤磷酸酶的活性直接影响土壤中磷的有效性。研究土壤的磷酸酶活性，对于了解土壤中磷的转化过程及强度等具有重要意义。

土壤磷酸酶按照作用的最适 pH 值可分为酸性、碱性和中性磷酸酶。测定各种性质的磷酸酶时，要采用不同的缓冲液。一般酸性磷酸酶选用 pH 5.0 醋酸盐缓冲液；碱性磷酸酶采用 pH

9.4 硼酸盐缓冲液；中性磷酸酶选用 pH 7.0 柠檬酸盐缓冲液。常用的反应基质有磷酸苯二钠、酚酞磷酸钠、甘油磷酸钠、α 或 β-萘酚磷酸钠、β-硝基苯磷酸钠等。

本实验主要介绍酸性磷酸酶活性的测定方法，本法基于以磷酸苯二钠为基质，酶解释放出的酚，使其与氯代二溴对苯醌亚胺试剂反应显色，用比色法测定出游离的酚量，来表示酸性磷酸酶活性。

一、试剂和用品

1. 试剂

（1）甲苯。

（2）0.5%磷酸苯二钠溶液：用硼酸盐缓冲液配制。

（3）pH 5.0 醋酸盐缓冲液。

（4）氯代二溴对苯醌亚胺试剂：取 0.125g 氯代二溴对苯醌亚胺，用 10mL 95%乙醇溶解，贮存于棕色瓶中，冷藏保存。（溶液未变褐色之前均可使用）

（5）0.3%硫酸铝溶液。

（6）酚标准溶液（0.01mg/mL）：称取 0.1g 重蒸酚溶于蒸馏水中，定容至 100mL，贮存于棕色瓶中，此为酚原液；取 1mL 酚原液加蒸馏水定容至 100mL，贮存于棕色瓶中，此为酚标准溶液，浓度为 0.01mg/mL。

2. 用品

容量瓶、量筒、移液枪、电子天平、烧杯、三角瓶、培养箱、冰箱、酶标仪、酶标板、风干土或鲜土。

二、方法和步骤

1. 酚标准曲线的绘制

取 0mL、0.1mL、0.3mL、0.5mL、0.7mL、0.9mL、1.1mL、1.3mL 酚标准溶液，置于 10mL 试管中，每管加入 0.5mL 硼酸盐缓冲液和 1 滴氯代二溴对苯醌亚胺试剂，显色后稀释至 5mL；30min 后，吸取 200μL 加入酶标板，在酶标仪上测定 A_{660}。以显色液中酚浓度为横坐标，吸光值为纵坐标，绘制标准曲线。

2. 土壤酸性磷酸酶的测定

（1）称 5g 土样置于 200mL 三角瓶中，加 2.5mL 甲苯，轻摇 15min 后，加入 20mL 0.5%磷酸苯二钠，摇匀后放入培养箱，37℃下培养 24h。

（2）然后在培养液中加入 100mL 0.3%硫酸铝溶液并过滤。

（3）吸取 0.3mL 滤液于 10mL 试管中，然后按绘制标准曲线方法显色。

三、结果计算

酸性磷酸酶活性以 37℃下 24h 后 1g 土壤中释放的酚的质量（mg）表示。

四、注意事项

1. 每一个样品做一个无基质对照，以等体积的蒸馏水代替样品，其他实验操作与样品实验相同。
2. 整个实验设置一个无土对照，不加土样，其他实验操作与样品实验相同。

五、作业

土壤磷酸酶活性测定注意事项。

实验 47

土壤中微生物生物量的测定

土壤微生物生物量是指土壤中体积小于 $5\sim10\mu m^3$ 活的微生物总量，是土壤有机质中最活跃的和最易变化的部分。耕地表层土壤中，土壤微生物量碳（Bc）一般占土壤有机碳总量的 3%左右，其变化可直接或间接地反映土壤耕作制度和微生物肥力的变化，并可以反映土壤污染的程度。近 30 年来，国外许多学者对土壤微生物生物量的测定方法进行了比较系统的研究，但由于土壤微生物的多样性和复杂性，还没有发现一种简单、快速、准确、适应性广的方法。目前广泛应用的方法包括：氯仿熏蒸培养法（FI）、氯仿熏蒸浸提法（FE）、基质诱导呼吸法（SIR）、精氨酸诱导氨化法和三磷酸腺苷（ATP）法。

氯仿熏蒸浸提法（FE）的原理是：土壤经氯仿熏蒸处理，微生物被杀死，细胞破裂后，细胞内容物释放到土壤中，导致土壤中的可提取碳、氨基酸、氮、磷和硫等大幅度增加。通过测定浸提液中全碳的含量可以计算土壤微生物生物量碳。

一、试剂和用品

1. 试剂

（1）无乙醇氯仿：市售的氯仿都含有乙醇，作为稳定剂，使用前必须除去乙醇。方法为：量取 500mL 氯仿于 1000mL 分液漏斗中，加入 50mL 硫酸溶液，充分摇匀，弃除下层硫酸溶液，如此反复进行 3 次；再加入 50mL 去离子水，同上摇匀，弃去上部的水分，如此反复进行 5 次；将下层的氯仿转移存放在棕色瓶中，并加入约 20g 无水 K_2CO_3，在冰箱的冷藏室中保存备用。

（2）0.5mol/L K_2SO_4 溶液：称取 K_2SO_4 87.10g，先溶于 300mL 去离子水中，加热溶解，转移溶液至容器中，再加少量去离子水溶解余下的部分，转移溶液至同一容器中，如此反复多次，最后定容至 1L。

（3）0.4mol/L 重铬酸钾（$K_2Cr_2O_7$）溶液：称取经 130℃烘干 $2\sim3h$ 的 $K_2Cr_2O_7$ 19.622g，

溶于 1000mL 去离子水中。

（4）邻菲罗啉（$C_{12}H_8N_2 \cdot H_2O$）亚铁指示剂：称取邻菲罗啉 1.49g，溶于含有 0.70g $FeSO_4 \cdot 7H_2O$ 的 100mL 去离子水中，密闭保存于棕色瓶中。

（5）0.0667mol/L 硫酸亚铁（$FeSO_4 \cdot 7H_2O$）溶液：称取硫酸亚铁（$FeSO_4 \cdot 7H_2O$）18.52g，溶解于 600～800mL 去离子水中，加浓硫酸 15mL，搅拌均匀，定容至 1000mL 棕色瓶中保存。此溶液不稳定，需标定其浓度。

（6）硫酸亚铁溶液浓度的标定：吸取重铬酸钾标准溶液 10mL 放入 100mL 三角瓶中，加水约 20mL，加浓硫酸 3～5mL 和邻菲罗啉亚铁指示剂 2～3 滴，用硫酸亚铁溶液滴定，根据硫酸亚铁溶液的消耗量即可计算硫酸亚铁溶液的准确浓度。

2. 用品

培养箱、真空干燥器、真空泵、石蜡油浴锅、电子天平、往复式振荡机（速 200 次/min）、1L 广口玻璃瓶、定量滤纸、紫外分光光度计、LNK-872 型消煮炉、1000mL 分液漏斗、量筒、容量瓶、三角瓶、移液枪、漏斗。

二、实验步骤

1. 采样与样品预处理

采集到的新鲜土壤样品应立即去除植物残体、根系和可见的土壤动物（如蚯蚓等）尽快过筛（2～3mm）或放在低温下（2～4℃）保存。如果土壤太湿无法过筛，进行晾干时必须经常翻动土壤，避免局部风干导致微生物死亡。过筛的土壤样品调节到 40% 左右的田间持水量，在室温下放在密闭的装置中预培养 1 周，密闭容器中要放入两个适中的烧杯，分别加入水和稀 NaOH 溶液，以保持其湿度和吸收释放的 CO_2。预培养后的土壤应立即分析，也可放在低温下（2～4℃）保存。

2. 熏蒸

准确称取相当于 25.0g 烘干土重的湿润土壤 3 份，分别放在约 100mL 的玻璃瓶中，一起放入同一干燥器中，干燥器底部放置几张用水湿润的滤纸，用少量真空胶密封干燥器，在专用三角瓶里装入 50mL 无乙醇氯仿，把干燥器、装有无乙醇氯仿的三角瓶和真空泵装置连接好，使三通管连通干燥器和真空泵而不连通接氯仿瓶的阀门，打开电源开关，抽气至真空后，使三通管连通上已装有 50mL 无乙醇氯仿的三角瓶，时间持续约 2～3s，至氯仿沸腾，立即关闭接抽气机的三通管（注意接着关闭真空泵电源，避免氯仿回流到真空泵而损坏真空泵），然后在装氯仿的三角瓶下面接一盆 70℃热水，直到有氯仿液滴滴入干燥器，证明氯仿饱和，关闭干燥器的阀门，打开放气阀，氯仿倒回瓶中可重复使用。然后从真空表处拔出连接干燥器的软管，干燥器连同软管在 25℃的黑暗条件下放置 24～48h。小心打开阀门，如果没有空气流动的声音，表示干燥器漏气，应重新称样进行熏蒸处理。当干燥器不漏气时，在通风处打开，取出土样，让氯仿挥发约 30min，擦净干燥器底部，直到土壤闻不到氯仿气味为止。同时称同样量的土壤 3 份（也可在浸提前再称样），不进行熏蒸处理，作为对照。

3. 浸提

熏蒸结束后，将熏蒸处理过的土壤样品和未进行熏蒸处理的对照土壤样品转移到 250mL

塑料瓶中，加入 100mL 0.5mol/L 硫酸钾溶液（硫酸钾溶液：土重=4:1），在振荡机上振荡浸提 30min（25℃），用定量滤纸过滤，同时做不加土壤的空白对照。

4. 微生物生物量碳的测定（滴定法）

准确吸取浸提液 5.0mL 放入消煮管中，加入重铬酸钾标准溶液 2mL，浓硫酸 5mL，摇动试管，充分混匀，在试管上放一小漏斗，以冷凝蒸出的水汽。将试管放入温度为 175℃左右的石蜡油浴锅，注意调节油浴锅温度，维持在 170~180℃，从试管内容物开始沸腾（有较大气泡起），准确煮沸 10min，取出试管，稍冷却，擦净试管外部油滴。将试管内容物倾入 150mL 三角瓶中，用蒸馏水少量多次洗净试管和漏斗，溶液亦并入三角瓶中。加水稀释至 60~70mL，维持溶液酸度 2~3mol，加入 2~3 滴邻菲罗啉亚铁指示剂，然后用标准硫酸亚铁溶液滴定，溶液由橙色经过绿色，最后突变为砖红色，即为终点。

三、结果计算

1. 有机碳（Oc）的计算

$$\omega(C) = (V_0 - V_1) \times c \times 3 \times t_s \times 1000 / m$$

式中 $\omega(C)$——有机碳（Oc）质量分数，mg/kg；

V_0——滴定空白样时所消耗的 $FeSO_4$ 体积，mL；

V_1——滴定样品时所消耗的 $FeSO_4$ 体积，mL；

c——$FeSO_4$ 溶液的浓度，mol/L；

3——碳（1/4C）的毫摩尔质量，1/4C =3mg/mmol；

t_s——稀释倍数；100mL/5mL=20；

m——烘干土质量，g。

2. 微生物生物量碳的计算

$$\omega(C) = Ec/KEc$$

式中 $\omega(C)$——微生物生物量碳（Bc 质量分数），mg/kg；

Ec——熏蒸土样有机碳与未熏蒸土样有机碳之差，mg/kg；

KEc——氯仿熏蒸杀死的微生物体中的碳（一般取 0.38）。

四、作业

1. 简述氯仿熏蒸浸提法（FE）的原理。
2. 测定土壤中微生物生物量的意义是什么？